国家出版基金项目
NATIONAL PUBLICATION FOUNDATION

高/光/谱/遥/感/科/学/丛/书

丛书主编　童庆禧　薛永祺
执行主编　张　兵　张立福

湖北省学术著作出版专项资金
Hubei Special Funds for Academic Publications

高光谱遥感混合光谱分解

Hyperspectral Linear Unmixing: Algorithm Design and Analysis

宋梅萍　张建祎　著

长江出版传媒
Changjiang Publishing & Media
湖北科学技术出版社
HUBEI SCIENCE & TECHNOLOGY PRESS

图书在版编目(CIP)数据

高光谱遥感混合光谱分解/宋梅萍，张建禕著. — 武汉:湖北科学技术出版社，2021.6
(高光谱遥感科学丛书/童庆禧，薛永祺主编)
ISBN 978-7-5706-0207-0

Ⅰ.①高…　Ⅱ.①宋…②张…　Ⅲ.①遥感图像-图像处理　Ⅳ.①TP751

中国版本图书馆 CIP 数据核字(2020)第 203291 号

高光谱遥感混合光谱分解

GAOGUANGPU YAOGAN HUNHE GUANGPU FENJIE

策划编辑：严　冰　杨瑰玉
责任编辑：刘　芳　严　冰
封面设计：喻　杨
出版发行：湖北科学技术出版社
电　　话：027-87679468
地　　址：武汉市雄楚大街 268 号(湖北出版文化城 B 座 13—14 层)
邮　　编：430070
网　　址：http://www.hbstp.com.cn
排版设计：武汉三月禾文化传播有限公司
印　　刷：湖北金港彩印有限公司
开　　本：787×1092　1/16
印　　张：23.5
字　　数：500 千字
版　　次：2021 年 6 月第 1 版
印　　次：2021 年 6 月第 1 次印刷
定　　价：288.00 元

高光谱遥感科学丛书

编 委 会

PREFACE

总 序

锲而不舍 执着追求

人们观察缤纷世界主要依靠电磁波对眼睛的刺激，这就产生了两个主要的要素：一是物体的尺度和形状，二是物体的颜色。物体的尺度和形状反映了物体在空间上的展布，物体的颜色则反映了它们与电磁波相互作用所表现出来的基本光谱特性。这两个主要的要素是人们研究周围一切事物，包括宏观和微观事物的基本依据，也是遥感的出发点。当然，这里指的是可见光范畴内，对遥感而言，还包括由物体发出或与之相互作用所形成的，而我们眼睛看不见的紫外线、红外线、太赫兹波和微波，甚至无线电波等特征辐射信息。

高光谱遥感技术诞生、成长，并迅速发展成为一个极具生命力和前景的科学技术门类，是遥感科技发展的一个缩影。遥感，作为一门新兴的交叉科学技术的代名词，最早出现于 20 世纪 60 年代初期。早期的航空或卫星对地观测时，地物的影像和光谱是分开进行的，技术的进步，特别是探测器技术、成像技术和记录、存储、处理技术的发展，为影像和光谱的一体化获取提供了可能。初期的彩色摄影以及多光谱和高光谱技术的出现就体现了这一发展中的不同阶段。遥感光谱分辨率的提高亦有助于对地物属性的精确识别和分类，大大提升了人们对客观世界的认知水平。

囿于经济和技术发展水平，我国的遥感技术整体上处于后发地位，我国的第一颗传输型遥感卫星直到 20 世纪 90 年代最后一年才得以发射升空。得益于我国遥感界频繁深入的对外交往，特别是 20 世纪 80 年代初期国家遥感中心成立之际的“请进来、派出去”方针，让我们准确地把握住了国际遥感技术的发展，尤其是高光谱遥感技术的兴起和发展态势，也抓住了我国高光谱遥感技术的发展时机。高光谱遥感技术是我国在遥感技术领域能与国际发展前沿同步且为数不多的遥感技术领域之一。

我国高光谱遥感技术发展的一个重要推动力是当年国家独特的需求。20 世纪 80 年代中期，中国正大步走在改革开放的道路上，为了解决国家发展所急需的资金，特别是外汇问题，国家发起了黄金找矿的攻关热潮，这一重大任务当然责无旁贷地落到了地质部门身上，地矿、冶金、核工业等部门以及武警黄金部队的科技人员群情激奋、捷报频传。作为国家科学研究主力军的中国科学院也同样以自己雄厚的科研力量和高技术队伍积极投身于这一伟大的事业，依据黄金成矿过程中蚀变矿化现象的光谱吸收特性研制成像光谱仪的建议被提上日程。在中国科学院的组织和支持下，一个包括技术和应用专家在内的科研攻关团队组建起来，当时参加的有上海技术物理研究所的匡定波、薛永祺，安徽光学精密机械研究所的章立民，长春光学精密机械与物理研究所的叶宗怀等人，我有幸与这一批优秀的专家共谋高光谱遥感技术的发展之路。从我国当年科技水平和黄金找矿的急需出发，以国内自主研制成熟的硫化铅器件为基础研发了针对黄金成矿蚀变带和矿化带矿物光谱吸收的短波红外多波段扫描成像仪。这一仪器虽然空间分辨率和信噪比都不算高，如飞行在 3 000 m 高度时地面分辨率仅有 6 m，但其光谱波段选择适当，完全有效地针对了蚀变矿物在 2.0～2.5 μm 波段的吸收带，具有较高的光谱分辨率，故定名为红外细分光谱扫描仪(FIMS)。这是我国高光谱成像技术发展的最初成果，也是我国高光谱遥感技术发展及其实用性迈出的第一步，在短短 3 年的攻关时间内共研制了两种型号。此外，中国科学院引进、设计、改装的“奖状”形遥感飞机的投入使用更使这一技术如虎添翼。两年多的遥感实践，识别出多处黄金成矿蚀变带和矿化带，圈定了一些找矿靶区，验证并获得了一定的“科研预测储量”。初期高光谱仪器的研制以及在黄金找矿实践中的成功应用和技术突破，使我国的高光谱遥感及应用技术发展有了一个较高的起点。

我国高光谱遥感技术的发展是国家和中国科学院大力支持的结果。以王大珩院士为代表的老一辈科学家对这一技术的发展给予了充分的肯定、支持、指导和鼓励。国家科技攻关计划的实施为我国高光谱遥感技术的发展注入了巨大的活力，提供了经费支持。在国家“七五”科技攻关计划支持下，上海技术物理研究所的薛永祺院士和王建宇院士团队研制完成了具有国际先进水平的 72 波段模块化机载成像光谱仪(MAIS)。在国家 863 计划支持下，推帚式高光谱成像仪(PHI)和实用型模块化成像光谱仪(OMIS)等先进高光谱设备相继研制成功。依托这些先进的仪器设备和一批执着于高光谱遥感应用的研究人员，特别是当年中国科学院遥感与数字地球研究所和上海技术物理研究所科研人员的紧密合作，我国的高光谱遥感技术走在了国际前沿之列，在地质和油气资源探查，生态环境研究，农业、海洋以及城市遥感等方面均取得了一系列重要成果，如江西鄱阳湖湿地植被和常州水稻品种的精细分类、日本各种蔬菜的鉴别和提取、新疆柯坪县和吐鲁番地区的地层区分、澳大利亚城市能源的消耗分析以及 2008 年北京奥运会举办前对“熊猫环岛”购物中心屋顶材质的区分等成果都已成为我国高光谱遥感应用的经典之作，在国内和国际上产生了很大的影响。在与美国、澳大利亚、日本、马来西亚等国的合作中，我国的高光谱遥感技术一直处于主导地位并享有很高的国际声誉，如澳大利亚国家电视台曾两度报道我国遥感科技人员及遥感飞机与澳大利亚的合作情况，当时的工作地区——北领地首府达尔文市的地方报纸甚至用“中国高技术赢得了达尔文”这样的说法报道了中澳合作的研究成果；马来西亚科技部部长还亲自率团来华商谈技术引进及合作；在与日本的长期合作中，也不断获得日本大量的研究费用和设备支持。

进入21世纪以来，中国高光谱遥感的发展更是迅猛，“环境卫星”上的可见近红外成像光谱仪，“神舟”“天宫”以及探月工程的高光谱遥感载荷，“高分五号”(GF-5)卫星可见短波红外高光谱相机等的各项高光谱设备的研制与发展，将中国高光谱遥感技术推到一个个新的阶段。经过几代人的不懈努力，中国高光谱遥感技术从起步到蓬勃发展、从探索研究到创新发展并深入应用，始终和国际前沿保持同步。目前我国拥有全球最多的高光谱遥感卫星及航天飞行器、最普遍的地面高光谱遥感设备以及最为广泛的高光谱遥感应用队伍。我国高光谱遥感技术应用领域已涵盖地球科学的各个方面，成为地质制图、植被调查、海洋遥感、农业遥感、大气监测等领域的有效研究手段。我国高光谱遥感科技人员还致力于将高光谱遥感技术延伸到人们日常生活的应用方面，如水质监测、农作物和食品中有害残留物的检测以及某些文物的研究和鉴别等。当今的中国俨然已处于全球高光谱遥感技术发展与应用研究的中心地位。

然而，纵观中国乃至世界的高光谱遥感技术及其应用水平，与传统光学遥感(包括摄影测量和多光谱)相比，甚至与20世纪同步发展的成像雷达遥感相比，我国的高光谱遥感技术成熟度，特别是应用范围的广度和应用层次的深度方面还都存在明显不足。其原因主要表现在以下三个方面。

一是“技术瓶颈”之限。相信“眼见为实”是人们与生俱来的认知方式，当前民用光学遥感卫星的分辨率已突破0.5 m，从遥感图像中，人们可以清晰地看到物体的形状和尺度，譬如人们很容易分辨出一辆小汽车。就传统而言，人们根据先验知识就能判断许多物体的类别和属性。高光谱成像则受限于探测器的技术瓶颈，当前民用卫星载荷的空间分辨率仍难突破10 m，在此分辨率以内，物质混杂，难以直接提取物体的纯光谱特性，这往往有悖于人们的传统认知习惯。随着技术的进步，借助于芯片技术和光刻技术的发展，这一技术瓶颈总会有突破之日，那时有望实现空间维和光谱维的统一性和同一性。

二是“无源之水”之困。从高光谱遥感技术诞生以来，主要的数据获取方式是依靠有人航空飞机平台，世界上第一颗实用的高光谱遥感器是2000年美国发射的“新千年第一星”EO-1 Hyperion高光谱遥感卫星上的高光谱遥感载荷，目前在轨的高光谱遥感卫星鉴于其地面覆盖范围的限制尚难形成数据的全球性和高频度获取能力。航空，包括无人机遥感覆盖范围小，只适合小规模的应用场合；航天，在轨卫星少且空间分辨率低、重访周期长。航空航天这种高成本、低频度获取数据的能力是高光谱遥感应用需求的重要限制条件和普及应用的瓶颈所在，即“无源之水”，这是高光谱遥感技术和应用发展的最大困境之一。

三是“曲高和寡”之忧。高光谱遥感在应用模型方面，过于依靠地面反射率数据。然而从航天或航空高光谱遥感数据到地面反射率数据，需要经历从原始数据到表观反射率，再到地面真实反射率转换的复杂过程，涉及遥感器定标、大气校正等，特别是大气校正有时候还需要同步观测数据，这种处理的复杂性使高光谱遥感显得“曲高和寡”。其空间分辨率低，使得它不可能像高空间分辨率遥感一样，让大众以“看图识字”的方式来解读所获取的影像数据。因此，很多应用部门虽有需求，但高光谱遥感技术的复杂性令其望而却步，这极大地阻碍了高光谱遥感的应用拓展。

“高光谱遥感科学丛书”(共 6 册)瞄准国际前沿和技术难点，围绕高光谱遥感领域的关键技术瓶颈，分别从信息获取、信息处理、目标检测、混合光谱分解、岩矿高光谱遥感、植被高光谱遥感六个方面系统地介绍和阐述了高光谱遥感技术的最新研究成果及其应用前沿。本丛书代表我国目前在高光谱遥感科学领域的最高水平，是全面系统反映我国高光谱遥感科学研究成果和发展动向的专业性论著。本丛书的出版必将对我国高光谱遥感科学的研究发展及推广应用以至对整个遥感科技的发展产生影响，有望成为我国遥感研究领域的经典著作。

十分可喜的是，本丛书的作者们都是多年从事高光谱遥感技术研发及应用的专家和科研人员，他们是我国高光谱遥感发展的亲历者、伴随者和见证者，也正是由于他们锲而不舍、追求卓越的不懈努力，我国高光谱遥感技术才能一直处于国际前沿水平。非宁静无以致远，在本丛书的编写和出版过程中，参与的专家和作者们心无旁骛的自我沉静、自我总结、自我提炼以及自我提升的态度，将会是他们今后长期的精神财富。这一批年轻的专家和作者一定会在历练中得到新的成长，为我国乃至世界高光谱遥感科学的发展做出更大的贡献。我相信他们，更祝贺他们！

2020 年 8 月 30 日

INTRODUCTION
前 言

高光谱图像的典型优势是可以获得细微和弱小目标,例如端元和异常等。该类目标有时是未知的,或尺寸很小甚至不到一个像元(亚像元情况),很难用视觉方法定位,如农业和生态系统中的特定物种、环境监测中的有毒废弃物、地质勘探中的稀有矿物质、行政执法中的毒品、走私物品、战场上的战斗车辆、战区的地雷、生物恐怖袭击中的化学和生物毒气等。我们对此提出一个新的概念,即光谱目标,区别于传统的空间目标。传统图像不涉及过多的光谱波段,感兴趣目标通常用空间特性描述,如尺寸、形状和纹理等,称为空间目标,识别此类目标的机制称为基于空间域的图像处理机制。多光谱和高光谱图像都用一定波长范围内的光谱值表示,一个像元对应一个列向量,其元素为特定波长上的光谱取值,称为光谱目标。光谱目标可以拥有上百个连续的光谱波段值,包含的丰富光谱信息可用于数据开发和分析,利用光谱信息,两个数据样本的光谱目标可以根据光谱相似性度量方法进行判别、分类和识别,如光谱夹角匹配等,而不是像元间的空间信息。

亚像元目标和混合像元目标是两类主要的光谱目标。亚像元目标主要以两种形式出现:一种是目标嵌入像元中,此时的目标尺寸小于单像元的空间分辨率。例如,尺寸为8 m×4 m的车辆可以完全嵌入到空间分辨率为20 m×20 m的单像元。另一种是目标以一定比例散布于像元中,也就是说,目标的尺寸并不大于单像元空间分辨率,但它分布在很多像元中。这两类目标都称为亚像元目标,因为其没有完全占据整个像元。

混合像元目标是由多种目标物质按照一定比例混合得到的。混合像元目标与亚像元目标的主要区别是,混合目标需要知道组成成分中的所有目标光谱,而亚像元目标只需要知道该像元中感兴趣的目标光谱,其他成分都被看作背景。

《高光谱遥感混合光谱分解》特别致力于线性光谱混合分析和解混。混合像元分析的概念可以通过下面的简单示例来说明。假设有五种不同的水果:苹果、香蕉、柠檬、橘子和草莓,每一种都被切成小块并放入搅拌机中,得到的混合果汁整体上被视为一个像元,五种水果被视为混合果汁中存在的目标。现在,品尝一杯混合果汁并回答以下问题。

(1)混合像元分类。“是苹果汁吗?”“是香蕉汁吗?”“是柠檬汁吗?”“是橘子汁吗?”“是草莓汁吗?”,对这5个问题的回答即“混合像元分类”。

(2)混合像元识别。“混合果汁中有苹果吗?”“混合果汁中有香蕉吗?”“混合果汁中有柠檬吗?”“混合果汁中有橘子吗?”“混合果汁中有草莓吗?”,对这5个问题的回答即“混合像元识别”。

(3)混合像元量化。“混合果汁中苹果含量多少?”“混合果汁中香蕉含量多少?”“混合果汁中柠檬含量多少?”“混合果汁中橘子含量多少?”“混合果汁中草莓含量多少?”,对这5个问题的回答即“混合像元量化”。

本书共包括以下几部分:引言(第1章)、监督式线性光谱混合分析(第2～8章)、非监督式线性光谱混合分析(第9章)、寻找非监督式线性光谱混合分析中的特性元(第10～14章)、多光谱线性光谱混合分析(第15章)、结论(第16章)以及附录。

在本书成稿及修订过程中,感谢海峡两岸的多个学校及相关领导对本书作者张建禕(Chein-I Chang)教授的支持,尤其感谢大连海事大学校长孙玉清教授对其教育部长江学者讲座教授聘期内的大力支持,以及台湾静宜大学对其在兼任讲座教授聘期内的支持。感谢国家自然科学基金(61971082和61601077)对本书中研究工作的资助,感谢台湾学者吴昭正博士、陈享民博士、陈士煜博士和李晓琪博士,以及大连海事大学博士研究生尚晓笛和李芳所做的相关工作。最后,感谢张立福研究员邀请本书的作者撰写“高光谱遥感科学丛书”中关于光谱解混方面的研究。

由于作者的理解水平和能力,以及涉及的仿真条件差异大等诸多实际问题,错误与不妥之处在所难免,敬请广大同行和读者不吝赐教,以便再版时进一步完善。

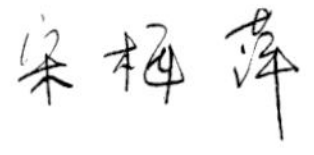

张建禕 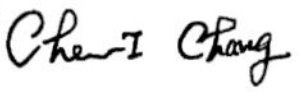

2020年秋

目　录

第1章　引　言

过去的三十多年间，高光谱成像技术研究取得了有目共睹的发展和进步，相关的会议、比赛、文章以及研究人员数量迅速增加，应用也扩展到农业、军事、环保等各个领域，高光谱技术已成为一种重要的遥感手段。统计信号处理理论和方法在高光谱算法设计及数据开发应用方面，都起到非常关键的作用。20世纪70年代末，信号处理从通信技术领域脱离出来，成为一个单独的研究分支，这些进步和发展一定程度地证明，高光谱技术正在逐步脱离传统的空间图像处理技术，成为一个独立的研究领域。一方面，高光谱传感器提供的图像数据光谱分辨率高，为处理技术带来很多新的问题，使原来的空间图像算法设计和方法大多都不再适用。另一方面，丰富的光谱信息可以实现原空间图像不易实现的功能。其中，有两个特定的问题是在高光谱数据处理中高度关注的：一个是亚像元目标探测，所谓的亚像元目标即目标尺寸小于像元尺寸，目标被完全嵌入某个单个的像元中的情况；另一个是混合像元分析，即单个像元中包含了两个或多个目标，每个目标占据像元一定成分比例的情况。这些都是传统空间图像处理方法无法很好解决的，只能利用光谱的属性对目标特征进行描述，从而进行数据分析。本书专门致力于解决混合像元分析的问题，丛书中的另外一本书则专门解决亚像元目标检测问题，二者相辅相成。

1.1　总　述

高光谱信号（或图像）处理技术将遥感技术和信号（或图像）处理紧密地联系起来，利用高光谱成像机制对遥感领域中的问题重新定义，并借助信号或图像处理技术加以解决，已成为一个快速发展的新领域。近年来，该领域研究在信号和图像处理国际期刊以及遥感类期刊上，发表的文章数量急剧增多，涉及的国际会议数量也明显增加，例如电气与电子工程师协会（institute of electrical and electronjcs engineers，IEEE）国际地球科学和遥感大会，国际光学工程学会（international society for optical engineering，SPIE）防卫和安全国际会议、光学科学和技术国际会议、成像光谱学国际会议，欧洲光学学会（European optical society，EOS）/国际光学工程学会遥感国际会议，IEEE地球科学与遥感协会（geoscience and remote sensing society，GRSS）国际高光谱图像与信号处理学术研讨会等。在一本书里涵盖该领域所有的研究是不可能、不现实的，本书内容仅基于个人的认知和观点进行选择，主要讲述线性光谱混合分析和解混的理论及方法。书中的工作主要来自于马里兰大学巴尔的摩郡分校（University of Maryland，Baltimore County，UMBC）的遥感信号和图像处理实验室（remote sensing signal and image processing laboratory,RSSIPL)和大连海事大学高光谱遥感中心(center for hyperspectral imaging in remote sensing,CHIRS)。对高光谱领域其他问题感兴趣的读者,可以参阅本书作者的其他著作(Chang,2017,2016,2013,2003)。

1.2 多光谱和高光谱成像

多光谱成像的光谱分辨率相对较低,波段数量相对较少,图像中像元向量所包含的信息量有限,处理时需要依赖图像空间信息或者波段间的互相关信息来弥补光谱信息的不足,很多多光谱图像处理技术都结合了空间域方法。随着高光谱成像器件的发展,光谱分辨率越来越高,原来多光谱成像器件不能表达的特性,逐渐可以用高光谱成像仪表示出来并进行分析。

多光谱图像分析和高光谱图像分析所关注的问题或兴趣点有所不同,在多光谱图像分析中,类别划分是主要的问题。例如土地分类或使用中,多光谱图像处理技术的主要工作是进行模式分类和分析,将图像中的每个像元分类到众多模式类别中,每个模式类别对应一个地物类别。相反,高光谱图像分析是对具有特定光谱特征的目标进行划分,如人造目标、异常或者稀少目标点,它们通常具有以下特点:①与很多其他物质混合在一起,或是尺寸小于像元解析度(ground sampling distance,GSD)而内嵌到某个像元中的亚像元;②以不可预测的方式出现,或者出现的概率很低;③样本集相对较小,且占据的空间范围有限。这类目标很难用眼睛发现或者用先验知识探测到,有时会被看作不重要的目标忽略掉,但从情报或信息获取的角度来说却非常有意义。例如,农业和生态环境中的特别物种,环境监测中的有毒废弃物,地质勘探中的稀有矿物质,执法过程中的毒品或走私物品,战场上的战斗车辆,战场上的异常现象,战争区域的地雷,生物恐怖袭击中的化学和生物成分,情报收集中的武器隐藏,等等。这些情况下,传统的图像处理技术并不适用或效率不高,只能在混合或亚像元级别上依赖目标的光谱特性进行处理;对应的高光谱图像分析技术,要基于目标进行探测、辨识、分类、识别和量化,而不是沿用基于模式的多光谱图像处理机制。为了解决这一问题,Chang(2003)直接从高光谱成像的角度开发了一系列目标光谱检测和分类技术,本书扩展了Chang提出的范围,涵盖了更多的问题,包括端元线性光谱解混、非监督式线性光谱混合分析、多光谱线性光谱混合分析等。

1.3 高光谱成像相对多光谱成像的优势

高光谱成像可以提供几百个连续的光谱波段用于数据分析,改变了我们对多光谱成像的认识。但重要的问题是,究竟应如何有效利用这几百个波段所提供的光谱信息来进行各种数据处理,如目标探测、辨识、分类、量化和识别呢?可以用以下两个例子理解:①实数和复数的关系,说明直接将多光谱图像处理技术扩展到高光谱图像上并不合适;②离散数学中著名的鸽舍原理,说明高光谱图像可以从不同于多光谱图像的角度进行分析处理。

1.3.1 高光谱图像并非多光谱图像的简单延伸

部分学者认为高光谱图像只是将多光谱图像延伸到更多波段，对已有的多光谱图像处理技术进行波段扩展，就可以得到相应的高光谱图像处理技术。也有学者将视频数据和高光谱数据都看作数据立方体，并将视频数据的压缩方法直接用于高光谱数据的压缩（Chang，2013）。这都不能充分挖掘和利用高光谱数据的优势，也一定程度地影响了高光谱图像处理技术的设计。

早期的多光谱图像主要用于地物分类，应用领域包括农业、灾害评估和管理、生态学、环境监测、地质学、地理学信息系统等。数据不需要很高的光谱分辨率，就可以提供充足信息，相关技术主要是基于模式识别结合空间相关性的方法。高光谱图像具备的，是使用几百个连续光谱波段进行"目标类别"分析的能力，其关注的内容不再局限于多光谱图像中的大面积区域，还包括那些视觉上不容易被察觉或者利用先验知识不容易被发现的部分。高光谱图像处理技术可以基于目标类别对图像进行分析，例如异常检测、端元提取、人工目标检测等。这种情况下，并非所有目标都能提供足够的空间信息，不适合直接扩展多光谱图像处理技术。实际上，高光谱图像相对于多光谱图像，并非只是波段数量上的增加，它还为目标属性描述提供了新的信息。就像复数和实数一样，并非只是简单地增加了一个维度，而是提供了另外一个具有划分能力的属性描述。所以，我们需要突破原有的求解思路，寻找新的理论和方法来设计高光谱图像处理技术。

1.3.2 鸽舍原理：高光谱图像的合理解释

假设有 p 只鸽子飞进 L 个鸽舍中，其中 $L<p$，根据鸽舍原理，至少存在一个鸽舍需要容纳 2 只以上的鸽子。现假设 L 是光谱的波段总数，p 是目标的类别总数，可以将波段看作鸽舍，而将目标或感兴趣对象看作鸽子。一个光谱波段用来探测、判别、分类一个独特的目标，高光谱图像可以提供几百个波段，从技术上讲，这几百个光谱波段可以分类和判别几百个光谱差异性大的目标，即每个波段一个目标。要实现这一设想，有以下 3 个问题需要说明：①光谱波段的数量 L 要大于或等于目标类别的数量 p，即 $L\geqslant p$。这在高光谱图像中始终成立，但是在多光谱图像中则不然，例如，3 个波段的 SPOT 多光谱数据依据鸽舍原理很难分类 3 种以上的目标。②$L\geqslant p$ 在带来便利的同时，也带来的新的问题，即在 $L\geqslant p$ 的时候，p 的真实值到底是多少？（Duda et al.，2003）这是所有高光谱研究者在很长一段时间中都会面临的问题，因为实际中几乎不可能知道 p 的准确值。另一方面，即使以先验知识的方式提供了 p 值，也并不可靠，因为实际成像过程受太多不可预测的因素影响。在多元数据分析中，p 定义为本征维度（intrinsic dimensionality，ID）（Fugunaka，1990），其值是描述数据所需的最少参数数量。但这一概念只局限于理论，目前还没有算法能直接找到 p，而是需要通过试错的方式估计。在无源阵列处理中，到达线性传感阵列的信号源数量 p 可用 3 个常用标准估计：Akaike（1974）提出的赤池信息准则（Akaike information criterion，AIC）、Schwarz（1978）提出的施瓦茨准则和 Rissanen（1978）提出的最小描述长度。这些准则都需要一个关键假设，即噪声独立同分布，但 Chang（2004，2003）提出

该假设在高光谱图像中通常不成立。Chang(2003)提出了一个新的概念——虚拟维度(virtual dimensionality,VD),用于估计高光谱图像中独特光谱信号的数量。③在 p 值的估计过程中,一旦某个波段已经用于容纳某个目标类别,应该如何对其进行处理。实际上,如果一个波段已经用于承载某个目标类别,就不能再用来容纳其他目标类别。这一问题可以用 Harsanyi 等(1994)提出的正交子空间投影(orthogonal subspace projection,OSP)解决,根据已有目标线性扩展的空间,产生一个完备的正交空间,并在该正交空间中寻找新的目标,也就是说,已经用来容纳目标的波段不能再用来容纳新目标。通过一系列的 OSP 操作,任意两个独特目标不会定义在同一个光谱波段上,且所有目标都最终被放在单独的相互正交的子空间中。鸽舍原理中要求的任意两只鸽子不飞进同一个鸽舍,在这里可以解释为任意两个目标不共用相同的光谱波段标识,即一个波段对应一个特定目标的光谱刻画,被定义为该目标的指纹或 DNA。如果两个目标使用同一个波段进行光谱刻画,则其二者是不可分的,即意味着在此情况下两只鸽子飞进了同一个鸽舍。

以上 3 个问题:$L \geqslant p$、p 值的确定以及任意两个独特的目标都能不容纳在同一个光谱波段中,一旦能够得到解决,将鸽舍原理应用在高光谱数据应用上的想法就变得可行。更具体地说,利用光谱波段而非空间信息进行目标探测、辨识、分类、识别的理论和方法,就会成为与传统基于空间域的方法相对应的方案。将基于空间域的方法称为直接分析方法的话,基于波段的方法则可以称为非直接分析方法。这种非直接分析方法对两种类型的目标尤为重要:①小目标或者在图像中可从空间上忽略的目标,其尺寸非常小,不能利用空间相关性或者空间信息有效捕捉到;②类型相同,但在空间上距离很远的目标,他们通常在空间上并不连续,很难找到其空间相关性。

至此,我们可以尝试用鸽舍原理来区分多光谱图像和高光谱图像:根据图像中总的光谱波段数量 L 和需要容纳的信号源数量 p 之间的关系,如果 $L \geqslant p$,图像为高光谱图像;否则为多光谱图像。

1.3.3 正交原理

正交原理意味着两个不相关的信息之间是互相正交的,在均方根误差估计方法中用于线性预测(Poor,1994),以及新信息(即不能由已有数据预测的信息)的获取(Kailath,1969)。

如前文所述,高光谱图像可以提供比地物类别数更多的波段,也就是说,有更多的鸽舍来容纳少量的鸽子。根据鸽舍原理,一旦一个鸽舍已经用来容纳一只鸽子,该鸽舍就不能再被使用。为了保证这一点,必须在以后的处理中去掉该鸽舍,而正交处理可以满足这一需求。更具体地说,如果某个地物类别已经被某个波段容纳,该波段就不能再用来定义其他的地物类别。这也正是本书中两个算法的主要思想,由 Harsnayi 等(1994)提出的正交子空间投影(OSP)和由 Ren 等(2003)提出的自动目标产生过程(ATGP)。

1.4 本书组织结构

本书主要内容分以下 4 部分讲述,每部分相对独立,同时又有一定的关联性。

1.4.1 监督式线性光谱混合分析

第 2 章介绍线性光谱混合分析(LSMA)的基础知识。

第 3 章将线性光谱混合分析扩展到基于 Fisher 准则的线性光谱混合分析(FLSMA)。

第 4 章将线性光谱混合分析发展到更泛化的加权线性光谱混合分析，线性光谱混合分析和基于 Fisher 准则的线性光谱混合分析都可以看作是其中的特例。

第 5 章利用核函数的优势将线性光谱混合分析转化为基于核函数的线性光谱混合分析(KLSMA)。

第 6 章将丰度向量看作随机信号源，推导产生线性光谱随机混合分析。

第 7 章提出一套线性光谱混合分析正交向量投影理论。

第 8 章按照 3 个标准将线性光谱混合分析应用于光谱解混，分别是最小二乘误差、正交投影和单形体体积。

1.4.2 非监督式线性光谱混合分析

前面的章节主要集中在监督式线性光谱混合分析，其中的特性信号信息必须已知并作为先验知识。但是实际上，这种先验知识或者不可预知，或者获取代价非常大。端元是可以用来定义特性光谱类别的纯信号，端元提取(或寻找)是高光谱数据应用中最重要的问题之一，是高光谱图像分析中非常关键的预处理步骤。对于高光谱线性光谱混合分析来说，端元更为重要，因为混合分析需要借助一系列基本的物质成分，构成一个线性混合模型，并用其对图像中的数据进行解混，求得各个端元的丰度。然而，图像端元的先验知识通常很难获得，故端元提取在光谱混合分析中扮演了重要的角色。端元提取早期并未受到过多的关注，一方面原因是在遥感图像处理中，很多研究假设已经具备必要的先验知识，不需要提取端元，只需设计和开发监督式解混方法；另一方面，高光谱图像的空间分辨率比较低，大多数的图像像元呈现为混合形式而不是纯像元，通常认为端元并不存在。从土地使用或覆盖的角度讲，端元的数量较少，对图像的分类影响小。但是从情报学角度，端元却可以提供至关重要的信息，因为端元的存在不可预知，且很难被探测到。除特殊情况外，本书后面称图像中的此类基本物质成分为特性元。第 9 章主要研究特性元寻找这一问题，提出了多个可以用于非监督式线性光谱混合分析的算法。

1.4.3 寻找非监督式线性光谱混合分析中的特性元

第 10 章提出了基于统计方法的特性元寻找算法。

第 11 章提出了基于正交投影的特性元寻找算法。

第 12 章比较和分析正交投影算法 PPI、ATGP 和 VCA 之间的关系。

第 13 章提出了基于单形体体积的特性元寻找算法。

第 14 章比较和分析凸体相关算法 ATGP、VCA 和 SGA 之间的关系。

1.4.4 多光谱线性光谱混合分析

高光谱处理技术采用目标特征分析的方法，相对空间特征分析的多光谱处理技术，在目标描述和检测上具有独特的优势，将其扩展到多光谱图像应用上，可以挖掘出新的信息。将线性光谱混合分析方法用于多光谱图像时，主要的问题是构成线性混合系统的信号数量大于光谱波段的数量，不满足鸽舍原理中鸽舍数量要大于鸽子数量的要求。此时，在高光谱图像中的超定问题变成了多光谱图像中的欠定问题，高光谱处理算法不能直接用于多光谱图像的线性光谱混合分析中。为此，需要对多光谱图像的波段数量进行扩展，第 15 章专门对这一问题进行说明。

1.5 本书中用到的数据

书中会频繁用到 3 个实际高光谱图像数据，其中两个是 airborne visible infrared imaging spectrometer(AVIRIS)真实数据集，分别为美国内华达州南部沙漠地区的 Cuprite 数据和位于印第安纳州的 Indian Pine 测试点的影像；第 3 个图像数据集是 hyperspectral digital imagery collection experiment(HYDICE)图像。下面对这 3 个图像分别进行简单的介绍。

1.5.1 AVIRIS 数据

Cuprite 数据和 Purdue 数据都是 AVIRIS 采集的高光谱图像，Cuprite 数据常用于端元提取或目标探测算法测试，而 Purdue 数据则主要用于土地使用或覆盖分析分类的方法测试。

1.5.1.1 Cuprite 数据

内华达州的 Cuprite 采矿点是公用高光谱图像场景之一，如图 1.1(a)所示。图像的空间分辨率为 20 m，波段数量 224，光谱分辨率 10 nm，成像光谱范围 0.4～2.5 μm。图 1.1(b)所示为从图 1.1(a)中截取的 350×350 的区域。

该图像具有可信的目标地面标识位置，同时具备反射值和辐射值两组数据。图像 1.1(a)和(b)中有 5 种不同的矿物质，分别为明矾石(alunite)、水铵长石(buddingtonite)、方解石(calcite)、高岭石(kaolinite)以及白云母(muscovite)，依次用 A、B、C、K 和 M 表示，如图 1.2(b)。图 1.2(c)和(d)给出了 5 种不同矿物质相应的反射值和辐射值光谱曲线。图 1.2(e)给出了其中某些矿物质的分布图，由 USGS(United States Geological Survey)提供的地形图和 Tricorder SW 3.3 获得。

这 5 种矿物质的光谱曲线是利用 USGS 提供的光谱库确定的，光谱库中 5 种矿物质的光谱曲线如图 1.3 所示。需要说明的是，由 http://aviris.jpl.nasa.gov 提供的数据，是经过了 ACORN 软件包的辐射校正和大气校正后的反射率值，共 224 个光谱波段。其中第 1～3、105～115 以及 150～170 波段，因为水吸收和低信噪比的原因，通常建议在数据处理前去掉。

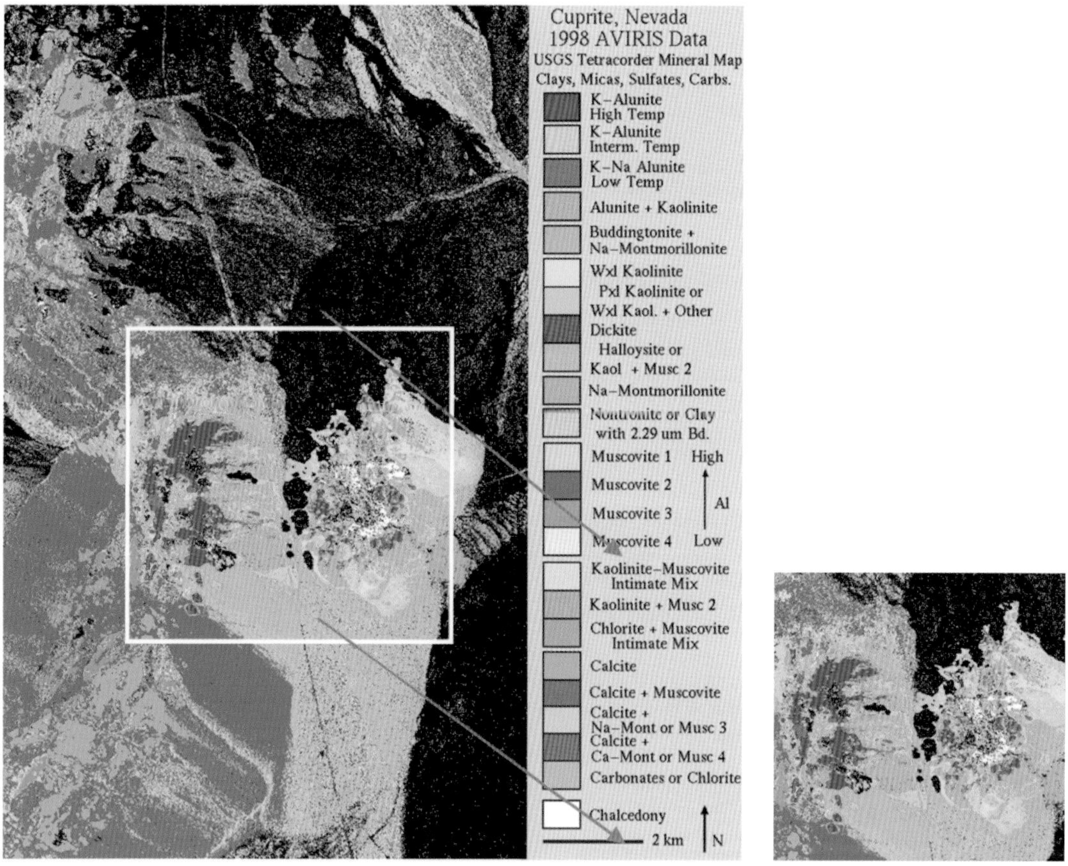

(a) 原始图像　　(b) 从(a)中截取的中间区域

图 1.1　Cuprite 图像场景

因此，本书实验中使用的数据是如图 1.2(c)～(d)所示的 189 个波段，由以下步骤产生。

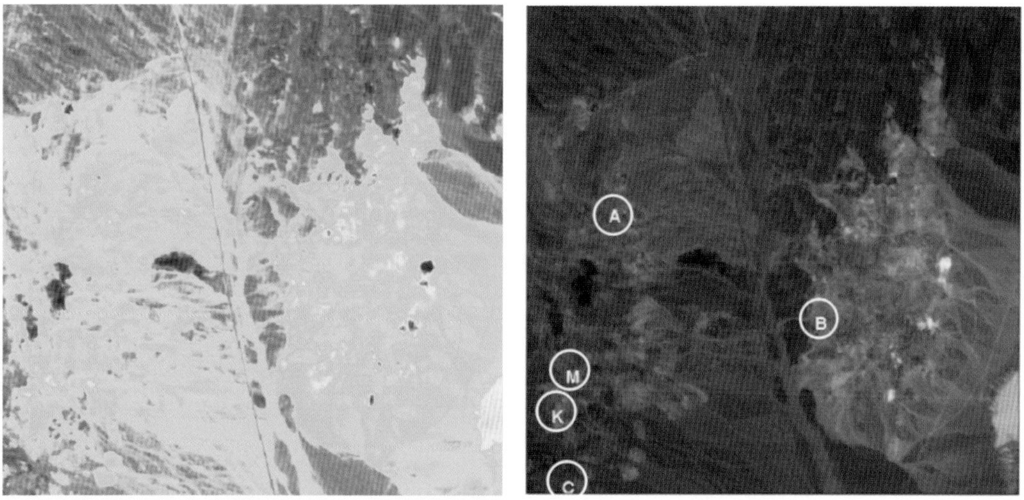

(a) Cuprite第170波段　　(b) 5种矿物质的空间位置

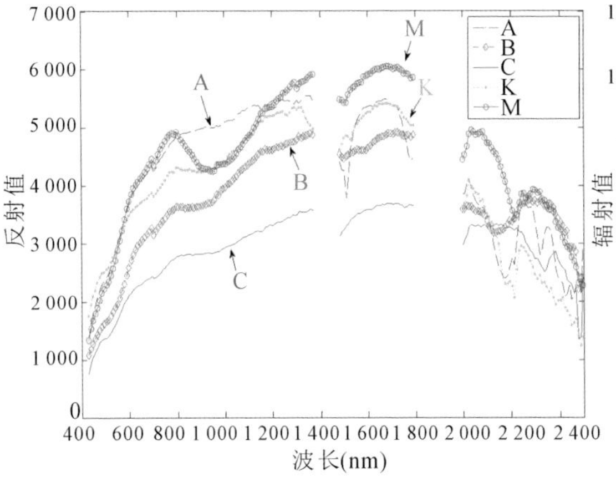

(c) 5种矿物质的光谱反射值曲线

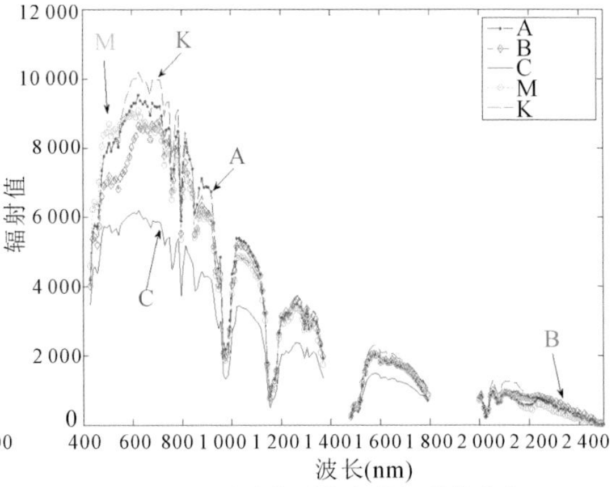

(d) 5种矿物质的光谱辐射值曲线

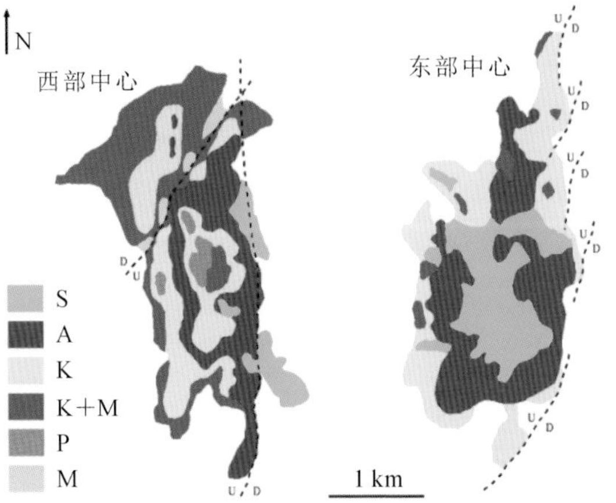

(e) USGS提供的蚀变矿物质图

图 1.2　AVIRIS 图像场景:内华达州的 Cuprite 测试点

(1) 从 http://speclab.cr.usgs.gov/光谱库下载反射率数据。

(2) 利用光谱角作为光谱相似度的度量标准,从第 1 步中获取的 5 种反射率曲线识别图像中的 5 个像元。

(3)从 5 个光谱反射率数据中去掉噪声波段。

(4)移除与光谱库数据异常的波段。

(5)为了保持光谱相似性,移除几个特定波段。

需要说明的是,地物的真实分布图并没有保存在特定的"标识图文件"中,5 种矿物质的分布是通过对比其光谱曲线与光谱库中的相应光谱曲线获得的。

1.5.1.2　Purdue 大学的印第安纳州 Indian Pine 测试点数据

另一个广泛应用的 AVIRIS 图像数据集,是由 Purdue 大学提供的印第安纳州 Indian Pine 测试点数据,该数据于 1992 年拍摄,空间分辨率为 20 m,光谱分辨率为 10 nm,光谱范围为 0.4~2.5 μm,尺寸为 145×145,地物内容是印第安纳州西北部的农业和森林区。数据的下载地址为 http://cobweb.ecn.purdue.edu/~biehl/MultiSpec/documentation.html,数据集中包括高光谱数据和地物真实分布图,一共 220 个波段。通常,为了处理方便,可以

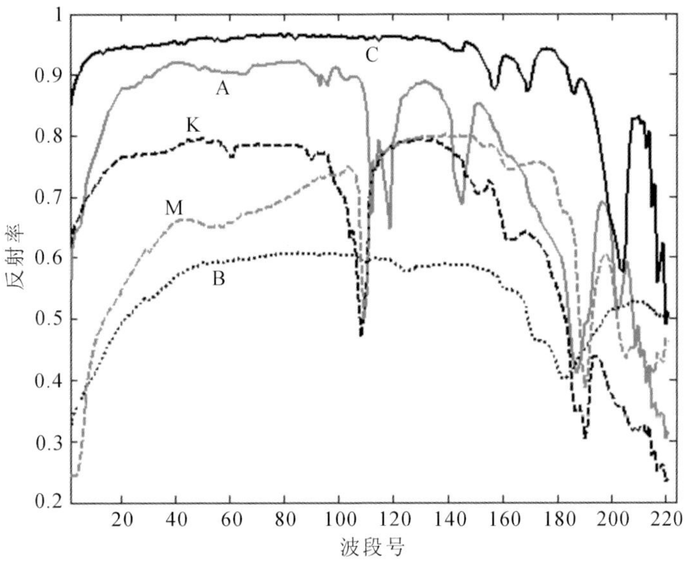

(a)

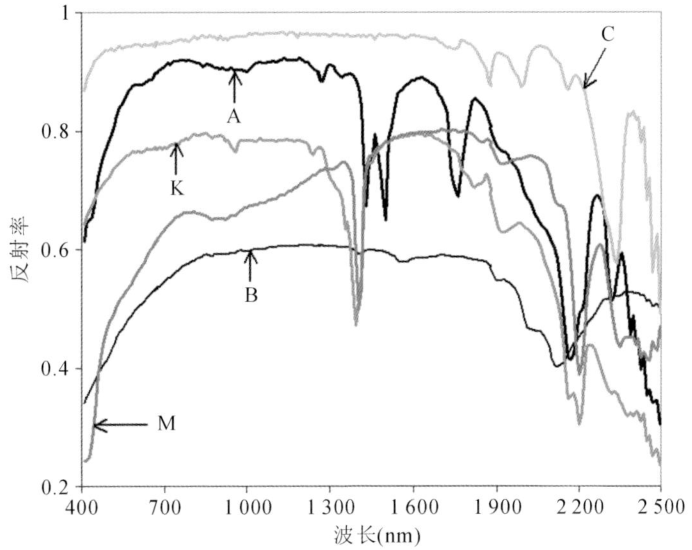

(b)

图 1.3　USGS 光谱库中 5 种矿物质的光谱曲线

去掉 20 个水吸收波段(104～108、150～163 以及 220)或者 18 个水吸收波段(104～108 以及 150～162),对剩余 200 个或 202 个波段数据进行分析。图 1.4(a)给出了数据的 9 个波段,图 1.4(b)给出了 USGS 提供的方格地图。根据由图 1.4(c)提供的真实地物分布图,图像范围内一共有 17 个类别,每种类别具有不同的标号。标号为 17 的属于背景类别,该类别中含有高速公路、铁道、房屋建筑、农业上不感兴趣的植被等很多种目标类型,图 1.4(d)中每个类别标号后面圆括号中的数据表示该类别的总样本数量,图像总样本数量是 145×145=21 025。

(a) Purdue数据的9个波段

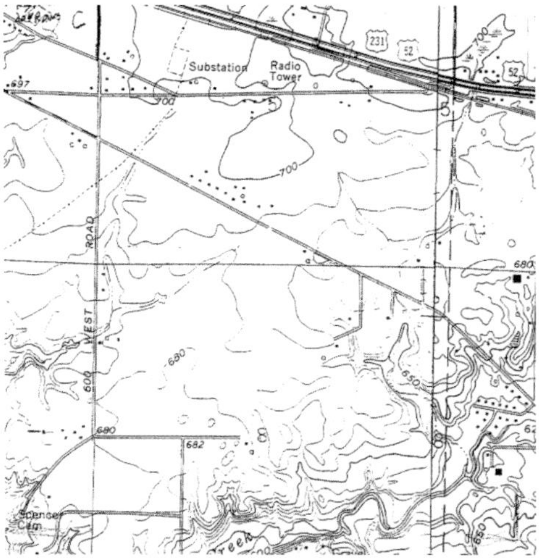

(b) USGS提供的方格地图

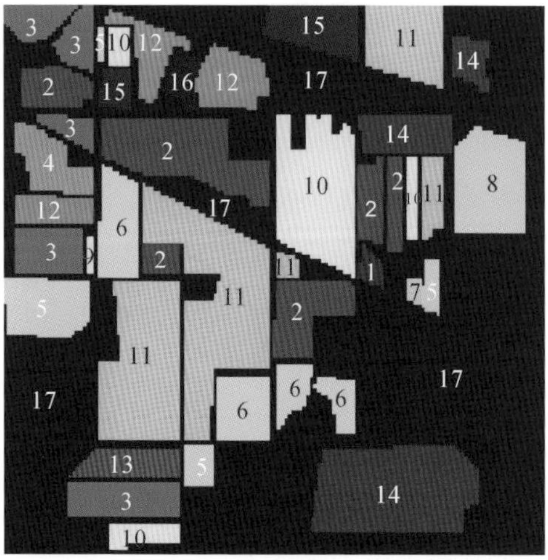

(c) Purdue数据的实际地物分布图

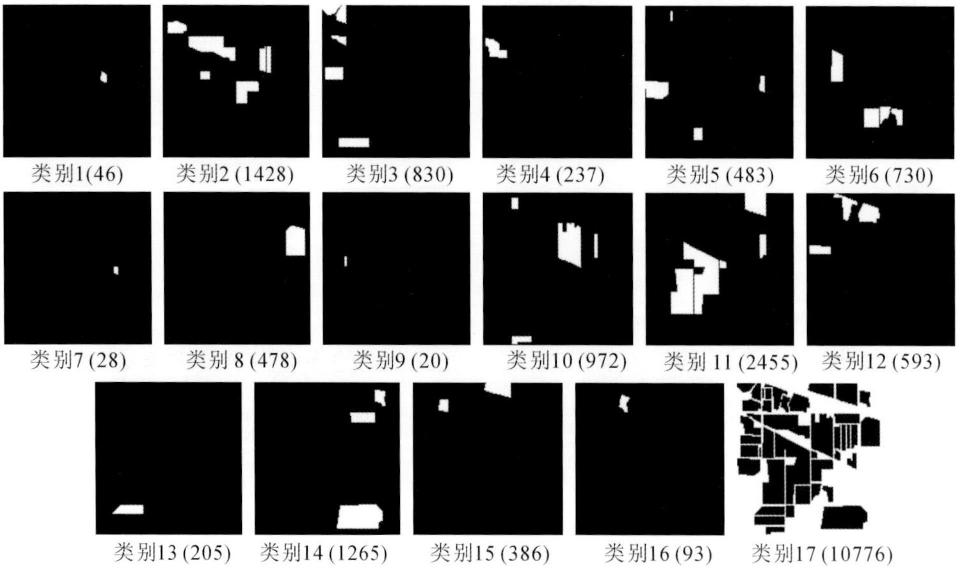

(d) 17个类别的实际分布图

图 1.4　AVIRIS图像场景：印第安纳州的 Indian Pine 测试点

表 1.1 给出了每个类别标号对应的类别名称。

表 1.1 17 个地物类别

类别标号	名称	类别标号	名称	类别标号	名称
1	苜蓿 (alfalfa)	7	草和割过的牧场 (grass-pasture-mowed)	13	小麦 (wheat)
2	未耕种期玉米 (corn-notill)	8	干草堆 (hay-windrowed)	14	木材 (woods)
3	秧苗期玉米 (corn-min)	9	燕麦 (oats)	15	建筑、草、树、车道 (building-grass-trees-drives)
4	玉米 (corn)	10	未耕种期大豆 (soybeans-notill)	16	混凝土塔 (stone-steel towers)
5	草和牧场 (grass-pasture)	11	秧苗期大豆 (soybeans-min)	17	背景 (background)
6	草和树 (grass-trees)	12	收割后大豆 (soybeans-clean)		

因为数据采集于 6 月，很多农作物处于生长早期，一些耕地的覆盖比例不大。如玉米区域根据地面上作物的多少分为 3 个类别(2、3、4 类)，包括未耕种期玉米、秧苗期玉米和玉米；大豆也被分为未耕种期大豆、秧苗期大豆和收割后大豆(10、11、12 类)；草与不同的 4 种物质混合，产生 4 个类别，即草和牧场、草和树、草和割过的牧场以及“建筑、草、树、车道”(5、6、7、15 类)。实际上，在背景中也存在草。根据图 1.4(c)和(d)，图 1.4(b)中的 GIS 地图提供的是土地使用类别而不是土地覆盖类别信息，也就意味着并不是地图中的每个像元都可以被划分到其所属类别中。另外，从 USGS 提供的图 1.4(b)的方格地图可以看出，在地图的上方有 2 条双车道高速路(U. S. 52 和 231) 以及 1 条铁路，中间 1 条 Jackson 高速，它们都是西北至东南方向。图 1.4(b)中也有一些呈小矩形点的房屋或建筑，这意味着背景中至少有 4 个类别，材质为铁的铁路，材质为混凝土的高速公路，材质为混凝土、油漆过的木材或其他物质的房屋和建筑，以及材质为草的植被。在非监督式分类中，如果类别种类数量未知，则背景中未标识区域的种类数量就非常重要。

选择 Purdue 大学的印第安纳州 Indian Pine 测试点的数据进行测试，有多个原因。第一个原因就是该数据为网上的公开数据，且已经在该领域内广泛使用；第二个原因就是图像中的像元混合度非常高，以至于很多理论上分类性能很好的算法和方法都无法正常使用。在该图像上做的大部分研究都是选择特定的几个类别，且需要依靠真实地物分布图进行。然而对图像场景仔细分析可以发现，即使把图 1.4(c)～(d)中所有的地物分布知识都用上，也几乎不可能把 17 个类别完全区分开来；同一个类别中的像元混合度非常高，像元间的相似性用任何标准衡量都存在较大差异，同物异谱以及同谱异物现象严重。

根据表 1.1 所提供的真实地物分布图，玉米的 3 个类别、草的 4 个类别以及大豆的 3 个类别间应该在光谱特征上很相似，但是其他类别间的关系呢？为了分析该问题，按照图 1.4(c)中的地物分布图，每个类别的光谱曲线都用该类别标识下所有样本曲线的均值代替，然后利用光谱角匹配(spectral angle mapping，SAM)衡量 2 个类别间的相似度。玉米和大豆类别(2、3、4、10、11、12 类) 很相似，一共有 6 554 个像元，占 10 249 个标识像元的 63%。这种相似度也存在于另外 2 个类别集：类别 1、7、8 和类别 6、9、13。很意外的是，草的 4 个类别

(5、6、7、15 类)共占 1 650 个像元,类别间互相并不相似。另外,利用 SAM 衡量光谱相似性的话,16 个类别中的 5、14、16 是 3 个区分性最高的类,可以很容易划分开。该结果比较合理,因为类别 5 中包含叶绿素,类别 14 中包含树木,类别 16 是人造物。

在该图像上的大量实验和研究发现,除去类别 17 为背景且类别 9 太小之外,类别 2、3、4、7、11 中像元光谱曲线的 SAM 和光谱信息散度(spectral information divergence,SID)(Chang,2003)非常接近;类别 8、10 和 15 中的像元光谱曲线也很相似,很难区分开;类别 5、13 和 14 中的像元光谱曲线相似性不高,但也不容易划分;相似性最低的是类别 1、6 和 12,也是最好划分的。综上所述,该图像的分类对于任意一种高光谱图像算法来说都是有难度的。

1.5.2 HYDICE 数据

图 1.5(a)的 HYDICE 图像尺寸为 200×74,真实地物分布如图 1.5(b)所示,其中目标的中心像元用红色标识,边界像元用黄色标识。在图 1.5(b)中,图像的上半部分包含从第 1 列到第 3 列的织物面板,大小分别为 3 m×3 m、2 m×2 m 和 1 m×1 m,因为图像的空间分辨率为 1.56 m,第 3 列的面板可以看作亚像元目标。图像的下半部分包含不同大小的车辆,第 1 列的上面 4 个车辆尺寸为 4 m×8 m,下面的 2 个车辆尺寸为 6 m×3 m,第 2 列的目标中,上面 2 个目标的大小为 2 个像元,下面 1 个目标的大小为 1 个像元。也就是说,在该图像场景中,包含 3 类大小不同的目标:小尺寸目标,大小分别为 3 m×3 m、2 m×2 m 和 1 m×1 m 的织物面板;大尺寸目标,大小分别为 4 m×8 m、6 m×3 m 的车辆,以及 2 像元和 1 像元的 3 个目标,这些内容将用于验证解混算法的性能。

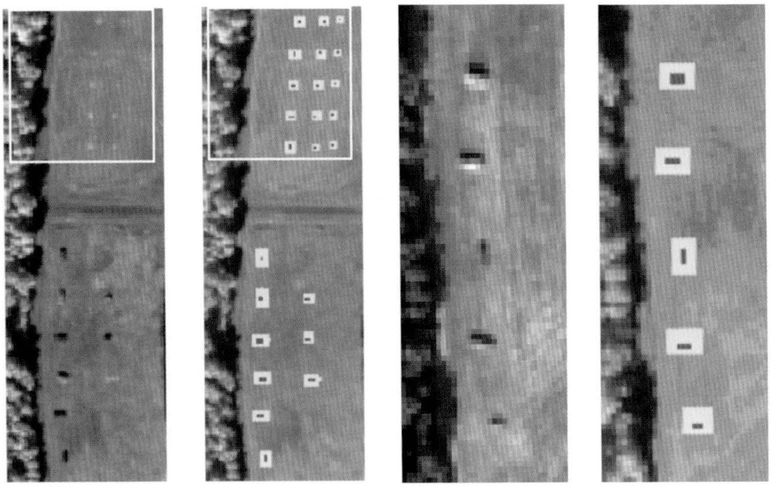

(a) 图像场景　(b) 真实地物分布图　(c) 5辆车　(d) (c)的真实地物分布

图 1.5　HYDICE 车辆场景

为了便于观察,将图 1.5(a)中的左下部分放大为图 1.5(c),其尺寸为 33×90,光谱分辨率为 10 nm,空间分辨率为 1.56 m,5 辆车沿着树林的边界垂直排列,图 1.5(d)中的红色

(R)像元表示车辆的中心像元，而黄色(Y)像元表示车辆与背景混合的部分。

另一个放大的 HYDICE 图像如图 1.6(a)所示，将图 1.5(a)和(b)的上半部分截取下来一个正方形。

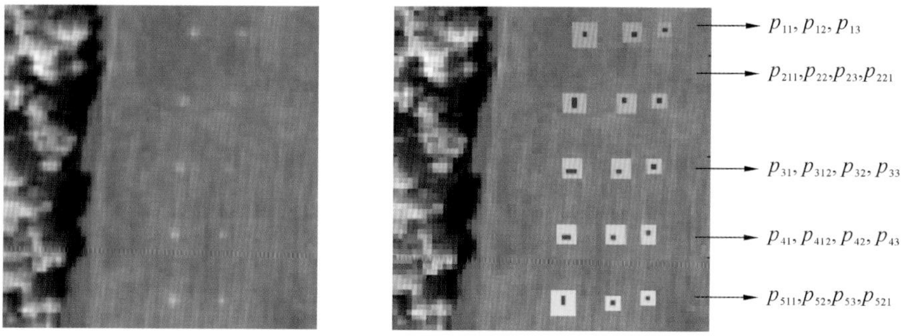

(a) 含15个面板的HYDICE图像　　(b) 15个面板的真实分布情况

图 1.6　HYDICE 图像

Chang(2003)大量使用该图像，其大小为 64×64，包含 15 个面板。场景中还包括一大片草地背景，左边有一片森林，以及森林边上一条几乎肉眼看不到的路。图像空间分辨率为 1.56 m，光谱分辨率为 10 nm，其中的低信噪比波段 1～3 和 202～210 波段，以及水汽吸收波段 101～112 和 137～153 波段被去掉。15 个面板分布于草地的中间，按照 5 行 3 列排列，第 1、2、3 列的面板大小分别为 3 m×3 m、2 m×2 m 和 1 m×1 m，图 1.6(b)是图 1.6(a)的真实分布图。各面板均为正方形，用 p_{ij} 表示，$i=1,\cdots,5$ 为行号，$j=1,2,3$ 为列号。每行的面板为相同材质和涂料，但是大小不同；每列的面板为相同尺寸，但是材质或涂料不同。其中，第 2 行和第 3 行是相同材质不同涂料，第 4 行和第 5 行也是相同材质不同涂料，即这 15 个面板实际上是 5 种属性 3 个尺寸。图 1.6(b)中红色为面板的中心像元，黄色为面板与背景混合的像元。1.56 m 的空间分辨率，意味着第 2 列和第 3 列的面板实际上应该是各占 1 个像元，即图 1.6(b)中的 p_{12}，p_{13}，p_{22}，p_{23}，p_{32}，p_{33}，p_{42}，p_{43}，p_{52}，p_{53}。另外，除了第 1 行第 1 列的面板 p_{11} 大小为 1 个像元外，其他的第 1 列的面板都是 2 个像元，其中第 2 行的面板为垂直排列的 2 个像元 p_{211} 和 p_{221}，第 3 行的面板为水平排列的 2 个像元 p_{311} 和 p_{312}，第 4 行的面板为水平排列的 2 个像元 p_{411} 和 p_{412}，第 5 行的面板为垂直排列的 2 个像元 p_{511} 和 p_{521}。因为第 3 列的面板大小为 1 m×1 m，小于图像的空间分辨率，所以很难用肉眼看清。

图 1.7 给出了图 1.6 中 5 个面板目标的光谱曲线，其中 p_i 表示第 i 个面板光谱，是第 i 行面板中 R 像元的均值向量，它们表示每行面板的目标知识。

根据图 1.6(a)和(b)的视觉效果和真实地物分布图，图中还有 4 种背景光谱，如图 1.8 所示，分别为干扰、草、树和路。这 4 个光谱和图 1.7 的 5 个面板光谱一起构成 9 个向量组成的矩阵，可以用于线性混合模型的监督式线性光谱混合分析(supervised linear spectral mixing analysis，SLSMA)。

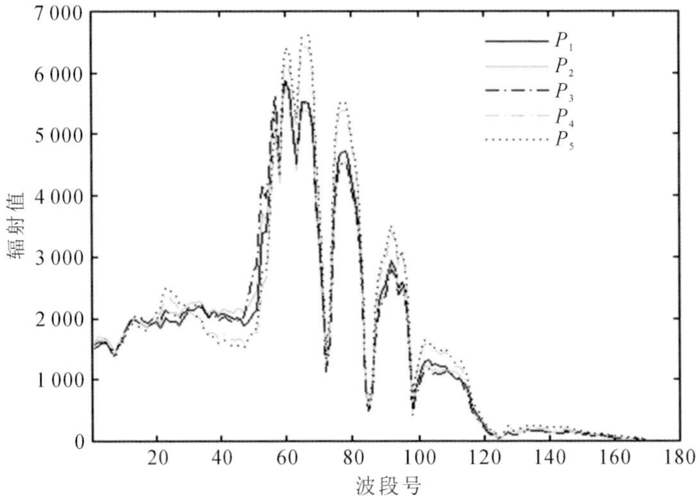

图 1.7　p_1，p_2，p_3，p_4 和 p_5 的光谱曲线

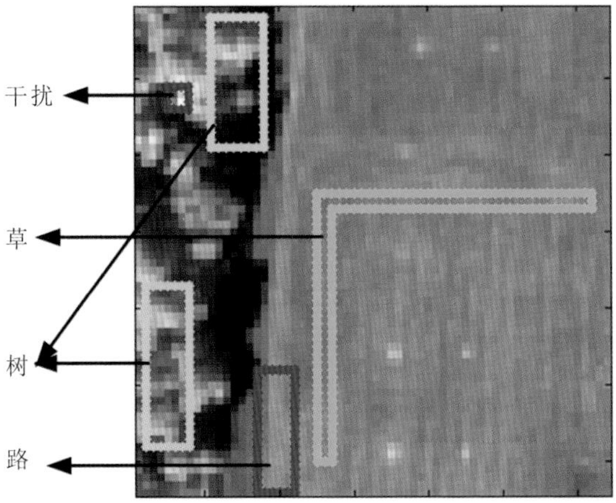

图 1.8　3 种背景光谱（草、树、路）和 1 个干扰因素

1.6　本书中用到的符号和术语

因为书中用到的数据主要是真实的高光谱图像，其中的像元混合度通常较高，不一定存在纯像元（即端元），后面将不使用"端元"一词，而是使用"特性元"表示特定物质。特性元是图像中最接近某种物质的实际像元向量，但不一定是对应该物质的纯像元。另外，在分析时主要考虑感兴趣的目标，所以经常使用"目标"一词。为了区分目标像元和特性元，利用符号 $\boldsymbol{t}$ 表示目标像元，而 $\boldsymbol{s}$、$\boldsymbol{e}$ 或者 $\boldsymbol{m}$ 表示特性元，$\boldsymbol{r}$ 表示图像中任意像元。使用粗体大写符号表

示矩阵，粗体小写表示向量，L 表示光谱波段总数，$\boldsymbol{K}$ 表示样本光谱协方差矩阵，$\boldsymbol{R}$ 表示样本光谱自相关矩阵。另外，$\delta^{*}(\boldsymbol{r})$表示作用于像元 $\boldsymbol{r}$ 上的检测器或分类器，上标 * 表示所用检测器或分类器的类型。$\delta^{*}(\boldsymbol{r})$是一个实值函数，由滤波向量 $\boldsymbol{w}$ 和像元 $\boldsymbol{r}$ 的内积得到，即 $\delta^{*}(\boldsymbol{r})=(\boldsymbol{w}^{*})^{\mathrm{T}}\boldsymbol{r}$，其中 $\boldsymbol{w}^{*}$ 表示某个特定的检测器算子或者分类器算子。用 $\boldsymbol{\alpha}$ 和$\hat{\boldsymbol{\alpha}}$表示丰度向量和其估计值，符号^ 表示估计值。

$\boldsymbol{\alpha}$：丰度向量；

$\hat{\boldsymbol{\alpha}}$：丰度向量的估计值；

α_j：丰度向量的第 j 个元素；

$\hat{\alpha}_j$：丰度向量的第 j 个元素 α_j 的估计值；

$\mathbf{A}$：权重或混合矩阵；

A_z：ROC 的曲线下面积；

$\boldsymbol{B}_l$：第 l 个波段图像；

$\boldsymbol{b}_l$：第 l 个波段图像表示为向量；

C：类别总数；

C_j：第 j 个类别；

$\boldsymbol{d}$：感兴趣信号向量；

$\boldsymbol{D}$：感兴趣的信号矩阵；

$\boldsymbol{D}_\lambda$：特征值对角矩阵；

δ：检测器或分类器；

Δ：数据库；

ε：误差阈值；

$\boldsymbol{e}_j$：第 j 个特性元；

$\boldsymbol{I}$：单位矩阵；

$I(x)$：x 的自信息；

$k(.,.)$：核函数；

K：PPI 算法中的 skewers 总数；

$\mathbf{K}$：样本协方差矩阵；

$\boldsymbol{l}$：样本协方差矩阵 $\boldsymbol{K}$ 的特征值；

$\hat{\lambda}$：样本互相关矩阵 $\boldsymbol{R}$ 的特征值；

l：波段号；

L：光谱通道或波段的数量；

$\boldsymbol{\Lambda}$：特征向量矩阵；

$\boldsymbol{\mu}$：全局均值向量；

μ_j：第 j 个类别的均值；

$m(.,.)$：光谱度量；

$\boldsymbol{\mu}_j$：第 j 个信号向量；

$\mathbf{M}$：信号或端元矩阵；

$\boldsymbol{n}$：噪声向量；

N：图像中的像元向量总数，即 $N=n_r * n_c$；

n_c：高光谱图像的列数；

n_D：感兴趣信号矩阵 $\boldsymbol{D}$ 中的信号数量；

n_r：高光谱图像的行数；

n_{II}：干扰的数量；

n_T：训练样本的数量；

$\boldsymbol{U}$：待压制的信号矩阵；

n_U：$\boldsymbol{U}$ 中的待压制信号数量；

n_{VD}：VD 估计的数量；

p：端元的数量；

P_D：检测能力或概率；

P_F：虚警率；

$\boldsymbol{P}_{\boldsymbol{U}}^{\perp}$：用于去掉 $\boldsymbol{U}$ 中目标信号的投影空间；

q：降维后需要保留的维度数量；

$\hat{q}$：波段选择需要选择的波段数量；

$\boldsymbol{r}$：图像中的像元向量；

$\boldsymbol{R}$：样本的自相关矩阵；

σ^2：方差；

$\boldsymbol{S}_B$：类间散布矩阵；

$\boldsymbol{S}_W$：类内散布矩阵；

$\boldsymbol{t}$：目标向量；

τ：阈值；

$\boldsymbol{w}$：权重向量；

$\boldsymbol{W}$：权重矩阵；

$\boldsymbol{v}$：特征向量；

VD_*：由算法“*”的标准所获得的 VD 值；

ξ：进行降维的转换；

$\boldsymbol{\Psi}$：干扰矩阵；

$\boldsymbol{z}$：投影向量；

$<.,.>$：向量内积。

参考文献

AKAIKE H，1974. A new look at the statistical model identification[J]. IEEE Transactions on Automatic Control，19(6)：716-723.

CHANG C, 2003. Hyperspectral imaging: Techniques for spectral detection and classification[M]. New York: Kluwer Academic/Plenum Publishers.

CHANG C, 2013. Hyperspectral data processing: Algorithm design and analysis[M]. New York: John Wiley & Sons, Inc.

CHANG C, 2016. Real-time progressive hyperspectral image processing: Endmember finding and anomaly detection[M]. New York: Springer International Publishing.

CHANG C, 2017. Real-time recursive hyperspectral sample and band processing: Algorithm architecture and implementation[M]. New York: Springer.

CHANG C, DU Q, 2004. Estimation of number of spectrally distinct signal sources in hyperspectral imagery [J]. IEEE Transactions on Geoscience and Remote Sensing, 42(3): 608-619.

DUDA R, HART P, STROK D, 2003. Pattern classification and scene analysis[J]. IEEE Transactions on Automatic Control, 19(4): 462-463.

FUGUNAKA K, 1990. Statistical pattern recognition[M]. 2nd ed. New York: Academic Press.

HARSANYI J, CHANG C, 1994. Hyperspectral image classification and dimensionality reduction: An orthogonal subspace projection approach[J]. IEEE Transactions on Geoscience and Remote Sensing, 32 (4): 779-785.

KAILATH T, 1969. An innovations approach to least-squares estimation part I: Linear filtering in additive white noise[J]. IEEE Transactions on Automatic Control, 13(6): 646-655.

POOR H V, 1994. An introduction to signal detection and estimation[M]. 2nd ed. New York: Springer-Verlag.

REN H, CHANG C, 2003. Automatic spectral target recognition in hyperspectral imagery[J]. IEEE Transactions on Aerospace and Electronic Systems, 39(4): 1232-1249.

RISSANEN J, 1978. Modeling by shortest data description[J]. Automatica, 14(5): 465-471.

SCHWARZ G, 1978. Estimating the dimension of a model[J]. Ann. Stat., 6(2): 461-464.

第 2 章　线性光谱混合分析

线性光谱混合分析是高光谱数据处理中的一个重要分支。给定一个基本物质(即特性元)集合,假设高光谱图像中的任意一个数据样本都可以由该集合中的特性元按照一定的系数进行线性组合表示出来,其中与特性元相对应的系数称为丰度值。由此,对数据样本的分析便可转换为对成分(特性元)及含量(丰度值)的分析,对应的高光谱数据处理技术则称为线性光谱解混(linear spectral unmixing,LSU)。

2.1　简　　介

数据分析中,线性混合分析(linear mixture analysis,LMA)方法应用十分广泛,首先将数据样本描述为有限要素集的参数化线性模型,通过求解线性逆问题,找到与各要素对应的权重系数,从而对数据样本进行存储或表示。以介于 0 到 1 之间的实数 a 的表示为例,假设用 8 位二进制数表示,则需要 8 位数字 $a_1, a_2, \cdots, a_8$(系数权重)分别作用于位权 2^{-j},其中 $1 \leqslant j \leqslant 8$。也就是说,数据 a 可以用一个包含 8 个元素的一维列向量 $\boldsymbol{\alpha} = (a_1, a_2, \cdots, a_8)^{\mathrm{T}}$ 表示,形式化为 $a = \boldsymbol{\alpha}^{\mathrm{T}} \boldsymbol{m}_8$,其中 $m_8 = (2^{-1}, 2^{-2}, \cdots, 2^{-8})^{\mathrm{T}}$ 也是一个包含 8 个元素的一维列向量。即将 $\{2^{-j}\}_{j=1}^{8}$ 看作 8 个基本要素,$\{a_j\}_{j=1}^{8}$ 是各要素对应的权重系数,由此,a 就被表达为 8 个要素 $\{2^{-j}\}_{j=1}^{8}$ 按权重系数 $\{a_j\}_{j=1}^{8}$ 的线性混合。

线性模型中不同的要素定义对应不同的 LMA 问题。如果要素为训练数据,则 LMA 就是线性回归模型;如果要素是特征向量(feature vector,FV),则 LMA 就是线性判别模型,如 Fisher 线性判别分析(fisher's linear discriminant analysis,FLDA);如果要素是本征向量(eigen vector,EV)或互相独立的投影向量,则 LMA 就是主成分分析(principal components analysis,PCA)或独立成分分析(independent components analysis,ICA);如果要素为遥感光谱数据中的特性元,则 LMA 就是本章的重点——线性光谱混合分析(linear spectral mixing analysis,LSMA)。

假设 L 为光谱的波段数,$\boldsymbol{r}$ 是一个 L 维的像元向量,图像中包括 p 种材质要素 $\boldsymbol{t}_1, \boldsymbol{t}_2, \cdots, \boldsymbol{t}_p$,令 $\boldsymbol{m}_1, \boldsymbol{m}_2, \cdots, \boldsymbol{m}_p$ 表示相应的特性元,分别对应于图像中最接近 $\boldsymbol{t}_1, \boldsymbol{t}_2, \cdots, \boldsymbol{t}_p$ 的实际像元向量。在高光谱遥感图像中,像元向量通常对应于混合光谱特性,而不是"纯材质特性"。则线性混合模型将光谱特性 $\boldsymbol{r}$ 定义为特性元 $\boldsymbol{m}_1, \boldsymbol{m}_2, \cdots, \boldsymbol{m}_p$ 以丰度 $\alpha_1, \alpha_2, \cdots, \alpha_p$ 线性组合的结果,即 $\boldsymbol{r}$ 定义为 $L \times 1$ 的列向量,$\boldsymbol{M}$ 是 $L \times p$ 的物质光谱特性矩阵,表示为 $[\boldsymbol{m}_1, \boldsymbol{m}_2, \cdots, \boldsymbol{m}_p]$,其中

$\boldsymbol{m}_j$是一个 $L\times 1$ 的列向量，表示第 j 种物质 $\boldsymbol{t}_j$ 在像元向量 $\boldsymbol{r}$ 中的光谱特性元。令 $\boldsymbol{\alpha}=(\alpha_1,\alpha_2,\cdots,\alpha_p)^{\mathrm{T}}$ 为 $\boldsymbol{r}$ 的 $p\times 1$ 丰度列向量，其中 α_j表示第 j 种物质特性元 $\boldsymbol{m}_j$在像元 $\boldsymbol{r}$ 中的丰度值，可得 $\boldsymbol{r}$ 的表达式：

$$\boldsymbol{r}=\boldsymbol{M\alpha}+\boldsymbol{n} \tag{2.1}$$

其中，$\boldsymbol{n}$ 表示噪声、测量误差或者模型误差。

式(2.1)中 LSMA 使用的线性模型与 Wiener 滤波器类似，Wiener 滤波器是利用 p 个观测样本和线性模型进行预测，式(2.1) 还加入了 p 个物质特性元间的互相关性。通过式(2.1)，可以将高光谱图像存储为 p 个向量及其丰度图的形式。

2.2 求解线性光谱混合分析问题

通常，有两种方法求解式(2.1)，基于最小二乘误差(least square error，LSE)的估计方法和基于信噪比(signal to noise ratio，SNR)的检测方法，下面分别对这两种方法进行介绍。

2.2.1 基于最小二乘误差的方法

对式(2.1) 应用最小二乘误差方法，得到：

$$\min_{\boldsymbol{\alpha}}\{(\boldsymbol{r}-\boldsymbol{M\alpha})^{\mathrm{T}}(\boldsymbol{r}-\boldsymbol{M\alpha})\} \tag{2.2}$$

式(2.2) 的解为

$$\hat{\boldsymbol{\alpha}}^{\mathrm{LS}}(\boldsymbol{r})=(\boldsymbol{M}^{\mathrm{T}}\boldsymbol{M})^{-1}\boldsymbol{M}^{\mathrm{T}}\boldsymbol{r} \tag{2.3}$$

其中，$\hat{\boldsymbol{\alpha}}^{\mathrm{LS}}(\boldsymbol{r})=(\hat{\alpha}_1^{\mathrm{LS}}(\boldsymbol{r}),\hat{\alpha}_2^{\mathrm{LS}}(\boldsymbol{r}),\cdots,\hat{\alpha}_p^{\mathrm{LS}}(\boldsymbol{r}))$，$\hat{\alpha}_j^{\mathrm{LS}}(\boldsymbol{r})$是第 j 个物质特性元 $\boldsymbol{m}_j$在数据样本 $\boldsymbol{r}$ 中的丰度估计值。

2.2.2 基于信噪比的方法

Harsanyi 等(1994)从信噪比的角度提出了求解式(2.1) 的方法。将式(2.1) 理解为标准的信号检测模型，$\boldsymbol{M\alpha}$ 为待检测信号，$\boldsymbol{n}$ 为干扰噪声。将 p 种物质的集合$\boldsymbol{t}_1,\boldsymbol{t}_2,\cdots,\boldsymbol{t}_p$ 划分为感兴趣物质 $\boldsymbol{t}_p$和非期望物质集$\boldsymbol{t}_1,\boldsymbol{t}_2,\cdots,\boldsymbol{t}_{p-1}$，通过压制非期望物质集$\boldsymbol{t}_1,\boldsymbol{t}_2,\cdots,\boldsymbol{t}_{p-1}$的影响，可以提高对 $\boldsymbol{t}_p$的检测能力。故先将 $\boldsymbol{m}_p$从 $\boldsymbol{M}$ 中分离出来，式(2.1) 重写为 OSP 模型 $\boldsymbol{r}=\alpha_p\boldsymbol{m}_p+\gamma\boldsymbol{U}+\boldsymbol{n}$，其中 $\boldsymbol{m}_p$是感兴趣物质 $\boldsymbol{t}_p$的光谱特性元，而 $\boldsymbol{U}=[\boldsymbol{m}_1\ \boldsymbol{m}_2\cdots\boldsymbol{m}_{p-1}]$是由非期望物质集 $\boldsymbol{t}_1,\boldsymbol{t}_2,\cdots,\boldsymbol{t}_{p-1}$的特性元$\boldsymbol{m}_1,\boldsymbol{m}_2,\cdots,\boldsymbol{m}_{p-1}$构成的矩阵。不失一般性，假设感兴趣物质为 $\boldsymbol{t}_p$，即有 $\boldsymbol{d}=\boldsymbol{m}_p$，则由 Harsanyi 等(1994)提出的方法，式(2.1) 的解为

$$\hat{\alpha}_p^{\mathrm{OSP}}(\boldsymbol{r})=\boldsymbol{d}^{\mathrm{T}}\boldsymbol{P}_{\boldsymbol{U}}^{\perp}\boldsymbol{r} \tag{2.4}$$

其中，

$$\boldsymbol{P}_{\boldsymbol{U}}^{\perp}=\boldsymbol{I}-\boldsymbol{U}\boldsymbol{U}^{\#}=\boldsymbol{I}-\boldsymbol{U}(\boldsymbol{U}^{\mathrm{T}}\boldsymbol{U})^{-1}\boldsymbol{U}^{\mathrm{T}} \tag{2.5}$$

$\boldsymbol{U}^{\#}$ 是 $\boldsymbol{U}$ 的伪逆，定义为 $(\boldsymbol{U}^{\mathrm{T}}\boldsymbol{U})^{-1}\boldsymbol{U}^{\mathrm{T}}$。另据 Chang 等(2003)、Tu 等(1997)和 Settle 等(1996)的工作，有

$$\hat{\alpha}_p^{\mathrm{LS}}(\boldsymbol{r}) = \hat{\alpha}_p^{\mathrm{LSOSP}}(\boldsymbol{r}) = (\boldsymbol{d}^{\mathrm{T}}\boldsymbol{P}_U^{\perp}\boldsymbol{d})^{-1}\hat{\alpha}_p^{\mathrm{OSP}}(\boldsymbol{r}) \tag{2.6}$$

观察式(2.4)和式(2.6)可以发现，$\hat{\alpha}_p^{\mathrm{LS}}(\boldsymbol{r})$ 和 $\hat{\alpha}_p^{\mathrm{OSP}}(\boldsymbol{r})$ 的直观差别在于是否包含 $(\boldsymbol{d}^{\mathrm{T}}\boldsymbol{P}_U^{\perp}\boldsymbol{d})^{-1}$ 项，除此之外：①$\hat{\alpha}_p^{\mathrm{LS}}(\boldsymbol{r})$ 是估计器，而 $\hat{\alpha}_p^{\mathrm{OSP}}(\boldsymbol{r})$ 是检测器；②$\hat{\alpha}^{\mathrm{LS}}(\boldsymbol{r})$ 估计所有 p 个物质特性元的丰度值，而 $\hat{\alpha}_p^{\mathrm{LS}}(\boldsymbol{r})$ 只检测物质特性元 $\boldsymbol{m}_p$ 的丰度值，即其每次只检测一种物质。

要用 LSMA 表示数据样本向量中包含的光谱信息，需解决以下 3 个问题：①估计物质特性元的数量 p；②利用非监督方式寻找这 p 个物质特性元 $\boldsymbol{m}_1,\boldsymbol{m}_2,\cdots,\boldsymbol{m}_p$；③利用 2 个物理约束求解式(2.1)，即丰度和为一约束(abundance sum-to-one constraint，ASC) $\sum_{j=1}^{p}\alpha_j = 1$ 和丰度非负约束(abundance non-negativity constraint，ANC) $\alpha_j \geqslant 0, 1 \leqslant j \leqslant p$。下面对第 3 个问题进行讨论并加以解决。

2.3 丰度约束的线性光谱混合分析

为了便于数学计算，式(2.3)和式(2.6)的求解过程中并没有考虑丰度约束，即未在模型(2.1)上施加任何的物理约束。但是，更合理的处理方式应该是对式(2.1)中的 $\boldsymbol{\alpha}$ 向量增加丰度约束，即和为一约束(ASC)或非负约束(ANC)。该节将讨论由式(2.1)衍生出来的 3 个丰度约束 LSE 问题，即丰度约束线性光谱混合分析(abundance-constrained LSMA，AC-LSMA)。

2.3.1 丰度和为一约束的线性光谱混合分析

和为一约束是对式(2.1)施加约束的最简单方式，形式化为和为一约束的最小二乘问题(sum-to-one constrained least squares，SCLS)。

$$\min_{\boldsymbol{\alpha}}\{(\boldsymbol{r}-\boldsymbol{M\alpha})^{\mathrm{T}}(\boldsymbol{r}-\boldsymbol{M\alpha})\}，满足 \sum_{j=1}^{p}\alpha_j = 1 \tag{2.7}$$

为了求解式(2.7)，将拉格朗日乘子 λ_1 作用于和为一约束 $\boldsymbol{1}^{\mathrm{T}}\boldsymbol{\alpha}=1$，得到

$$J(\boldsymbol{\alpha},\lambda_1) = \frac{1}{2}(\boldsymbol{M\alpha}-\boldsymbol{r})^{\mathrm{T}}(\boldsymbol{M\alpha}-\boldsymbol{r}) + \lambda_1(\boldsymbol{1}^{\mathrm{T}}\boldsymbol{\alpha}-1) \tag{2.8}$$

其中，$\boldsymbol{1}$ 为向量，$\boldsymbol{1}=(\underbrace{1,1,\cdots,1}_{p})^{\mathrm{T}}$。式(2.8)中分别对 $\boldsymbol{\alpha}$ 和 λ_1 求导，有

$$\begin{aligned}
&\left.\frac{\partial J(\boldsymbol{\alpha},\lambda_1)}{\partial\boldsymbol{\alpha}}\right|_{\hat{\boldsymbol{\alpha}}^{\mathrm{SCLS}}(\boldsymbol{r})} = (\boldsymbol{M}^{\mathrm{T}}\boldsymbol{M})\hat{\boldsymbol{\alpha}}^{\mathrm{SCLS}}(\boldsymbol{r}) - \boldsymbol{M}^{\mathrm{T}}\boldsymbol{r} + \lambda_1^{*}\boldsymbol{1} = 0 \\
&\Rightarrow \hat{\boldsymbol{\alpha}}^{\mathrm{SCLS}}(\boldsymbol{r}) = (\boldsymbol{M}^{\mathrm{T}}\boldsymbol{M})^{-1}\boldsymbol{M}^{\mathrm{T}}\boldsymbol{r} - \lambda_1^{*}(\boldsymbol{M}^{\mathrm{T}}\boldsymbol{M})^{-1}\boldsymbol{1} \\
&\Rightarrow \hat{\boldsymbol{\alpha}}^{\mathrm{SCLS}}(\boldsymbol{r}) = \hat{\boldsymbol{\alpha}}^{\mathrm{LS}}(\boldsymbol{r}) - \lambda_1^{*}(\boldsymbol{M}^{\mathrm{T}}\boldsymbol{M})^{-1}\boldsymbol{1}
\end{aligned} \tag{2.9}$$

及

$$\left.\frac{\partial J(\boldsymbol{\alpha},\lambda_1)}{\partial\lambda_1}\right|_{\lambda_1^*} = \mathbf{1}^{\mathrm{T}}\hat{\boldsymbol{\alpha}}^{\mathrm{SCLS}}(\boldsymbol{r}) - 1 = 0 \tag{2.10}$$

式(2.9)和式(2.10)必须同时求解，才能得到$\hat{\boldsymbol{\alpha}}^{\mathrm{SCLS}}(\boldsymbol{r})$和$\lambda_1^*$的最优解。将式(2.10)代入式(2.9)，可得

$$\mathbf{1}^{\mathrm{T}}\hat{\boldsymbol{\alpha}}^{\mathrm{LS}}(\boldsymbol{r}) - \lambda_1^*\mathbf{1}^{\mathrm{T}}(\boldsymbol{M}^{\mathrm{T}}\boldsymbol{M})^{-1}\mathbf{1} = 1 \Rightarrow \lambda_1^* = -[\mathbf{1}^{\mathrm{T}}(\boldsymbol{M}^{\mathrm{T}}\boldsymbol{M})^{-1}\mathbf{1}]^{-1}(1-\mathbf{1}^{\mathrm{T}}\hat{\boldsymbol{\alpha}}^{\mathrm{LS}}(\boldsymbol{r})) \tag{2.11}$$

进一步将式(2.11)代入式(2.9)得到

$$\begin{aligned}\hat{\boldsymbol{\alpha}}^{\mathrm{SCLS}}(\boldsymbol{r}) &= \hat{\boldsymbol{\alpha}}^{\mathrm{LS}}(\boldsymbol{r}) + (\boldsymbol{M}^{\mathrm{T}}\boldsymbol{M})^{-1}\mathbf{1}[\mathbf{1}^{\mathrm{T}}(\boldsymbol{M}^{\mathrm{T}}\boldsymbol{M})^{-1}\mathbf{1}]^{-1}(1-\mathbf{1}^{\mathrm{T}}\hat{\boldsymbol{\alpha}}^{\mathrm{LS}}(\boldsymbol{r}))\\ &= \boldsymbol{P}_{\boldsymbol{M},\mathbf{1}}^{\perp}\hat{\boldsymbol{\alpha}}^{\mathrm{LS}}(\boldsymbol{r}) + (\boldsymbol{M}^{\mathrm{T}}\boldsymbol{M})^{-1}\mathbf{1}[\mathbf{1}^{\mathrm{T}}(\boldsymbol{M}^{\mathrm{T}}\boldsymbol{M})^{-1}\mathbf{1}]^{-1}\end{aligned} \tag{2.12}$$

其中，

$$\boldsymbol{P}_{\boldsymbol{M},\mathbf{1}}^{\perp} = \boldsymbol{I} - (\boldsymbol{M}^{\mathrm{T}}\boldsymbol{M})^{-1}\mathbf{1}[\mathbf{1}^{\mathrm{T}}(\boldsymbol{M}^{\mathrm{T}}\boldsymbol{M})^{-1}\mathbf{1}]^{-1}\mathbf{1}^{\mathrm{T}} \tag{2.13}$$

2.3.2 丰度非负约束的线性光谱混合分析

如果不在$\hat{\boldsymbol{\alpha}}^{\mathrm{LS}}(\boldsymbol{r})$上附加任何的物理约束，其丰度$\hat{\alpha}_1^{\mathrm{LS}}(\boldsymbol{r}),\hat{\alpha}_2^{\mathrm{LS}}(\boldsymbol{r}),\cdots,\hat{\alpha}_p^{\mathrm{LS}}(\boldsymbol{r})$可能出现负值。为了避免这一问题，需要在式(2.1)上应用丰度非负约束 ANC。通常的做法是定义一个基于最小二乘误差的目标函数：

$$J = \frac{1}{2}(\boldsymbol{M\alpha}-\boldsymbol{r})^{\mathrm{T}}(\boldsymbol{M\alpha}-\boldsymbol{r}) + \boldsymbol{\lambda}^{\mathrm{T}}(\boldsymbol{\alpha}-\boldsymbol{c}) \tag{2.14}$$

其中，$\boldsymbol{\lambda}=(\lambda_1,\lambda_2,\cdots,\lambda_p)^{\mathrm{T}}$为拉格朗日乘子向量，$\boldsymbol{c}=(c_1,c_2,\cdots,c_p)^{\mathrm{T}}$为约束向量，$c_j>0$，$j\in\{1,2,\cdots,p\}$。与式(2.10)类似，可得

$$\begin{aligned}&\left.\frac{\partial J(\boldsymbol{\alpha},\boldsymbol{\lambda})}{\partial\boldsymbol{\alpha}}\right|_{\hat{\boldsymbol{\alpha}}^{\mathrm{NCLS}}(\boldsymbol{r})} = (\boldsymbol{M}^{\mathrm{T}}\boldsymbol{M})\hat{\boldsymbol{\alpha}}^{\mathrm{NCLS}}(\boldsymbol{r}) - \boldsymbol{M}^{\mathrm{T}}\boldsymbol{r} + \boldsymbol{\lambda}^* = 0\\ &\Rightarrow \hat{\boldsymbol{\alpha}}^{\mathrm{NCLS}}(\boldsymbol{r}) = (\boldsymbol{M}^{\mathrm{T}}\boldsymbol{M})^{-1}\boldsymbol{M}^{\mathrm{T}}\boldsymbol{r} - (\boldsymbol{M}^{\mathrm{T}}\boldsymbol{M})^{-1}\boldsymbol{\lambda}^*\\ &\Rightarrow \hat{\boldsymbol{\alpha}}^{\mathrm{NCLS}}(\boldsymbol{r}) = \hat{\boldsymbol{\alpha}}^{\mathrm{LS}}(\boldsymbol{r}) - (\boldsymbol{M}^{\mathrm{T}}\boldsymbol{M})^{-1}\boldsymbol{\lambda}^*\end{aligned} \tag{2.15}$$

有

$$\begin{aligned}&(\boldsymbol{M}^{\mathrm{T}}\boldsymbol{M})^{-1}\boldsymbol{\lambda}^* = \hat{\boldsymbol{\alpha}}^{\mathrm{LS}}(\boldsymbol{r}) - \hat{\boldsymbol{\alpha}}^{\mathrm{NCLS}}(\boldsymbol{r})\\ &\Rightarrow \boldsymbol{\lambda}^* = (\boldsymbol{M}^{\mathrm{T}}\boldsymbol{M})\hat{\boldsymbol{\alpha}}^{\mathrm{LS}}(\boldsymbol{r}) - (\boldsymbol{M}^{\mathrm{T}}\boldsymbol{M})\hat{\boldsymbol{\alpha}}^{\mathrm{NCLS}}(\boldsymbol{r})\\ &\Rightarrow \boldsymbol{\lambda}^* = (\boldsymbol{M}^{\mathrm{T}}\boldsymbol{M})[(\boldsymbol{M}^{\mathrm{T}}\boldsymbol{M})^{-1}\boldsymbol{M}^{\mathrm{T}}\boldsymbol{r}] - (\boldsymbol{M}^{\mathrm{T}}\boldsymbol{M})\hat{\boldsymbol{\alpha}}^{\mathrm{NCLS}}(\boldsymbol{r})\\ &\Rightarrow \boldsymbol{\lambda}^* = \boldsymbol{M}^{\mathrm{T}}\boldsymbol{r} - \boldsymbol{M}^{\mathrm{T}}\boldsymbol{M}\hat{\boldsymbol{\alpha}}^{\mathrm{NCLS}}(\boldsymbol{r})\end{aligned} \tag{2.16}$$

为了使$\hat{\boldsymbol{\alpha}}^{\mathrm{NCLS}}(\boldsymbol{r})$满足 ANC，需要$\boldsymbol{\lambda}$满足 Kuhn-Tucker 条件：

$$\lambda_i = 0, i \in P$$

$$\lambda_i < 0, i \in R \tag{2.17}$$

其中，P 和 R 分别为包含非负丰度的被动集和负丰度的主动集。利用式(2.15)～式(2.17)，可以设计一个算法 NCLS。由式(2.3) 的$\hat{\boldsymbol{\alpha}}^{\mathrm{LS}}(\boldsymbol{r})$作为初始值，如果所有的丰度值都为正，则算法停止；否则，将所有负丰度值的索引号移入主动集 R，并记录为 S，所有非负丰度值的索引号移入被动集 P。利用式(2.17) 的 Kuhn-Tucker 条件，将对应于 $i\in P$ 的 λ_i 设为 0，其他的 $\boldsymbol{\lambda}$ 元素根据式(2.16) 计算。如果所有的 λ_i 均为非正值，则 NCLS 停止；否则将最大的 λ_j 值下标 j 从 R 移入 P，并重新计算拉格朗日乘子向量 $\boldsymbol{\lambda}$ 和丰度向量，将存在于 S 且对应丰度为负值的下标从 P 移入 R，重复直到 S 中下标元素的丰度都非负。

重复利用式(2.15)和式(2.16)可以找到 NCLS(Heinz et al.，2001)的最优解$\hat{\boldsymbol{\alpha}}^{\mathrm{NCLS}}(\boldsymbol{r})$。NCLS 的具体算法实现如下文。

(1) 初始化：令被动集 $P^{(0)}=\{1,2,\cdots,p\}$，主动集 $R^{(0)}=\varnothing$，且 $k=0$。

(2) 利用式(2.3) 计算$\hat{\boldsymbol{\alpha}}^{\mathrm{LS}}(\boldsymbol{r})$，并令$\hat{\boldsymbol{\alpha}}^{\mathrm{NCLS},(k)}(\boldsymbol{r})=\hat{\boldsymbol{\alpha}}^{\mathrm{LS}}(\boldsymbol{r})$。

(3) 在第 k 次迭代中，如果$\hat{\boldsymbol{\alpha}}^{\mathrm{NCLS},(k)}(\boldsymbol{r})$中所有的元素都非负，则算法停止；否则，继续。

(4) 令 $k=k+1$。

(5) 将 $P^{(k-1)}$ 中对应$\hat{\boldsymbol{\alpha}}^{\mathrm{NCLS},(k-1)}(\boldsymbol{r})$负丰度的下标移入 $R^{(k-1)}$，得到新的 $P^{(k)}$ 和 $R^{(k)}$，并定义 $S^{(k)}=R^{(k)}$。

(6) 令$\hat{\boldsymbol{\alpha}}_{R^{(k)}}$表示$\hat{\boldsymbol{\alpha}}^{\mathrm{NCLS},(k-1)}(\boldsymbol{r})$中对应 $R^{(k)}$ 的下标丰度向量。

(7) 移除$(\boldsymbol{M}^{\mathrm{T}}\boldsymbol{M})^{-1}$中 $P^{(k)}$ 下标对应的行和列，构造矩阵 $\boldsymbol{\Phi}_{\boldsymbol{\alpha}}^{(k)}$。

(8) 计算$\boldsymbol{\lambda}^{(k)}=(\boldsymbol{\Phi}_{\boldsymbol{\alpha}}^{(k)})^{-1}\hat{\boldsymbol{\alpha}}_{R^{(k)}}$，如果 $\boldsymbol{\lambda}^{(k)}$ 中所有的元素都为非正，转到第(13)步；否则，继续。

(9) 计算 $\lambda_{\max}^{(k)}=\arg\{\max_j \lambda_j^{(k)}\}$，并将 $\lambda_{\max}^{(k)}$ 对应的下标从 $R^{(k)}$ 移入 $P^{(k)}$。

(10) 删除$(\boldsymbol{M}^{\mathrm{T}}\boldsymbol{M})^{-1}$中 $P^{(k)}$ 下标对应的列，构造矩阵 $\boldsymbol{\Psi}_{\boldsymbol{\lambda}}^{(k)}$。

(11) 计算$\hat{\boldsymbol{\alpha}}_{S^{(k)}}=\hat{\boldsymbol{\alpha}}^{\mathrm{NCLS},(k)}-\boldsymbol{\Psi}_{\boldsymbol{\lambda}}^{(k)}\boldsymbol{\lambda}^{(k)}$。

(12) 如果$\hat{\boldsymbol{\alpha}}_{S^{(k)}}$中 $S^{(k)}$ 的下标对应丰度存在负值，将其从 $P^{(k)}$ 移入 $R^{(k)}$，转到第(6)步。

(13) 删除$(\boldsymbol{M}^{\mathrm{T}}\boldsymbol{M})^{-1}$中 $P^{(k)}$ 下标对应的列，构造另一个矩阵 $\boldsymbol{\Psi}_{\boldsymbol{\lambda}}^{(k)}$。

(14) 计算$\hat{\boldsymbol{\alpha}}^{\mathrm{NCLS},(k)}=\hat{\boldsymbol{\alpha}}^{\mathrm{LS}}-\boldsymbol{\Psi}_{\boldsymbol{\lambda}}^{(k)}\boldsymbol{\lambda}^{(k)}$，并转到第(3)步。

2.3.3 丰度全约束的线性光谱混合分析

NCLS 并没有考虑丰度和为一约束，所以算法产生的丰度向量各元素之和不一定为 1。需要重新定义优化问题如下：

$$\min_{\boldsymbol{\alpha}\in\Delta}\{(\boldsymbol{r}-\boldsymbol{M\alpha})^{\mathrm{T}}(\boldsymbol{r}-\boldsymbol{M\alpha})\}，满足\ \Delta=\left\{\boldsymbol{\alpha}\mid \alpha_j\geqslant 0,\forall j,\sum\nolimits_{j=1}^{p}\alpha_j=1\right\} \tag{2.18}$$

式(2.18) 的最优解首先利用无丰度约束的解$\hat{\boldsymbol{\alpha}}^{\mathrm{LS}}(\boldsymbol{r})$作为初始值，进行下面的和为一约

束丰度计算：

$$\hat{\boldsymbol{\alpha}}^{\mathrm{SCLS}}(\boldsymbol{r})=\boldsymbol{P}_{M,1}^{\perp}\hat{\boldsymbol{\alpha}}^{\mathrm{LS}}(\boldsymbol{r})+(\boldsymbol{M}^{\mathrm{T}}\boldsymbol{M})^{-1}\mathbf{1}\left[\mathbf{1}^{\mathrm{T}}(\boldsymbol{M}^{\mathrm{T}}\boldsymbol{M})\mathbf{1}\right]^{-1} \tag{2.19}$$

且

$$\boldsymbol{P}_{M,1}^{\perp}=\boldsymbol{I}_{L\times L}-(\boldsymbol{M}^{\mathrm{T}}\boldsymbol{M})^{-1}\mathbf{1}\left[\mathbf{1}^{\mathrm{T}}(\boldsymbol{M}^{\mathrm{T}}\boldsymbol{M})\mathbf{1}\right]^{-1}\mathbf{1}^{\mathrm{T}} \tag{2.20}$$

然后，引入矩阵 $\boldsymbol{N}$ 和观察向量 $\boldsymbol{s}$，得到迭代计算过程中的和为一约束表达形式：

$$\boldsymbol{N}=\begin{bmatrix}\eta\boldsymbol{M}\\ \mathbf{1}^{\mathrm{T}}\end{bmatrix},\boldsymbol{s}=\begin{bmatrix}\eta\boldsymbol{r}\\ 1\end{bmatrix} \tag{2.21}$$

在此基础上使用 NCLS 算法，其中 η 是一个控制 ASC 对 NCLS 作用程度的参数，可定义为矩阵 $\boldsymbol{M}-[m_{ij}]$最大元素值的倒数，即 $\eta=1/\max_{ij}\{m_{ij}\}$。通过式(2.21)，可以直接在 2.3.2节介绍的 NCLS 算法基础上，派生出 FCLS 算法，区别在于利用 $\boldsymbol{N}$、$\boldsymbol{s}$ 和$\hat{\boldsymbol{\alpha}}^{\mathrm{SCLS}}(\boldsymbol{r})$代替 NCLS 中的 $\boldsymbol{M}$、$\boldsymbol{r}$ 和$\hat{\boldsymbol{\alpha}}^{\mathrm{LS}}(\boldsymbol{r})$，算法描述如下文。

(1) 初始化：设 $\boldsymbol{N}=\begin{bmatrix}\eta\boldsymbol{M}\\ \mathbf{1}^{\mathrm{T}}\end{bmatrix},\boldsymbol{s}=\begin{bmatrix}\eta\boldsymbol{r}\\ 1\end{bmatrix}$，其中 $\delta\approx1/\max(\max\boldsymbol{M})$，令被动集 $P^{(0)}=\{1,2,\cdots,p\}$，主动集 $R^{(0)}=\varnothing$，且 $k=1$。

(2) 利用 $\boldsymbol{N}$、$\boldsymbol{s}$ 和式(2.12) 计算$\hat{\boldsymbol{\alpha}}^{\mathrm{SCLS}}$，令$\hat{\boldsymbol{\alpha}}^{\mathrm{FCLS},(0)}=\hat{\boldsymbol{\alpha}}^{\mathrm{SCLS}}$。

(3) 在第 k 次迭代中，如果$\hat{\boldsymbol{\alpha}}^{\mathrm{FCLS},(k)}$ 中的所有元素都为非负，则算法停止；否则，继续。

(4) 令 $k=k+1$。

(5) 将 $P^{(k-1)}$ 中$\hat{\boldsymbol{\alpha}}^{\mathrm{FCLS},(k-1)}$ 值为负的特性元下标移入 $R^{(k-1)}$，得到新的下标集 $P^{(k)}$ 和 $R^{(k)}$。

(6) 令$\hat{\boldsymbol{\alpha}}_{R^{(k)}}$ 表示丰度向量，由$\hat{\boldsymbol{\alpha}}^{\mathrm{FCLS},(k-1)}$ 中下标元素 $R^{(k)}$ 对应的值组成。

(7) 删除矩阵 $(\boldsymbol{M}^{\mathrm{T}}\boldsymbol{M})^{-1}$ 中下标对应 $P^{(k)}$ 的行和列，构成引导矩阵 $\boldsymbol{\Phi}_{\boldsymbol{\alpha}}^{(k)}$。将 $((\boldsymbol{M}^{\mathrm{T}}\boldsymbol{M})_{[:,R^{(k)}]}{}^{-1})^{\mathrm{T}}\mathbf{1}$ 添加为最后 1 列，$[(\boldsymbol{M}^{\mathrm{T}}\boldsymbol{M})^{-1}1]_{R^{(k)}}$ 添加为最后 1 行，$\mathbf{1}^{\mathrm{T}}(\boldsymbol{M}^{\mathrm{T}}\boldsymbol{M})^{-1}\mathbf{1}$ 作为 $\boldsymbol{\Phi}_{\boldsymbol{\alpha}}^{(k)}$ 最右下角的元素。

(8) 为$\hat{\boldsymbol{\alpha}}_{R^{(k)}}$ 添加一个 0 元素作为最后 1 行，并计算$\boldsymbol{\lambda}^{(k)}=(\boldsymbol{\Phi}_{\boldsymbol{\alpha}}^{(k)})^{-1}\hat{\boldsymbol{\alpha}}_{R^{(k)}}$。

(9) 如果 $\boldsymbol{\lambda}^{(k)}$ 中除了最后 1 行的元素全为负值，则转到第(11)步；否则，继续。

(10) 找到 $\lambda_{\max}^{(k)}=\max_j\lambda_j^{(k)}$，将 $R^{(k)}$ 中对应于 $\lambda_{\max}^{(k)}$的下标移入 $P^{(k)}$，并转到第(7)步。

(11) 删除矩阵$(\boldsymbol{M}^{\mathrm{T}}\boldsymbol{M})^{-1}$中下标在 $P^{(k)}$ 中的列，构造矩阵 $\boldsymbol{\Psi}_{\boldsymbol{\lambda}}^{(k)}$。

(12) 令 $\lambda_1^{(k)}=\boldsymbol{\lambda}^{(k)}(l)$以及$\boldsymbol{\lambda}_2^{(k)}=\boldsymbol{\lambda}^{(k)}[1:l-1]$，其中 l 为 $\boldsymbol{\lambda}^{(k)}$ 最后一行。

(13) 令$\hat{\boldsymbol{\alpha}}^{\mathrm{FCLS},(k)}=\hat{\boldsymbol{\alpha}}^{\mathrm{SCLS}}-((\boldsymbol{M}^{\mathrm{T}}\boldsymbol{M})^{-1}\mathbf{1})\lambda_1^{(k)}\boldsymbol{\Psi}_{\boldsymbol{\lambda}}^{(k)}\lambda_2^{(k)}$，转到第(3)步。

2.3.4 改进的 FCLS 算法

如前面所述，为了便于数学计算，式(2.3) 和式(2.6) 中并没有考虑丰度约束，不在模型(2.1) 上施加任何的物理约束，因此求得的最优解$\hat{\boldsymbol{\alpha}}^{\mathrm{LS}}(\boldsymbol{r})$中各元素 $\hat{\alpha}_1^{\mathrm{LS}}(\boldsymbol{r}),\hat{\alpha}_2^{\mathrm{LS}}(\boldsymbol{r}),\cdots,\hat{\alpha}_p^{\mathrm{LS}}(\boldsymbol{r})$ 的值常存在负数。而求解丰度非负约束问题的困难，在于相应的拉格朗日乘子算法没有解

析解。该节中，介绍另外一种施加非负约束的方法，与上一节直接求解不等式 α_j（$1\leqslant j\leqslant p$）的方式不同，该方法利用绝对值丰度和为一约束（absolute abundance sum-to-one constraint，AASC）$\sum_{j=1}^{p}|\alpha_j|=1$，进行求解，其主要特点是使用拉格朗日乘子算法，同时可以推导出满足非负约束和最小二乘误差的解析解。最早由 Ren 等（1999）提出，但是并未得到充分地重视和扩展。该方法对问题的描述如下：

$$\min_{\boldsymbol{\alpha}\in\boldsymbol{\Delta}}\{(\boldsymbol{r}-\boldsymbol{M\alpha})^{\mathrm{T}}(\boldsymbol{r}-\boldsymbol{M\alpha})\} \tag{2.22}$$

满足

$$\boldsymbol{\Delta}=\left\{\boldsymbol{\alpha}\mid\sum_{j=1}^{p}|\alpha_j|=1\right\} \tag{2.23}$$

前面提到，求解全约束线性混合问题的主要困难是丰度非负约束，因为不能使用拉格朗日乘子算法找到解析解。这里提出的绝对值丰度和为一约束 $\sum_{j=1}^{p}|\alpha_j|=1$ 有以下好处：①使用拉格朗日乘子，可迭代获得最优的约束最小二乘解；② 可保证丰度非负。也就是说，能够同时满足和为一约束 $\sum_{j=1}^{p}\alpha_j=1$ 和绝对值丰度和为一约束 $\sum_{j=1}^{p}|\alpha_j|=1$ 的唯一可能性，就是所有的丰度 $\{\alpha_j\}_{j=1}^{p}$ 必须非负。因此，改进的带有和为一约束 $\sum_{j=1}^{p}\alpha_j=1$ 和绝对值丰度和为一约束 $\sum_{j=1}^{p}|\alpha_j|=1$ 的最小二乘线性混合分析问题，可以描述为

$$\min_{\boldsymbol{\alpha}\in\boldsymbol{\Delta}}\{(\boldsymbol{r}-\boldsymbol{M\alpha})^{\mathrm{T}}(\boldsymbol{r}-\boldsymbol{M\alpha})\} \tag{2.24}$$

满足

$$\boldsymbol{\Delta}=\left\{\boldsymbol{\alpha}\mid\sum_{j=1}^{p}\alpha_j=1,\sum_{j=1}^{p}|\alpha_j|=1\right\} \tag{2.25}$$

利用与 FCLS 求解相似的论证过程，有

$$J(\boldsymbol{\alpha})=(1/2)(\boldsymbol{r}-\boldsymbol{M\alpha})^{\mathrm{T}}(\boldsymbol{r}-\boldsymbol{M\alpha})-\lambda_1\left(\sum_{j=1}^{p}\alpha_j-1\right)-\lambda_2\left(\sum_{j=1}^{p}|\alpha_j|-1\right) \tag{2.26}$$

式(2.26) 对 $\boldsymbol{\alpha}$ 求导，并设导数为 0，有

$$\begin{aligned}&\left.\frac{\partial J(\boldsymbol{\alpha})}{\partial\boldsymbol{\alpha}}\right|_{\hat{\boldsymbol{\alpha}}^{\mathrm{MFCLS}}}=0\\&\Rightarrow\hat{\boldsymbol{\alpha}}^{\mathrm{MFCLS}}=(\boldsymbol{M}^{\mathrm{T}}\boldsymbol{M})^{-1}[\boldsymbol{M}^{\mathrm{T}}r-\lambda_1\mathbf{1}-\lambda_2\,\mathrm{sign}(\boldsymbol{\alpha})]\\&\Rightarrow\hat{\boldsymbol{\alpha}}^{\mathrm{MFCLS}}=\boldsymbol{\alpha}^{\mathrm{LS}}-(\boldsymbol{M}^{\mathrm{T}}\boldsymbol{M})^{-1}[\lambda_1\mathbf{1}+\lambda_2\,\mathrm{sign}(\boldsymbol{\alpha}^{\mathrm{LS}})]\end{aligned} \tag{2.27}$$

其中，$\hat{\boldsymbol{\alpha}}^{\mathrm{LS}}=(\boldsymbol{M}^{\mathrm{T}}\boldsymbol{M})^{-1}\boldsymbol{M}^{\mathrm{T}}\boldsymbol{r}$ 为 $\boldsymbol{\alpha}$ 的无约束最小二乘解。将其代入下面的约束条件来计算 λ_1 和 λ_2。

$$\sum_{j=1}^{p}\alpha_j=\mathbf{1}^{\mathrm{T}}\boldsymbol{\alpha}=1 \tag{2.28}$$

$$\sum_{j=1}^{p}|\alpha_j|=\mathrm{sign}(\boldsymbol{\alpha})^{\mathrm{T}}\boldsymbol{\alpha}=1 \tag{2.29}$$

其中，$\mathrm{sign}(\boldsymbol{\alpha})$是一个由 $\boldsymbol{\alpha}$ 符号函数决定的向量，其第 j 个元素为 α_j 的符号，即 $\mathrm{sign}(\boldsymbol{\alpha})=(\beta_1,\beta_2,\cdots,\beta_p)^{\mathrm{T}}$，其中 β_j定义为

$$\beta_j=\begin{cases}\dfrac{\alpha_j}{|\alpha_j|}, & \alpha_j\neq 0\\ 0, & \alpha_j=0\end{cases} \tag{2.30}$$

式(2.26)的解可以利用式(2.28)～式(2.30)通过迭代计算 λ_1、λ_2 和 $\hat{\boldsymbol{\alpha}}^{\mathrm{MFCLS}}$ 求得，MFCLS 迭代算法的实现细节如下文。

(1) 初始化：计算式(2.12)，并设 $\hat{\boldsymbol{\alpha}}^{\mathrm{MFCLS}}=\hat{\boldsymbol{\alpha}}^{\mathrm{SCLS}}$。

(2) 利用式(2.27)～式(2.29)计算 λ_1 和 λ_2。

(3) 计算 $\hat{\boldsymbol{\alpha}}^{\mathrm{MFCLS}}=\hat{\boldsymbol{\alpha}}^{\mathrm{SCLS}}-(\boldsymbol{M}^{\mathrm{T}}\boldsymbol{M})^{-1}[\lambda_1\mathbf{1}+\lambda_2\,\mathrm{sign}(\hat{\boldsymbol{\alpha}}^{\mathrm{SCLS}})]$。

(4) 如果 $\hat{\boldsymbol{\alpha}}^{\mathrm{MFCLS}}$ 中存在负值，则转到第(2)步继续；否则，结束。

说明：第(1)步中，使用式(2.12)的和为一约束解 $\hat{\boldsymbol{\alpha}}^{\mathrm{SCLS}}$ 进行初始化；第(4)步中的结束条件为丰度非负。通常，该算法所需时间较长，实际中常用一个更简单的条件 $\sum_{j=1}^{p}|\alpha_j|-1<\varepsilon$ 代替绝对值丰度和为一，用阈值 ε 保证算法能尽快结束。

算法 FCLS 和 MFCLS 的区别是二者的约束条件不同。FCLS 利用和为一约束和非负约束，根据式(2.21)调整特性元和特性元矩阵，计算 SCLS 的解，然后由 NCLS 算法获得 FCLS 的结果。而 MFCLS 利用绝对值和为一实现非负约束。

2.4 本章小结

LSMA 可以将数据样本向量表示成有限数量特性元按照相应丰度值的线性混合，在高光谱数据处理中具有巨大的应用潜力，可以用于：①数据降维。用一个低维度的丰度映射空间代替高维度的高光谱图像；②线性光谱解混。将数据样本向量解混成多个特性元的丰度值映射；③非监督目标探测；④带有丰度约束的特性元寻找。这些内容都将在后续章节中详细介绍。

参考文献

CHANG C，2003. Hyperspectral imaging: Techniques for spectral detection and classification[M]. New York: Kluwer Academic/Plenum Publishers.

HARSANYI J，CHANG C，1994. Hyperspectral image classification and dimensionality reduction: An orthogonal subspace projection approach[J]. IEEE Transactions on Geoscience and Remote Sensing，32(4)：779-785.

HEINZ D，CHANG C，2001. Fully constrained least squares linear spectral mixture analysis method for material quantification in hyperspectral imagery[J]. IEEE Transactions on Geoscience and Remote Sensing，39(3)：529-545.

REN H，CHANG C，1999. A constrained least squares approach to hyperspectral image classification[C]. 1999 Conference on Information Science and Systems，Johns Hopkins University，Baltimore，MD，March：17-19.

SETTLE J,1996. On the relationship between spectral unmixing and subspace projection[J]. IEEE Transactions on Geoscience and Remote Sensing,34(4):1045-1046.

TU T,CHEN C,CHANG C,1997. A posteriori least squares orthogonal subspace projection approach to desired signature extraction and detection[J]. IEEE Transactions on Geoscience and Remote Sensing,35(1):127-139.

第3章　基于 Fisher 准则的线性光谱混合分析

最小二乘误差是设计线性光谱混合分析算法的常用原则，对应的 LSMA 算法称为 LS-LSMA。第 2 章已经说明无约束 LS-LSMA 滤波器实际上与基于信噪比原则的正交子空间投影方法一致，但二者对于分类问题都不是最优原则。本章介绍一种新的 LSMA 方法，即基于 Fisher 准则的线性光谱混合分析（Fisher's LSMA，FLSMA），将 Fisher 线性判别分析（Fisher's linear discriminant analysis，FLDA）扩展到 LSMA，LSMA 的其他派生方法也可应用于 FLSMA。将 Chang(2003a，2002)提出的两个 LSMA 约束方法：目标特性元约束的混合像元分类（target signature-constrained mixed pixel classification，TSCMPC）算法和目标丰度约束的混合像元分类（target abundance-constrained mixed pixel classification，TAC-MPC）算法平行延伸到 FLSMA 上，得到的算法分别称为特征向量约束的 FLSMA（feature vector constrained FLSMA，FVC-FLSMA）和丰度约束的 FLSMA（abundance constrained FLSMA，AC-FLSMA）。实验证明，FLSMA 使用的 Fisher 比原则在分类问题上的表现优于 LSE 和 SNR，算法 FVC-FLSMA 和 AC-FLSMA 在混合像元分类上的表现也优于 LS-LSMA 和 OSP 算法。

3.1　简　　介

LSMA 已广泛用于亚像元分析和混合像元分类，并开发出很多算法，如 LS-LSMA 算法、基于 SNR 的 OSP 算法、基于马氏距离的高斯最大似然估计（gaussian maximum likelihood estimation，GMLE）等。但是，Juang 等(1992)的研究显示 LSE 和 SNR 并不是分类的最优原则，广泛用于模式分类的一个主要原理是 FLDA(Duda et al.，2003)，其利用 Fisher 比（或称为瑞利商，即类间散布矩阵和类内散布矩阵之比）产生一组特征向量（feature vector，FV），从而构建更便于分类的特征空间。Soltanian 等(1996)提出了与 FLDA 类似的原理，利用内部距离和外部距离比代替 Fisher 比，并将产生的特征向量按照互相正交的方向排列，在磁共振图像分类上取得了很好的效果。Du 等(2001)和 Chang(2003b)将 Soltanian 等(1996)的方法扩展为线性约束判别分析（linearly constrained discriminant analysis，LCDA），用于高光谱图像的分类以提高基于 LSMA 分类算法的效果。严格来说，因为 Soltanian 等(1996)提出的内部距离和外部距离比并不是 Fisher 比，所以在 Soltanian 等(1996)、Du 等(2001)和 Chang 等(2003b)算法中的特征向量并不是 Fisher 特征向量。

FLDA 是一种典型的归属关系标记技术，在 LSMA 中对于纯像元问题可以直接使用。

本章进一步研究 FLDA 并提出 FLSMA 方法，将 FLDA 从纯像元处理扩展到混合像元处理，进行亚像元探测和混合像元分类。LSMA 约束方法包括目标特性元约束的混合像元分类(TSCMPC)和目标丰度约束的混合像元分类(TACMPC)(Chang，2003a，2002)。TSCMPC 按照期望的方向来约束感兴趣的目标特性元，对应的算法是线性约束方差最小化(linearly constrained minimum variance，LCMV)(Chang，2002)，特例如约束能量最小化算法(constrained energy minimum，CEM)。而 TACMPC 则进行丰度和为一约束和丰度非负约束，从而产生 3 种最小二乘丰度约束的 LSMA 方法，即和为一约束最小二乘算法、非负约束最小二乘算法和全约束最小二乘算法。在 FLSMA 中可以设计与 TSCMPC 和 TACMPC 类似的方法。

特征向量约束的 FLSMA(FVC-FLSMA)由 TSCMPC 演变而来，将 LCMV 中的互相关矩阵替换为类内散布矩阵。实际上，由 FVC-FLSMA 和 LCMV 派生的分类器在本质上是相同的，但是因为 FVC-FLSMA 使用 Fisher 比作为分类原则，而 LCMV 利用 LSE 作为分类标准，FVC-FLSMA 通常要优于 LCMV。

丰度约束的 FLSMA(AC-FLSMA)由 TACMPC 演变而来，利用 LSE 估计丰度值并结合 Fisher 比进行混合像元分类。与丰度约束的 LSMA 类似，有三种类型的 AC-FLSMA 算法，即丰度和为一约束的最小二乘 FLSMA、丰度非负约束的最小二乘 FLSMA 和全约束最小二乘 FLSMA。后面我们会进一步证明，AC-FLSMA 优于 AC-LSMA，可以获得更准确的丰度值。

3.2 Fisher 线性判别分析(FLDA)

在二元分类中，假设第 j 个类别 C_j 中的训练样本数量为 n_j，$j=1,2$，样本集为 $\{\boldsymbol{r}_i\}_{i=1}^{n_t}$，$n_t$ 为总样本数。令 $\boldsymbol{\mu}$ 为所有训练样本向量的均值向量，$\boldsymbol{\mu}=(1/n_1)\sum_{\boldsymbol{r}_i\in C_1}\boldsymbol{r}_i+(1/n_2)\sum_{\boldsymbol{r}_i\in C_2}\boldsymbol{r}_i$，$\boldsymbol{\mu}_j$ 为第 j 个类别 C_j 中训练样本向量的均值向量，$\boldsymbol{\mu}_j=(1/n_j)\sum_{\boldsymbol{r}_i\in C_j}\boldsymbol{r}_i$。FLDA 的主要思想是寻找一个向量，将所有训练样本向量投影到新的数据空间即特征空间，在该空间中，类别 C_1 和 C_2 的投影后数据具有最大分类距离。令 $\boldsymbol{w}$ 表示投影向量，投影操作为 $y=\boldsymbol{w}^{\mathrm{T}}\boldsymbol{x}$，所有训练样本向量 $\{\boldsymbol{r}_i\}_{i=1}^{n_t}$ 的投影结果为 $\{\hat{\boldsymbol{r}}_i\}_{i=1}^{n_t}$，其中 $\hat{\boldsymbol{r}}_i=\boldsymbol{w}^{\mathrm{T}}\boldsymbol{r}_i$，类别 C_j 投影后的均值和方差分别为 $\hat{\boldsymbol{\mu}}_j=(1/n_j)\sum_{\boldsymbol{r}_i\in C_j}\hat{\boldsymbol{r}}_i$ 和 $\hat{\boldsymbol{\sigma}}_j^2=(1/n_j)\sum_{\boldsymbol{r}_i\in C_j}(\hat{\boldsymbol{r}}_i-\hat{\boldsymbol{\mu}}_j)^2$。二元分类的最优投影向量 $\boldsymbol{w}^*$，应使投影结果的均值 $\hat{\boldsymbol{\mu}}_1$ 和 $\hat{\boldsymbol{\mu}}_2$ 之间距离尽可能大，且投影结果的方差 $\hat{\boldsymbol{\sigma}}_1^2$ 和 $\hat{\boldsymbol{\sigma}}_2^2$ 尽可能小。为了同时达到上述两个目标，$\boldsymbol{w}^*$ 定义为最大化下述目标函数的投影向量：

$$J(\boldsymbol{w})=\frac{(\hat{\boldsymbol{\mu}}_2-\hat{\boldsymbol{\mu}}_1)^2}{\hat{\boldsymbol{\sigma}}_1^2+\hat{\boldsymbol{\sigma}}_2^2}=\frac{(\boldsymbol{w}^{\mathrm{T}}\boldsymbol{\mu}_1-\boldsymbol{w}^{\mathrm{T}}\boldsymbol{\mu}_2)^2}{\sum_{\boldsymbol{r}_i\in C_1}(\boldsymbol{w}^{\mathrm{T}}\boldsymbol{r}_i-\boldsymbol{w}^{\mathrm{T}}\boldsymbol{\mu}_1)^2+\sum_{\boldsymbol{r}_i\in C_2}(\boldsymbol{w}^{\mathrm{T}}\boldsymbol{r}_i-\boldsymbol{w}^{\mathrm{T}}\boldsymbol{\mu}_2)^2}\tag{3.1}$$

或者，式(3.1)可以重新表达为矩阵运算的形式，即所谓的 Fisher 比或瑞利商形式：

$$J(\boldsymbol{w})=\frac{\boldsymbol{w}^{\mathrm{T}}\boldsymbol{S}_{\mathrm{B}}\boldsymbol{w}}{\boldsymbol{w}^{\mathrm{T}}\boldsymbol{S}_{\mathrm{W}}\boldsymbol{w}}\tag{3.2}$$

其中，$\boldsymbol{S}_{\mathrm{B}}$ 和 $\boldsymbol{S}_{\mathrm{W}}$ 分别表示类间和类内散布矩阵，定义如下：

$$\boldsymbol{S}_{\mathrm{B}}=(\boldsymbol{\mu}_2-\boldsymbol{\mu}_1)(\boldsymbol{\mu}_2-\boldsymbol{\mu}_1)^{\mathrm{T}} \tag{3.3}$$

$$\boldsymbol{S}_{\mathrm{W}}=\sum_{\boldsymbol{r}_i\in C_1}(\boldsymbol{r}_i-\boldsymbol{\mu}_1)(\boldsymbol{r}_i-\boldsymbol{\mu}_1)^{\mathrm{T}}+\sum_{\boldsymbol{r}_i\in C_2}(\boldsymbol{r}_i-\boldsymbol{\mu}_2)(\boldsymbol{r}_i-\boldsymbol{\mu}_2)^{\mathrm{T}} \tag{3.4}$$

根据 Bishop(1995)研究,最大化式(3.1) 的 $\boldsymbol{w}$ 解为

$$\boldsymbol{w}^{\mathrm{FLDA}}\propto\boldsymbol{S}_{\mathrm{W}}^{-1}(\boldsymbol{\mu}_2-\boldsymbol{\mu}_1) \tag{3.5}$$

进而,如果将两个类别分别定义为目标类和背景类,并用 $\bar{\boldsymbol{t}}$ 和 $\bar{\boldsymbol{b}}$ 分别表示其类别均值向量的话,式(3.5) 可更新为

$$\boldsymbol{w}^{\mathrm{FLDA}}\propto\boldsymbol{S}_{\mathrm{W}}^{-1}(\bar{\boldsymbol{t}}-\bar{\boldsymbol{b}}) \tag{3.6}$$

FLDA 在二类分类问题上具有很好的性能,Bishop(1995) 曾经指出基于 FLDA 的二类分类和基于 LSE 的二类分类相同,Chang(2006)也指出基于 FLDA 的二类分类和基于 Otsu 阈值的二类分类相同。但是,这两个标准都不能直接用于多类分类器。

为了将 FLDA 从二类分类扩展到多类分类,假设 p 个类别 $C_1,C_2,\cdots,C_p$ 一共有 n_t 个训练样本向量$\{\boldsymbol{r}_i\}_{i=1}^{n_t}$,且第 j 个类别 C_j 的训练样本向量数为 n_j。令 $\boldsymbol{\mu}$ 为所有训练样本向量的均值向量 $\boldsymbol{\mu}=(1/n_t)\sum_{i=1}^{n_t}\boldsymbol{r}_i$,$\boldsymbol{\mu}_j$ 为第 j 个类别 C_j 的训练样本向量均值向量$\boldsymbol{\mu}_j=(1/n_j)\sum_{\boldsymbol{r}_i\in C_j}\boldsymbol{r}_i$。现可以将式(3.3) 和式(3.4) 更新为式(3.7) 和式(3.8),用以表示 p 个类别的类间和类内散布矩阵 $\boldsymbol{S}_{\mathrm{B}}$ 和 $\boldsymbol{S}_{\mathrm{W}}$。

$$\boldsymbol{S}_{\mathrm{W}}=\sum_{j=1}^{p}\boldsymbol{S}_j,\text{其中}\boldsymbol{S}_j=\sum_{\boldsymbol{r}_i\in C_j}(\boldsymbol{r}-\boldsymbol{\mu}_j)(\boldsymbol{r}-\boldsymbol{\mu}_j)^{\mathrm{T}} \tag{3.7}$$

$$\boldsymbol{S}_{\mathrm{B}}=\sum_{j=1}^{p}n_j(\boldsymbol{\mu}_j-\boldsymbol{\mu})(\boldsymbol{\mu}_j-\boldsymbol{\mu})^{\mathrm{T}} \tag{3.8}$$

根据式(3.7)和式(3.8),式(3.2)的 Fisher 比可以重新表示为

$$\mathrm{Trace}\{(\boldsymbol{W}^{\mathrm{T}}\boldsymbol{S}_{\mathrm{W}}\boldsymbol{W})^{-1}\boldsymbol{W}^{\mathrm{T}}\boldsymbol{S}_{\mathrm{B}}\boldsymbol{W}\} \tag{3.9}$$

其中,$\boldsymbol{W}$ 是大小为 $L\times(p-1)$ 的任意矩阵。

用于 p 类分类的 FLDA 方法目标是找到可以最大化式(3.9) 定义 Fisher 比特征向量集对应的 $\boldsymbol{W}^{\mathrm{FLDA}}$,$\boldsymbol{W}^{\mathrm{FLDA}}$ 中有 $p-1$ 个特征向量,定义了 p 个类别间的边界(Chang,2003a;Bishop,1995;Duda,1973)。

如上所述 $\boldsymbol{W}^{\mathrm{FLDA}}$ 是一个由式(3.9) 产生的包含 $p-1$ 个特征向量的矩阵,直接最大化式(3.9)求解 $\boldsymbol{W}^{\mathrm{FLDA}}$ 可能会发生奇异性问题,可以用式(3.5) 逐一获取 $p-1$ 个特征向量。也就是说,求解多类分类的 FLDA 问题,可以转化为求解一系列二类分类的 FLDA 问题,下面给出了相应的算法描述。

递进寻找 FLDA 特征向量的算法如下文。

(1) 假设有 p 个感兴趣类别,且 $\mathrm{TS}_1,\mathrm{TS}_2,\cdots,\mathrm{TS}_p$ 是 p 个训练样本集,其中 TS_j 是第 j 个类别对应的训练样本集,数量为 n_j,所有样本的总数为 n_t。

(2) $j=1$ 时,计算类别 TS_1 的均值向量$\boldsymbol{\mu}_1=(1/n_1)\sum_{\boldsymbol{r}_i\in\mathrm{TS}_1}\boldsymbol{r}_i$,以及其他所有类别的均值向量$\boldsymbol{\mu}_2=(1/\bar{n}_1)\sum_{\boldsymbol{r}_i\in\cup_{j=2}^{p}\mathrm{TS}_j}\boldsymbol{r}_i$,其中 $\bar{n}_1=\sum_{i=2}^{p}n_i$。

(3) 利用式(3.5) 和上述的 $\boldsymbol{\mu}_1$、$\boldsymbol{\mu}_2$,计算第一个特征向量$\boldsymbol{w}_1^*$。这一操作与在已知矩阵 $\boldsymbol{S}_{\mathrm{W}}^{-1}(\boldsymbol{\mu}_2-\boldsymbol{\mu}_1)$的最大特征值情况下,求$\boldsymbol{S}_{\mathrm{W}}^{-1}(\boldsymbol{\mu}_2-\boldsymbol{\mu}_1)$本征向量的计算相同。

(4) 利用$\boldsymbol{w}_1^*$,可以得到由 Harsanyi 等(1994) 提出的正交子空间投影算子 $\boldsymbol{P}_{\boldsymbol{w}_1^*}^{\perp}=\boldsymbol{I}-\boldsymbol{w}_1^*$

$((\boldsymbol{w}_1^*)^{\mathrm{T}}\boldsymbol{w}_1^*)^{-1}(\boldsymbol{w}_1^*)^{\mathrm{T}}$，从而由投影$\mathrm{TS}_2,\mathrm{TS}_3,\cdots,\mathrm{TS}_p$得到$\mathrm{TS}_j^1=\boldsymbol{P}_{\boldsymbol{w}_1^*}^{\perp}\mathrm{TS}_j, j=2,3,\cdots,p$。

(5) 计算$\boldsymbol{\mu}_2^1=(1/n_2)\sum_{\boldsymbol{r}_i\in\mathrm{TS}_2^1}\boldsymbol{r}_i$，以及$\boldsymbol{\mu}_3^1=(1/\bar{n}_1^1)\sum_{\boldsymbol{r}_i\in\cup_{j=3}^{p}\mathrm{TS}_j^1}\boldsymbol{r}_i$，其中$\bar{n}_1^1=\sum_{i=3}^{p}n_i$。

(6) 用$\boldsymbol{\mu}_2^1$代替式(3.5)中的$\boldsymbol{\mu}_1$，用$\boldsymbol{\mu}_3^1$代替$\boldsymbol{\mu}_2$，求解得到第二个特征向量$\boldsymbol{w}_2^*$，类似于求解矩阵$\boldsymbol{S}_{\mathrm{W}}^{-1}(\boldsymbol{\mu}_3^1-\boldsymbol{\mu}_2^1)$最大特征值对应的本征向量。

(7) 将投影算子$\boldsymbol{P}_{\boldsymbol{w}_2^*}^{\perp}=\boldsymbol{I}-\boldsymbol{w}_2^*((\boldsymbol{w}_2^*)^{\mathrm{T}}\boldsymbol{w}_2^*)^{-1}(\boldsymbol{w}_2^*)^{\mathrm{T}}$用于$\mathrm{TS}_3,\mathrm{TS}_4,\cdots,\mathrm{TS}_p$，产生投影后训练集向量$\mathrm{TS}_j^2=\boldsymbol{P}_{\boldsymbol{w}_2^*}^{\perp}\mathrm{TS}_j^1$或者$\mathrm{TS}_j^2=\boldsymbol{P}_{\boldsymbol{W}_2^*}^{\perp}\mathrm{TS}_j$，其中$\boldsymbol{W}_2^*=[\boldsymbol{w}_1^*\ \boldsymbol{w}_2^*], j=3,\cdots,p$。

(8) 定义$\boldsymbol{P}_{\boldsymbol{w}_j^*}^{\perp}=\boldsymbol{I}-\boldsymbol{w}_j^*((\boldsymbol{w}_j^*)^{\mathrm{T}}\boldsymbol{w}_j^*)^{-1}(\boldsymbol{w}_j^*)^{\mathrm{T}}$，$\boldsymbol{P}_{\boldsymbol{W}_j^*}^{\perp}=\boldsymbol{I}-\boldsymbol{W}_j^*((\boldsymbol{W}_j^*)^{\mathrm{T}}\boldsymbol{W}_j^*)^{-1}(\boldsymbol{W}_j^*)^{\mathrm{T}}$，$j=3,\cdots,p$。重复第(2)～(7)步，直到找到剩余的$p-3$个特征向量$\boldsymbol{w}_3^*,\cdots,\boldsymbol{w}_{p-1}^*$。

说明：上述算法的核心是假设$p-1$个特征向量互相正交，计算式(3.5)的特征向量，类似于求解矩阵$\boldsymbol{S}_{\mathrm{W}}^{-1}(\boldsymbol{\mu}_1-\boldsymbol{\mu}_2)$最大特征值对应的本征向量。

3.3 特征向量约束的 FLSMA(FVC-FLSMA)

本节中，我们以 Fisher 比作为解混原则，将 FLDA 扩展为 LSMA 方法——FLSMA。主要的问题在于：①由 FLDA 产生的特征向量并非 LSMA 解混中组成特性元矩阵 $\boldsymbol{M}$ 的端元，而是用于确定类别边界的判别向量；②FLDA 产生的特征向量数量比解混所需端元数量少1个。

FLDA 利用 Fisher 比或者瑞利商寻找特征向量集：

$$J(\boldsymbol{w})=\frac{\boldsymbol{w}^{\mathrm{T}}\boldsymbol{S}_{\mathrm{B}}\boldsymbol{w}}{\boldsymbol{w}^{\mathrm{T}}\boldsymbol{S}_{\mathrm{W}}\boldsymbol{w}} \tag{3.2}$$

求解下述的泛化特征值问题：

$$\boldsymbol{S}_{\mathrm{W}}^{-1}\boldsymbol{S}_{\mathrm{B}}\boldsymbol{w}=\lambda\boldsymbol{w} \tag{3.10}$$

其中，$\boldsymbol{S}_{\mathrm{B}}$ 和 $\boldsymbol{S}_{\mathrm{W}}$ 分别表示类间和类内散布矩阵，矩阵的秩为 $p-1$，式(3.10) 有 $p-1$ 个非零特征值。但是为了进行线性光谱混合分析，需要 p 个特征向量组成的特性元矩阵 $\boldsymbol{M}$。Du 等(2001)、Soltanian 等(1996)提出利用内部距离和外部距离之比代替 Fisher 比，进而约束类均值向量互相正交。由于内部距离不变，可以从式(3.2) 和式(3.10) 中去掉，只与类间散布矩阵 $\boldsymbol{S}_{\mathrm{B}}$ 有关。由式(3.2) 和式(3.10) 可以得到 p 个特性元，构成用于 LSMA 的端元矩阵 $\boldsymbol{M}$。但是，由于 Du 等(2001)和 Soltanian 等(1996)使用的并非真正的 Fisher 比，严格意义上不能称为基于 FLDA 的方法。本章的方法 FVC-FLSMA 由 Fisher 比推导得出，按照 Du 等(2001)的方式对 Fisher 比进行扩展，可以产生互相正交的 Fisher 比约束向量。

令 $\boldsymbol{w}_j$ 为最大化 Fisher 比的特征向量，满足以下约束：①第 j 个特征向量与第 j 个类别的均值向量 $\boldsymbol{\mu}_j$ 一致；②与其他特征向量$\{\boldsymbol{\mu}_k\}_{k=1,k\neq j}^{p}$正交。也就是说，FVC-FLSMA 问题需要求解以下公式：

$$\max_{\boldsymbol{w}_j}\left\{\frac{\boldsymbol{w}_j^{\mathrm{T}}\boldsymbol{S}_{\mathrm{B}}\boldsymbol{w}_j}{\boldsymbol{w}_j^{\mathrm{T}}\boldsymbol{S}_{\mathrm{W}}\boldsymbol{w}_j}\right\}，满足\boldsymbol{w}_j^{\mathrm{T}}\boldsymbol{\mu}_k=\delta_{jk}, 1\leqslant j,k\leqslant p \tag{3.11}$$

参考 Du 等(2001)的处理方式，$\boldsymbol{w}_j^{\mathrm{T}}\boldsymbol{S}_{\mathrm{B}}\boldsymbol{w}_j$ 可以简化为

$$\begin{aligned}\boldsymbol{w}_j^{\mathrm{T}} \boldsymbol{S}_{\mathrm{B}} \boldsymbol{w}_j &= \boldsymbol{w}_j^{\mathrm{T}} \left[\sum\nolimits_{k=1}^{p} n_k (\boldsymbol{\mu}_k - \boldsymbol{\mu})(\boldsymbol{\mu}_k - \boldsymbol{\mu})^{\mathrm{T}} \right] \boldsymbol{w}_j \\ &= n_j - 2\sum\nolimits_{k=1}^{p} n_k \delta_{jk} \boldsymbol{w}_j^{\mathrm{T}} \boldsymbol{\mu} + \sum\nolimits_{k=1}^{p} n_k (\boldsymbol{w}_j^{\mathrm{T}} \boldsymbol{\mu})(\boldsymbol{w}_j^{\mathrm{T}} \boldsymbol{\mu})^{\mathrm{T}}\end{aligned} \tag{3.12}$$

其中，$\boldsymbol{\mu}$ 是所有训练样本数据的均值向量，因为

$$2\sum\nolimits_{k=1}^{p} n_k \delta_{jk} \boldsymbol{w}_j^{\mathrm{T}} \boldsymbol{\mu} = 2\sum\nolimits_{k=1}^{p} n_k \delta_{jk} \left[\boldsymbol{w}_j^{\mathrm{T}} (1/n_t) \sum\nolimits_{k=1}^{p} n_k \boldsymbol{\mu}_k \right] = 2n_j^2/n_t \tag{3.13}$$

以及

$$\sum\nolimits_{k=1}^{p} n_k (\boldsymbol{w}_j^{\mathrm{T}} \boldsymbol{\mu})(\boldsymbol{w}_j^{\mathrm{T}} \boldsymbol{\mu})^{\mathrm{T}} = \sum\nolimits_{k=1}^{p} n_k (n_j/n_t)^2 = n_j^2/n_t \tag{3.14}$$

式(3.2) 中的$\boldsymbol{w}_j^{\mathrm{T}} \boldsymbol{S}_{\mathrm{B}} \boldsymbol{w}_j$ 可以进一步简化为

$$\boldsymbol{w}_j^{\mathrm{T}} \boldsymbol{S}_{\mathrm{B}} \boldsymbol{w}_j - n_j - 2(n_j^2/n_t) + (n_j^2/n_t) = n_j - (n_j^2/n_t) \tag{3.15}$$

可知结果独立于 $\boldsymbol{w}_j$。因此，由式(3.11) 定义的 FVC-FLSMA 问题等价于下式的解$\boldsymbol{w}_j^{\text{FVC-FLSMA}}$，

$$\min_{\boldsymbol{w}_j} \boldsymbol{w}_j^{\mathrm{T}} \boldsymbol{S}_{\mathrm{W}} \boldsymbol{w}_j，满足\boldsymbol{w}_j^{\mathrm{T}} \boldsymbol{\mu}_k = \delta_{jk}，1 \leqslant j,k \leqslant p \tag{3.16}$$

为了求解上述问题，为每个$\boldsymbol{w}_j^{\mathrm{T}} \boldsymbol{\mu}_k = \delta_{jk}$定义一个拉格朗日乘子，

$$J(\boldsymbol{w}_j) = \boldsymbol{w}_j^{\mathrm{T}} \boldsymbol{S}_{\mathrm{W}} \boldsymbol{w}_j + \sum\nolimits_{k=1}^{p} \lambda_k^l (\boldsymbol{w}_j^{\mathrm{T}} \boldsymbol{\mu}_k - \delta_{jk}) \tag{3.17}$$

其中，$\{\lambda_k^j\}_{k=1,j=1}^{p,p}$为拉格朗日乘子。对式(3.17) 关于 $\boldsymbol{w}_j$求导，得

$$\left.\frac{\partial J(\boldsymbol{w}_j)}{\partial \boldsymbol{w}_j}\right|_{\boldsymbol{w}_j^{\text{FVC-FLSMA}}} = 2\boldsymbol{S}_{\mathrm{W}} \boldsymbol{w}_j^{\text{FLSMA}} + \sum\nolimits_{k=1}^{p} \lambda_k^j \boldsymbol{\mu}_k = 0 \tag{3.18}$$

结果为

$$\begin{aligned}&2\boldsymbol{S}_{\mathrm{W}} \boldsymbol{w}_j^{\text{FVC-FLSMA}} + \sum\nolimits_{k=1}^{p} \lambda_k^j \boldsymbol{\mu}_k = 2\boldsymbol{S}_{\mathrm{W}} \boldsymbol{w}_j^{\text{FVC-FLSMA}} + \boldsymbol{M}\boldsymbol{\lambda}^j = 0 \\ &\Rightarrow \boldsymbol{w}_j^{\text{FVC-FLSMA}} = -(1/2)\boldsymbol{S}_{\mathrm{W}}^{-1} \boldsymbol{M}\boldsymbol{\lambda}^j\end{aligned} \tag{3.19}$$

根据约束$(\boldsymbol{w}_j^{\text{FVC-FLSMA}})^{\mathrm{T}} \boldsymbol{\mu}_j = \delta_{jk}$，$1 \leqslant j,k \leqslant p$，拉格朗日乘子 $\boldsymbol{\lambda}^j$ 为

$$\boldsymbol{\lambda}^j = -2(\boldsymbol{M}^{\mathrm{T}} \boldsymbol{S}_{\mathrm{W}}^{-1} \boldsymbol{M})^{-1} \mathbf{1}_j \tag{3.20}$$

式(3.20)中的第 j 个权重向量为

$$\boldsymbol{w}_j^{\text{FVC-FLSMA}} = \boldsymbol{S}_{\mathrm{W}}^{-1} \boldsymbol{M} (\boldsymbol{M}^{\mathrm{T}} \boldsymbol{S}_{\mathrm{W}}^{-1} \boldsymbol{M})^{-1} \mathbf{1}_j \tag{3.21}$$

有

$$(\boldsymbol{w}_j^{\text{FVC-FLSMA}})^{\mathrm{T}} \boldsymbol{S}_{\mathrm{W}} (\boldsymbol{w}_j^{\text{FVC-FLSMA}}) = \mathbf{1}_j^{\mathrm{T}} (\boldsymbol{M}^{\mathrm{T}} \boldsymbol{S}_{\mathrm{W}}^{-1} \boldsymbol{M})^{-1} \mathbf{1}_j = (-1/2)\mathbf{1}_j^{\mathrm{T}} \boldsymbol{\lambda}^j \tag{3.22}$$

其中，式(3.22) 中的最后等式由式(3.20)获得。

我们可以进一步导出式(3.16) 所有最优解$\{\boldsymbol{w}_j^{\text{FVC-FLSMA}}\}_{j=1}^{p}$的矩阵形式，令$\boldsymbol{W}^{\text{FVC-FLSMA}} = [\boldsymbol{w}_1^{\text{FVC-FLSMA}} \boldsymbol{w}_2^{\text{FVC-FLSMA}} \cdots \boldsymbol{w}_p^{\text{FVC-FLSMA}}]$及$\boldsymbol{\Gamma} = [\boldsymbol{\lambda}^1 \boldsymbol{\lambda}^2 \cdots \boldsymbol{\lambda}^p]$，式(3.16) 中的约束可以表示为

$$(\boldsymbol{W}^{\text{FVC-FLSMA}})^{\mathrm{T}} \boldsymbol{M} = \boldsymbol{I} \tag{3.23}$$

式(3.19) 可表示为

$$\boldsymbol{W}^{\text{FVC-FLSMA}} = -(1/2)\boldsymbol{S}_{\mathrm{W}}^{-1} \boldsymbol{M}\boldsymbol{\Gamma} \tag{3.24}$$

利用式(3.23) 和式(3.24) 可得

$$-(1/2)\boldsymbol{\Gamma}^{\mathrm{T}} \boldsymbol{M}^{\mathrm{T}} \boldsymbol{S}_{\mathrm{W}}^{-1} \boldsymbol{M} = \boldsymbol{I} \Rightarrow \boldsymbol{\Gamma}^{\mathrm{T}} = -2(\boldsymbol{M}^{\mathrm{T}} \boldsymbol{S}_{\mathrm{W}}^{-1} \boldsymbol{M})^{-1} \tag{3.25}$$

将式(3.25) 代入式(3.24)，得到 FVC-FLSMA 解的矩阵形式：

$$\boldsymbol{W}^{\text{FVC-FLSMA}} = \boldsymbol{S}_{\mathrm{W}}^{-1} \boldsymbol{M} (\boldsymbol{M}^{\mathrm{T}} \boldsymbol{S}_{\mathrm{W}}^{-1} \boldsymbol{M})^{-\mathrm{T}} = \boldsymbol{S}_{\mathrm{W}}^{-1} \boldsymbol{M} (\boldsymbol{M}^{\mathrm{T}} \boldsymbol{S}_{\mathrm{W}}^{-1} \boldsymbol{M})^{-1} \tag{3.26}$$

其中，$\boldsymbol{X}^{-\mathrm{T}}$定义为$\boldsymbol{X}^{-\mathrm{T}} \equiv (\boldsymbol{X}^{-1})^{\mathrm{T}}$。将 $\boldsymbol{W}^{\text{FVC-FLSMA}}$ 作用于样本向量 $\boldsymbol{r}$，其所对应的丰度向量

$\boldsymbol{\alpha}^{\text{FVC-FLSMA}}(\boldsymbol{r})$可以表示为

$$\boldsymbol{\alpha}^{\text{FVC-FLSMA}}(\boldsymbol{r}) = (\boldsymbol{W}^{\text{FVC-FLSMA}})^{\mathrm{T}}\boldsymbol{r} = (\boldsymbol{M}^{\mathrm{T}}\boldsymbol{S}_{\mathrm{W}}^{-1}\boldsymbol{M})^{-1}\boldsymbol{M}^{\mathrm{T}}\boldsymbol{S}_{\mathrm{W}}^{-1}\boldsymbol{r} \tag{3.27}$$

需要说明的是,式(3.26)定义的FVC-FLSMA是混合像元分类,可以为每个类别产生一个丰度图,该丰度图需要定义一个阈值来计算分类结果,可以采用Chang(2003a)所提出的方法。

3.4 FVC-FLSMA与LCMV、TCIMF和CEM的关系

3.4.1 CEM

假设将高光谱图像表示成所有像元的集合,即$\{\boldsymbol{r}_1, \boldsymbol{r}_2, \cdots, \boldsymbol{r}_N\}$,其中$\boldsymbol{r}_i = (\boldsymbol{r}_{i1}, \boldsymbol{r}_{i2}, \cdots, \boldsymbol{r}_{iL})^{\mathrm{T}}$,$L$表示$\boldsymbol{r}_i$像元的维度,$N$表示被测高光谱图像像元的总数。更进一步,我们假设待检测的期望目标特性元向量为$\boldsymbol{d}=(\boldsymbol{d}_1, \boldsymbol{d}_2, \cdots, \boldsymbol{d}_L)^{\mathrm{T}}$。CEM算法用于设计一个可以检测期望目标特性向量$\boldsymbol{d}$的有限脉冲响应(finite impulse response,FIR)滤波器,系数为$\{\boldsymbol{w}_1, \boldsymbol{w}_2, \cdots, \boldsymbol{w}_L\}$,满足输出能量最小并服从约束$\boldsymbol{d}^{\mathrm{T}}\boldsymbol{w}=\boldsymbol{w}^{\mathrm{T}}\boldsymbol{d}=1$。滤波器系数$\boldsymbol{w}$可以表示为一个维度为$L$的向量$\boldsymbol{w}=(w_1, w_2, \cdots, w_L)^{\mathrm{T}}$。

滤波器的输入为被检测图像中第i个像元向量$\boldsymbol{r}_i$时,输出可以表示为y_i,系统可表达为

$$y_i = \sum_{l=1}^{L} w_l r_{il} = \boldsymbol{w}^{\mathrm{T}}\boldsymbol{r}_i = \boldsymbol{r}_i^{\mathrm{T}}\boldsymbol{w} \tag{3.28}$$

因上述滤波器的输入输出关系,当输入为被检测图像中的全部像元向量时,滤波器输出的平均能量为

$$\frac{1}{N}\sum_{i=1}^{N} y_i^2 = \frac{1}{N}\sum_{i=1}^{N}(\boldsymbol{r}_i^{\mathrm{T}}\boldsymbol{w})^2 = \boldsymbol{w}^{\mathrm{T}}\left[\frac{1}{N}\sum_{i=1}^{N}\boldsymbol{r}_i\boldsymbol{r}_i^{\mathrm{T}}\right]\boldsymbol{w} = \boldsymbol{w}^{\mathrm{T}}\boldsymbol{R}_{L\times L}\boldsymbol{w} \tag{3.29}$$

其中,$\boldsymbol{R}_{L\times L} = \frac{1}{N}\sum_{i=1}^{N}\boldsymbol{r}_i\boldsymbol{r}_i^{\mathrm{T}}$是滤波器的输入,也就是被测图像像元的样本自相关矩阵。如果令$\boldsymbol{r}=[\boldsymbol{r}_1, \boldsymbol{r}_2, \cdots, \boldsymbol{r}_N]$表示滤波器要输入的被测图像中的像元$\{\boldsymbol{r}_1, \boldsymbol{r}_2, \cdots, \boldsymbol{r}_N\}$,则也可以表示为$\boldsymbol{R}_{L\times L} = \frac{1}{N}\boldsymbol{r}\boldsymbol{r}^{\mathrm{T}}$。

为了满足设计目标,我们令输出的平均能量最小化,同时服从上面的约束,可得到如下最优化问题:

$$\min_{w}\{\boldsymbol{w}^{\mathrm{T}}\boldsymbol{R}_{L\times L}\boldsymbol{w}\} \text{ 满足约束} \boldsymbol{d}^{\mathrm{T}}\boldsymbol{w} = \boldsymbol{w}^{\mathrm{T}}\boldsymbol{d} = 1 \tag{3.30}$$

利用拉格朗日乘子法,解决上述式(3.30)的约束最优化问题。令λ为拉格朗日乘子,并定义拉格朗日目标函数如下:

$$J(\boldsymbol{w}) = \boldsymbol{w}^{\mathrm{T}}\boldsymbol{R}_{L\times L}\boldsymbol{w} + \lambda(\boldsymbol{d}^{\mathrm{T}}\boldsymbol{w} - 1) \tag{3.31}$$

取目标函数的导数为零,得到

$$\left.\frac{\partial J(\boldsymbol{w})}{\partial \boldsymbol{w}}\right|_{\boldsymbol{w}^*} = 0 \Rightarrow 2\boldsymbol{R}_{L\times L}\boldsymbol{w}^* + \lambda\boldsymbol{d} = 0 \Rightarrow \boldsymbol{w}^* = 2\lambda\boldsymbol{R}_{L\times L}^{-1}\boldsymbol{d} \tag{3.32}$$

利用约束条件，可得

$$\boldsymbol{d}^{\mathrm{T}}\boldsymbol{w}^{*}=1\Rightarrow 2\lambda\boldsymbol{d}^{\mathrm{T}}\boldsymbol{R}_{L\times L}^{-1}\boldsymbol{d}=1\Rightarrow 2\lambda=(\boldsymbol{d}^{\mathrm{T}}\boldsymbol{R}_{L\times L}^{-1}\boldsymbol{d})^{-1} \tag{3.33}$$

将式(3.33)代入式(3.32)中可得最优滤波器参数：

$$\boldsymbol{w}^{*}=\frac{\boldsymbol{R}^{-1}\boldsymbol{d}}{\boldsymbol{d}^{\mathrm{T}}\boldsymbol{R}^{-1}\boldsymbol{d}} \tag{3.34}$$

由此，CEM 滤波器的参数向量为

$$\boldsymbol{w}^{\mathrm{CEM}}=\frac{\boldsymbol{R}^{-1}\boldsymbol{d}}{\boldsymbol{d}^{\mathrm{T}}\boldsymbol{R}^{-1}\boldsymbol{d}} \tag{3.35}$$

利用式(3.35)得到的滤波器系数 $\boldsymbol{w}^{\mathrm{CEM}}$ 可得对应的 CEM 检测器为

$$\delta^{\mathrm{CEM}}(\boldsymbol{r})=(\boldsymbol{w}^{\mathrm{CEM}})^{\mathrm{T}}\boldsymbol{r}=\left(\frac{\boldsymbol{R}^{-1}\boldsymbol{d}}{\boldsymbol{d}^{\mathrm{T}}\boldsymbol{R}^{-1}\boldsymbol{d}}\right)^{\mathrm{T}}\boldsymbol{r}=\frac{\boldsymbol{d}^{\mathrm{T}}\boldsymbol{R}^{-1}\boldsymbol{r}}{\boldsymbol{d}^{\mathrm{T}}\boldsymbol{R}^{-1}\boldsymbol{d}} \tag{3.36}$$

3.4.2 LCMV

假设 $\boldsymbol{d}_1,\boldsymbol{d}_2,\cdots,\boldsymbol{d}_p$ 均为感兴趣的光谱特性向量，用这些向量形成一个期望目标特性元矩阵，表示为 $\boldsymbol{D}=[\boldsymbol{d}_1\ \boldsymbol{d}_2\cdots\boldsymbol{d}_p]$。使输出平均能量最小化并服从约束的线性滤波器为

$$\boldsymbol{D}^{\mathrm{T}}\boldsymbol{w}=\boldsymbol{c},\quad 其中\boldsymbol{d}_j^{\mathrm{T}}\boldsymbol{w}=\sum_{l=1}^{L}w_l d_{jl},1\leqslant j\leqslant p \tag{3.37}$$

其中，$\boldsymbol{c}=(c_1,c_2,\cdots,c_p)^{\mathrm{T}}$ 是约束向量，线性滤波器的系统输出表达式为

$$y_i=\sum_{l=1}^{L}w_l r_{il}=\boldsymbol{w}^{\mathrm{T}}\boldsymbol{r}_i=\boldsymbol{r}_i^{\mathrm{T}}\boldsymbol{w} \tag{3.38}$$

利用式(3.37)和式(3.38)，线性约束最小化方差波束形成(linearly constrained minimum variance beam former)方法可以设计成线性约束方差最小化检测器，滤波器的平均输出能量为

$$\frac{1}{N}\sum_{i=1}^{N}y_i^2=\frac{1}{N}\sum_{i=1}^{N}(\boldsymbol{r}_i^{\mathrm{T}}\boldsymbol{w})^2=\boldsymbol{w}^{\mathrm{T}}\left[\frac{1}{N}\sum_{i=1}^{N}\boldsymbol{r}_i\boldsymbol{r}_i^{\mathrm{T}}\right]\boldsymbol{w}=\boldsymbol{w}^{\mathrm{T}}\boldsymbol{R}_{L\times L}\boldsymbol{w} \tag{3.39}$$

由此得到线性约束最优化问题：

$$\min_{\boldsymbol{w}}\{\boldsymbol{w}^{\mathrm{T}}\boldsymbol{R}_{L\times L}\boldsymbol{w}\}\ 满足约束\ \boldsymbol{D}^{\mathrm{T}}\boldsymbol{w}=\boldsymbol{w}^{\mathrm{T}}\boldsymbol{D}=1 \tag{3.40}$$

这里 $\boldsymbol{R}_{L\times L}=\frac{1}{N}\sum_{i=1}^{N}\boldsymbol{r}_i\boldsymbol{r}_i^{\mathrm{T}}$ 是滤波器的输入样本自相关矩阵。由式(3.40)可得最优化滤波器系数向量结果：

$$\boldsymbol{w}^{\mathrm{LCMV}}=\boldsymbol{R}_{L\times L}^{-1}\boldsymbol{D}(\boldsymbol{D}^{\mathrm{T}}\boldsymbol{R}_{L\times L}^{-1}\boldsymbol{D})^{-1}\boldsymbol{c} \tag{3.41}$$

线性约束方差最小化检测器为

$$\delta^{\mathrm{LCMV}}(\boldsymbol{r})=(\boldsymbol{w}^{\mathrm{LCMV}})^{\mathrm{T}}\boldsymbol{r}=\boldsymbol{r}^{\mathrm{T}}(\boldsymbol{w}^{\mathrm{LCMV}})=\boldsymbol{r}^{\mathrm{T}}\boldsymbol{R}_{L\times L}^{-1}\boldsymbol{D}(\boldsymbol{D}^{\mathrm{T}}\boldsymbol{R}_{L\times L}^{-1}\boldsymbol{D})^{-1}\boldsymbol{c} \tag{3.42}$$

与 CEM 类似，该滤波检测器利用样本自相关矩阵获得被测图像的二阶信息。但实际上，CEM 检测器可以看作是 LCMV 中期望目标特性元矩阵退化为期望目标特性元向量，并且约束条件中 $\boldsymbol{c}$ 为 $\mathbf{1}$ 的情况，即 $\boldsymbol{D}=\boldsymbol{d}$ 且 $\boldsymbol{c}=\mathbf{1}$。

3.4.3 TCIMF

令 $\boldsymbol{D}=[\boldsymbol{d}_1\ \boldsymbol{d}_2\cdots\boldsymbol{d}_p]$ 与 $\boldsymbol{U}=[\boldsymbol{u}_1\ \boldsymbol{u}_2\cdots\boldsymbol{u}_q]$ 分别表示高光谱图像中的期望目标特性元矩阵与

非期望目标特性元矩阵，p 和 q 分别代表期望目标特性元与非期望目标特性元数量。

同 CEM 检测器的设计思路相似，需要设计一个有限脉冲响应滤波器。不同的是，目标约束干扰最小化滤波器(target-constrained interference-minimized filter，TCIMF)定义一个 p 维的全 1 向量来约束 $\boldsymbol{D}$ 矩阵，使期望目标特性元可以通过滤波器，定义一个 q 维的全 0 向量来约束 $\boldsymbol{U}$ 矩阵，达到滤除非期望目标特性元的目的，其原理与正交子空间投影检测器相似。定义约束条件如下：

$$[\boldsymbol{D}\ \boldsymbol{U}]^{\mathrm{T}}\boldsymbol{w}=\begin{bmatrix}\boldsymbol{1}_{p\times 1}\\ \boldsymbol{0}_{q\times 1}\end{bmatrix} \tag{3.43}$$

在服从上述约束情况下，使线性滤波器输出平均能量最小化，即

$$\min_{w}\{\boldsymbol{w}^{\mathrm{T}}\boldsymbol{R}_{L\times L}\boldsymbol{w}\}\text{，满足约束 }[\boldsymbol{D}\ \boldsymbol{U}]^{\mathrm{T}}\boldsymbol{w}=\begin{bmatrix}\boldsymbol{1}_{p\times 1}\\ \boldsymbol{0}_{q\times 1}\end{bmatrix} \tag{3.44}$$

求解式(3.44)中的最优化问题可得滤波器系数向量 $\boldsymbol{w}^{\mathrm{TCIMF}}$：

$$\boldsymbol{w}^{\mathrm{TCIMF}}=\boldsymbol{R}_{L\times L}^{-1}(\boldsymbol{DU})\left[(\boldsymbol{DU})^{\mathrm{T}}\boldsymbol{R}_{L\times L}^{-1}(\boldsymbol{DU})\right]^{-1}\begin{bmatrix}\boldsymbol{1}_{p\times 1}\\ \boldsymbol{0}_{q\times 1}\end{bmatrix} \tag{3.45}$$

利用式(3.45)得到的滤波器系数 $\boldsymbol{w}^{\mathrm{TCIMF}}$ 可以得到目标约束干扰最小化检测器为

$$\begin{aligned}\delta^{\mathrm{TCIMF}}(\boldsymbol{r})&=(\boldsymbol{w}^{\mathrm{TCIMF}})^{\mathrm{T}}\boldsymbol{r}=\boldsymbol{r}^{\mathrm{T}}(\boldsymbol{w}^{\mathrm{TCIMF}})\\&=\boldsymbol{r}^{\mathrm{T}}\boldsymbol{R}_{L\times L}^{-1}(\boldsymbol{DU})\left[(\boldsymbol{DU})^{\mathrm{T}}(\boldsymbol{DU})\right]^{-1}\begin{bmatrix}\boldsymbol{1}_{p\times 1}\\ \boldsymbol{0}_{q\times 1}\end{bmatrix}\end{aligned} \tag{3.46}$$

下面讨论不同的 $\boldsymbol{D}$ 与 $\boldsymbol{U}$ 下，TCIMF 的变化情况。

(1) 当 $\boldsymbol{D}=\boldsymbol{d}$，$\boldsymbol{U}=\varnothing$，$\boldsymbol{R}=\boldsymbol{R}$ 时，TCIMF 检测器退化成为单一目标源的 CEM 检测器。

$$\begin{aligned}\delta^{\mathrm{TCIMF}}(\boldsymbol{r})\Big|_{\substack{\boldsymbol{D}=\boldsymbol{d}\\ \boldsymbol{U}=\varnothing}}&=\boldsymbol{r}^{\mathrm{T}}\boldsymbol{R}_{L\times L}^{-1}(\boldsymbol{DU})\left[(\boldsymbol{DU})^{\mathrm{T}}(\boldsymbol{DU})\right]^{-1}\begin{bmatrix}\boldsymbol{1}_{p\times 1}\\ \boldsymbol{0}_{q\times 1}\end{bmatrix}\Big|_{\substack{\boldsymbol{D}=\boldsymbol{d}\\ \boldsymbol{U}=\varnothing}}\\&=\boldsymbol{r}^{\mathrm{T}}\left(\frac{\boldsymbol{R}_{L\times L}^{-1}\boldsymbol{d}}{\boldsymbol{d}^{\mathrm{T}}\boldsymbol{R}_{L\times L}^{-1}\boldsymbol{d}}\right)=\delta^{\mathrm{CEM}}(\boldsymbol{r})\end{aligned} \tag{3.47}$$

(2) 当 $\boldsymbol{D}=[\boldsymbol{d}_1\ \boldsymbol{d}_2\cdots\boldsymbol{d}_p]$，$\boldsymbol{U}=\varnothing$，$\boldsymbol{R}=\boldsymbol{R}$ 时，TCIMF 检测器退化成为多目标源并且约束向量 $\boldsymbol{c}=\boldsymbol{1}$ 的 LCMV 检测器。

$$\begin{aligned}\delta^{\mathrm{TCIMF}}(\boldsymbol{r})\Big|_{\substack{\boldsymbol{D}=\boldsymbol{D}\\ \boldsymbol{U}=\varnothing}}&=\boldsymbol{r}^{\mathrm{T}}\boldsymbol{R}_{L\times L}^{-1}(\boldsymbol{DU})\left[(\boldsymbol{DU})^{\mathrm{T}}(\boldsymbol{DU})\right]^{-1}\begin{bmatrix}\boldsymbol{1}_{p\times 1}\\ \boldsymbol{0}_{q\times 1}\end{bmatrix}\Big|_{\substack{\boldsymbol{D}=\boldsymbol{D}\\ \boldsymbol{U}=\varnothing}}\\&=\boldsymbol{r}^{\mathrm{T}}\boldsymbol{R}_{L\times L}^{-1}\boldsymbol{D}(\boldsymbol{D}^{\mathrm{T}}\boldsymbol{D})^{-1}[\boldsymbol{1}_{p\times 1}]=\delta^{\mathrm{LCMV}}(\boldsymbol{r})\Big|_{\boldsymbol{c}=[\boldsymbol{1}_{p\times 1}]}\end{aligned} \tag{3.48}$$

(3) 当 $\boldsymbol{D}=\boldsymbol{d}$，$\boldsymbol{U}=[\boldsymbol{u}_1\ \boldsymbol{u}_2\cdots\boldsymbol{u}_q]$，$\boldsymbol{R}=\boldsymbol{I}$ 时，TCIMF 检测器退化成为了 LSOSP 检测器。

$$\begin{aligned}\boldsymbol{w}_{\boldsymbol{R}\ L\times L}^{\mathrm{TCIMF}}&=\boldsymbol{I}_{L\times L}^{-1}[\boldsymbol{dU}]([\boldsymbol{dU}]^{\mathrm{T}}[\boldsymbol{dU}])^{-1}\begin{bmatrix}\boldsymbol{1}\\ \boldsymbol{0}_{q\times 1}\end{bmatrix}=[\boldsymbol{dU}]\left(\begin{bmatrix}\boldsymbol{d}^{\mathrm{T}}\boldsymbol{d} & \boldsymbol{d}^{\mathrm{T}}\boldsymbol{U}\\ \boldsymbol{U}^{\mathrm{T}}\boldsymbol{d} & \boldsymbol{U}^{\mathrm{T}}\boldsymbol{U}\end{bmatrix}\right)^{-1}\begin{bmatrix}\boldsymbol{1}\\ \boldsymbol{0}_{q\times 1}\end{bmatrix}\\&=[\boldsymbol{dU}]\begin{bmatrix}\kappa & \kappa\,\boldsymbol{d}^{\mathrm{T}}(\boldsymbol{U}^{\#})^{\mathrm{T}}\\ -\kappa\,\boldsymbol{U}^{\#}\boldsymbol{d} & (\boldsymbol{U}^{\mathrm{T}}\boldsymbol{U})^{-1}+\kappa\,\boldsymbol{U}^{\#}\boldsymbol{d}^{\mathrm{T}}\boldsymbol{d}(\boldsymbol{U}^{\#})^{\mathrm{T}}\end{bmatrix}\begin{bmatrix}\boldsymbol{1}\\ \boldsymbol{0}_{q\times 1}\end{bmatrix}\\&=[\boldsymbol{dU}]\begin{bmatrix}\kappa\\ -\kappa\,\boldsymbol{U}^{\#}\boldsymbol{d}\end{bmatrix}=\kappa\boldsymbol{d}-\kappa\,\boldsymbol{U}^{\#}\boldsymbol{Ud}=\kappa(\boldsymbol{I}-\boldsymbol{U}^{\#}\boldsymbol{U})\boldsymbol{d}=\kappa\,\boldsymbol{P}_{U}^{\perp}\boldsymbol{d}\end{aligned} \tag{3.49}$$

其中，$\kappa=(\boldsymbol{d}\,\boldsymbol{P}_{U}^{\perp}\boldsymbol{d})^{-1}$，TCIMF 退化成为 LSOSP。

3.4.4 四者之间的关系分析

根据 Chang(2003a,2002)提出的 LCMV,其权重矩阵为

$$\boldsymbol{W}^{\mathrm{LCMV}}=\boldsymbol{R}^{-1}\boldsymbol{M}\left(\boldsymbol{M}^{\mathrm{T}}\boldsymbol{R}^{-1}\boldsymbol{M}\right)^{-\mathrm{T}}\boldsymbol{C}=\boldsymbol{R}^{-1}\boldsymbol{M}\left(\boldsymbol{M}^{\mathrm{T}}\boldsymbol{R}^{-1}\boldsymbol{M}\right)^{-1}\boldsymbol{C} \tag{3.50}$$

其中,矩阵 $\boldsymbol{C}$ 表示约束矩阵,$\boldsymbol{R}$ 表示数据的自相关矩阵。令 $\boldsymbol{I}$ 为 $p\times p$ 的单位矩阵:

$$\boldsymbol{I}=\begin{bmatrix}1 & 0 & \cdots & 0\\ 0 & 1 & \cdots & \vdots\\ \vdots & \vdots & \ddots & 0\\ 0 & \cdots & 0 & 1\end{bmatrix}_{p\times p}=[\boldsymbol{1}_1\ \boldsymbol{1}_2\cdots\boldsymbol{1}_p]_{p\times p} \tag{3.51}$$

$\boldsymbol{1}_l$ 为第 l 个 p 维单位向量,$\boldsymbol{1}_l=(0,\cdots,0,\underset{l}{\underbrace{1}},0,\cdots,0)^{\mathrm{T}}$。通过式(3.51)可以将式(3.26)重写为

$$\boldsymbol{W}^{\mathrm{FVC\text{-}FLSMA}}=\boldsymbol{S}_{\mathrm{W}}^{-1}\boldsymbol{M}\left(\boldsymbol{M}^{\mathrm{T}}\boldsymbol{S}_{\mathrm{W}}^{-1}\boldsymbol{M}\right)^{-1}=\boldsymbol{S}_{\mathrm{W}}^{-1}\boldsymbol{M}\left(\boldsymbol{M}^{\mathrm{T}}\boldsymbol{S}_{\mathrm{W}}^{-1}\boldsymbol{M}\right)^{-1}\boldsymbol{I}_{p\times p} \tag{3.52}$$

比较式(3.52)和式(3.50)容易发现,FVC-FLSMA 产生的权重矩阵与 LCMV 产生的权重矩阵具有相同的形式,FVC-FLSMA 中的类内散布矩阵 $\boldsymbol{S}_{\mathrm{W}}$ 和单位矩阵 $\boldsymbol{I}$ 对应于 LCMV 中的自相关矩阵 $\boldsymbol{R}$ 和约束矩阵 $\boldsymbol{C}$,其中约束矩阵 $\boldsymbol{I}$ 实际上就是式(3.17)中的 p 个约束$\boldsymbol{w}_l^{\mathrm{T}}\boldsymbol{\mu}_j=\delta_{lj}$。类似地,如果将式(3.52)的约束矩阵 $\boldsymbol{I}$ 用约束向量代替,即第 l 个 p 维单位向量 $\boldsymbol{1}_l$,则权值矩阵 $\boldsymbol{W}^{\mathrm{FVC\text{-}FLSMA}}$变为权值向量:

$$\boldsymbol{w}_l^{\mathrm{FVC\text{-}FLSMA}}=\boldsymbol{S}_{\mathrm{W}}^{-1}\boldsymbol{M}\left(\boldsymbol{M}\boldsymbol{S}_{\mathrm{W}}^{-1}\boldsymbol{M}\right)^{-\mathrm{T}}\boldsymbol{1}_l=\boldsymbol{S}_{\mathrm{W}}^{-1}\boldsymbol{M}\left(\boldsymbol{M}^{\mathrm{T}}\boldsymbol{S}_{\mathrm{W}}^{-1}\boldsymbol{M}\right)^{-1}\boldsymbol{1}_l \tag{3.53}$$

如果将类内散布矩阵 $\boldsymbol{S}_{\mathrm{W}}$ 用 $\boldsymbol{R}$ 代替,这实际上就对应为由 Chang(2003a,2002)所提出的目标约束干扰最小化滤波器(target-constrained interference-minimized filter,TCIMF);如果式(3.20)和式(3.21)只有一个感兴趣的目标特性元 $\boldsymbol{d}$,满足$\boldsymbol{d}^{\mathrm{T}}\boldsymbol{w}=1$,则式(3.21)变为由 Chang(2003a,2002)所提出的约束能量最小化(constrained energy minimization,CEM)算法,其中的类内散布矩阵 $\boldsymbol{S}_{\mathrm{W}}$ 和 $\boldsymbol{\mu}_l$用自相关矩阵 $\boldsymbol{R}$ 和目标特性元 $\boldsymbol{d}$ 代替。

3.5 FVC-FLSMA 与 OSP 间的关系

如果将式(3.21)中$\boldsymbol{S}_{\mathrm{W}}^{-1}$ 用式(2.5)中 $\boldsymbol{P}_U^{\perp}$ 代替,所得的权重向量$\boldsymbol{w}_l^{\mathrm{FVC\text{-}FLSMA}}$ 变成最小二乘 OSP(least squares OSP,LSOSP)的权重向量(Chang,2003a;Tus,1997):

$$\boldsymbol{w}_l^{\mathrm{LSOSP}}=\boldsymbol{P}_U^{\perp}\boldsymbol{M}\left(\boldsymbol{M}^{\mathrm{T}}\boldsymbol{P}_U^{\perp}\boldsymbol{M}\right)^{-1}\boldsymbol{1}_l \tag{3.54}$$

由此看来,FCV-FLSMA 可以看作是 OSP 算法的判别分析版本。另外,$\boldsymbol{P}_U^{\perp}$ 是幂等的,定义一个线性转换,有 $\tilde{\boldsymbol{r}}=\boldsymbol{P}_U^{\perp}\boldsymbol{r}$ 和 $\tilde{\boldsymbol{M}}=\boldsymbol{P}_U^{\perp}\boldsymbol{M}$,$\boldsymbol{r}$ 为图像像元向量。由 $\tilde{\boldsymbol{r}}$ 构成的图像称为 $\boldsymbol{P}_U^{\perp}$ 白化高光谱图像。令$\tilde{\boldsymbol{\mu}}_l$ 为该 $\boldsymbol{P}_U^{\perp}$ 白化图像的第 l 类均值向量,定义为$\tilde{\boldsymbol{\mu}}_l=\boldsymbol{P}_U^{\perp}\boldsymbol{\mu}_l$。则式(3.54)简化为

$$\boldsymbol{w}_l^{\mathrm{LSOSP}}=\tilde{\boldsymbol{M}}\left(\tilde{\boldsymbol{M}}^{\mathrm{T}}\tilde{\boldsymbol{M}}\right)^{-1}\boldsymbol{1}_l=\left(\tilde{\boldsymbol{\mu}}_l^{\mathrm{T}}\boldsymbol{P}_{\tilde{U}}^{\perp}\tilde{\boldsymbol{\mu}}_l\right)^{-1}\boldsymbol{P}_{\tilde{U}}^{\perp}\tilde{\boldsymbol{\mu}}_l \tag{3.55}$$

其中，$\tilde{U}=[\tilde{\mu}_1\cdots\tilde{\mu}_{l-1}\tilde{\mu}_{l+1}\cdots\tilde{\mu}_p]$，且$\tilde{\mu}_j=P_{\tilde{U}}^{\perp}\mu_j$，$1\leqslant j\leqslant p$。如果进一步令$P_{\tilde{U}}^{\perp}=I$，式(3.55)可简化为$w_l^{\text{LSOSP}}=(\tilde{\mu}_l^{\text{T}}\tilde{\mu}_l)^{-1}\tilde{\mu}_l$，这正是由LSOSP定义的匹配滤波器，匹配特性元为期望特性元$\tilde{\mu}_l$。

3.6 FVC-FLSMA与LCDA间的关系

Du等(2001)提出带约束的线性判别分析方法，利用内部距离和外部距离代替类内和类间散布矩阵，类均值向量设定为互相正交，称为线性约束判别分析算法(LCDA)。Du等(2001)说明，LCDA具有与式(3.21)相同的解，LCDA实质上就是FVC-FLSMA。进一步，总散布矩阵S_{T}定义为类内散布矩阵S_{W}和类间散布矩阵S_{B}之和，为常量矩阵，因此式(3.16)定义的问题就可以转换为寻找下式中的w_l。

$$\min_{w_l} w_l^{\text{T}} S_{\text{T}} w_l，满足 w_l^{\text{T}}\mu_j=\delta_{lj},1\leqslant j\leqslant p \tag{3.56}$$

式(3.56)的解为$w_l^*=S_{\text{T}}^{-1}M(M^{\text{T}}S_{\text{T}}^{-1}M)^{-1}\mathbf{1}_l$，与式(3.21)相同。Chang(2003a)曾提到，总散布矩阵S_{T}与数据训练样本的协方差矩阵K_t有关，$S_{\text{T}}=NK_t$，其中N为训练样本集的总数量。根据这一关系，式(3.56)也等价于以下问题：

$$\min_{w_l} w_l^{\text{T}} K_t w_l，满足 w_l^{\text{T}}\mu_j=\delta_{lj},1\leqslant j\leqslant p \tag{3.57}$$

式(3.57)的解为$w_l^*=(K_t)^{-1}M(M^{\text{T}}(K_t)^{-1}M)^{-1}\mathbf{1}_l$，仍然与式(3.21)相同。

3.7 丰度约束的最小二乘FLDA(ACLS-FLDA)

式(3.21)中FVC-FLDA的解并没有约束丰度，也就是说对丰度向量α没有施加任何的约束，不能保证$\alpha\geqslant 0$。为了得到丰度约束的FLDA，首先考虑为无约束LSE问题添加一个权重矩阵S_{W}，最小化LSE：

$$(r-M\alpha)^{\text{T}}S_{\text{W}}^{-1}(r-M\alpha) \tag{3.58}$$

利用平方根形式，式(3.58)的LSE可以表示为

$$\begin{aligned}(r-M\alpha)^{\text{T}}S_{\text{W}}^{-1/2}S_{\text{W}}^{-1/2}(r-M\alpha)&=(r-M\alpha)^{\text{T}}(S_{\text{W}}^{-1/2})^{\text{T}}S_{\text{W}}^{-1/2}(r-M\alpha)\\&=(S_{\text{W}}^{-1/2}r-S_{\text{W}}^{-1/2}M\alpha)^{\text{T}}(S_{\text{W}}^{-1/2}r-S_{\text{W}}^{-1/2}M\alpha)\end{aligned} \tag{3.59}$$

如果假设$\tilde{r}=S_{\text{W}}^{-1/2}r$以及$\tilde{M}=S_{\text{W}}^{-1/2}M$，式(3.59)可以简化为如下最小化问题：

$$(\tilde{r}-\tilde{M}\alpha)^{\text{T}}(\tilde{r}-\tilde{M}\alpha) \tag{3.60}$$

这实质上就是LSMA中的最小二乘混合问题。根据式(3.60)，可以直接在式(3.58)上添加约束$\alpha\geqslant 0$以及$\sum_{j=1}^{p}\alpha_j=1$，得到下述3种类型的丰度约束最小二乘FLDA，即和为一约束的最小二乘FLDA、非负约束的最小二乘FLDA以及全约束的最小二乘FLDA问题。

(1) 丰度和为一约束的最小二乘 FLDA 问题：

$$\min_{\boldsymbol{\alpha}}\{(\tilde{\boldsymbol{r}}-\tilde{\boldsymbol{M}}\boldsymbol{\alpha})^{\mathrm{T}}(\tilde{\boldsymbol{r}}-\tilde{\boldsymbol{M}}\boldsymbol{\alpha})\}\text{，满足}\sum\nolimits_{j=1}^{p}\alpha_j=1 \tag{3.61}$$

(2) 丰度非负约束的最小二乘 FLDA 问题：

$$\min_{\boldsymbol{\alpha}}\{(\tilde{\boldsymbol{r}}-\tilde{\boldsymbol{M}}\boldsymbol{\alpha})^{\mathrm{T}}(\tilde{\boldsymbol{r}}-\tilde{\boldsymbol{M}}\boldsymbol{\alpha})\}\text{，满足 }\boldsymbol{\alpha}\geqslant 0 \tag{3.62}$$

(3) 丰度全约束的最小二乘 FLDA 问题：

$$\min_{\boldsymbol{\alpha}}\{(\tilde{\boldsymbol{r}}-\tilde{\boldsymbol{M}}\boldsymbol{\alpha})^{\mathrm{T}}(\tilde{\boldsymbol{r}}-\tilde{\boldsymbol{M}}\boldsymbol{\alpha})\}\text{，满足 }\boldsymbol{\alpha}\geqslant 0\text{ 和}\sum\nolimits_{j=1}^{p}\alpha_j=1 \tag{3.63}$$

式(3.61)～式(3.63)可以利用与 Chang(2003a)求解 SCLS、NCLS 以及 FCLS 混合问题相同的方法进行求解。

3.8 合成图像实验结果和分析

本节通过合成图像上的实验，说明 FLSMA 方法在混合像元分类和量化问题上的作用。丰度约束类方法 AC-FLSMA 中只测试了全约束 FLSMA 算法 AFCLS-FLSMA，与 LSMA 中的 FCLS 进行性能比较。

构造与图 1.6(a)类似的合成图像，空间大小 64×64，用图 1.6 中的 5 种特性元生成 20 个不同尺寸的面板，并呈 5×4 分布，如图 3.1(a)所示。

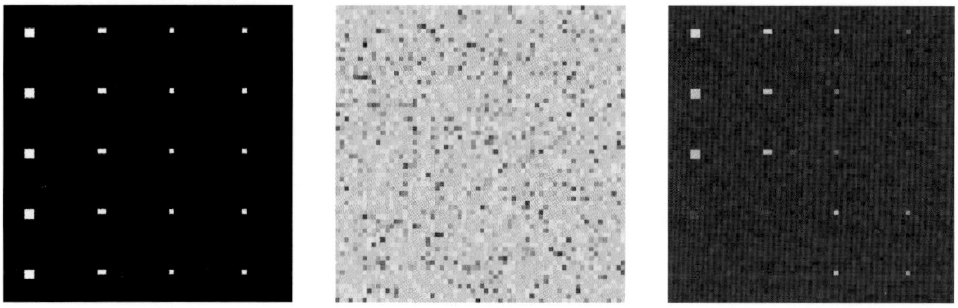

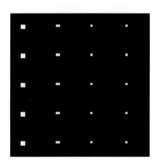

(a) 20个模拟面板　　(b) 模拟生成的背景，包含草的特性元和信噪比为20∶1的高斯噪声　　(c) 将(a)中的20个面板种植在(b)的背景中得到合成图像

图 3.1　合成图像

对于第 i 行，利用面板特性元 $\boldsymbol{p}_i$ 模拟生成 4 列面板，第 1 列是 2×2 面板，包含像元 $\{p_{1,11}^i, p_{1,12}^i, p_{1,21}^i, p_{1,22}^i\}$；第 2 列是 1×2 面板，包含像元 $\{p_{2,11}^i, p_{2,12}^i\}$；第 3 列是单像元面板，像元为 $p_{3,1}^i$；第 4 列也是单像元面板，像元为 $p_{4,1}^i$。2×2 和 1×2 面板都是 100% 纯像元 $\boldsymbol{p}_i$，$p_{3,1}^i$ 和 $p_{4,1}^i$ 是亚像元，分别由(50% $\boldsymbol{p}_i$，50% $\boldsymbol{b}_A$)和(25% $\boldsymbol{p}_i$，75% $\boldsymbol{b}_A$)混合产生，$\boldsymbol{b}_A$ 为图 3.2 中区域 A 均值向量对应的草特性元。

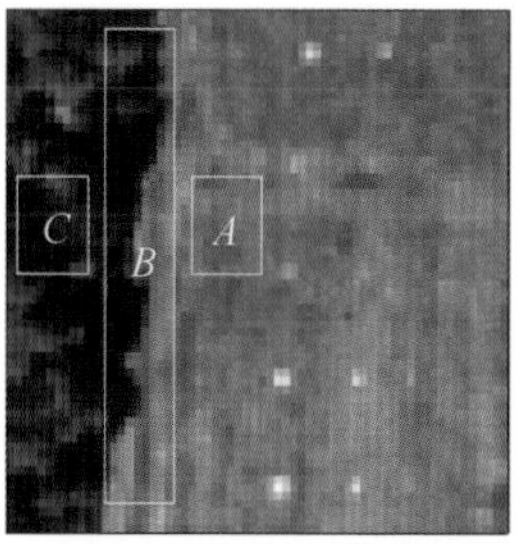

图 3.2　标注了训练样本区域 A、B、C 的 HYDICE 图像

图 3.1(b)由草特性元 $\boldsymbol{b}_A$ 产生，并加入信噪比 20∶1 的高

斯噪声。图 3.1(c)是将图 3.1(a)中的面板植入图 3.1(b)背景图像，得到最终合成图像。下面 3 个实验，分别比较了 FLSMA 和 LSMA 在混合像元分类和量化方面的性能。

3.8.1 实验 1(FVC-FLSMA 对 FLDA 和 LSOSP)

实验 1 通过与纯像元分类 FLDA 算法和最小二乘线性光谱混合分析 LSOSP 算法的比较，验证了 FVC-FLSMA 算法可以提高无约束分类器性能。FVC-FLSMA 和 FLDA 的训练样本集，选为图 3.1(a)中第 1 列面板 $\{p_{1,11}^{i}, p_{1,12}^{i}, p_{1,21}^{i}, p_{1,22}^{i}\}_{i=1}^{5}$。LSOSP 中解混目标特性元矩阵定义为 $\boldsymbol{M}_A = [\boldsymbol{p}_1\ \boldsymbol{p}_2\ \boldsymbol{p}_3\ \boldsymbol{p}_4\ \boldsymbol{p}_5\ \boldsymbol{b}_A]$，由图 1.6 中的 $\{\boldsymbol{p}_i\}_{i=1}^{5}$ 和草特性元 $\boldsymbol{b}_A$ 组成。图 3.3(a)～(c)给出了 FVC-FLSMA、FLDA 和 LSOSP 对图 3.1(c)中 20 个面板像元的分类结果。

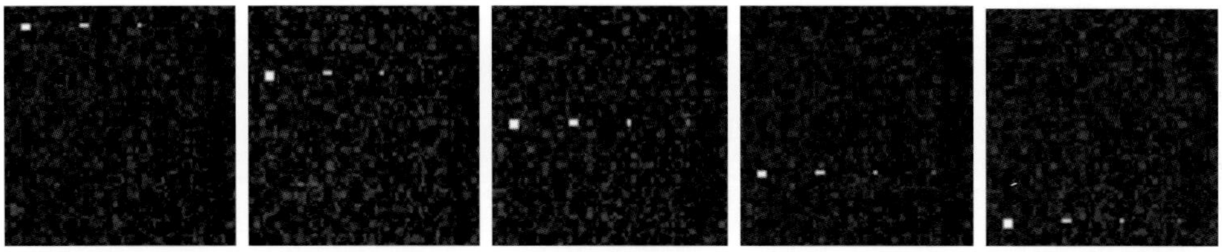

(a) FVC-FLSMA

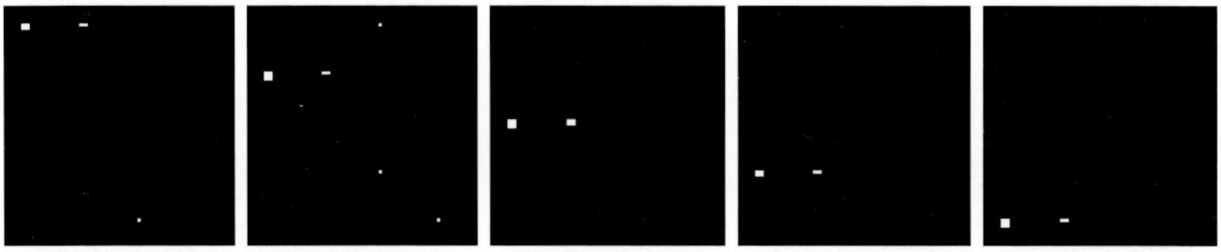

(b) FLDA

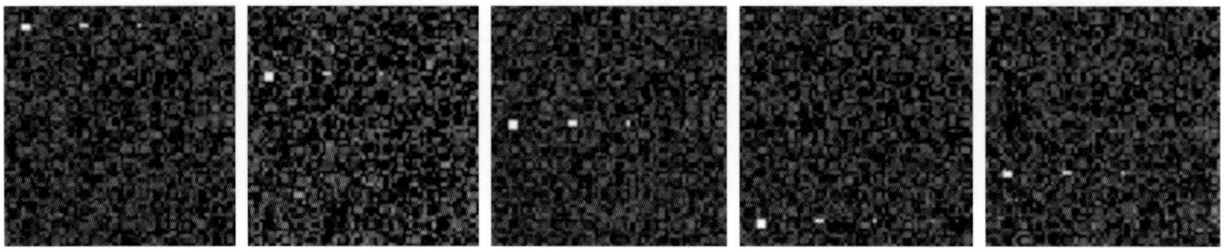

(c) LSOSP

图 3.3 FVC-FLSMA、FLDA 和 LSOSP 分别对图 3.1(c)中 20 个面板像元的分类结果图

FVC-FLSMA 和 LSOSP 都是混合像元分类器，得到的丰度值灰度图如图 3.3(a)和图 3.3(c)所示。FLDA 是基于纯像元的类标记分类器，得到图 3.3(b)所示的 5 种物质分类结果图。从图 3.3 可以看出，FVC-FLSMA 效果最好，全部检测出 20 个面板像元且非目标像元的丰度值较小，其中第 2 行面板的分类效果最佳，选择适当的阈值可以去掉其他像元向量的小丰度值部分。与 FVC-FLSMA 相比，FLDA 检测出所有纯像元，但是漏检了亚像元且产生部分虚警像元，说明 FLDA 不适合于目标检测。LSOSP 得到的分类图像有很多噪声，但是检测出大部分目标。该实验说明，基于纯像元的分类器可以准确分类纯像元，但是对亚像元却不太理想。

3.8.2 实验 2(FVC-FLSMA 对 TCIMF 和 CEM)

实验 2 主要对 FVC-FLSMA 和两种目标特性元约束的分类器 TCIMF 和 CEM(Chang，2003a,2002)进行比较。FVC-FLSMA 的实现方式与实验 1 中类似，TCIMF 的实现方式与实验 1 中的 LSOSP 类似，使用$\boldsymbol{M}_A=[\boldsymbol{p}_1\ \boldsymbol{p}_2\ \boldsymbol{p}_3\ \boldsymbol{p}_4\ \boldsymbol{p}_5\ \boldsymbol{b}_A]$作为目标特性元矩阵，取 $p=1$，即将期望特性元 $\boldsymbol{d}$ 设置为特定的目标特性元。CEM 则将每个面板特性元$\{\boldsymbol{p}_i\}_{i=1}^5$看作是期望的目标特性元 $\boldsymbol{d}$。图 3.4(a)～(b)分别给出了 TCIMF 和 CEM 的分类结果，20 个面板像元全部被检测出，且 CEM 存在少量虚警像元。

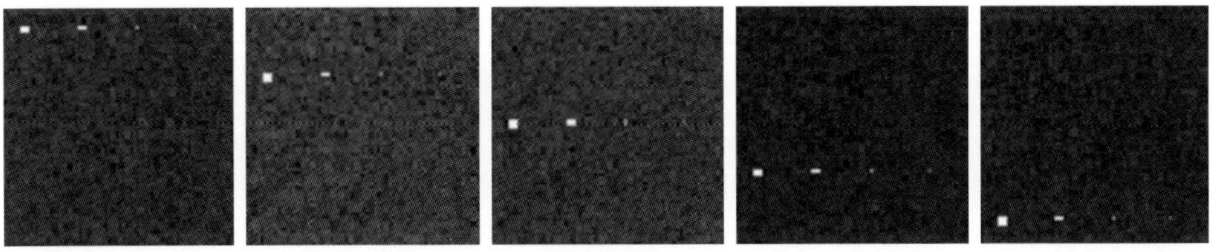

(a) TCIMF

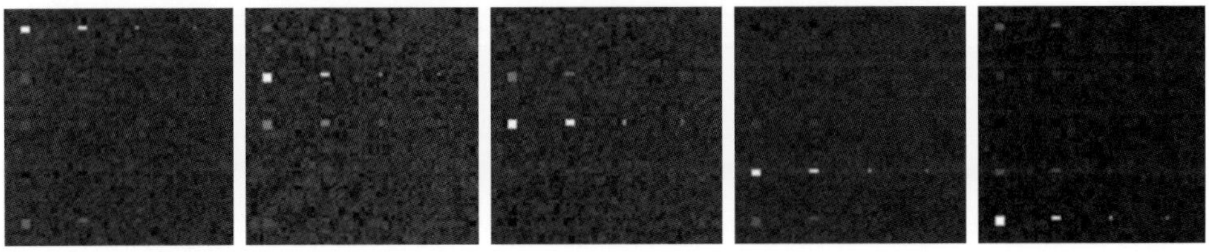

(b) CEM

图 3.4　TCIMF 和 CEM 分别对图 3.1(c)中 20 个面板像元的分类结果图

与图 3.3(a)中 FVC-FLSMA 结果相比，检测能力相当。TCIMF 具有背景压制和非期望信号去除作用，其结果中背景处理得更干净。CEM 只能压制背景但不能去除非期望信号，结果丰度图中存在较多干扰，这一现象在第 2 行和第 3 行的结果中比较明显，原因是 $\boldsymbol{p}_2$ 和 $\boldsymbol{p}_3$ 的光谱特性很接近。

3.8.3 实验 3(FVC-FLSMA 对 AFCLS-FLSMA 和 FCLS)

该实验将 FVC-FLSMA 与另外两种丰度约束分类器进行比较，分别是目标丰度约束的 AFCLS-FLSMA 和 FCLS(Chang，2003a；Heinz，2001)算法。图 3.5(a)～(b)给出了 AFCLS-FLSMA 和 FCLS 对图 3.1(c)中 20 个面板像元的分类结果。

通过图 3.5 可以看出，FCLS 大大提高了 LSOSP 的检测效果，全部检测出 20 个面板像元。从图 3.5 的视觉效果上看，AFCLS-FLSMA 和 FCLS 的效果很接近，但是如果列出两幅图中的丰度结果，可以看到二者都 100%检测出了第 1 列和第 2 列的纯像元$\{p_{1,11}^i,p_{1,12}^i,p_{1,21}^i,p_{1,22}^i\}_{i=1}^5$和$\{p_{2,11}^i,p_{2,12}^i\}_{i=1}^5$，但是 AFCLS-FLSMA 在亚像元$\{p_{3,11}^i\}_{i=1}^5$和$\{p_{4,11}^i\}_{i=1}^5$的丰度值量化上，性能

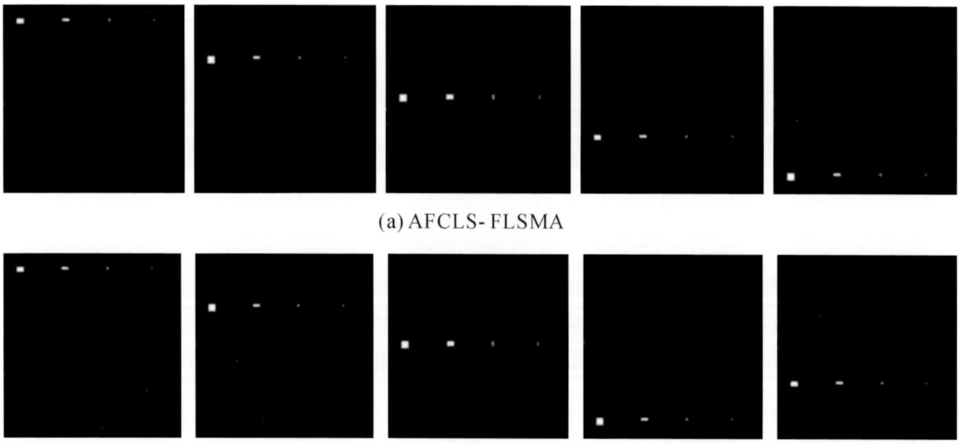

(a) AFCLS-FLSMA

(b) FCLS

图 3.5　AFCLS-FLSMA 和 FCLS 对图 3.1(c)中 20 个面板像元的分类结果图

明显优于 FCLS。

表 3.1　AFCLS-FLSMA 和 FCLS 的量化结果

第 1 行	$p^1_{1,11}$	$p^1_{1,12}$	$p^1_{1,21}$	$p^1_{1,22}$	$p^1_{2,11}$	$p^1_{2,12}$	$p^1_{3,11}$	$p^1_{4,11}$
AFCLS-FLSMA	1	1	1	1	1	1	0.503	0.249
FCLS	1	1	1	1	1	1	0.502	0.212
第 2 行	$p^2_{1,11}$	$p^2_{1,12}$	$p^2_{1,21}$	$p^2_{1,22}$	$p^2_{2,11}$	$p^2_{2,12}$	$p^2_{3,11}$	$p^2_{4,11}$
AFCLS-FLSMA	1	1	1	1	1	1	0.483	0.256
FCLS	1	1	1	1	1	1	0.492	0.268
第 3 行	$p^3_{1,11}$	$p^3_{1,12}$	$p^3_{1,21}$	$p^3_{1,22}$	$p^3_{2,11}$	$p^3_{2,12}$	$p^3_{3,11}$	$p^3_{4,11}$
AFCLS-FLSMA	1	1	1	1	1	1	0.494	0.237
FCLS	1	1	1	1	1	1	0.492	0.24
第 4 行	$p^4_{1,11}$	$p^4_{1,12}$	$p^4_{1,21}$	$p^4_{1,22}$	$p^4_{2,11}$	$p^4_{2,12}$	$p^4_{3,11}$	$p^4_{4,11}$
AFCLS-FLSMA	1	1	1	1	1	1	0.485	0.247
FCLS	1	1	1	1	1	1	0.498	0.207
第 5 行	$p^5_{1,11}$	$p^5_{1,12}$	$p^5_{1,21}$	$p^5_{1,22}$	$p^5_{2,11}$	$p^5_{2,12}$	$p^5_{3,11}$	$p^5_{4,11}$
AFCLS-FLSMA	1	1	1	1	1	1	0.497	0.244
FCLS	1	1	1	1	1	1	0.485	0.242

3.9　实际图像实验结果和分析

本节实验在图 3.2 所示 HYDICE 图像的 15 个面板上进行，该图像与图 3.1(c)合成图像的主要区别是背景。图 3.2 中的背景远比图 3.1(c)中的背景复杂，却只有少量的先验知识，图 3.1(c)中的背景完全已知。如果对图 3.2 中的背景描述不好，FLSMA 效果会较合成图像效果差，后面从两个角度对此进行测试。另外，假设图 1.6(b)中，3 m^2 的 9 个像元和 2 m^2 的 5 个像元已知，则图 3.2 的面板特性元和 14 个面板像元都可以作为先验知识。

3.9.1 用监督式知识描述图像背景

观察图 3.2 的场景，可以发现背景主要由左边 1/4 的森林和右边的 3/4 草地组成。根据这一知识，可利用两种方式代表图像中的背景，一种是利用区域 B 描述图像背景，另一种是利用区域 A 和区域 C 代表背景。利用区域 B 描述背景时，对区域 B 内的像元求均值，作为 LSOSP 中的背景特性元 $\boldsymbol{b}_B$，同时区域 B 中的所有像元都可以作为 FLDA 和 FVC-FLSMA 的训练样例。利用区域 A 和 C 描述背景时，分别对区域 A 和 C 中的像元求均值，得到 $\boldsymbol{b}_A$ 和 $\boldsymbol{b}_C$，作为 LSOSP 的背景特性元，同时区域 A 和区域 C 中的所有像元都可以作为 FLDA 和 FVC-FLSMA 的训练样本，表示森林和草两种类别。

与 3.8.1 和 3.8.2 的实验一样，将背景看作一种类别，对 FVC-FLSMA、FLDA、LSOSP、TCIMF、CEM、AFCLS-FLSMA 和 FCLS 进行比较。FVC-FLSMA 和 FLDA 的训练样本包括 3 m×3 m 和 2 m×2 m 面板中的 R 像元，以及区域 B 中的背景像元。对于 LSOSP 和 $p=1$ 情况下的 TCIMF，使用定义为 $\boldsymbol{M}_1=[\boldsymbol{p}_1\ \boldsymbol{p}_2\ \boldsymbol{p}_3\ \boldsymbol{p}_4\ \boldsymbol{p}_5\ \boldsymbol{b}_B]$ 的目标特性元矩阵。图 3.6(a)～(g)给出了图 3.2 中 15 个面板的分类结果。

由图 3.6 可以看出，FLDA 在纯像元的检测效果上明显优于 LSOSP 和 CEM，而从总体的检测效果来看，TCIMF 应该是效果最好的，LSOSP 是最差的。

现在，把背景类别改为两类重复上面的实验。用于 FVC-FLSMA 和 FLDA 的训练样本包括区域 A 和 C 中的所有像元，用于 LSOSP 和 TCIMF 的目标特性元矩阵 $\boldsymbol{M}_2$ 定义为 $\boldsymbol{M}_2=[\boldsymbol{p}_1\ \boldsymbol{p}_2\ \boldsymbol{p}_3\ \boldsymbol{p}_4\ \boldsymbol{p}_5\ \boldsymbol{b}_A\ \boldsymbol{b}_C]$。图 3.7(a)～(f)给出了图 3.2 中 15 个面板的分类结果。

需要说明的是：CEM 只用一种面板特性元作为感兴趣目标特性元 $\boldsymbol{d}$，同时压制其他所有的信号源。实验中选取多少个背景类别，对 CEM 没有影响，所以 3.6(e)中的 CEM 结果也适用于该实验。FLDA 在图 3.7(b)中的结果与其在图 3.6(b)中的结果类似，FVC-FLSMA 在图 3.7(a)中的结果比图 3.6(a)中的结果稍差，但如果将图 3.7(d)中 TCIMF 的结果与图 3.6(d)中的结果比较，可以发现 TCIMF 的结果变好。LSOSP 仍然是最差的，性能没有得到任何提高，因为两个类别仍然不能代表整个背景。AFCLS-FLSMA 和 FCLS 在图 3.7 中的效果优于图 3.6。

3.9.2 用非监督知识描述图像背景

从上面的结果可以看出，FVC-FLSMA 跟 FLDA 的效果都不太理想，主要原因是图 3.2中的背景不能用一种或两种类别代替。为了提高算法性能，可以寻找一个背景像元集合，代表图像的背景特点。根据 Chang 等(2004，2003a)的研究结果，图 3.2 中差异性较大的特性元数量为 18，所以用一种或两种类别描述背景远远不够，至少需要 13 个背景

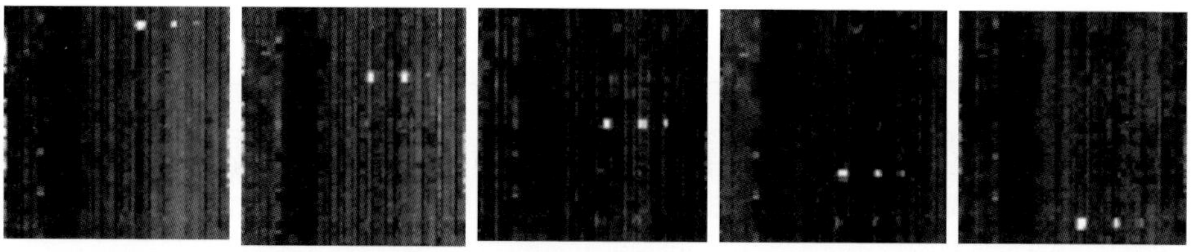

(a) FVC-FLSMA

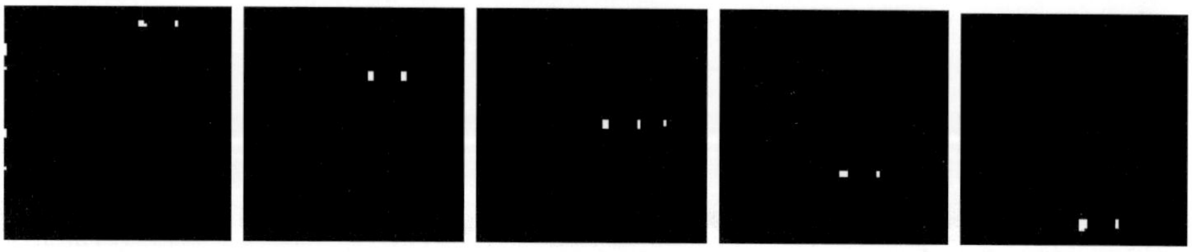

(b) FLDA

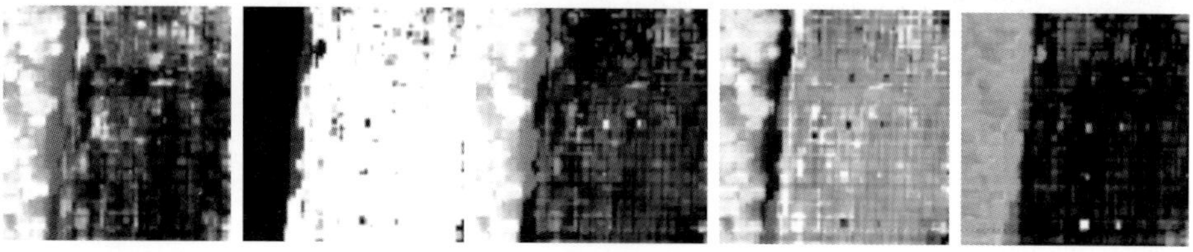

(c) LSOSP

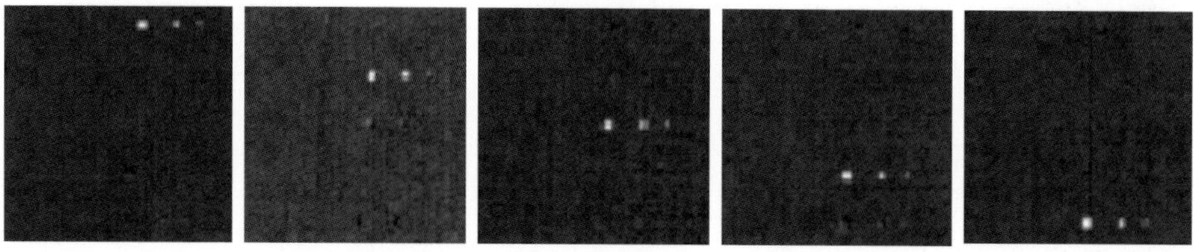

(d) TCIMF

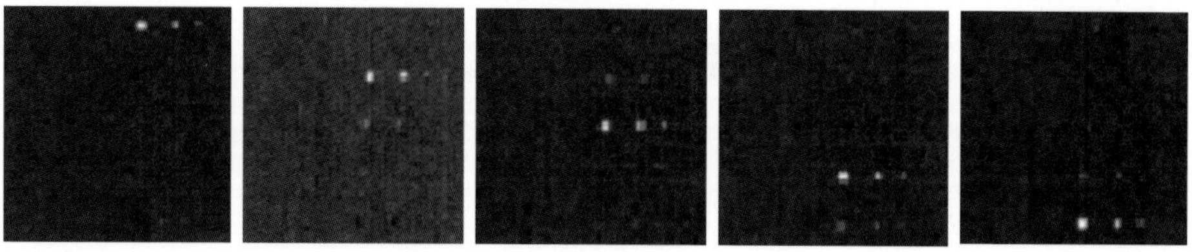

(e) CEM

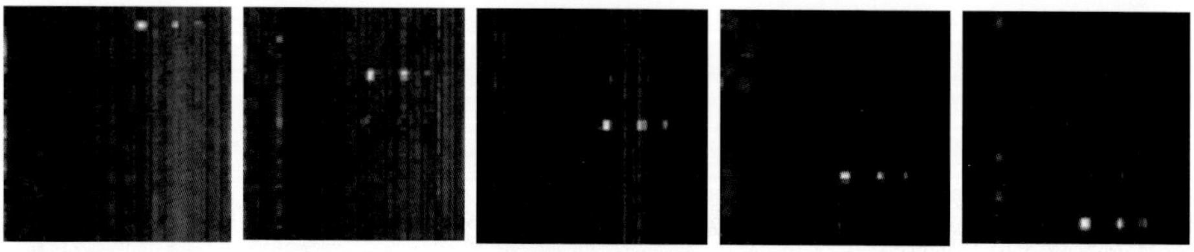

(f) AFCLS-FLSMA

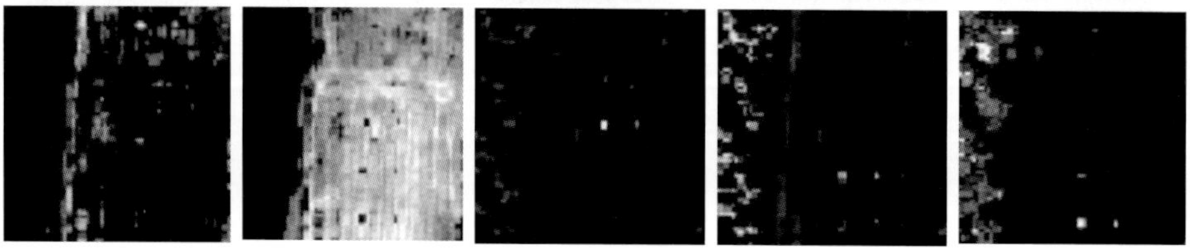

(g) FCLS

图 3.6　FVC-FLSMA、FLDA、LSOSP、TCIMF、CEM、AFCLS-FLSMA 和 FCLS 对图 3.2 中 15 个面板的分类结果图

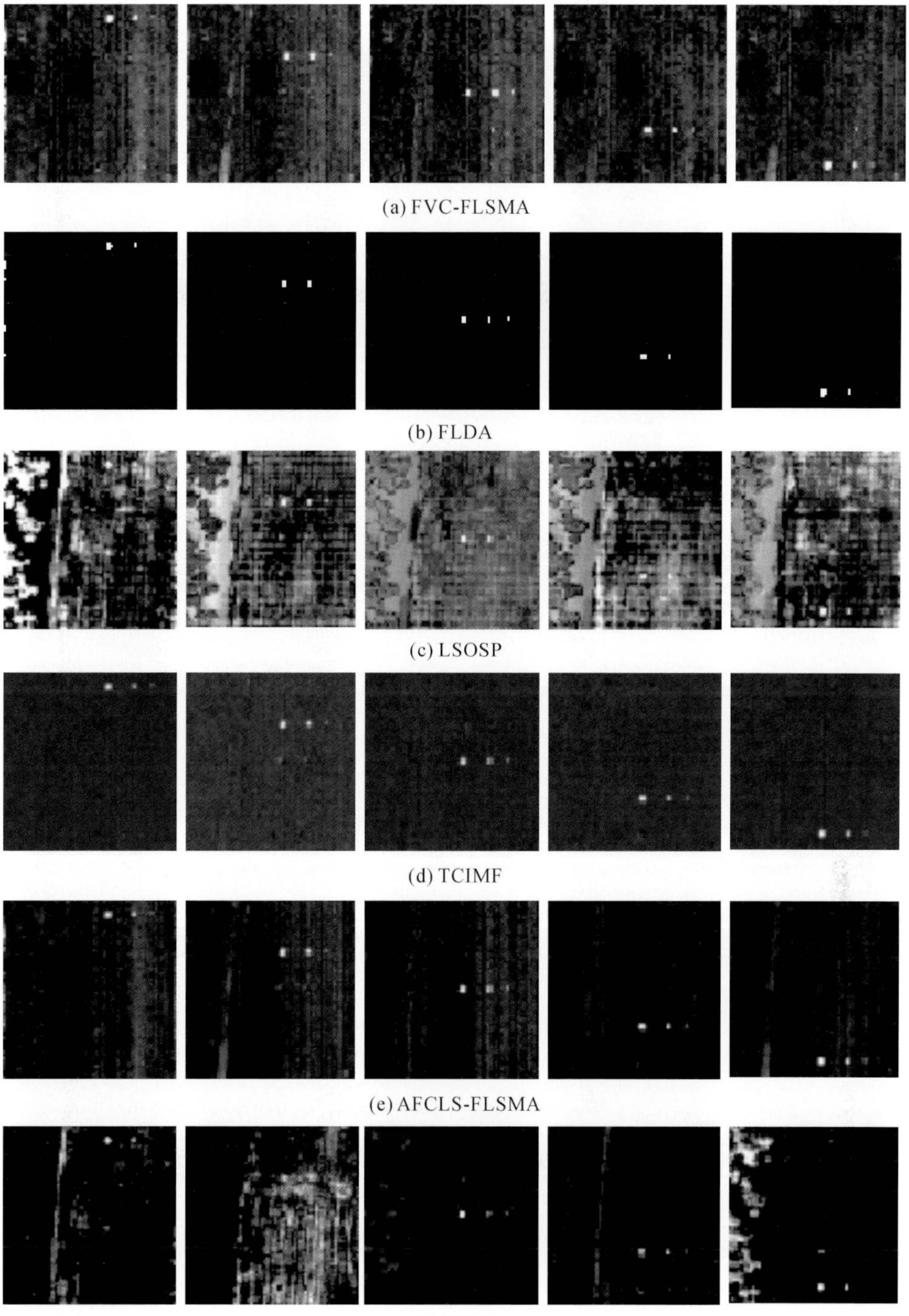

(a) FVC-FLSMA

(b) FLDA

(c) LSOSP

(d) TCIMF

(e) AFCLS-FLSMA

(f) FCLS

图 3.7 FVC-FLSMA、FLDA、LSOSP、TCIMF、AFCLS-FLSMA 和 FCLS 对图 3.2 中 15 个面板的分类结果图

特性元。这里，采用 ATGP(Chang，2003a；Ren，2003)产生 13 个目标像元，在图 3.8 中表示为$\{\boldsymbol{t}_k\}_{k=1}^{13}$，作为图像背景的训练样本。

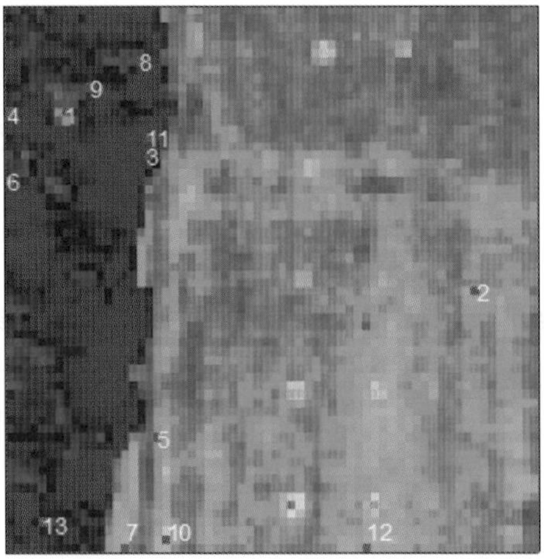

图 3.8　ATGP 产生 13 个目标像元

13 个目标像元中每个目标像元代表一个类别，只用这 13 个数据进行训练不够充分，故采用光谱夹角匹配方法，在每个目标像元周围找出与其相似的一定数量像元，作为该类训练样本集$\{\boldsymbol{C}_i\}_{i=1}^{13}$。每个集合中所有元素的平均向量$\{\boldsymbol{\mu}_i\}_{i=1}^{13}$，组成 LSOSP 和 TCIMF 中的目标特性元矩阵 $\boldsymbol{M}$。实验中，光谱夹角匹配的阈值设置为 0.04，训练样本总数为 698，包含了 14 个 3 m×3 m 和 2 m×2 m 面板像元。

现在重复 3.8 的实验，用 13 个类别描述图像背景。图 3.9 给出了 FVC-FLSMA、FLDA、LSOSP、TCIMF、AFCLS-FLSMA 和 FCLS 的结果。从结果中可以得到下面的结论：①通过对比图 3.9(a)、图 3.6(a)和图 3.7(a)可以发现，FLSMA 在背景类别数量增加后，性能并未提高；②图 3.9 中的 LSOSP 性能得到了很大程度提高，与 FVC-FLSMA 接近，但是在图 3.6 和图 3.7 中，其性能明显较差；③TCIMF 的性能也比图 3.6 和图 3.7 中稍有提高，而 FLDA 明显变好，只是在左边界上多了几个虚警点。但是，在丰度约束分类器上，未得到类似结论。总之，对于非监督的混合像元分类而言，训练样本的选择是一个很有挑战性的问题。

3.10　本章小结

本章介绍了一种线性光谱混合分析方法，即基于 Fisher 的线性光谱解混(FLSMA)，通过将经典的 Fisher 线性判别分析引入到线性光谱混合分析中派生出了两种新的方法：一种方法将基于 Fisher 比产生的特征向量约束到互相正交的方向上，称为特征向量约束的 FLSMA(FVC-FLSMA)。另一种称为丰度约束的 FLSMA(AC-FLSMA)，即在 FLSMA 上施加和为一约束和非负约束。推导过程显示 FVC-FLSMA 与 LCMV 类似，即 LCMV 中的自相

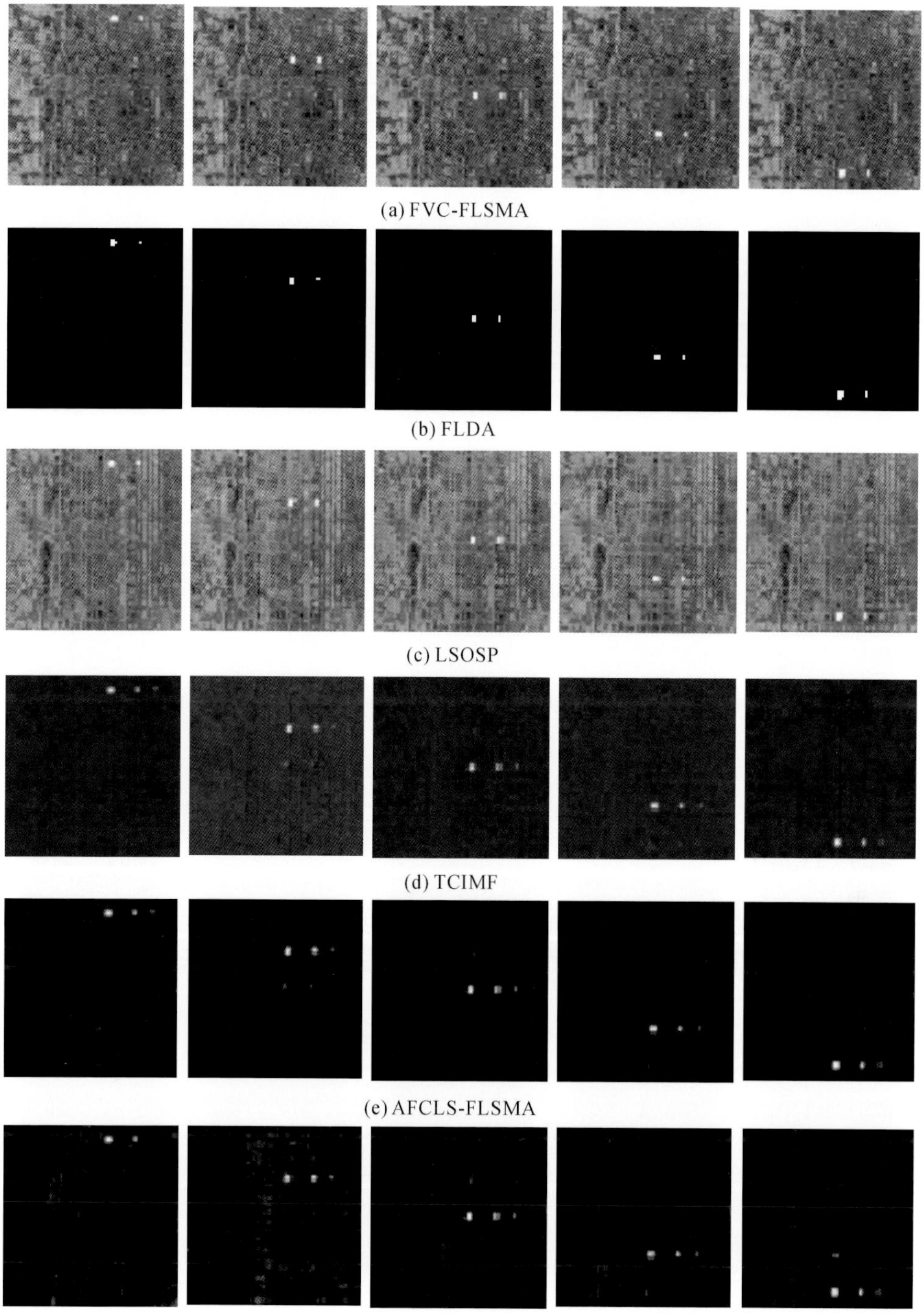

(a) FVC-FLSMA

(b) FLDA

(c) LSOSP

(d) TCIMF

(e) AFCLS-FLSMA

(f) FCLS

图 3.9 FVC-FLSMA、FLDA、LSOSP、TCIMF、AFCLS-FLSMA 和 FCLS 利用 ATGP 产生的非监督背景分别对图 3.2 中 15 个面板的分类结果

关矩阵与 FVC-FLSMA 中的类内散布矩阵作用类似。在分类问题上，类内散布矩阵的描述能力高于自相关矩阵，故混合像元分类中 FVC-FLSMA 算法的性能就优于 LCMV 算法。另外，结果表明 LCMV 算法具有与 FVC-FLSMA 相当的分类性能。关于 FVC-FLSMA 的丰度约束算法，可以扩展与 LSMA 中 SCLS、NCLS 和 FCLS 类似的 3 种形式，分别为和为一约束的最小二乘 FLSMA（ASCLS-FLSMA）、非负丰度约束的最小二乘 FLSMA（ANCLS-FLSMA）以及丰度全约束的最小二乘 FLSMA（AFCLS-FLSMA）。AC-FLSMA 同时考虑了最小二乘和 Fisher 比，其性能优于只考虑最小二乘的 AC-LSMA 以及无约束的 FVC-FLSMA。

有以下两点需要说明：①按照实验部分对背景类别进行非监督式知识获取的方式（Ji et al.，2004），本章中的 FLSMA 可以扩展到非监督的 FLSMA（UFLSMA）；②FLSMA 的性能很大程度地依赖于训练样本，如果样本的代表性很差，FLSMA 的性能就会变差。

参考文献

BISHOP C，1995. Neural networks for pattern recognition[M]. New York：Oxford University Press.

CHANG C，2002. Target signature-constrained mixed pixel classification for hyperspectral imagery[J]. IEEE Transactions on Geoscience and Remote Sensing，40(5)：1065-1081.

CHANG C，2003a. How to effectively utilize information to design hyperspectral target detection and classification algorithms[C]// IEEE Workshop on Advances in Techniques for Analysis of Remotely Sensed Data，NASA Goddard Visitor Center，Washington DC，October：27-28.

CHANG C，2003b. Hyperspectral imaging：Techniques for spectral detection and classification[M]. New York：Kluwer Academic/Plenum Publishers.

CHANG C，DU Q，2004. Estimation of number of spectrally distinct signal sources in hyperspectral imagery[J]. IEEE Transactions on Geoscience and Remote Sensing，42(3)：608-619.

CHANG C，JI B，2006. Fisher's linear spectral mixture analysis[J]. IEEE Transactions on Geoscience and Remote Sensing，44(8)：2292-2304.

DU Q，CHANG C，2001. A linear constrained distance-based discriminant analysis for hyperspectral image classification[J]. Pattern Recognition，34(2)：361-373.

DUDA R，HART P，1973. Pattern classification and scene analysis[M]. 1st ed. New York：John Wiley & Sons，Inc.

DUDA R，HART P，STROK D，2003. Pattern classification and scene analysis[J]. IEEE Transactions on Automatic Control，19(4)：462-463.

HARSANYI J，CHANG C，1994. Hyperspectral image classification and dimensionality reduction：An orthogonal subspace projection approach[J]. IEEE Transactions on Geoscience and Remote Sensing，32(4)：779-785.

HEINZ D，CHANG C，2001. Fully constrained least squares linear spectral mixture analysis method for material quantification in hyperspectral imagery[J]. IEEE Transactions on Geoscience and Remote Sensing，39(3)：529-545.

JI B，CHANG C，JENSEN J，et al.，2004. Unsupervised constrained linear Fisher's discriminant analysis for hyperspectral image classification[C]. 49th Annual Meeting, SPIE International Symposium on Optical Science and Technology, Imaging Spectrometry IX (AM105), Denver CO., August: 2-4.

JUANG B, KATAGIRI S, 1992. Discriminative learning for minimum error classification[J]. IEEE Transactions on Signal Process, 40(12): 3043-3054.

REN H, CHANG C, 2003. Automatic spectral target recognition in hyperspectral imagery[J]. IEEE Transactions on Aerospace and Electronic Systems, 39(4): 1232-1249.

SOLTANIAN Z, WINDHAM J, PECK D, 1996. Optimal linear transformation for MRI feature extraction [J]. IEEE Transactions on Medical Imaging, 15(6): 749-767.

TU T, CHEN C, CHANG C, 1997. A posteriori least squares orthogonal subspace projection approach to desired signature extraction and detection[J]. IEEE Transactions on Geoscience and Remote Sensing, 35 (1): 127-139.

第4章　加权丰度约束的线性光谱混合分析

目前线性光谱混合分析(LSMA)已经得到广泛应用,为了便于数学计算通常使用无约束的 LSMA。但事实证明,带有丰度约束的 LSMA(AC-LSMA)对高光谱图像的量化(即估计像元中特性元的丰度)性能更高,有两种形式的丰度约束,即和为一约束和非负约束。求解 AC-LSMA 的常用方法是在满足约束的条件下,计算最小二乘估计(least square estimate,LSE)意义上的丰度值。但估计丰度时,并未考虑各波段对 LSE 的贡献度,没有根据特性元的特性对每个波段进行加权,导致各个波段 LSE 的作用效果均等,这与实际应用情况不符。本章分别从参数估计、模式分类和正交子空间投影角度出发,将传统的 AC-LSMA 扩展到3个加权 AC-LSMA(WAC-LSMA)版本。实验结果表明,WAC-LSMA 的性能优于未加权的 AC-LSMA。

4.1　简　　介

LSMA 已经成功应用于很多问题,如亚像元检测、混合像元的分类及量化等。假设有 p 个图像特性元$\boldsymbol{m}_1,\boldsymbol{m}_2,\cdots,\boldsymbol{m}_p$,任意的图像像元 $\boldsymbol{r}$ 可以表示为这 p 个特性元按照相应的丰度值$\alpha_1,\alpha_2,\cdots,\alpha_p$ 线性混合,其中 α_j 表示第 j 个特性元 $\boldsymbol{m}_j$的丰度值。

$$\boldsymbol{r}=\boldsymbol{M\alpha}+\boldsymbol{n} \tag{2.1}$$

$\boldsymbol{n}$ 可以理解为噪声、模型误差或测量误差,$\boldsymbol{M}=[\boldsymbol{m}_1\ \boldsymbol{m}_2\cdots\ \boldsymbol{m}_p]$为由特性元$\boldsymbol{m}_1,\boldsymbol{m}_2,\cdots,\boldsymbol{m}_p$组成的矩阵。为了便于数学处理,LSMA 常用无丰度约束版本,但研究表明,AC-LSMA 可以在很多方面提高 LSMA 性能(Chang,2003a),如亚像元检测、混合像元分类、混合像元识别等,尤其是混合像元量化,可更精确估计每个特性元的丰度值。AC-LSMA 需要在丰度值$\alpha_1,\alpha_2,\cdots,\alpha_p$ 上添加两个约束:丰度和为一约束(ASC),即 $\sum_{j=1}^{p}\alpha_j=1$,以及非负约束(ANC),即 $\alpha_j\geqslant 0,1\leqslant j\leqslant p$。求解 AC-LSMA 的常用方法是约束条件下的 LSE,由式(2.1)模型,LSE 问题描述如下:

$$\min_{\boldsymbol{\alpha}\in\Delta}\{(\boldsymbol{r}-\boldsymbol{M\alpha})^{\mathrm{T}}(\boldsymbol{r}-\boldsymbol{M\alpha})\},满足\ \Delta=\left\{\boldsymbol{\alpha}\mid\alpha_j\geqslant 0,\forall j,\sum_{j=1}^{p}\alpha_j=1\right\} \tag{4.1}$$

丰度约束线性光谱混合分析方法的求解过程复杂,但可以得到更精确的丰度估计结果,更利于材质量化。

式(4.1)最小二乘误差中所有波段权重相同,其假设每个波段的作用相同。为了将式(4.1)通用化,定义加权最小二乘误差方法,即在式(4.1)中加入权重矩阵 $\boldsymbol{A}$,得到

$$(\boldsymbol{r}-\boldsymbol{M\alpha})^{\mathrm{T}}\boldsymbol{A}(\boldsymbol{r}-\boldsymbol{M\alpha}) \tag{4.2}$$

如果$\boldsymbol{A}=\boldsymbol{I}$,即$\boldsymbol{A}$为单位矩阵,式(4.2)即成为式(4.1)。使用式(4.2)的关键问题是如何考虑每个波段的贡献度,定义合适的权重矩阵$\boldsymbol{A}$。按照Chang(2005)提出的LSMA处理思想,权重矩阵$\boldsymbol{A}$可从以下3个角度定义:①参数估计角度。按照马氏距离(Mahalanobis distance,MD)(Fugunaka,1990)或高斯最大似然估计(Gaussian maximum likelihood estimator,GMLE)(Richards,1999),权重矩阵$\boldsymbol{A}$可以定义为数据样本协方差的逆矩阵$\boldsymbol{K}^{-1}$,式(4.2)就称为MD加权AC-LSMA。如果用数据样本自相关矩阵的逆矩阵$\boldsymbol{R}^{-1}$代替,就得到线性约束方差最小化形式(Chang,2003b,2002),式(4.2)称为LCMV加权AC-LSMA。②模式分类角度。基于第3章介绍的Fisher线性判别分析,$\boldsymbol{A}$可以定义为类内散布矩阵的逆矩阵$\boldsymbol{S}_{\mathrm{W}}^{-1}$,得到$\boldsymbol{S}_{\mathrm{W}}^{-1}$加权AC-LSMA。③信号检测角度。依据正交子空间投影,$\boldsymbol{A}$可以定义为能消除非期望特性元的矩阵$\boldsymbol{P}_{U}^{\perp}$,不具备$\boldsymbol{U}$的先验知识时可以用$\boldsymbol{R}^{-1}$近似,得到的算法称为OSP加权AC-LSMA。后面的实验表明,这3类加权AC-LSMA算法若选择了合适的加权矩阵$\boldsymbol{A}$,都可以获得比无加权AC-LSMA算法更优良的表现。

说明:如果$\boldsymbol{A}$定义为特性元子空间投影(signature subspace projector,SSP),$\boldsymbol{M}(\boldsymbol{M}^{\mathrm{T}}\boldsymbol{M})^{-1}\boldsymbol{M}^{\mathrm{T}}$,得到的算法称为SSP加权AC-LSMA(Chang,1998,1997)。在这种情况下,$\boldsymbol{A}$等同于单位矩阵,因为SSP方法和LSMA方法都基于LSE,加权矩阵$\boldsymbol{A}$并未起到任何作用。

4.2 丰度约束的LSMA(AC-LSMA)

考虑式(2.1)所示的无丰度约束LSMA问题,无约束的LSE解为

$$\alpha(\boldsymbol{r})=(\boldsymbol{M}^{\mathrm{T}}\boldsymbol{M})^{-1}\boldsymbol{M}^{\mathrm{T}}\boldsymbol{r} \tag{4.3}$$

常用的最小二乘方法是在丰度向量$\boldsymbol{\alpha}=(\alpha_1,\alpha_2,\cdots,\alpha_p)^{\mathrm{T}}$的约束条件下,最小化式(2.1)的LSE问题,例如ASC或(和)ANC约束,由此得到了以下3类算法(Chang,2003a;Heinz,2001)。

(1) 丰度和为一约束LSMA:

$$\min_{\boldsymbol{\alpha}}\{(\boldsymbol{r}-\boldsymbol{M\alpha})^{\mathrm{T}}(\boldsymbol{r}-\boldsymbol{M\alpha})\},\text{满足}\sum\nolimits_{j=1}^{p}\alpha_j=1 \tag{4.4}$$

(2) 丰度非负约束LSMA:

$$\min_{\boldsymbol{\alpha}}\{(\boldsymbol{r}-\boldsymbol{M\alpha})^{\mathrm{T}}(\boldsymbol{r}-\boldsymbol{M\alpha})\},\text{满足}\ \boldsymbol{\alpha}\geqslant 0 \tag{4.5}$$

(3) 丰度全约束LSMA:

$$\min_{\boldsymbol{\alpha}}\{(\boldsymbol{r}-\boldsymbol{M\alpha})^{\mathrm{T}}(\boldsymbol{r}-\boldsymbol{M\alpha})\},\text{满足}\ \boldsymbol{\alpha}\geqslant 0\ \text{和}\sum\nolimits_{j=1}^{p}\alpha_j=1 \tag{4.6}$$

Chang(2003a)和Heinz(2001)对式(4.4)~式(4.6)的解进行了详细的描述。

4.3 加权的最小二乘丰度约束LSMA

式(4.1)的LSE没有施加任何权重矩阵来考虑$\boldsymbol{M}$中各个特性元波段的重要性程度,相

当于式(4.4)～式(4.6)的权重矩阵都是单位阵 $\boldsymbol{I}$。如果在式(4.2)中加入权重矩阵 $\boldsymbol{A}$,则求解加权 LSE 问题即为寻找下述问题的解:

$$\min_{\boldsymbol{\alpha}}\{(\boldsymbol{r}-\boldsymbol{M\alpha})^{\mathrm{T}}\boldsymbol{A}(\boldsymbol{r}-\boldsymbol{M\alpha})\} \tag{4.7}$$

假设 $\boldsymbol{A}$ 是一个对称的正定阵,可以用它的平方根$\boldsymbol{A}^{1/2}$对式(4.7) 的 LSE 进行白化,得到

$$\begin{aligned}(\boldsymbol{r}-\boldsymbol{M\alpha})^{\mathrm{T}}\boldsymbol{A}^{1/2}\boldsymbol{A}^{1/2}(\boldsymbol{r}-\boldsymbol{M\alpha}) &= (\boldsymbol{r}-\boldsymbol{M\alpha})^{\mathrm{T}}(\boldsymbol{A}^{1/2})^{\mathrm{T}}\boldsymbol{A}^{1/2}(\boldsymbol{r}-\boldsymbol{M\alpha})\\ &= (\boldsymbol{A}^{1/2}\boldsymbol{r}-\boldsymbol{A}^{1/2}\boldsymbol{M\alpha})^{\mathrm{T}}(\boldsymbol{A}^{1/2}\boldsymbol{r}-\boldsymbol{A}^{1/2}\boldsymbol{M\alpha})\end{aligned} \tag{4.8}$$

利用下述线性变换:

$$\hat{\boldsymbol{r}}=\boldsymbol{A}^{1/2}\boldsymbol{r}\text{ 和 }\widehat{\boldsymbol{M}}=\boldsymbol{A}^{1/2}\boldsymbol{M} \tag{4.9}$$

可以得到 $\boldsymbol{A}$-白化 LSE:

$$\min_{\boldsymbol{\alpha}}\{(\hat{\boldsymbol{r}}-\widehat{\boldsymbol{M}}\boldsymbol{\alpha})^{\mathrm{T}}(\hat{\boldsymbol{r}}-\widehat{\boldsymbol{M}}\boldsymbol{\alpha})\} \tag{4.10}$$

该形式与式(4.2) 相似,区别在于图像像元向量 $\hat{\boldsymbol{r}}$ 和矩阵$\widehat{\boldsymbol{M}}$是矩阵$\boldsymbol{A}$ 白化后的结果。按照与式(4.4)～式(4.6)相同的方式,可以得到以下 $\boldsymbol{A}$ 加权 AC-LSMA 问题的 3 类算法。

(1) $\boldsymbol{A}$ 加权丰度和为一约束 LSE:

$$\min_{\boldsymbol{\alpha}}\{(\hat{\boldsymbol{r}}-\widehat{\boldsymbol{M}}\boldsymbol{\alpha})^{\mathrm{T}}(\hat{\boldsymbol{r}}-\widehat{\boldsymbol{M}}\boldsymbol{\alpha})\}\text{,满足 }\sum\nolimits_{j=1}^{p}\alpha_j=1 \tag{4.11}$$

(2) $\boldsymbol{A}$ 加权丰度非负约束 LSE:

$$\min_{\boldsymbol{\alpha}}\{(\hat{\boldsymbol{r}}-\widehat{\boldsymbol{M}}\boldsymbol{\alpha})^{\mathrm{T}}(\hat{\boldsymbol{r}}-\widehat{\boldsymbol{M}}\boldsymbol{\alpha})\}\text{,满足 }\boldsymbol{\alpha}\geqslant 0 \tag{4.12}$$

(3) $\boldsymbol{A}$ 加权丰度全约束 LSE:

$$\min_{\boldsymbol{\alpha}}\{(\hat{\boldsymbol{r}}-\widehat{\boldsymbol{M}}\boldsymbol{\alpha})^{\mathrm{T}}(\hat{\boldsymbol{r}}-\widehat{\boldsymbol{M}}\boldsymbol{\alpha})\}\text{,满足 }\boldsymbol{\alpha}\geqslant 0\text{ 和 }\sum\nolimits_{j=1}^{p}\alpha_j=1 \tag{4.13}$$

如 Chang(2005,2003a)以及上面内容所述,LSMA 问题可以从 3 个角度分析,即信号检测角度的 OSP 算法、参数估计角度的 MD 或 GMLE 算法以及模式分类角度的 FLDA 算法。式(4.11)～式(4.13)也可以在给定权重矩阵 $\boldsymbol{A}$ 后,从上述 3 个角度进行求解。

4.3.1　参数估计角度派生权重矩阵

从参数估计的角度,可以有多种方法派生权重矩阵 $\boldsymbol{A}$ 表征光谱间的相关信息。一种方式是将 $\boldsymbol{A}$ 定义为样本向量的协方差矩阵 $\boldsymbol{K}^{-1}$,另一种是将 $\boldsymbol{A}$ 定义为样本向量的自相关矩阵 $\boldsymbol{R}^{-1}$。

4.3.1.1　MD 加权 AC-LSMA

加权均方误差的典型例子是 MD,也称为 GMLE,加权数据为协方差矩阵 $\boldsymbol{K}^{-1}$,在信号处理和通信中起到白化作用。将 $\boldsymbol{K}^{-1}$代替式(4.7)中的 $\boldsymbol{A}$,得到

$$\min_{\boldsymbol{\alpha}}\{(\boldsymbol{r}-\boldsymbol{M\alpha})^{\mathrm{T}}\boldsymbol{K}^{-1}(\boldsymbol{r}-\boldsymbol{M\alpha})\} \tag{4.14}$$

利用与式(4.9) 类似的线性变换,有

$$\hat{\boldsymbol{r}}=\boldsymbol{K}^{-1/2}\boldsymbol{r},\hat{\boldsymbol{M}}=\boldsymbol{K}^{-1/2}\boldsymbol{M} \tag{4.15}$$

得到的 $\boldsymbol{K}^{-1}$白化 LSE 为

$$\min_{\boldsymbol{\alpha}}\{(\hat{\boldsymbol{r}}-\hat{\boldsymbol{M}}\boldsymbol{\alpha})^{\mathrm{T}}(\hat{\boldsymbol{r}}-\hat{\boldsymbol{M}}\boldsymbol{\alpha})\} \tag{4.16}$$

式(4.16)与式(4.10)类似。利用式(4.16)可以得到以下 MD 加权 AC-LSMA 的 3 类算

法。

(1) MD 加权丰度和为一约束 LSE：

$$\min_{\boldsymbol{\alpha}}\{(\hat{\boldsymbol{r}}-\hat{\boldsymbol{M}}\boldsymbol{\alpha})^{\mathrm{T}}(\hat{\boldsymbol{r}}-\hat{\boldsymbol{M}}\boldsymbol{\alpha})\},\text{满足}\sum_{j=1}^{p}\alpha_j=1 \tag{4.17}$$

(2) MD 加权丰度非负约束 LSE：

$$\min_{\boldsymbol{\alpha}}\{(\hat{\boldsymbol{r}}-\hat{\boldsymbol{M}}\boldsymbol{\alpha})^{\mathrm{T}}(\hat{\boldsymbol{r}}-\hat{\boldsymbol{M}}\boldsymbol{\alpha})\},\text{满足}\ \boldsymbol{\alpha}\geqslant 0 \tag{4.18}$$

(3) MD 加权丰度全约束 LSE：

$$\min_{\boldsymbol{\alpha}}\{(\hat{\boldsymbol{r}}-\hat{\boldsymbol{M}}\boldsymbol{\alpha})^{\mathrm{T}}(\hat{\boldsymbol{r}}-\hat{\boldsymbol{M}}\boldsymbol{\alpha})\},\text{满足}\ \boldsymbol{\alpha}\geqslant 0\ \text{和}\sum_{j=1}^{p}\alpha_j=1 \tag{4.19}$$

式(4.17)～式(4.19)的解分别称为 MD 加权 SCLS、MD 加权 NCLS 和 MD 加权 FCLS。

4.3.1.2 LCMV 加权 AC-LSMA

将式(4.14)中的样本协方差矩阵 $\boldsymbol{K}$ 用样本自相关矩阵 $\boldsymbol{R}$ 代替，可以得到基于 LCMV 的丰度约束 LSE：

$$\min_{\boldsymbol{\alpha}}\{(\boldsymbol{r}-\boldsymbol{M}\boldsymbol{\alpha})^{\mathrm{T}}\boldsymbol{R}^{-1}(\boldsymbol{r}-\boldsymbol{M}\boldsymbol{\alpha})\} \tag{4.20}$$

利用与式(4.9)类似的线性变换，将 $\boldsymbol{r}$ 映射为 $\bar{\boldsymbol{r}}=\boldsymbol{R}^{-1/2}\boldsymbol{r}$，$\boldsymbol{M}$ 映射为 $\bar{\boldsymbol{M}}=\boldsymbol{R}^{-1/2}\boldsymbol{M}$，可以得到 $\boldsymbol{R}^{-1}$ 白化 LSE 问题，

$$\min_{\boldsymbol{\alpha}}\{(\bar{\boldsymbol{r}}-\bar{\boldsymbol{M}}\boldsymbol{\alpha})^{\mathrm{T}}(\bar{\boldsymbol{r}}-\bar{\boldsymbol{M}}\boldsymbol{\alpha})\} \tag{4.21}$$

称为 LCMV 加权丰度约束 LSE，参照式(4.11)～式(4.13)，可以获得以下 LCMV 加权 AC-LSMA 的 3 类算法。

(1) LCMV 加权丰度和为一约束 LSE：

$$\min_{\boldsymbol{\alpha}}\{(\bar{\boldsymbol{r}}-\bar{\boldsymbol{M}}\boldsymbol{\alpha})^{\mathrm{T}}(\bar{\boldsymbol{r}}-\bar{\boldsymbol{M}}\boldsymbol{\alpha})\},\text{满足}\sum_{j=1}^{p}\alpha_j=1 \tag{4.22}$$

(2) LCMV 加权丰度非负约束 LSE：

$$\min_{\boldsymbol{\alpha}}\{(\bar{\boldsymbol{r}}-\bar{\boldsymbol{M}}\boldsymbol{\alpha})^{\mathrm{T}}(\bar{\boldsymbol{r}}-\bar{\boldsymbol{M}}\boldsymbol{\alpha})\},\text{满足}\ \boldsymbol{\alpha}\geqslant 0 \tag{4.23}$$

(3) LCMV 加权丰度全约束 LSE：

$$\min_{\boldsymbol{\alpha}}\{(\bar{\boldsymbol{r}}-\bar{\boldsymbol{M}}\boldsymbol{\alpha})^{\mathrm{T}}(\bar{\boldsymbol{r}}-\bar{\boldsymbol{M}}\boldsymbol{\alpha})\},\text{满足}\ \boldsymbol{\alpha}\geqslant 0\ \text{和}\sum_{j=1}^{p}\alpha_j=1 \tag{4.24}$$

式(4.22)～式(4.24)的解分别称为 LCMV 加权 SCLS、LCMV 加权 NCLS 和 LCMV 加权 FCLS。

4.3.2 Fisher 线性判别分析角度派生权重矩阵

FLDA 是一种广泛应用于模式识别中的模式分类机制，第 3 章中分析了基于 Fisher 比的 LSE 问题：

$$\min_{\boldsymbol{\alpha}}\{(\boldsymbol{r}-\boldsymbol{M}\boldsymbol{\alpha})^{\mathrm{T}}\boldsymbol{S}_{\mathrm{W}}^{-1}(\boldsymbol{r}-\boldsymbol{M}\boldsymbol{\alpha})\} \tag{3.58}$$

即使用矩阵 $\boldsymbol{S}_{\mathrm{W}}^{-1}$ 替代式(4.7)中的权重矩阵 $\boldsymbol{A}$。进而，利用式(3.59)中的变换 $\tilde{\boldsymbol{r}}=\boldsymbol{S}_{\mathrm{W}}^{-1/2}\boldsymbol{r}$ 和 $\tilde{\boldsymbol{M}}=\boldsymbol{S}_{\mathrm{W}}^{-1/2}\boldsymbol{M}$，式(3.58)可以利用 $\boldsymbol{S}_{\mathrm{W}}^{-1}$ 进行白化，得到

$$\min_{\boldsymbol{\alpha}}\{(\tilde{\boldsymbol{r}}-\tilde{\boldsymbol{M}}\boldsymbol{\alpha})^{\mathrm{T}}(\tilde{\boldsymbol{r}}-\tilde{\boldsymbol{M}}\boldsymbol{\alpha})\} \tag{3.60}$$

由此，可以获得以下$\boldsymbol{S}_{\mathrm{W}}^{-1}$加权 AC-LSMA 的 3 类算法。

(1)$\boldsymbol{S}_{\mathrm{W}}^{-1}$加权丰度和为一约束 LSE：

$$\min_{\boldsymbol{\alpha}}\{(\tilde{\boldsymbol{r}}-\tilde{\boldsymbol{M}}\boldsymbol{\alpha})^{\mathrm{T}}(\tilde{\boldsymbol{r}}-\tilde{\boldsymbol{M}}\boldsymbol{\alpha})\}，满足\ \sum_{j=1}^{p}\alpha_j=1 \tag{4.25}$$

(2) $\boldsymbol{S}_{\mathrm{W}}^{-1}$加权丰度非负约束 LSE：

$$\min_{\boldsymbol{\alpha}}\{(\tilde{\boldsymbol{r}}-\tilde{\boldsymbol{M}}\boldsymbol{\alpha})^{\mathrm{T}}(\tilde{\boldsymbol{r}}-\tilde{\boldsymbol{M}}\boldsymbol{\alpha})\}，满足\ \boldsymbol{\alpha}\geqslant 0 \tag{4.26}$$

(3) $\boldsymbol{S}_{\mathrm{W}}^{-1}$加权丰度全约束 LSE：

$$\min_{\boldsymbol{\alpha}}\{(\tilde{\boldsymbol{r}}-\tilde{\boldsymbol{M}}\boldsymbol{\alpha})^{\mathrm{T}}(\tilde{\boldsymbol{r}}-\tilde{\boldsymbol{M}}\boldsymbol{\alpha})\}，满足\ \boldsymbol{\alpha}\geqslant 0\ 和\sum_{j=1}^{p}\alpha_j=1 \tag{4.27}$$

式(4.25)～式(4.27)的解分别称为$\boldsymbol{S}_{\mathrm{W}}^{-1}$加权 SCLS、$\boldsymbol{S}_{\mathrm{W}}^{-1}$加权 NCLS 和$\boldsymbol{S}_{\mathrm{W}}^{-1}$加权 FCLS。

4.3.3　正交子空间投影角度派生权重矩阵

4.3.1 节和 4.3.2 节分别介绍了权重矩阵 $\boldsymbol{A}$ 可以根据样本向量的协方差/自相关矩阵或者 Fisher 比进行选择。该节介绍另一种选择方式，即根据 OSP 原则选择 $\boldsymbol{A}$。

4.3.3.1　OSP 加权 AC-LSMA

根据 Chang 等(2004)所提出的信号分解干扰去除(signal-decomposed interference-annihilated，SDIA)模型，信号源可以分为期望信号源和非期望信号源两部分。所有非期望信号源组成的矩阵用 $\boldsymbol{U}$ 表示，构造正交于 $\boldsymbol{U}$ 向量线性扩展空间的正交空间$\langle\boldsymbol{U}\rangle^{\perp}$，把整张图像的像元向量投影到正交空间$\langle\boldsymbol{U}\rangle^{\perp}$上，然后在该正交空间上对式(4.1)的 LSE 问题求解。由此，式(4.7)中的权重矩阵 $\boldsymbol{A}$ 可以定义为

$$\boldsymbol{P}_{U}^{\perp}=\boldsymbol{I}-\boldsymbol{U}(\boldsymbol{U}^{\mathrm{T}}\boldsymbol{U})^{-1}\boldsymbol{U}^{\mathrm{T}} \tag{2.5}$$

得到的 LSE 为

$$\min_{\boldsymbol{\alpha}}\{(\boldsymbol{r}-\boldsymbol{M}\boldsymbol{\alpha})^{\mathrm{T}}\boldsymbol{P}_{U}^{\perp}(\boldsymbol{r}-\boldsymbol{M}\boldsymbol{\alpha})\} \tag{4.28}$$

因为 $\boldsymbol{P}_{U}^{\perp}$ 是等幂且对称的，即 $\boldsymbol{P}_{U}^{\perp}=(\boldsymbol{P}_{U}^{\perp})^2$ 以及$(\boldsymbol{P}_{U}^{\perp})^{\mathrm{T}}=\boldsymbol{P}_{U}^{\perp}$，有

$$\begin{aligned}(\boldsymbol{r}-\boldsymbol{M}\boldsymbol{\alpha})^{\mathrm{T}}\boldsymbol{P}_{U}^{\perp}(\boldsymbol{r}-\boldsymbol{M}\boldsymbol{\alpha})&=(\boldsymbol{r}-\boldsymbol{M}\boldsymbol{\alpha})^{\mathrm{T}}(\boldsymbol{P}_{U}^{\perp})^2(\boldsymbol{r}-\boldsymbol{M}\boldsymbol{\alpha})\\&=(\boldsymbol{r}-\boldsymbol{M}\boldsymbol{\alpha})^{\mathrm{T}}(\boldsymbol{P}_{U}^{\perp})^{\mathrm{T}}\boldsymbol{P}_{U}^{\perp}(\boldsymbol{r}-\boldsymbol{M}\boldsymbol{\alpha})=(\boldsymbol{P}_{U}^{\perp}\boldsymbol{r}-\boldsymbol{P}_{U}^{\perp}\boldsymbol{M}\boldsymbol{\alpha})^{\mathrm{T}}(\boldsymbol{P}_{U}^{\perp}\boldsymbol{r}-\boldsymbol{P}_{U}^{\perp}\boldsymbol{M}\boldsymbol{\alpha})\end{aligned} \tag{4.29}$$

利用与式(4.9)类似的线性变换，可以将 $\boldsymbol{r}$ 映射为 $\vec{\boldsymbol{r}}=\boldsymbol{P}_{U}^{\perp}\boldsymbol{r}$，$\boldsymbol{M}$ 映射为 $\vec{\boldsymbol{M}}=\boldsymbol{P}_{U}^{\perp}\boldsymbol{M}$，得到与式(4.10)类似的形式：

$$\min_{\boldsymbol{\alpha}}\{(\vec{\boldsymbol{r}}-\vec{\boldsymbol{M}}\boldsymbol{\alpha})^{\mathrm{T}}(\vec{\boldsymbol{r}}-\vec{\boldsymbol{M}}\boldsymbol{\alpha})\} \tag{4.30}$$

式(4.30)称为 OSP 加权丰度约束的 LSE 问题，由此可以得到以下 $\boldsymbol{P}_{U}^{\perp}$ 加权 AC-LSMA 的 3 类算法。

(1)$\boldsymbol{P}_{U}^{\perp}$加权丰度和为一约束 LSE：

$$\min_{\boldsymbol{\alpha}}\{(\vec{\boldsymbol{r}}-\vec{\boldsymbol{M}}\boldsymbol{\alpha})^{\mathrm{T}}(\vec{\boldsymbol{r}}-\vec{\boldsymbol{M}}\boldsymbol{\alpha})\}，满足\ \sum_{j=1}^{p}\alpha_j=1 \tag{4.31}$$

(2) $\boldsymbol{P}_{U}^{\perp}$ 加权丰度非负约束 LSE：

$$\min_{\boldsymbol{\alpha}}\{(\vec{\boldsymbol{r}}-\vec{\boldsymbol{M}}\boldsymbol{\alpha})^{\mathrm{T}}(\vec{\boldsymbol{r}}-\vec{\boldsymbol{M}}\boldsymbol{\alpha})\}，满足\ \boldsymbol{\alpha}\geqslant 0 \tag{4.32}$$

(3) $\boldsymbol{P}_U^{\perp}$ 加权丰度全约束 LSE：

$$\min_{\boldsymbol{\alpha}}\{(\vec{\boldsymbol{r}}-\vec{\boldsymbol{M}}\boldsymbol{\alpha})^{\mathrm{T}}(\vec{\boldsymbol{r}}-\vec{\boldsymbol{M}}\boldsymbol{\alpha})\}, \text{满足 } \boldsymbol{\alpha}\geqslant 0 \text{ 和 } \sum_{j=1}^{p}\alpha_j=1 \tag{4.33}$$

式(4.31)～式(4.33)的解分别称为 $\boldsymbol{P}_U^{\perp}$ 加权 SCLS、$\boldsymbol{P}_U^{\perp}$ 加权 NCLS 和 $\boldsymbol{P}_U^{\perp}$ 加权 FCLS。为了使用 OSP 加权，可以利用 ATGP(Ren et al.，2003)算法非监督式地寻找特性元构造矩阵 $\boldsymbol{U}$。

4.3.3.2 SSP 加权 AC-LSMA

类似于式(4.28)，可以构造另一种 LSE 问题，即在期望特性元矩阵 $\boldsymbol{M}$ 的线性空间中进行丰度估计，使用 Scharf(1991)定义的特性元子空间投影，替换式(4.28) 中的 $\boldsymbol{P}_U^{\perp}$：

$$\boldsymbol{P}_{\mathrm{M}}=\boldsymbol{M}(\boldsymbol{M}^{\mathrm{T}}\boldsymbol{M})^{-1}\boldsymbol{M}^{\mathrm{T}} \tag{4.34}$$

得到的 LSE 问题称为 SSP 加权 AC-LSMA，寻求下述问题的最优解：

$$\min_{\boldsymbol{\alpha}}\{(\boldsymbol{r}-\boldsymbol{M}\boldsymbol{\alpha})^{\mathrm{T}}\boldsymbol{P}_{\mathrm{M}}(\boldsymbol{r}-\boldsymbol{M}\boldsymbol{\alpha})\} \tag{4.35}$$

因为 $\boldsymbol{P}_{\mathrm{M}}$ 是等幂且对称的，即 $(\boldsymbol{P}_{\mathrm{M}})^2=\boldsymbol{P}_{\mathrm{M}}$ 以及 $(\boldsymbol{P}_{\mathrm{M}})^{\mathrm{T}}=\boldsymbol{P}_{\mathrm{M}}$，利用与式(4.9)类似的线性变换，可以将 $\boldsymbol{r}$ 映射为 $\breve{\boldsymbol{r}}=\boldsymbol{P}_{\mathrm{M}}\boldsymbol{r}$，$\boldsymbol{M}$ 映射为 $\breve{\boldsymbol{M}}=\boldsymbol{P}_{\mathrm{M}}\boldsymbol{M}=\boldsymbol{M}$，从而得到下述形式：

$$\min_{\boldsymbol{\alpha}}\{(\breve{\boldsymbol{r}}-\boldsymbol{M}\boldsymbol{\alpha})^{\mathrm{T}}(\breve{\boldsymbol{r}}-\boldsymbol{M}\boldsymbol{\alpha})\} \tag{4.35}$$

很有趣的是，式(4.35) 的解为

$$\begin{aligned}\hat{\boldsymbol{\alpha}}(\breve{\boldsymbol{r}}) &= (\boldsymbol{M}^{\mathrm{T}}\boldsymbol{M})^{-1}\boldsymbol{M}^{\mathrm{T}}\breve{\boldsymbol{r}}=(\boldsymbol{M}^{\mathrm{T}}\boldsymbol{M})^{-1}\boldsymbol{M}^{\mathrm{T}}\boldsymbol{P}_{\mathrm{M}}\boldsymbol{r}\\ &=(\boldsymbol{M}^{\mathrm{T}}\boldsymbol{M})^{-1}\boldsymbol{M}^{\mathrm{T}}\boldsymbol{M}(\boldsymbol{M}^{\mathrm{T}}\boldsymbol{M})^{-1}\boldsymbol{M}^{\mathrm{T}}\boldsymbol{r}=(\boldsymbol{M}^{\mathrm{T}}\boldsymbol{M})^{-1}\boldsymbol{M}^{\mathrm{T}}\boldsymbol{r}=\hat{\boldsymbol{\alpha}}(\boldsymbol{r})\end{aligned} \tag{4.36}$$

与式(4.4)给出的丰度无约束最小二乘 LSMA 问题解相同。因为由 SSP 定义的加权矩阵并未提供任何有用的新信息，即 $\boldsymbol{P}_{\mathrm{M}}\boldsymbol{M}=\boldsymbol{M}$，所以，SSP 加权 AC-LSMA 的 3 类问题本质上与式(4.4)～式(4.6)描述的 ASC-LSMA、ANC-LSMA 和 AFC-LSMA 相同。

4.4 合成图像实验结果

为了评价 WAC-LSMA 的性能，构建一个类似于图 3.1 的合成图像，用图 4.1 中的区域 A 模拟背景像元。

用图 1.6 中的 5 种特性元模拟生成 20 个面板，构造尺寸为 64×64 的图像，20 个不同尺寸的面板呈 5×4 分布，如图 4.2(a)所示。

对于第 i 行，利用面板特性元 $\boldsymbol{p}_i$ 模拟生成 4 列面板，其中第 1 列是 2×2 的面板，包含像元$\{p_{1,11}^i, p_{1,12}^i, p_{1,21}^i, p_{1,22}^i\}$；第 2 列是 1×2 面板，包含像元$\{p_{2,11}^i, p_{2,12}^i\}$；第 3 列是单像元面板，像元为 $p_{3,1}^i$；第 4 列也是单像元面板，像元为 $p_{4,1}^i$。尺寸 2×2 和 1×2 的面板中，都是 100%纯像元 $\boldsymbol{p}_i$。像元 $p_{3,1}^i$ 和 $p_{4,1}^i$ 是亚像元面板，分别由(50% $\boldsymbol{p}_i$，50% $\boldsymbol{b}_A$)和(25% $\boldsymbol{p}_i$，75% $\boldsymbol{b}_A$)混合仿真产生，$\boldsymbol{b}_A$ 为 A 区域平均向量产生的草特性元。

图 4.2(b)是将 20 个面板植入背景草特性元 $\boldsymbol{b}_A$ 得到的合成图像，在此基础加入信噪比

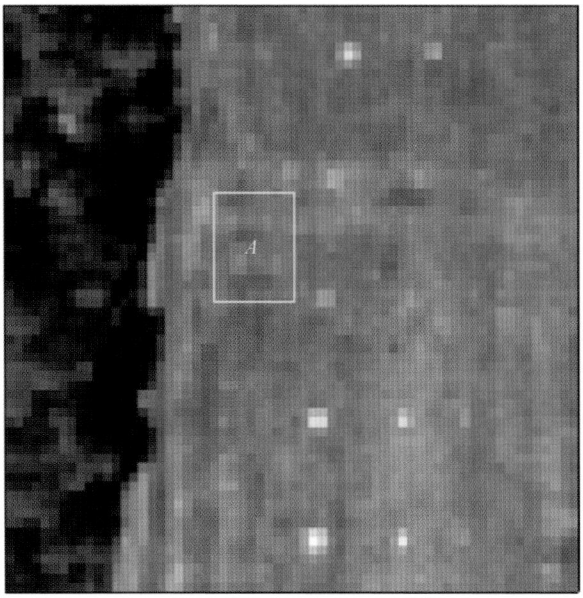

图 4.1　标注了训练样本区域 A 的 HYDICE 图像

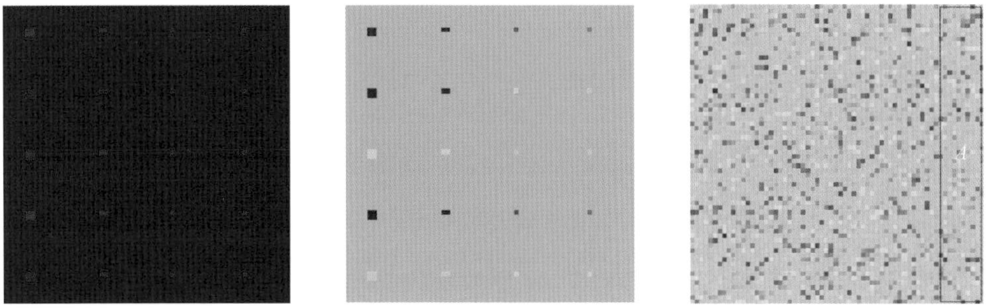

(a) 20个模拟面板　　(b) 合成图像　　(c) 带有噪声的图像

图 4.2　合成图像

为 20∶1 的高斯噪声，得到图 4.2(c)的结果。相对图 3.1(c)中的面板未被污染清晰可见，图 4.2(c)因为噪声的原因面板不可辨了，丰度估计难度远远大于图 3.1(c)。本章关注的是包含和为一约束和非负约束的全约束解混算法，进行比较的算法主要包括 MD 加权 AC-LSMA、LCMV 加权 AC-LSMA、$\boldsymbol{S}_{\mathrm{W}}^{-1}$ 加权 AC-LSMA 和 OSP 加权 AC-LSMA，以及未加权的 AC-LSMA(即 $\boldsymbol{A}=\boldsymbol{I}$)SSP 加权 AC-LSMA(即 $\boldsymbol{A}^{-1}=\boldsymbol{P}_{\mathrm{M}}$)对应的 FCLS。

4.4.1　实验 1——有完备先验知识的情况

本实验假设图 4.2(a)中的 5 个面板特性元以及背景特性元 $\boldsymbol{b}_{\mathrm{A}}$ 是已知的，图 4.3 给出了利用 6 种不同算法获得的图 4.2(c)中 20 个面板的丰度图，其中 Ⅰ 为 MD 加权 AC-LSMA，Ⅱ 为 LCMV 加权 AC-LSMA，Ⅲ 为 $\boldsymbol{S}_{\mathrm{W}}^{-1}$ 加权 AC-LSMA，Ⅳ 为 OSP 加权 AC-LSMA，Ⅴ 为

FCLS,Ⅵ为无约束 LSOSP。

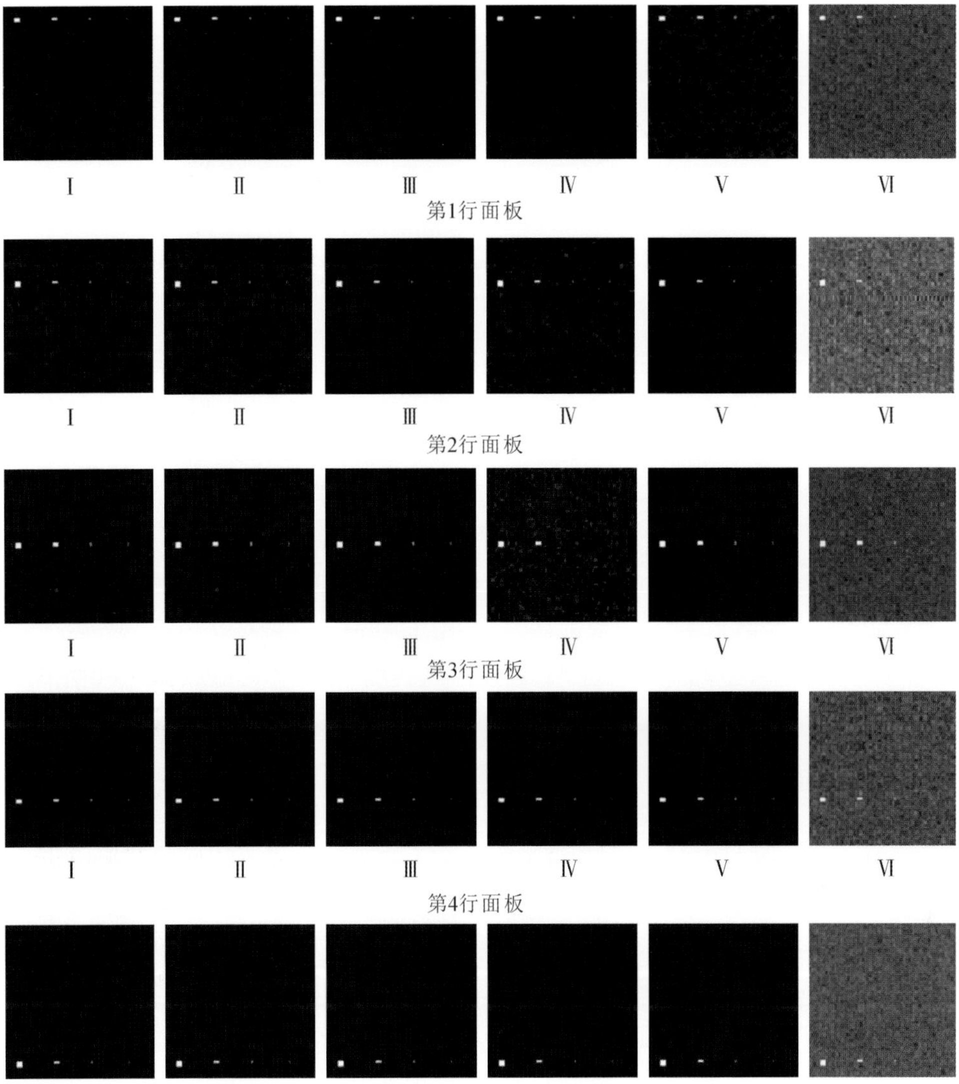

图 4.3　5 种 AC-LSMA 方法和无约束 LSOSP 方法分别对 20 个面板的丰度估计结果图

如图 4.3 所示,所有加权 AC-LSMA 算法的结果类似,且好于无约束 LSOSP。说明:①$\boldsymbol{S}_{\mathrm{W}}^{-1}$ 加权 AC-LSMA 算法需要训练样本,本实验中训练样本为图 4.2(a)中第 1 列的 5 行 2×2 面板以及图中"A"条带区内的背景像元;②OSP 加权 AC-LSMA 算法中,采用 ATGP 算法寻找需要去除的干扰特性元,并利用阈值为 0.03 的光谱夹角匹配方法,移除面板特性元相近光谱,得到 18 个干扰特性元。表 4.1 中列出 6 种方法得到的丰度值,进一步证明了因为训练样本中携带的信息多于特性元所能提供的信息,$\boldsymbol{S}_{\mathrm{W}}^{-1}$ 加权 AC-LSMA 算法的性能最好。

表 4.1　监督式 MD 加权 AC-LSMA、LCMV 加权 AC-LSMA、S_W^{-1} 加权 AC-LSMA、OSP 加权 AC-LSMA、FCLS 和无约束 LSOSP 的量化结果

第 1 行	$p^1_{1,11}$	$p^1_{1,12}$	$p^1_{1,21}$	$p^1_{1,22}$	$p^1_{2,11}$	$p^1_{2,12}$	$p^1_{3,11}$	$p^1_{4,11}$
MD 加权 AC-LSMA	0.979	0.975	0.98	0.943	0.953	0.947	0.481	0.252
LCMV 加权 AC-LSMA	0.975	0.975	0.985	0.941	0.954	0.95	0.481	0.258
S_W^{-1} 加权 AC-LSMA	0.989	0.998	0.997	0.981	0.933	0.927	0.482	0.226
OSP 加权 AC-LSMA	0.983	0.992	0.986	0.915	1	0.968	0.486	0.201
FCLS	0.994	1	0.991	0.926	0.991	0.972	0.519	0.211
无约束 LSOSP	1.017	1.044	1.131	1.015	1.049	0.923	0.537	0.219
第 2 行	$p^2_{1,11}$	$p^2_{1,12}$	$p^2_{1,21}$	$p^2_{1,22}$	$p^2_{2,11}$	$p^2_{2,12}$	$p^2_{3,11}$	$p^2_{4,11}$
MD 加权 AC-LSMA	0.911	0.918	0.974	0.957	0.964	0.97	0.504	0.259
LCMV 加权 AC-LSMA	0.928	0.919	0.976	0.954	0.962	0.964	0.489	0.268
S_W^{-1} 加权 AC-LSMA	0.972	0.977	0.997	0.99	0.941	0.926	0.47	0.216
OSP 加权 AC-LSMA	0.909	0.903	1	0.993	0.971	0.924	0.337	0.247
FCLS	0.902	0.983	1	0.968	0.997	0.892	0.52	0.185
无约束 LSOSP	1.037	1.131	1.096	1.059	0.845	0.982	0.566	0.127
第 3 行	$p^3_{1,11}$	$p^3_{1,12}$	$p^3_{1,21}$	$p^3_{1,22}$	$p^3_{2,11}$	$p^3_{2,12}$	$p^3_{3,11}$	$p^3_{4,11}$
MD 加权 AC-LSMA	0.923	0.957	0.969	0.984	0.942	0.952	0.498	0.236
LCMV 加权 AC-LSMA	0.925	0.954	0.97	0.981	0.943	0.95	0.502	0.229
S_W^{-1} 加权 AC-LSMA	0.976	0.992	1	0.99	0.984	0.953	0.487	0.207
OSP 加权 AC-LSMA	0.923	0.992	0.937	0.914	1	0.923	0.014	0.086
FCLS	0.962	0.983	0.984	0.981	0.995	0.971	0.491	0.215
无约束 LSOSP	0.955	1.028	1.064	1.02	1.132	1.058	0.531	0.241
第 4 行	$p^4_{1,11}$	$p^4_{1,12}$	$p^4_{1,21}$	$p^4_{1,22}$	$p^4_{2,11}$	$p^4_{2,12}$	$p^4_{3,11}$	$p^4_{4,11}$
MD 加权 AC-LSMA	0.968	0.921	0.97	0.941	0.933	0.958	0.481	0.215
LCMV 加权 AC-LSMA	0.968	0.919	0.972	0.943	0.934	0.957	0.48	0.216
S_W^{-1} 加权 AC-LSMA	0.995	0.974	1	0.99	0.954	0.976	0.496	0.222
OSP 加权 AC-LSMA	0.958	0.914	0.882	0.988	0.96	0.984	0.475	0.139
FCLS	0.984	0.892	0.953	0.98	0.926	0.94	0.493	0.172
无约束 LSOSP	0.992	0.906	1.024	0.985	1.072	0.972	0.618	0.23
第 5 行	$p^5_{1,11}$	$p^5_{1,12}$	$p^5_{1,21}$	$p^5_{1,22}$	$p^5_{2,11}$	$p^5_{2,12}$	$p^5_{3,11}$	$p^5_{4,11}$
MD 加权 AC-LSMA	0.973	0.955	0.969	0.951	0.99	0.962	0.478	0.246
LCMV 加权 AC-LSMA	0.96	0.953	0.959	0.954	0.989	0.963	0.477	0.245
S_W^{-1} 加权 AC-LSMA	0.999	1	0.996	0.996	1	1	0.477	0.243
OSP 加权 AC-LSMA	0.958	1	0.955	0.987	0.999	0.999	0.385	0.221
FCLS	0.989	1	0.964	0.993	0.987	1	0.419	0.229
无约束 LSOSP	0.848	0.966	1	1.039	1.079	1.053	0.526	0.317

上述 20 个面板里的像元丰度值如图 4.4 所示。

由图 4.4 可知，Ⅰ和Ⅱ标识的 MD 加权 AC-LSMA 和 LCMV 加权 AC-LSMA 性能相当，Ⅳ标识的 OSP 加权 AC-LSMA 算法较 MD 加权 AC-LSMA 差，Ⅵ标识的 FCLS 性能在纯像元量化效果上比 MD 加权 AC-LSMA 和 LCMV 加权 AC-LSMA 都要好。

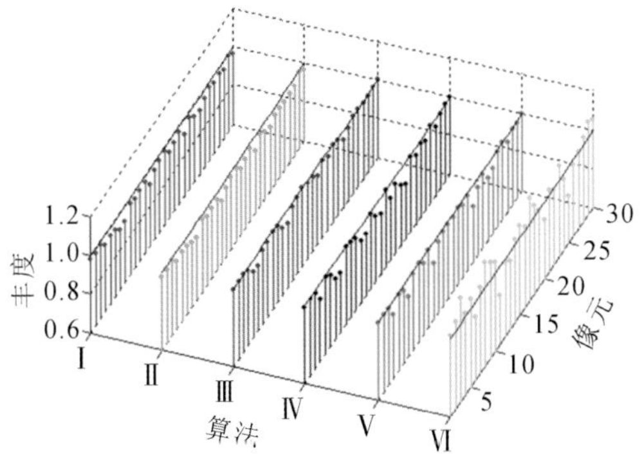

(a) 第1列和第2列中的30个纯像元的丰度值图

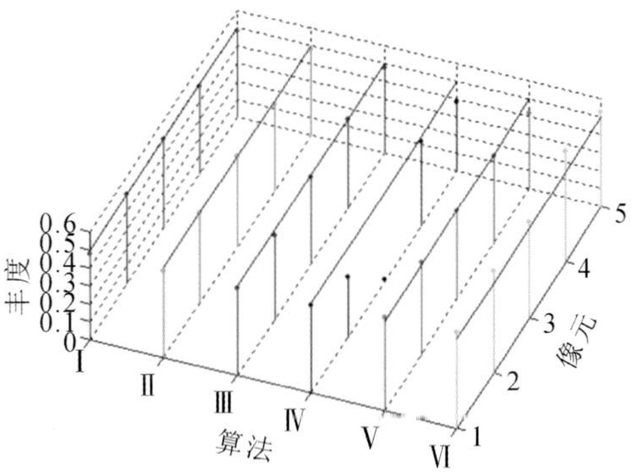

(b) 第3列50%的亚像元的丰度值图

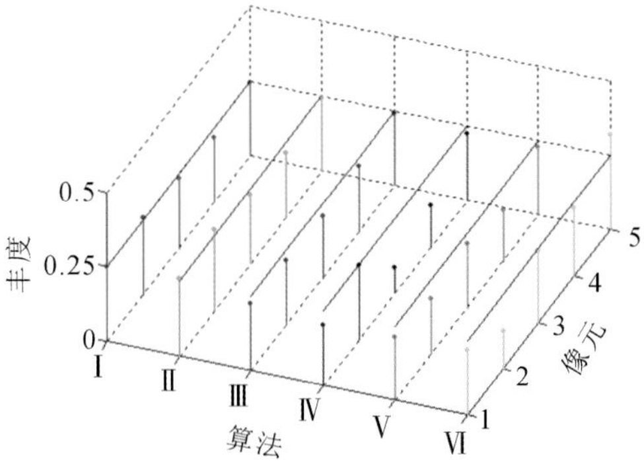

(c) 第4列25%的亚像元的丰度值图

图 4.4 用于视觉评估图 4.3 中面板像元丰度值的表示图

4.4.2 实验 2——无先验知识的情况

假设关于图 4.2(c)没有任何先验知识，包括图中特性元的数量也是未知的。这就需要利用非监督方式从图中获取特性元集合，首先用 Harsanyi-Farrand-Chang(HFC)算法和噪声白化后的 HFC(NWHFC)算法确定特性元的数量 p。表 4.2 给出了 HFC 和 NWHFC 分别在不同虚警率($\boldsymbol{P}_{\mathrm{F}}$)条件下的虚拟维度值，由表 4.2 可知，$p$ 值取为 6 最合适。

表 4.2 HFC 和 NWHFC 分别在不同虚警率(P_{F})条件下的虚拟维度值

	$P_{\mathrm{F}}=10^{-1}$	$P_{\mathrm{F}}=10^{-2}$	$P_{\mathrm{F}}=10^{-3}$	$P_{\mathrm{F}}=10^{-4}$
HFC	15	7	5	4
NWHFC	6	6	6	6

利用 N-FINDR 算法进行特性元寻找得到合成图像中的 6 个期望特性元，结果如图 4.5 所示，包括 5 个面板特性元$\{\boldsymbol{p}_i\}_{i=1}^{5}$和一个背景特性元，利用这 6 个特性元构建期望特性元矩阵 $\boldsymbol{M}$。

根据 Chang(2003a)所述，在解混之前去除干扰可以得到更好的实验效果。采用 ATGP 算法寻找需要去除的干扰特性元，并利用阈值为 0.04 的光谱夹角匹配方法，移除 N-FINDR 特性元，得到 22 个干扰特性元构成的非期望特性元矩阵 $\boldsymbol{U}$，用于 OSP 加权 AC-LSMA。另一方面，对于$\boldsymbol{S}_{\mathrm{W}}^{-1}$ 加权 AC-LSMA 算法，利用阈值为 0.04 的光谱夹角匹配方法，选择与 6 个特性元相似的像元组成训练样本集$\{C_j\}_{j=1}^{6}$，每种类别样本的均值向量$\{\boldsymbol{\mu}_j\}_{j=1}^{6}$组成期望特性元矩阵 $\boldsymbol{M}$。利用 $\boldsymbol{M}$ 和训练样本集$\{C_j\}_{j=1}^{6}$，对 6 种方法进行测试，即 MD 加权 AC-LSMA、LCMV 加权 AC-LSMA、$\boldsymbol{S}_{\mathrm{W}}^{-1}$ 加权 AC-LSMA、OSP 加权 AC-LSMA、FCLS 和无约束 LSOSP，在图 4.6 中分别标识为 Ⅰ～Ⅵ。

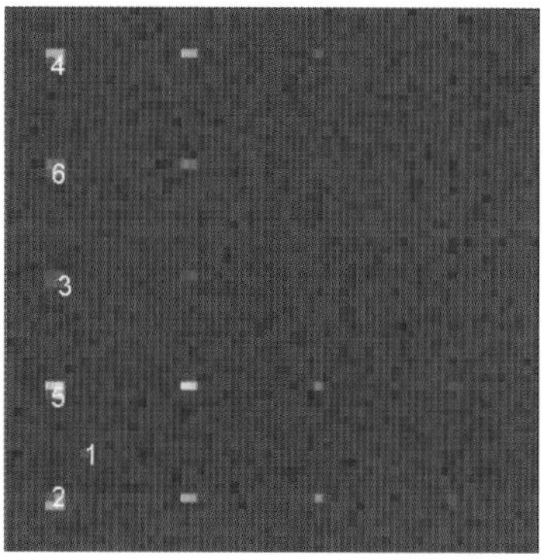

图 4.5　N-FINDR 算法找到的 6 个特性元

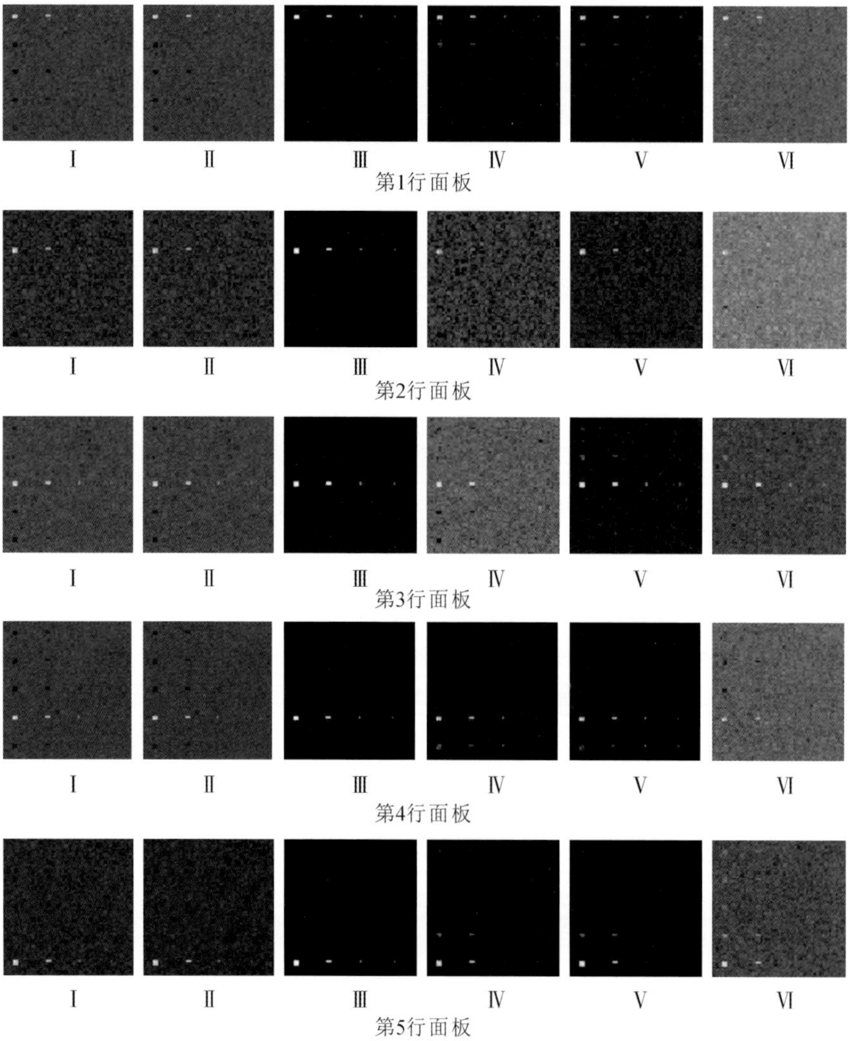

图 4.6　5 种非监督式 AC-LSMA 方法和无约束 LSOSP 方法分别对 20 个面板的丰度估计结果图

从图 4.6 中可以看出，$\boldsymbol{S}_{\mathrm{W}}^{-1}$ 加权 AC-LSMA 仍然是性能最好的算法，无约束的 LSOSP 是最差的。表 4.3 是图 4.6 中结果对应的具体丰度值。

表 4.3　非监督式 MD 加权 AC-LSMA、LCMV 加权 AC-LSMA、$\boldsymbol{S}_{\mathrm{W}}^{-1}$ 加权 AC-LSMA、OSP 加权 AC-LSMA、FCLS 和无约束 LSOSP 的量化结果

第 1 行	$p_{1,11}^{1}$	$p_{1,12}^{1}$	$p_{1,21}^{1}$	$p_{1,22}^{1}$	$p_{2,11}^{1}$	$p_{2,12}^{1}$	$p_{3,11}^{1}$	$p_{4,11}^{1}$
MD 加权 AC-LSMA	0.752	0.746	1	0.745	0.746	0.757	0.431	0.283
LCMV 加权 AC-LSMA	0.75	0.746	1	0.745	0.753	0.76	0.433	0.288
$\boldsymbol{S}_{\mathrm{W}}^{-1}$ 加权 AC-LSMA	1	0.998	0.999	0.986	0.964	0.973	0.493	0.229
OSP 加权 AC-LSMA	0.768	0.723	1	0.761	0.809	0.713	0.392	0.149
FCLS	0.713	0.707	1	0.738	0.777	0.718	0.37	0.193
无约束 LSOSP	0.714	0.713	1	0.739	0.791	0.711	0.362	0.177
第 2 行	$p_{1,11}^{2}$	$p_{1,12}^{2}$	$p_{1,21}^{2}$	$p_{1,22}^{2}$	$p_{2,11}^{2}$	$p_{2,12}^{2}$	$p_{3,11}^{2}$	$p_{4,11}^{2}$
MD 加权 AC-LSMA	0.615	0.628	1	0.669	0.678	0.671	0.416	0.222
LCMV 加权 AC-LSMA	0.617	0.618	1	0.656	0.668	0.657	0.408	0.229
$\boldsymbol{S}_{\mathrm{W}}^{-1}$ 加权 AC-LSMA	0.963	0.952	0.986	0.993	0.992	0.977	0.488	0.226
OSP 加权 AC-LSMA	0.279	0.366	1	0.559	0.383	0.444	0.301	0.262
FCLS	0.488	0.576	1	0.693	0.631	0.65	0.407	0.257
无约束 LSOSP	0.345	0.413	1	0.547	0.448	0.482	0.353	0.33
第 3 行	$p_{1,11}^{3}$	$p_{1,12}^{3}$	$p_{1,21}^{3}$	$p_{1,22}^{3}$	$p_{2,11}^{3}$	$p_{2,12}^{3}$	$p_{3,11}^{3}$	$p_{4,11}^{3}$
MD 加权 AC-LSMA	0.711	0.754	0.766	1	0.713	0.726	0.492	0.302
LCMV 加权 AC-LSMA	0.711	0.754	0.766	1	0.713	0.725	0.493	0.302
$\boldsymbol{S}_{\mathrm{W}}^{-1}$ 加权 AC-LSMA	0.962	0.993	1	0.995	0.993	0.994	0.485	0.216
OSP 加权 AC-LSMA	0.859	0.842	0.858	1	0.923	0.855	0.262	0.33
FCLS	0.886	0.907	0.886	1	0.916	0.882	0.508	0.235
无约束 LSOSP	0.842	0.842	0.866	1	0.912	0.885	0.479	0.239
第 4 行	$p_{1,11}^{4}$	$p_{1,12}^{4}$	$p_{1,21}^{4}$	$p_{1,22}^{4}$	$p_{2,11}^{4}$	$p_{2,12}^{4}$	$p_{3,11}^{4}$	$p_{4,11}^{4}$
MD 加权 AC-LSMA	0.784	0.741	1	0.779	0.762	0.787	0.452	0.241
LCMV 加权 AC-LSMA	0.786	0.745	1	0.782	0.763	0.787	0.456	0.238
$\boldsymbol{S}_{\mathrm{W}}^{-1}$ 加权 AC-LSMA	0.999	0.983	1	0.987	0.979	0.995	0.496	0.235
OSP 加权 AC-LSMA	0.722	0.643	1	0.77	0.58	0.754	0.459	0.114
FCLS	0.723	0.63	1	0.757	0.604	0.72	0.44	0.148
无约束 LSOSP	0.67	0.566	1	0.687	0.604	0.678	0.441	0.129
第 5 行	$p_{1,11}^{5}$	$p_{1,12}^{5}$	$p_{1,21}^{5}$	$p_{1,22}^{5}$	$p_{2,11}^{5}$	$p_{2,12}^{5}$	$p_{3,11}^{5}$	$p_{4,11}^{5}$
MD 加权 AC-LSMA	1	0.759	0.802	0.763	0.819	0.792	0.376	0.207
LCMV 加权 AC-LSMA	1	0.765	0.808	0.783	0.827	0.81	0.378	0.202
$\boldsymbol{S}_{\mathrm{W}}^{-1}$ 加权 AC-LSMA	1	1	0.992	0.996	0.997	1	0.48	0.24
OSP 加权 AC-LSMA	1	0.726	0.807	0.856	0.782	0.837	0.129	0.133
FCLS	1	0.902	0.806	0.917	0.76	0.911	0.109	0
无约束 LSOSP	1	0.716	0.772	0.805	0.677	0.812	0.112	0.024

根据表 4.3，S_W^{-1} 加权 AC-LSMA 对 20 个面板得到的解混丰度最准确，且与实验 1 结果相当。但其他 5 种方法效果不佳，都较实验 1 效果差。为了更直观的表示实验结果，用图 4.7显示出了表 4.3 中的丰度值。

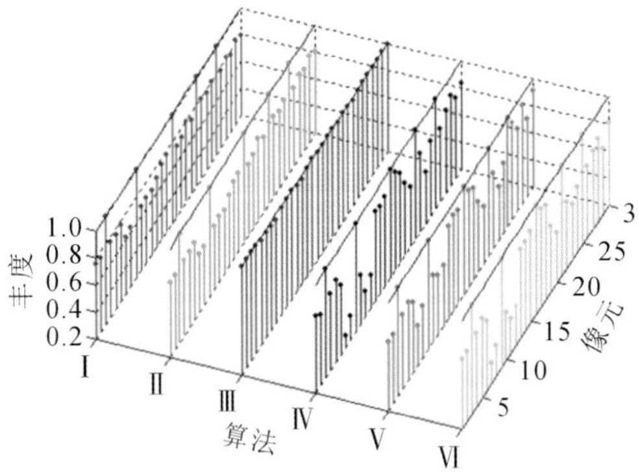

(a) 第1列和第2列中的30个纯像元的丰度值图

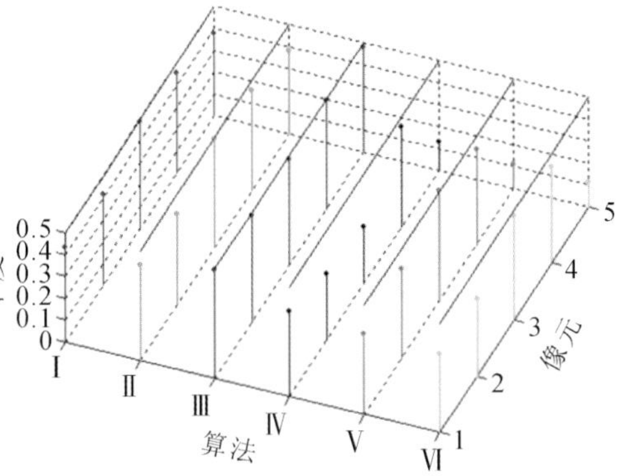

(b)第3列50%的亚像元的丰度值图

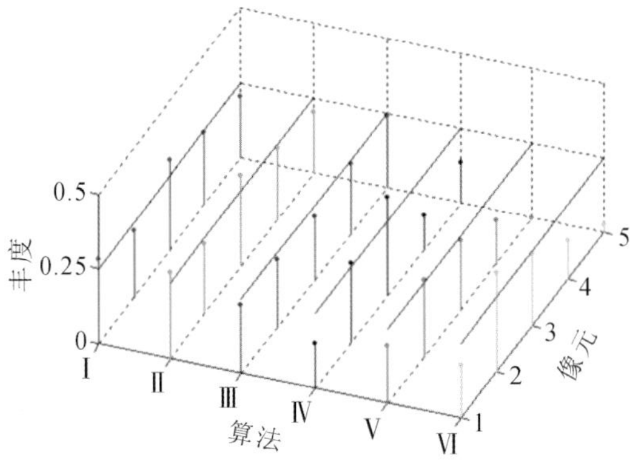

(c) 第4列25%的亚像元的丰度值图

图 4.7　用于视觉评估图 4.6 中面板像元丰度值的表示图

4.5　真实图像实验结果

本节实验在图 1.6(a)HYDICE 图像的 15 个面板上进行。与合成图像相比，真实图像的背景复杂，只有少量先验知识，如果背景描述不好，会一定程度地影响 AC-LSMA 的解混效果。假设图 1.6(b)中 3 m×3 m 的 9 个像元和 2 m×2 m 的 5 个像元已知。

观察图 4.1，可以发现背景主要由左边 1/4 的森林和右边 3/4 的草地组成。根据这一监督式知识，可以用两种方式表达图像中的背景：一种是用区域 A 代表图像背景，将 A 区域内的均值向量 $\boldsymbol{b}_A$ 作为背景特性元，同时 A 区域中的所有像元都可以作为S_W^{-1} 加权 AC-LSMA 的训练样例。另一种方法是利用 ATGP 自动获取背景知识。

4.5.1 实验 1——单个背景特性元的情况

定义特性元矩阵 $\boldsymbol{M}=[\boldsymbol{p}_1\ \boldsymbol{p}_2\ \boldsymbol{p}_3\ \boldsymbol{p}_4\ \boldsymbol{p}_5\ \boldsymbol{b}_A]$，所有 3 m×3 m 和 2 m×2 m 面板中的 14 个 R 像元以及 A 区域中的所有像元，组成了用于$\boldsymbol{S}_W^{-1}$ 加权 AC-LSMA 的训练样本。测试 6 种方法的性能，包括 5 种全约束算法 MD 加权 AC-LSMA、LCMV 加权 AC-LSMA、$\boldsymbol{S}_W^{-1}$ 加权 AC-LSMA、OSP 加权 AC-LSMA、FCLS 和一种无约束算法 LSOSP，图 4.8 给出了丰度值结果图。

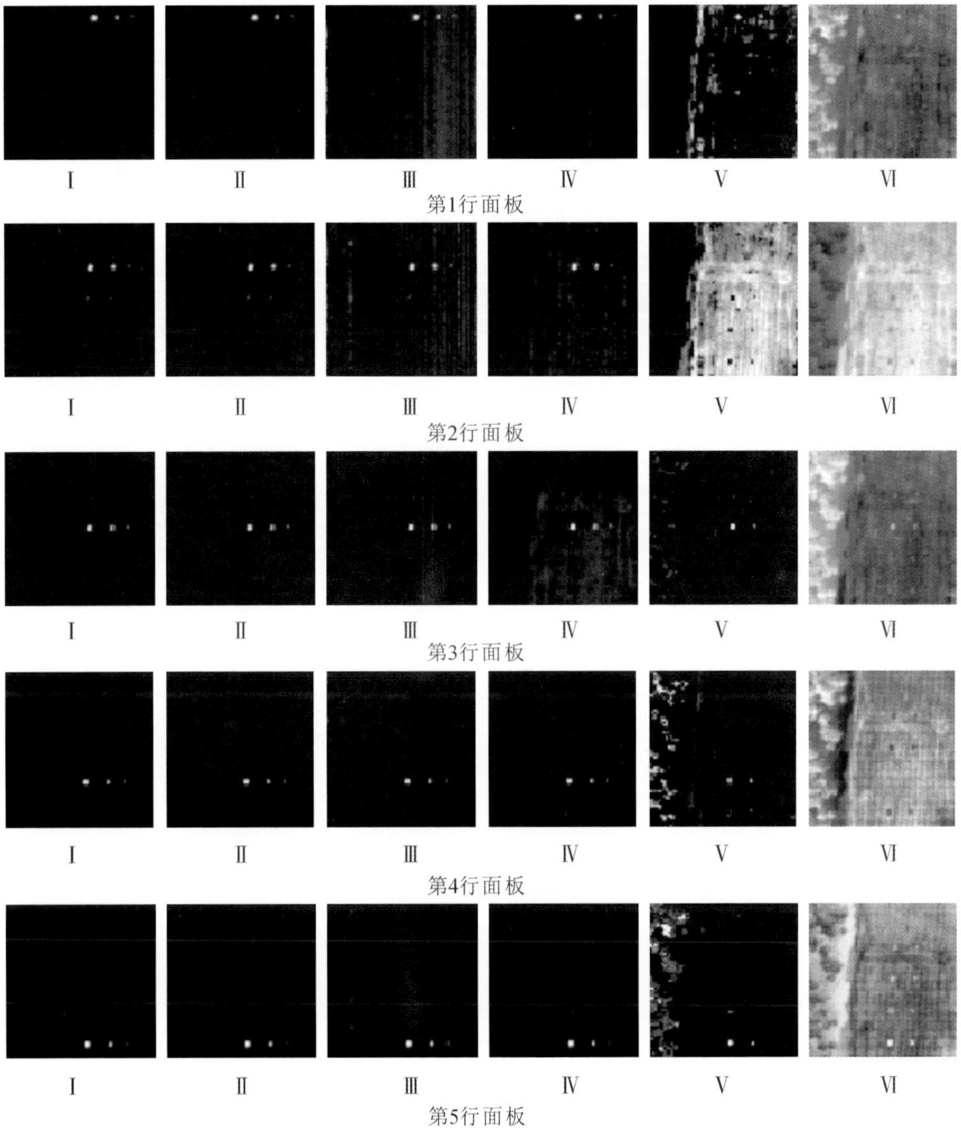

图 4.8 5 种监督式全约束算法和一种无约束算法 LSOSP 对 15 个面板的丰度估计结果图

由图 4.8 可知，无约束 LSOSP 算法的效果最差，MD 加权 AC-LSMA、LCMV 加权 AC-

LSMA 和S_W^{-1} 加权 AC-LSMA 算法的效果较好。为了进一步对各种算法进行定量评价，表 4.4 给出了 14 个 R 纯像元(即 p_{11}，p_{12}，p_{211}，p_{221}，p_{22}，p_{311}，p_{312}，p_{32}，p_{411}，p_{412}，p_{42}，p_{511}，p_{521}，p_{52})和 5 个 R 亚像元(p_{13}，p_{23}，p_{33}，p_{43}，p_{53})的丰度值结果。从表 4.4 中可以看出，S_W^{-1} 加权 AC-LSMA 算法是最好的，得到的丰度准确度最高。

表 4.4　MD 加权 AC-LSMA、LCMV 加权 AC-LSMA、S_W^{-1} 加权 AC-LSMA、OSP 加权 AC-LSMA、FCLS 和无约束 LSOSP 对单个背景特性元的量化结果

	MD 加权 AC-LSMA	LCMV 加权 AC-LSMA	S_W^{-1} 加权 AC-LSMA	OSP 加权 AC-LSMA	FCLS	无约束 LSOSP
p_{11}	1	1	1	0.971	0.762	1.284
p_{12}	0.731	0.731	0.85	0.654	0.581	0.716
p_{13}	0.186	0.187	0.29	0.169	0.074	0.322
p_{211}	1	1	1	0.961	0.909	1.175
p_{221}	0.994	0.991	1	0.945	0.788	1.243
p_{22}	0.968	0.969	0.962	0.851	0.773	0.582
p_{23}	0.25	0.251	0.324	0.303	0.758	0.887
p_{311}	0.993	0.994	0.987	1	0.941	1.29
p_{312}	1	1	1	1	0.906	1.468
p_{32}	0.733	0.733	0.845	0.709	0.17	0.243
p_{33}	0.393	0.397	0.438	0.448	0	0.002
p_{411}	1	1	1	1	0.509	1.193
p_{412}	1	1	0.999	0.815	0.655	0.85
p_{42}	0.912	0.913	0.929	0.859	0.798	0.957
p_{43}	0.184	0.183	0.224	0.251	0.09	0.744
p_{511}	0.874	0.874	0.894	0.862	0.823	0.92
p_{521}	1	1	1	1	1	1.253
p_{52}	0.901	0.901	0.956	0.879	0.894	0.828
p_{53}	0.166	0.167	0.211	0.122	0	−0.238

图 4.9 给出了表 4.4 中丰度值的图像显示，以更直观地判断算法性能。

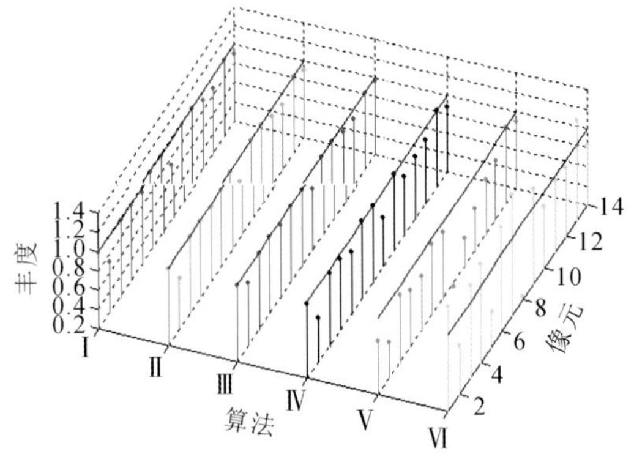

(a) 第1列和第2列中的14个R纯像元的丰度值图

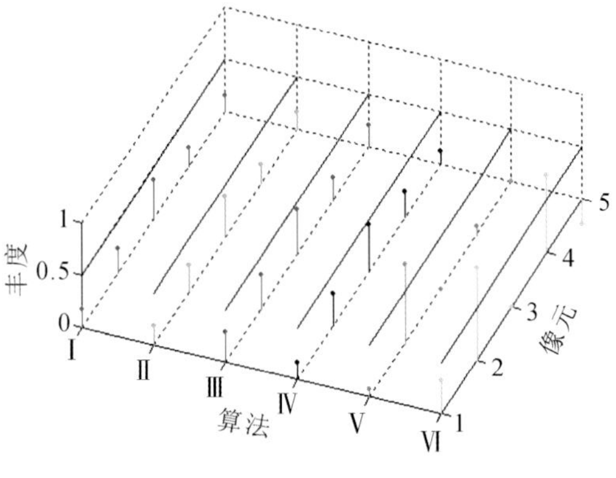

(b) 第3列的5个R亚像元的丰度值图

图 4.9　用于视觉评估图 4.8 中 19 个 R 像元丰度值的表示图

4.5.2 实验 2——非监督方式获得背景知识的情况

如 4.5.1 节中所述，单个背景特性元不能很好地描述图像背景，AC-LSMA 的性能与合成图像相比稍差。为了提高算法的性能，需要找一个背景像元集合，更好地代表图像背景特点。根据 Chang 等(2004，2003a)的研究结果，图 4.1 中特性元数量为 9，为了找出更多描述背景的特性元，将总数量设定为 $2n_{\mathrm{VD}}=18$，原因和依据会在后面进行详细分析。这意味着除了描述面板的 5 个特性元之外，至少还需要 13 种特性元描述背景。采用 N-FINDR 算法寻找 18 个特性元，如图 4.10 所示，其中第 3、5、9、15 和 17 特性元对应 5 个面板特性元，构成期望特性元矩阵 $\boldsymbol{M}$，其他 13 个特性元构成非期望特性矩阵 $\boldsymbol{U}$。

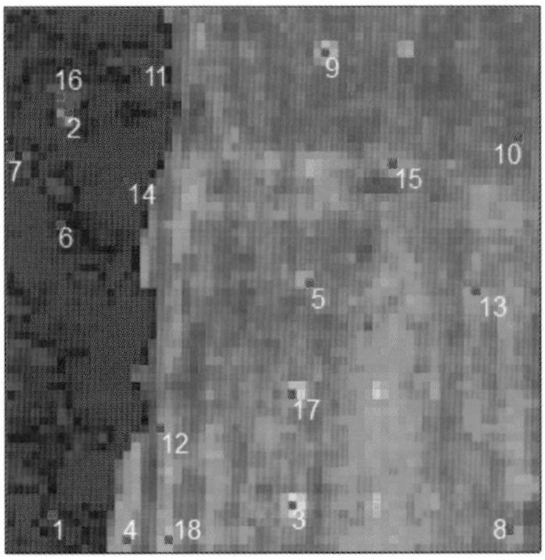

图 4.10 N-FINDR 算法产生的 18 个特性元

另一方面，利用阈值为 0.025 的光谱夹角匹配方法，选择特性元对应类别的训练样本集 $\{C_j\}_{j=1}^{18}$，一共得到 374 个训练样本，用于 $\boldsymbol{S}_{\mathrm{W}}^{-1}$ 加权 AC-LSMA 算法。然后，计算每种类别样本的均值向量 $\{\boldsymbol{\mu}_j\}_{j=1}^{18}$，构建期望特性元矩阵 $\boldsymbol{M}$。利用得到的 $\boldsymbol{M}$、$\boldsymbol{U}$ 和训练样本集 $\{C_j\}_{j=1}^{18}$，对 6 种方法进行测试，即 MD 加权 AC-LSMA、LCMV 加权 AC-LSMA、$\boldsymbol{S}_{\mathrm{W}}^{-1}$ 加权 AC-LSMA、OSP 加权 AC-LSMA、FCLS 和无约束 LSOSP，丰度结果图如图 4.11 所示。

图 4.11 中，$\boldsymbol{S}_{\mathrm{W}}^{-1}$ 加权 AC-LSMA 的效果最好，无约束 LSOSP 的效果最差。与实验 1 只用一个背景特性元不同，多使用了 12 个背景特性元寻找训练样本，对 $\boldsymbol{S}_{\mathrm{W}}^{-1}$ 加权 AC-LSMA 的性能影响比较大。FCLS 对 19 个 R 像元的检测效果从视觉上看比较好，只是多了几个虚警点，但从表 4.5 中的丰度值来看，仍然相对较差。

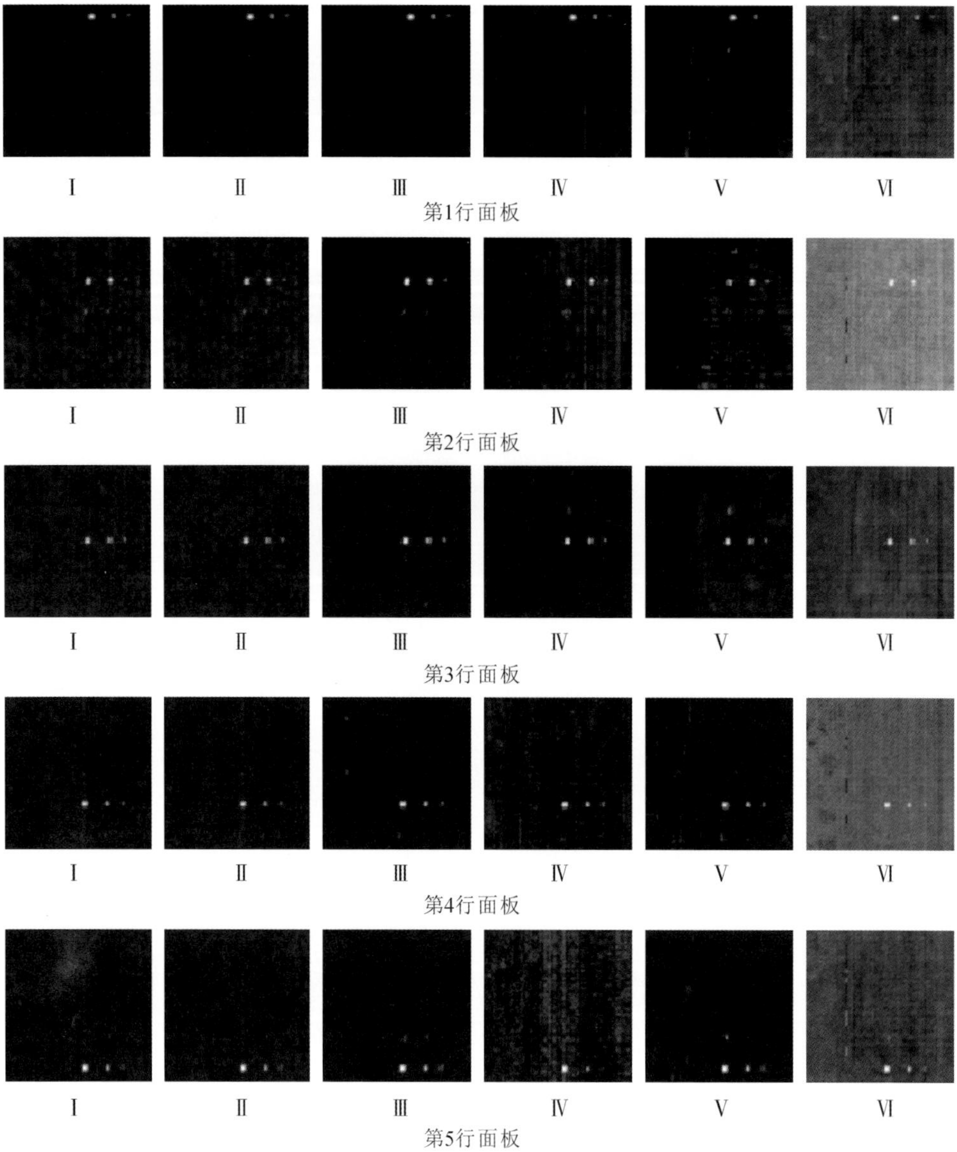

图 4.11　5 种非监督式全约束算法和无约束算法 LSOSP 对 15 个面板的丰度估计结果图

表 4.5　MD 加权 AC-LSMA、LCMV 加权 AC-LSMA、S_W^{-1} 加权 AC-LSMA、OSP 加权 AC-LSMA、FCLS 和无约束 LSOSP 对 N-FINDR 生成特性元的量化结果

	MD 加权 AC-LSMA	LCMV 加权 AC-LSMA	S_W^{-1} 加权 AC-LSMA	OSP 加权 AC-LSMA	FCLS	无约束 LSOSP
p_{11}	1	1	1	1	1	1
p_{12}	0.443	0.442	0.477	0.492	0.361	0.461
p_{13}	0.175	0.175	0.185	0.149	0	0.109
p_{211}	0.75	0.756	0.986	0.879	0.406	0.903

续表

	MD 加权 AC-LSMA	LCMV 加权 AC-LSMA	$\boldsymbol{S}_W^{-1}$ 加权 AC-LSMA	OSP 加权 AC-LSMA	FCLS	无约束 LSOSP
p_{221}	0.723	0.729	0.977	0.845	0.2	0.991
p_{22}	1	1	0.978	1	1	1
p_{23}	0.205	0.204	0.3	0.349	0.494	0.436
p_{311}	0.735	0.737	0.998	0.92	0.865	0.855
p_{312}	1	1	1	1	1	1
p_{32}	0.494	0.491	0.583	0.601	0.532	0.6
p_{33}	0.308	0.31	0.395	0.339	0.357	0.331
p_{411}	1	1	1	1	1	1
p_{412}	0.666	0.666	0.871	0.872	0.36	0.83
p_{42}	0.655	0.655	0.772	0.831	0.738	0.837
p_{43}	0.175	0.175	0.241	0.229	0.212	0.315
p_{511}	0.648	0.648	0.725	0.586	0.719	0.67
p_{521}	1	1	1	1	1	1
p_{52}	0.646	0.646	0.789	0.516	0.778	0.697
p_{53}	0.123	0.123	0.161	0	0.14	0.095

图 4.12 的(a)给出了 14 个 R 纯像元的丰度值图,(b)给出了 5 个亚像元的丰度值图,其中Ⅰ和Ⅱ对应的 MD 加权 AC-LSMA 和 LCMV 加权 AC-LSMA 丰度值比 FCLS 更精确。

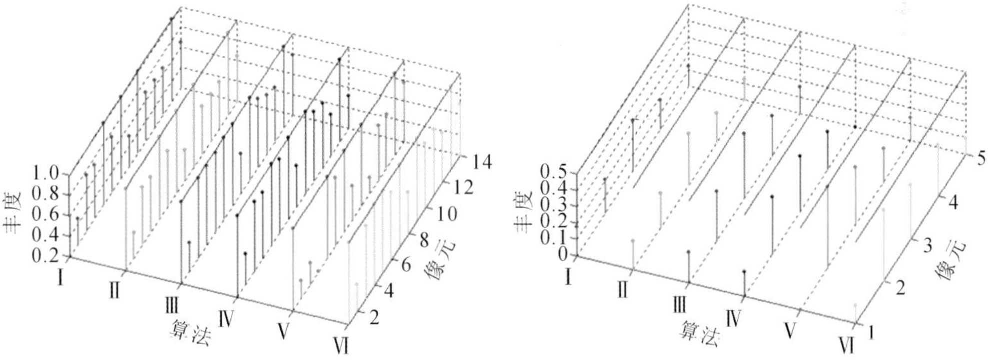

(a) 第1列和第2列的14个R纯像元的丰度值图

(b) 第3列的5个R亚像元的丰度值图

图 4.12 用于视觉评估图 4.11 中 19 个 R 面板像元丰度值表示图

说明:本章中涉及的 SAM 算法阈值是通过经验选定的,合成数据对阈值的容错性相对于真实图像较强,通常合成数据的期望特性元阈值取值范围为[0.02,0.03],而真实图像中期望特性元阈值的取值范围为[0.03,0.05],非期望特性元阈值可设为 0.06。阈值选择对特性元的光谱描述影响比较大,建议使用时多次尝试。

总之，训练样本集选择理想的情况下，$\boldsymbol{S}_{\mathrm{W}}^{-1}$ 加权 AC-LSMA 是 6 种方法中性能最好的，否则其效果也会变差。另外，本章 SAM 算法阈值的选择并非最优，需要根据具体情况而定。

4.6 本章小结

利用 LSE 进行丰度约束的 LSMA 研究已经有很多成果，但是有关通过加入权重矩阵描述不同波段重要性程度的研究还比较少(Chang et al.，2006a，2006b)。本章分别依据马氏距离、高斯最大似然估计、Fisher 原则和正交子空间投影，扩展出 4 种基于 LSE 的加权 AC-LSMA，传统的最小二乘 AC-LSMA 算法则可以看作无加权 AC-LSMA。实验结果表明，加权 AC-LSMA 算法优于无加权 AC-LSMA 算法。

最后，列出了无加权 AC-LSMA 算法和 4 种加权 AC-LSMA 算法的特点，结果如表 4.6 所示。

表 4.6　对无加权 AC-LSMA 算法和 4 种加权 AC-LSMA 算法的总结

	权重矩阵 $\boldsymbol{A}$	训练样本	期望特性元矩阵 $\boldsymbol{M}$	非期望特性矩阵 $\boldsymbol{U}$
无加权 AC-LSMA (FCLS)	$\boldsymbol{I}$	不	是	不
MD 加权 AC-LSMA	$\boldsymbol{K}^{-1}$	不	是	不
LCMV 加权 AC-LSMA	$\boldsymbol{R}^{-1}$	不	是	不
$\boldsymbol{S}_{\mathrm{W}}^{-1}$ 加权 AC-LSMA	$\boldsymbol{S}_{\mathrm{W}}^{-1}$	是	是	不
OSP 加权 AC-LSMA	$\boldsymbol{P}_{U}^{\perp}$	不	是	是

参考文献

CHANG C，1998. Least squares subspace projection approach to mixed pixel classification for hyperspectral images[J]. IEEE Transactions on Geoscience and Remote Sensing，36(3)：898-912.

CHANG C，2002. Target signature-constrained mixed pixel classification for hyperspectral imagery[J]. IEEE Transactions on Geoscience and Remote Sensing，40(5)：1065-1081.

CHANG C，2003a. Hyperspectral imaging：Techniques for spectral detection and classification[M]. New York：Kluwer Academic/Plenum Publishers.

CHANG C，2003b. How to effectively utilize information to design hyperspectral target detection and classification algorithms[C]// IEEE Workshop on Advances in Techniques for Analysis of Remotely Sensed Data，NASA Goddard Visitor Center，Washington DC，October：27-28.

CHANG C，2005. Orthogonal subspace projection (OSP) revisited：A comprehensive study and analysis[J]. IEEE Transactions on Geoscience and Remote Sensing，43(3)：502-518.

CHANG C，DU Q，2004. Estimation of number of spectrally distinct signal sources in hyperspectral imagery [J]. IEEE Transactions on Geoscience and Remote Sensing，42(3)：608-619.

CHANG C,JI B,2006a. Fisher's linear spectral mixture analysis[J]. IEEE Transactions on Geoscience and Remote Sensing,44(8):2292-2304.

CHANG C,JI B,2006b. Weighted abundance-constrained linear spectral mixture analysis[J]. IEEE Transactions on Geoscience and Remote Sensing,44(2):378-388.

FUGUNAKA K,1990. Statistical pattern recognition[M]. 2nd ed. New York:Academic Press.

HEINZ D,CHANG C,2001. Fully constrained least squares linear spectral mixture analysis method for material quantification in hyperspectral imagery[J]. IEEE Transactions on Geoscience and Remote Sensing, 39(3):529-545.

REN H,CHANG C,2003. Automatic spectral target recognition in hyperspectral imagery[J]. IEEE Transactions on Aerospace and Electronic Systems,39(4):1232-1249.

RICHARDS J,JIA X,1999. Remote sensing digital image analysis[M]. 2nd ed. New York:Springer-Verlag.

SCHARF L,1991. Statistical signal processing[M]. MA:Addison-Wesley Publishing Company,Inc.

TU T,CHEN C,CHANG C,1997. A posteriori least squares orthogonal subspace projection approach to desired signature extraction and detection[J]. IEEE Transactions on Geoscience and Remote Sensing,35(1):127-139.

第 5 章　基于核函数的线性光谱混合分析

线性光谱混合分析(LSMA)已广泛应用于遥感领域的光谱解混问题,特别是在资源检测、分类和识别方面取得了巨大的成功。目前,为了提高 LSMA 的性能,从不同角度派生出很多方法,如第 3 章中基于 Fisher 原则的 LSMA、第 4 章加权丰度约束的 LSMA,这些方法一定程度上提高了 LSMA 的性能,但在线性不可分问题上仍存在局限性。本章提出基于核函数的 LSMA(KLSMA),通过非线性核 LSMA 将原始数据映射到特征空间中解决非线性可分性问题。LSMA 及其扩展算法也可以进一步对应到基于核的 LSMA 算法中,例如由前面所介绍的基于最小二乘 LSMA 机制(Chang,2003)的 3 种算法,即最小二乘正交子空间投影(least squares orthogonal subspace projection,LSOSP)、非负约束最小二乘(non-negativity constrained least squares, NCLS)以及全约束最小二乘(fully constrained least squares,FCLS),可以得到对应的核函数算法 KLSOSP、KNCLS 和 KFCLS。在合成图像和实际图像的实验结果表明,KLSMA 在数据样本向量高度混合的情况下性能明显高于LSMA。

5.1　简　　介

线性混合分析理论可以用于求解线性问题,如多元数据分析中的线性回归分析、信号处理中的盲信号分离、磁共振图像中的部分容积估计(Chang,2003)、遥感信号/图像处理中的线性光谱混合分析等。LSMA 广泛应用于遥感领域进行光谱解混,将数据样本向量表示为所谓特性元的线性混合,通过解混得到每个特性元的丰度值。令 $\boldsymbol{r}$ 为 L 维数据样本向量,$\boldsymbol{m}_1,\boldsymbol{m}_2,\cdots,\boldsymbol{m}_p$ 为感兴趣的特性元,用下述的线性混合模型表示 $\boldsymbol{r}$。

$$\boldsymbol{r}=\boldsymbol{M\alpha}+\boldsymbol{n} \tag{5.1}$$

其中,$\boldsymbol{M}=[\boldsymbol{m}_1,\boldsymbol{m}_2,\cdots,\boldsymbol{m}_p]$ 为特性元矩阵,$\boldsymbol{n}$ 为噪声、模型误差或测量误差向量,$\boldsymbol{\alpha}=(\alpha_1,\alpha_2,\cdots,\alpha_p)^{\mathrm{T}}$ 为未知的 p 维丰度向量,α_j 为特性元 $\boldsymbol{m}_j$ 在 $\boldsymbol{r}$ 中的丰度值。根据物理约束,可以在式(5.1)上添加两个丰度约束,分别为丰度和为一约束 $\sum_{j=1}^{p}\alpha_j=1$ 和丰度非负约束 $\alpha_j\geqslant 0, 1\leqslant j\leqslant p$。第 2 章为 LSMA 设计了相应的算法,利用 p 个特性元 $\boldsymbol{m}_1,\boldsymbol{m}_2,\cdots,\boldsymbol{m}_p$ 的集合,求解无约束、和为一约束以及非负约束的丰度值 $\alpha_1,\alpha_2,\cdots,\alpha_p$,从而对数据样本向量 $\boldsymbol{r}$ 解混,即求解式(5.1)的逆问题。

研究人员从不同角度扩展 LSMA 以增强光谱解混能力,例如为了使 LSMA 处理随机信号,Chang 等(2002)提出随机 LSMA,即基于投影追踪的线性光谱随机混合分析;由于 LSE

不是分类的最优标准，Chang 等(2006)从 Fisher 线性判别分析角度提出了基于 Fisher 比的 LSMA 算法，即 Fisher's LSMA；Chang 等(2006)通过在 LSE 标准中引入权重矩阵，得到 LSMA 的新机制，即加权的丰度约束 LSMA(WAC-LSMA)，Fisher's LSMA 可以看作 WAC-LSMA 的特例。但上述扩展方式都只增强了其线性划分的能力，无法突破线性混合模型本身的局限性。为了解决非线性划分问题，可以采用两种方法：①直接使用非线性混合模型进行光谱解混，如紧密光谱混合(Hapke，1981)、径向基核函数(radial basis function，RBF)神经网络估计非线性混合模型中的未知参数(Guilfoyle，2003，Guilfoyle et al.，2001)；②基于核函数模型进行解混，这是介于线性模型和非线性模型间的折中策略，利用非线性函数(称为核函数)将线性决策边界映射到高维特征空间再进行后续处理，作用类似于神经网络中的非线性激发函数。基于核函数的 LSMA 方法一开始并未引起广泛关注，直到 Kwon 等(2005)将 Harsanyi 和 Chang 开发的 OSP 算法扩展到了核函数算法上，提出基于核函数的 OSP 算法(kernel-based OSP，KOSP)，人们才开始意识到基于核函数的 LSMA 方法的重要性。随后出现了另外两个基于核函数的 LSMA 方法，分别是 Broadwater 等(2007)和 Liu 等(2012)提出的基于核函数的 NCLS 和基于核函数的 FCLS。Liu 等(2012)、Camps-valls 等(2009)对 LSOSP、NCLS 和 FCLS 的核函数扩展做了详细的推导论证工作。

虽然基于核函数的 LSMA 方法在遥感应用中取得了很好的效果，但并不意味着 KLSMA 在高光谱图像分析上始终优于 LSMA。从实验结果看，HYDICE 数据上 KLSMA 表现不佳。由此产生一个问题，什么情况下 KLSMA 的效果较好？本章我们通过两个实验对其探讨，分别是 Purdue 数据实验和 HYDICE 数据实验。结果表明，基于核函数的方法在 Purdue 这类空间分辨率较低、像元混合度较高的图像上效果比较明显，但在 HYDICE 数据上效果并不明显。

5.2 基于核函数的 LSMA

本节回顾了 3 种基于最小二乘的机制，并将其扩展到相应的核函数方法中。OSP/LSOSP、NCLS 和 FCLS(Chang，2013)，分别代表不同的 LSMA 机制：①丰度无约束方法类别，包括高斯最大似然估计和正交子空间投影(OSP)算法，二者本质上是相同的，这在第 2 章中已经证明过；②丰度约束方法类别，代表算法是由 Chang 等(2000)为约束信号检测问题提出的非负最小二乘(NCLS)算法；③全丰度约束方法类别，代表算法是由 Heinz 等(2001)提出的全约束最小二乘方法(FCLS)。在考虑将 LSMA 扩展到相应的核函数机制时，优先考虑这 3 类算法，Kwon 等(2005)、Broadwater 等(2007)以及 Liu 等(2012)和 Chang(2013)在这方面做了较早的尝试和研究工作。

5.2.1 基于核函数的最小二乘正交子空间投影

Kwon 等(2005)提出了用于高光谱非线性光谱解混的 OSP 核函数算法，主要思想是利用奇异值分解(single value decomposition，SVD)将非期望特性元矩阵 $\boldsymbol{U}$ 划分为 $\boldsymbol{U}=\boldsymbol{BDC}^{\mathrm{T}}$，

从而将 $\boldsymbol{P}_U^{\perp}$ 分解和简化为

$$\begin{aligned}\boldsymbol{P}_U^{\perp} &= \boldsymbol{I}-\boldsymbol{U}\boldsymbol{U}^{\#} = \boldsymbol{I}-\boldsymbol{U}(\boldsymbol{U}^{\mathrm{T}}\boldsymbol{U})^{-1}\boldsymbol{U}^{\mathrm{T}} \\ &= \boldsymbol{I}-\boldsymbol{B}\boldsymbol{D}\boldsymbol{C}^{\mathrm{T}}(\boldsymbol{C}\boldsymbol{D}^{\mathrm{T}}\boldsymbol{D}\boldsymbol{C}^{\mathrm{T}})^{-1}\boldsymbol{C}\boldsymbol{D}^{\mathrm{T}}\boldsymbol{B}^{\mathrm{T}} = \boldsymbol{I}-\boldsymbol{B}\boldsymbol{B}^{\mathrm{T}}\end{aligned} \tag{5.2}$$

其中，$\boldsymbol{I}$ 为 $L\times L$ 的单位矩阵，$\boldsymbol{B}$ 和 $\boldsymbol{C}$ 为正交矩阵，$\boldsymbol{D}$ 为对角矩阵。式(5.2) 的目的是构造点乘格式，从而避免矩阵求逆问题(Hofmann et al.，2008)。

核映射函数是正定核，输出的映射矩阵也为正定矩阵，由核映射得到的结果矩阵应该满秩且可逆，因此核函数处理可以直接在 $\boldsymbol{P}_U^{\perp}$ 上进行，不需要奇异值分解。将式(5.2)中的 $(\boldsymbol{U}^{\mathrm{T}}\boldsymbol{U})^{-1}$ 利用正定核直接映射到特征空间中，即 $(K(\boldsymbol{U}^{\mathrm{T}}\boldsymbol{U}))^{-1}$，得到一个更简化的方法。

首先，定义 φ 为非线性核，式(5.2) 中的 $\boldsymbol{P}_U^{\perp}$ 可以映射到特征空间中

$$\boldsymbol{P}_{\varphi(\boldsymbol{U})}^{\perp} = \boldsymbol{I}_{\varphi_{L\times L}}-\varphi(\boldsymbol{U})\varphi(\boldsymbol{U})^{\#} = \boldsymbol{I}_{\varphi_{L\times L}}-\varphi(\boldsymbol{U})(\varphi(\boldsymbol{U})^{\mathrm{T}}\varphi(\boldsymbol{U}))^{-1}\varphi(\boldsymbol{U})^{\mathrm{T}} \tag{5.3}$$

则 $\hat{\alpha}_p^{\mathrm{OSP}}=\boldsymbol{d}^{\mathrm{T}}\boldsymbol{P}_U^{\perp}\boldsymbol{r}$ 可以被映射到新的特征空间并得到基于核函数的 OSP 算法：

$$\begin{aligned}\alpha_p^{\mathrm{KOSP}}(\boldsymbol{r}) &= \varphi(\boldsymbol{d})^{\mathrm{T}}\boldsymbol{P}_{\varphi(\boldsymbol{U})}^{\perp}\varphi(\boldsymbol{r}) \\ &= \varphi(\boldsymbol{d})^{\mathrm{T}}\boldsymbol{I}_{\varphi_{L\times L}}\varphi(\boldsymbol{r})-\varphi(\boldsymbol{d})^{\mathrm{T}}\varphi(\boldsymbol{U})(\varphi^{\mathrm{T}}(\boldsymbol{U})\varphi(\boldsymbol{U}))^{-1}\varphi(\boldsymbol{U})^{\mathrm{T}}\varphi(\boldsymbol{r}) \\ &= \varphi(\boldsymbol{d})^{\mathrm{T}}\varphi(\boldsymbol{r})-\varphi(\boldsymbol{d})^{\mathrm{T}}\varphi(\boldsymbol{U})(\varphi(\boldsymbol{U})^{\mathrm{T}}\varphi(\boldsymbol{U}))^{-1}\varphi(\boldsymbol{U})^{\mathrm{T}}\varphi(\boldsymbol{r})\end{aligned} \tag{5.4}$$

其中式(5.3)的 $P_{\varphi(U)}^{\perp}$ 用来推导产生式(5.4)。需要说明的是，式(5.4) 中的恒等映射 $\varphi(\boldsymbol{d})^{\mathrm{T}}\boldsymbol{I}_{\varphi_{L\times L}}\varphi(\boldsymbol{r})$ 可以简化为 $\varphi(\boldsymbol{d})^{\mathrm{T}}\varphi(\boldsymbol{r})$。根据 Hofmann 等(2008)的研究工作，核函数映射可以写作

$$\langle K(\boldsymbol{d},\boldsymbol{I}_{\varphi_{L\times L}}),K(\boldsymbol{I}_{\varphi_{L\times L}},\boldsymbol{r})\rangle = K(\boldsymbol{d},\boldsymbol{r}) \tag{5.5}$$

其中，K 为定义在原始数据上的核函数，利用式(5.5)，核函数处理可以表示为

$$K(\boldsymbol{x},\boldsymbol{y}) = \langle\varphi(\boldsymbol{x}),\varphi(\boldsymbol{y})\rangle = \varphi(\boldsymbol{x})^{\mathrm{T}}\varphi(\boldsymbol{y}) == \varphi(\boldsymbol{x})\cdot\varphi(\boldsymbol{y}) \tag{5.6}$$

则式(5.4)可以写为

$$\alpha_p^{\mathrm{KOSP}}(\boldsymbol{r}) = K(\boldsymbol{d},\boldsymbol{r})-K(\boldsymbol{d},\boldsymbol{U})K(\boldsymbol{U},\boldsymbol{U})^{-1}K(\boldsymbol{U},\boldsymbol{r}) \tag{5.7}$$

$\hat{\alpha}_p^{\mathrm{OSP}}$ 是由信号检测匹配滤波器方法 OSP 获得，不能用于丰度估计。将 OSP 扩展到最小二乘 OSP，即 LSOSP(Tu et al.，1997)，通过在 $\hat{\alpha}_p^{\mathrm{OSP}}$ 上添加一个丰度纠正项 $(\boldsymbol{d}^{\mathrm{T}}\boldsymbol{P}_U^{\perp}\boldsymbol{d})^{-1}$ 可获得 $\hat{\alpha}_p^{\mathrm{LSOSP}}$：

$$\hat{\alpha}_p^{\mathrm{LSOSP}} = (\boldsymbol{d}^{\mathrm{T}}\boldsymbol{P}_U^{\perp}\boldsymbol{d})^{-1}\boldsymbol{d}^{\mathrm{T}}\boldsymbol{P}_U^{\perp}\boldsymbol{r} \tag{5.8}$$

利用式(5.7)，可以得到基于核函数的 LSOSP，即 KLSOSP：

$$\hat{\alpha}_p^{\mathrm{KLSOSP}}(\boldsymbol{r}) = \frac{\hat{\alpha}_p^{\mathrm{KOSP}}(\boldsymbol{r})}{K(\boldsymbol{d},\boldsymbol{d})-K(\boldsymbol{d},\boldsymbol{U})K(\boldsymbol{U},\boldsymbol{U})^{-1}K(\boldsymbol{U},\boldsymbol{d})} \tag{5.9}$$

该算法 Kwon 等(2005)并未提到。

5.2.2 基于核函数的非负约束最小二乘算法

OSP 的一个主要问题是丰度值中会存在负数，但是从物理意义出发，所有丰度值都应该非负。为了解决这一问题，需要添加 ANC 约束，即由 Chang 等(2000)提出的丰度非负约束

最小二乘算法(NCLS),该算法在约束条件 $\alpha_j \geqslant 0(j \in \{1,2,\cdots,p\})$ 下最小化目标函数 $(\boldsymbol{M\alpha}-\boldsymbol{r})^{\mathrm{T}}(\boldsymbol{M\alpha}-\boldsymbol{r})$。为了实现这一目标,引入拉格朗日乘子向量 $\boldsymbol{\lambda}=[\lambda_1\lambda_2\cdots\lambda_p]^{\mathrm{T}}$,得到下述约束优化问题:

$$J = \frac{1}{2}(\boldsymbol{M\alpha}-\boldsymbol{r})^{\mathrm{T}}(\boldsymbol{M\alpha}-\boldsymbol{r})+\boldsymbol{\lambda}(\boldsymbol{\alpha}-\boldsymbol{c}) \tag{5.10}$$

其中,$\boldsymbol{c}=[c_1c_2\cdots c_p]^{\mathrm{T}}$,$c_j(1\leqslant i\leqslant p)$为约束。设置 $\boldsymbol{\alpha}=\boldsymbol{c}$,有

$$\hat{\boldsymbol{\alpha}} = (\boldsymbol{M}^{\mathrm{T}}\boldsymbol{M})^{-1}\boldsymbol{M}^{\mathrm{T}}\boldsymbol{r}-(\boldsymbol{M}^{\mathrm{T}}\boldsymbol{M})^{-1}\boldsymbol{\lambda} \tag{5.11}$$

且

$$\boldsymbol{\lambda} - \boldsymbol{M}^{\mathrm{T}}\boldsymbol{r}-\boldsymbol{M}^{\mathrm{T}}\boldsymbol{M}\hat{\boldsymbol{\alpha}} \tag{5.12}$$

式(5.10)不存在闭合解,只能借助数值算法,不断迭代式(5.11)和式(5.12),寻求最优解 $\hat{\boldsymbol{\alpha}}^{\mathrm{NCLS}}(\boldsymbol{r})\boldsymbol{\alpha}$ 满足 Kuhn-Tucker 条件,即

$$\begin{cases}\lambda_i = 0, i \in P\\ \lambda_i < 0, i \in R\end{cases} \tag{5.13}$$

其中,P 和 R 分别表示包含非负丰度值下标和负丰度值下标的被动集和主动集。利用核函数处理代替式(5.11)和式(5.12)中的点乘运算,可以将 $\hat{\boldsymbol{\alpha}}^{\mathrm{KNCLS}}(\boldsymbol{r})$ 写为

$$\hat{\boldsymbol{\alpha}}^{\mathrm{KNCLS}}(\boldsymbol{r}) = (K(\boldsymbol{M},\boldsymbol{M}))^{-1}K(\boldsymbol{M},\boldsymbol{r})-(K(\boldsymbol{M},\boldsymbol{M}))^{-1}\boldsymbol{\lambda} \tag{5.14}$$

且

$$\boldsymbol{\lambda} = K(\boldsymbol{M},\boldsymbol{r})-K(\boldsymbol{M},\boldsymbol{M})\hat{\boldsymbol{\alpha}}^{\mathrm{KNCLS}}(\boldsymbol{r}) \tag{5.15}$$

$(K(\boldsymbol{M},\boldsymbol{M}))^{-1}K(\boldsymbol{M},\boldsymbol{r})$看作基于核函数的 LSOSP,定义为

$$\hat{\boldsymbol{\alpha}}^{\mathrm{KLSOSP}}(\boldsymbol{r}) = (\hat{\alpha}_1^{\mathrm{KLSOSP}}(\boldsymbol{r}),\hat{\alpha}_2^{\mathrm{KLSOSP}}(\boldsymbol{r}),\cdots,\hat{\alpha}_p^{\mathrm{KLSOSP}}(\boldsymbol{r}))^{\mathrm{T}} \tag{5.16}$$

KNCLS 实际上就是使用 KLSOSP 作为初始条件,不断迭代式(5.14)和式(5.15),直至得到最优解。

KNCLS 算法如下文。

(1) 初始化:设被动集 $P^{(0)}=\{1,2,\cdots,p\}$,主动集 $R^{(0)}=\varnothing$,即主动集 R 为空集。令 $k=0$。

(2) 计算 $\hat{\boldsymbol{\alpha}}^{\mathrm{KLSOSP}}$,并令 $\hat{\boldsymbol{\alpha}}^{\mathrm{KNCLS}(k)}=\hat{\boldsymbol{\alpha}}^{\mathrm{KLSOSP}}$。

(3) 在第 j 次迭代中,如果 $\hat{\boldsymbol{\alpha}}^{\mathrm{KNCLS}(k)}$ 的所有元素都非负,算法结束;否则,继续。

(4) 令 $k=k+1$。

(5) 将 $P^{(k-1)}$ 中所有 $\hat{\boldsymbol{\alpha}}^{\mathrm{KNCLS}(k-1)}$ 负丰度对应的下标移入 $R^{(k-1)}$,得到下标集合 $P^{(k)}$ 和 $R^{(k)}$。构造一个新的下标集合 $S^{(k)}$,并令其等于 $R^{(k)}$。

(6) 令 $\boldsymbol{\alpha}_{R^{(k)}}$ 表示包含 $\hat{\boldsymbol{\alpha}}^{\mathrm{KLSOSP}}$ 中下标在 $R^{(k)}$ 里的丰度值元素的向量。

(7) 删除 $(K(\boldsymbol{M},\boldsymbol{M}))^{-1}$ 中下标包含在 $P^{(k)}$ 的所有行和列,构建一个引导矩阵 $\boldsymbol{\Phi}_{\alpha}^{(k)}$。

(8) 计算 $\boldsymbol{\lambda}^{(k)}=(\boldsymbol{\Phi}_{\alpha}^{(k)})^{-1}\hat{\boldsymbol{\alpha}}_{R^{(k)}}$。如果 $\boldsymbol{\lambda}^{(k)}$ 中所有的元素都非正,转到第(14)步;否则,继续。

(9) 找到 $\lambda_{\max}^{(k)}=\max\lambda_j^{(k)}$,并将 $\lambda_{\max}^{(k)}$ 对应的下标从 $R^{(k)}$ 移入 $P^{(k)}$。

(10) 按照第(8)步的方式，根据新的 $R^{(k)}$ 和 $P^{(k)}$ 计算新的 $\boldsymbol{\lambda}^{(k)}$。

(11) 删除矩阵 $(K(\boldsymbol{M},\boldsymbol{M}))^{-1}$ 中下标在 $P^{(k)}$ 里的列，构建另一个引导矩阵 $\boldsymbol{\Psi}_{\lambda}^{(k)}$。

(12) 令 $\hat{\boldsymbol{\alpha}}_{S^{(k)}}=\hat{\boldsymbol{\alpha}}^{\mathrm{KLSOSP}}-\boldsymbol{\Psi}_{\lambda}^{(k)}\boldsymbol{\lambda}^{(k)}$。

(13) 如果 $\hat{\boldsymbol{\alpha}}_{S^{(k)}}$ 中下标存在于 $S^{(k)}$ 的元素中存在负值，将其从 $P^{(k)}$ 移入 $R^{(k)}$，并转到第(6)步。

(14) 删除矩阵 $(K(\boldsymbol{M},\boldsymbol{M}))^{-1}$ 中下标存在于 $P^{(k)}$ 的所有列，构建另一个矩阵 $\boldsymbol{\Psi}_{\lambda}^{(k)}$。

(15) 令 $\hat{\boldsymbol{\alpha}}^{\mathrm{KNCLS}(k)}=\hat{\boldsymbol{\alpha}}^{\mathrm{KLSOSP}}-\boldsymbol{\Psi}_{\lambda}^{(k)}\boldsymbol{\lambda}^{(k)}$，转到第(3)步。

5.2.3 基于核函数的全约束最小二乘算法

根据 Heinz 等(2001)的研究，FCLS 方法在 ANC 的基础上加入 ASC，即在 NCLS 算法的基础上，引入特性元矩阵 $\boldsymbol{N}$ 以及辅助向量 $\boldsymbol{s}$：

$$\boldsymbol{N}=\begin{bmatrix}\delta\boldsymbol{M}\\ \boldsymbol{1}^{\mathrm{T}}\end{bmatrix}\text{ 以及 }\boldsymbol{s}=\begin{bmatrix}\delta\boldsymbol{r}\\ \boldsymbol{1}\end{bmatrix} \tag{5.17}$$

其中，$\boldsymbol{1}=(1,1,\cdots,1)^{\mathrm{T}}$ 是一个 p 维向量，δ 控制 FCLS 算法的收敛速度。将 KNCLS 算法中的 $\boldsymbol{M}$ 和 $\boldsymbol{r}$ 分别用式(5.17)中的 $\boldsymbol{N}$ 和 $\boldsymbol{s}$ 代替，便可以得到 KFCLS 算法。

KFCLS 算法如下文。

(1) 初始化：根据式(5.17)构建调整后的特性元矩阵 $\boldsymbol{N}$ 和调整后的像元向量 $\boldsymbol{s}$，令被动集 $P^{(0)}=\{1,2,\cdots,p\}$，主动集 $R^{(0)}=\varnothing$，即主动集为空集。令 $k=0$。

(2) 计算 $\hat{\boldsymbol{\alpha}}^{\mathrm{KNCLS}}$，并令 $\hat{\boldsymbol{\alpha}}^{\mathrm{KFCLS}(k)}=\hat{\boldsymbol{\alpha}}^{\mathrm{KNCLS}}$。

(3) 在第 j 次迭代中，如果 $\hat{\boldsymbol{\alpha}}^{\mathrm{KFCLS}(k)}$ 中所有的元素都非负，则结束算法；否则，继续。

(4) 令 $k=k+1$。

(5) 将 $\hat{\boldsymbol{\alpha}}^{\mathrm{KFCLS}(k-1)}$ 中负丰度值对应的下标从 $P^{(k-1)}$ 移入 $R^{(k-1)}$，得到新的被动集 $P^{(k)}$ 和主动集 $R^{(k)}$。构建一个新的下标集合 $S^{(k)}$，令其与 $R^{(k)}$ 相同。

(6) 令 $\boldsymbol{\alpha}_{R^{(k)}}$ 表示由 $\hat{\boldsymbol{\alpha}}^{\mathrm{KFCLS}(k-1)}$ 中丰度下标在 $R^{(k)}$ 里的元素构成的向量。

(7) 删除矩阵 $(K(\boldsymbol{N},\boldsymbol{N}))^{-1}$ 中，下标存在于 $P^{(k)}$ 的行和列，构建一个引导矩阵 $\boldsymbol{\Phi}_{\boldsymbol{\alpha}}^{(k)}$。

(8) 计算 $\boldsymbol{\lambda}^{(k)}=(\boldsymbol{\Phi}_{\boldsymbol{\alpha}}^{(k)})^{-1}\boldsymbol{\alpha}_{R^{(k)}}$。如果 $\boldsymbol{\lambda}^{(k)}$ 中所有的元素都非正，则转到第(14)步；否则，继续。

(9) 寻找 $\lambda_{\max}^{(k)}=\max_j\lambda_j^{(k)}$，并将 $R^{(k)}$ 中对应 $\lambda_{\max}^{(k)}$ 的下标移入 $P^{(k)}$。

(10) 利用新的 $R^{(k)}$ 和 $P^{(k)}$ 计算新的 $\boldsymbol{\lambda}^{(k)}$，如第(8)步所示。

(11) 删除矩阵 $(K(\boldsymbol{N},\boldsymbol{N}))^{-1}$ 中对应 $P^{(k)}$ 下标的所有列，得到新矩阵 $\boldsymbol{\Psi}_{\lambda}^{(k)}$。

(12) 令 $\hat{\boldsymbol{\alpha}}_{S^{(k)}}=\hat{\boldsymbol{\alpha}}^{\mathrm{KFCLS}}-\boldsymbol{\Psi}_{\lambda}^{(k)}\boldsymbol{\lambda}^{(k)}$。

(13) 如果对应 $S^{(k)}$ 的向量 $\hat{\boldsymbol{\alpha}}_{S^{(k)}}$ 中所有元素都非正，将这些元素从 $P^{(k)}$ 移入 $R^{(k)}$。转到第(6)步。

(14) 删除矩阵 $(K(\mathbf{N},\mathbf{N}))^{-1}$ 中对应下标 $P^{(k)}$ 的所有列，得到新矩阵 $\boldsymbol{\Psi}_{\lambda}^{(k)}$。

(15) 令 $\hat{\boldsymbol{\alpha}}^{\mathrm{KFCLS}(k)}=\hat{\boldsymbol{\alpha}}^{\mathrm{KFCLS}}-\boldsymbol{\Psi}_{\lambda}^{(k)}\boldsymbol{\lambda}^{(k)}$，转到第(3)步。

5.2.4 核函数处理

核函数处理的核心思想是核处理，对不同的处理对象，效率也有所不同。例如，支持向量机(SVM)的原始设计是二元分类器，寻找能够最大化支持向量间距离的超平面，与核函数处理没有关系。但将核函数引入 SVM 后，可以在高维特征空间中找到一个非线性的分界面，从而解决线性不可分问题。通常有 3 种核函数处理方式：①将所有样本数据通过核函数映射到高维特征空间，如基于核函数的主成分分析(kernel-based principal components analysis，KPCA)和基于核函数的 RX 检测器，使用所有数据统计得到的协方差矩阵进行核函数处理。该方式不需要任何先验知识，但计算量巨大；②对选定的训练样本进行核函数处理，如基于核函数的 Fisher 线性判别分析算法和基于核函数的 SVM 算法，只处理训练样本，降低了计算量，但如何选择训练样本是需要进一步考虑的问题；③直接对分类器、检测器或者估计器进行核函数处理，如本章提出的 3 类算法，该方式只对先验知识提供的特性元进行核函数处理，其规模远小于处理所有数据或训练样本数据，大大降低了计算量。

5.3 合成图像实验结果和分析

合成图像有利于定量分析核函数处理在 LSMA 上的作用，构造一个与图 1.6(a)类似的合成图像，用图 1.2 中的 5 种特性元 A、B、C、K、M 生成 25 个不同尺寸的面板，呈 5×5 分布，如图 5.1 所示，同一行面板材质相同，同一列面板尺寸相同。每行包含第 1 列面板的 4×4 个纯像元，第 2 列面板的 2×2 个纯像元，第 3 列面板的 2×2个混合像元，第 4、5 列面板的 1×1 个亚像元，共 100 个纯像元(第 1 列 80 个和第 2 列 20 个)，分别对应物质 A、B、C、K、M。

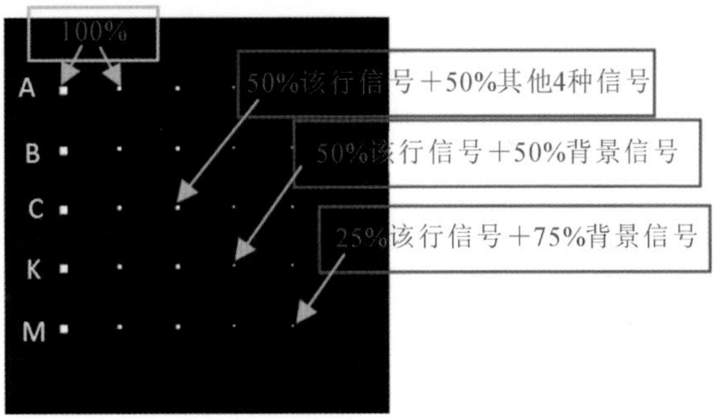

图 5.1 由 A、B、C、K、M 合成的 25 个面板

由图 1.2 中背景样本均值向量仿真产生 200×200 的合成图像，并将上述 25 个面板以两种方式嵌入背景图像中。一种是移除相应位置背景像元，用面板像元代替，得到的图像类别为目标种植法(target implantation，TI)；另一种是融合面板像元和背景像元，得到的图像类别为目标嵌入法(target embeddedness，TE)。依据添加高斯噪声的方式，每类图像可以得到 3 个不同的结果，分别为 TI1、TI2、TI3、TE1、TE2、TE3。

上述构造的 6 个合成图像作用类似，故只显示最复杂的 TE3 实验结果。图像上添加信噪比 20∶1 高斯噪声，对 LSOSP、NCLS、FCLS 算法及其相对应的核函数算法的实验结果进行比较,如图 5.2 所示。

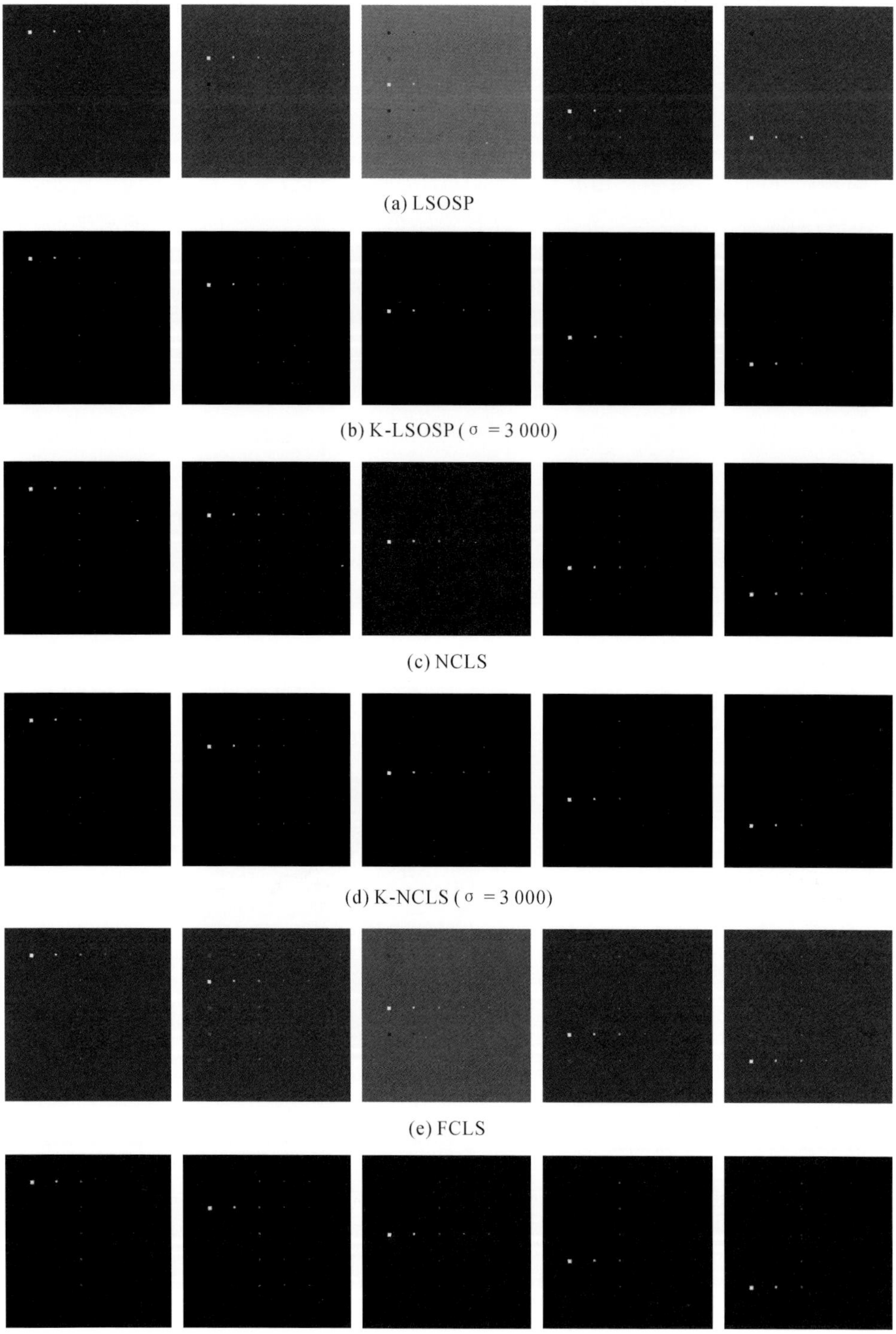

(a) LSOSP

(b) K-LSOSP (σ =3 000)

(c) NCLS

(d) K-NCLS (σ =3 000)

(e) FCLS

(f) K-FCLS (σ =0.03)

图 5.2　LSMA 和 K-LSMA 对合成线性混元的实验结果图

从实验结果可以看出，除了 KLSOSP 和 KFCLS 在第 3 行面板像元的处理效果优于原算法，其他核函数方法的效果与原方法大致相同。为了进一步分析解混结果，图 5.3 给出了上述结果的 ROC 曲线，包括（P_D，P_F-τ）3D-ROC 曲线，（P_D-P_F）、（P_D-τ）和（P_F-τ）2D-ROC 曲线。从曲线内容来看，性能最好的并非核函数化后的算法。

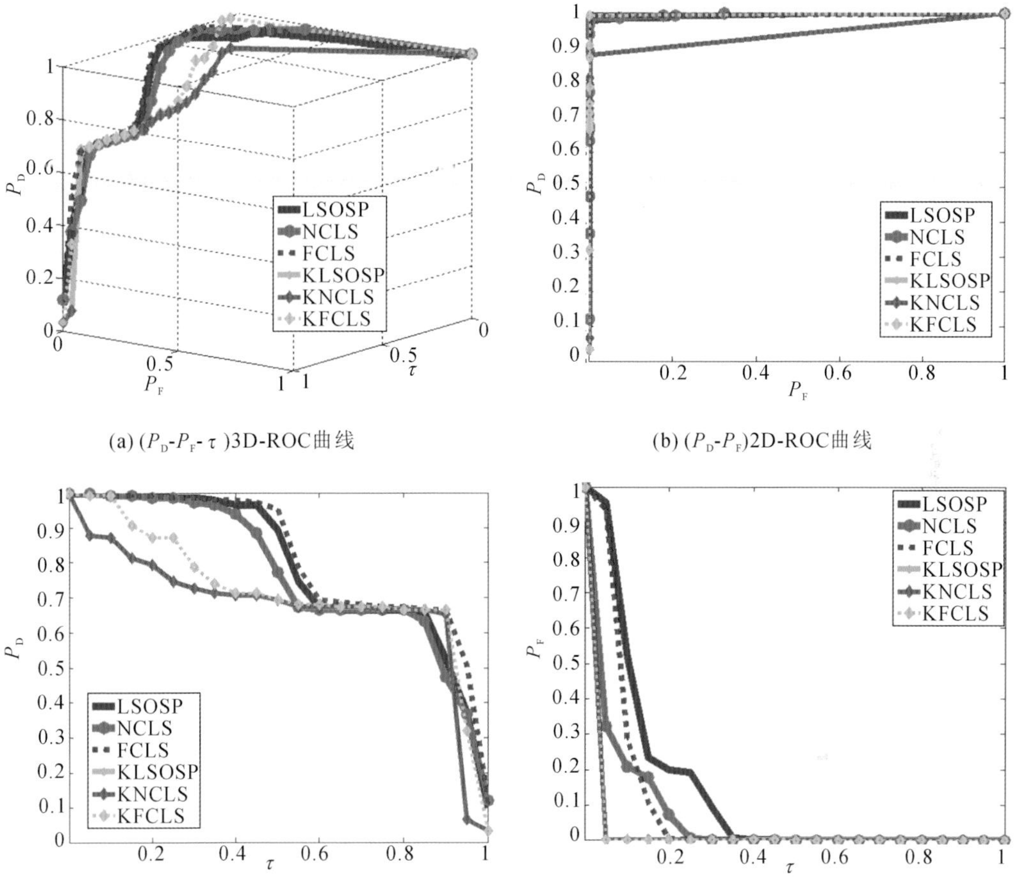

(a) (P_D-P_F-τ)3D-ROC曲线

(b) (P_D-P_F)2D-ROC曲线

(c) (P_D-P_F)2D ROC曲线

(d) (P_D-τ)2D ROC曲线

图 5.3　TE3 的 3D-ROC 分析

为了对算法性能进行更全面的比较，表 5.1～表 5.3 给出了 6 种图像中 130 个面板像素的平均检测率。表 5.1～表 5.3 的结果表明，（P_D-P_F）2D-ROC 曲线下面积和（P_D-τ）2D-ROC 曲线下面积方面，LSMA 的性能较好；核函数化后，（P_F-τ）2D-ROC 曲线下面积减小，也就是虚警率降低。

表 5.1　TI 和 TE 的（P_D-P_F）2D-ROC 曲线下面积

	TI1	TI2	TI3	TE1	TE2	TE3
LSOSP	0.996 7	0.997 8	0.997 8	0.996 7	0.997 7	0.995 8
NCLS	0.996 7	0.997 2	0.997 2	0.996 7	0.996 8	0.997 4

续表

	TI1	TI2	TI3	TE1	TE2	TE3
FCLS	0.996 7	0.998 0	0.998 0	0.996 0	0.996 3	0.995 9
KLSOSP	0.930 7	0.926 1	0.926 1	0.940 0	0.940 0	0.940 0
KNCLS	0.930 7	0.926 1	0.926 1	0.940 0	0.940 0	0.940 0
KFCLS	0.990 0	0.985 6	0.985 6	0.996 6	0.996 6	0.996 6

表 5.2　TI 和 TE 的(P_D-τ)2D-ROC 曲线下面积

	TI1	TI2	TI3	TE1	TE2	TE3
LSOSP	0.830 0	0.840 0	0.840 0	0.830 0	0.842 3	0.798 2
NCLS	0.830 0	0.832 3	0.832 3	0.830 0	0.835 0	0.777 0
FCLS	0.830 0	0.842 7	0.842 7	0.840 7	0.851 7	0.821 5
K-LSOSP	0.736 3	0.735 0	0.735 0	0.734 3	0.734 3	0.679 2
KNCLS	0.736 3	0.735 0	0.735 0	0.734 3	0.734 3	0.679 2
KCLS	0.747 7	0.748 3	0.748 3	0.762 0	0.762 0	0.725 2

表 5.3　TI 和 TE 的(P_F-τ)2D-ROC 曲线下面积

	TI1	TI2	TI3	TE1	TE2	TE3
LSOSP	0.025 0	0.112 4	0.112 4	0.025 0	0.113 3	0.135 3
NCLS	0.025 0	0.070 9	0.070 9	0.025 0	0.076 0	0.064 4
FCLS	0.025 0	0.109 0	0.109 0	0.035 0	0.080 5	0.091 5
KLSOSP	0.055 0	0.058 6	0.058 6	0.025 0	0.025 0	0.025 0
KNCLS	0.055 0	0.058 6	0.058 6	0.025 0	0.025 0	0.025 0
KFCLS	0.025 0	0.030 5	0.030 5	0.025 1	0.025 1	0.025 1

上述合成图像实验结果说明，核函数化算法在目标像元混合度不高的情况下并不一定能提高算法性能，且 FCLS 算法无论是否核函数化，结果始终好于其他算法。这一结论在后面的 AVIRIS 实验和 HYDICE 实验上也得到了证实，其中 AVIRIS 数据的混合度较高，HYDICE 数据的混合度较低。

5.4　AVIRIS 数据实验结果和分析

为了说明核函数化后算法分类性能的提高程度，分别在 Purdue 数据和 HYDICE 数据上进行实验，本节实验对象是 AVIRIS 类型的 Purdue 数据。如图 1.4(c)真实地物分布图所示，图像中一共有 17 类地物，其中第 17 类表示背景，包含非常复杂的地物信息，有高速公路、马路、房屋、建筑以及农业中不感兴趣的植被等。17 个类别的空间分布如图 1.4(d)所示，每个类别标识后圆括号内的数据对应该类别的样本数量，总数为 145×145＝21 025。利用两组结果对 KLSMA 性能进行评估，一是根据混合像元分类实验效果分析 KLSMA 处理混合度高的数据样本时相对 LSMA 的性能提升程度，另一个是利用 3D-ROC 曲线对 16 个类别的分类性能进行量化分析。在此基础上，评价 3 种核函数的优劣并选择参数。

从每种类别的样本集中，随机选择 10％作为训练样本，并将其平均向量作为式(5.1)的特性元$\boldsymbol{m}_1,\boldsymbol{m}_2,\cdots,\boldsymbol{m}_{16}$。图 5.4(a)～(b)给出了 LSOSP 和 KLSOSP 对 16 种地物的分类结果，其中 KLSOSP 的核函数为 RBF 核，参数为 $\sigma=3\ 000$。从实验结果看，KLSOSP 大大提高了 LSOSP 的分类性能，很多在图 5.4(a)中漏分的类别在图 5.4(b)中得到正确划分。说明：参数 σ 是根据经验选择的，本实验只是为了说明 KLSMA 的效果，并非 σ 的最优值。由于参数的选择是一个开放性的优化难题，本章后续进行了一定的讨论但并未深入研究。

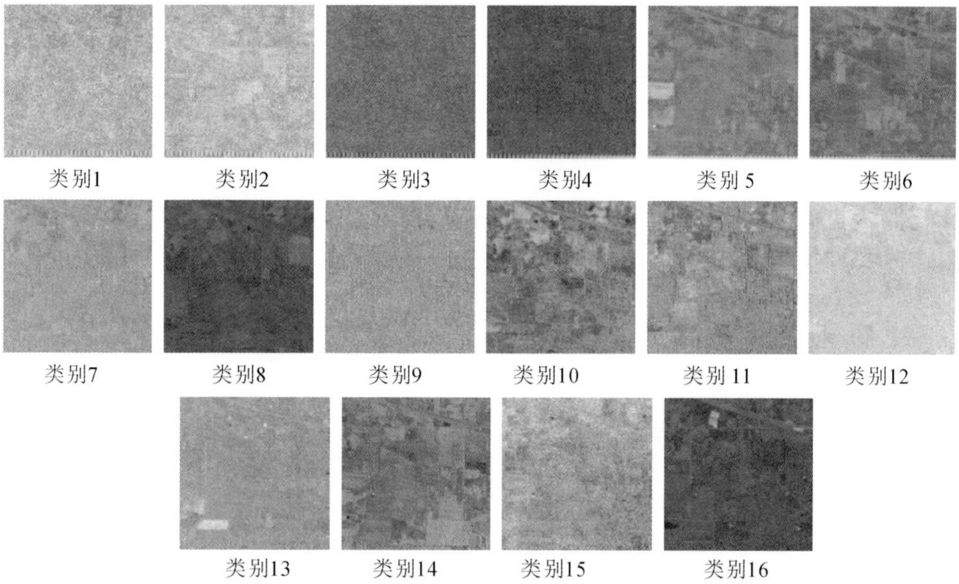

(a) LSOSP的分类结果

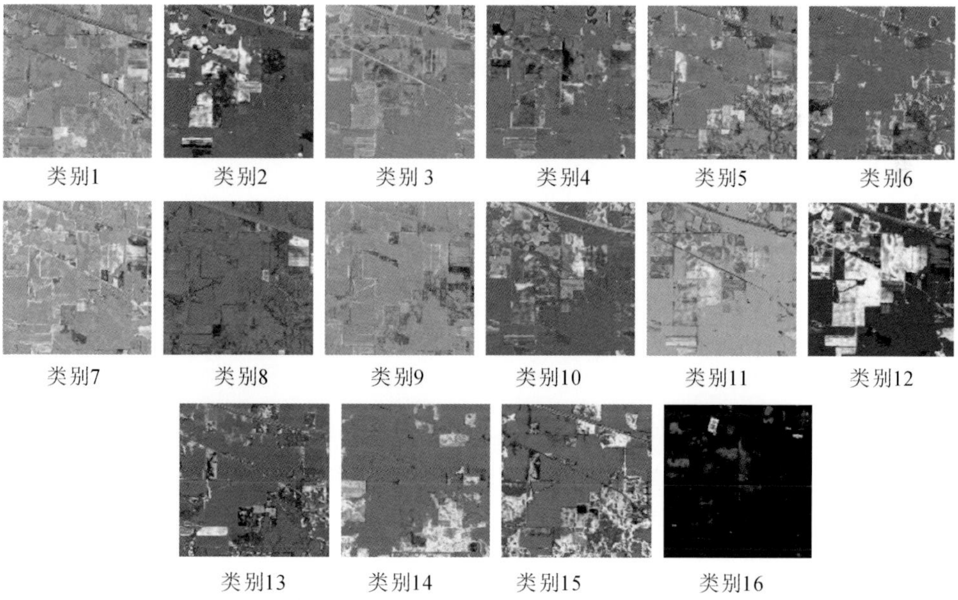

(b) 使用RBF核的KLSOSP(σ =3 000)的分类结果

图 5.4　比较 LSOSP 和使用 RBF 核的 KLSOSP 的分类结果

在 NCLS 和 FCLS 及其核函数算法上进行类似实验，结果如图 5.5 和图 5.6 所示。使用了 RBF 核函数的算法效果[图 5.5(b)和图 5.6(b)]都优于没有使用核函数的算法效果[图 5.5(a)和图 5.6(a)],尤其图 5.6 中差异较大。图 5.5(a)和图 5.5(b)的差异不大,意味着 NCLS 本身的分类性能就相对较好。

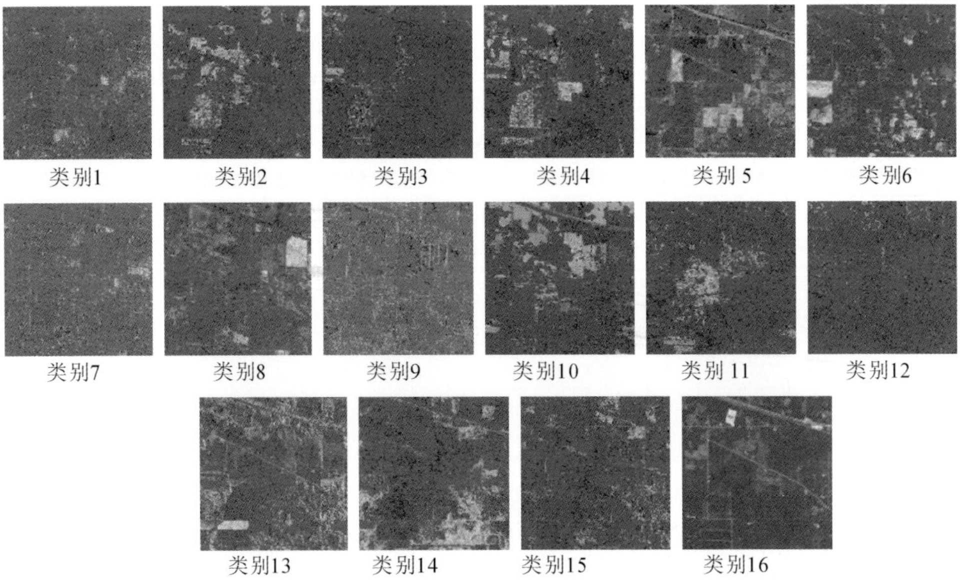

(a) NCLS的分类结果

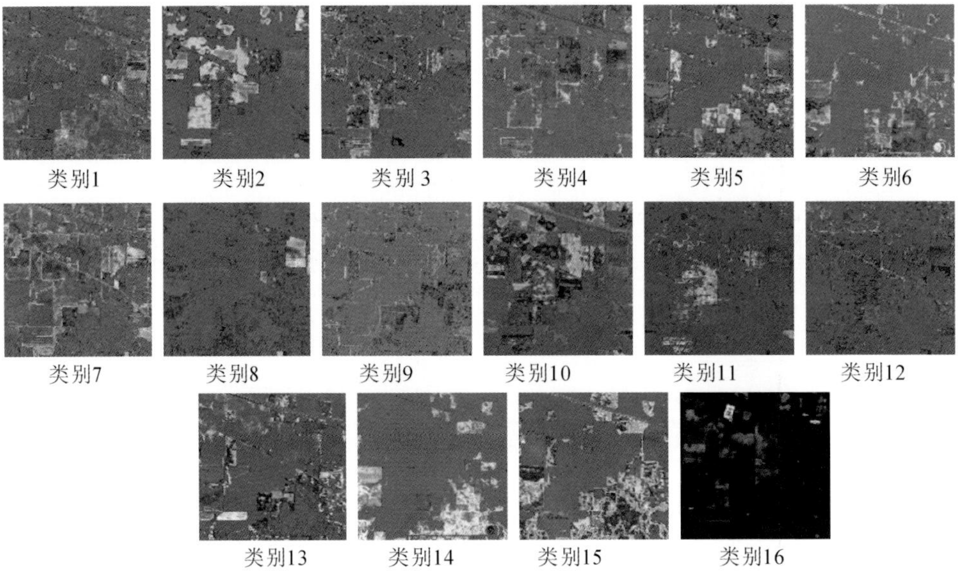

(b) 使用RBF核的KNCLS(σ=3 000)的分类结果

图 5.5　比较 NCLS 和使用 RBF 核的 KNCLS 的分类结果

根据图 5.4～图 5.6 给出的分类效果只能对实验结果定性分析,借助图 1.4(d)提供的真实地物分布图和 3D-ROC 曲线可以对实验结果进行量化分析。本章分别采用以下 3 种类型的核函数来评估 KLSMA 与 LSMA 的分类性能。

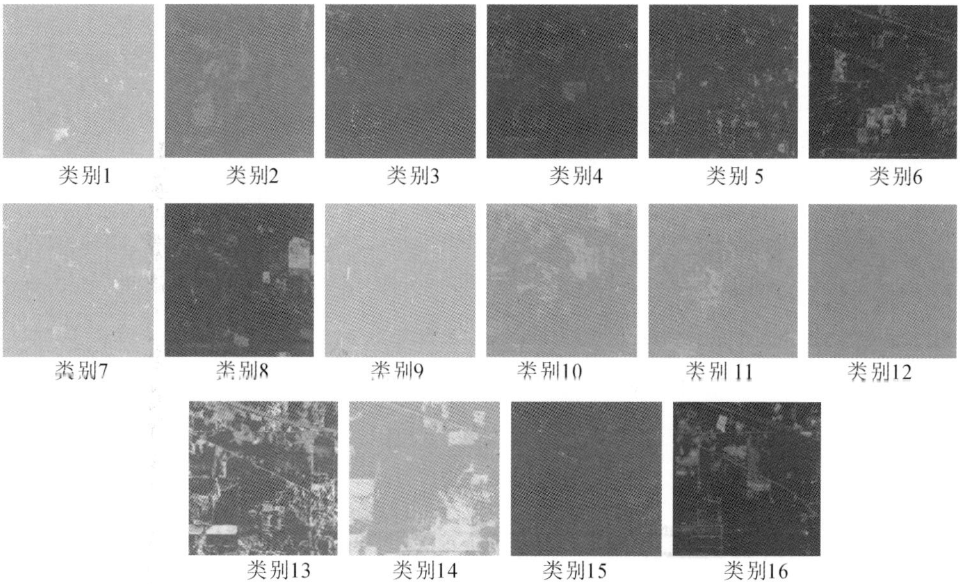

(a) FCLS的分类结果

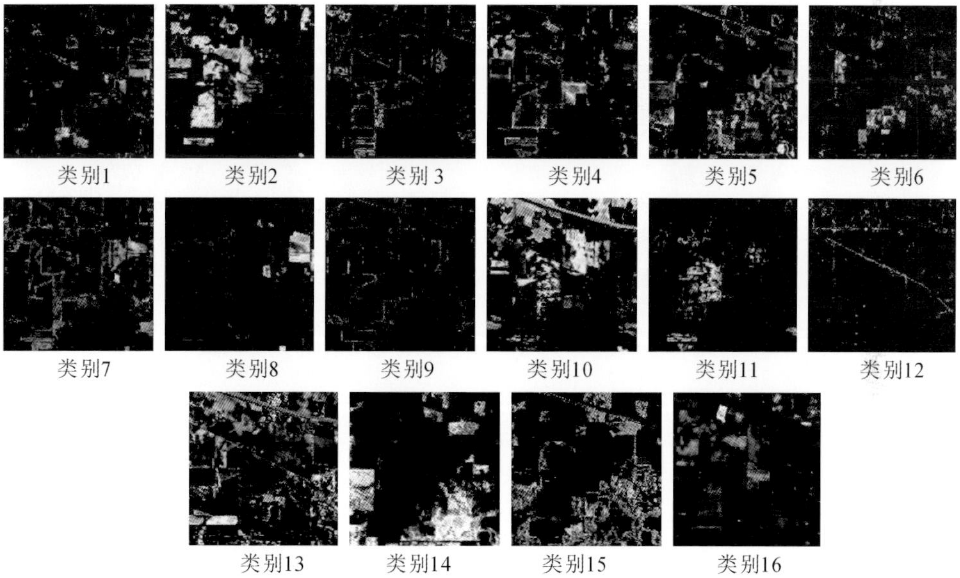

(b) 使用RBF核的KFCLS（σ=0.1）的分类结果

图 5.6 比较 FCLS 和使用 RBF 核的 KFCLS 的分类结果

5.4.1 径向基核函数

径向基核函数在核函数中应用最广，性能优于其他两种，其内核由高斯内核的宽度 σ 参数化。在图 5.7～图 5.9 中，(a)给出了 3 种算法 LSOSP、NCLS 和 FCLS 及其核函数算法 KLSOSP、KNCLS 和 KFCLS 的 3D-ROC 曲线，(b)～(d)为相应的 2D-ROC 曲线，根据经验选择 5 个参数值来证明其相对性能。表 5.4～表 5.6 给出了用于定量分析算法性能的 2D-ROC 曲线下面积 A_Z，其中加了阴影的单元格表示对于(P_D-P_F)2D-ROC 曲线而言最好的 σ 值。

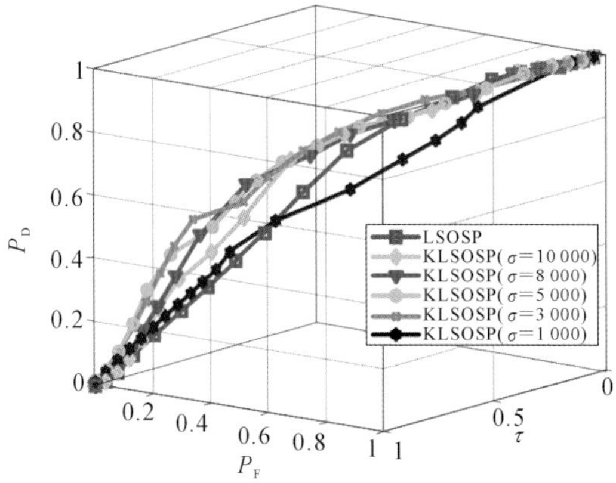

(a) (P_D-P_F-τ)3D-ROC曲线

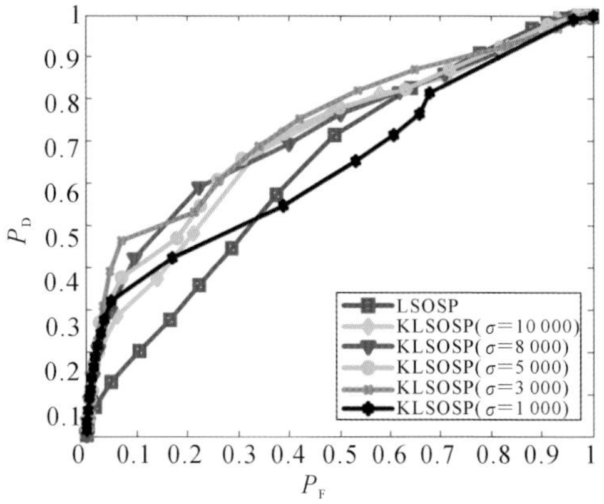

(b) (P_D-P_F)2D-ROC曲线

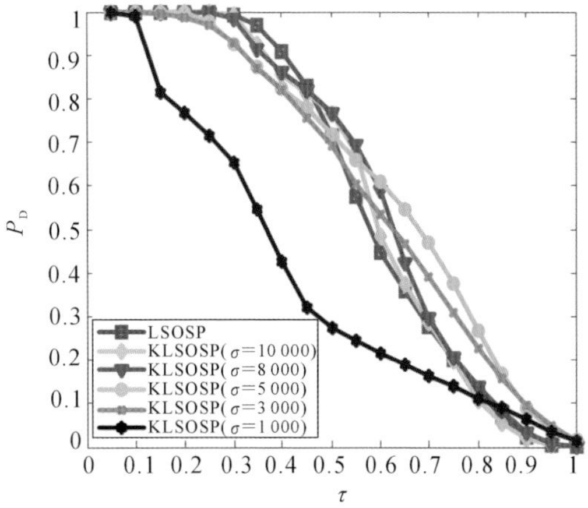

(c) (P_D-τ)2D-ROC曲线

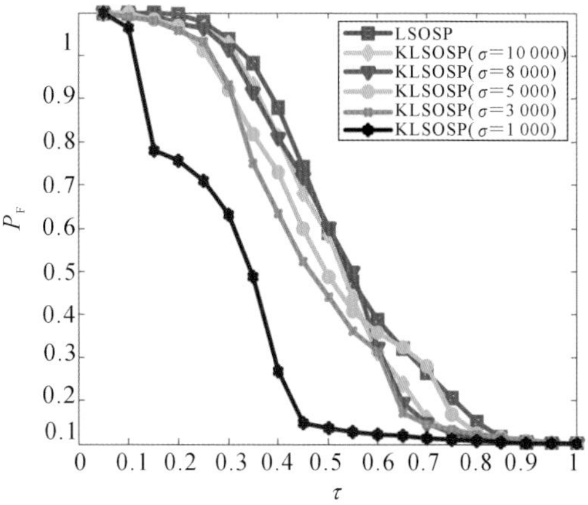

(d) (P_F-τ)2D-ROC曲线

图 5.7 用对应不同 σ 值 RBF 核的 16 类平均准确率得到的 LSOSP/KLSOSP 曲线

表 5.4 图 5.7 中 3 条 2D-ROC 曲线下 A_Z 的值

	P_D-P_F	P_D-τ	P_F-τ
LSOSP	0.640 6	0.549 8	0.471 4
KLSOSP (σ=10 000)	0.703 0	0.552 4	0.437 6
KLSOSP (σ=8 000)	0.720 9	0.565 8	0.440 2
KLSOSP (σ=5 000)	0.722 8	0.591 6	0.425 4
KLSOSP (σ=3 000)	0.741 2	0.567 5	0.390 9
KLSOSP (σ=1 000)	0.646 5	0.362 6	0.234 6

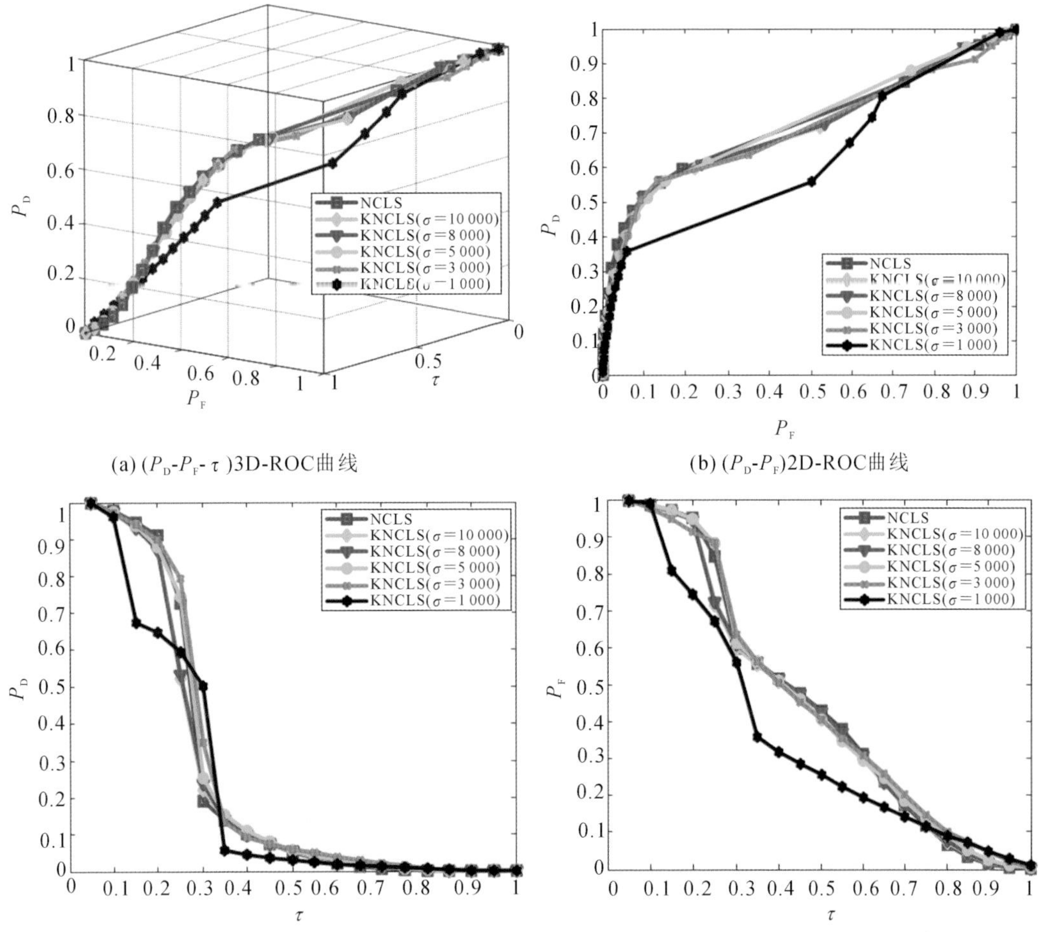

(a) (P_D-P_F-τ)3D-ROC曲线　(b) (P_D-P_F)2D-ROC曲线

(c) (P_D-τ)2D-ROC曲线　(d) (P_F-τ)2D-ROC曲线

图 5.8　用对应不同 σ 值 RBF 核的 16 类平均准确率得到的 NCLS/KNCLS 曲线

表 5.5　图 5.8 中 3 条 2D-ROC 曲线下 A_Z 的值

	P_D-P_F	P_D-τ	P_F-τ
NCLS	0.728 5	0.408 3	0.235 4
KNCLS (σ=10 000)	0.716 1	0.397 3	0.224 5
KNCLS (σ=8 000)	0.719 8	0.403 6	0.226 7
KNCLS (σ=5 000)	0.729 6	0.411 5	0.240 9
KNCLS (σ=3 000)	0.709 1	0.415 2	0.249 5
KNCLS (σ=1 000)	0.628 6	0.328 6	0.207 3

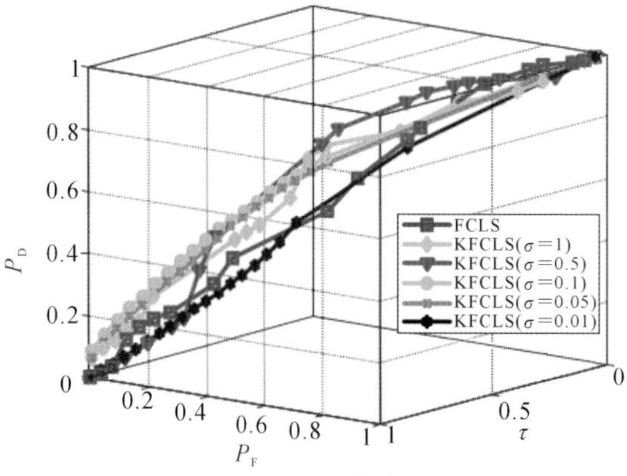

(a) $(P_D$-P_F-$\tau)$3D-ROC曲线

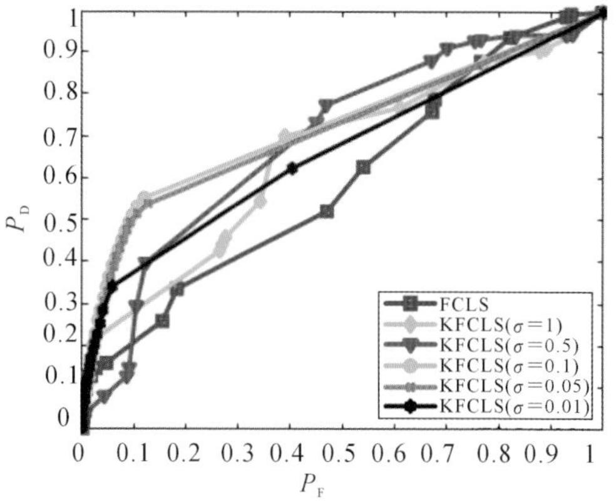

(b) (P_D,P_F)2D-ROC曲线

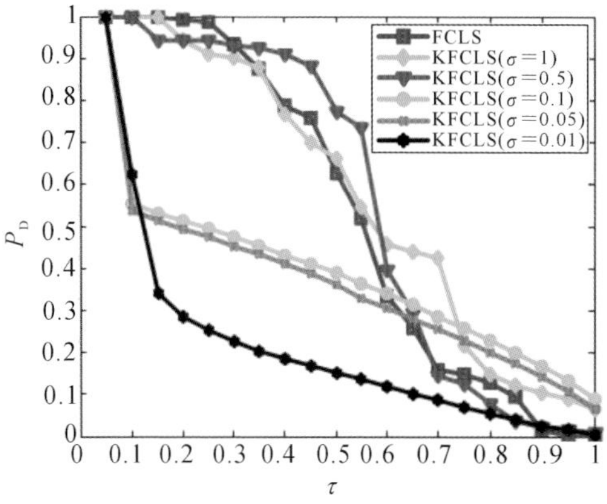

(c) $(P_D$-$\tau)$2D-ROC曲线

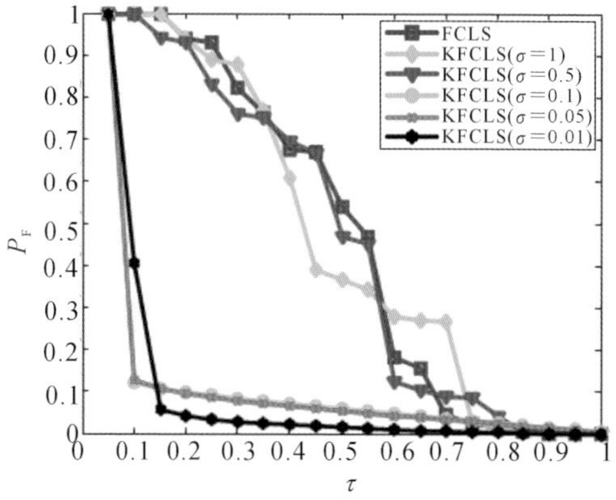

(d) $(P_F$-$\tau)$2D-ROC曲线

图 5.9 用对应不同 σ 值 RBF 核的 16 类平均准确率得到的 FCLS/KFCLS 曲线

表 5.6 图 5.9 中 3 条 2D-ROC 曲线下 A_Z 的值

	P_D-P_F	P_D-τ	P_F-τ
FCLS	0.593 3	0.506 4	0.437 6
KFCLS (σ=1)	0.652 6	0.542 5	0.429 5
KFCLS (σ=0.5)	0.691 9	0.530 3	0.423 1
KFCLS (σ=0.1)	0.725 8	0.354 5	0.078 3
KFCLS (σ=0.05)	0.716 3	0.331 0	0.075 8
KFCLS (σ=0.01)	0.663 6	0.179 2	0.059 7

如图 5.7～图 5.9 和表 5.4～表 5.6 所示，要使核函数化算法的性能优于原算法，除了选择合适的参数，所使用的分类器类型也至关重要。例如当 σ=1 000 时，KLSOSP 与 LSOSP 的性能相当。但是当 σ=5 000 时，NCLS 可以取得与 KNCLS 相当的分类效果。这些实验结果说明，在分类处理中，上述 3 种 LSMA 算法只有 NCLS 能够与基于核函数的 LSMA相媲美。此外，当图像像元混合度较高时，合适的 RBF 函数可以提高分类效果。

5.4.2 多项式核函数

多项式核函数的参数是阶数 p。图 5.10～图 5.12 给出了多项式核函数下算法性能的量化结果，其中(a)为 3D-ROC 曲线，(b)～(d)是相应的 2D-ROC 曲线，比较的算法包括 LSOSP、NCLS、FCLS 以及其核函数方法 KLSOSP、KNCLS、KFCLS 算法。对于 KLSOSP、KNCLS 以及 KFCLS 算法，多项式核函数的参数 p 根据经验选定，在 KLSOSP 和 KNCLS 中，$p=2,3,5,8,10$，在 KFCLS 中，$p=10,20,30,40,50$。表 5.7～表 5.9 分别计算了每个 2D-ROC 的曲线下面积 A_Z，用于定量分析算法性能，其中加了阴影的单元格表示对于 2D-ROC 曲线而言 p 的最佳取值。

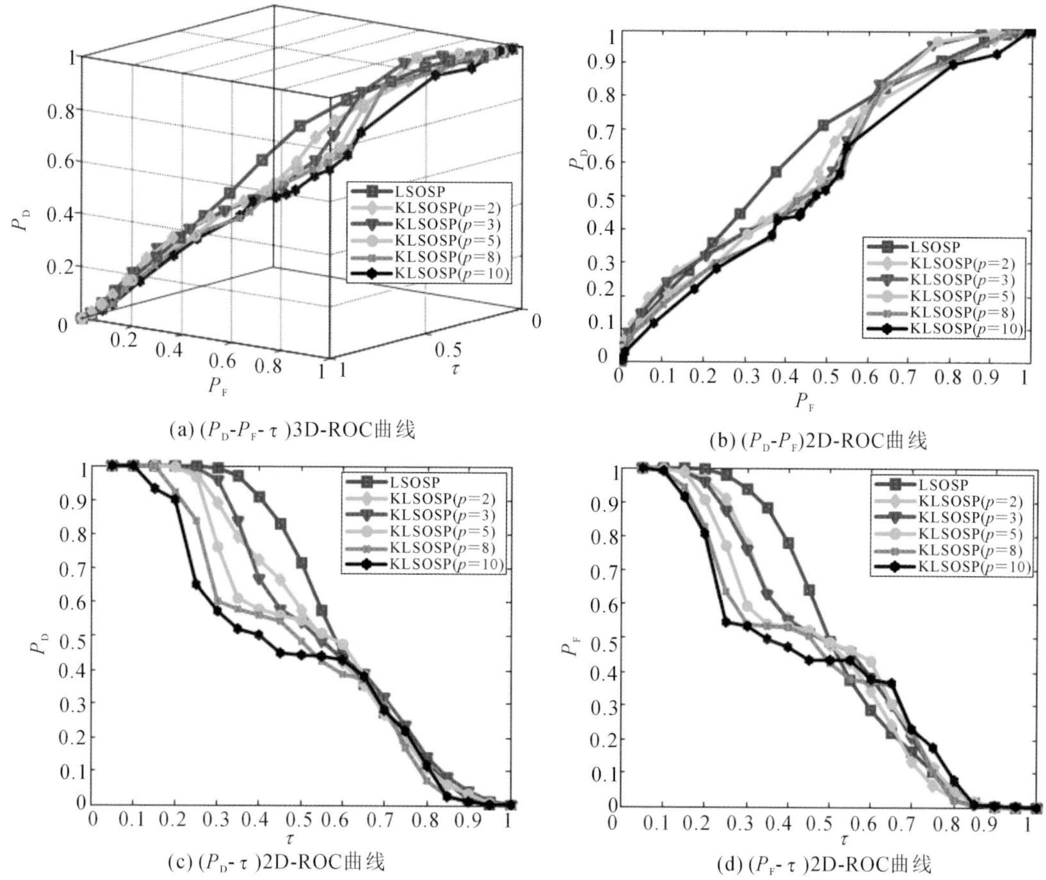

(a) (P_D-P_F-τ)3D-ROC曲线

(b) (P_D-P_F)2D-ROC曲线

(c) (P_D-τ)2D-ROC曲线

(d) (P_F-τ)2D-ROC曲线

图 5.10 用对应不同 p 值多项式核的 16 类平均准确率得到的 LSOSP/KLSOSP 曲线

表 5.7 图 5.10 中 3 条 2D-ROC 曲线下 A_Z 的值

	P_D-P_F	P_D-τ	P_F-τ
LSOSP	0.640 6	0.549 8	0.471 4
KLSOSP ($p=2$)	0.606 9	0.504 2	0.428 6
KLSOSP ($p=3$)	0.611 0	0.511 6	0.439 6

续表

	P_D-P_F	P_D-τ	P_F-τ
KLSOSP (p=5)	0.598 1	0.480 6	0.422 1
KLSOSP (p=8)	0.579 0	0.440 1	0.395 5
KLSOSP (p=10)	0.551 1	0.419 3	0.391 0

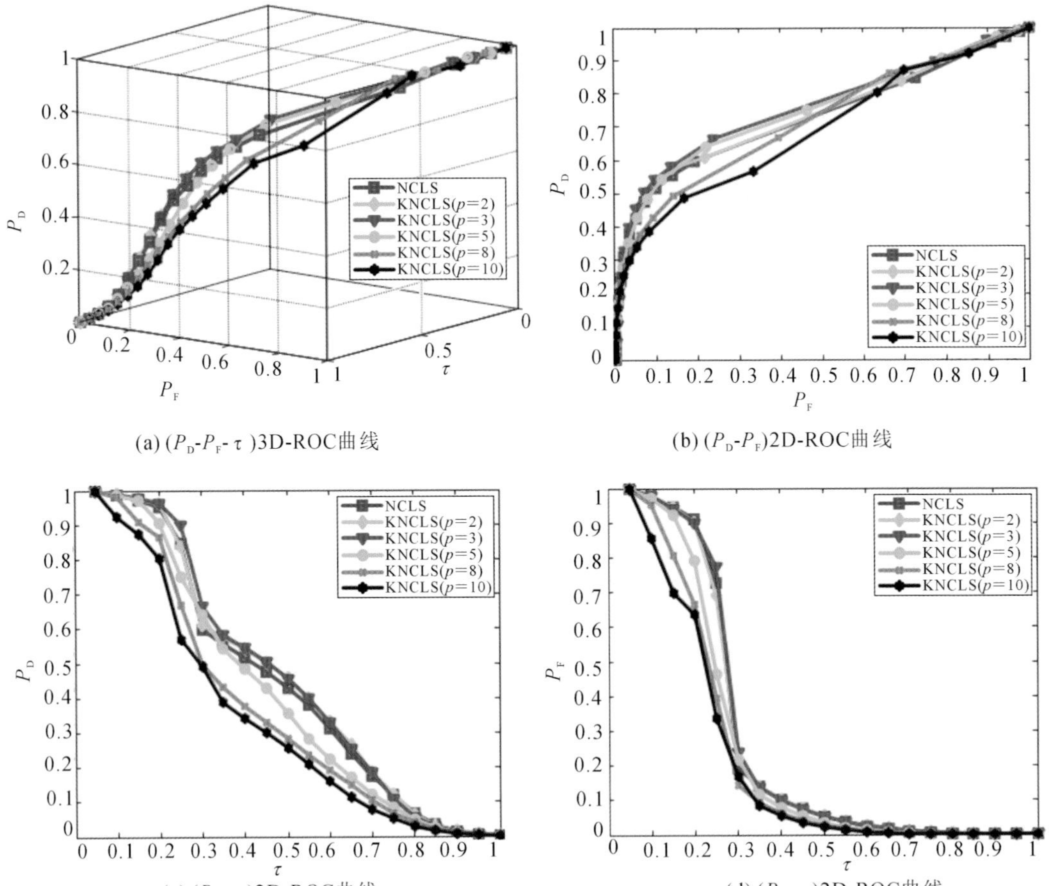

(a) $(P_D$-P_F-$\tau)$3D-ROC曲线
(b) $(P_D$-$P_F)$2D-ROC曲线
(c) $(P_D$-$\tau)$2D-ROC曲线
(d) $(P_F$-$\tau)$2D-ROC曲线

图 5.11 用对应不同 p 值多项式核的 16 类平均准确率得到的 NCLS/KNCLS 曲线

表 5.8 图 5.11 中 3 条 2D-ROC 曲线下 A_Z 的值

	P_D-P_F	P_D-τ	P_F-τ
NCLS	0.728 5	0.408 3	0.235 4
KNCLS (p=2)	0.736 4	0.418 6	0.235 2
KNCLS (p=3)	0.758 4	0.422 9	0.239 6
KNCLS (p=5)	0.748 9	0.377 0	0.209 9
KNCLS (p=8)	0.717 6	0.332 6	0.185 5
KNCLS (p=10)	0.688 4	0.305 3	0.170 9

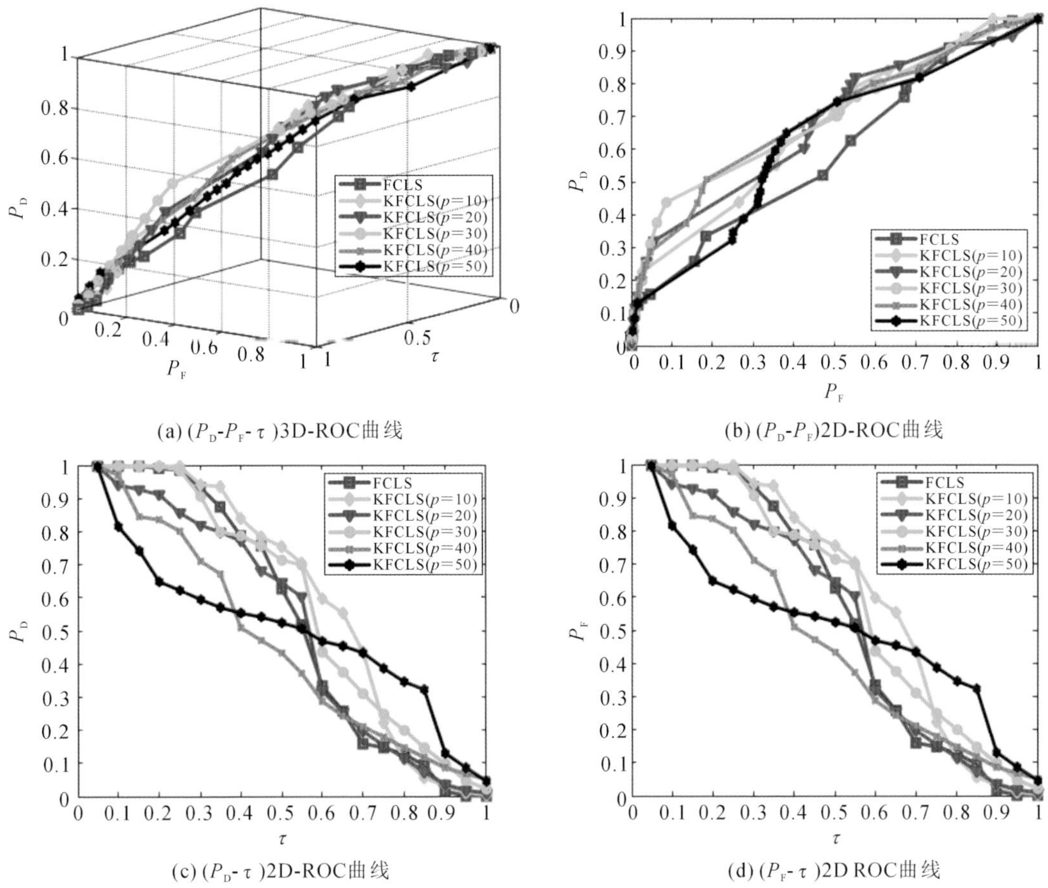

(a) (P_D-P_F-τ)3D-ROC曲线　(b) (P_D-P_F)2D-ROC曲线

(c) (P_D-τ)2D-ROC曲线　(d) (P_F-τ)2D ROC曲线

图 5.12　用对应不同 p 值多项式核的 16 类平均准确率得到的 FCLS/KFCLS 曲线

表 5.9　图 5.12 中 3 条 2D-ROC 曲线下 A_Z 的值

	P_D-P_F	P_D-τ	P_F-τ
FCLS	0.593 3	0.506 4	0.437 6
KFCLS (p=10)	0.670 2	0.574 9	0.462 5
KFCLS (p=20)	0.677 3	0.482 5	0.342 9
KFCLS (p=30)	0.696 3	0.551 9	0.413 0
KFCLS (p=40)	0.694 8	0.425 5	0.255 6
KFCLS (p=50)	0.628 8	0.464 3	0.310 3

如图 5.10～图 5.12 和表 5.7～表 5.9 所示，使用多项式核的 KLSOSP 比使用 RBF 核的 KLOSP 性能差，与之相反，使用多项式核的 KNCLS 比使用 RBF 核的 KNCLS 性能好，这也是唯一一个多项式核好于 RBF 核的情况。此外，从图 5.10 和表 5.7 可以看出，无论参数如何变化，LSOSP 都比 KLSOSP 表现出更好的性能。

5.4.3 Sigmoid 核函数

Sigmoid 核函数的参数是 β_0 和 β_1。设 $\beta_0=1$,$\beta_1=c/\max(\boldsymbol{x}^{\mathrm{T}}\boldsymbol{y})$,$c$ 为标量值,$\boldsymbol{x}$ 和 $\boldsymbol{y}$ 取自所有像元向量。图 5.13～图 5.15 给出 Sigmoid 核函数下算法性能的量化结果,其中(a)为 3D-ROC 曲线,(b)～(d)是相应的 2D-ROC 曲线,比较的算法包括 LSOSP、NCLS、FCLS 以及其核函数方法 KLSOSP、KNCLS、KFCLS 算法,对于 KLSOSP、KNCLS 以及 KFCLS 算法,Sigmoid 核函数的参数 c 根据经验选定。表 5.10～表 5.12 分别计算了每个 2D-ROC 的曲线下面积 A_Z,用于定量分析算法性能,其中加了阴影的单元格表示对于 2D-ROC 曲线而言 c 的最佳取值。

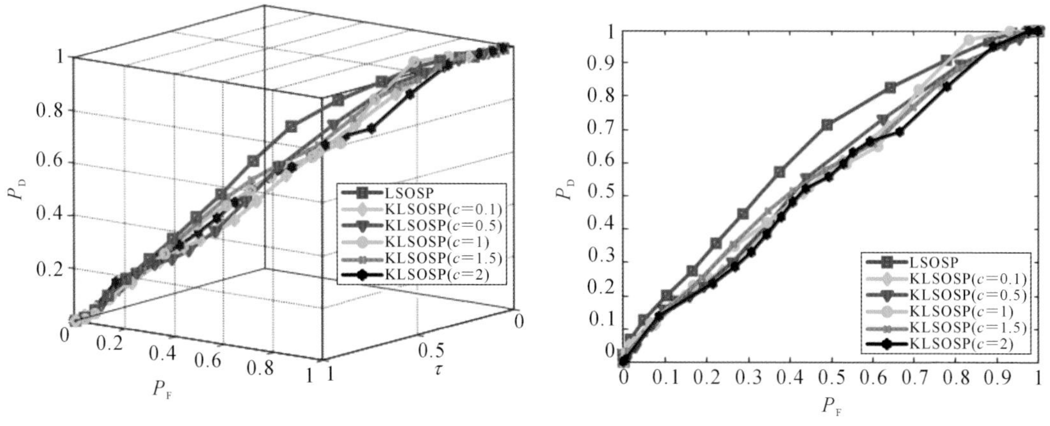

(a) $(P_D$-P_F-$\tau)$3D-ROC曲线　(b) $(P_D$-$P_F)$2D-ROC曲线

(c) $(P_D$-$\tau)$2D-ROC曲线　(d) $(P_F$-$\tau)$2D-ROC曲线

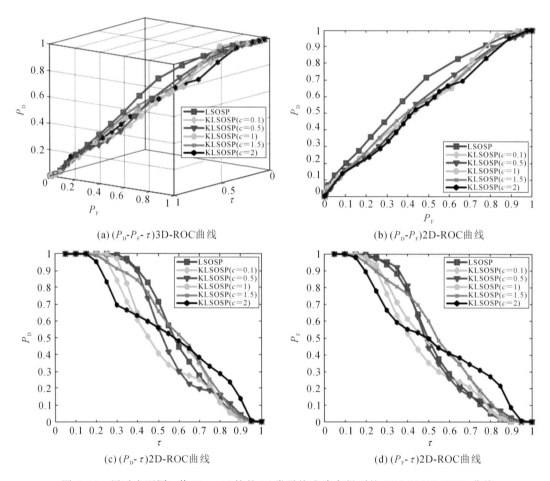

图 5.13　用对应不同 c 值 Sigmoid 核的 16 类平均准确率得到的 LSOSP/KLSOSP 曲线

表 5.10　图 5.13 中三条 2D-ROC 曲线下 A_Z 的值

	P_D-P_F	P_D-τ	P_F-τ
LSOSP	0.640 6	0.549 8	0.471 4
KLSOSP (c=0.1)	0.558 1	0.455 2	0.417 4

续表

	P_D-P_F	P_D-τ	P_F-τ
KLSOSP (c=0.5)	0.571 9	0.513 5	0.474 0
KLSOSP (c=1)	0.575 4	0.514 6	0.464 9
KLSOSP (c=1.5)	0.570 7	0.548 1	0.495 8
KLSOSP (c=2)	0.545 7	0.513 1	0.472 0

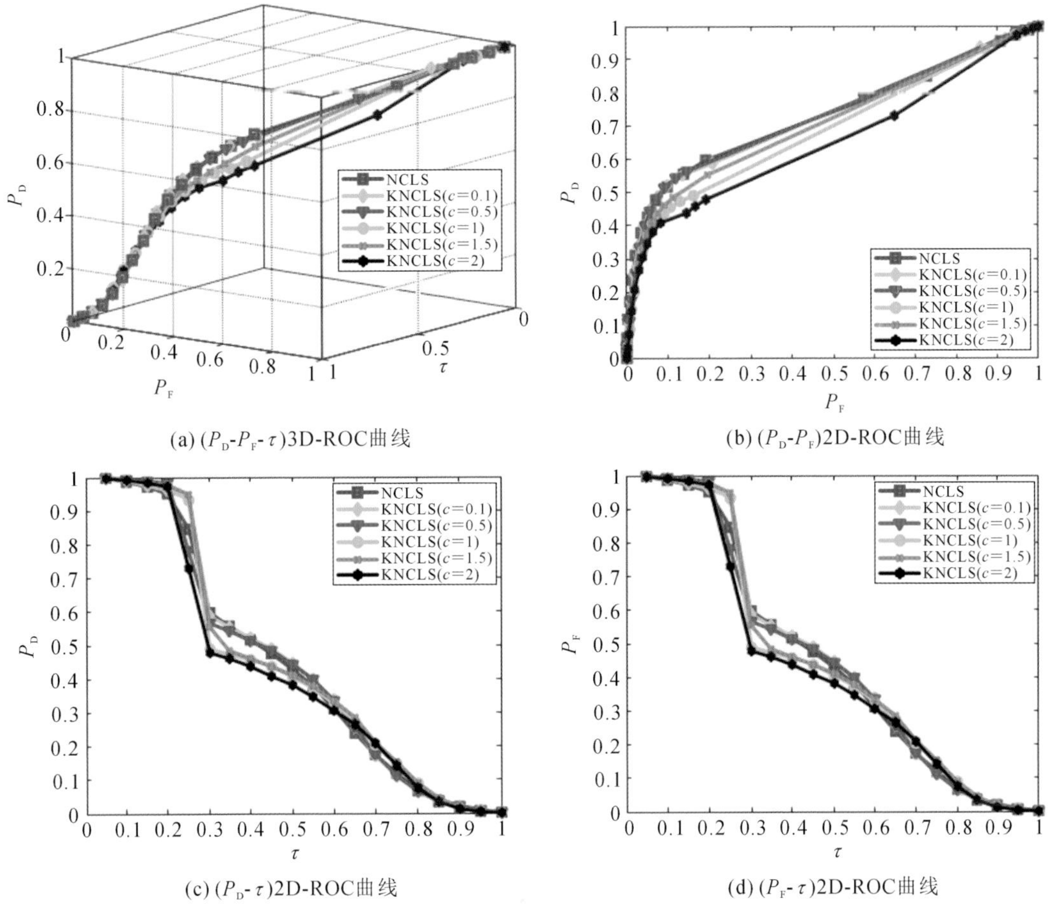

(a) (P_D-P_F-τ)3D-ROC曲线

(b) (P_D-P_F)2D-ROC曲线

(c) (P_D-τ)2D-ROC曲线

(d) (P_F-τ)2D-ROC曲线

图 5.14　用对应不同 c 值 Sigmoid 核的 16 类平均准确率得到的 NCLS/KNCLS 曲线

表 5.11　图 5.14 中 3 条 2D-ROC 曲线下 A_Z 的值

	P_D-P_F	P_D-τ	P_F-τ
NCLS	0.728 5	0.408 3	0.235 4
KNCLS (c=0.1)	0.732 1	0.417 8	0.244 9
KNCLS (c=0.5)	0.731 3	0.411 2	0.230 6
KNCLS (c=1)	0.689 9	0.406 1	0.249 5
KNCLS (c=1.5)	0.708 3	0.413 9	0.251 2
KNCLS (c=2)	0.652 8	0.387 2	0.243 6

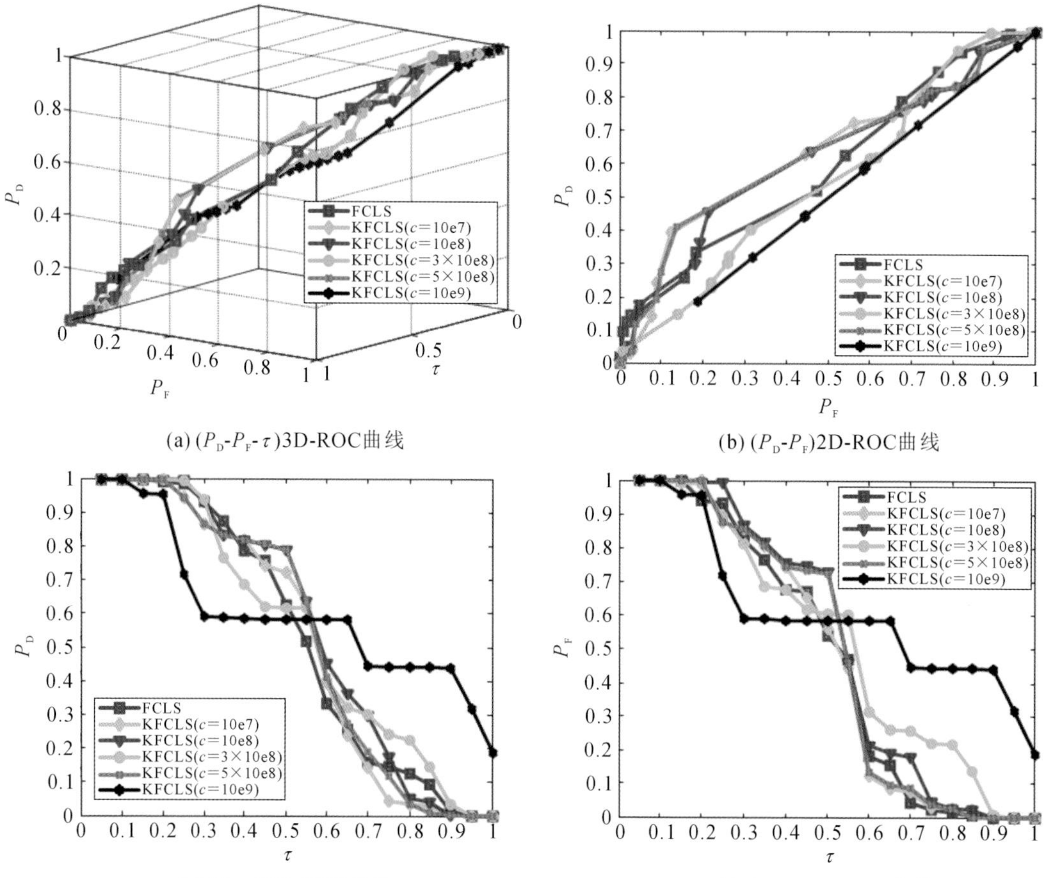

(a) (P_D-P_F-τ)3D-ROC曲线　(b) (P_D-P_F)2D-ROC曲线

(c) (P_D-τ)2D-ROC曲线　(d) (P_F-τ)2D-ROC曲线

图 5.15　用对应不同 c 值 Sigmoid 核的 16 类平均准确率得到的 FCLS/KFCLS 曲线

表 5.12　图 5.15 中 3 条 2D-ROC 曲线下 A_Z 的值

	P_D-P_F	P_D-τ	P_F-τ
FCLS	0.593 3	0.506 4	0.437 6
KFCLS (c=10e7)	0.632 7	0.498 0	0.440 7
KFCLS (c=10e8)	0.619 3	0.536 0	0.477 4
KFCLS (c=3×10e8)	0.553 1	0.522 0	0.489 8
KFCLS (c=5×10e8)	0.632 7	0.512 8	0.454 5
KFCLS (c=10e9)	0.482 6	0.572 2	0.572 0

由图 5.13～图 5.15 和表 5.10～表 5.12 知，利用 Sigmoid 核函数的 LSMA 算法相对于利用 RBF 核函数和多项式核函数的算法性能较差。KNCLS 算法是唯一一个使用核函数后性能有提高的算法，但也只是略有改善。

最后，为了进一步比较 3 种核函数下 KLSMA 的性能，图 5.16～图 5.18 给出了算法效果，其中(a)为 3D-ROC 曲线，(b)～(d)是相应的 2D-ROC 曲线，比较的算法包括 LSOSP、NCLS、FCLS 以及其核函数方法 KLSOSP、KNCLS、KFCLS 算法。表 5.13～表 5.15 分别计算了每个 2D-ROC 的曲线下面积 A_Z，用于定量分析算法性能，加了阴影的单元格表示对应 2D-ROC 曲线下面积 A_Z 最好的 KLSMA 算法。

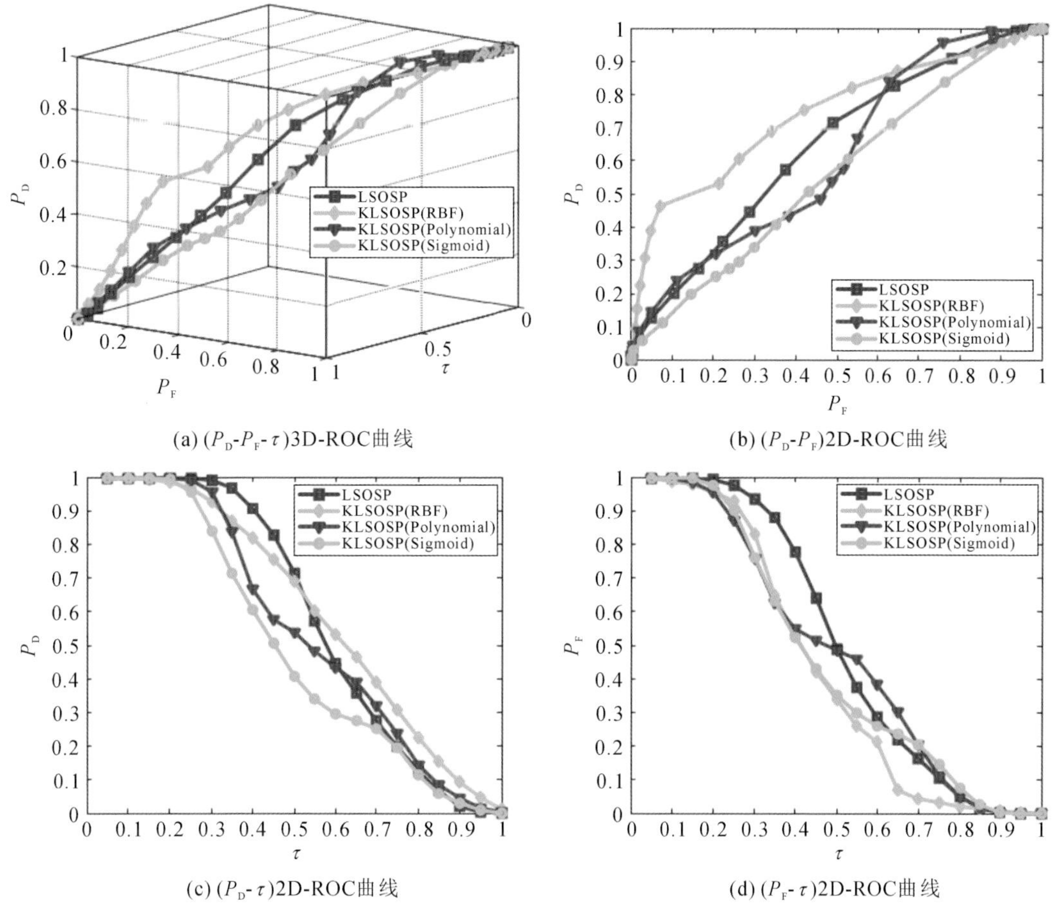

(a) $(P_D\text{-}P_F\text{-}\tau)$3D-ROC曲线　(b) $(P_D\text{-}P_F)$2D-ROC曲线

(c) $(P_D\text{-}\tau)$2D-ROC曲线　(d) $(P_F\text{-}\tau)$2D-ROC曲线

图 5.16　用 3 种核函数加适当参数得到的 16 类平均准确率的 LSOSP/KLSOSP 曲线

表 5.13　图 5.16 中 3 条 2D-ROC 曲线下 A_Z 的值

	P_D-P_F	P_D-τ	P_F-τ
LSOSP	0.640 6	0.549 8	0.471 4
KLSOSP (RBF, σ=3 000)	0.741 2	0.567 5	0.390 9
KLSOSP (Polynomial, p=3)	0.611 0	0.511 6	0.439 6
KLSOSP (Sigmoid, c=1)	0.558 1	0.455 2	0.417 4

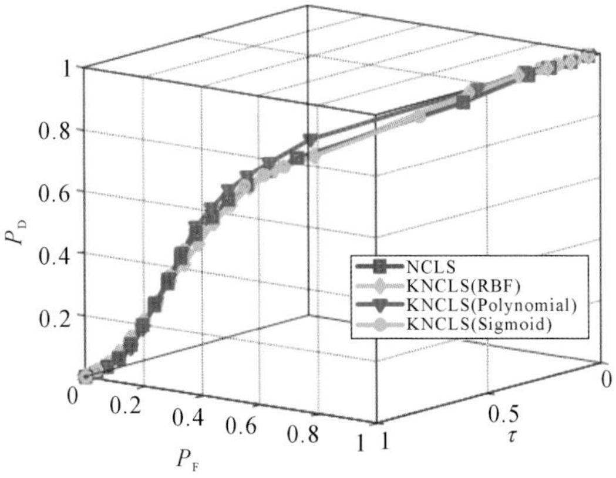

(a) $(P_D$-P_F-$\tau)$3D-ROC曲线

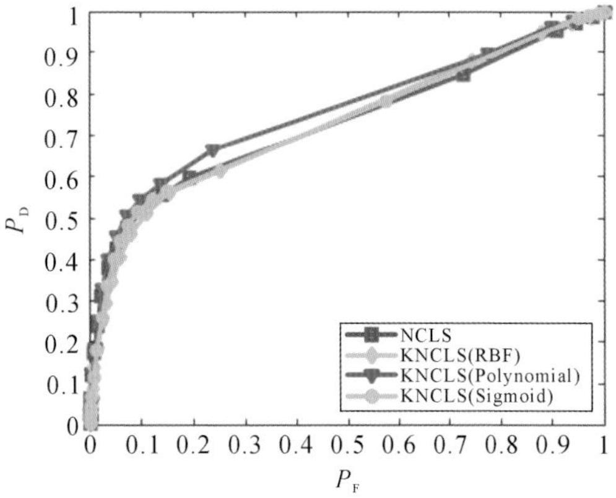

(b) $(P_D$-$P_F)$2D-ROC曲线

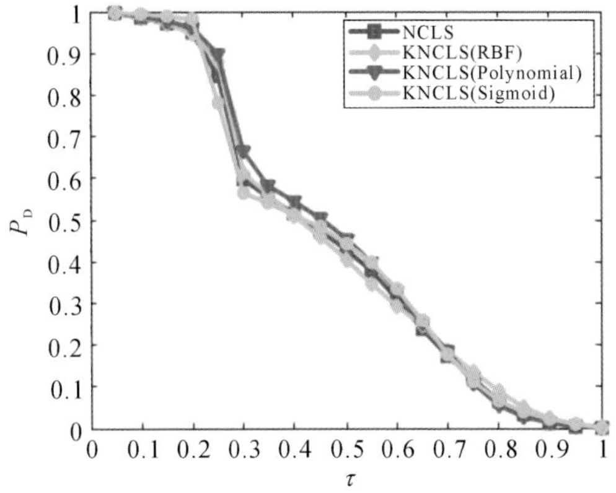

(c) $(P_D$-$\tau)$2D-ROC曲线

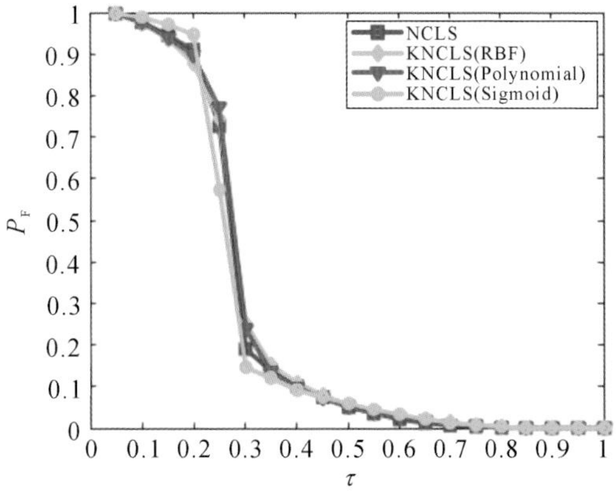

(d) $(P_F$-$\tau)$2D-ROC曲线

图 5.17　用 3 种核函数加适当参数得到的 16 类平均准确率的 NCLS/KNCLS 曲线

表 5.14　图 5.17 中 3 条 2D-ROC 曲线下 A_Z 的值

	P_D-P_F	P_D-τ	P_F-τ
NCLS	0.728 5	0.408 3	0.235 4
KNCLS (RBF, σ=5 000)	0.729 6	0.411 5	0.240 9
KNCLS (Polynomial, p=3)	0.758 4	0.422 9	0.239 6
KNCLS (Sigmoid, c=0.5)	0.731 3	0.411 2	0.230 6

表 5.15　图 5.18 中 3 条 2D-ROC 曲线下 A_Z 的值

	P_D-P_F	P_D-τ	P_F-τ
FCLS	0.593 3	0.506 4	0.437 6
KFCLS (RBF, s=0.1)	0.725 8	0.354 5	0.078 3
KFCLS (Polynomial, p=30)	0.696 3	0.551 9	0.413 0
KFCLS(Sigmoid, c=5×10e8)	0.632 7	0.512 8	0.454 5

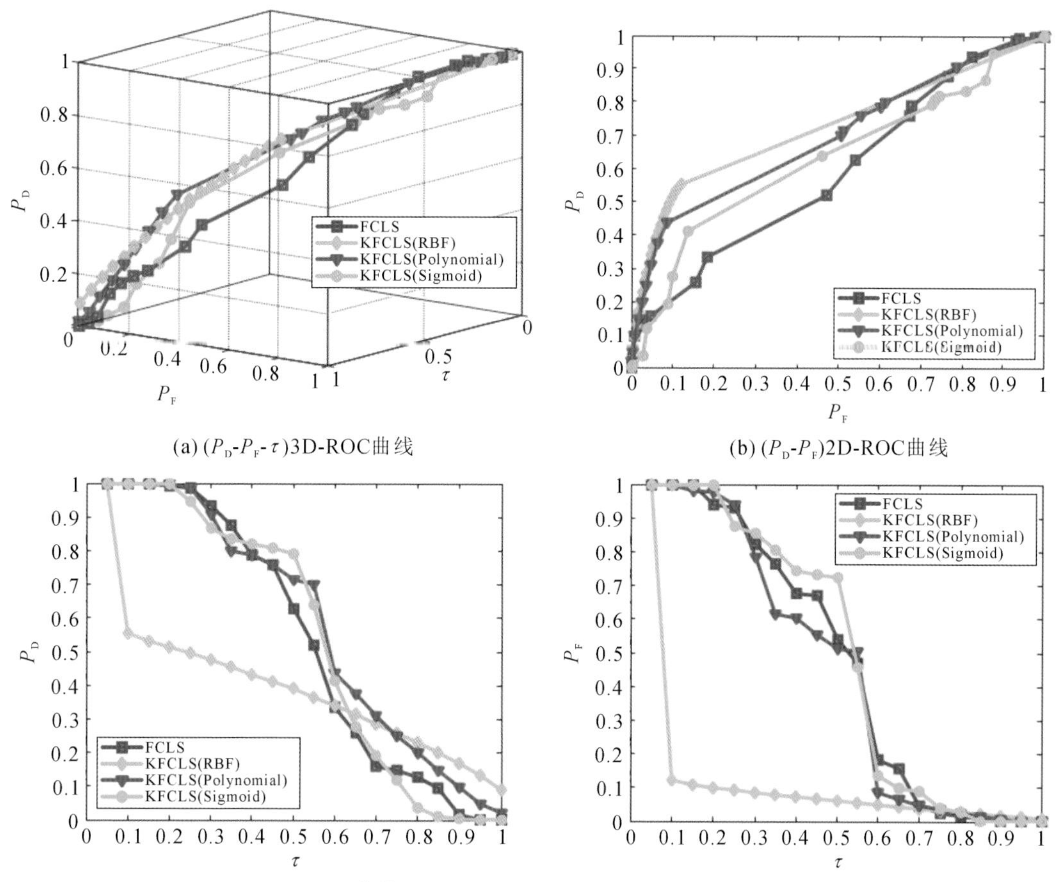

(a) (P_D-P_F-τ)3D-ROC曲线

(b) (P_D-P_F)2D-ROC曲线

(c) (P_D-τ)2D-ROC曲线

(d) (P_F-τ)2D-ROC曲线

图 5.18 用 3 种核函数加适当参数得到的 16 类平均准确率的 FCLS/KFCLS 曲线

如图 5.16～图 5.18 和表 5.13～表 5.15 所示，NCLS 性能最好的核函数是多项式核函数，其他 LSMA 分类器性能最好的核函数是 RBF 核函数。

总之，通过像元混合度较高的 Purdue 数据实验，可以发现选择合适的 RBF 核函数参数可以得到较好的混合像元分类 KLSMA 算法，其性能优于 LSMA 分类器。但是如果像元的非线性混合度不高，基于核函数的 LSMA 算法优势就不明显了，如下面的实验结果所述。

5.5 HYDICE 数据实验结果和分析

本节在图 1.6 的 HYDICE 数据上测试 5.4 节中的实验。首先利用 VD 算法取虚警率为 $P_F \leqslant 10^{-3}$，估计得到数据中的特性元数量为 $p=9$。定义这 9 个特性元为图 1.6(b)所示的 5 个面板特性元和 4 个非期望特性元，4 个非期望特性元分别为图 1.8 所示的草、路、树以及干扰。通过检测图 1.6(b)中所示的 19 个 R 面板像元，根据 LSMA 估计的丰度分数，对 LSMA 性能进行评估。同样的 3D-ROC 分析也用于进一步性能评估。Chang(2003)已经对

HYDICE 混合像元的分类结果进行了说明，这里不再一一列出，只给出与 5.4 节中图 5.16～图 5.18和表 5.13～表 5.15 类似的实验结果。图 5.19～图 5.21 给出 3 种核函数下算法性能的量化结果，其中(a)为 3D-ROC 曲线，(b)～(d)为相应的 2D-ROC 曲线。KLSOSP、KNCLS 和 KFCLS 的参数都是根据经验设定，加了阴影的单元格对应最好的结果，见表5.16～表 5.18。

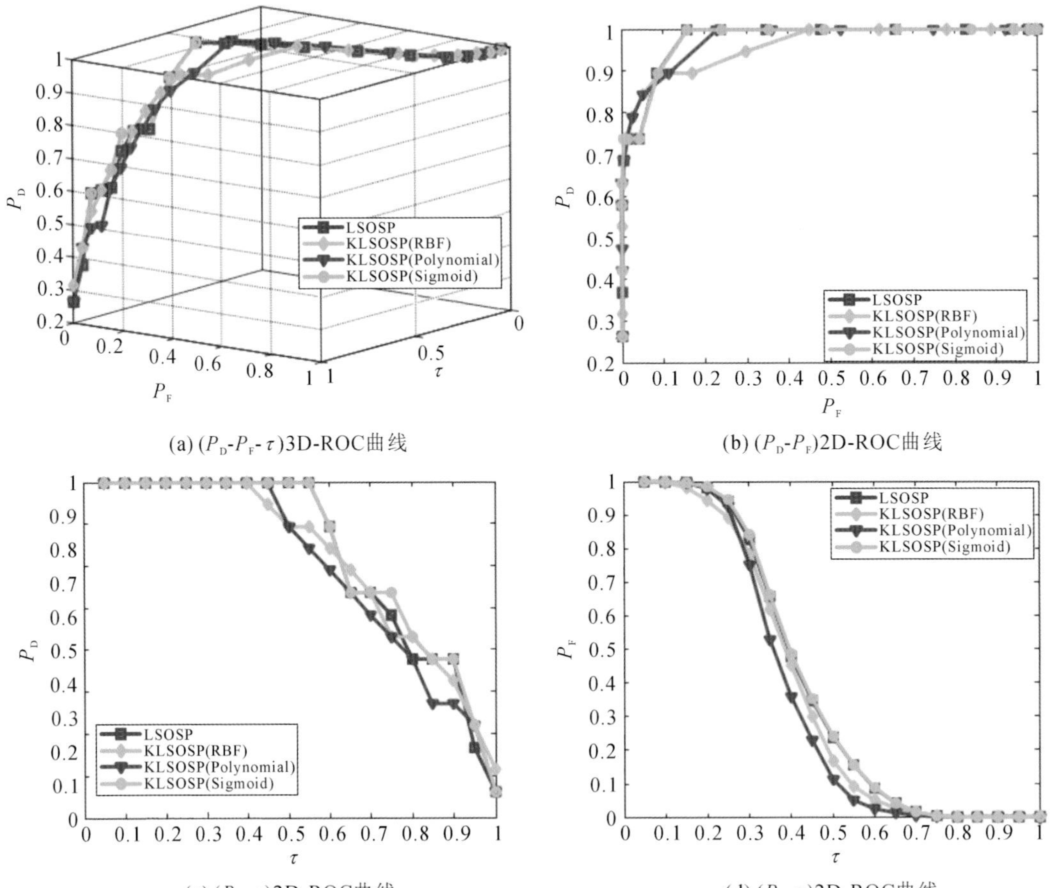

(a) (P_D-P_F-τ)3D-ROC曲线　(b) (P_D-P_F)2D-ROC曲线

(c) (P_D-τ)2D-ROC曲线　(d) (P_F-τ)2D-ROC曲线

图 5.19　用 3 种核函数加适当参数对 19 个面板像元分类得到的平均准确率的 LSOSP/KLSOSP 曲线

表 5.16　图 5.19 中 3 条 2D-ROC 曲线下 A_Z 的值

	P_D-P_F	P_D-τ	P_F-τ
LSOSP	0.976 0	0.789 5	0.363 7
KLSOSP(RBF,σ=100 000)	0.960 2	0.777 6	0.340 8
KLSOSP(Polynomial,p=2)	0.973 9	0.757 9	0.323 7
KLSOSP(Sigmoid,c=0.1)	0.976 3	0.797 4	0.366 1

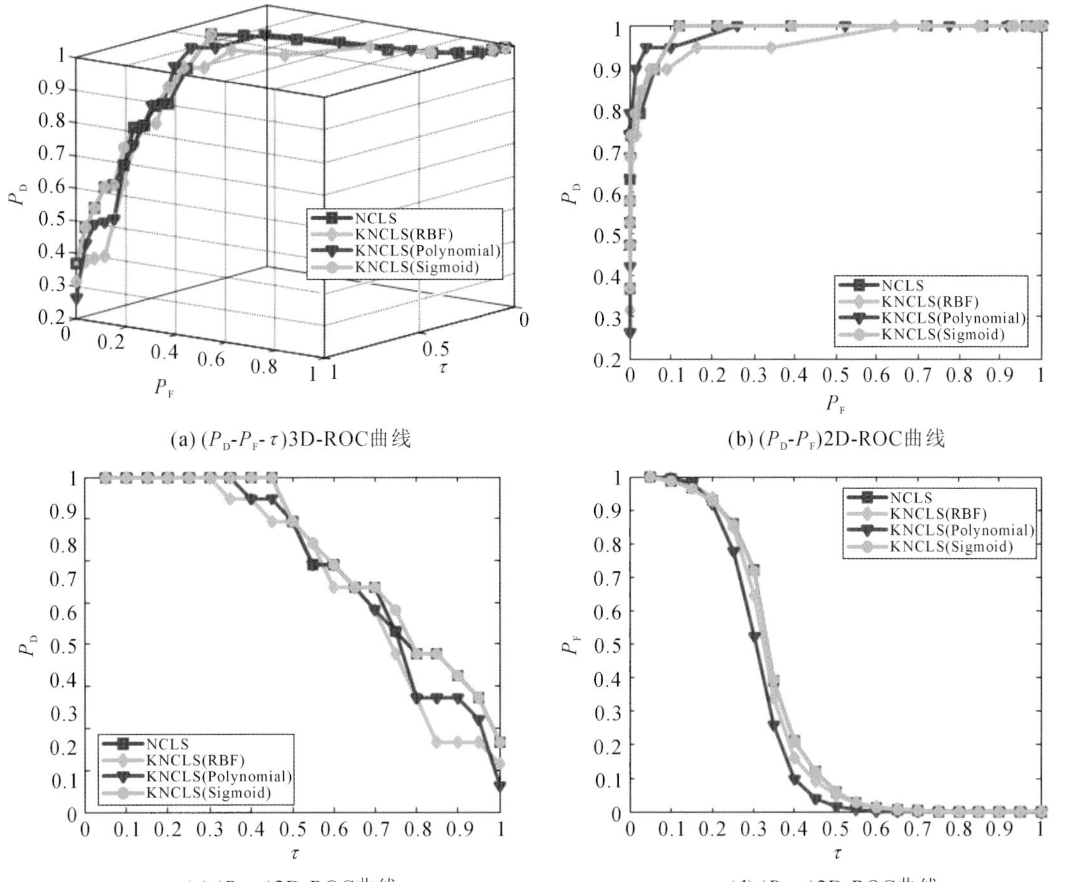

(a) $(P_D$-P_F-$\tau)$3D-ROC曲线　(b) $(P_D$-$P_F)$2D-ROC曲线

(c) $(P_D$-$\tau)$2D-ROC曲线　(d) $(P_F$-$\tau)$2D-ROC曲线

图 5.20　用 3 种核函数加适当参数对 19 个面板像元分类得到的平均准确率的 NCLS/KNCLS 曲线

表 5.17　图 5.20 中 3 条 2D-ROC 曲线下 A_Z 的值

	P_D-P_F	P_D-τ	P_F-τ
NCLS	0.985 1	0.771 1	0.289 6
KNCLS (RBF, σ=100 000)	0.961 6	0.725 0	0.280 7
KNCLS (Polynomial, p=2)	0.987 8	0.744 7	0.255 9
KNCLS (Sigmoid, c=0.1)	0.986 3	0.776 3	0.289 6

表 5.18　图 5.21 中 3 条 2D-ROC 曲线下 A_Z 的值

	P_D-P_F	P_D-τ	P_F-τ
FCLS	0.964 6	0.672 4	0.040 6
KFCLS (RBF, σ=1)	0.964 3	0.667 1	0.040 4
KFCLS (Polynomial, p=2)	0.964 2	0.669 7	0.041 1
KFCLS (Sigmoid, c=10e6)	0.964 6	0.672 4	0.040 6

从图 5.19～图 5.21 和表 5.16～表 5.18 中可以看出，如果核函数选择不好，在

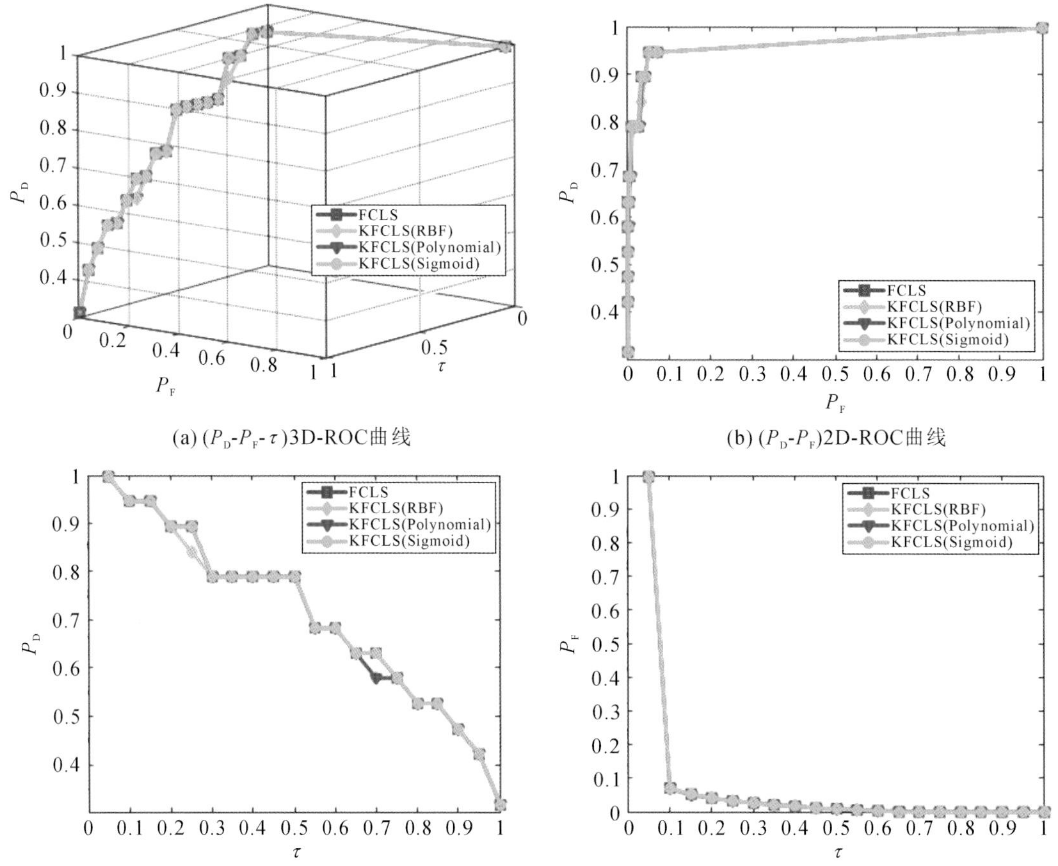

(a) (P_D-P_F-τ)3D-ROC曲线

(b) (P_D-P_F)2D-ROC曲线

(c) (P_D-τ)2D-ROC曲线

(d) (P_F-τ)2D-ROC曲线

图 5.21　用 3 种核函数加适当参数对 19 个面板像元分类得到的平均准确率的 FCLS/KFCLS 曲线

HYDICE 数据上，KLSMA 的性能并不优于 LSMA，没有在 Purdue 数据上的性能表现好。原因可能是 HYDICE 相对 Purdue 而言，数据混合度较低。

5.6 本章小结

本章主要介绍了一系列基于核函数的 LSMA 算法，通过引入核函数将数据映射到特征空间，寻找该空间中的非线性决策边界对光谱进行解混和分类。虽然 Kwon 等(2005)也提出了基于核函数的 OSP 算法，但本章中 KOSP 和 KLSOSP 的推导更简单，且以此为基础提出了 KNCLS 和 KFCLS 算法。本章给出了 3 种基于核函数的 LSMA 算法的详细实现步骤，可供感兴趣的读者参考。值得一提的是，按照本章提出的扩展 OSP、LSOSP、NCLS 和 FCLS 核函数算法的方式，可以进一步把前面提到的 FLSMA 算法和 WACLSMA 算法扩展为核函数形式，只是涉及的矩阵运算更复杂一些(Chang，2003b)。另外，本章引入 3D-ROC 方法，可以更全面、客观地评价算法性能。如本章开始所提到的，在多光谱图像上 KLSMA 的性能会普遍好于 LSMA，但高光谱图像的效果要视图像特点而定。实验结果表明，在像元混合度较高的 Purdue 数据上，KLSMA 的性能普遍高于 LSMA，但在混合度较低的 HYDICE 数据上这一优势并不明显。

参考文献

BROADWATER J, CHELLAPPA R, BANERJEE A, et al., 2007. Kernel fully constrained least squares abundance estimates [C]. 2007 IEEE International Geoscience and Remote Sensing Symposium (IGARSS), July: 23-28.

CAMPSVALLS G, BRUZZONE L, 2009. Kernel methods for remote sensing data analysis[M]. New York: John Wiley & Sons, Inc.

CHANG C, 2003. Hyperspectral imaging: Techniques for spectral detection and classification[M]. New York: Kluwer Academic/Plenum Publishers.

CHANG C, 2013. Hyperspectral data processing: Algorithm design and analysis[M]. New York: John Wiley & Sons, Inc.

CHANG C, CHIANG S, SMITH J, et al., 2002. Linear spectral random mixture analysis for hyperspectral imagery[J]. IEEE Transactions on Geoscience and Remote Sensing, 40(2): 375-392.

CHANG C, HEINZ D, 2000. Constrained subpixel detection for remotely sensed images[J]. IEEE Transactions on Geoscience and Remote Sensing, 38(3): 1144-1159.

CHANG C, JI B, 2006a. Fisher's linear spectral mixture analysis[J]. IEEE Transactions on Geoscience and Remote Sensing, 44(8): 2292-2304.

CHANG C, JI B, 2006b. Weighted abundance-constrained linear spectral mixture analysis[J]. IEEE Transactions on Geoscience and Remote Sensing, 44(2): 378-388.

HAPKE B, 1981. Bidirectional reflectance spectroscopy: 1. Theory[J]. Journal of Geophysical Research Solid Earth, 86(B4): 3039-3054.

HEINZ D, CHANG C, 2001. Fully constrained least squares linear spectral mixture analysis method for material quantification in hyperspectral imagery[J]. IEEE Transactions on Geoscience and Remote Sensing, 39(3): 529-545.

HOFMANN T, SCHÖLKOPF B, SMOLA A, 2008. Kernel methods in machine learning[J]. The Annals of Statistics, 36(3): 1171-1220.

GUILFOYLE K, ALTHOUSE M, CHANG C, 2001. A quantitative and comparative analysis of linear and nonlinear spectral mixture models using radial basis function neural networks[J]. IEEE Transactions on Geoscience and Remote Sensing, 39(10): 2314-2318.

GUILFOYLE K, KERRI J, 2003. Application of linear and nonlinear mixture models to hyperspectral imagery analysis using radial basis function neural networks, May, Senior Electrical Engineer, Department of Defense, MD.

KWON H, NASRABADI N, 2005. Kernel orthogonal subspace projection for hyperspectral signal classification[J]. IEEE Transactions on Geoscience and Remote Sensing, 43(12): 2952-2962.

LIU K, WONG E, DU E, et al., 2012. Kernel-based linear spectral mixture analysis[J]. IEEE Geoscience and Remote Sensing Letters, 9(1): 129-133.

TU T, CHEN C, CHANG C, 1997. A posteriori least squares orthogonal subspace projection approach to desired signature extraction and detection[J]. IEEE Transactions on Geoscience and Remote Sensing, 35(1): 127-139.

第6章　线性光谱随机混合分析

如本书前面所述，线性光谱混合分析已广泛应用于遥感图像处理中的亚像元检测和混合像元分类，第2～5章介绍了相关的方法和算法。LSMA将图像像元向量建模成一系列特性元的线性混合，混合丰度值是未知常数。本章将LSMA扩展为线性光谱随机混合分析(linear spectral random mixture analysis，LSRMA)(Chang et al.，2002)，与LSMA不同，LSRMA假设丰度是未知、随机且独立的向量，图像中像元向量是特性元的随机组合。LSRMA有两个明显优势，一是不需要特性元的任何先验知识，另外假设每个特性元为独立随机信号源，可以以随机过程形式获取特性元的光谱变异性。

6.1　简　　介

线性光谱混合分析假设图像中的像元向量由特性元线性混合而成，有两个局限性：①需要特性元的先验知识，这在实际应用环境中难以获取。为了解决这一问题，可以用非监督式方法直接从图像中提取必要的特性元信息作为先验知识，如自动目标产生过程(ATGP)。②特性元的丰度值需要满足一定约束，如和为一约束或者非负约束。将特性元丰度值看作未知常数的话，可以用统计学方法求解，如最小二乘估计。但由于环境不稳定，目标光谱特性易随像元发生变化，可以将特性元丰度值看作随机信号源，图像中的像元向量看作是随机线性混合而成，进而光谱变异性可以用随机过程描述。

独立成分分析(ICA)广泛用于盲信号分离，提供了一种解决随机混合问题的方式，可以用于遥感图像分析(Zhang et al.，2002，Girolami，2000；Tu，2000；Szu，1999，Bayliss et al.，1997)。ICA与主成分分析(PCA)主要有以下两方面不同：①PCA利用样本数据协方差矩阵进行去相关，将数据分解为一组线性无关的、方向由本征向量决定的正交成分。ICA则是利用高维统计信息，寻找统计上独立但并不一定正交的成分。②通过特征值分解，PCA可以保留图像的主要信息，实现数据压缩和降维，常用于数据保持和图像分类而不是目标探测。ICA用线性模型描述未知随机信号源的混合，将解混信号源作为独立成分，可用于信号探测。如果假设目标特性元的丰度向量为未知独立随机信号源，则ICA的信号混合模型与LSMA的线性混合模型类似，由此产生的基于ICA的LSMA算法可以看作LSMA随机版本，称为线性光谱随机混合分析(LSRMA)。

为了使LSRMA可用，需要两个假设：①假设各个源成分互相独立，这意味着线性混合模型(LMM)中使用的特性元必须是光谱上截然不同的；②假设所有成分中最多有一个符合高斯分布。因为多个高斯过程的和仍然是高斯过程，ICA 利用 LMM 不能划分多个高斯过程。在遥感图像中，目标像元向量的数量相对背景通常较小，如小的人造目标、异常或者稀有矿物质等，可以将数量较大的背景像元向量看作符合高斯分布，小尺寸的目标像元向量看作非高斯信号源。如果进一步将噪声也看作高斯白噪声，则 ICA 可将背景像元向量和噪声划分为一个高斯独立成分，感兴趣目标被划分为不同的非高斯分布成分，后面的实验结果也验证了这一点。

应用于 LSRMA 中的 ICA 有两点需要注意：①ICA 得到的分离矩阵（解混矩阵）$\boldsymbol{W}$ 通常假设为满秩正交方阵，即信号源的数量 p 必须与光谱的维度 L 相等。但实际高光谱数据中信号源数量远小于光谱波段数，即 $p<L$，假设通常不成立。得到的 $\boldsymbol{W}$ 不能保证满秩，则由 $\boldsymbol{W}$ 转换得到的学习规则就会不稳定甚至不收敛，此类问题称为不完备 ICA，Amari（1999）对此进行了相关研究。②混合矩阵 $\boldsymbol{M}$ 通常假设为正交。在遥感图像分析中，矩阵 $\boldsymbol{M}$ 由差异较大的感兴趣特性元组成，特性元之间并不一定正交。若假设 $\boldsymbol{W}$ 正交，则意味着 ICA 方法必须分解为互相正交的信号源，不能解混光谱相似性较高的目标。因此，这里对 ICA 的条件假设稍作调整，与标准 ICA 分离矩阵 $\boldsymbol{W}$ 的协方差矩阵必须是单位矩阵不同，本章 ICA 方法假设解混得到丰度矩阵的协方差矩阵是单位矩阵，这样算法就可以收敛到那些能够划分光谱相似目标的独立成分上，Cardoso（1996）也曾提出类似的方法。后面的实验结果说明，提出的方法适合于实际高光谱图像分析。

与 LSMA 相同，LSRMA 也需要知道图像中独立成分数量 p。Chang 等（2004）和 Harsanyi 等（1994）提出基于 Neyman-Pearson 检测理论的特征值阈值方法等，将信号源估计问题转换为二元假设问题，用于估计高光谱图像的维度数，稍加转换便可以用于独立成分的数量估计。

6.2 独立成分分析(ICA)

利用与 2.2 节中式（2.1）相同的方式定义线性光谱混合模型：

$$\boldsymbol{r}=\boldsymbol{M\alpha}-\boldsymbol{n} \tag{6.1}$$

其中，$\boldsymbol{r}$ 是 $L\times1$ 列向量，表示像元，$\boldsymbol{n}$ 为噪声。$\boldsymbol{M}$ 是 $L\times p$ 目标特性元矩阵，表示为 $[\boldsymbol{m}_1\boldsymbol{m}_2\cdots\boldsymbol{m}_p]$，$\boldsymbol{m}_j$ 是 $L\times1$ 列向量，表示第 j 个目标的特性元，p 为目标总数量。假设 $\boldsymbol{\alpha}=(\alpha_1,\alpha_2,\cdots,\alpha_p)^{\mathrm{T}}$ 是 $p\times1$ 丰度列向量，其中 α_j 表示第 j 个特性元的丰度值。光谱线性解混的方法是利用式（6.1）的反函数来估计未知丰度值 $\alpha_1,\alpha_2,\cdots,\alpha_p$，要求特性元矩阵 $\boldsymbol{M}$ 已知，可以作为先验知识提供，也可以利用非监督方法从图像中直接提取。这里，我们介绍一种不同于该思路的新方法，即独立成分分析，仍以式（6.1）为基础，但不需要 $\boldsymbol{M}$ 已知。且 p 个特性元的丰度值假设为未知随机信号源，并非传统 LSMA 的未知常数。在此前提下，需要在丰度向量上做以下 3 个假设。

（1）$\boldsymbol{M}$ 中的 p 个目标特性元 $\boldsymbol{m}_1,\boldsymbol{m}_2,\cdots,\boldsymbol{m}_j$ 必须是光谱差异大的。

（2）p 个丰度值 $\alpha_1,\alpha_2,\cdots\alpha_p$ 是统计上互相独立的随机信号源。

（3）每个丰度值 $\alpha_1,\alpha_2,\cdots\alpha_p$ 都是一个均值为 0 的随机信号源，且至多只有一个符合高斯分布。

第(1)个假设意味着图像中存在 p 种光谱差异度大的目标，且 $\boldsymbol{M}$ 的每个列向量都表示一种显著性目标。第(2)个假设意味着任意像元向量 $\boldsymbol{r}$ 中，p 个显著性目标随机混合且相互独立。第(3)个假设意味着 ICA 可以将显著性目标从背景中分离出来，该假设的前提是图像中存在大量符合高斯分布的背景像元，以及符合非高斯分布的感兴趣目标。

6.3 基于 ICA 的 LSRMA

为了利用 ICA 求解式(6.1)，混合矩阵可以用目标的特性元矩阵 $\boldsymbol{M}$ 和未知信号源表示，其中未知信号源由 p 个随机丰度值组成，即 $\alpha_1,\alpha_2,\cdots,\alpha_p$。ICA 的任务是寻找一个大小为 $p\times L$ 的分离矩阵 $\boldsymbol{W}$，并将其应用于像元 $\boldsymbol{r}$ 上，从而解混出 p 个丰度值 $\alpha_1,\alpha_2,\cdots,\alpha_p$。更准确地说，ICA 通过求解式(6.1) 的逆问题，利用下式获得分离矩阵：

$$\hat{\boldsymbol{\alpha}}(\boldsymbol{r})=\boldsymbol{W}\boldsymbol{r} \tag{6.2}$$

其中，$\hat{\boldsymbol{\alpha}}(\boldsymbol{r})=(\hat{\alpha}_1(\boldsymbol{r}),\cdots,\hat{\alpha}_p(\boldsymbol{r}))$是像元 $\boldsymbol{r}$ 中丰度向量$(\alpha_1,\alpha_2,\cdots,\alpha_p)^{\mathrm{T}}$ 的估计值。假设有以下3个共识：①$\hat{\boldsymbol{\alpha}}(\boldsymbol{r})$中元素的顺序并不影响其统计独立性，$\alpha_i$ 的估计值可成为任意元素$\hat{\alpha}_j(\boldsymbol{r})$；②随机变量乘以任意非零标量值，不影响其统计上的独立性；③在没有附加假设的前提下，不可能从式(6.1)中获得绝对丰度值 $\alpha_1,\alpha_2,\cdots\alpha_p$。除目标量化外，丰度的真实值并不重要，丰度的比例值已经足够。由此，通过白化(或球化)将丰度信号源规范化为单位变量，丰度信号源的协方差矩阵也就转换为单位矩阵。

6.3.1 基于相对熵度量的 ICA

定义一个标准来衡量丰度估计值 $\hat{\alpha}_1,\hat{\alpha}_2,\cdots,\hat{\alpha}_p$ 之间的统计独立性，根据信息理论(Cover et al.,1991)，可以采用相对熵或 Kullback-Leibler 散度概念。令 $p(\hat{\boldsymbol{\alpha}}(\boldsymbol{r}))=p(\hat{\alpha}_1(\boldsymbol{r}),\hat{\alpha}_2(\boldsymbol{r}),\cdots,\hat{\alpha}_p(\boldsymbol{r}))$表示随机丰度向量 $\hat{\boldsymbol{\alpha}}(\boldsymbol{r})$的联合概率密度函数(probability density function, PDF)，$p(\hat{\alpha}_j)$为第 j 个丰度值 $\hat{\alpha}_j$ 的边缘概率密度函数，$1\leqslant j\leqslant p$。因为 $\alpha_1,\alpha_2,\cdots,\alpha_p$ 互相独立，有 $p(\boldsymbol{\alpha})=\Pi_{j=1}^{p}p(\alpha_j)$。假设 $\boldsymbol{\alpha}$ 为源向量，$\hat{\boldsymbol{\alpha}}(\boldsymbol{r})$是根据观察向量 $\boldsymbol{r}$ 得到的估计值，则 $\boldsymbol{\alpha}$ 相对于 $\hat{\boldsymbol{\alpha}}(\boldsymbol{r})$的熵定义如下：

$$\begin{aligned}
D\Big(p(\hat{\boldsymbol{\alpha}}(\boldsymbol{r}))\mid p(\boldsymbol{\alpha})=\prod_{j=1}^{p}p(\alpha_j)\Big)&=\sum p(\hat{\boldsymbol{\alpha}}(\boldsymbol{r}))\log(p(\hat{\boldsymbol{\alpha}}(\boldsymbol{r}))/p(\boldsymbol{\alpha}))\\
&=\sum p(\hat{\boldsymbol{\alpha}}(\boldsymbol{r}))\log(p(\hat{\boldsymbol{\alpha}}(\boldsymbol{r}))/\prod_{j=1}^{p}p(\alpha_j))\\
&=-H(\hat{\boldsymbol{\alpha}}(\boldsymbol{r}))-\sum p(\hat{\boldsymbol{\alpha}}(\boldsymbol{r}))\Big[\sum_{j=1}^{p}\log p(\alpha_j)\Big]
\end{aligned} \tag{6.3}$$

其中，$H(\hat{\boldsymbol{\alpha}}(\boldsymbol{r}))$是丰度向量 $\hat{\boldsymbol{\alpha}}(\boldsymbol{r})$的熵。$D(p(\hat{\boldsymbol{\alpha}}(\boldsymbol{r}))\mid p(\boldsymbol{\alpha}))$越小，两个概率密度函数 $p(\boldsymbol{\alpha})$和

$p(\hat{\boldsymbol{\alpha}}(\boldsymbol{r}))$之间的差异就越小,也就是说 $\hat{\boldsymbol{\alpha}}(\boldsymbol{r})$更可能是独立的。因为 $\boldsymbol{\alpha}$ 的概率密度函数通常未知,需要估计得到,则式(6.3) 中 $p(\boldsymbol{\alpha})=\Pi_{j=1}^{p}p(\boldsymbol{\alpha})$用其估计值 $p(\hat{\boldsymbol{\alpha}}(\boldsymbol{r}))=\prod_{j=1}^{p}p(\hat{\alpha}_j(\boldsymbol{r}))$代替。代入式(6.3),得到:

$$D\Big(p(\hat{\boldsymbol{\alpha}}(\boldsymbol{r}))\mid p(\hat{\boldsymbol{\alpha}}(\boldsymbol{r}))=\prod_{j=1}^{p}p(\hat{\alpha}_j(\boldsymbol{r}))\Big)=E\Big[-\sum_{j=1}^{p}p(\alpha_j(\boldsymbol{r}))\Big]-H(\hat{\boldsymbol{\alpha}}(\boldsymbol{r}))$$
$$=\sum_{j=1}^{p}H(\hat{\alpha}_j(\boldsymbol{r}))-H(\hat{\boldsymbol{\alpha}}(\boldsymbol{r})) \quad (6.4)$$

其中,$E[.]$是期望值,$H(\hat{\alpha}_j(\boldsymbol{r}))$是第 j 个估计信号源 $\hat{\alpha}_j(\boldsymbol{r})$的熵。但即使这样,寻找 $\hat{\boldsymbol{\alpha}}(\boldsymbol{r})$的概率密度函数仍然很难,为了解决这一问题,Comon(1994)引入了一种新的可选标准来近似式(6.4)中的 $D(p(\hat{\boldsymbol{\alpha}}(\boldsymbol{r}))\mid\prod_{j=1}^{p}p(\hat{\alpha}_j(\boldsymbol{r})))$。Comon 提出,可以通过最大化数据的高阶统计量,代替最小化 $D(p(\hat{\boldsymbol{\alpha}}(\boldsymbol{r}))\mid\prod_{j=1}^{p}p(\hat{\alpha}_j(\boldsymbol{r})))$,即下面的对照函数:

$$\Psi(\boldsymbol{W})=\sum\nolimits_{j=1}^{p}(4\kappa_{jjj}^2+\kappa_{jjjj}^2+7\kappa_{jjj}^4-6\kappa_{jjj}^2\kappa_{jjjj}) \quad (6.5)$$

其中,κ_{jjj}为第 j 个 $\hat{\alpha}_j(\boldsymbol{r})$的三阶标准化累积量,$1\leqslant j\leqslant p$,表示偏度;$\kappa_{jjjj}$为第 j 个 $\hat{\alpha}_j(\boldsymbol{r})$的四阶标准化累积量,$1\leqslant j\leqslant p$,表示峰度;如果 $\hat{\alpha}_j(\boldsymbol{r})$的偏度足够大,式(6.5) 可以由 $\Psi(\boldsymbol{W})=4\sum_{j=1}^{p}\kappa_{jjj}^2$ 近似。另一方面,如果 $\hat{\alpha}_j(\boldsymbol{r})$的峰度足够大,式(6.5)可以由 $\Psi(\boldsymbol{W})=\sum_{j=1}^{p}\kappa_{jjjj}^2$ 近似。任意一种形式,式(6.5)都可以得到简化。

6.3.2 寻找 W 的学习算法

可以通过去相关操作移除二阶统计量,故数据向量 $\boldsymbol{r}$ 在分离前先进行白化预处理,将数据完全特征化为高阶统计量,我们假设数据向量 $\boldsymbol{r}$ 已经过白化预处理。引入约束条件,即 $\hat{\boldsymbol{\alpha}}(\boldsymbol{r})$的协方差矩阵是单位矩阵,用 $\boldsymbol{y}$ 表示 $\hat{\boldsymbol{\alpha}}(\boldsymbol{r})$,即 $y_j=\hat{\alpha}_j(\boldsymbol{r})$。下述约束优化问题:

$$\text{在 }\boldsymbol{W}\text{ 上最小化 }\Psi(\boldsymbol{W})=\sum\nolimits_{j=1}E[y_j^m],m\geqslant 3,\text{满足 }E[\boldsymbol{y}\boldsymbol{y}^{\mathrm{T}}]=\boldsymbol{I} \quad (6.6)$$

其中,$\boldsymbol{I}$ 是 $p\times p$ 的单位矩阵。可以采用 Cichioki 等(1993)提出的外点惩罚函数法,去掉部分或全部约束。其主要思想是在式(6.6)的目标函数基础上,加入所谓的惩罚函数,并为不可行点赋较大代价值。在这里,我们将加在约束 $h_{ij}(\boldsymbol{y})=E[y_iy_j]-\delta_{ij}$ 上的惩罚函数项定义为

$$U(h_{ij}(\boldsymbol{y}))=\begin{cases}0,\text{当 }h_{ij}(\boldsymbol{y})=0\text{ 时}\\>0,\text{当 }h_{ij}(\boldsymbol{y})\neq 0\text{ 时}\end{cases} \quad (6.7)$$

利用式(6.6) 和式(6.7),可以定义如下惩罚函数:

$$P(\boldsymbol{y})=\sum\nolimits_{i,j=1}^{p}\lambda_{ij}U(h_{ij}(\boldsymbol{y}))=(1/2)\sum\nolimits_{i,j=1}^{p}\lambda_{ij}(E[y_iy_j]-\delta_{ij})^2 \quad (6.8)$$

其中,$\lambda_{ij}>0$ 称为惩罚参数或惩罚乘子(通常有 $\lambda_{ij}=\lambda$)。因此,最大化式(6.6)定义的约束问题,等价于最小化下述的代价函数:

$$J(\boldsymbol{W})=\Psi(\boldsymbol{W})-P(\boldsymbol{y})=\Psi(\boldsymbol{W})-(\lambda/2)\sum\nolimits_{i,j=1}^{p}(E[y_iy_j]-\delta_{ij})^2 \quad (6.9)$$

即从式(6.6)定义的目标函数中减去式(6.8)定义的惩罚函数。为了找到分离矩阵 $\boldsymbol{W}=[\boldsymbol{w}_{st}]_{p\times l}$，$\boldsymbol{\Psi}(\boldsymbol{W})$ 和 $P(\boldsymbol{y})$ 对 w_{st} 求导，计算代价函数 $J(\boldsymbol{W})$ 的梯度：

$$\frac{\partial \boldsymbol{\Psi}(\boldsymbol{W})}{\partial \boldsymbol{w}_{st}}=\frac{\partial}{\partial \boldsymbol{w}_{st}}\left(\sum_{j=1}^{p}E[y_j^m]^2\right)=2mE[y_s^m][y_s^{m-1}r_t] \tag{6.10}$$

$$\frac{\partial P(\boldsymbol{y})}{\partial \boldsymbol{w}_{st}}=\frac{\lambda}{2}\frac{\partial\left(\sum_{j=1}^{p}(E[y_iy_s]-\delta_{is})^2\right)}{\partial \boldsymbol{w}_{st}}=2\lambda\sum_{i=1}^{p}(E[y_iy_s]-\delta_{is})E[y_iy_t] \tag{6.11}$$

式(6.10)和式(6.11)可以表示为矩阵形式：

$$\nabla_W\boldsymbol{\Psi}(\boldsymbol{W})=2m\boldsymbol{\Lambda}E[g(\boldsymbol{y})\boldsymbol{r}^{\mathrm{T}}] \tag{6.12}$$

$$\nabla_W P(\boldsymbol{y})=2\lambda(E[\boldsymbol{y}\boldsymbol{y}^{\mathrm{T}}]-\boldsymbol{I})\boldsymbol{y}\boldsymbol{y}^{\mathrm{T}} \tag{6.13}$$

其中，$g(\boldsymbol{y})=(y_1^{m-1},y_1^{n-1},\cdots,y_p^{m-1})^{\mathrm{T}}$，$\boldsymbol{\Lambda}=\mathrm{diag}\{E[y_i^m]\}$ 是对角阵，第 i 个对角元素定义为 $E[y_i^m]$。根据式(6.12)和式(6.13)，用于产生分离矩阵 $\boldsymbol{W}$ 的学习算法设计为

$$\boldsymbol{W}_{k+1}=\boldsymbol{W}_k+\mu E[g(\boldsymbol{y})\boldsymbol{r}^{\mathrm{T}}]-\eta(E[\boldsymbol{y}\boldsymbol{y}^{\mathrm{T}}]-\boldsymbol{I})\boldsymbol{y}\boldsymbol{y}^{\mathrm{T}} \tag{6.14}$$

其中，μ 和 η 是式(6.12)和式(6.13)的学习参数。μ 用于控制收敛速度，通常小于1。而 η 用于控制约束，一般大于 μ。

6.4 实验结果和分析

ICA 不具备信号源的先验知识，需要估计存在于图像中的特性元数量 p。多光谱图像中的波段数 L 较小，可以保留所有独立成分，但 $p>L$，会导致过完备的 ICA(Lee,1998)。高光谱图像的波段数量通常是几百以上，这种情况下 p 远小于 L，即 $p\ll L$，对于 LSRMA 而言，选择合适的 p 很重要。已有研究中，有很多用于选择信号数量的标准，如 Akaike(1974)所提出赤池信息准则(Akaike information criterion,AIC)、Schwarz(1978)提出的施瓦茨准则、Rissanen(1978)提出的最小描述长度(minimum description length,MDL)、Murata 等(1994)提出的网络信息准则(network information criterion,NIC)、Wu 等(1995)提出的变换盖氏半径准则(transformed Gerschgorin radii,TGR)等。这些准则都需要类似于高斯形式的似然函数作为先验知识，且假设噪声均匀分布，这在实际图像上并不成立。最近 TGR 被改进为 NATDD 算法(noise-adjusted transformed Derschgorin Disk)(Szu,1999)，根据图像的效果，利用视觉判断 p 值。但 Chang 等(2004)证明，NATDD 算法对 p 估计值偏小。p 的值更接近于 Chang(2016)的文献第 5 章里的虚拟维度数，这里使用虚拟维度算法 VD 估计 p 的数量，并将其设为 $p=\mathrm{VD}+1$，因为除了虚拟维度之外，还需要 1 个噪声成分。

下面通过两个实际图像测试 LSRMA，分别为图 1.2(a)中的 AVIRIS 图像和图 1.7 中的 HYDICE 图像。另外，使用两种标准分析算法性能，分别是式(6.6)中 $m=3$ 时的偏度和式(6.6)中 $m=4$ 时的峰度。

6.4.1 AVIRIS 数据实验结果

Harsanyi 等(1994)提到，AVIRIS 图像中包括 5 种感兴趣目标：煤渣、流纹岩、盆地(干湖)、

植被和阴影，至少需要 5 个独立成分划分，即 $p\geqslant 5$。这是根据地物真实分布情况视觉判断得出的，如果对于图像场景没有任何先验知识，p 需要从图像数据中估计。如图 6.2(a)中用圆圈标识，在湖的上边缘有一个大小为 2 个像元的异常点，该异常无法从视觉上检测到。非监督式 LSRMA 中，为了检测到该异常以及 5 种目标，需要将 p 设为 6。Szu(1999)利用 NATDD 算法估计了图 1.6(a)中信号源数量，结果为 4，在 $p=4$ 的情况下，阴影和异常都不能被检测到。使用 Chang 所提出的 HFC、NWHFC 以及 NSP 方法，VD 的估计值为 4、5、8，定义 $p=\text{VD}+1$，结果分别为 5、6、9。下面为了分析不同 p 值对算法的影响，分别对 NATDD 算法的 $p=4$、TGR 标准的 $p=5$ 以及 NSP 的 $p=6$ 和 $p=9$ 进行测试。式(6.14) 中用到的学习参数 μ 和 η 依据经验设置为 $\mu=0.5$，$\eta=1$。

1. 实验 6.1($p=4$)

图 6.1(a)～(d)给出了 LSRMA 在 $p=4$ 时利用偏度作为标准的结果，只检测出图 6.1(a)～(c)所示的煤渣、植被和盆地的中心区域，以及图 6.1(d)所示的噪声成分，没有检测出流纹岩、阴影和部分盆地。

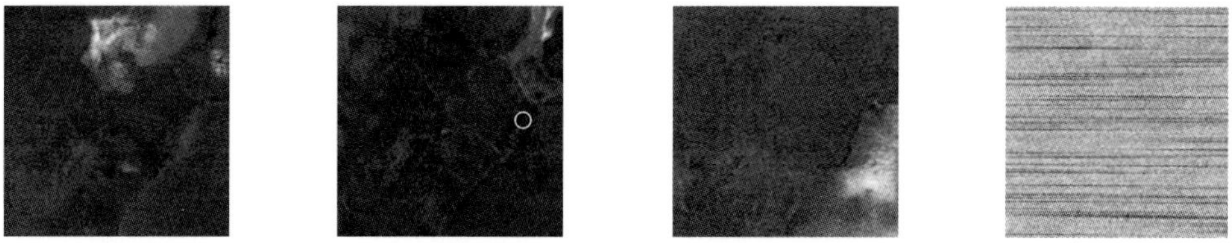

(a) (b) (c) (d)

图 6.1　LSRMA 在 $p=4$ 时以偏度为标准的结果

图 6.2 给出了 LSRMA 在 $p=4$ 时利用峰度作为标准的结果，只检测出图 6.2(a)～(c)所示的异常、植被和盆地的底部，以及图 6.2(d)所示的噪声，没有检测到煤渣、流纹岩、阴影以及大部分盆地。值得注意的是，图 6.2(a)显示的异常正是图 6.1(b)中所标识的内容，说明利用偏度和峰度作为标准时，运行结果差异很大，且峰度更利于检测到小尺寸目标。

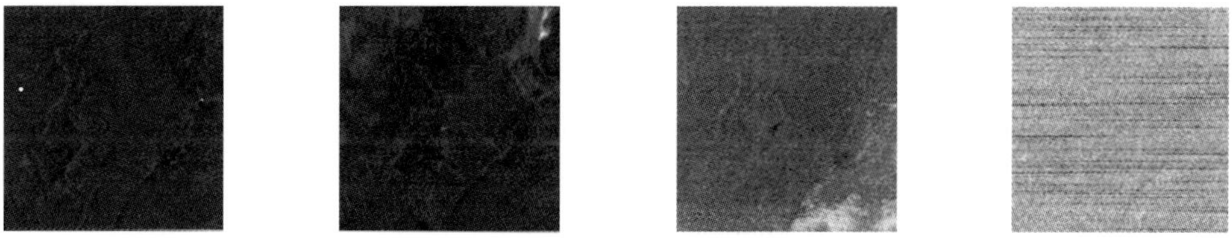

(a) (b) (c) (d)

图 6.2　LSRMA 在 $p=4$ 时以峰度为标准的结果

2. 实验 6.2($p=5$)

本实验与实验 6.1 类似，只是将 p 设置为 5，其中图 6.3 和 6.4 分别是以偏度和峰度作为标准时的实验结果。图 6.3 的偏度标准结果与图 6.1 相比，没有多大的差别，只是多了一个包含噪声的第 5 个成分。

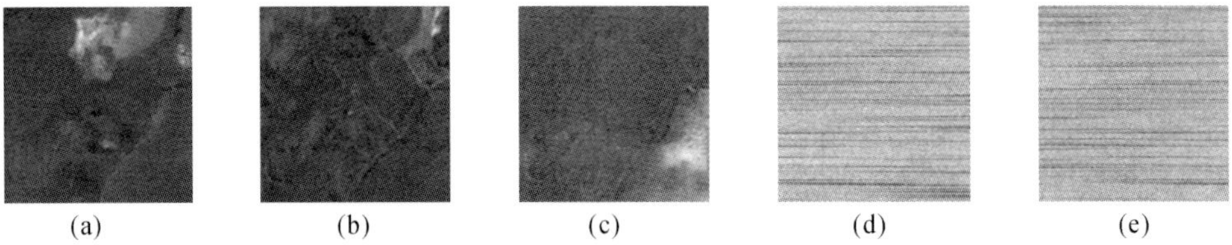

图 6.3　LSRMA 在 $p=5$ 时以偏度为标准的结果

但是图 6.4 的峰度标准结果与图 6.2 差别很大，二者都在第一个成分中检测到了异常，如图 6.2(a)和 6.4(a)所示，图 6.4(c)～(d)显示检测到了植被、煤渣和阴影，但是流纹岩和盆地没有被检测到。

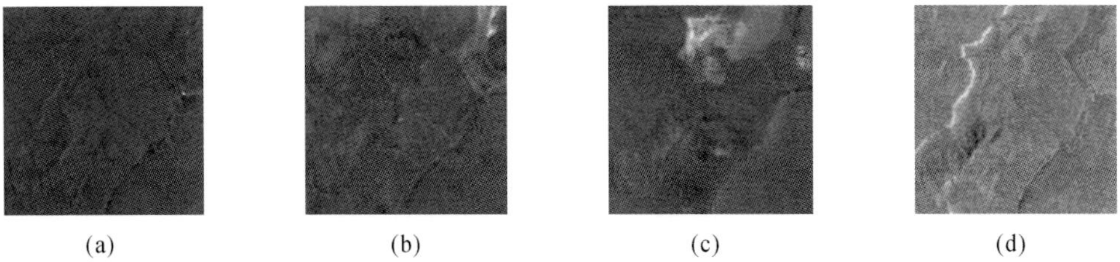

图 6.4　LSRMA 在 $p=5$ 时以峰度为标准的结果

3. 实验 6.3($p=6$)

图 6.5 和 6.6 分别给出了 $p=6$ 时利用偏度和峰度作为标准的结果，二者效果都不好。图 6.5 的偏度结果中，没有检测到异常、植被、流纹岩和盆地的大部分区域。图 6.6 的峰度结果中，检测到异常但没有检测到植被和盆地。

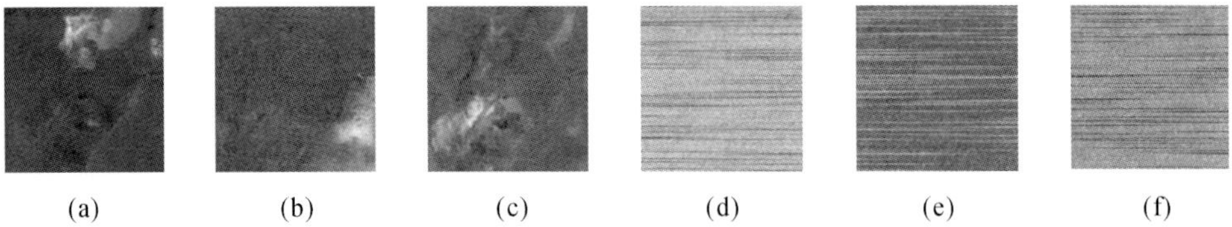

图 6.5　LSRMA 在 $p=6$ 时以偏度为标准的结果

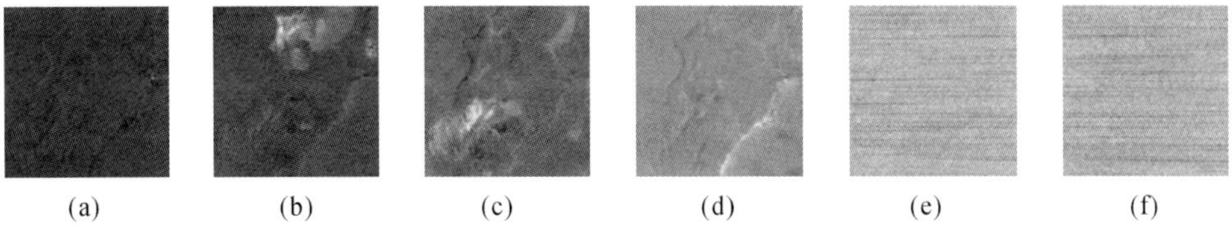

图 6.6　LSRMA 在 $p=6$ 时以峰度为标准的结果

4. 实验 6.4($p=9$)

在 $p=9$ 的情况下测试相同实验,利用偏度和峰度作为标准的实验结果如图 6.7 和 6.8 所示,偏度标准的前 6 个成分检测到了煤渣、植被、盆地、流纹岩和阴影,如图 6.7(a)~(f)所示。盆地被检测为两部分,分别如图 6.7(c)和 6.7(e)所示,而异常出现在图 6.7(f)的阴影里。

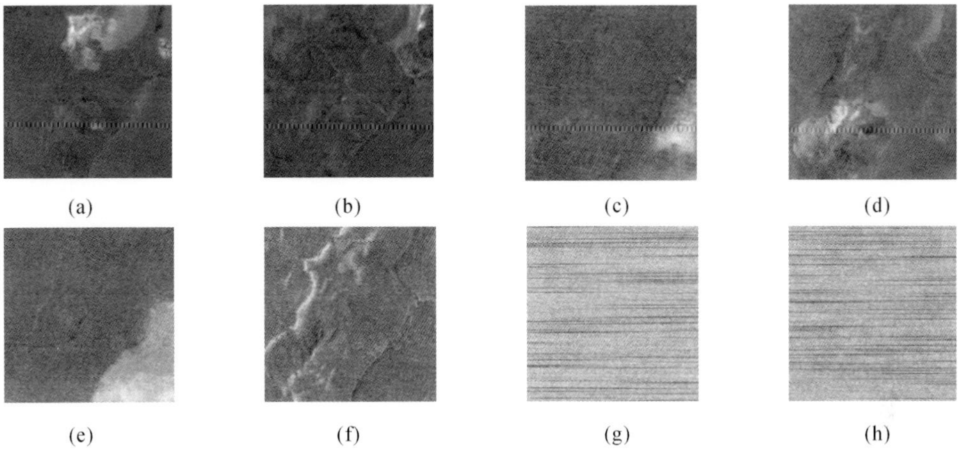

图 6.7 LSRMA 在 $p=9$ 时以偏度为标准的结果

利用峰度标准的前 3 个成分检测到了异常、植被和煤渣,如图 6.8(a)~(c)所示;盆地在接下来的 3 个成分中被检测到,如图 6.8(d)~(f),但是没有检测出流纹岩和阴影。盆地在 3 个成分中检测到的原因是其覆盖了图像的较大面积,光谱变异性比较大,分别是图 6.7(c)和图 6.8(d)的中心位置,图 6.8(e)中的边缘位置,以及图 6.7(e)和图 6.8(f)中的盆地底部位置。

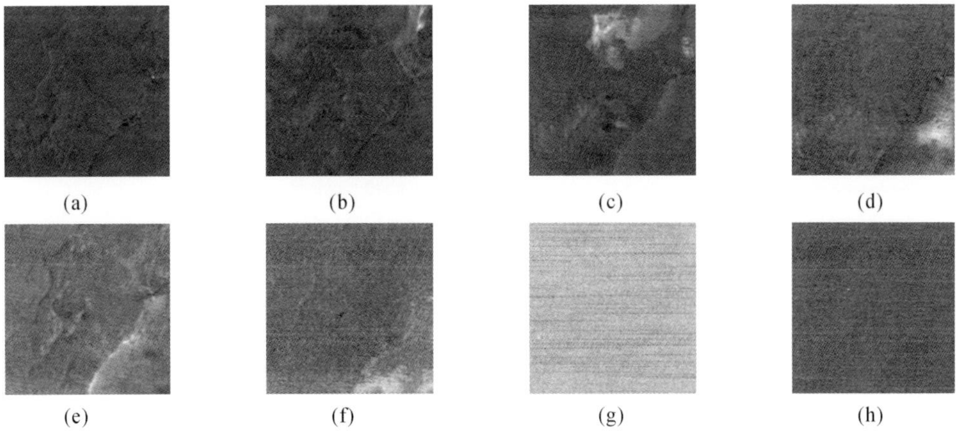

图 6.8 LSRMA 在 $p=9$ 时以峰度为标准的结果

这与 Heinz 等(2001)和 Chang 等(2000)的结果一致。但 Harsanyi 等(1994)忽略掉了

细微的光谱差异，原因是由一个划定的盆地区域平均向量代替盆地特性元，使盆地被检测出来而异常被忽略掉。Szu(1999)的实验结果中也出现同样的问题，因为估计的 p 值太小，且学习规则由 $\boldsymbol{W}$ 正交化而不是 $\hat{\boldsymbol{\alpha}}(\boldsymbol{r})$ 驱动，盆地被整体检测出来，异常和阴影没有被检测到。

总结 AVIRIS 的实验结果，利用偏度和峰度对变量 p 的取值进行评价，$p=4$、5、6、7、8 时效果较 $p=9$ 时的差，当 p 值从 10 增加到 12，两种标准的性能都没有太大的提高，只是检测到更多的盆地位置和高斯噪声源。为了确认 LSRMA 的性能是否随着 p 的增加而增加，图 6.9 和图 6.10 给出了 $p=L=158$ 时 LSRMA 的检测结果。

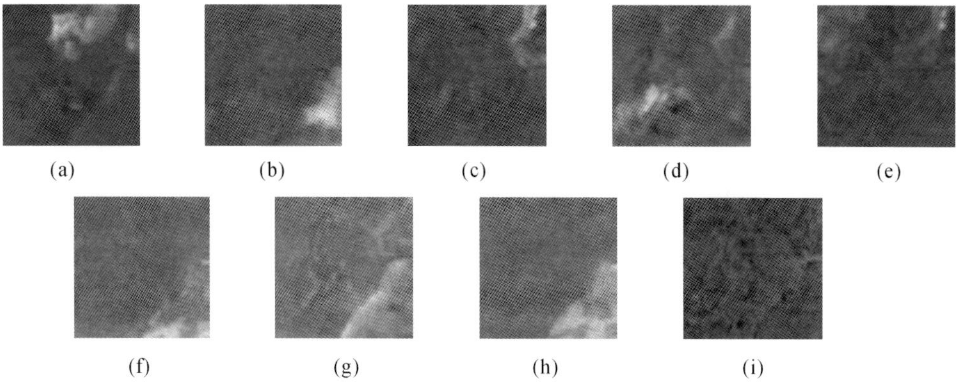

图 6.9　LSRMA 在 $p=158$ 时以偏度为标准的结果

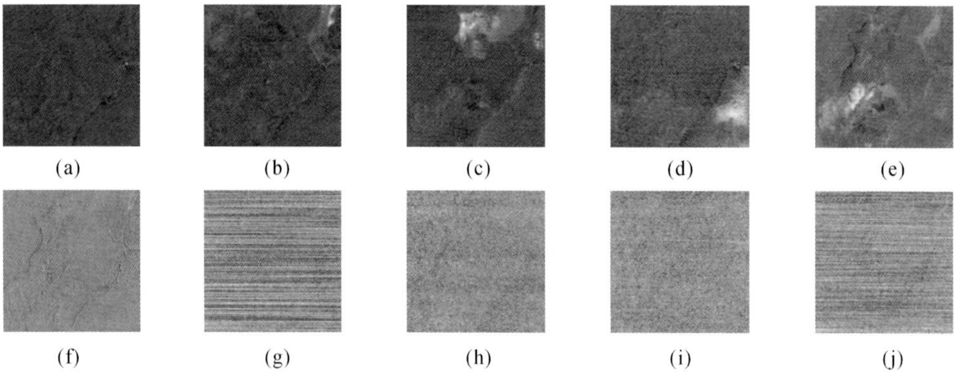

图 6.10　LSRMA 在 $p=158$ 时以峰度为标准的结果

从图 6.9 和图 6.10 可以看出，增加 p 值并不一定能够提高检测和分类性能，偏度没有检测到异常和阴影，峰度也没有检测到阴影和大部分盆地。这些实验结果也说明，偏度更适合于检测大面积类别，峰度更适合于检测小面积类别。表 6.1 给出了对应不同 p 值，LSRMA 得到的成分数量。

表 6.1　不同 p 值下 LSRMA 得到的成分数量

	$p=4$	$p=5$	$p=6$	$p=9$	$p=122$	$p=151$	$p=158$
偏度	4	5	6	4	122	151	9
峰度	4	5	6	4	18	151	10

理论上，表 6.1 中的成分数量应该跟 p 值相同，即每个成分代表一种信号源，且不同的 p 值应该产生不同的成分集合。但是根据我们的实验结果，当 p 超过了某个特定数据后，LSRMA 产生的两个连续投影向量之间的差异（即欧氏距离）会很小，不再产生新的成分，称作 LSRMA 在该数量上收敛，表示为 N_{LSRMA}，通常该值远远小于 p。例如，$p=158$ 时建议选择 159 个成分，但实际上偏度标准的第 9 个成分之后，以及峰度标准的第 10 个成分之后，变化就很小了，即偏度和峰度的 N_{LSRMA} 分别为 9 和 10。如果 p 的值小于 N_{LSRMA}，不同的 p 值会产生完全不同的成分集合，这说明为 LSRMA 找到合适的 N_{LSRMA} 很重要。说明：本章所有实验中，两个投影向量之间的差异利用欧氏距离表示，并将误差范围 ε 定为 0.01。算法对 ε 的鲁棒性很强，ε 在 0.001～0.1 变化时得到的 N_{LSRMA} 相同。

6.4.2 HYDICE 数据实验结果

图 1.6(a)的 HYDICE 图像具有如图 1.6(b)所示的地物真实分布图，可以用目标面板的中心像元仿真生成合成图像，对 LSRMA 算法的性能进行评价。

1. 实验 6.5（仿真图像）

仿真产生一张尺寸为 50×50 的图像，利用 $\boldsymbol{P}_1$、$\boldsymbol{P}_2$、$\boldsymbol{P}_3$、$\boldsymbol{P}_4$ 和 $\boldsymbol{P}_5$ 生成 25 个单像元面板，如图 6.11(a)所示。

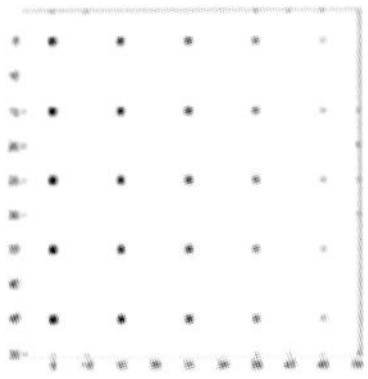

(a)

(b)

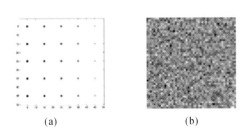

图 6.11　25 个模拟像元合成的 HYDICE 图

同一行 5 个面板中的像元用相同特性元模拟，对应丰度值分别为 1.0、0.8、0.6、0.4、0.2。混合矩阵 $\boldsymbol{M}$ 定义为 $\boldsymbol{M}=[\boldsymbol{P}_1\ \boldsymbol{P}_2\ \boldsymbol{P}_3\ \boldsymbol{P}_4\ \boldsymbol{P}_5]$，丰度向量 $\boldsymbol{\alpha}$ 定义为向量 $\boldsymbol{\alpha}=(1.0,0.8,0.6,0.4,0.2)^{\mathrm{T}}$。除了 25 个面板像元，在图像中添加均值为 0 的不同信噪比高斯噪声，图 6.11(b)为添加噪声后的图像。

下面的实验中，分别对 6 种信噪比 SNR＝30 dB、25 dB、20 dB、15 dB、10 dB、5 dB 下，偏度和峰度标准的 LSRMA 性能进行比较。偏度标准的 ICA 在 SNR＝30 dB、25 dB、20 dB、15 dB、10 dB 时收敛到 5 个成分，所有的 25 个面板像元都被检测出来并正确分类。SNR＝5 dB时，LSRMA 收敛到 4 个成分，第 2 行和第 3 行的像元被检测出来并划分为同一类，因为 $\boldsymbol{P}_2$ 和 $\boldsymbol{P}_3$ 的光谱相似性很高。下面只列出 SNR＝5 dB、10 dB 的独立成分，并给出检测得到的丰度值，如图 6.12 和图 6.13 所示。

与偏度标准的结果不同，利用峰度标准的 LSRMA 在 SNR＝30 dB、25 dB、20 dB、15 dB、10 dB、5 dB 时产生更多的独立成分，所有 25 个面板像元在前 5 个成分中就被检测出

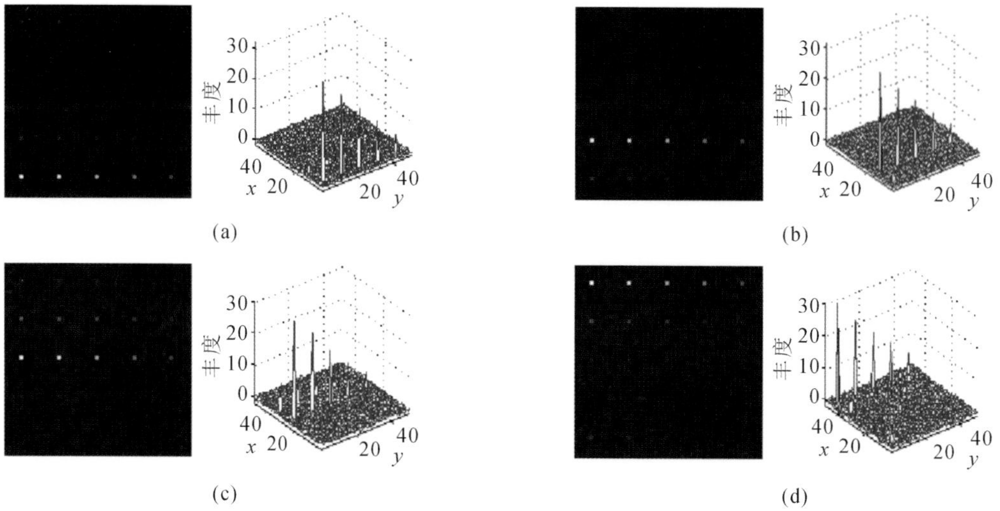

图 6.12　LSRMA 在 SNR=5 dB 时以偏度为标准的检测结果

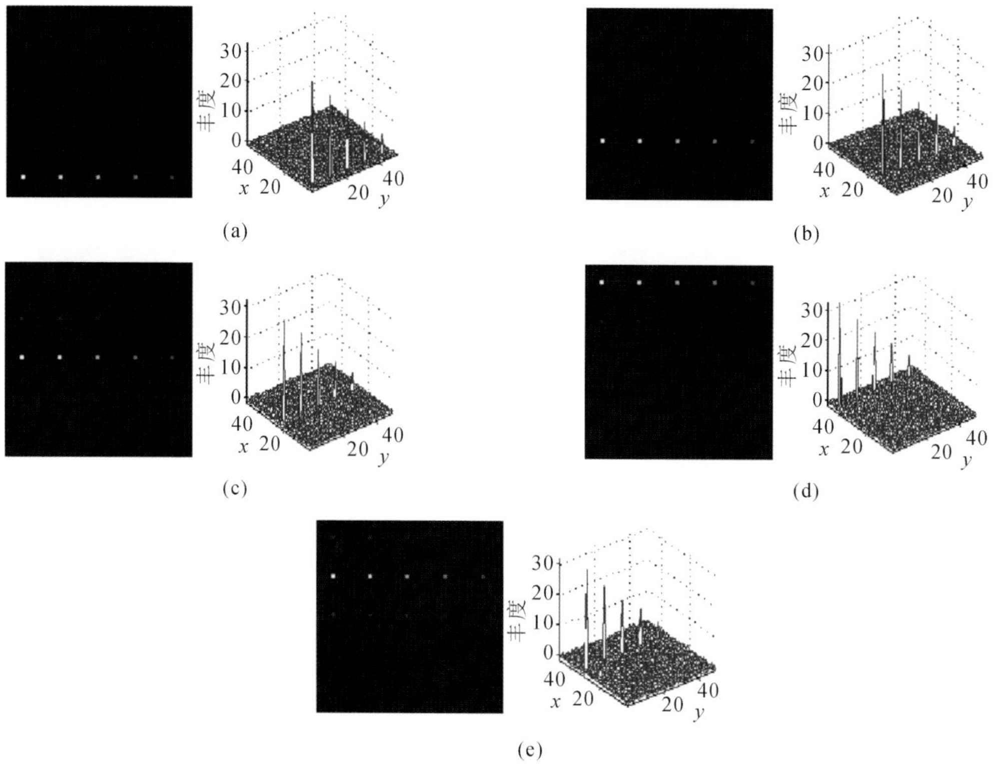

图 6.13　LSRMA 在 SNR=10 dB 时以偏度为标准的检测结果

来并正确分类。因为所有信噪比情况下的结果都很相似，只是丰度值有所区别，这里只给出 SNR=5 dB 的结果，如图 6.14 所示。

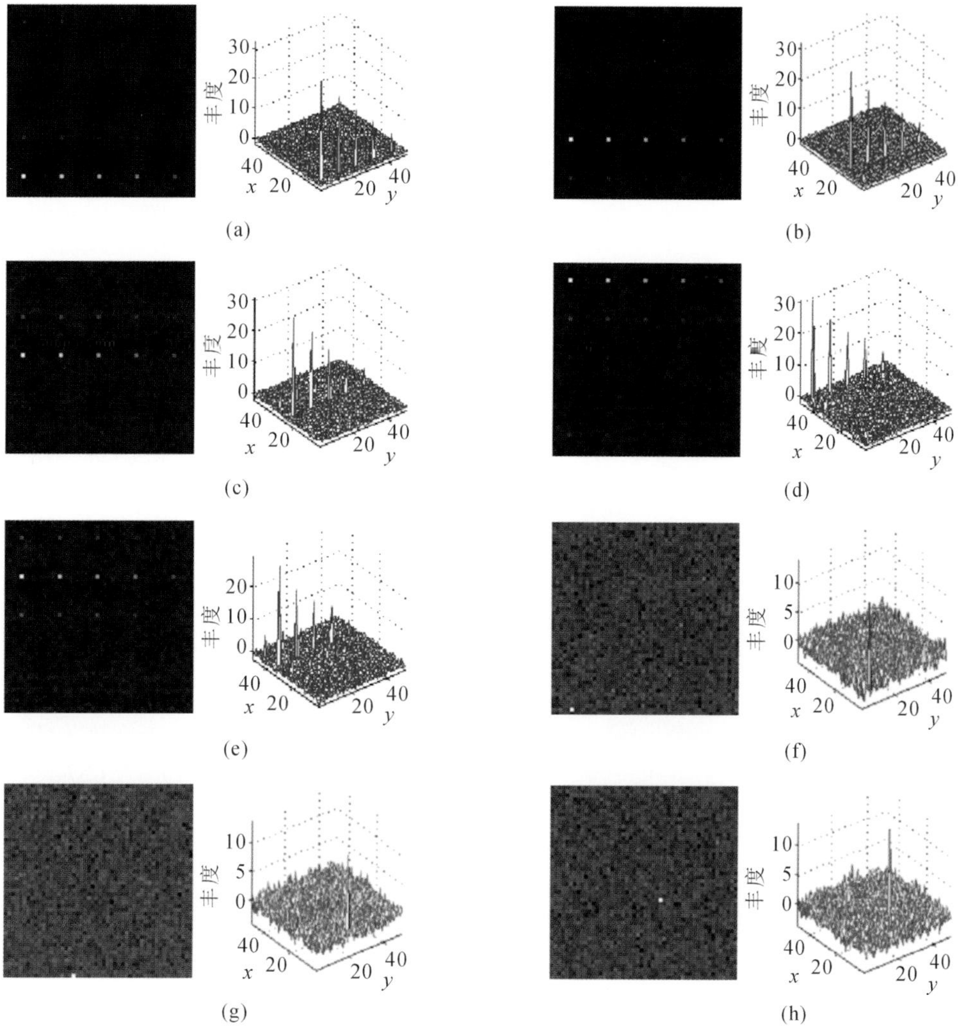

图 6.14 LSRMA 在 SNR=5 dB 时以峰度为标准的检测结果

说明:在独立成分数量多于 5 之后,丰度值很小的干扰信息和背景信息也被检测出来,而且随着 SNR 增加,独立成分数量的收敛值也在增加,但检测的丰度值更准确了。这意味着能检测到更多的干扰,每一个干扰都被划分为一个单独的成分,降低了对目标成分的影响。

仿真数据的实验结果说明,峰度对目标检测非常有效。此外,两种标准下的算法性能与 SNR 强度成正比。

2. 实验 6.6(15 个面板的 HYDICE 数据)

该实验利用图 1.6(a)中 15 个面板的 HYDICE 数据,测试偏度和峰度标准的 LSRMA 性能。用不同的算法估计混合目标的数量,分别为 p=14、16、21、86、125、169。所有实验中,左上角的干扰和 15 个面板像元,都在前 6 个成分中检测和分类完成,且结果类似。区别在于不同的 p 值产生出不同数量的独立成分,超过 6 个后的成分,一般提取得到的是背景特性元，如草、树、路或噪声。表 6.2 给出了不同 p 值下算法的收敛成分数。

表 6.2　不同 p 值下算法的收敛成分数

	$p=14$	$p=16$	$p=21$	$p=86$	$p=125$	$p=169$
偏度	9	8	17	12	6	6
峰度	8	6	9	11	13	12

由表 6.2 可知，不一定 p 值越高收敛成分数越大。实验结果如图 6.15～图 6.20 所示，所有实验的前 6 个成分都类似。p 值从 6 变化到 30 的过程中，$p=15$ 时，以偏度和峰度为标准的算法都没有检测到第 2 行面板像元；$p=16$ 时，偏度标准的算法没有检测到第 2 行面板像元；$p=14$ 时，偏度和峰度标准的算法都成功检测到了第 2 行面板。但是，在 p 达到了某个特定值 N_{LSRMA} 之后，结果就不再变化，并检测出所有 15 个面板，这说明 p 大于 N_{LSRMA} 后，LSRMA 的性能趋于稳定。对于 15 个面板的场景图，偏度标准 $N_{LSRMA}=17$，峰度标准 $N_{LSRMA}=18$。这个数据说明，VD 给出的数量估计是相对可信的。

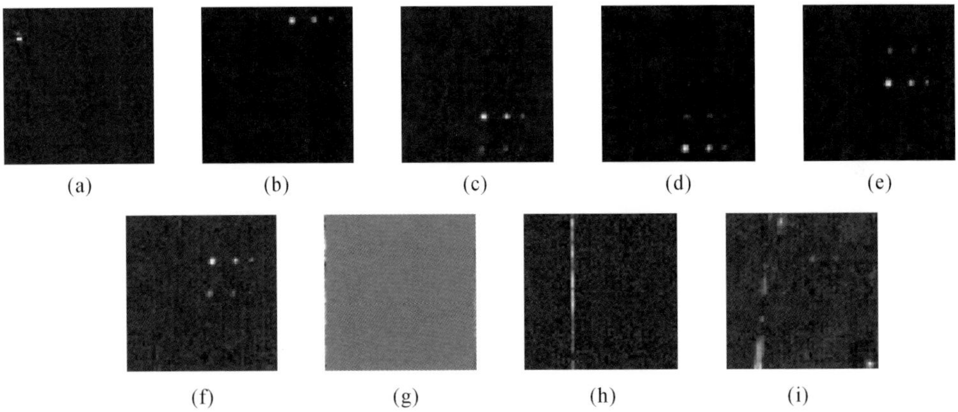

图 6.15　LSRMA 在 $p=14$ 时以偏度为标准的检测结果

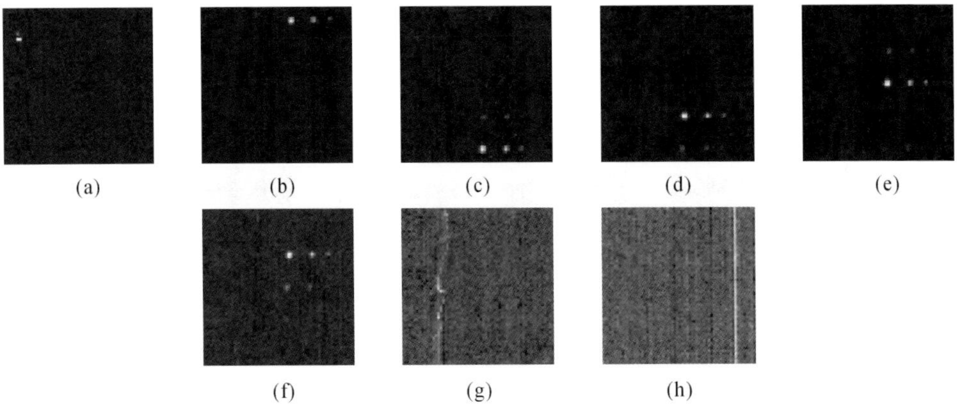

图 6.16　LSRMA 在 $p=14$ 时以峰度为标准的检测结果

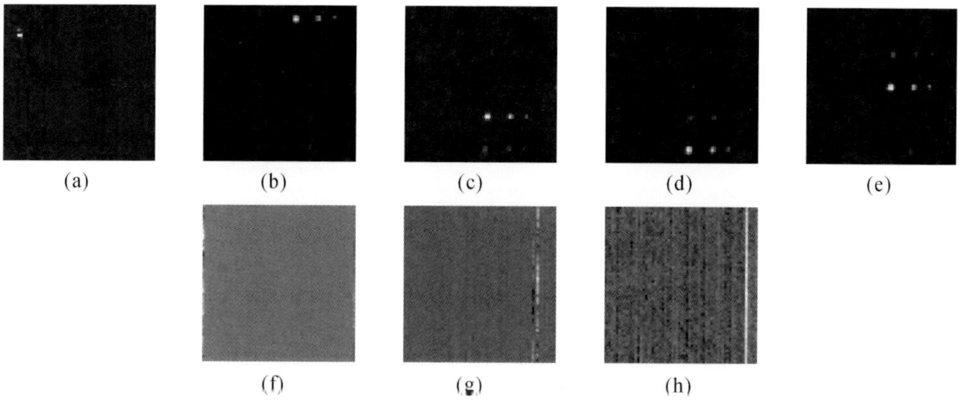

图 6.17 LSRMA 在 $p=16$ 时以偏度为标准的检测结果

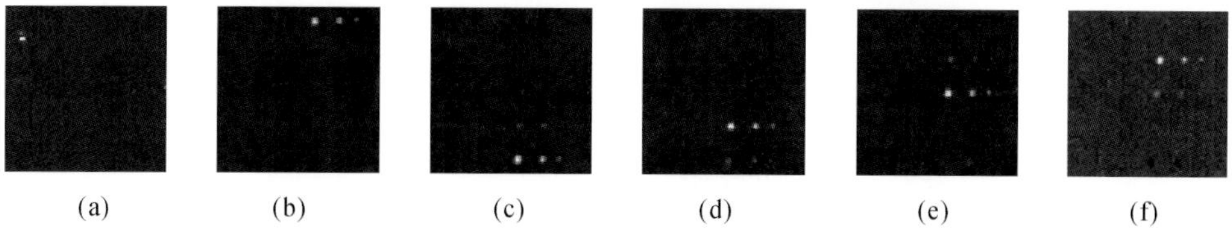

图 6.18 LSRMA 在 $p=16$ 时以峰度为标准的检测结果

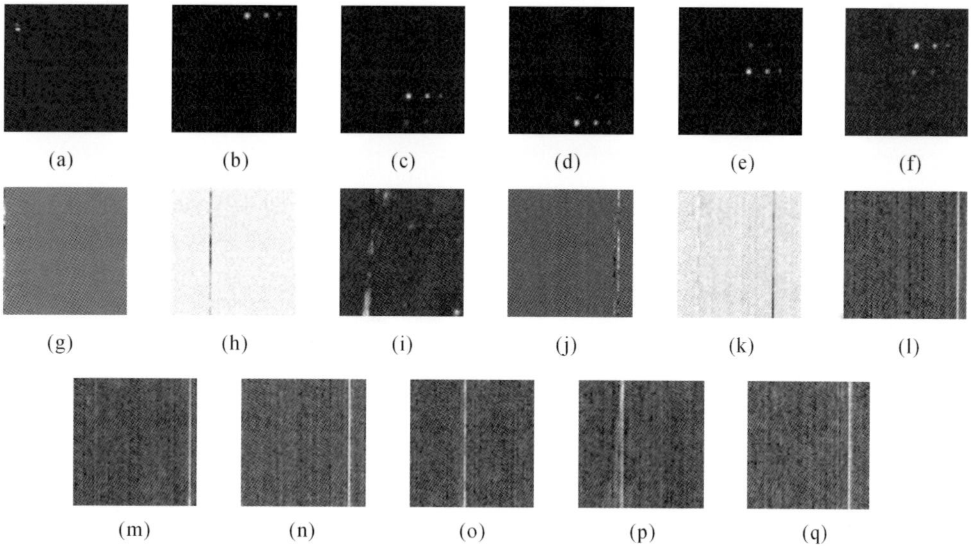

图 6.19 LSRMA 在 $p=21$ 时以偏度为标准的检测结果

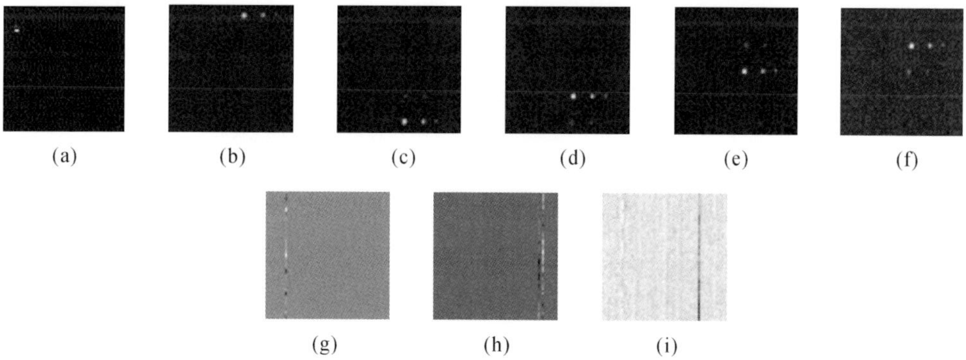

图 6.20 LSRMA 在 $p=21$ 时以峰度为标准的检测结果

总结：①如上面各图所示，大部分情况下的 LSRMA 都可以在第 2～6 个成分中成功检测到 15 个面板；②图 1.6(a)左上角位于森林中的干扰，视觉上很难发现，但都在第 1 个成分中被检测出来，说明 LSRMA 适合作为检测未知目标的检测器；③第 2 行面板和第 3 行面板中的像元很难区分，在图 6.11(a)的合成图像中，也存在这一问题。为了比较，我们也做了一个 $p=169$的实验，结果如图 6.21 和图 6.22 所示。与其他 p 值的实验结果类似，干扰和 15 个面板分别在 6 个独立成分中检测出来，偏度和峰度标准的算法在区分第 2 行和第 3 行面板像元上仍存在困难。同时，偏度标准时收敛值为 6，峰度标准时收敛值是 13。与 AVIRIS 实验类似，这一结果说明在 N_{LSRMA}大于目标数量(如这里的 6) 的情况下，增大 p 值没有太大意义。

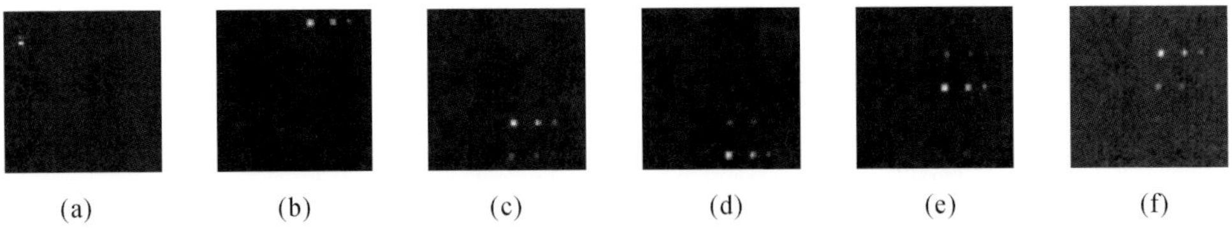

图 6.21　LSRMA 在 $p=169$ 时以偏度为标准的检测结果

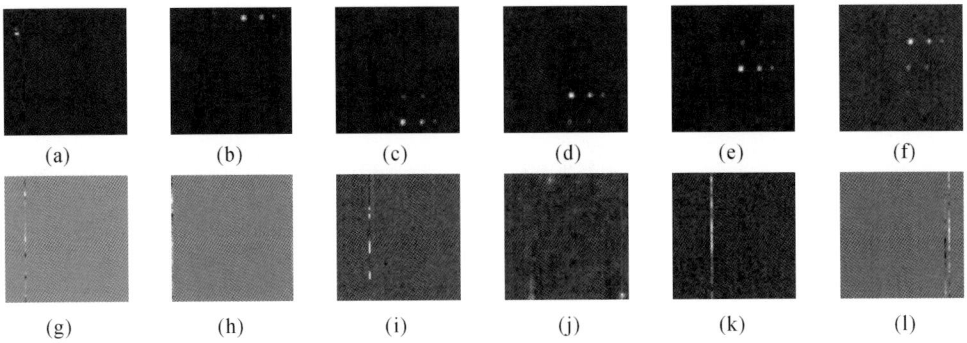

图 6.22　LSRMA 在 $p=169$ 时以峰度为标准的检测结果

6.5　本 章 小 结

本章介绍了一种基于 ICA 的线性光谱随机混合分析方法，与传统 ICA 不同，其学习算法假设丰度向量之间互相正交，而不是分离矩阵 $\boldsymbol{W}$ 正交，分离矩阵 $\boldsymbol{W}$ 不一定是满秩方阵，混合矩阵 $\boldsymbol{M}$ 也不必正交。这些优势在高光谱图像的分类中非常有用，因为高光谱传感器可以捕获到地物微弱的光谱差异，相似的光谱特性很难区分或者正交，新的学习算法允许其收敛到不互相正交的成分上。同时，实验结果表明，偏度和峰度标准在分类效果上的表现不同，偏度主要衡量分布的不对称性，可以检测大面积变化，而峰度主要衡量分布的平滑性，可以检测小的目标。所以峰度在空间分辨率为 1.5 m 的 HYDICE 图像上比较有效，而偏度在空间分辨率为 20 m 的 AVIRIS 图像上比较有效。

总结：投影追踪(projection pursuit,PP)方法通过定义投影索引(projection index,PI)寻找感兴趣的投影，如果将 PI 定义为方差，则 PP 就是所谓的 PCA。LSRMA 可以作为 PP 的一个特例，PI 定义为两种标准：一种是式(6.3)的相对熵，另一种是式(6.6)的统计矩(如偏度和峰度)。Ifarraguerri 等(2000)提出了以相对熵作为 PI 的非监督高光谱图像分析方法，Chiang 等(2001)提出了一种与 LSRMA 思路一致的以偏度和峰度作为 PI 的 PP 算法。

参考文献

AKAIKE H,1974. A new look at the statistical model identification[J]. IEEE Transactions on Automatica Control,AC-19:716-723.

AMARI S,1999. Natural gradient learning for over- and under-complete bases in ICA[J]. Neural Computation,11(8):1875-1883.

BAYLISS J,GUALTIERI J,CROMP R,1997. Analyzing hyperspectral data with independent component analysis[J]. Proceedings of SPIE,3240:133-143.

BELL A,SEJNOWSKI T,1995. An information-maximization approach to blind separation and blind deconvolution[J]. Neural Computation,7(6):1129-1159.

CARDOSO J,LAHELD B,1996. Equivariant adaptive source separation[J]. IEEE Trans. Signal Process,44(12):3017-3030.

CHANG C. 2016. Real-time progressive hyperspectral image processing:Endmember finding and anomaly detection[M]. New York:Springer International Publishing.

CHANG C,CHIANG S,SMITH J,et al. ,2002. Linear spectral random mixture analysis for hyperspectral imagery[J]. IEEE Transactions on Geoscience and Remote Sensing,40(2):375-392.

CHANG C,DU Q,2004. Estimation of number of spectrally distinct signal sources in hyperspectral imagery[J]. IEEE Transactions on Geoscience and Remote Sensing,42(3):608-619.

CHANG C,HEINZ D,2000. Constrained subpixel detection for remotely sensed images[J]. IEEE Transactions on Geoscience and Remote Sensing,38(3):1144-1159.

CHIANG S,CHANG C,GINSBERG I,2001. Unsupervised target detection in hyperspectral images using projection pursuit[J]. IEEE Transactions on Geoscience and Remote Sensing,39(7):1380-1391.

CICHOCKI A,UNBEHAUEN R,1993. Neural networks for optimization and signal processing[M]. New York:John Wiley and Sons.

COMON P,1994. Independent component analysis,a new concept? [J]. Signal Processing,36(3):287-314.

COVER T,THOMAS J,1991. Elements of information theory[M]. New York:John Wiley & Sons,Inc.

GIROLAMI M,2000. Self-organising neural networks:Independent component analysis and blind source separation[M]. New York:Springer-Verlag.

HARSANYI J,FARRAND W,CHANG C,1994. Detection of subpixel spectral signatures in hyperspectral image sequences[C]//Annual Meeting,Proceedings of American Society of Photogrammetry and Remote Sensing,Reno:236-247.

HEINZ D,CHANG C,2001. Fully constrained least squares linear spectral mixture analysis method for material quantification in hyperspectral imagery[J]. IEEE Transactions on Geoscience and Remote Sensing,

39(3):529-545.

HYVARINEN A,OJA E,2000. Independent component analysis: Algorithms and applications[J]. Neural Networks,13(4-5):411-430.

IFARRAGUERRI A,CHANG C,2000. Unsupervised hyperspectral image analysis with projection pursuit [J]. IEEE Transactions on Geoscience and Remote Sensing,38(6):2529-2538.

KARHUNEN J,OJA E,WANG L,et al.,1997. A class of neural networks for independent component analysis[J]. IEEE Transactions on Neural Networks,8(3):486-504.

LEE T,1998. Independent component analysis:Theory and applications[M]. Boston:Kluwer Academic Publishers.

MURATA N,YOSHIZAWA S,AMARI S,1994. Network information criterion-determining the number of hidden units for an artificial neural network model[J]. IEEE Transactions on Neural Networks,5(6):865-872.

OJA E,KARHUNEN J,WANG L,et al.,1995. Principal and independent components in neural networks-recent developments[J]. Proc. VII Italian Workshop Neural Networks WIRN '95,Vietrisul Mare,Italy,May:16-35.

RISSANEN J,1978. Modeling by shortest data description[J]. Automatica,14(5):465-471.

SCHWARZ G,1978. Estimating the dimension of a model[J]. Annals of Statistics,6(2):461-464.

SZU H,1999. Independent component analysis (ICA):An enabling technology for intelligent information/image technology (IIT)[J]. IEEE Circuit and System Magazine,10(4):14-37.

TU T,2000. Unsupervised signature extraction and separation in hyperspectral images:A noise-adjusted fast independent component analysis approach[J]. Optical Engineering,39(4):897-906.

WU H,YANG J,CHEN F,1995. Source number estimators using transformed Gerschgorin radii[J]. IEEE Transactions on Signal Processing,43(6):1325-1333.

ZHANG X,CHEN C,2002. New independent component analysis method using higher order statistics with application to remote sensing images[J]. Optical Engineering,41(41):1717-1728.

第7章　基于正交向量投影的线性光谱混合分析

如前面几章所述，学者们已经开发研究了很多光谱解混方法。根据光谱的解混方式，可以分为线性光谱解混和非线性光谱解混(Bioncas-dias，2012)；根据算法提出的出发点可以分为几何学方法和统计学方法；根据解混的丰度是否具有约束性，可以分为无约束光谱解混、半约束(非负)光谱解混和全约束(非负且和为一)光谱解混(Chang，2003)。而所有的方法中，无约束线性解混类方法是最基础也最根本的，很多其他的方法都是在此基础上扩展得到。

7.1　简　　介

目前被广泛采用的无约束线性解混方法主要有3种：最小二乘误差(least square error，LSE)、正交子空间投影(orthogonal subspace projection，OSP)(Song et al.，2005)和基于几何体体积的计算方法(Honeine，2012)。其中LSE基于方程组求解和矩阵运算思想，计算速度快，且不需要对光谱进行降维，是使用最广泛的丰度计算方法。但是，该方法在使用时，需要同时考虑所有特性元的影响，不能直接对单个或多个感兴趣的特性元单独分析，导致其在特性元属性分析和特性元寻找方面性能较弱；OSP是完全从矩阵运算和空间投影角度出发，分解某个特性元与其他特性元间的关系，从而单独计算感兴趣特性元的丰度，不需要降维预处理。其计算量大于LSE，但是在探测和寻找感兴趣特性元方面具有独特的优势，由此算法延伸得到的自动目标生成算法(automatic target generation process，ATGP)(Ren et al.，2003)在非监督特性元产生方面得到了广泛的应用；几何法是近几年发展起来的，利用像元和特性元作为顶点产生的单形体几何体体积比，可以获得像元中每个特性元的丰度。该方法思路简单易懂，也可以用于非监督情况的特性元产生，但需要光谱降维，受降维方法的效果影响较大。

上述3种方法中，LSE和OSP需要对矩阵求逆，而几何法需要降维和计算方阵行列式值，这在特性元数量很大时会导致非常大的计算量，且编程和硬件实现困难。本章在OSP思想的基础上，提出了一种正交向量投影算法(orthogonal vector projection，OVP)，继承了OSP在非监督目标探测方面的优势，同时避免了矩阵运算，降低了计算难度和计算量。

7.2 无约束线性解混方法

在线性光谱混合模型中(Chang,2013),混合像元可以看作是图像中的特性元线性混合而成的,即

$$\boldsymbol{r} = \sum_{i=1}^{p} \alpha_i \boldsymbol{m}_i + \boldsymbol{n} = \boldsymbol{M\alpha} + \boldsymbol{n} \tag{7.1}$$

其中,p 为特性元数,$\boldsymbol{r}$ 是图像中任意一个 L 维光谱向量(L 为图像波段数),$\boldsymbol{M}$ 是 $L \times p$ 矩阵,其中的每一列$\boldsymbol{m}_i$ 均为一个特性元向量,$\boldsymbol{\alpha}=(\alpha_1,\alpha_2,\cdots,\alpha_p)^{\mathrm{T}}$ 是一个 $p\times 1$ 的丰度向量,$\boldsymbol{n}$ 为误差项。

7.2.1 LSE

最小二乘算法是目前基于线性解混模型应用最广泛的解混算法,通过最小化方差寻找函数的最佳匹配数据。根据线性解混模型的表达式可以得到误差值 $\boldsymbol{n}=\boldsymbol{r}-\boldsymbol{M\alpha}$,则寻找最优解的表达式,即

$$\min_{\boldsymbol{\alpha}}\{(\boldsymbol{r}-\boldsymbol{M\alpha})^{\mathrm{T}}(\boldsymbol{r}-\boldsymbol{M\alpha})\} \tag{7.2}$$

可以计算得到无约束解混丰度$\boldsymbol{\alpha}^{\mathrm{LS}}$:

$$\boldsymbol{\alpha}^{\mathrm{LS}} = (\boldsymbol{M}^{\mathrm{T}}\boldsymbol{M})^{-1}\boldsymbol{M}^{\mathrm{T}}\boldsymbol{r} \tag{7.3}$$

7.2.2 OSP

不失一般性,将线性模型中的特性元矩阵 $\boldsymbol{M}$ 分解为感兴趣特性元 $\boldsymbol{d}=\boldsymbol{m}_p$ 和其余特性元的光谱矩阵 $\boldsymbol{U}$,相应的丰度向量 $\boldsymbol{\alpha}$ 也分为 $\boldsymbol{\alpha}_p$ 和 $\boldsymbol{\gamma}$ 两部分,$\boldsymbol{n}$ 是噪声。线性混合模型表达式:$\boldsymbol{r}=\boldsymbol{M\alpha}+\boldsymbol{n}$,改写为如下形式:

$$\boldsymbol{r} = \boldsymbol{d\alpha}_p + \boldsymbol{U\gamma} + \boldsymbol{n} \tag{7.4}$$

设$\boldsymbol{U}$ 所决定的正交投影空间为$\boldsymbol{P}_U^{\perp}$,则

$$\boldsymbol{P}_U^{\perp} = \boldsymbol{I} - \boldsymbol{U}\boldsymbol{U}^{\#}, \boldsymbol{U}^{\#} = (\boldsymbol{U}^{\mathrm{T}}\boldsymbol{U})^{-1}\boldsymbol{U}^{\mathrm{T}} \tag{7.5}$$

其中,$\boldsymbol{I}$ 是单位矩阵。将$\boldsymbol{P}_U^{\perp}$ 作用于 $\boldsymbol{r}$ 得到

$$\boldsymbol{P}_U^{\perp}\boldsymbol{r} = \boldsymbol{P}_U^{\perp}\boldsymbol{d\alpha}_p \tag{7.6}$$

进一步在公式两边同时乘以$\boldsymbol{d}^{\mathrm{T}}$,得到

$$\boldsymbol{\alpha}_p^{\mathrm{LSOSP}} = \boldsymbol{d}^{\mathrm{T}}\boldsymbol{P}_U^{\perp}\boldsymbol{r}/(\boldsymbol{d}^{\mathrm{T}}\boldsymbol{P}_U^{\perp}\boldsymbol{d}) \tag{7.7}$$

7.2.3 几何法

对于 p 个特性元的情况,首先需要将光谱图像和特性元集合降至 $p-1$ 维,由 p 个特性

元构成的带符号$(p-1)$维单形体体积为

$$V_E = \det(\boldsymbol{E})/(p-1)! \tag{7.8}$$

其中，

$$\boldsymbol{E} = \begin{bmatrix} 1 & 1 & 1 & 1 \\ \boldsymbol{m}_1 & \boldsymbol{m}_2 & \boldsymbol{m}_3 & \boldsymbol{m}_4 \end{bmatrix} \tag{7.9}$$

将 $\boldsymbol{E}$ 中$\boldsymbol{m}_i$ 用降维后光谱向量 $\boldsymbol{r}'$代替，设所得矩阵为$\boldsymbol{E}^i$，则 $\boldsymbol{r}'$中第 i 个特性元的丰度为

$$\alpha_i^{\text{GeoLS}} = \det(\boldsymbol{E}^i)/\det(\boldsymbol{E}) \tag{7.10}$$

7.3 正交向量投影算法(OVP)

前述 3 种方法中，LSE 和 OSP 需要矩阵求逆，且虽然 OSP 只计算一个特性元的丰度，但其计算量大于 LSE，这也是目前在用于丰度计算时，OSP 没有 LSE 使用广泛的原因之一。几何法需要计算行列式的值，考虑到降维计算的部分计算复杂度比较高。另外，求逆运算和计算行列式的运算实现复杂。

7.3.1 算法描述

从 OSP 的投影思想出发，基于 Gram-Schmidt 正交化提出一种新的丰度计算方法(Song et al.，2014)。对于给定的特性元集合 $\boldsymbol{M}=[\boldsymbol{m}_1 \boldsymbol{m}_2 \cdots \boldsymbol{m}_{p-1}\ \boldsymbol{d}]$，利用线性运算可以得到其扩展空间 $\boldsymbol{S}$。利用 Gram-Schmidt 正交化过程，可以获得该空间的一组正交基 $\widetilde{\boldsymbol{M}}=[\widetilde{\boldsymbol{m}}_1 \widetilde{\boldsymbol{m}}_2 \cdots \widetilde{\boldsymbol{m}}_{p-1}\ \widetilde{\boldsymbol{d}}]$(不必是标准正交基)。实际上，从不同的特性元开始，经历不同的特性元顺序进行正交化，可以获得不同的正交基。但是，对于同一个特性元向量 $\boldsymbol{d}$，如果将其作为最终处理向量，所得到的对应正交向量 $\widetilde{\boldsymbol{d}}$ 是固定的。它代表了该向量正交于其他向量扩展空间的分量，并不受其他向量的正交化顺序影响，是当前向量区别于其他向量的方向和程度。因此，在分析该特性元在某光谱像元 $\boldsymbol{r}$ 中的丰度值 $\boldsymbol{\alpha}_p$ 时，只需要将光谱像元向该正交向量进行投影，并计算投影的长度与 $\widetilde{\boldsymbol{d}}$ 长度之比，即

$$\alpha_p^{\text{OVPLS}}(\boldsymbol{r}) = \widetilde{\boldsymbol{d}}^{\mathrm{T}}\boldsymbol{r}/(\widetilde{\boldsymbol{d}}^{\mathrm{T}}\widetilde{\boldsymbol{d}}) \tag{7.11}$$

其中，$\widetilde{\boldsymbol{d}}^{\mathrm{T}}\boldsymbol{r}$ 表示像元 $\boldsymbol{r}$ 在 $\widetilde{\boldsymbol{d}}$ 方向上的投影(耿修瑞 等，2005)。

7.3.2 算法流程

(1) $\widetilde{\boldsymbol{m}}_1=\boldsymbol{m}_1$。

(2) 对于第 j 个特性元$\boldsymbol{m}_j$，利用下式计算正交于向量$\boldsymbol{m}_1,\boldsymbol{m}_2,\cdots,\boldsymbol{m}_{j-1}$扩展空间的向量$\widetilde{\boldsymbol{m}}_j$：

$$\tilde{\boldsymbol{m}}_j = \boldsymbol{m}_j - \sum_{i=1}^{j-1} \frac{\boldsymbol{m}_j^{\mathrm{T}} \tilde{\boldsymbol{m}}_i}{\tilde{\boldsymbol{m}}_i^{\mathrm{T}} \tilde{\boldsymbol{m}}_i} \tilde{\boldsymbol{m}}_i \tag{7.12}$$

(3) 判断 j 是否等于 p。如果是,则执行第(4)步;否则 $j \leftarrow j+1$,转到第(2)步。

(4) 根据式(7.11) 计算特性元 $\boldsymbol{d}$ 的丰度 $\boldsymbol{\alpha}_p$。

由算法描述可以看出,在计算丰度的过程中并未涉及任何矩阵乘法和矩阵求逆的运算,只用到了向量内积,易于实现。

7.4 LSE、OSP 和 OVP 关系证明及复杂度分析

LSE、OSP 和几何方法中,由于几何法需要用到降维,其与前两种方法的差异较大,这里主要讨论 OVP 与前两种方法间的关系。

7.4.1 LSE 与 OSP 一致性

关于 LSE 和 OSP 的一致性,Settle(1996)已经给出过证明。不失一般性,将 $\boldsymbol{m}_p$ 作为 OSP 的感兴趣特性元,即 $\boldsymbol{d}=\boldsymbol{m}_p$, $\boldsymbol{U}=[\boldsymbol{m}_1\boldsymbol{m}_2\cdots\ \boldsymbol{m}_{p-1}]$。则有

$$\boldsymbol{M}^{\mathrm{T}}\boldsymbol{M} = \begin{pmatrix} \boldsymbol{U}^{\mathrm{T}}\boldsymbol{U} & \boldsymbol{U}^{\mathrm{T}}\boldsymbol{d} \\ \boldsymbol{d}^{\mathrm{T}}\boldsymbol{U} & \boldsymbol{d}^{\mathrm{T}}\boldsymbol{d} \end{pmatrix} \tag{7.13}$$

$$(\boldsymbol{M}^{\mathrm{T}}\boldsymbol{M})^{-1} = \begin{pmatrix} (\boldsymbol{U}^{\mathrm{T}}\boldsymbol{U})^{-1} + \beta\boldsymbol{U}^{\#}\boldsymbol{d}\boldsymbol{d}^{\mathrm{T}}(\boldsymbol{U}^{\#})^{\mathrm{T}} & -\beta\boldsymbol{U}^{\#}\boldsymbol{d} \\ -\beta\boldsymbol{d}^{\mathrm{T}}(\boldsymbol{U}^{\#})^{\mathrm{T}} & \beta \end{pmatrix} \tag{7.14}$$

其中,$\boldsymbol{U}^{\#}=(\boldsymbol{U}^{\mathrm{T}}\boldsymbol{U})^{-1}\boldsymbol{U}^{\mathrm{T}}$, $\beta=\{\boldsymbol{d}^{\mathrm{T}}[\boldsymbol{I}-\boldsymbol{U}\boldsymbol{U}^{\#}]\boldsymbol{d}\}^{-1}=(\boldsymbol{d}^{\mathrm{T}}\boldsymbol{P}_U^{\perp}\boldsymbol{d})^{-1}$。

因此,有下式成立:

$$\begin{aligned} \boldsymbol{\alpha}^{\mathrm{LS}} &= \begin{pmatrix} \boldsymbol{\gamma} \\ \alpha_p^{\mathrm{LS}} \end{pmatrix} = (\boldsymbol{M}^{\mathrm{T}}\boldsymbol{M})^{-1}\boldsymbol{M}^{\mathrm{T}}\boldsymbol{r} \\ &= \begin{pmatrix} (\boldsymbol{U}^{\mathrm{T}}\boldsymbol{U})^{-1} + \beta\boldsymbol{U}^{\#}\boldsymbol{d}\boldsymbol{d}^{\mathrm{T}}(\boldsymbol{U}^{\#})^{\mathrm{T}} & -\beta\boldsymbol{U}^{\#}\boldsymbol{d} \\ -\beta\boldsymbol{d}^{\mathrm{T}}(\boldsymbol{U}^{\#})^{\mathrm{T}} & \beta \end{pmatrix} \begin{pmatrix} \boldsymbol{U}^{\mathrm{T}} \\ \boldsymbol{d} \end{pmatrix} \boldsymbol{r} \\ &= \begin{pmatrix} \boldsymbol{U}^{\#} + \beta\boldsymbol{U}^{\#}\boldsymbol{d}\boldsymbol{d}^{\mathrm{T}}\boldsymbol{U}\boldsymbol{U}^{\#} - \beta\boldsymbol{U}^{\#}\boldsymbol{d}\boldsymbol{d}^{\mathrm{T}} \\ \beta\boldsymbol{d}^{\mathrm{T}} - \beta\boldsymbol{d}^{\mathrm{T}}\boldsymbol{U}\boldsymbol{U}^{\#} \end{pmatrix}\boldsymbol{r} = \begin{pmatrix} \boldsymbol{U}^{\#} - \beta\boldsymbol{U}^{\#}\boldsymbol{d}\boldsymbol{d}^{\mathrm{T}}\boldsymbol{P}_U^{\perp} \\ \beta\boldsymbol{d}^{\mathrm{T}}\boldsymbol{P}_U^{\perp} \end{pmatrix}\boldsymbol{r} \end{aligned} \tag{7.15}$$

所以,可以得到

$$\alpha_p^{\mathrm{LS}} = \beta\boldsymbol{d}^{\mathrm{T}}\boldsymbol{P}_U^{\perp}\boldsymbol{r} = \boldsymbol{d}^{\mathrm{T}}\boldsymbol{P}_U^{\perp}\boldsymbol{r}/(\boldsymbol{d}^{\mathrm{T}}\boldsymbol{P}_U^{\perp}\boldsymbol{d}) = \alpha_p^{\mathrm{LSOSP}} \tag{7.16}$$

7.4.2 OSP 与 OVP 一致性

Du 等(2008)曾经证明 Gram-Schmidt 过程与 OSP 的一致性,这里重新从 OVP 的算法实现角度给出其一致性证明。

OVP 算法描述的第(2)步中,如果我们定义 $\boldsymbol{v}_i=\tilde{\boldsymbol{m}}_i/\|\tilde{\boldsymbol{m}}_i\|$, $\boldsymbol{V}=[\boldsymbol{v}_1\boldsymbol{v}_2\cdots\ \boldsymbol{v}_{p-1}]$,则有

$$\mathbf{V}^{\mathrm{T}}\mathbf{V} = \boldsymbol{I} \tag{7.17}$$

同时，由式(7.12)可以将 $\tilde{\boldsymbol{d}}$ 表示为

$$\begin{aligned}\tilde{\boldsymbol{d}} &= \boldsymbol{d} - \sum\nolimits_{i=1}^{p-1} \boldsymbol{v}_i \boldsymbol{v}_i^{\mathrm{T}} \boldsymbol{d} = \boldsymbol{d} - \mathbf{V}\,\mathbf{V}^{\mathrm{T}} \boldsymbol{d} \\ &= \boldsymbol{d} - \mathbf{V}\,(\mathbf{V}^{\mathrm{T}}\mathbf{V})^{-1}\,\mathbf{V}^{\mathrm{T}} \boldsymbol{d} = \boldsymbol{d} - \boldsymbol{P}_{\mathrm{V}} \boldsymbol{d}\end{aligned} \tag{7.18}$$

由 Gram-Schmidt 正交原理，正交基的扩展空间与原向量组扩展空间相同，因此有下式成立：

$$\boldsymbol{P}_{\mathrm{V}} \boldsymbol{d} = \boldsymbol{P}_U \boldsymbol{d} \tag{7.19}$$

故，公式(7.17)可以进一步表示为

$$\tilde{\boldsymbol{d}} - \boldsymbol{d} - \boldsymbol{P}_U \boldsymbol{d} - \boldsymbol{P}_U^{\perp} \boldsymbol{d} \tag{7.20}$$

存在下式成立：

$$\alpha_p^{\mathrm{LSOSP}}(\boldsymbol{r}) = \boldsymbol{d}^{\mathrm{T}} \boldsymbol{P}_U^{\perp} \boldsymbol{r} / (\boldsymbol{d}^{\mathrm{T}}\ \boldsymbol{P}_U^{\perp} \boldsymbol{d}) = (\boldsymbol{P}_U^{\perp} \boldsymbol{d}^{\mathrm{T}})^{\mathrm{T}} \boldsymbol{r} / [(\boldsymbol{P}_U^{\perp} \boldsymbol{d}^{\mathrm{T}})^{\mathrm{T}} (\boldsymbol{P}_U^{\perp} \boldsymbol{d})] = \tilde{\boldsymbol{d}}^{\mathrm{T}} \boldsymbol{r} / (\tilde{\boldsymbol{d}}^{\mathrm{T}} \tilde{\boldsymbol{d}}) = \boldsymbol{\alpha}^{\mathrm{OVPLS}}(\boldsymbol{r}) \tag{7.21}$$

由此，LSE 与 OSP 和 OSP 与 OVP 的一致性证明完毕，说明 3 种方法的结果理论上是完全一致的。

7.4.3 LSE、OSP 和 OVP 计算复杂度分析

如果假设一个标量间的乘法为一次基本运算，则 3 种方法的计算复杂性大致如表 7.1 所示。其中 $p(p+1)|_L$ 表示 $p(p+1)$ 次 L 维向量的相关乘运算，其他类似表示形式的意义类推。由表 7.1 可以看出，算法的复杂度取决于 2 个因素，即波段数量和特性元数量。通常高光谱图像中，波段数量 L 很大，所以在特性元数量 p 很小的时候，算法运行复杂度受波段数影响比较大。但是，随着 p 的增加，在其达到并超过一定阈值后，算法运行的复杂度受特性元数量 p 的影响比较大。

表 7.1 各算法涉及的计算及其复杂度

	LSE	OSP	OVP
初始化	N/A	N/A	N/A
输入	$\boldsymbol{M}=[\boldsymbol{m}_1\ \boldsymbol{m}_2 \cdots\ \boldsymbol{m}_p]$	$\boldsymbol{M}=[\boldsymbol{m}_1\ \boldsymbol{m}_2 \cdots\ \boldsymbol{m}_p]$	$\boldsymbol{M}=[\boldsymbol{m}_1, \boldsymbol{m}_2, \cdots, \boldsymbol{m}_p]$
向量内积数/特性元	$p(p+1)\|_L + pL\|_p$	$(p^2-2p+2L+3)\|_L + (pL+L^2-L)\|_{p-1}$	$(p^2-p+2)\|_L$
向量外积数/特性元	0	0	0
标量与向量内积数	0	0	$(p^2-p)/2\|_L$
“×”运算次数/特性元	$2p^2L+pL$	$2p^2L+pL^2-4pL+L^2+4L$	$1.5p^2L-1.5pL+2L$
矩阵求逆复杂度	$O(p^3)$	$O(p^3)$	0
总计	$2p^2L+pL+O(p^3)$	$2p^2L+pL^2-4pL+L^2+4L+O(p^3)$	$1.5p^2L-1.5pL+2L$

7.5 实验结果和分析

7.5.1 合成图像实验结果和分析

以 Cuprite 图像数据为基础，分别从 USGS 光谱库选择 5 种矿物质光谱作为特性元 A、B、C、K 和 M，如图 7.1(a)所示。并选择图像中一块较平滑区域背景的光谱曲线均值作为背景光谱 b，得到的原始特性元光谱如图 7.1(b)所示。

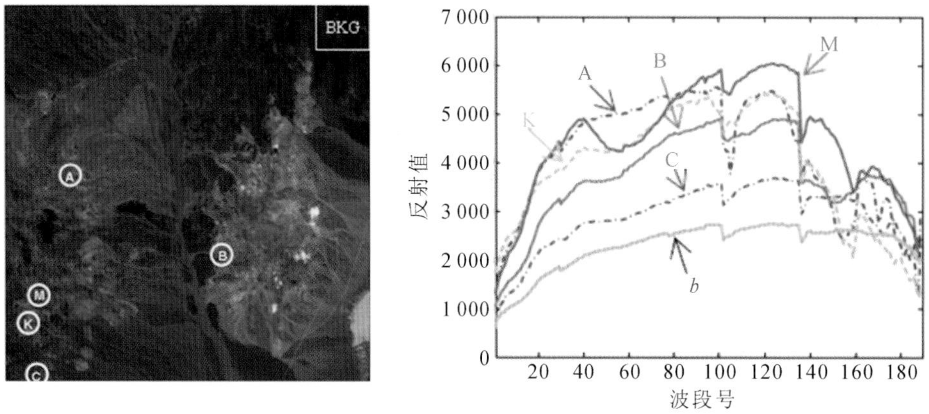

(a) Cuprite图像　　(b) 特性元光谱

图 7.1　Cuprite 原始图像和所选择的特性元光谱

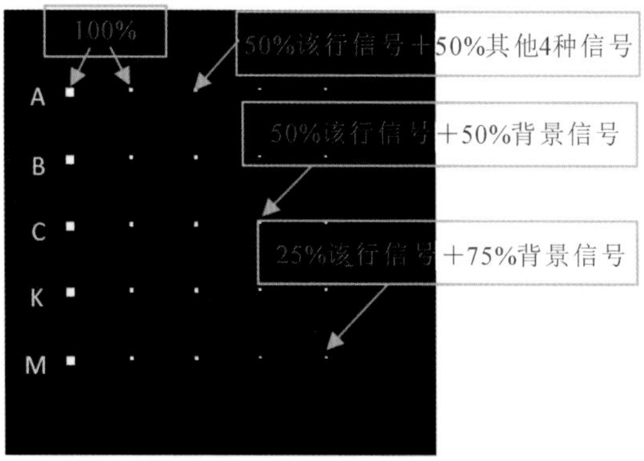

图 7.2　模拟图像 TI

TI 称为植入模拟图像，以 b 填充整幅高光谱图像。从上向下 5 行分别是 A、B、C、K 和 M 区域，从左向右 5 列面板分别是 4×4 纯像元，2×2 纯像元，2×2 当前行像元与其他 4 种像元 50%混合，1×1 当前行像元与背景的 50%混合，1×1 当前行像元 25%与背景 75%的混合，如图 7.2。TI1～TI4 分别是无噪声、背景有噪声、面板像元与背景都有噪声纯特性元解混以及面板像元与背景都有噪声图像实际特性元解混(Chang，2013)。

对上述图像进行 OVP、OSP 和 LSE 解混，结果见图 7.3～图 7.6。其中 5 列数值分别代

表 5 个主特性元在每行面板像元中的丰度比例。

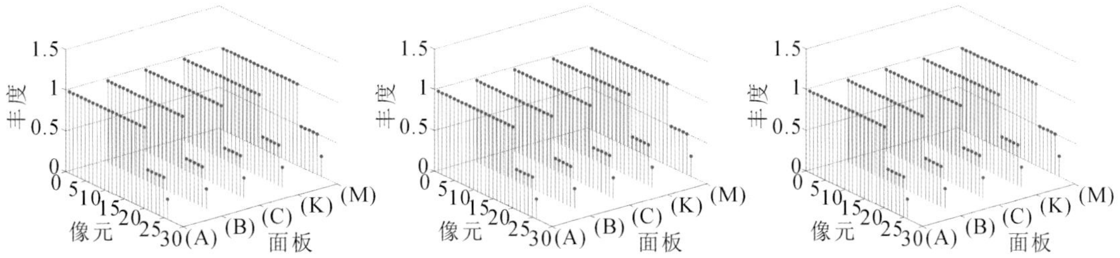

(a) OVP (b) OSP (c) LSE

图 7.3 TI1 解混效果

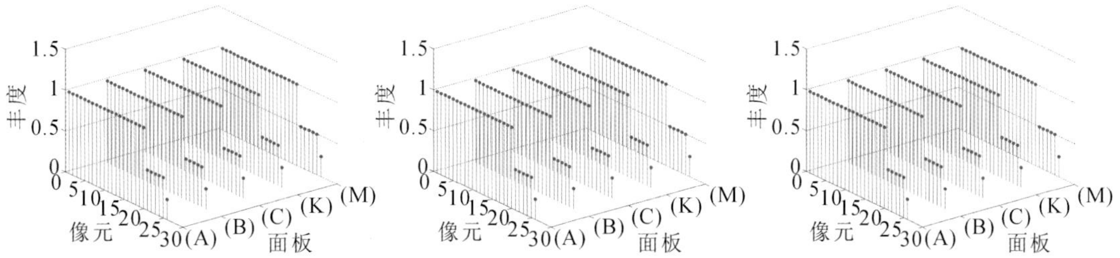

(a) OVP (b) OSP (c) LSE

图 7.4 TI2 解混效果

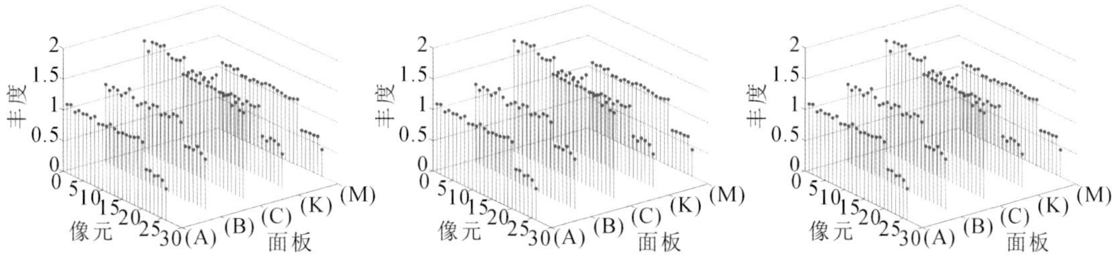

(a) OVP (b) OSP (c) LSE

图 7.5 TI3 解混效果

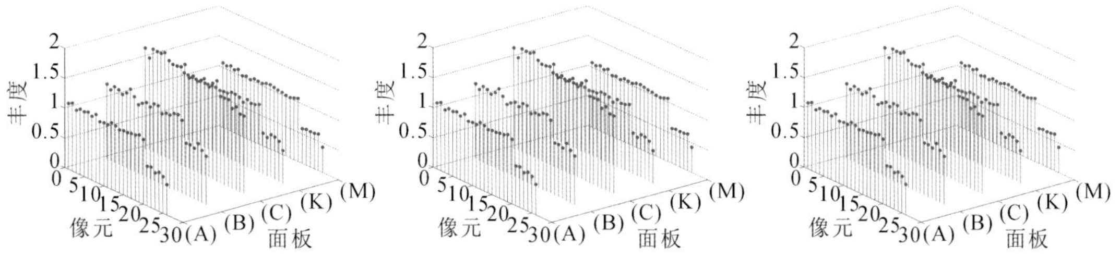

(a) OVP (b) OSP (c) LSE

图 7.6 TI4 解混效果

从图 7.3～图 7.6 的结果可以看出，OVP 的解混结果与 OSP 和 LSE 完全一致，这与第 3 部分的推导结果相符。

7.5.2 HYDICE 数据实验结果和分析

HYDICE 是另一组常用于高光谱算法测试的数据，共保留 169 波段，光谱空间分辨率为 1.56 m。图中黄色区域的红色部分是标识区域，对应地面设置目标所涉及的 19 个像元，如图 7.7(b)所示。其中第 1、3、5 行分别表示不同材质，第 2、3 行以及第 4、5 行分别是同材质不同颜色。利用 5 个目标光谱向量作为特性元，另外提取 4 个不同类别地物光谱曲线（干扰、草、树、路），如图 7.7(a)所示，共构成 9 个特性元。

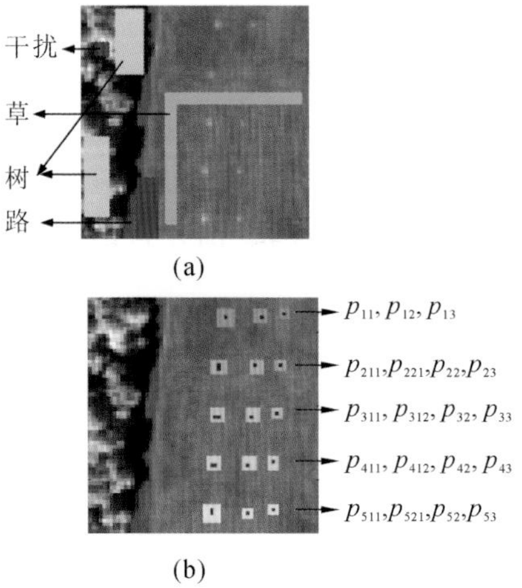

图 7.7　HYDICE 图像和所选 19 个特性元

整张图分别利用 9 个特性元进行无约束线性丰度计算，与 Synthetic 数据一样，LSE、OSP 和 OVP 的结果完全一致，计算时间如表 7.2 所示。如 7.4.3 节分析，在特性元数量较少的时候，计算时间主要受波段数量的影响，所以各个算法的计算时间差异不大。但是，如果我们把已知特性元设定为利用 ATGP 算法提取的 169 个特性元，则解混时间随特性元数量变化的情况就比较明显，如表 7.3 所示。

表 7.2　各算法用时随特性元数量增加(3～9) 的变化情况(单位：s)

n	3	4	5	6	7	8	9
LSE	0.045 245 11	0.059 860 62	0.075 064 97	0.090 814 42	0.010 546 817	0.122 455 37	0.0135 712 02
OSP	0.018 862 13	0.019 491 40	0.019 774 58	0.020 222 96	0.020 906 70	0.021 429 06	0.021 803 45
OVP	0.015 148 75	0.015 211 841	0.015 384 56	0.015 466 28	0.015 589 27	0.015 641 35	0.015 650 83

表 7.3　各算法用时随特性元数量增加(1～169) 的变化情况(单位：s)

n	6	18	34	120	169
LSE	0.090 716 02	0.272 265 50	0.480 738 00	1.986 548 80	2.987 701 79
OSP	0.020 209 81	0.026 659 45	0.038 635 82	0.256 900 75	0.545 871 92
OVP	0.015 421 50	0.016 140 97	0.017 967 76	0.060 951 01	0.106 621 65

从表 7.3 可以明显看出，OVP 的计算时间是最短的，这与 7.4.3 节的复杂度分析结果一致。

7.6 本章小结

作为光谱解混的基础算法，LSE、OSP 和几何法都得到了很广泛的应用，但是这 3 类算法都需要矩阵求逆或方阵行列式值的计算。这在软件和硬件实现时都具有一定的困难，且计算量比较大。本章提出的 OVP 算法利用 OSP 的思想进行解混，避免了矩阵求逆运算，很好地解决了线性解混问题。从理论分析方面，该算法与 LSE 和 OSP 的一致性和合理性得到了证明。从计算复杂性的理论分析方面，也证明了算法的计算效率。同时，OVP 也可以继承 OSP 的独特优势，即在目标探测和寻找非监督目标时，可以逐一分析，更好地获取目标信息。

但是，OVP 虽然在求解单个特性元的丰度时可以得到很好的运行性能，但随着特性元数量增加，其在解混所有特性元时，时间增加迅速，这也是我们后续工作要研究解决的问题。

参考文献

耿修瑞，童庆禧，郑兰芬，2005. 一种基于端元投影向量的高光谱图像地物提取算法[J]. 自然科学进展，15(4)：509-512.

BIOUCAS-DIAS J，PLAZA A，DOBIGEON N，et al.，2012. Hyperspectral unmixing overview：Geometrical，statistical，and sparse regression-based approaches[J]. IEEE Journal of Selected Topics in Applied Earth Observations and Remote Sensing，5(2)：354-379.

CHANG C，2013. Hyperspectral data processing：Algorithm design and analysis[M]. New York：John Wiley & Sons，Inc.

DU Q，RAKSUNTORN N，YOUNAN N，et al.，2008. End-member extraction for hyperspectral image analysis[J]. Applied Optics，47(28)：F77-84.

HONEINE P，2012. Geometric unmixing of large hyperspectral images：A barycentric coordinate approach[J]. IEEE Transactions on Geoscience and Remote Sensing，50(6)：2185-2195.

REN H，CHANG C，2003. Automatic spectral target recognition in hyperspectral imagery[J]. IEEE Transactions on Aerospace and Electronic Systems，39(4)：1232-1249.

SETTLE J，1996. On the relationship between spectral unmixing and subspace projection[J]. IEEE Transactions on Geoscience and Remote Sensing，34(4)：1045-1046.

SONG M，CHANG C，2015. A theory of recursive orthogonal subspace projection for hyperspectral imaging[J]. IEEE Transactions on Geoscience and Remote Sensing，53(6)：3055-3072.

SONG M，LI H，CHANG C，et al.，2014. Gram-Schmidt orthogonal vector projection for hyperspectral unmixing[C]//2014 IEEE Geoscience and Remote Sensing Symposium，Quebec City，QC：2934-2937.

第8章 利用最小二乘误差、正交投影和单形体体积进行线性光谱混合分析

线性光谱解混(linear spectral unmixing,LSU)加上和为一和非负两个约束,可以得到常用的丰度全约束LSU,即FAC-LSU。求解FAC-LSU可以采用基于最小二乘的FCLS算法,也可以用基于单形体体积(simplex volume,SV)的方法求解。最近的研究表明,最小二乘(LS)、单形体体积(SV)和正交投影(orthogonal projection,OP)之间密切相关,但在探讨存在端元进行端元提取和不存在端元进行特性元寻找这两种情形的区别时,三者的关系并未得到充分研究。该章从端元提取和特性元寻找的角度,研究3种设计标准LS、OP和SV的关联,并对比分析合成图像和实际图像的实验数据,说明各标准的优缺点。

8.1 简　　介

线性光谱解混(LSU)已经广泛应用于高光谱数据分析(Chang,2016a,2013),例如亚像元探测、混合像元分类和量化等。在监督式情况下特性元集合作为先验知识,非监督情况下从图像中自动获取特性元集合,图像中数据样本向量表达为这些未知特性元的线性混合,分解得到各特性元的丰度值用于不同用途,如混合像元探测、分类和量化。LSU常用的求解方法是最小二乘,用于亚像元探测和混合像元分类时,无须施加和为一和非负约束,但涉及混合像元的量化时,这两个约束就必不可少。具备这两个约束的方法即全丰度约束LSU方法,该类方法没有解析解,只能通过数值型方法寻找优化解。研究发现最小二乘方法与正交投影方法联系紧密,和为一约束和非负约束在单形体上投影实现,可以用基于单形体的方法求解FAC-LSU。二者的区别如下:基于单形体方法求解LSU,要假设存在纯数据样本向量,但实际高光谱图像中,作为先验知识的完备端元通常不可得或者不可靠。将FAC-LSU扩展到非监督FAC-LSU(UFAC-LSU),直接从图像数据获取端元,由于物理干扰等影响,可能并不存在端元,不能用端元提取方法,要用特性元寻找方法。该方法找到的是潜在候选端元,并不一定是纯的,但可以看作最接近端元的特性元。另一方面,基于LS和OP的方法不需要假设端元存在。

有多种寻找特性元的方法,Chang等(2010)提出的基于LS方法,用非监督目标探测产生特性元集合;Chang等(2011)提出了基于成分分析方法,利用成分分析产生特性元集合。Heinz等(2001)提出的非监督式全约束最小二乘方法,通过计算最小解混误差获得特性元集合;Wang等(2006)提出的高光谱解混方法,利用盲信号分离技术寻找特性元集合。此

外，还有很多算法用于特性元寻找，例如像元纯度索引(pixel purity index，PPI)(Boardman，1994)、最小体积转换(minimum volume transform，MVT)(Craig，1994)、凸锥分析(convex cone analysis，CCA)(Ifarraguarri et al.，1999)、N-FINDR(Winter，1999)、顶点成分分析(vertex component analysis，VCA)(Nascimento，2005)、单形体体积增长算法(Chang et al.，2006)、非负矩阵分解(nonnegative matrix factorization，NMF)(Lee at al.，1999)等。无论这些特性元如何从实际数据中获得，都不能保证是纯数据样本向量。这就引出了一个有趣且实际的问题，如果找到的特性元不纯，结果会怎么样？基于 LS、OP 和 SV 的方法还仍然有效吗？更确切地说，我们关心的不再是特性元集合到底是通过先验知识提供还是从数据中通过非监督方式找到，而是在特性元不纯的情况下，基于 LS、OP 和 SV 的方法是否有效？本章对这个实际应用中更有挑战性的问题进行研究。实际上，如果图像中不存在纯像元，则所谓的“端元提取”就不成立，应该用“特性元寻找”替代，找到的只是最纯数据样本向量，并非 100%纯像元。本章用到的分析方法：①由 Honeine 等(2002)提出的基于 SV 的方法，利用 Cramer 规则寻找单形体体积，并由此计算全约束丰度值；②FCLS 方法(Heinz et al.，2001)，该方法通过 LMM 找到完全约束的丰度值；③基于 OSP 的方法由 Harsanyi 等(1994)提出，也称为 LSOSP，作为丰度无约束最小二乘方法对数据向量进行无约束解混。为了比较这些方法的性能，设计合成图像实验，模拟各种场景并进行详细的结果分析，真实的图像实验进一步说明其在 LSU 结果上的差异。

最后，Heinz 等(1994)提出的 FCLS 用于 LSU，得到的 FAC-LSU 方法称为 FCLS-LSU；将基于单形体体积的方法用于 LSU，得到的 FAC-LSU 方法称为 SV-LSU。FCLS-LSU 和 SV-LSU 是不同的，即基于单形体的方法可以作为 FAC-LSU 的一种机制，但不一定是 FCLS 方法。

8.2 用最小二乘误差解释的 FAC-LSU

FAC-LSU 的主要思想是假设有 p 个基础物质特性元$\boldsymbol{m}_1,\boldsymbol{m}_2,\cdots,\boldsymbol{m}_p$，任意数据样本向量 $\boldsymbol{r}$ 可以用$\boldsymbol{m}_1,\boldsymbol{m}_2,\cdots,\boldsymbol{m}_p$ 通过线性混合模型表示，

$$\boldsymbol{r} = \boldsymbol{M\alpha} + \boldsymbol{n} \tag{8.1}$$

其中，$\boldsymbol{M} = [\boldsymbol{m}_1\ \boldsymbol{m}_2 \cdots \boldsymbol{m}_p]$，$\boldsymbol{m}_i$ 是来自于图像本身或由先验知识提供的特性元。$\boldsymbol{\alpha} = (\alpha_1,\alpha_2,\cdots,\alpha_p)^{\mathrm{T}}$ 是 $\boldsymbol{r}$ 的丰度值向量，α_j对应于第 j 个特性元 $\boldsymbol{m}_j$在 $\boldsymbol{r}$ 中的丰度值。$\boldsymbol{n}$ 是模型导致的误差、传感设备导致的测量误差或噪声。FAC-LSU 的目的是利用式(8.1)将 $\boldsymbol{r}$ 解混为 p 个丰度值 $\alpha_1,\alpha_2,\cdots,\alpha_p$，获得丰度向量 $\boldsymbol{\alpha}$。

求解式(8.1)的经典方法是最小化 $\boldsymbol{n}$ 的 LSE，即

$$\min_{\boldsymbol{\alpha}} \mathrm{LSE} = \min_{\boldsymbol{\alpha}} \boldsymbol{n}^{\mathrm{T}}\boldsymbol{n} = \min_{\boldsymbol{\alpha}} (\boldsymbol{r} - \boldsymbol{M\alpha})^{\mathrm{T}}(\boldsymbol{r} - \boldsymbol{M\alpha}) \tag{8.2}$$

式(8.2)最优解可由下述的最小二乘解给出

$$\hat{\boldsymbol{\alpha}}^{\mathrm{LS}}(\boldsymbol{r}) = (\boldsymbol{M}^{\mathrm{T}}\boldsymbol{M})^{-1}\boldsymbol{M}^{\mathrm{T}}\boldsymbol{r} \tag{8.3}$$

其中，丰度向量估计值$\hat{\boldsymbol{\alpha}}^{\mathrm{LS}}(\boldsymbol{r})$中的 $\boldsymbol{r}$ 强调估计值对 $\boldsymbol{r}$ 的依赖性。式(8.1)没有施加任何丰度

约束，式(8.3) 中的$\hat{\boldsymbol{\alpha}}^{LS}(\boldsymbol{r})$也称为丰度无约束 LS 方法的解。

为了满足实际应用中的需求，式(8.1)必须附加两个物理约束，分别为丰度和为一约束$\sum_{j=1}^{p}\alpha_j=1$，以及丰度非负约束$\alpha_j\geqslant 0, 1\leqslant j\leqslant p$。按照施加约束的方式，可以得到两种算法：①只施加非负约束的半丰度约束算法，对此 Chang 等(2000)提出了一种数值型求解方法，称为非负最小二乘方法(NCLS)；②施加两种约束的全约束算法，对此 Heinz 等(1994)也提出了一种数值算法，称为全约束最小二乘(FCLS)方法。当用 FCLS 处理 LSU 时，FCLS-LSU 就是利用最小二乘误差解释的 FAC-LSU。

式(8.1)中$\boldsymbol{n}$的 3 种可能因素也可分别从 LS、SV 和 OP 三个角度进行分析。如果将$\boldsymbol{n}$解释为模型误差，则意味着式(8.1)的模型不适合，一方面可能是混合模型为非线性，另一方面可能是所用的特性元不具有代表性，二者都会导致最小二乘误差的产生；如果将$\boldsymbol{n}$解释为实际应用中不可避免的噪声，就可以说明为什么单形体体积方法估计的丰度值不准确；如果将$\boldsymbol{n}$解释为传感设备导致的测量误差，就可以说明为什么正交投影方法得到的丰度值不准确。

8.3 用单形体体积解释的 FAC-LSU

首先，假设所有数据样本都由p个特性元$\boldsymbol{m}_1,\boldsymbol{m}_2,\cdots,\boldsymbol{m}_p$线性混合而成，不管特性元是否是纯端元，式(8.1) 可以改变为$\boldsymbol{r}=\boldsymbol{M\alpha}$，不包含所谓的噪声$\boldsymbol{n}$。Honeine 等(2012)利用该模型将式(8.1) 重新表达为

$$\begin{bmatrix}1\\ \boldsymbol{r}\end{bmatrix}_{(L+1)\times 1}=\begin{bmatrix}1 & 1 & \cdots & 1\\ \boldsymbol{m}_1 & \boldsymbol{m}_2 & \cdots & \boldsymbol{m}_p\end{bmatrix}_{(L+1)\times p}\boldsymbol{\alpha}_{p\times 1} \tag{8.4}$$

得到：

$$\begin{aligned}\begin{bmatrix}1\\ \boldsymbol{r}\end{bmatrix}_{(L+1)\times 1}&=\begin{bmatrix}1 & 0 & \cdots & 0\\ \boldsymbol{m}_1 & \boldsymbol{m}_2-\boldsymbol{m}_1 & \cdots & \boldsymbol{m}_p-\boldsymbol{m}_1\end{bmatrix}_{(L+1)\times p}\begin{bmatrix}1\\ \bar{\boldsymbol{\alpha}}\end{bmatrix}_{p\times 1}\\ \Rightarrow\boldsymbol{r}&=\boldsymbol{m}_1+[\boldsymbol{m}_2-\boldsymbol{m}_1\ \cdots\ \boldsymbol{m}_p-\boldsymbol{m}_1]_{L\times(p-1)}\bar{\boldsymbol{\alpha}}_{(p-1)\times 1}\\ \Rightarrow\boldsymbol{r}-\boldsymbol{m}_1&=[\boldsymbol{m}_2-\boldsymbol{m}_1\ \cdots\ \boldsymbol{m}_p-\boldsymbol{m}_1]_{L\times(p-1)}\bar{\boldsymbol{\alpha}}_{(p-1)\times 1}\end{aligned} \tag{8.5}$$

$\bar{\boldsymbol{\alpha}}_{(p-1)\times 1}=(\alpha_2,\alpha_3,\cdots,\alpha_p)^{\mathrm{T}}$为$(p-1)$维列向量，从最初的$p$维丰度向量$\boldsymbol{\alpha}_{p\times 1}$中移除$\alpha_1$。比较式(8.5) 和式(8.4)，可以发现式(8.5) 没有附加在式(8.4) 上的和为一约束，因为式(8.4) 单形体体积是基于p个特性元$\boldsymbol{m}_1,\boldsymbol{m}_2,\cdots,\boldsymbol{m}_p$计算的，特性元之间一定要满足和为一约束，而式(8.5) 的单形体体积是基于$(p-1)$条单形体边$\boldsymbol{m}_2-\boldsymbol{m}_1,\cdots,\boldsymbol{m}_p-\boldsymbol{m}_1$计算的，不需要和为一约束。式(8.5) 计算的单形体体积平移且旋转不变，可以使用 OP 标准和方法。

根据式(8.4)和式(8.5)，第j个特性元$\boldsymbol{m}_j$的丰度值α_j可以根据 Cramer 规则获得：

$$\begin{aligned}\alpha_j&=\det\left(\begin{bmatrix}1 & \cdots & 1 & 1 & 1 & \cdots & 1\\ \boldsymbol{m}_1 & \cdots & \boldsymbol{m}_{j-1} & \boldsymbol{r} & \boldsymbol{m}_{j+1} & \cdots & \boldsymbol{m}_p\end{bmatrix}\right)\\ &=\frac{\det([\boldsymbol{m}_2-\boldsymbol{m}_1\ \cdots\ \boldsymbol{m}_{j-1}-\boldsymbol{m}_1\ \ \boldsymbol{r}-\boldsymbol{m}_1\ \ \boldsymbol{m}_{j+1}-\boldsymbol{m}_1\ \cdots\ \boldsymbol{m}_p-\boldsymbol{m}_1])}{\det([\boldsymbol{m}_2-\boldsymbol{m}_1\ \cdots\ \boldsymbol{m}_{j-1}-\boldsymbol{m}_1\ \ \boldsymbol{m}_j-\boldsymbol{m}_1\ \ \boldsymbol{m}_{j+1}-\boldsymbol{m}_1\ \cdots\ \boldsymbol{m}_p-\boldsymbol{m}_1])}\end{aligned} \tag{8.6}$$

如果把单形体顶点定义为 $\boldsymbol{M}$ 中的 p 个特性元向量，则其单形体体积可以由下式计算得到：

$$V(\boldsymbol{m}_1,\cdots,\boldsymbol{r},\cdots,\boldsymbol{m}_p) \propto \frac{\det([\boldsymbol{m}_2-\boldsymbol{m}_1 \quad \cdots \quad \boldsymbol{m}_{j-1}-\boldsymbol{m}_1 \quad \boldsymbol{r}-\boldsymbol{m}_1 \quad \boldsymbol{m}_{j+1}-\boldsymbol{m}_1 \quad \cdots \quad \boldsymbol{m}_p-\boldsymbol{m}_1])}{(p-1)!} \tag{8.7}$$

利用式(8.7)，第 j 个丰度值 α_j 可以进一步表示为

$$\alpha_j=\frac{V(\boldsymbol{m}_1,\cdots,\boldsymbol{m}_{j-1},\boldsymbol{r},\boldsymbol{m}_{j+1},\cdots,\boldsymbol{m}_p)}{V(\boldsymbol{m}_1,\cdots,\boldsymbol{m}_{j-1},\boldsymbol{m}_j,\boldsymbol{m}_{j+1},\cdots,\boldsymbol{m}_p)} \tag{8.8}$$

即去掉式(8.7)的比例常数 $1/(p-1)!$，利用 2 个 $(p-1)$ 维单形体的体积比进行 FAC-LSU 数据解混。第 1 个单形体表示为 $S(\boldsymbol{m}_1,\cdots,\boldsymbol{m}_{j-1},\boldsymbol{r},\boldsymbol{m}_{j+1},\cdots,\boldsymbol{m}_p)$，其顶点定义为 $\boldsymbol{r}$ 和 $(p-1)$ 个特性元 $\boldsymbol{m}_1,\cdots,\boldsymbol{m}_{j-1},\boldsymbol{m}_{j+1},\cdots,\boldsymbol{m}_p$，第 2 个单形体表示为 $S(\boldsymbol{m}_1,\cdots,\boldsymbol{m}_{j-1},\boldsymbol{m}_j,\boldsymbol{m}_{j+1},\cdots,\boldsymbol{m}_p)$，顶点定义为 p 个特性元 $\boldsymbol{m}_1,\cdots,\boldsymbol{m}_{j-1},\boldsymbol{m}_j,\boldsymbol{m}_{j+1},\cdots,\boldsymbol{m}_p$。

Chang 等(2016b)说明，单形体体积可以通过底面面积乘以高度值计算得到。令 j 个顶点单形体 S_j 表示 $(j+1)$ 个顶点单形体 S_{j+1} 的底面，h_j 表示第 $(j+1)$ 个顶点与 $\langle S_j\rangle$ 线性扩展子空间之间的正交距离(或高度)。例如，将 h_1 定义为 2 个顶点单形体 S_2 的高度，该单形体可以看作是连接 2 个顶点之间的线段；将 h_2 定义为 3 个顶点单形体 S_3 的高度，该单形体可以看作是连接 3 个顶点的三角形。依据 Chang 等(2016b)的研究，$(j+1)$ 个顶点单形体 S_{j+1} 的体积 $V(S_{j+1})$ 可以表示为

$$V(S_{j+1})=\int_{h=0}^{h_j} V(S_j)\left(\frac{h}{h_j}\right)^{j-1}\mathrm{d}h=V(S_j)\,\frac{h_j}{j} \tag{8.9}$$

因此，对于 $j>2$，$V(S_{j+1})$ 可以利用前面的 $V(S_j)$ 递归计算得到：

$$V(S_{j+1})=V(S_j)\cdot\frac{h_j}{j}=(1/j!)h_j h_{j-1}\cdots h_1 \tag{8.10}$$

其中，$h_1,h_2,\cdots,h_j$ 是 S_j 的 j 个高度。

根据式(8.8)和式(8.9)，丰度值 α_j 是 $\boldsymbol{r}$ 正交投影到 $S(\boldsymbol{m}_1,\cdots,\boldsymbol{m}_{j-1},\boldsymbol{m}_{j+1},\cdots,\boldsymbol{m}_p)$ 组成的 $(p-1)$ 个顶点的单形体上的高度，与 $\boldsymbol{m}_j$ 正交投影到相同单形体上的高度之比。

作为说明，图 8.1(a)给出了 $p=3$ 时单形体体积和丰度计算的方式。由 3 个顶点 $\boldsymbol{m}_1$、$\boldsymbol{m}_2$ 和 $\boldsymbol{m}_3$ 构成的单形体为三角形 $\triangle\boldsymbol{m}_1\boldsymbol{m}_2\boldsymbol{m}_3$，其体积 $V(S(\boldsymbol{m}_1,\boldsymbol{m}_2,\boldsymbol{m}_3))$ 由连接点 $\boldsymbol{m}_3$ 和点 $\boldsymbol{C}$ 之间的线段 $\boldsymbol{m}_3\boldsymbol{C}$，与其基底(连接 $\boldsymbol{m}_1$ 和 $\boldsymbol{m}_2$ 的线段 $\boldsymbol{m}_1\boldsymbol{m}_2$)的乘积获得，即 $(\boldsymbol{m}_3\boldsymbol{C})\cdot(\boldsymbol{m}_1\boldsymbol{m}_2)$。而由 3 个顶点 $\boldsymbol{m}_1$、$\boldsymbol{m}_2$ 和 $\boldsymbol{r}$ 构成的单形体 $\triangle\boldsymbol{m}_1\boldsymbol{m}_2\boldsymbol{r}$，体积可以由连接点 $\boldsymbol{r}$ 和点 $\boldsymbol{B}$ 之间的线段 $\boldsymbol{rB}$ 与其基底(连接 $\boldsymbol{m}_1$ 和 $\boldsymbol{m}_2$ 的线段 $\boldsymbol{m}_1\boldsymbol{m}_2$)的乘积获得，即 $(\boldsymbol{rB})\cdot(\boldsymbol{m}_1\boldsymbol{m}_2)$。根据式(8.8)，丰度值 α_3 为

$$\alpha_3=\frac{(\boldsymbol{rB})\cdot(\boldsymbol{m}_1\boldsymbol{m}_2)}{(\boldsymbol{m}_3\boldsymbol{C})\cdot(\boldsymbol{m}_1\boldsymbol{m}_2)}=\frac{\boldsymbol{rB}}{\boldsymbol{m}_3\boldsymbol{C}} \tag{8.11}$$

可以利用图 8.1(a)的 LSU 例子，解释如何根据式(8.8)和三角形 $\triangle\boldsymbol{m}_1\boldsymbol{m}_2\boldsymbol{m}_3$ 计算单形体 $S(\boldsymbol{m}_1,\boldsymbol{m}_2,\boldsymbol{m}_3)$ 的体积。图 8.1(c)说明如何根据 3 个特性元 $\boldsymbol{m}_1$、$\boldsymbol{m}_2$ 和 $\boldsymbol{m}_3$ 以及式(8.4)，计算和为一约束的单形体 $S(\boldsymbol{m}_1,\boldsymbol{m}_2,\boldsymbol{m}_3)$ 体积。该单形体由 3 个从原点 $\boldsymbol{O}$ 出发的特性元向量 $\boldsymbol{Om}_1$、$\boldsymbol{Om}_2$ 和 $\boldsymbol{Om}_3$ 决定。分别从 $\boldsymbol{m}_2$ 和 $\boldsymbol{m}_3$ 中减去 $\boldsymbol{m}_1$，得到两个单形体的边向量，$\tilde{\boldsymbol{m}}_2=\boldsymbol{m}_2-\boldsymbol{m}_1$

和$\tilde{\boldsymbol{m}}_3=\boldsymbol{m}_3-\boldsymbol{m}_1$，加上连接$\boldsymbol{m}_2$和$\boldsymbol{m}_3$的边向量$\boldsymbol{m}_3-\boldsymbol{m}_2$，就构成了一个三角形，体积可以根据式(8.5)和式(8.9)计算得到。此外，图8.1(c)中3个顶点的单形体体积可以用两个顶点的单形体$S(\boldsymbol{m}_1,\boldsymbol{m}_2)$体积计算得到，即用图8.1(b)中两个顶点间距离$\|\tilde{\boldsymbol{m}}_2\|=\|\boldsymbol{m}_2-\boldsymbol{m}_1\|$，乘以正交于该边的高度$h_2=\boldsymbol{m}_3\boldsymbol{A}$。进一步分解$\boldsymbol{m}_3$，即$\tilde{\boldsymbol{m}}_3=\tilde{\boldsymbol{m}}_3^{\perp}+\tilde{\boldsymbol{m}}_3^{\parallel}$，如图8.1(c)所示，得到分别正交和平行于向量$\tilde{\boldsymbol{m}}_2$的$\tilde{\boldsymbol{m}}_3^{\perp}$和$\tilde{\boldsymbol{m}}_3^{\parallel}$，有$h_2=\|\tilde{\boldsymbol{m}}_3^{\perp}\|$。根据式(8.5)和式(8.9)，$\triangle\boldsymbol{m}_1\boldsymbol{m}_2\boldsymbol{m}_3=(1/2)V(S_2)h_2=(1/2)\|\tilde{\boldsymbol{m}}_2\|h_2$，可以通过底$\|\tilde{\boldsymbol{m}}_2\|$与高度$h_2$相乘获得。因此，$\triangle\boldsymbol{m}_1\boldsymbol{m}_2\boldsymbol{m}_3$与3个特性元$\boldsymbol{m}_1$、$\boldsymbol{m}_2$和$\boldsymbol{m}_3$的空间位置没有任何关系，只是由单形体的边向量决定，也就是说$\triangle\boldsymbol{m}_1\boldsymbol{m}_2\boldsymbol{m}_3$的单形体体积计算是平移和旋转不变的。

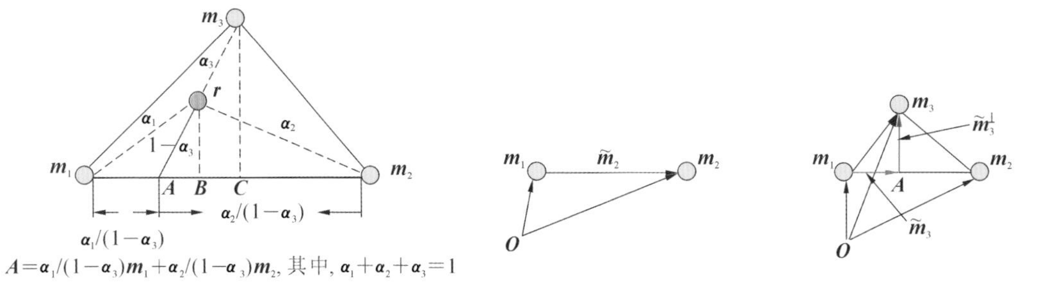

(a) 和为一约束和非负约束同时满足　(b) 满足非负约束但不满足和为一约束　(c) 和为一约束和非负约束均不满足

图8.1　根据式(8.4)、(8.8)和(8.9)得到的2个顶点和3个顶点单形体的体积计算说明

图8.2进一步给出4个顶点的单形体情况，利用图8.1的思路可以得到上述3种解释，分别为由式(8.8)得到的丰度值，由式(8.4)得到的单形体体积，以及由式(8.5)和式(8.9)计算得到的单形体体积。3个边向量$\boldsymbol{m}_2-\boldsymbol{m}_1$、$\boldsymbol{m}_3-\boldsymbol{m}_1$和$\boldsymbol{m}_3-\boldsymbol{m}_2$构成了三角形$\triangle\boldsymbol{m}_1\boldsymbol{m}_2\boldsymbol{m}_3$，即3个顶点的单形体$S(\boldsymbol{m}_1,\boldsymbol{m}_2,\boldsymbol{m}_3)$。$<\tilde{\boldsymbol{m}}_2=\boldsymbol{m}_2-\boldsymbol{m}_1,\tilde{\boldsymbol{m}}_3=\boldsymbol{m}_3-\boldsymbol{m}_1>$是由边向量$\tilde{\boldsymbol{m}}_2$和$\tilde{\boldsymbol{m}}_3$线性扩展得到的空间，$\boldsymbol{O}$为原点，$\boldsymbol{Om}_1$、$\boldsymbol{Om}_2$和$\boldsymbol{Om}_3$是从原点$\boldsymbol{O}$出发的特性元向量$\boldsymbol{m}_1$、$\boldsymbol{m}_2$和$\boldsymbol{m}_3$。根据式(8.4)，单形体$S(\boldsymbol{m}_1,\boldsymbol{m}_2,\boldsymbol{m}_3,\boldsymbol{m}_4)$的体积可以通过在4个特性元$\boldsymbol{m}_1$、$\boldsymbol{m}_2$、$\boldsymbol{m}_3$和$\boldsymbol{m}_4$上附加和为一约束获得，计算方式为$\begin{bmatrix}1 & 1 & 1 & 1\\ \boldsymbol{m}_1 & \boldsymbol{m}_2 & \boldsymbol{m}_3 & \boldsymbol{m}_4\end{bmatrix}$。根据式(8.5)，单形体$S(\boldsymbol{m}_1,\boldsymbol{m}_2,\boldsymbol{m}_3,\boldsymbol{m}_4)$的体积也可以由$[\tilde{\boldsymbol{m}}_2=\boldsymbol{m}_2-\boldsymbol{m}_1\quad\tilde{\boldsymbol{m}}_3=\boldsymbol{m}_3-\boldsymbol{m}_1\quad\tilde{\boldsymbol{m}}_4=\boldsymbol{m}_4-\boldsymbol{m}_1]$计算得到，底$S(\boldsymbol{m}_1,\boldsymbol{m}_2,\boldsymbol{m}_3)$为三角形$\triangle\boldsymbol{m}_1\boldsymbol{m}_2\boldsymbol{m}_3$的面积，高为$\boldsymbol{m}_4\boldsymbol{C}=\tilde{\boldsymbol{m}}_4^{\perp}=h_3$。单形体$S(\boldsymbol{m}_1,\boldsymbol{m}_2,\boldsymbol{m}_3,\boldsymbol{r})$的体积同样可以通过底乘以高获得，底为$S(\boldsymbol{m}_1,\boldsymbol{m}_2,\boldsymbol{m}_3)$，高为线段$\boldsymbol{rB}$，表示$\boldsymbol{r}$在$<\tilde{\boldsymbol{m}}_2,\tilde{\boldsymbol{m}}_3>$线性扩展空间的正交投影。

另一方面，图8.2可以用Honeine等(2012)对FAC-LSU的解释，$<\boldsymbol{m}_1,\boldsymbol{m}_2,\boldsymbol{m}_3>$超平面上的点$\boldsymbol{A}$可以表示为$\boldsymbol{m}_1$、$\boldsymbol{m}_2$和$\boldsymbol{m}_3$的线性混合：

$$\boldsymbol{A}=\frac{1}{(1-\alpha_4)}(\alpha_1\boldsymbol{m}_1+\alpha_2\boldsymbol{m}_2+\alpha_3\boldsymbol{m}_3)=\tilde{\alpha}_1\boldsymbol{m}_1+\tilde{\alpha}_2\boldsymbol{m}_2+\tilde{\alpha}_3\boldsymbol{m}_3\tag{8.12}$$

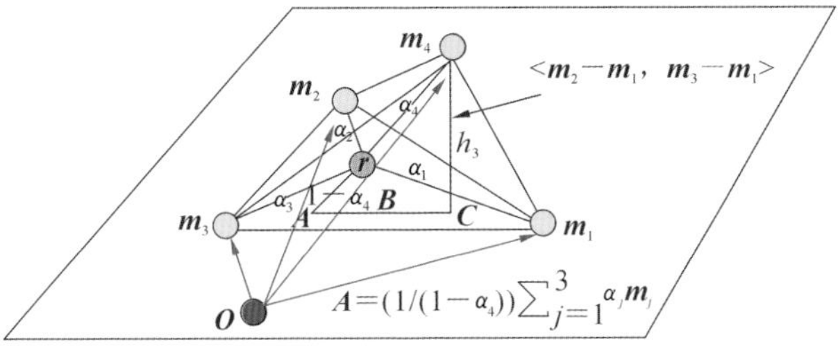

图 8.2 利用式(8.5)和式(8.10)计算 4 个顶点的单形体体积说明

其中，$\tilde{\alpha}_j=\dfrac{\alpha_j}{1-\alpha_4}$。任意数据样本向量 $\boldsymbol{r}$ 可以表示为 $\boldsymbol{m}_4$ 与 $\boldsymbol{A}$ 的线性组合，$\boldsymbol{r}=(1-\alpha_4)\boldsymbol{A}+\alpha_4\boldsymbol{m}_4$。连接点 $\boldsymbol{A}$ 和点 $\boldsymbol{B}$ 的线段 $\boldsymbol{AB}$ 是 $\boldsymbol{r}$ 在超平面上的投影，连接点 $\boldsymbol{A}$ 和点 $\boldsymbol{C}$ 的线段 $\boldsymbol{AC}$ 是 $\boldsymbol{m}_4$ 在超平面上的投影。

如果 p 个特性元 $\boldsymbol{m}_1,\boldsymbol{m}_2,\cdots,\boldsymbol{m}_p$ 未知，则需要直接从数据中寻找，须依赖于一种非监督特性元寻找算法。通过在 FAC-LSU 中增加非监督机制，可以得到 UFAC-LSU。N-FINDR 就是一种典型的 UFAC-LSU 算法，SGA 算法可以看作 N-FINDR 算法的简化渐进版本。

需要说明的是，式(8.12) 仅在不包含噪声 $\boldsymbol{n}$ 的模型 $\boldsymbol{r}=\boldsymbol{M\alpha}$ 上起作用，实际中由于存在众多未知干扰，该模型不一定成立。当所有特性元都存在于数据空间，且所有数据样本向量都可以用式(8.1) 描述时式(8.4) 有效，即所有数据样本向量都位于由 $\boldsymbol{m}_1,\cdots,\boldsymbol{m}_{j-1},\boldsymbol{m}_j,\boldsymbol{m}_{j+1},\cdots,\boldsymbol{m}_p$ 组成的单形体 $S(\boldsymbol{m}_1,\cdots,\boldsymbol{m}_{j-1},\boldsymbol{m}_j,\boldsymbol{m}_{j+1},\cdots,\boldsymbol{m}_p)$ 内部或边界面，一旦有数据样本落在单形体 $S(\boldsymbol{m}_1,\cdots,\boldsymbol{m}_{j-1},\boldsymbol{m}_j,\boldsymbol{m}_{j+1},\cdots,\boldsymbol{m}_p)$ 外部，就不再满足全丰度约束。图 8.3 给出了 3 种情况的说明性示例，其中 $p=4$，$\boldsymbol{r}$ 是待解混的数据样本向量。图 8.3(a) 中 $\boldsymbol{r}$ 位于单形体内部，同时满足和为一约束和非负约束，即 $\alpha_j>0$ 和 $\sum_{j=1}^{4}\alpha_j=1,1\leqslant j\leqslant 4$。图 8.3(b) 中 $\boldsymbol{r}$ 位于单形体外部满足非负约束，但不满足和为一约束，即 $\sum_{j=1}^{4}\alpha_j>1$。图 8.3(c) 中 $\boldsymbol{r}$ 位于单形体的外部，不满足和为一约束和非负约束，即存在 $\alpha_1>0,\alpha_2>0,\alpha_3<0,\alpha_4<0$ 和 $\sum_{j=1}^{4}\alpha_j<1$。需要说明的是，图 8.3(a) ～ (c) 中的单形体由特性元 $\boldsymbol{m}_1$、$\boldsymbol{m}_2$、$\boldsymbol{m}_3$ 和 $\boldsymbol{m}_4$ 决定，与其空间位置无关。

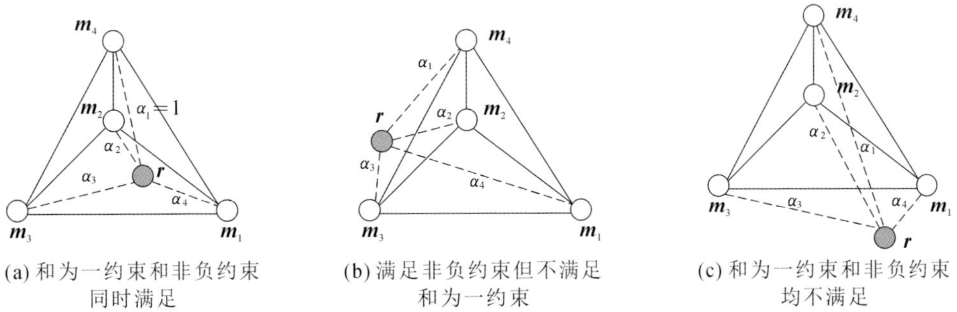

图 8.3 单形体上点的丰度约束情况

8.4 用正交投影解释的 FAC-LSU

如 8.3 节所述，若式(8.1) 没有 $\boldsymbol{n}$，可以用式(8.8)的单形体体积作为标准求解 LSU。但实际中，式(8.1)的项 $\boldsymbol{n}$ 是不可避免的，它可以代表很多未知因素，此时数据样本向量会落在单形体 $S(\boldsymbol{m}_1,\cdots,\boldsymbol{m}_{j-1},\boldsymbol{m}_j,\boldsymbol{m}_{j+1},\cdots,\boldsymbol{m}_p)$ 外面，这种情况下 $\boldsymbol{r}=\boldsymbol{M\alpha}$ 的解不存在。需要寻找一个样本向量 $\boldsymbol{r}'$，不在单形体内部，但跟单形体之间的 LSE 最小。假设 p 个特性元 $\boldsymbol{m}_1,\cdots,\boldsymbol{m}_{j-1},\boldsymbol{m}_j,\boldsymbol{m}_{j+1},\cdots,\boldsymbol{m}_p$ 构成 LSU 的特性元矩阵，定义 $\boldsymbol{r}_U^{\perp}=\boldsymbol{P}_U^{\perp}\boldsymbol{r}$ 和 $(\boldsymbol{m}_j)_U^{\perp}=\boldsymbol{P}_U^{\perp}\boldsymbol{m}_j$ 为像元向量 $\boldsymbol{r}$ 和特性元 $\boldsymbol{m}_j$ 正交于空间 $\langle\boldsymbol{U}\rangle$ 的线段，$\langle\boldsymbol{U}\rangle$ 是单形体 $S(\boldsymbol{m}_1,\cdots,\boldsymbol{m}_{j-1},\boldsymbol{m}_{j+1},\cdots,\boldsymbol{m}_p)$ 的线性扩展空间，

$$\boldsymbol{P}_U^{\perp}=\boldsymbol{I}-\boldsymbol{U}\boldsymbol{U}^{\#} \tag{8.13}$$

其中，$\boldsymbol{U}^{\#}=(\boldsymbol{U}^{\mathrm{T}}\boldsymbol{U})^{-1}\boldsymbol{U}^{\mathrm{T}}$ 是 $\boldsymbol{U}$ 的伪逆，$\boldsymbol{P}_U^{\perp}$ 中 $_U^{\perp}$ 表示投影算子，将像元向量映射到 $\langle\boldsymbol{U}\rangle$ 的正交空间 $\langle\boldsymbol{U}\rangle^{\perp}$ 上，式(8.8) 等价于

$$\hat{\alpha}_j^{\mathrm{LS}}=\frac{\boldsymbol{r}_U^{\perp}}{(\boldsymbol{m}_j)_U^{\perp}} \tag{8.14}$$

因为 $\boldsymbol{r}$ 在单形体 $S(\boldsymbol{m}_1,\cdots,\boldsymbol{m}_{j-1},\boldsymbol{m}_j,\boldsymbol{m}_{j+1},\cdots,\boldsymbol{m}_p)$ 外面，实际上不存在丰度向量 $\boldsymbol{\alpha}$ 的解。式(8.8) 中的丰度值 α_j，只能用式(8.14) 的最小二乘估计 $\hat{\alpha}_j^{\mathrm{LS}}$ 代替。图 8.4 为 4 个顶点时丰度值的 3 种情况。

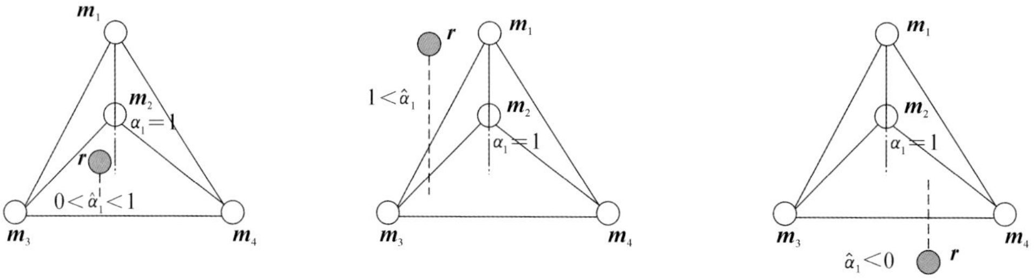

(a) 和为一约束和非负约束同时满足　(b) 满足非负约束但不满足和为一约束　(c) 和为一约束和非负约束均不满足

图 8.4　正交投影情况下不同约束的情况

从信号检测角度求解式(8.1) 的方法，是由 Harsanyi 等(1994)提出的正交子空间投影检测算子 $\delta^{\mathrm{OSP}}(\boldsymbol{r})$，用信噪比而不是式(8.2) 的最小二乘误差作为标准。其主要思想是将特性元 $\boldsymbol{m}_1,\boldsymbol{m}_2,\cdots,\boldsymbol{m}_{p-1}$ 线性扩展的超平面看作非期望特性元空间，把当前特性元 $\boldsymbol{m}_p$ 看作期望特性元 $\boldsymbol{d}$。$\delta^{\mathrm{OSP}}(\boldsymbol{r})$ 的任务是先消除 $\boldsymbol{U}=[\boldsymbol{m}_1\ \boldsymbol{m}_2\cdots\boldsymbol{m}_{p-1}]$ 的影响，即在数据样本向量 $\boldsymbol{r}$ 上执行 $\boldsymbol{P}_U^{\perp}$ 得到 $\boldsymbol{P}_U^{\perp}\boldsymbol{r}$，然后用 $\boldsymbol{m}_p$ 作为匹配特性元进行匹配滤波，获得其在 $\boldsymbol{r}$ 中的丰度值。$\delta^{\mathrm{OSP}}(\boldsymbol{r})$ 定义为

$$\delta^{\mathrm{OSP}}(\boldsymbol{r})=\kappa\boldsymbol{m}_p^{\mathrm{T}}\boldsymbol{P}_U^{\perp}\boldsymbol{r}=\kappa\boldsymbol{m}_p^{\mathrm{T}}\boldsymbol{r}_U^{\perp}=\kappa\boldsymbol{r}^{\mathrm{T}}(\boldsymbol{m}_p)_U^{\perp} \tag{8.15}$$

其中，$\boldsymbol{r}_U^{\perp}=\boldsymbol{P}_U^{\perp}\boldsymbol{r}$ 且 $(\boldsymbol{m}_p)_U^{\perp}=\boldsymbol{P}_U^{\perp}\boldsymbol{m}_p=\mathrm{w}^{\mathrm{T}}\boldsymbol{m}_p$，$\kappa$ 是常数。当 $p=4$ 时，$\delta^{\mathrm{OSP}}(\boldsymbol{r})$ 在匹配 $\boldsymbol{m}_4$ 之前先消

除 $\boldsymbol{U}=[\boldsymbol{m}_1\ \boldsymbol{m}_2\ \boldsymbol{m}_3]$ 的影响。式(8.15)变成：

$$\delta^{\mathrm{OSP}}(\boldsymbol{r}) = \kappa \boldsymbol{m}_4^{\mathrm{T}} \boldsymbol{P}_U^{\perp} \boldsymbol{r} = \kappa \boldsymbol{m}_4^{\mathrm{T}} \boldsymbol{r}_U^{\perp} = \kappa \boldsymbol{r}^{\mathrm{T}} (\boldsymbol{m}_4)_U^{\perp} \tag{8.16}$$

图 8.5 给出了 $\delta^{\mathrm{OSP}}(\boldsymbol{r})$ 的几何解释，其中 $\boldsymbol{m}_1$、$\boldsymbol{m}_2$、$\boldsymbol{m}_3$ 和 $\boldsymbol{m}_4$ 是 4 个特性元，构成 4 个顶点的单形体即三棱锥。

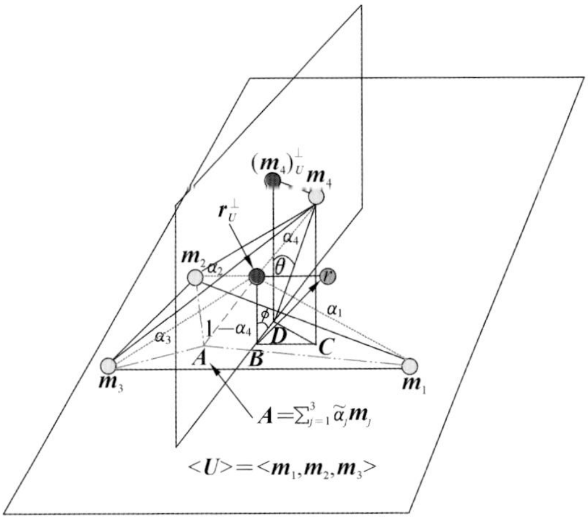

图 8.5 利用 OP 进行的 LSU，使用 $\boldsymbol{U}=<\boldsymbol{m}_1,\boldsymbol{m}_2,\boldsymbol{m}_3>$ 和期望特性元 $\boldsymbol{m}_4$

在图 8.5 中，$\langle \boldsymbol{U} \rangle = \langle \boldsymbol{m}_1, \boldsymbol{m}_2, \boldsymbol{m}_3 \rangle$ 为 $\boldsymbol{m}_1$，$\boldsymbol{m}_2$ 和 $\boldsymbol{m}_3$ 线性扩展的超平面，$\boldsymbol{r}$ 与 $\boldsymbol{r}_U^{\perp}$ 之间的角度为 ϕ，$\boldsymbol{m}_4$ 与 $(\boldsymbol{m}_4)_U^{\perp}$ 之间的角度为 θ。需要说明的是，$(\boldsymbol{m}_4)_U^{\perp}$ 是 $\boldsymbol{m}_4$ 沿着与 $\langle \boldsymbol{U} \rangle = \langle \boldsymbol{m}_1, \boldsymbol{m}_2, \boldsymbol{m}_3 \rangle$ 正交方向的投影，点 $\boldsymbol{A}$ 是将 $\boldsymbol{m}_4$ 约束到超平面 $\langle \boldsymbol{U} \rangle = \langle \boldsymbol{m}_1, \boldsymbol{m}_2, \boldsymbol{m}_3 \rangle$ 上的点，利用式(8.12)，$\boldsymbol{A} = \sum_{j=1}^{3} \tilde{\alpha}_j \boldsymbol{m}_j$，其中 $\tilde{\alpha}_j = \frac{\alpha_j}{1-\alpha_4}$，$1 \leqslant j \leqslant 3$。

进一步，如果将式(8.16)中的常量 κ 定义为 $(\boldsymbol{m}_4^{\mathrm{T}} \boldsymbol{P}_U^{\perp} \boldsymbol{m}_4)^{-1}$，即

$$\kappa = \frac{1}{\boldsymbol{m}_4^{\mathrm{T}} \boldsymbol{P}_U^{\perp} \boldsymbol{m}_4} = \frac{1}{\boldsymbol{m}_4^{\mathrm{T}} (\boldsymbol{m}_4)_U^{\perp}} = \frac{1}{[(\boldsymbol{m}_4)_U^{\perp}]^2 \cos\theta} \tag{8.17}$$

式(8.16)就成为了 α_4 最小二乘估计的丰度值 $\hat{\alpha}_4^{\mathrm{LS}}$，写为

$$\hat{\alpha}_4^{\mathrm{LS}}(\boldsymbol{r}) = \frac{\boldsymbol{A}\boldsymbol{r}_U^{\perp}}{\boldsymbol{A}\boldsymbol{m}_4} = \frac{\boldsymbol{r}_U^{\perp}\boldsymbol{B}}{\boldsymbol{m}_4\boldsymbol{C}} = \frac{r_U^{\perp}}{(\boldsymbol{m}_4)_U^{\perp}} \tag{8.18}$$

其中，$\boldsymbol{r}_U^{\perp}$ 和 $(\boldsymbol{m}_4)_U^{\perp}$ 分别是 $\boldsymbol{r}$ 和 $\boldsymbol{m}_4$ 的正交投影，对应于空间 $<\boldsymbol{U}>^{\perp} = <\boldsymbol{m}_1, \boldsymbol{m}_2, \boldsymbol{m}_3>^{\perp}$ 中的线段 $\boldsymbol{r}_U^{\perp}\boldsymbol{B}$ 和 $\boldsymbol{m}_4\boldsymbol{C}$，该空间正交于子空间 $\langle \boldsymbol{U} \rangle = \langle \boldsymbol{m}_1, \boldsymbol{m}_2, \boldsymbol{m}_3 \rangle$。将式(8.17)的常数 κ 代入式(8.15)，可以得到最小二乘 OSP 估计算子 $\delta^{\mathrm{LSOSP}}(\boldsymbol{r})$，计算 $\boldsymbol{r}$ 中 $\boldsymbol{m}_4$ 的丰度值(Chang，2005；Tu et al.，1999；Chang，1998)。

$$\delta^{\mathrm{LSOSP}}(\boldsymbol{r}) = \kappa \boldsymbol{m}_4^{\mathrm{T}} \boldsymbol{P}_U^{\perp} \boldsymbol{r} = \frac{1}{[(\boldsymbol{m}_4)_U^{\perp}]^2 \cos\theta} \boldsymbol{m}_4^{\mathrm{T}} \boldsymbol{r}_U^{\perp} = \frac{(\boldsymbol{m}_4)_U^{\perp}\, \boldsymbol{r}_U^{\perp} \cos\theta}{[(\boldsymbol{m}_4)_U^{\perp}]^2 \cos\theta} = \frac{\boldsymbol{r}_U^{\perp}}{(\boldsymbol{m}_4)^{\perp}\boldsymbol{U}} \tag{8.19}$$

结果与式(8.18)一样，也就是说，LSOSP 与式(8.3)的 UCLS 一致。

8.5 讨　　论

针对LSU问题，领域内已提出和发表了很多算法，本书不再一一讨论，大部分算法可以归类为上述3种标准，即LS、OP和SV。这里选择分析几种代表性LSU算法的原始思想，如FCLS、OSP和Cramer规则，并不涉及其扩展版本。基于LS的方法最早可以追溯到Settle等(1993)和Shimabukuro等(1991)的文献，FCLS是公认的第一个全约束丰度估计算法。OP最早是Boardman(1994)用来寻找端元的，Harsanyi等(1994)提出的OSP最早建立了LS和OP之间联系。N-FINDR最早利用SV寻找端元，但不能用于丰度估计，其最近的研究工作大多集中于非监督式LSU，主要是端元寻找而非丰度估计，Honeine等(2012)将Cramer规则用于SV计算和丰度估计。图8.2以及Chang等(2016b)最近的研究工作表明，SV与OP联系紧密。本章主要在以下3种标准下通过实验计算丰度值。

(1)LS利用式(8.3)的无约束LS附加和为一约束和非负约束，即FCLS。

(2)SV利用式(8.8)的Cramer规则计算。

(3)OP利用式(8.14)的$\boldsymbol{P}_U^{\perp}$计算。

本章选择的3种标准的代表方法在现有LSU算法中是相对简单的，有以下3点需要说明。

(1)很多高光谱解混方法(Ma et al.,2014)是用来寻找特性元，而不是估计丰度的，例如N-FINDR、SGA利用单形体体积寻找特性元，ATGP、VCA利用正交投影寻找特性元。线性光谱解混和特性元提取/寻找不同，前者根据特性元构成的线性混合模型对数据解混，这些特性元不一定纯，但具有最好的代表性，有些特性元本身就是混合像元，如背景特性元。特性元提取/寻找的目的是找到尽量纯的数据样本向量，但并不一定对线性混合模型中的数据具有很好的表达能力。

(2)本章主要对不同标准的LSU问题进行研究，不需要纯像元的假设前提。Ma等(2014)的光谱解混方法从图像中寻找期望的端元集构成LSU的$\boldsymbol{M}$，假设图像中存在纯的数据样本向量，故这些非监督解混方法不是进行LSU，而是进行端元提取，如Chang(2013)和Ma等(2014)提出的SV-LSU算法VolMax、VoluMin和盲光谱解混NMF等。存在纯特性元(端元)的假设在实际图像中通常不成立，故这些算法找到的端元在解混时并不一定有效，这在Gao等(2015)的文献中有具体的分析和实验比较。

(3)丰度估计的LSU算法大都基于最小二乘，Heylen等(2013)和Honeine等(2012)提出一种全新的思路，使用单形体体积方法进行LSU。本章提出了一种正交投影的方法进行LSU，并把最小二乘(LS)、单形体体积(SV)和正交投影(OP)联系起来，这也是本章的一个重要贡献。

如果图像中存在端元，则本章算法也可以找到合适的端元集，线性组合出图像中所有样本向量，并进一步使用Honeine等(2012)提出的Cramer规则计算端元丰度。

(4)本章的UFAC-LSU算法与Gao等(2015)提出的FCLS-LSU特性元寻找算法不同，前者是以FCLS-LSU的形式进行线性光谱解混，后者是将其作为特性元寻找算法(FCLS-

EFA)依据。Gao 等的研究表明,该方法从图像中找到的很多特性元都是混合度很高的背景特性元。

8.6 合成图像实验结果

实际图像不具备用于 LSU 结果分析的实际分布图,而合成图像具有端元和丰度的完备信息,故采用合成图像分析各种方法的丰度估计性能。利用合成图像,可以判断 3 种标准 LSU 的效果及其细节特点,包括式(8.3)的 LSE、式(8.8)的 SV、式(8.14)的 OP 和 FCLS 算法。

Chang(2016,2013)给出合成图像的构建方法,根据用户需求基于图 8.6(a)的 Cuprite 图像数据模拟产生。该数据可以从 http://aviris.jpl.nasa.gov/下载,覆盖 Cuprite 采矿点,波段数 224,尺寸 350×350,拍摄于 1997 年。去掉图像中的水汽吸收波段和低信噪比波段 1~3,105~115 以及 150~170,剩余 189 个波段。图像中存在很多种矿物质,但真实分布图只提供了 5 种纯物质的位置和分布,分别为明矾石、水铵长石、方解石、高岭石以及白云母,依次用 A、B、C、K 和 M 表示,如图 8.6(b)所示。图 8.6(c)中的 5 种物质反射率光谱曲线用于后面的合成图像仿真。

合成图像中包含 25 个面板,每行中的 5 个面板具有相同材质,每列中的 5 个面板具有相同尺寸。在 25 个面板中,第 1 列包含 5 个 4×4 的纯像元面板,第 2 列包含 5 个 2×2 的纯像元面板,第 3 列包含 5 个 2×2 的混合像元面板,第 4 列和第 5 列分别包含 5 个 1×1 的混合像元面板,分别按照图 8.7 构建。表 8.1 给出第 3 列面板中每个像元的组成方式,表 8.2 给出第 4 列和第 5 列面板中像元的组成方式和丰度,其中 ***BKG*** 表示图 8.6(b)中 BKG 区域的背景像元的均值向量。表 8.1 和表 8.2 中,***A***、***B***、***C***、***K***、***M*** 代表 5 种物质的像元向量。

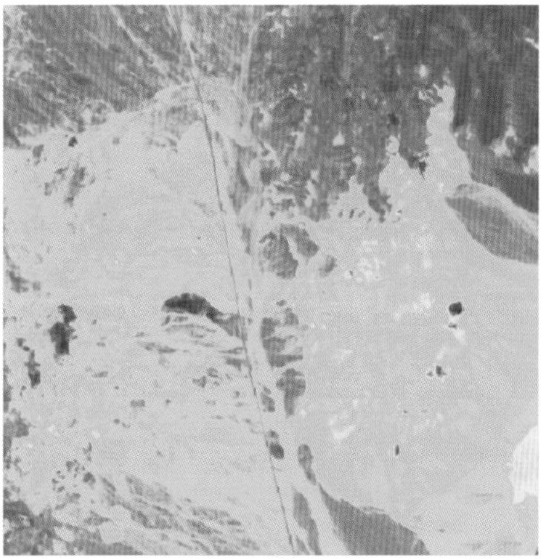

(a) Cuprite图像

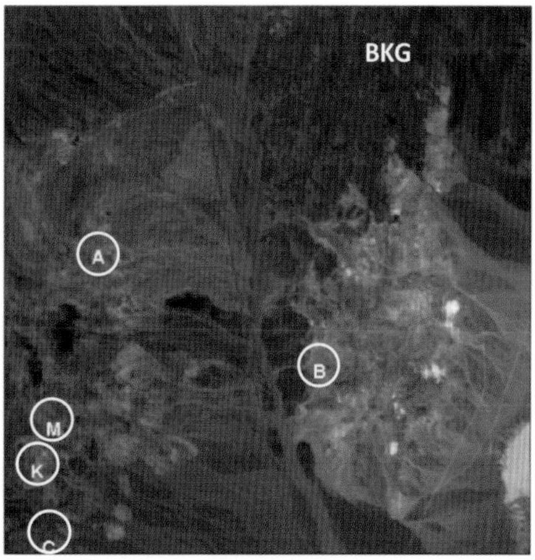

(b) 5个纯像元的空间位置

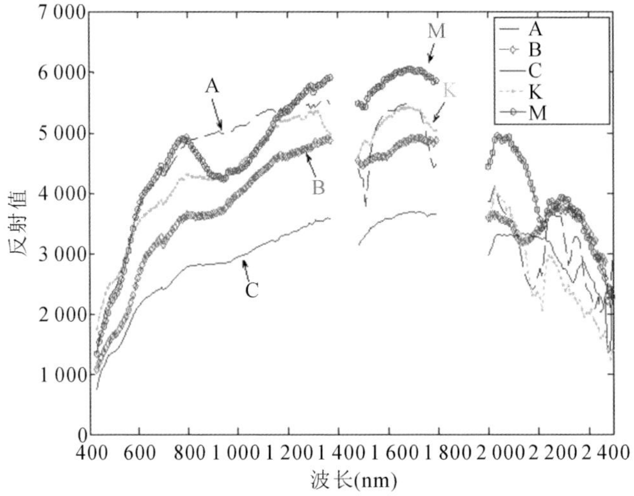

(c) 5种矿物质的反射光谱

图 8.6　5 种矿物质相关图像

表 8.1　第 3 列 20 个面板像元的组成方式

第 1 行	$\boldsymbol{p}_{3,11}^{1}=0.5\boldsymbol{A}+0.5\boldsymbol{B}$	$\boldsymbol{p}_{3,12}^{1}=0.5\boldsymbol{A}+0.5\boldsymbol{C}$
	$\boldsymbol{p}_{3,21}^{1}=0.5\boldsymbol{A}+0.5\boldsymbol{K}$	$\boldsymbol{p}_{3,22}^{1}=0.5\boldsymbol{A}+0.5\boldsymbol{M}$
第 2 行	$\boldsymbol{p}_{3,11}^{2}=0.5\boldsymbol{B}+0.5\boldsymbol{A}$	$\boldsymbol{p}_{3,12}^{2}=0.5\boldsymbol{B}+0.5\boldsymbol{C}$
	$\boldsymbol{p}_{3,21}^{2}=0.5\boldsymbol{B}+0.5\boldsymbol{K}$	$\boldsymbol{p}_{3,22}^{2}=0.5\boldsymbol{B}+0.5\boldsymbol{M}$
第 3 行	$\boldsymbol{p}_{3,11}^{3}=0.5\boldsymbol{C}+0.5\boldsymbol{A}$	$\boldsymbol{p}_{3,12}^{3}=0.5\boldsymbol{B}+0.5\boldsymbol{C}$
	$\boldsymbol{p}_{3,21}^{3}=0.5\boldsymbol{C}+0.5\boldsymbol{K}$	$\boldsymbol{p}_{3,22}^{3}=0.5\boldsymbol{C}+0.5\boldsymbol{M}$
第 4 行	$\boldsymbol{p}_{3,11}^{4}=0.5\boldsymbol{K}+0.5\boldsymbol{A}$	$\boldsymbol{p}_{3,12}^{4}=0.5\boldsymbol{K}+0.5\boldsymbol{B}$
	$\boldsymbol{p}_{3,21}^{4}=0.5\boldsymbol{K}+0.5\boldsymbol{C}$	$\boldsymbol{p}_{3,22}^{4}=0.5\boldsymbol{K}+0.5\boldsymbol{M}$
第 5 行	$\boldsymbol{p}_{3,11}^{5}=0.5\boldsymbol{M}+0.5\boldsymbol{A}$	$\boldsymbol{p}_{3,12}^{5}=0.5\boldsymbol{M}+0.5\boldsymbol{B}$
	$\boldsymbol{p}_{3,21}^{5}=0.5\boldsymbol{M}+0.5\boldsymbol{C}$	$\boldsymbol{p}_{3,22}^{5}=0.5\boldsymbol{M}+0.5\boldsymbol{K}$

表 8.2　第 4、5 列面板像元的丰度值

行	第 4 列	第 5 列
第 1 行	$\boldsymbol{p}_{4,11}^{1}=0.5\boldsymbol{A}+0.5\boldsymbol{BKG}$	$\boldsymbol{p}_{5,11}^{1}=0.25\boldsymbol{A}+0.75\boldsymbol{BKG}$
第 2 行	$\boldsymbol{p}_{4,11}^{2}=0.5\boldsymbol{B}+0.5\boldsymbol{BKG}$	$\boldsymbol{p}_{5,11}^{2}=0.25\boldsymbol{B}+0.75\boldsymbol{BKG}$
第 3 行	$\boldsymbol{p}_{4,11}^{3}=0.5\boldsymbol{C}+0.5\boldsymbol{BKG}$	$\boldsymbol{p}_{5,11}^{3}=0.25\boldsymbol{C}+0.75\boldsymbol{BKG}$
第 4 行	$\boldsymbol{p}_{4,11}^{4}=0.5\boldsymbol{K}+0.5\boldsymbol{BKG}$	$\boldsymbol{p}_{5,11}^{4}=0.25\boldsymbol{K}+0.75\boldsymbol{BKG}$
第 5 行	$\boldsymbol{p}_{4,11}^{5}=0.5\boldsymbol{M}+0.5\boldsymbol{BKG}$	$\boldsymbol{p}_{5,11}^{5}=0.25\boldsymbol{M}+0.75\boldsymbol{BKG}$

根据表 8.1 和表 8.2 得到合成图像图 8.7。共有 130 个面板像元,包括第 1 列 80 个纯像元,第 2 列 20 个纯像元,第 3 列 20 个混合像元,第 4 列 5 个 50%丰度的亚像元,以及第 5

列 25%丰度的亚像元。具体来说，在图 8.7 的 25 个面板的 130 个像元中，第 1 列的每个面板包括 16 个纯像元，故第 1 列共包含 5×16＝80 个纯像元。第 2 列和第 3 列的每个面板包括 4 个像元，故第 2 列共包含 5×4＝20 个纯像元，而第 3 列包含 20 个混合像元。第 4 和第 5 列的每个面板包含 1 个子目标像元，共有 10 个子目标像元，只是目标的丰度值不同。所以，整张图像中包含 130 个面板像元＝100 个纯像元＋20 个混合像元＋10 个子目标像元，涉及 36 种光谱向量，包括第 1 列和第 2 列的 5 种纯像元向量，第 3 列的 20 种混合向量，第 4 列的 5 种亚像元目标向量，以及第 5 列的 5 种亚像元目标向量，此外，还包括一个背景像元的均值向量 ***BKG***。

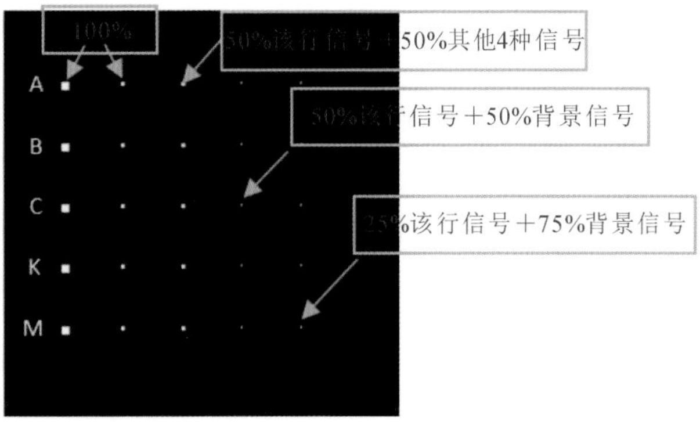

图 8.7　由 A、B、C、K、M 模拟的 25 个面板

图 8.7 中共包含 100 个纯像元(第 1 列 80 个，第 2 列 20 个)，作为特性元分别对应元素 A、B、C、K 和 M。图 8.6(b)右上角的 BKG 区域背景像元的均值向量 ***BKG*** 构成图 8.7 的背景区域。此外，背景区域添加信噪比为 20∶1 的高斯噪声，定义为 50%的特性元除以噪声的标准偏差(Harsanyi et al.，1994)。有了目标像元和背景后，可以得到以下两种类型的目标植入方法。

(1) 目标种植(target implantation，TI)法：在未被噪声污染的背景图像上，插入未被噪声污染的目标面板代替相应位置的背景，称为 TI1；在被噪声污染过的背景图像上，插入未被噪声污染的目标面板代替相应位置的背景，称为 TI2。这两种情况下，图像中仍然存在 100 个纯像元，分布于第 1 列和第 2 列。在 TI1 的基础上，整体添加高斯噪声，得到的图像称为 TI3，也就意味着 TI3 中不存在纯像元。构建 TI1 的目的，是研究 3 种标准(OP、SV 和 LS)下高斯噪声项 $\boldsymbol{n}$ 的作用及其在全丰度约束条件下的表现。

(2) 目标嵌入(target embeddedness，TE)法：将未被污染的目标面板嵌入到未被污染和污染过的背景图像中。与目标种植法的区别是，不用目标面板代替相应位置的背景面板，而是将目标面板与对应位置的背景面板融合。类似于 TI 系列图像中的 3 种场景 TI1、TI2 和 TI3，TE 系列图像也可以得到 3 个场景，分别为 TE1、TE2 和 TE3。因为在 TE 系列图像中，目标与背景融合，图像中不存在端元，故 TE1、TE2 和 TE3 可以用来评价 3 种不同标准在不存在端元情况下的表现。对于 TE 图像来说，应该将式(8.1)改为下式：

$$\boldsymbol{r} = \boldsymbol{M}\boldsymbol{\alpha} + \boldsymbol{B} + \boldsymbol{n} \tag{8.20}$$

图 8.8～图 8.10 给出了根据 OP 的式(8.14)、SV 的式(8.8)、FCLS 和 UCLS 的式(8.3)，TI1、TI2 和 TI3 得到 130 个点的量化结果。TI1 和 TI2 采用模型(8.1)，TI3 采用模型(8.20)，特性元都来自图 8.7(c)中的实际光谱曲线。图中 x 轴数据对应 130 个面板像元的主要组成元素，y 轴数据对应每行 26 个面板像元，z 轴数据对应丰度值。TI3 中不存在纯像元，所以构造第 4 个图像 TI4，该图像解混所用特性元不是图 8.7(c)的光谱曲线，而是图 TI3 中每行第 1 列 16 个像元的均值，采用模型(8.20)。TI4 中用到的矿物质光谱被高斯噪声污染过，只能称作特性元 $\boldsymbol{m}_1, \boldsymbol{m}_2, \cdots, \boldsymbol{m}_5$。图 8.11 给出了 TI4 中 130 个像元的量化结果。

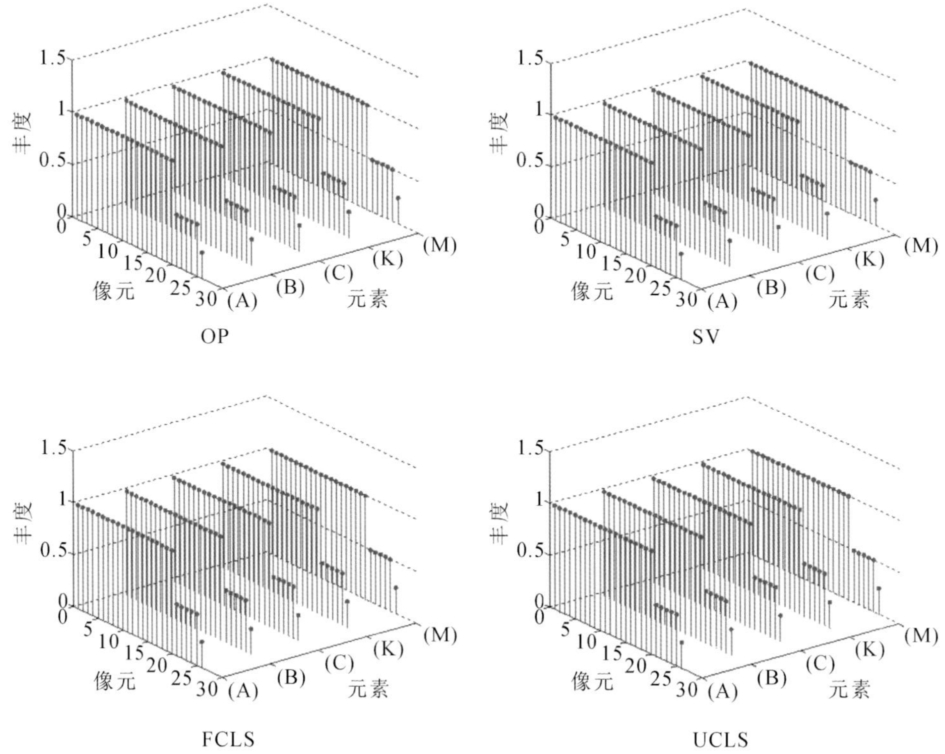

图 8.8 用 OP、SV、FCLS 和 UCLS 得到的 TI1 中 130 个面板像元的定量结果

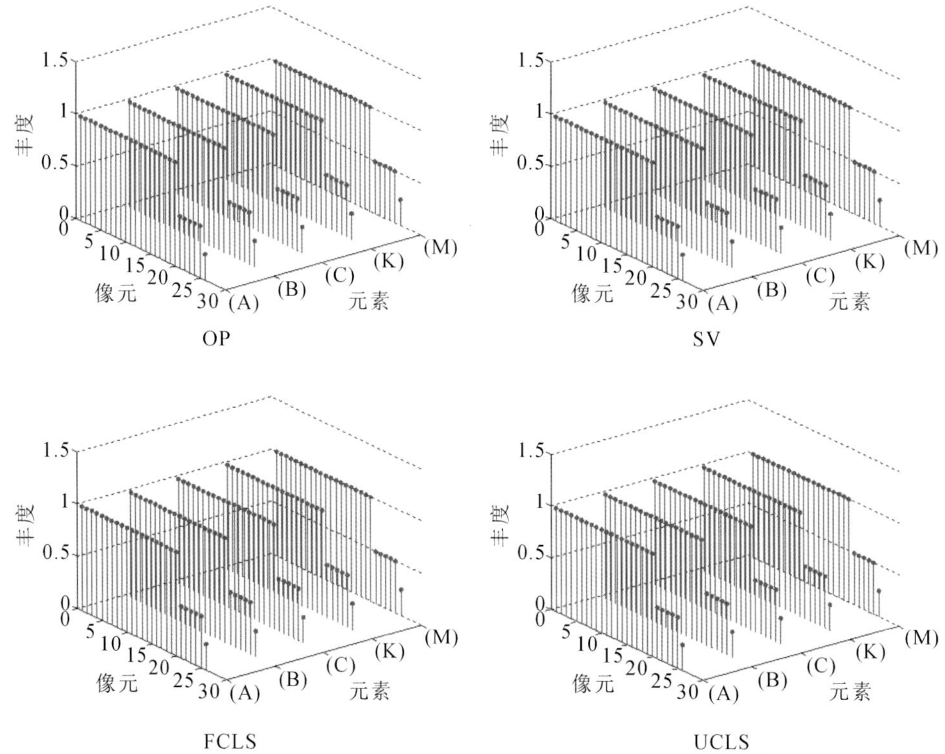

图 8.9 用 OP、SV、FCLS 和 UCLS 得到的 TI2 中 130 个面板像元的定量结果

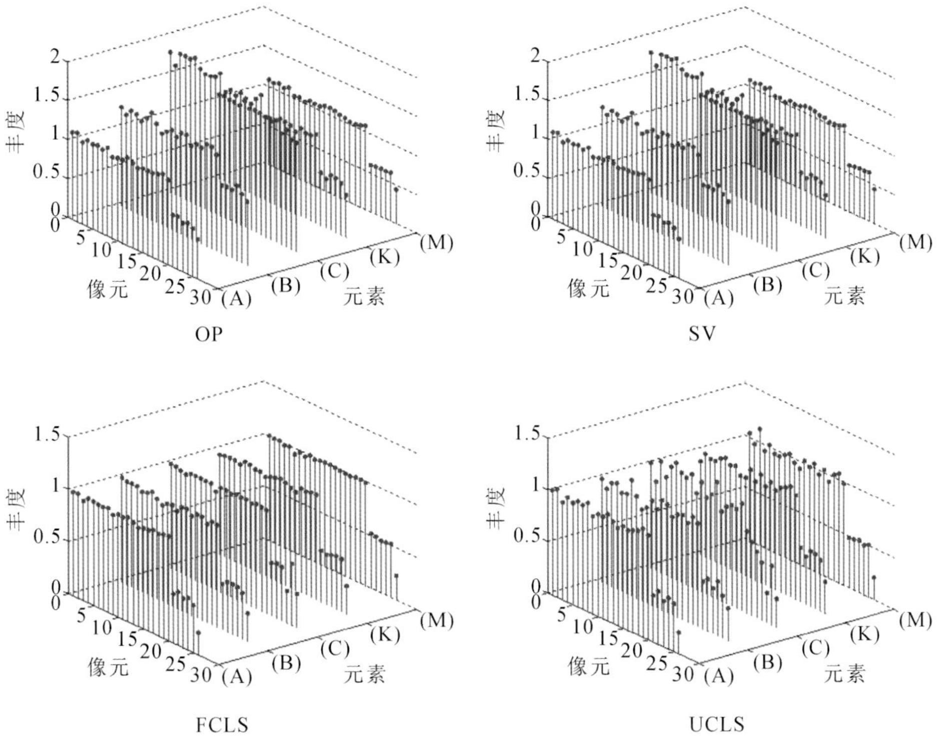

图 8.10　用 OP、SV、FCLS 和 UCLS 得到的 TI3 中 130 个面板像元的定量结果

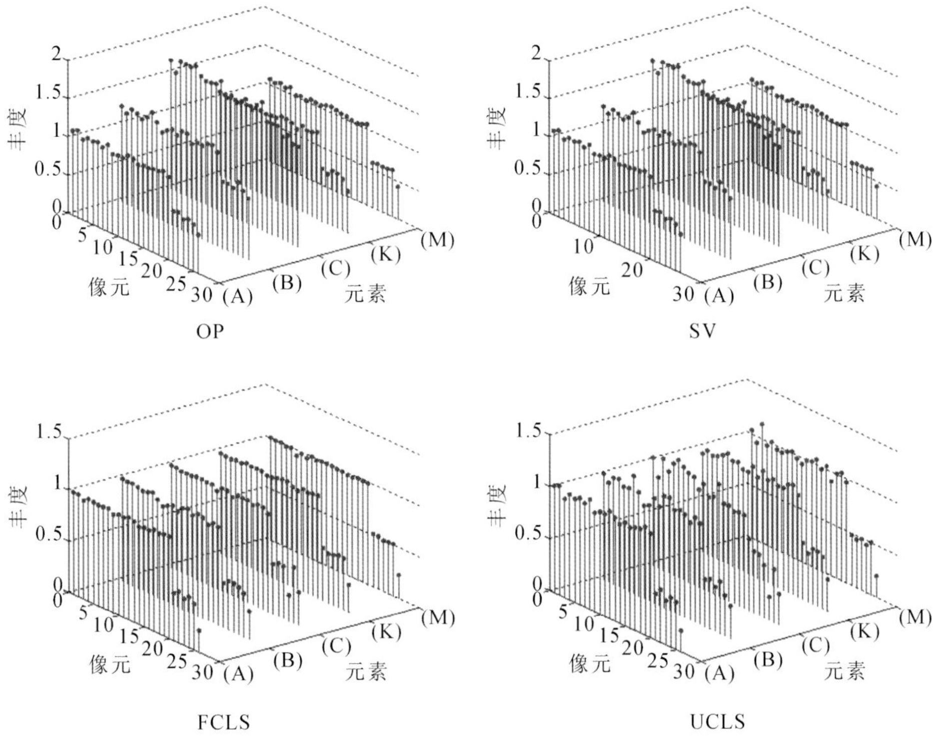

图 8.11　用 OP、SV、FCLS 和 UCLS 得到的 TI4 中 130 个面板像元的定量结果

根据图 8.8～图 8.11，得到以下 5 点总结。

（1）由图 8.8 和图 8.9 可知，虽然 TI2 包含高斯噪声，但 4 种算法 OP、SV、FCLS 和 UCLS 对 130 个像元的解混效果都较好。TI3 和 TI4 结果不太理想，OP 和 SV 的效果最差，主要原因是 TI3 和 TI4 不存在端元，且没有丰度约束，存在大量超出[0，1]的丰度值。相比之下，FCLS 的效果最好，UCLS 的结果也好于 OP 和 SV 算法。

（2）图 TI3 和 TI4 的结果充分说明，在实际图像情况下，用于模型（8.1）的特性元应该来源于图像而不是光谱库。图 8.11 中的 OP 和 SV 因为使用了实际图像的特性元，其解混结果明显好于图 8.10 的结果，但准确度仍然较低。该问题在 FCLS 和 UCLS 中并不明显。

（3）TI 实验说明，如果图像 TI3、TI4 中存在纯像元，OP、SV 和 FCLS 都可以用于端元提取，即对应丰度 100％的像元。这也是 LSU 和端元提取可以相互作用的原因。但 TI3 和 TI4 不存在纯像元，这时只有 FCLS 有效，能够找到最纯的像元并获得丰度。

（4）TI 系列图像上的实验说明，端元提取算法只能用于 TI1 和 TI2，不能用于 TI3 和 TI4。也意味着 FCLS 不是端元提取机制，只能作为目标量化机制从图 TI4 中找到最纯的像元。

（5）最后，从图 8.8～图 8.11 可以看出，OP 和 SV 的结果很接近，这是合理的，因为如 8.3 节和 8.4 节所述，OP 和 SV 在原理上基本一致。

在 TE 的 4 个图像上也进行上述实验，图 8.12～图 8.15 给出了 OP、SV、FCLS 和 UCLS 在 TE1、TE2、TE3、TE4 上的丰度估计结果。

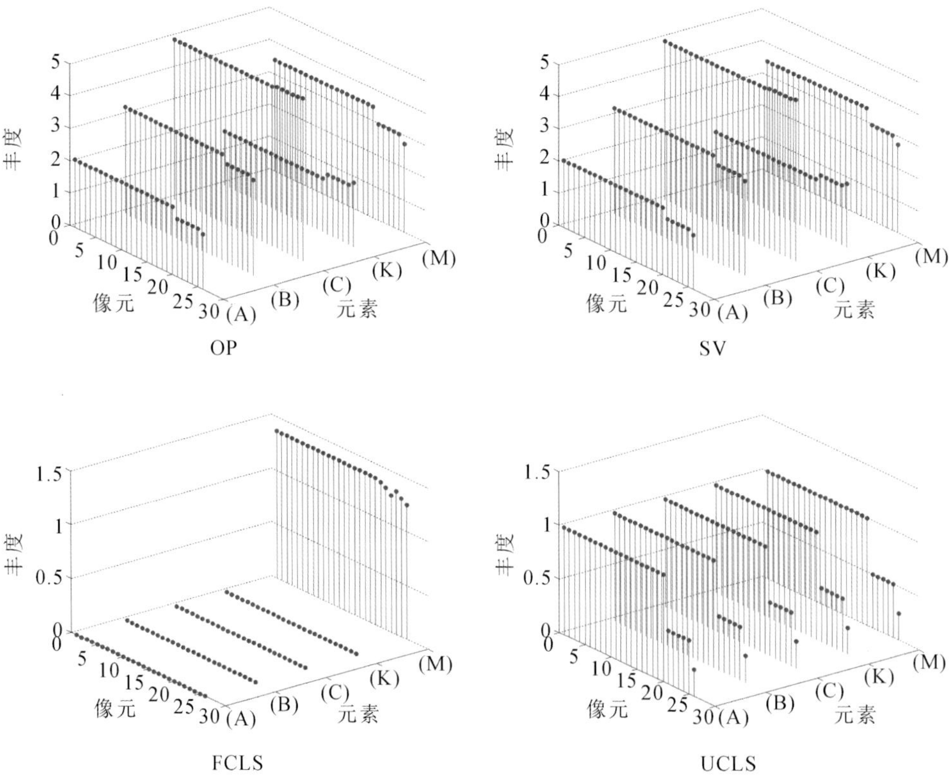

图 8.12　用 OP、SV、FCLS 和 UCLS 得到的 TE1 中 130 个面板像元的定量结果

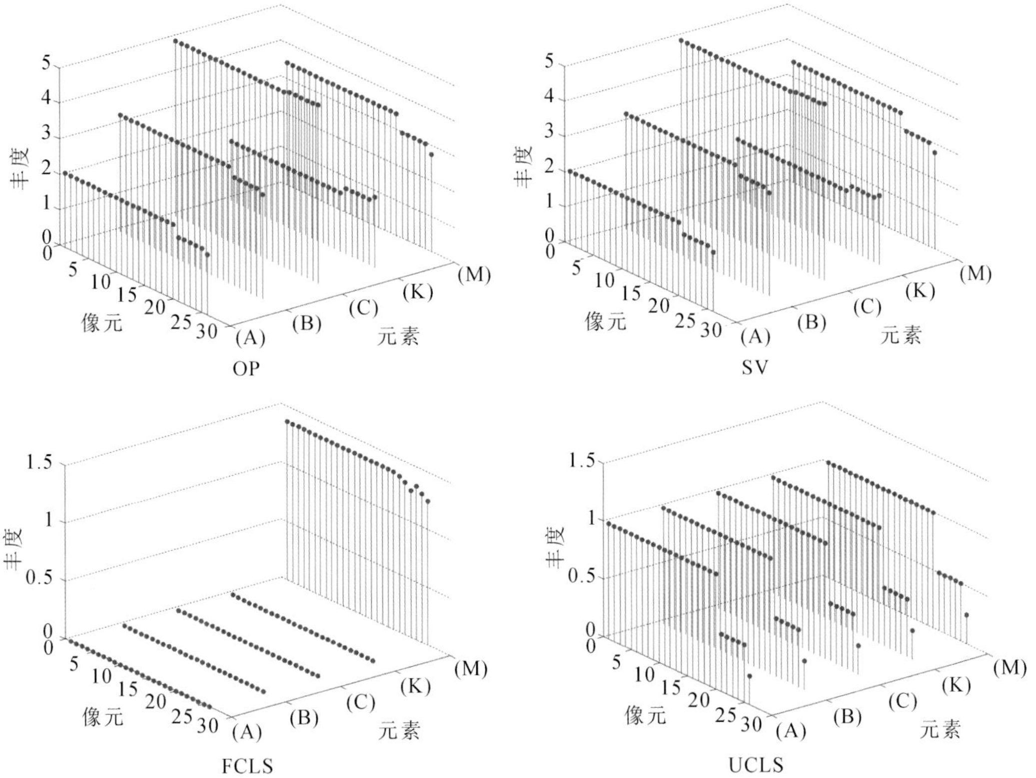

图 8.13 用 OP、SV、FCLS 和 UCLS 得到的 TE2 中 130 个面板像元的定量结果

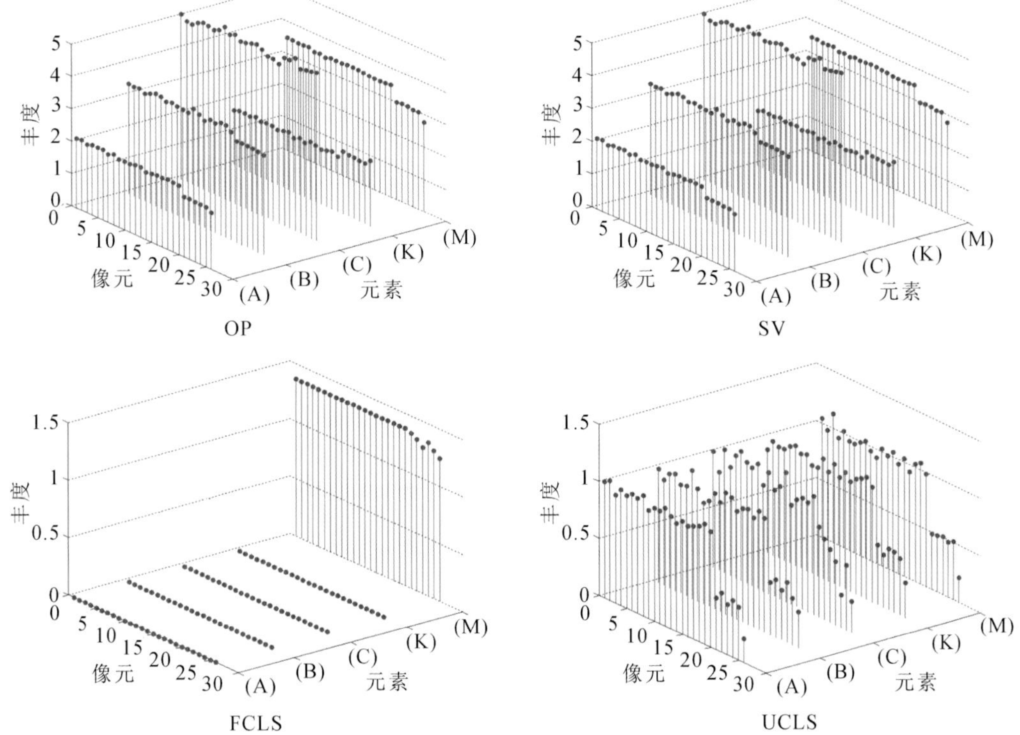

图 8.14 用 OP、SV、FCLS 和 UCLS 得到的 TE3 中 130 个面板像元的定量结果

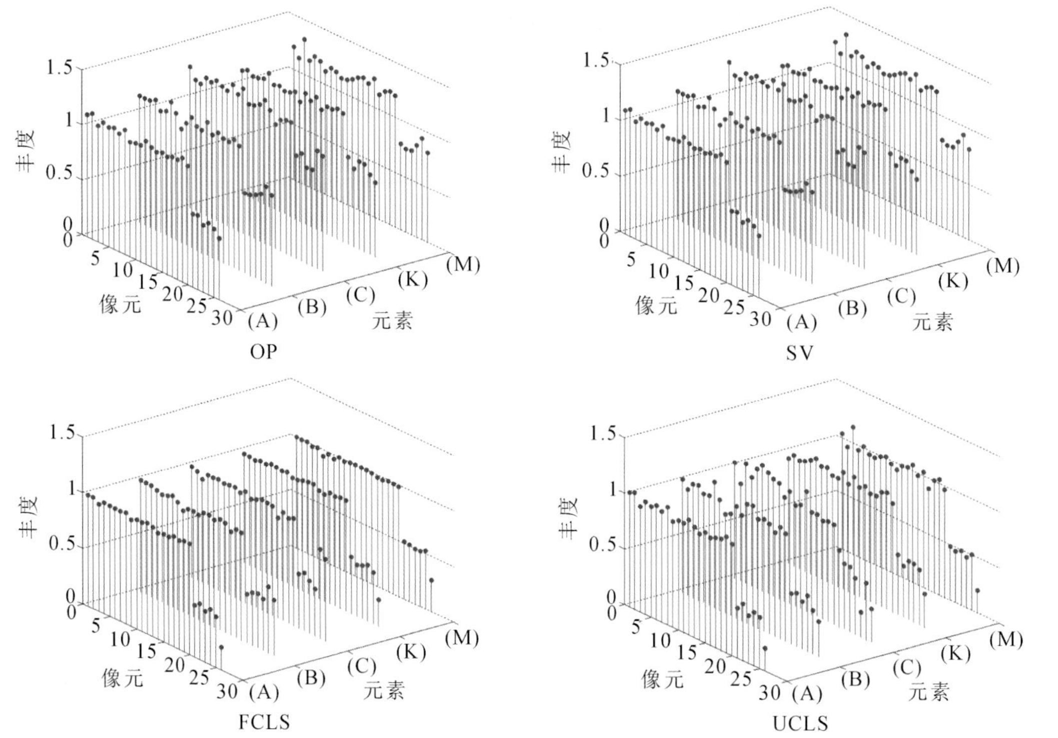

图 8.15　用 OP、SV、FCLS 和 UCLS 得到的 TE4 中 130 个面板像元的定量结果

根据图 8.12～图 8.15，得到以下 5 点总结。

从 TE1、TE2 和 TE3 的结果可以看出，效果最好的是无丰度约束 UCLS。对 TE4 解混，特性元来源于图像本身时，FCLS 的效果最优，其余依次是 UCLS、OP 和 SV。

(1) 4 个图像中 OP 和 SV 的表现都不佳，因为图像不存在纯像元，不满足和为一约束，这对 OP 和 SV 的影响很大。

(2) TE4 中 OP 和 SV 的效果优于 TE3，因为 TE4 的特性元来自图像本身，类似于 TE2 中纯端元的作用，它们更接近单形体的边界。

(3) FCLS 在 TE1、TE2、TE3 上都不能正常使用，因为这 3 种情形都不满足和为一约束，当 TE4 中特性元改为实际像元满足丰度和为一约束后，其效果也变好，故 FCLS 更适用于实际图像。

(4) 重要的是，实际图像与 TE3 和 TE4 的情形类似，端元元素通常会被噪声干扰或被背景污染，很难存在纯像元。实际图像中端元提取不可行，故 SV-LSU 不能有效使用，很多端元提取算法实际上是特性元寻找算法，例如典型的 N-FINDR 算法，也正因如此，N-FINDR 算法可以在实际图像上表现出较好的性能。

(5) 与 TI 图像不同，TE 图像中的像元丰度不满足和为一约束，导致 FCLS 不能正常使用。但从图中看出 SV-LSU 获得了大致准确的丰度分布，这也说明 FCLS-LSU 与 SV-LSU 并不相同。二者都是 FAC-LSU，出现效果差异的原因是什么呢？可能是 SV-LSU 利用单形体的边向量计算丰度，而 FCLS-LSU 却显式添加了和为一约束。此外，OP 和 SV 的原理类似,故其结果与 SV-LSU 也很接近。

总之,TAC-LSU 不适用于端元提取。如图 8.12～图 8.15 所示,如果用纯端元而不是实际目标特性元进行光谱解混,FCLS 可能会因为丰度不满足和为一约束而不能使用。采用实际的目标特性元进行解混,FCLS-LSU 会得到最好的结果。这更说明 FCLS-LSU 是一种特性元寻找方法,而不是端元提取方法。另一方面,SV-LSU 在图像不存在纯像元时不可使用,如图中 TI3 和 TI4,以及 TE3 和 TE4 的情况,算法假设数据满足式(8.20)且不包含噪声 $\boldsymbol{n}$,提取了实际上并不存在的端元,导致得到的丰度不准确且落在区域[0,1]之外,这也说明 SV-LSU 进行的是端元提取而不是特性元寻找。OP 介于二者之间,取得的结果较 FCLS 差,但可以作用于所有的 TI 和 TE 图像。

8.7 实际图像实验结果

图 8.16 的图像是由机载 HYDICE 传感器在 1995 年拍摄得到的,飞行高度为 3048 m,地面采样距离约为 1.56 m,成像光谱范围为 0.4～2.5μm,光谱分辨率为 10 nm。图像中共有 210 个波段,去掉图像中的低信噪比波段 1～3 和 202～210 波段,以及水汽吸收波段 101～112和 137～153 波段后,剩余 169 个波段。

图像尺寸为 64×64,包含 15 个面板,场景中还包括一大片草地背景,左边是一片森林,以及森林旁边一条肉眼几乎看不到的路。15 个面板分布于草地中间,按照 5 行 3 列方式排列,图 8.16(b)是图 8.16(a)的真实地物图。每个面板为正方形,用 p_{ij} 表示,$i=1,\cdots,5$ 为行号,$j=1,2,3$ 为列号。每行面板的材质和涂料颜色相同,但尺寸不同;每列面板的尺寸相同,但材质或涂料不同。其中,第 2 行和第 3 行是相同材质不同涂料,第 4 行和第 5 行是相同材质不同涂料,第 1、2、3 列的面板大小分别为 3 m、2 m 和 1 m,15 个面板实际上可以看作 5 种材质 3 种尺寸。图 8.16(b)给出 15 个面板的精确空间位置,红色(R)是面板的中心像元,黄色(Y)是面板像元与背景混合的像元。空间分辨率为 1.56 m,意味着第 2 列和第 3 列的面板应该分别对应 1 个像元,即图 8.16(b)中的 p_{12},p_{13},p_{22},p_{23},p_{32},p_{33},p_{42},p_{43},p_{52},p_{53}。另外,除了第 1 行第 1 列的面板 p_{11}大小为 1 个像元外,其他的第 1 列面板都是 2 个像元,其中第 2 行面板为垂直排列的 2 个像元 p_{211} 和 p_{221},第 3 行面板为水平排列的 2 个像元 p_{311} 和 p_{312},第 4 行面板为水平排列的 2 个像元 p_{411} 和 p_{412},第 5 行面板为垂直排列的 2 个像元 p_{511} 和 p_{521}。因为第 3 列的面板大小为 1 m×1 m,小于图像的空间分辨率,所以很难用肉眼看清。

图 8.16(c)给出了图 8.16(b)中 5 个面板目标的光谱曲线,其中 $\boldsymbol{p}_i$表示第 i 个面板的光谱,是第 i 行面板中的红色像元均值向量,表示每行面板的目标知识。根据图 8.16 的视觉效果和真实地物分布图,图中还有 4 种背景光谱,如图 8.17 所示,分别是干扰、草、树和路。这 4 个光谱和图 8.16 的 5 个面板光谱一起,构成一个由 9 个向量组成的矩阵,这正好与虚拟维度算法估计的 9 个特性元数量相同。

表 8.3 给出了 19 个面板像元和标为"*"的像元 p_{212}对应材质特性元的丰度信息,采用 9 个特性元的 OP、SV、FCLS 和 UCLS 进行解混,我们对另外 4 种背景类别不感兴趣,所以

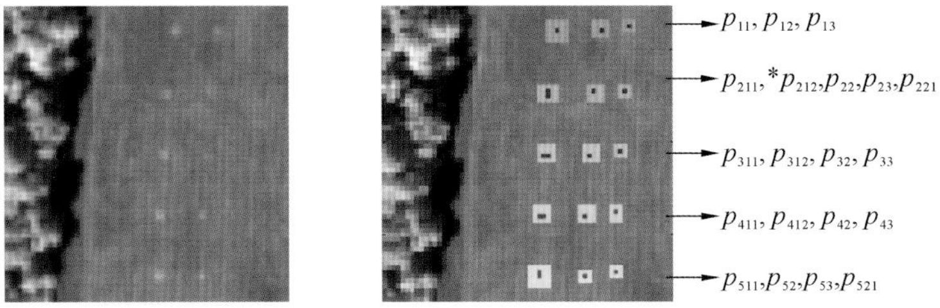

(a) 包含15个面板的HYDICE面板场景

(b) 真实地物图

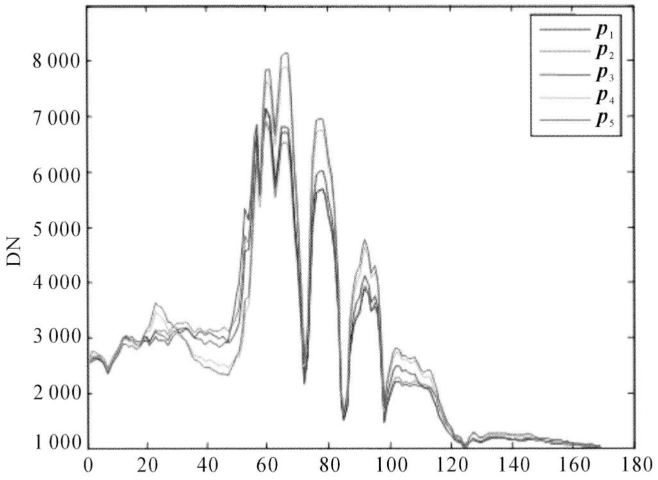

(c) 5种特性元的光谱曲线

图 8.16 HYDICE 图像及光谱曲线

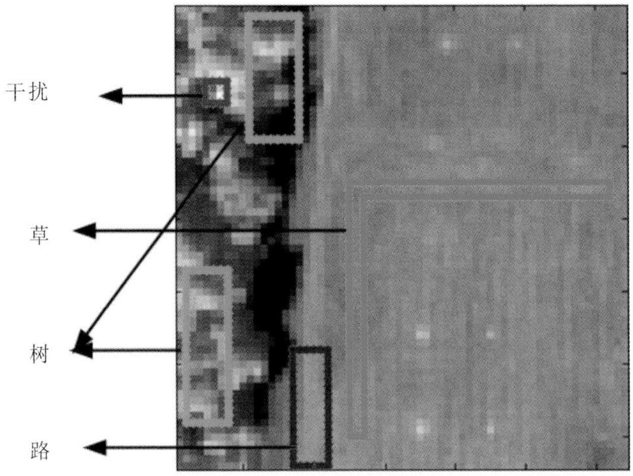

图 8.17 3 种背景光谱(草、树、路)和 1 个干扰因素

并未在表中列出其丰度信息。

表 8.3 由 OP、SV、FCLS 和 UCLS 使用 9 个特性元估计的 20 个面板像元的丰度分数的量化结果

面板像元	标识值	OP	SV	FCLS	UCLS
p_{11}	1	1.367 0	1.366 9	0.794 8	1.257 8
p_{12}	1	0.708 4	0.708 4	0.554 1	0.742 2
p_{13}	0.4	0.645 0	0.645 1	0.036 7	0.430 8
p_{211}	1	0.971 3	0.971 5	0.573 4	1.057 9
* p_{212}	1	1.233 8	1.233 7	0.916 3	1.173 3
p_{221}	1	0.998 7	0.998 9	0.342 7	1.094 4
p_{22}	1	0.988 2	0.988 1	0.882 7	0.768 7
p_{23}	0.4	0.808 8	0.808 8	0.466 6	0.492 4
p_{311}	1	1.069 3	1.069 3	0.914 2	1.053 8
p_{312}	1	1.260 1	1.260 1	0.906 8	1.245 4
p_{32}	1	0.705 6	0.705 6	0.652 1	0.700 8
p_{33}	0.4	0.405 0	0.405 0	0.210 3	0.368 5
p_{411}	1	1.046 3	1.046 4	0.548 1	1.032 5
p_{412}	1	1.048 3	1.048 3	0.437 5	0.975 3
p_{42}	1	0.991 8	0.991 8	0.695 6	0.992 2
p_{43}	0.4	0.511 0	0.511 1	0.157 7	0.282 5
p_{511}	1	0.947 6	0.947 6	0.830 4	0.949 4
p_{521}	1	1.211 6	1.211 6	1.011 9	1.178 3
p_{52}	1	0.891 4	0.891 4	0.935 4	0.872 3
p_{53}	0.4	0.428 9	0.429 0	0.137 7	0.212 9
LSE		6.77×10^4	6.78×10^4	7.31×10^2	1.83×10^2

需要说明的是，从 LSU 角度，面板像元 p_{212} 比真实分布图中给出的像元 p_{211} 和 p_{221} 都更重要，因为 FCLS 解混结果显示 p_{212} 应该是代表第 2 行物质的特性元，但是根据文献(Chang，2013)的结果，端元提取算法得到的面板像元始终是 p_{221} 而不是 p_{212}。这一说法可以利用表 8.4 中的数据进一步说明，该表中的数据是利用非监督算法找到的 29 个特性元，然后进行 OP、SV、FCLS 和 UCLS 解混得到 19 个面板像元以及像元 p_{212} 丰度值(Chang，2016a)。

表 8.4 由 OP、SV、FCLS 和 UCLS 使用 29 个特征点估计的 20 个面板像元的丰度分数的量化结果

面板像元	标识值	OP	SV	FCLS	UCLS
p_{11}	1	1.000 0	1.000 0	1.000 0	1.000 0
p_{12}	1	0.533 3	0.533 3	0.388 5	0.508 0
p_{13}	0.4	0.243 2	0.243 2	0.032 2	0.127 4

续表

面板像元	标识值	OP	SV	FCLS	UCLS
p_{211}	1	0.859 2	0.859 2	0.506 2	0.802 7
* p_{212}	1	1.000 0	1.000 0	1.000 0	1.000 0
p_{221}	1	0.910 7	0.910 7	0.321 3	0.854 7
p_{22}	1	0.821 0	0.821 0	0.677 8	0.658 1
p_{23}	0.4	0.478 5	0.478 5	0.360 7	0.386 6
p_{311}	1	0.883 6	0.883 6	0.863 1	0.866 8
p_{312}	1	1.000 0	1.000 0	1.000 0	1.000 0
p_{32}	1	0.593 9	0.593 9	0.531 9	0.579 2
p_{33}	0.4	0.381 3	0.381 3	0.346 1	0.356 4
p_{411}	1	1.000 0	1.000 0	1.000 0	1.000 0
p_{412}	1	0.974 9	0.974 9	0.355 8	0.807 6
p_{42}	1	0.889 7	0.889 7	0.709 5	0.815 2
p_{43}	0.4	0.460 1	0.460 1	0.234 5	0.292 0
p_{511}	1	0.722 4	0.722 4	0.724 6	0.705 6
p_{521}	1	1.000 0	1.000 0	1.000 0	1.000 0
p_{52}	1	0.749 9	0.749 9	0.777 3	0.729 9
p_{53}	0.4	0.256 7	0.256 7	0.149 3	0.097 8
LSE		2.97×10^5	2.97×10^5	2.17×10^2	1.04×10^2

表 8.3 和表 8.4 的区别在于，表 8.3 是利用前面介绍的 9 种特性元作为先验知识进行 LSU，而表 8.4 是利用非监督的特性元寻找方法 ATGP 直接从图像中产生 29 个特性元进行解混。对表 8.3 和表 8.4 数据的总体比较可知，UCLS 的效果最好，其次是 FCLS，最差的是 OP 和 SV。需要指出的是，如果存在纯像元，FCLS 的效果最好，因为所有丰度取值都在 0～1 之间。从表 8.3 和表 8.4 中还可以看出，使用的端元数量越多解混效果越好，这也是合理的。

最后，这里并没有采用对广泛使用的测试数据 Cuprite 数据进行测试，因为该数据缺少足够的真实地面分布信息。

8.8 本章小结

本章研究了用于 LSU 的 3 个标准 OP、SV 和 LS，主要贡献如下文。①因为 SV-LSU 和 FCLS 都是 FAC-LSU 方法，同时满足和为一约束和非负约束，会很自然地想到将 SV-LSU

方法用于解混。但是从实验结果来看，除非图像中存在纯像元，即式(8.1)中不包含 $\boldsymbol{n}$，否则该方法不适用。也就是说，在大多数的实际图像中，因为没有纯数据样本向量，SV-LSU 会得到超出[0,1]范围的丰度值，如 TE 图像和实际图像中的结果所示，此时 SV-LSU 通常会失效，这与 Chang(2016)和 Gao 等(2015)的结果相同。②本章中的合成和真实图像实验提供了 OP、LS 和 SV 的 LSU 比较方式，可以提供研究参考。③图像中是否包含纯像元对三种标准的解混影响很大。④尽管 UCLS 没有施加任何约束，但是相对 OP 和 SV 而言，效果却更好。⑤纯像元的假设对于 SV-LSU 的影响非常大，如果 LSU 中不保证有纯像元，则 LS 的效果好于 OP 和 SV。实验结果也说明，FAC-LSU 即使不使用纯像元而是使用图像中得到的特性元进行解混，仍然可以取得较好的结果，如 TI4、TE4 和实际图像。⑥OP 原则的方法，实验效果总体上介于 SV 和 FAC-LSU 之间。

参考文献

BOARDMAN J, 1994. Geometric mixture analysis of imaging spectrometry data[C]//Proceedings of IGARSS '94 - 1994 IEEE International Geoscience and Remote Sensing Symposium, Pasadena, CA, USA, 4: 2369-2371.

CHANG C,1998. Least squares subspace projection approach to mixed pixel classification for hyperspectral images[J]. IEEE Transactions on Geoscience and Remote Sensing, 36(3): 898-912.

CHANG C,2005. Orthogonal subspace projection (OSP) revisited: A comprehensive study and analysis[J]. IEEE Transactions on Geoscience and Remote Sensing, 43(3): 502-518.

CHANG C,2013. Hyperspectral data processing: Algorithm design and analysis[M]. New York: John Wiley & Sons, Inc.

CHANG C,2016a. Real-time progressive hyperspectral image processing: Endmember finding and anomaly detection[M]. New York: Springer.

CHANG C, JIAO X, WU C,et al. ,2010. A review of unsupervised spectral target analysis for hyperspectral imagery[J]. EURASIP Journal on Advances in Signal Processing, Special section p1, (1): 503752.

CHANG C, JIAO X, WU C, et al. ,2011. Component analysis-based unsupervised linear spectral mixture analysis for hyperspectral imagery[J]. IEEE Transactions on Geoscience and Remote Sensing, 49(11): 4123-4137.

CHANG C, HEINZ D,2000. Constrained subpixel detection for remotely sensed images[J]. IEEE Transactions on Geoscience and Remote Sensing, 38(3): 1144-1159.

CHANG C, LI H, WU C, et al. ,2016b. Recursive geometric simplex growing analysis for finding endmembers in hyperspectral imagery[J]. IEEE Journal of Selected Topics in Applied Earth Observations and Remote Sensing, 10(1): 1-13.

CHANG C, WU C, LIU W, et al. ,2006. A new growing method for simplex-based endmember extraction algorithm[J]. IEEE Transactions on Geoscience and Remote Sensing, 44(10): 2804-2819.

CRAIG M,1994. Minimum-volume transforms for remotely sensed data[J]. IEEE Transactions on Geoscience and Remote Sensing, 32(3): 542-552.

GAO C, CHEN S, CHEN H, et al. ,2015. Fully abundance-constrained endmember finding for hyperspectral images[C]// 7th Workshop on Hyperspectral Image and Signal Processing: Evolution in Remote Sensing, (WHISPERS), Tokyo, Japan, June: 2-5.

HARSANYI J, CHANG C,1994. Hyperspectral image classification and dimensionality reduction: An orthogonal subspace projection approach[J]. IEEE Transactions on Geoscience and Remote Sensing, 32(4): 779-785.

HEINZ D, CHANG C,2001. Fully constrained least squares linear spectral mixture analysis method for material quantification in hyperspectral imagery[J]. IEEE Transactions on Geoscience and Remote Sensing, 39(3): 529-545.

HEYLEN R, SCHEUNDERS P, 2013. Hyperspectral intrinsic dimensionality estimation with nearest-neighbor distance ratios[J]. IEEE Journal of Selected Topics in Applied Earth Observations and Remote Sensing, 6(2): 570-579.

HONEINE P, RICHARD C,2012. Geometric unmixing of large hyperspectral images: A barycentric coordinate approach[J]. IEEE Transactions on Geoscience and Remote Sensing, 50(6): 2185-2195.

IFARRAGUERRI A, CHANG C,1999. Multispectral and hyperspectral image analysis with convex cones [J]. IEEE Transactions on Geoscience and Remote Sensing, 37(2): 756-770.

LEE D, SEUNG H,1999. Learning the parts of objects by non-negative matrix factorization[J]. Nature, 401: 788-791.

MA W, BIOUCAS-DIAS J, CHAN T, et al. ,2014. A signal processing perspective on hyperspectral unmixing: Insights from remote sensing[J]. IEEE Signal Processing Magazine, 31(1): 67-81.

NASCIMENTO J,BIOUCAS-DIAS J,2005. Vertex component analysis: a fast algorithm to unmix hyperspectral data[J]. IEEE Transactions on Geoscience and Remote Sensing, 43(4): 898-910.

SHIMABUKURO Y, SMITH J,1991. The least-squares mixing models to generate fraction images derived from remote sensing multispectral data[J]. IEEE Transactions on Geoscience and Remote Sensing, 29(1): 16-20.

SETTLE J, DRAKE N,1993. Linear mixing and the estimation of ground cover proportions[J]. International Journal of Remote Sensing, 14(6): 1159-1177.

TU T, SHY H, LEE C,et al. ,1999. An oblique subspace projection approach for mixed pixel classification in hyperspectral images[J]. Pattern Recognition, 32(8): 1399-1408.

WANG J, CHANG C,2006. Independent component analysis-based dimensionality reduction with applications in hyperspectral image analysis[J]. IEEE Transactions on Geoscience and Remote Sensing, 44(6): 1586-1600.

WINTER M,1999. N-FINDR: An algorithm for fast autonomous spectral end-member determination in hyperspectral data[J]. Proceedings of SPIE - The International Society for Optical Engineering, 3753: 266-275.

第9章　非监督式线性光谱混合分析

本书前面介绍的 LSMA 都可以称作监督式 LSMA，其用于构建线性混合模型的特性元，可以由先验知识提供。随着高光谱的空间和光谱分辨率不断提高，传感器可以捕捉到很多未知材质的光谱，这部分光谱的先验知识很难获取，如果仍然采用监督式的线性光谱解混，会因先验知识不可靠、不准确或者不完备，导致解混结果错误。另一方面，有些实际先验知识的获取代价很高，有些甚至无法获取，合理的解决方案是直接从待处理数据中提取特性元知识，从而在非监督的情况下进行线性光谱混合分析。该方案的实施并不简单，需要面对两个监督式线性光谱混合分析中未曾涉及的难题：图像数据中的特性元数量的确定和用于光谱解混的特性元集合的寻找。本章主要对上述两个问题进行研究。

9.1　简　　介

高光谱传感器的主要优势在于可以探测到地物光谱间的细微差异，这些略有差异的信号源对于高光谱图像分析非常关键，但也受到空间和光谱分辨率的制约，如何有效获取和利用差异信号对数据分析至关重要。解决办法可以是计算目标差异信号集 S^{target} 中波段内部光谱信息（inter-band spectral information，IBSI）的统计量，记为 IBSI（S^{target}）。通常目标样本集 S^{target} 的规模相对于背景样本池 S^{BKG} 而言很小，所以认为 IBSI（S^{BKG}）包含更多的二阶统计量，而 IBSI（S^{target}）适合用高阶统计量描述。基于这一考虑，我们可以在实际应用中，将背景定义为非期望特性元，并用 IBSI（S^{BKG}）提供的二阶样本统计量描述，将目标特性元定义为感兴趣特性元，用 IBSI（S^{target}）提供的高阶样本统计量描述。如果存在一个信号，既表现出二阶统计特性，又具有高阶统计特性，则将其看作目标特性元。在高光谱图像分析中，上述基于统计量目标划分的假设是比较合理的，尤其是图像中特异性目标，其数量较少且出现概率不大，例如某类地物的代表性特性元，农业和生态中的特殊品种，环境监测中的有毒废物，地质勘探中的稀有矿物质，执法过程中的毒品或走私交易，战斗中的军车，战场上的异常现象，战争区域的地雷，生物恐怖袭击中的化学和生物成分，情报收集中的武器隐藏，等等。这些光谱目标因为样本池 S 很小，提供的空间信息有限，通常会被忽略。但是从防御和情报分析角度，相对于数量较大的样本，它们可能具有更重要和关键的作用及价值。基于其数量规模的特点，这些特殊的目标光谱统计信息更多地存在于高阶统计量中，很难从二阶统计量中获得。

将高光谱中的特性元根据光谱统计特性划分为目标和背景两大类之后，接下来的任务就是设计和开发相应的算法，分别从两个类别中提取特性元。在此基础上，利用找到的目标特性元构造监督式线性光谱混合分析中的线性混合模型，对目标光谱 S^{target} 解混，用找到的背景特性元压制背景，提高算法对目标的检测能力和判别能力。这时需要解决两个问题：①决定背景和目标类别中的特性元数量；②找到背景和目标类别中的特性元。第一个问题可以利用(Chang at al.,2004;Chang,2003)提出的虚拟维度(VD)算法解决。针对第二个问题，本章提出几个不同的算法，根据 IBSI 定义的背景和目标光谱，找到所谓的特性元(virtual signatures,VSs)，以区分于以往的端元。

如上所述，IBSI 定义的背景类别特性元可以用 IBSI 的二阶统计量描述，而目标类别中的感兴趣特性元因为所占的比例较小，更适合用 IBSI 的高阶统计量描述。将高阶光谱信息看作感兴趣类别，二阶光谱信息看作非期望类别，在数据处理之前可以压制非期望信息以提高图像分析的能力。传统的非监督最小二乘算法只能提取 IBSI(S^{BKG})的二阶统计量光谱目标，为了提取 IBSI(S^{target})的高阶统计量光谱目标，需要先对数据进行球化处理，移除一阶和二阶统计信息，使其只包含高阶信息。由此，在源数据和球化后的数据上分别进行非监督最小二乘算法，可以得到二阶和高阶目标光谱特性元，同时找到背景特性元和目标特性元。用这些特性元来构造用于光谱解混的 LSMA 线性混合模型，得到的非监督式线性光谱混合分析方法称为最小二乘非监督式线性光谱混合分析(LS-ULSMA)。

与 LS-ULSMA 机制平行的是基于成分分析(component analysis,CA)的解混机制，利用统计的方式对数据去相关，计算得到一系列对应不同层次目标信息的光谱成分。区别于 LS-ULSMA 在不同数据集上(即源数据和球化后的数据)使用相同的最小二乘算法，此类方法是在源数据上采用不同的成分分析变换方法，获得用不同统计量 IBIS(S)描述的目标特性元。众所周知，主成分分析(principal components analysis,PCA)是基于二阶统计量的变换方法，利用特征值矩阵得到所有本征向量(主成分)，再根据源数据在不同主成分上投影方差的量级对主成分排序。背景特性元通常具有大量的差异性光谱样本，在 IBSI(S^{BKG})的光谱主成分投影会产生较大数据方差，故 PCA 的前几个成分应该主要是关于背景特性元的。某些感兴趣的目标光谱通常只有少量样本，对二阶光谱统计特性的影响不大，更适合于用高阶光谱统计特性 IBSI(S^{target})描述。对此，独立成分分析(ICA)应用广泛，其先进行数据球化操作，移除对应背景光谱的 IBSI(S^{BKG})一阶和二阶统计信息，计算得到一个统计上互相独立的成分集，用于描述 IBSI(S^{target})感兴趣目标光谱的特性元。故前面第二个问题中提到的特性元定义中，背景特性元可以用各主成分上投影长度最大的光谱向量表示，目标特性元可以用独立成分上投影长度最大和最小的光谱向量表示。这就是本章提出的基于成分分析的非监督特性元寻找方法(CA-based unsupervised virtual signature finding algorithm,CA-UVSFA)，对应于 LS-ULSMA 机制，我们称该机制为 CA-ULSMA。

上述 LS-ULSMA 机制和 CA-ULSMA 机制统称为非监督式线性光谱混合分析(unsupervised linear spectral mixture analysis,ULSMA)，以下对 ULSMA 中涉及两个问题的解决方法分别加以阐述。

9.2 特性元数量的确定

使用 ULSMA 的第一个难题就是获取构建 LMM 的特性元数量，在实际应用中该数据值要从图像中直接产生，Chang 等（2004，2003）所提出的虚拟维度（VD）算法是最常用的解决方法，其得到的特性元数量表示为 n_{VD}。本节首先介绍 VD 算法的提出和发展，然后介绍一个最近提出的算法——最大正交余量算法（maximum orthogonal complement algorithm，MOCA）。

9.2.1 虚拟维度（VD）方法的提出和发展

Harsanyi 等（1994）提出的 Harsanyi-Farrand-Chang（HFC）算法是 VD 的最早期形式，算法的基本思想很简单，假设高光谱信号是未知且确定的信号源，信号光谱影响一阶和二阶统计量，噪声是均值为 0 的高斯白噪声且只存在于样本的二阶统计量中。

令 $\{\boldsymbol{r}_i\}_{i=1}^{N}$ 表示样本向量集合，$\boldsymbol{\mu}$ 表示样本向量的均值向量，$\boldsymbol{\mu}=\frac{1}{N}\sum_{i=1}^{N}\boldsymbol{r}_i$。算法首先计算样本的自相关矩阵 $\boldsymbol{R}_{L\times L}=\frac{1}{N}\sum_{i=1}^{N}\boldsymbol{r}_i\boldsymbol{r}_i^{\mathrm{T}}$，以及协方差矩阵 $\boldsymbol{K}_{L\times L}=\frac{1}{N}\sum_{i=1}^{N}(\boldsymbol{r}_i-\boldsymbol{\mu})(\boldsymbol{r}_i-\boldsymbol{\mu})^{\mathrm{T}}$，然后计算两个矩阵的特征值，并求差值。设 $\{\hat{\lambda}_1\geqslant\hat{\lambda}_2\geqslant\cdots\geqslant\hat{\lambda}_L\}$ 和 $\{\lambda_1\geqslant\lambda_2\geqslant\cdots\geqslant\lambda_L\}$ 分别表示 $\boldsymbol{R}_{L\times L}$ 和 $\boldsymbol{K}_{L\times L}$ 的特征值，称为自相关特征值和协方差特征值，L 表示波段总数。如果数据中存在一个确定的高光谱信号源，则一定存在某个光谱维度 l，$1\leqslant l\leqslant L$，有 $\hat{\lambda}_l>\lambda_l$ 成立，因为信号影响样本均值，会增加样本自相关矩阵 $\boldsymbol{R}_{L\times L}$ 的方差，噪声却不会。需要说明的是，样本的自相关矩阵 $\boldsymbol{R}_{L\times L}$ 与样本的排列顺序 $\{P(i)\}_{i=1}^{N}$ 无关。

为了确定光谱差异性大的特性元数量，Harsanyi 等人将该问题形式化为一个二元假设问题：

$$\begin{cases}H_0: z_l=\hat{\lambda}_l-\lambda_l=0\\ H_1: z_l=\hat{\lambda}_l-\lambda_l>0\end{cases},\ (l=1,2,\cdots,L) \tag{9.1}$$

其中，零假设（null hypothesis）H_0 和备择假设（alternative hypothesis）H_1 分别对应于自相关矩阵特征值等于协方差矩阵特征值，以及自相关矩阵特征值大于协方差矩阵特征值的情况。也就是说，如果备择假设 H_1 成立（即零假设 H_0 不成立），则意味着存在确定的高光谱信号，影响自相关矩阵 $\boldsymbol{R}_{L\times L}$ 特征值所包含的一阶统计量，使其特征值大于协方差矩阵 $\boldsymbol{K}_{L\times L}$ 的特征值；如果成分中只包含噪声，则其自相关矩阵 $\boldsymbol{R}_{L\times L}$ 的特征值等于协方差矩阵 $\boldsymbol{K}_{L\times L}$ 的特征值。即信号光谱会改变光谱均值向量，该向量在 $\boldsymbol{R}_{L\times L}$ 中非 0，在 $\boldsymbol{K}_{L\times L}$ 中是 0 值。

如果利用 Neyman-Pearson 检测器 $\delta^{\mathrm{NP}}(l)$，检测式（9.1）定义的二元假设 $(\hat{\lambda}_l-\lambda_l)$ 时，通过设定确定的虚警率 P_{F} 为 α，寻找下述随机决策规则中的阈值 τ_l 最大化检测能力 P_{D}，即为最常用的 VD 算法。

$$\delta^{\mathrm{NP}}(z_l)=\begin{cases}1；若\ \Lambda(z_l)>\tau_l\\ 以概率\ \kappa\ 取值\ 1；若\ \Lambda(z_l)=\tau_l\\ 0；若\ \Lambda(z_l)<\tau_l\end{cases} \tag{9.2}$$

其中，似然比检验(likely ratio test)$L(z_l)$定义为$\Lambda(z_l)=p_1(z_l)/p_0(z_l)$，$p_0(z_l)$和 $p_1(z_l)$由式(9.1)决定。所以，一旦 $\hat{\lambda}_l-\lambda_l>\tau_l$ 存在，意味着式(9.2)中的$\delta^{\mathrm{NP}}(z_l)$成立，也就是说在第$l$个光谱维度上存在信号能量影响特征值$\hat{\lambda}_l$。说明：需要在所有 L 个波段上对式(9.1)进行检测，每个特征值对$(\hat{\lambda}_l-\lambda_l)$的$\tau_l$都不同且独立于光谱维度。根据式(9.2)，VD值可以由下式计算得到：

$$\mathrm{VD}_{\mathrm{HFC}}^{\mathrm{NP}}(P_{\mathrm{F}})=\sum_{l=1}^{L}\lfloor\delta^{\mathrm{NP}}(z_l)\rfloor \tag{9.3}$$

其中，P_{F}是预先定义好的虚警率，当$\delta^{\mathrm{NP}}(z_l)=1$时，$\lfloor\delta(z_l)\rfloor=1$；$\delta^{\mathrm{NP}}(z_l)<1$时，$\lfloor\delta(z_l)\rfloor=0$。式(9.1)中的假设检验问题检测的是每个光谱波段上的样本均值，即样本光谱的一阶统计量，所以 HFC 又称为一阶 IBSI 方法。

随后，HFC 方法被改进为噪声白化 HFC(noise-whitened HFC，NWHFC)方法，即在 HFC 方法之前先对噪声进行白化处理，得到的算法表示为$\mathrm{VD}_{\mathrm{NWHFC}}^{\mathrm{NP}}(P_{\mathrm{F}})$。更多描述可以参阅文献(Chang，2017，2016，2013)。

9.2.2 最大正交余量算法(MOCA)

该算法由 Kuybeda 等(2007)提出，也广泛应用于高光谱图像分析中，其沿着光谱维度顺序构造一个信号子空间，用于确定信号源的数量。如果把 VD 看作寻找光谱差异度大的信号源数量，MOCA 则可以看作是另一种虚拟维度估计方法。

如上，令$\{\boldsymbol{r}_i\}_{i=1}^{N}$表示样本向量。假设每个信号子空间 $\boldsymbol{S}_l$ 的秩 l，可以将数据样本向量$\{\boldsymbol{r}_i\}_{i=1}^{N}$分解成两个类别标识，一个是目标信号类别 $I_{\mathrm{T}}(l)$，一个是背景类别 $I_{\mathrm{B}}(l)$。定义：

$$\nu_l=\max_{i\in I_{\mathrm{B}}(l)}\|\boldsymbol{P}_{\boldsymbol{S}_l}^{\perp}\boldsymbol{r}_i\|^2 \tag{9.4}$$

$$\xi_l=\max_{i\in I_{\mathrm{T}}(l)}\|\boldsymbol{P}_{\boldsymbol{S}_l}^{\perp}\boldsymbol{r}_i\|^2 \tag{9.5}$$

$$\eta_l=\max\{\xi_l,\nu_l\} \tag{9.6}$$

进一步，对于每个$1\leqslant l\leqslant L$，定义：

$$\boldsymbol{t}_l^{\mathrm{SVD}}=\arg\{\max_{\boldsymbol{r}}\|\boldsymbol{P}_{\boldsymbol{S}_l}^{\perp}\boldsymbol{r}\|\} \tag{9.7}$$

$$\eta_l=\|\boldsymbol{t}_l^{\mathrm{SVD}}\|^2 \tag{9.8}$$

因为$\{\boldsymbol{S}_l\}$是随着 l 单调增加的，即$\boldsymbol{S}_0\subset\boldsymbol{S}_1\subset\cdots\subset\boldsymbol{S}_l$，则$\{\eta_l\}$随着 l 单调递减，即 $\eta_0\geqslant\eta_1\geqslant\cdots\geqslant\eta_l$。MOCA 将寻找由式(9.4)～式(9.8)定义的最优值 l^* 的问题，转变为一个二元假设的检验问题，H_0和 H_1分别代表不同的情况：

$$\begin{cases}H_0:\eta_l\approx p(\eta_l\mid H_0)=p_0(\eta_l)\\ H_1:\eta_l\approx p(\eta_l\mid H_1)=p_1(\eta_l)\end{cases},(l=1,2,\cdots,L) \tag{9.9}$$

其中，零假设 H_0表示来自于背景信号源的最大残余向量，而备择假设 H_1表示来自于目标信号源的最大残余向量。为了检测式(9.9)，需要寻找两个假设的概率分布。假设 H_0下，数据样本向量在正交余量子空间的投影$\boldsymbol{P}_{\boldsymbol{S}_l}^{\perp}\boldsymbol{r}_i$就是噪声样本向量，故 MOCA 认为$\boldsymbol{P}_{\boldsymbol{S}_l}^{\perp}\boldsymbol{r}_i$是独立、确定的高斯随机变量相对比较合理。另外，$\eta_l$是假设$H_0$下在$<\boldsymbol{S}_l>^{\perp}$中获得的最大正交投影残余，利用极值理论(Leadbetter，1987)，H_0下的η_l服从 Gumbel 分布，即$F_{v_l}(\eta_l)$是v_l的累积分布函数(cumulative distribution function，CDF)，定义如下：

$$F_{v_l}(x) \approx \exp\{-\mathrm{e}^{-(2\lg N)^{1/2}\left[\frac{x-\sigma^2(L-l)}{\sigma^2\sqrt{2(L-l)}}-(2\lg N)^{1/2}+\frac{1}{2}(2\lg N)^{-1/2}(\lg\lg N+\lg 4\pi)\right]}\} \tag{9.10}$$

进一步，MOCA 对备择假设H_1下的η_l做另一约定，即对于每个像元$\boldsymbol{r}_i$，$i\in I_{\mathrm{T}}(l)$，其最大正交余量子空间投影的残余量可以模型化为随机变量ξ_l，服从在$[0,\eta_{l-1}]$上的均匀概率分布$p_{\xi_l}(\eta_l)$。因为非监督情况下，不具备目标像元分布的任何先验知识，假设H_1下的η_l服从均匀分布也是合理的，符合 Shannon 信息论里的最大熵原理。

由上面两个假设，可以得到：

$$p(H_0,\eta_l) = p_{\nu_l}(\eta_l)F_{\xi_l}(\eta_l) = p_{\nu_l}(\eta_l)(\eta_l/\eta_{l-1}) \tag{9.11}$$

$$p(H_1,\eta_l) = F_{\nu_l}(\eta_l)p_{\xi_l}(\eta_l) = F_{\nu_l}(\eta_l)(1/\eta_{l-1}) \tag{9.12}$$

因为$p_{\eta_l}(\eta_l)=p(H_0,\eta_l)+p(H_1,\eta_l)=(1/\eta_{l-1})[\eta_l p_{\nu_l}(\eta_l)+F_{\nu_l}(\eta_l)]$，$p(H_0|\eta_l)$的后验概率分布为

$$p(H_0 \mid \eta_l) = \frac{\eta_l p_{\nu_l}(\eta_l)}{\eta_l p_{\nu_l}(\eta_l)+F_{\nu_l}(\eta_l)} \tag{9.13}$$

$p(H_1|\eta_l)$的后验概率分布为

$$p(H_1 \mid \eta_l) = \frac{F_{\nu_l}(\eta_l)}{\eta_l p_{\nu_l}(\eta_l)+F_{\nu_l}(\eta_l)} \tag{9.14}$$

利用式(9.13)和式(9.14)，期望信号子空间的秩可以通过下式获得：

$$l^* = \arg\{\min_{1\leqslant l\leqslant L} p(H_0 \mid \eta_l) \geqslant p(H_1 \mid \eta_l)\} \tag{9.15}$$

根据式(9.15)，定义由 MOCA 确定的虚拟维度值为

$$\mathrm{VD}^{\mathrm{MOCA}} = l^* \tag{9.16}$$

最后需要说明的是，MOCA 的主要思想是将所有样本向量分解为 3 个互不包含的子集，分别构成背景子空间的第一信号源、稀有目标信号子空间的第二信号源和噪声子空间的噪声源。由式(9.16)定义的 MOCA 算法 VD 值l^*，将信号源从噪声中分离出来，包括背景和稀有目标信号。l^*的值就是虚拟维度的值，但是 Kuybeda 等(2007)的研究工作，在此基础上更进了一步，其提出一种 Min-Max-SVD(MX-SVD)算法，对于给定的l个信号源，寻找一个最优的$p^*(l)$，将背景和稀有目标信号源分离开，得到p^*个稀有信号源和$(l-p^*)$个背景信号源。将 MX-SVD 与 MOCA 算法相结合，就可以得到两个最优值，一个是l^*，一个是基于l^*的$p^*(l^*)$。或者，也可以用一种更简单的方法解释 MOCA，即特征值而不是奇异向量。设$\{\lambda_1\geqslant\lambda_2\geqslant\cdots\geqslant\lambda_L\}$是按照降序排列的特征值，MOCA 和 MX-SVD 的目的是找到两个最优值l^*和p^*，将$\{\lambda_1\geqslant\lambda_2\geqslant\cdots\geqslant\lambda_L\}$划分为 3 部分，其中$\{\lambda_1\geqslant\lambda_2\geqslant\cdots\geqslant\lambda_{l^*-p^*}\}$对应于由 SVD 奇异向量定义的背景信号源，$\{\lambda_{l^*-p^*+1}\geqslant\lambda_{l^*-p^*+2}\geqslant\cdots\geqslant\lambda_{l^*}\}$对应于由 SVD 奇异向量定义的稀有目标信号源，$\{\lambda_{l^*+1}\geqslant\lambda_{l^*+2}\geqslant\cdots\geqslant\lambda_L\}$对应于由 SVD 奇异向量定义的噪声。但本章的主要目的是确定目标信号向量的数量，而不是稀有信号源的数量，所以 MOCA 算法就已经可以满足要求。这里只需要用到 MOCA 得到的l^*，而不需要用到 MX-SVD 的p^*。

9.2.3 对 VD 和 MOCA 的讨论

尽管 HFC-VD 和 MOCA 都是利用二元假设检测理论，但二者之间仍存在几点不同。

(1) 从检测的角度，HFC-VD 基于 Neyman-Pearson 检测理论，而 MOCA 基于高斯或最大似然检测理论，因此 HFC 估计的 VD 值以虚警率 P_F 作为参数，而 MOCA 得到的 VD 值是唯一的、固定的值。

(2) 对于每个光谱成分，HFC-VD 设计了一个 Neyman-Pearson 检测器，计算第 l 波段中自相关矩阵的特征值 $\hat{\lambda}_l$ 与相应协方差矩阵特征值 λ_l 的差 $(\hat{\lambda}_l-\lambda_l)$，确定该波段是否存在光谱差异性大的特性元。但 MOCA 不同，它使用分解得到的奇异值，而不是矩阵特征值。用最大奇异向量的 l_2 范数代替 $(\hat{\lambda}_l-\lambda_l)$，即利用奇异向量的长度做二元假设检测，判定给定的奇异向量是否是稀有信号源。从技术上讲，HFC-VD 算法使用了跟第 l 个光谱成分相关的 $(\hat{\lambda}_l-\lambda_l)$ 进行检测，可以看作一阶统计量方法；MOCA 使用的是奇异向量的二阶范数，即信号能量，可以看作二阶统计量方法。

(3) 实际上，HFC-VD 也可以按照 MOCA 的方式实现，将 $(\hat{\lambda}_l-\lambda_l)$ 用自相关矩阵的第 l 个本征向量代替，使用 Neyman-Pearson 检测理论，得到的 HFC-VD 方法我们称为 PCA-HFC 方法。因为本征向量来自 PCA 中样本的协方差矩阵，也是二阶统计量，该算法可以看作是与 MOCA 对应的 HFC-VD 方法。

(4) MOCA 需要假设数据样本向量可线性表示，即可用正交子空间投影建立一系列线性信号子空间，而 HFC 不需要。MOCA 可以看作与 Bioucas-Dias 等(2008)和 José 等(2005)提出的 SSE/HySime 算法，以及 Chang 等(2010b)提出的基于 LSMA 的方法同属一种类别，这些算法都用数据线性表示，通过正交子空间投影估计 VD 值，称为基于数据表达驱动的机制。与此相反，HFC 只使用数据统计量信息，不进行任何数据表达，称为基于数据描述驱动的机制。最近由 Ambikapathi 等(2013)提出基于几何学的端元数量估计方法(geometry-based estimation of number of endmembers, GENE)，结合了基于 LSMA 的 VD、Hysime、MOCA 和 HFC 的优势。该算法需要更严格的假设条件，如假设噪声为加性高斯噪声、噪声的协方差矩阵可以准确估计，利用 Chi 方分布的自由度来估计端元数量，同时需要已知最大自由度 N_{max}，即利用 MOCA 的二元假设检测方式实现 Hysime(Paylor et al., 2013)。

9.3 基于目标驱动的虚拟维度

9.2 节介绍的是基于特征分析的虚拟维度概念，n_{VD} 的值在 HFC-VD 中由特征值决定，在 MOCA 中由本征向量或奇异向量决定，在 SSE/HySime(Bioucas-Dias et al., 2008; José et al., 2005)中由均方误差决定，在基于 LSMA 的方法(Chang et al., 2010b)中由数据表达决定。这些方法都存在两个主要缺陷：①VD 值由样本数据的统计量决定，与应用本身没有关系；②除了基于 LSMA 的方法之外，其他方法没有给出在该机制下如何寻找特性元。为了解决上述问题，本节提出一个新的方法——基于目标驱动的虚拟维度（target-specified virtual dimensionality，TSVD）。

9.3.1 寻找目标信号源作为特性元

高光谱图像的一个典型优势是可以获得细微和弱小目标，例如端元和异常等。该类目标通常是未知的，且尺寸很小甚至不到一个像元（亚像元情况），很难用视觉的方法定位。Chang 等（2011，2010a）对此提出了一个新的概念，即光谱目标，以区别于空间目标。传统图像不涉及过多的光谱波段，其中的感兴趣目标通常可以用空间特性描述，如尺寸、形状和纹理等，称这类目标为空间目标，用来识别此类目标的机制就称为基于空间域的图像处理机制。多光谱和高光谱图像都用一定波长范围内的光谱值表示，一个像元实际上是一个列向量，其元素为特定波长上的光谱取值。一个光谱向量可以拥有上百个连续的光谱波段值，包含用于数据开发和分析的丰富信息，称作 IBSI，如 9.1 节中所述。利用 IBSI，两个数据样本的光谱向量可以用光谱相似性度量方法进行判别、分类和识别，如光谱夹角匹配等。这样的目标被称为“光谱”目标，依据 IBSI 描述的光谱信息进行分析，而不是像元间的空间信息。

举例说明，令 $S=\{\boldsymbol{r}_i\}_{i=1}^N$ 表示 N 个数据样本向量的集合，其中$\boldsymbol{r}_i=(r_{i1},r_{i2},\cdots,r_{iL})^{\mathrm{T}}$ 是 S 中第 i 个数据样本，L 是波段总数。$\boldsymbol{r}_i$ 的 IBSI 光谱信息定义为 $\boldsymbol{r}_i$ 中所有光谱波段间的相关性，用 IBSI($\boldsymbol{r}_i$)表示，即 IBSI($\boldsymbol{r}_i$)由 L 个光谱值$\{r_{ij}\}_{j=1}^L$之间的相关性决定，如二阶统计量中 $\boldsymbol{r}_i$ 的自相关 $\sum_{j=1}^L r_{ij}^2$，$\boldsymbol{r}_i$ 的互相关 $\sum_{j=1,k=1,j\neq k}^L r_{ij}r_{ik}$。通常我们更感兴趣的是数据样本向量集合 $S=\{\boldsymbol{r}_i\}_{i=1}^N$ 中所有样本的统计特性，用 IBSI(S)表示，包括样本集的二阶统计量自相关矩阵 $\sum_{i=1}^N \boldsymbol{r}_i\boldsymbol{r}_i^{\mathrm{T}}$，以及互相关矩阵 $\sum_{i=1,j=1,i\neq j}^N \boldsymbol{r}_i\boldsymbol{r}_j^{\mathrm{T}}$。这里，IBSI(S)与样本的空间位置无关，因为对于求和操作而言，各个数据项顺序变化不影响最终结果，即 S 中样本顺序变化后 IBSI(S)保持不变。

有了光谱目标的概念后，如 9.1 节中所述，我们主要对两类光谱目标感兴趣：一是对应二阶统计量的背景特性元，二是对应高阶统计量的目标信号源。为了寻找 ULSMA 中的特性元，我们设计了不同的方法，根据统计信息分别提取目标和背景信号源。

9.3.2 目标驱动的虚拟维度

显然，9.2 节中定义的二元假设检测是一个决定信号源数量的主要机制，如 HFC 中确定光谱差异度大的特性元数量，MOCA 中确定稀有信号源数量。

该节利用式（9.1）和式（9.9）定义的 NPD 二元假设检测，进一步把 VD 扩展为TSVD。

令$\{\boldsymbol{t}_l^{\mathrm{VS}}\}_{l=1}^L$表示用特定算法得到的 L 个特性元，将其划分为两部分，一是代表有用信号的向量方向 $\boldsymbol{s}_l$，包括背景和目标信号，另一部分是噪声 $\boldsymbol{n}_l$。然后，类似于式(9.1)和式(9.9)，将问题简化为二元假设检测问题，其中$\boldsymbol{t}_l^{\mathrm{VS}}$代表$H_0$假设的噪声方向，或者$H_1$假设的信号方向，$1 \leqslant l \leqslant L$。

重新表示二元假设检测为

$$\begin{cases} H_0: z_l^{\mathrm{VS}} = 0 \\ H_1: z_l^{\mathrm{VS}} > 0 \end{cases}, (l = 1, 2, \cdots, L) \tag{9.17}$$

其中，z_l^{VS}是残余向量二阶范数的最大值：

$$z_l^{\mathrm{VS}} = \max_{1 \leqslant i \leqslant N} || \boldsymbol{P}_{\boldsymbol{U}_l^{\mathrm{VS}}}^{\perp} \boldsymbol{r}_i ||^2 \tag{9.18}$$

$\boldsymbol{P}_{\boldsymbol{U}_{l-1}^{\mathrm{VS}}}^{\perp} \boldsymbol{r}_i$表示任意像元向量$\boldsymbol{r}_i$在由$\boldsymbol{U}_{l-1}^{(k)}$扩展的子空间上的正交投影，$1 \leqslant i \leqslant N$且$2 \leqslant l \leqslant L$，其中$\boldsymbol{P}_{\boldsymbol{U}_{l-1}^{\mathrm{VS}}}^{\perp} = \boldsymbol{U}_{l-1}^{\mathrm{VS}}((\boldsymbol{U}_{l-1}^{\mathrm{VS}})^{\mathrm{T}} \boldsymbol{U}_{l-1}^{\mathrm{VS}})^{-1} (\boldsymbol{U}_{l-1}^{\mathrm{VS}})^{\mathrm{T}}$。通常，在由已找到的信号方向特性元扩展的子空间上，特性元残差的最大值，在H_1假设下，其值会高；在H_0假设下，受最大范数噪声残差控制，其值会低。按照与9.2节类似的处理方式，可以将z_l^{VS}在H_0下的累积分布函数表示如下：

$$F_0(z) \approx \exp\{-\mathrm{e}^{-(2\lg N)^{1/2}\left[\frac{z-\sigma^2(L-l)}{\sigma^2\sqrt{2(L-l)}} - (2\lg N)^{1/2} + \frac{1}{2}(2\lg N)^{-1/2}(\lg\lg N + \lg 4\pi)\right]}\} \tag{9.19}$$

备择假设下的均匀分布满足：

$$p(H_1 \mid z_l^{\mathrm{VS}}) = \frac{F_0(z_l^{\mathrm{VS}})}{z_l^{\mathrm{VS}} p_0(z_l^{\mathrm{VS}}) + F_0(z_l^{\mathrm{VS}})} \tag{9.20}$$

$$p(H_0 \mid z_l^{\mathrm{VS}}) = \frac{z_l^{\mathrm{VS}} p_0(z_l^{\mathrm{VS}})}{z_l^{\mathrm{VS}} p_0(z_l^{\mathrm{VS}}) + F_0(z_l^{\mathrm{VS}})} \tag{9.21}$$

其中，$p_0(z_l^{\mathrm{VS}})$是z_l^{VS}在H_0下的CDF。

可用两种检测器决定n_{VD}值，一个是最大似然检测器(maximum likelihood detector, MLD)：

$$\delta^{\mathrm{MLD}}(z_l^{\mathrm{VS}}) = \begin{cases} 1;\ 若\ p_1(z_l^{\mathrm{VS}}) \geqslant p_0(z_l^{\mathrm{VS}}) \\ 0;若\ p_1(z_l^{\mathrm{VS}}) < p_0(z_l^{\mathrm{VS}}) \end{cases} \tag{9.22}$$

根据式(9.22)的结果，n_{VD}的值可由下式计算得到：

$$n_{\mathrm{TSVD}}^{\mathrm{MLD}} = \sum\nolimits_{l=1}^{L} \lfloor \delta^{\mathrm{MLD}}(z_l^{\mathrm{VS}}) \rfloor \tag{9.23}$$

另一个是由式(9.2)给出的NPD检测器，其中$z_l^{\mathrm{VS}} = \max_{1 \leqslant i \leqslant N} || \boldsymbol{P}_{\boldsymbol{U}_l^{\mathrm{VS}}}^{\perp} \boldsymbol{r}_i ||^2$，如式(9.18)。得到的NPD表示为$\delta^{\mathrm{NP}}(z_l^{\mathrm{VS}})$，$1 \leqslant l \leqslant L$，如下：

$$\delta^{\mathrm{NP}}(z_l^{\mathrm{VS}}) = \begin{cases} 1;\ 若\ \Lambda(z_l^{\mathrm{VS}}) > \tau_l \\ 以概率\ \kappa\ 取值\ 1;\ 若\ \Lambda(z_l^{\mathrm{VS}}) = \tau_l \\ 0;\ 若\ \Lambda(z_l^{\mathrm{VS}}) < \tau_l \end{cases} \tag{9.24}$$

$$n_{\mathrm{TSVD}}^{\mathrm{NP}}(P_F) = \sum\nolimits_{l=1}^{L} \lfloor \delta^{NP}(z_l^{\mathrm{VS}}) \rfloor \tag{9.25}$$

其中，似然比检验$\Lambda(z_l)$定义为$\Lambda(z_l^{\mathrm{VS}}) = p_1(z_l^{\mathrm{VS}}) / p_0(z_l^{\mathrm{VS}})$，虚警率设定为$P_{\mathrm{F}}(\delta^{\mathrm{NP}}) = \int_{\Lambda(z_l^{\mathrm{VS}}) \geqslant \tau} p_0(z_l^{\mathrm{VS}}) \mathrm{d} z_l^{\mathrm{VS}}$。

后续的主要问题是，如何找到L个目标的集合作为特性元集合$\{\boldsymbol{t}_l^{\mathrm{VS}}\}_{l=1}^{L}$，用于式(9.16)的NP检测。在第10～14章中，我们会介绍不同的目标寻找方法。

说明：HFC 和 MOCA 及其各种延伸算法都基于特征分析进行 VD 估计，假设的信号源或者是式(9.1)的特征值，或者是式(9.9)的本征向量、奇异向量。但特征值和本征向量由主成分分析得到，不是真正的目标信号源。也就是说这样的处理方式，会导致很多真实的不同目标信号源在投影到特征向量上时，得到相同的特征值，所以估计的 VD 值通常小于实际目标信号源的数量(Chang，2017)。

9.4 非监督式线性光谱混合分析(ULSMA)算法

9.2 节和 9.3 节解决了非监督式线性光谱混合分析中的第一个重要问题，本节在此基础上利用 LSMA 的优势，构建两种非监督式线性光谱混合分析方法：基于最小二乘的 ULSMA(LS-ULSMA)和基于成分分析的 ULSMA(CA-ULSMA)。

9.4.1 基于 LS 的 ULSMA

根据图像数据和不同类别特性元的特点，可以用原数据提取具有二阶统计特性的数据样本向量作为背景特性元，用球化后的数据提取高阶统计特性的数据样本向量作为目标特性元。球化处理移除了数据样本的均值和协方差，将数据的方差变成 1，故具备二阶统计特性的数据样本向量落在球面上，具备高阶统计特性的数据样本向量，落在球体的内部(亚高斯样本)或者球体外部(超高斯样本)。高阶统计特性的目标特性元，可以从落在球体内部和外部的数据样本向量中提取。

采用基于最小二乘的方法从数据样本向量中寻找特性元，对应的第一个算法是 ATGP 算法，该算法基于正交子空间投影(OSP)原理，也可以看作非监督的无约束最小二乘 LSMA 方法；对应的第二个算法是部分丰度约束的最小二乘算法，即非监督 NCLS 算法(UNCLS)；第三个算法是全丰度约束最小二乘算法，即非监督 FCLS 算法(UFCLS)。3 种算法在实施之前，需要预定义误差阈值 ε 作为结束条件。误差阈值 ε 可以通过不断试错结合视觉来判断，但有时不适用于实际情况。这里我们采用 VD 方法估计需要的目标特性元数量，作为非监督处理机制的结束条件。

基于 LS 的非监督特性元寻找算法(LS-UVSFA)的详细实现流程如下所述，可以是上述 3 种算法 ATGP、UNCLS 或 UFCLS 中的任意一个。

(1) 在图像数据上执行 VD 算法，估计特性元寻找算法所需要的特性元数量 n_{VD}。

(2) 将基于 LS 的算法用于原始数据，在背景类别中找到 n_{VD} 个数据样本向量构成背景样本集合 $S^{\mathrm{BKG}}=\{\boldsymbol{b}_j^{\mathrm{LS}}\}_{j=1}^{n_{\mathrm{VD}}}$。

(3) 将相同的基于 LS 的算法用于球化后的数据，在目标类别中找到 n_{VD} 个数据样本向量构成目标样本集合 $S^{\mathrm{target}}=\{\boldsymbol{t}_j^{\mathrm{LS}}\}_{j=1}^{n_{\mathrm{VD}}}$。

(4) S^{BKG} 与 S^{target} 中存在类似的光谱向量，利用光谱夹角匹配方法找出这些样本向量，并从 S^{BKG} 移出。得到新的背景样本集合 $\tilde{S}^{\mathrm{BKG}}=\{\tilde{\boldsymbol{b}}_i^{\mathrm{LS}}\}_{i=1}^{n_{\mathrm{BKG}}}$，其中 n_{BKG} 表示在移除 $S^{\mathrm{target}}\cap S^{\mathrm{BKG}}$ 元

素后剩余背景样本向量的总数。

(5) 融合 S^{BKG} 与 S^{target} 为特性元集合 S^{VS}，得到 $\{\tilde{\boldsymbol{b}}_i^{\text{LS}}\}_{i=1}^{n_{\text{BKG}}} \cup \{\boldsymbol{t}_j^{\text{LS}}\}_{j=1}^{n_{\text{VD}}}$。需要说明的是，$S^{\text{VS}}$ 中的特性元数量介于 n_{VD} 和 $2n_{\text{VD}}$ 之间，即 $n_{\text{VD}} \leqslant n_{\text{VD}} + n_{\text{BKG}} \leqslant 2n_{\text{VD}}$。

(6) 利用无约束 LSOSP 算法、NCLS 算法或者 FCLS 算法进行解混，将 S^{target} 中的特性元看作感兴趣目标成分，S^{BKG} 中的特性元 $\tilde{S}^{\text{BKG}} = \{\tilde{\boldsymbol{b}}_i^{\text{LS}}\}_{i=1}^{n_{\text{BKG}}}$ 看作非期望成分进行压制。

9.4.2 基于成分分析的 ULSMA

如前所述，高光谱图像中的数据样本可分为两类：二阶统计特性描述的背景特性元和高阶统计特性描述的目标特性元。PCA 算法基于二阶统计量变换，利用一组主成分代表整个数据集，每个主成分对应一个本征向量，在其上的样本投影方差即特征值，该算法可用于寻找背景特性元。另一方面，ICA 算法基于高阶统计量变换，利用互相关信息产生互相独立的成分表示数据，该算法可用于寻找高阶统计量描述的期望目标特性元。此外，可以使用 VD 算法决定特性元的总数，但也产生一个新的问题，即分别需要从主成分和独立成分中产生多少个特性元？对此，制定不同的产生规则：①独立成分分析中，投影最大的向量和投影最小的向量非常关键。类似于端元寻找中的 PPI 算法，潜在的端元向量是在 Skewer 上投影最大和最小的样本，因为二者定义了某个独立成分向量上方向相反的两个最大投影，对数据分析很重要。②成分分析中，投影变化大的主成分意味着该方向上信号能量较强，与图像中实际数据样本的相关度较高，是数据表示中比较重要的样本方向，且该方向上投影最大的数据样本最有可能是该类别的特性元向量。投影值变化较小的主成分向量通常表示噪声方向，选择时不予以考虑。

所有从主成分和独立成分角度选择的数据样本向量，都可看作特性元。结合 VD 算法决定特性元数量，利用主成分和独立成分算法选择最大和最小投影数据样本向量，就得到了下述基于成分分析的非监督特性元寻找算法(CA-UVSFA)。

(1) 利用 HFC/NWHFC 算法得到 VD 值，决定需要获取的主成分和独立成分数量 p。

(2) 在原数据上执行 PCA，找到前 p 个主成分，并分别寻找各主成分向量上投影最大的像元作为特性元，得到 p 个背景特性元组成的集合，$S^{\text{BKG}} = \{\boldsymbol{b}_j^{\text{PCA}}\}_{j=1}^{p}$。

(3) 在球化后的数据上执行 ICA，找到 p 个独立成分，在每个独立成分向量上寻找投影最大和最小的样本像元分别作为特性元，得到 $2p$ 个目标特性元组成的集合，$S^{\text{target}} = \{\boldsymbol{t}_j^{\text{ICA}}\}_{j=1}^{2p}$。不同独立成分上可能会得到相同的特性元，在上述目标特性元集合中使用光谱夹角匹配算法，去掉相似度大的特性元，得到新的目标特性元集合，$\tilde{S}^{\text{target}} = \{\tilde{\boldsymbol{t}}_j^{\text{ICA}}\}$。说明：这里使用的 ICA 是 Hyvarinen 等(2000)提出的 Fast ICA，只涉及三阶和四阶统计量。

(4) 同时，也可能存在一些 $\tilde{S}^{\text{target}} = \{\tilde{\boldsymbol{t}}_j^{\text{ICA}}\}$ 中目标样本向量，在主成分向量方向上表现出很强的能量特点，存在于背景特性元集合 S^{BKG} 中。同样利用光谱夹角匹配算法，将这些相似特性元从 S^{BKG} 中移除，得到新的背景特性元集合，$\tilde{S}^{\text{BKG}} = \{\tilde{\boldsymbol{b}}_j^{\text{PCA}}\}$。

(5) 合并 $\tilde{S}^{\text{BKG}}$ 和 $\tilde{S}^{\text{target}}$，构建出特性元集合 $S^{\text{VS}} = \{\tilde{\boldsymbol{b}}_j^{\text{PCA}}\} \cup \{\tilde{\boldsymbol{t}}_j^{\text{ICA}}\}$，并将其用于后续的光谱

解混。

说明：①S^{VS}中特性元的数量介于 p 和 $3p$ 之间；②在很多情况下，目标样本向量会出现在主成分或独立成分上，但不是二者同时出现。为了尽量不丢失目标和主要背景，算法分别提取 p 个主成分和 p 个独立成分产生所有的特性元。

关于基于成分分析的非监督式线性光谱混合分析(CA-ULSMA)详细的算法描述如下文。

(1) 利用上述的 CA-UVSFA 产生特性元集合 S^{VS}。

(2) 执行 SLSMA 算法对目标像元$\tilde{S}^{target}$进行丰度估计，可以采用无约束的 LSOSP 算法、NCLS 算法或 FCLS 算法，背景像元$\tilde{S}^{BKG}$的特性元可用于背景压制。

在 CA-ULSFA 算法的第(1)步中，HFC/NWHFC 算法得到的 VD 值应该是光谱差异度大且对数据方差影响小的特性元数量。这类特性元往往不常出现，即使出现其数量也较少，方差很小甚至可以忽略。使用 HFC/NWHFC 算法估计特性元数量时，需要两个假设：①集合 S^{VS}的特性元间光谱相关性很小，因为特性元代表差异性大的光谱样本，该假设是合理的；②特性元对应的样本数量不多。在此假设条件下，特性元只对每个光谱波段的样本均值有影响，对方差影响不大。以上是 HFC/NWHFC 设计的主要思想，因为 HYDICE 图像中每种目标面板的像元数量都较少，符合假设条件，能够很好地解释其在 HYDICE 数据上效果很好，但在某些数据集上效果不理想的现象。如果上述两个假设不能得到满足，则 HFC/NWHFC 算法的效果会变差。

9.5 合成图像实验结果和分析

前面章节已经介绍过合成数据的两类图像 TI 和 TE 共 6 幅，这里使用 TI2 和 TE2 进行分析，介绍如下。

TI2 是将一定数量未被噪声污染的面板像元插入背景图像中，代替相应位置的背景像元，其中面板像元的先验知识是完备的，背景添加了信噪比为 20∶1 的高斯噪声。该图像提供图像中存在端元的情况，可用于定量分析 ULSMA 的性能。

与 TI2 不同，TE2 不是用面板像元替代背景像元而是将其混合在一起。TE2 图像中不存在纯像元，故不存在用于 LSMA 的端元，它更接近实际图像，解混所用的特性元必须从图像中寻找。TE2 图像的主要用途是测试 ULSMA 在特性元寻找方面的性能。

TI2 和 TE2 图像的尺寸为 200×200。有 5 行 5 列共 25 个面板，如图 9.1 所示，同一行面板材质相同，同一列面板尺寸相同。图像一共有 130 个面板像元，其中第 1 列包含 80 个纯像元，第 2 列包含 20 个纯像元，用图 1.2(c)中的 5 种矿物质 A、B、C、K、M 的特性光谱模拟。第 3 列 20 个混合像元由 50%的当前行面板特性元与 50%的其他行特性元混合，第 4 列 5 个混合像元是由 50%的面板特性元与 50%的背景特性元混合，第 5 列 5 个混合像元是由 25%的面板特性元与 75%的背景特性元混合。

图 9.1 的背景图像由图 1.2(a)中的样本均值光谱模拟，并添加信噪比 20∶1 的高斯噪声。

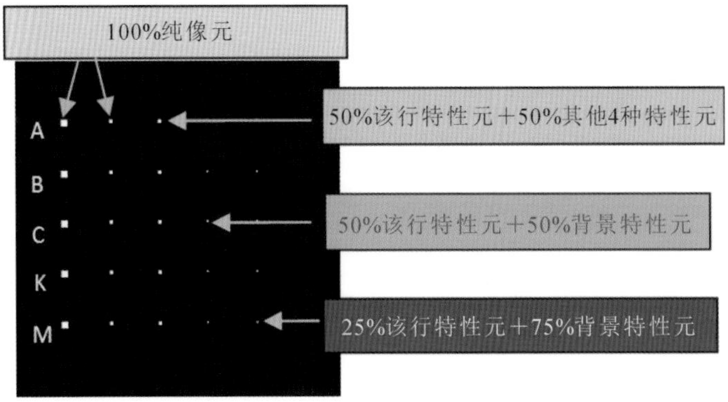

图 9.1　由图 1.2(a)中 A、B、C、K、M 的特性光谱模拟的 25 个面板集合

9.5.1　LS-ULSMA

首先，假设 TI2 和 TE2 的先验知识都不完备，二者在虚警率满足 $P_F \leqslant 10^{-1}$ 时的 VD 估计值 n_{VD} 都是 6。图 9.2 和图 9.3 给出 3 种基于 LS 的方法：ATGP-UVSFA、UNCLS-UVSFA 和 UFCLS-UVSFA 找到的特性元，其中，(i)为算法找到的二阶统计量 BKG 特性元；(ii)为相同方法在球化后数据上找到的高阶统计量目标特性元；(iii)为去掉(i)中存在于(ii)的背景特性元后得到的 BKG 特性元；(iv)为合并(ii)和(iii)后得到的特性元总数。

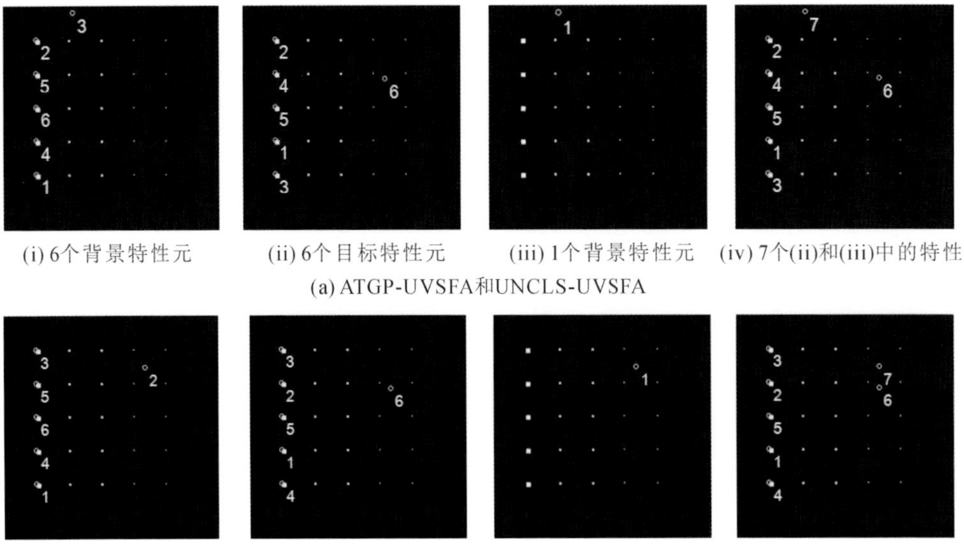

(i) 6个背景特性元　(ii) 6个目标特性元　(iii) 1个背景特性元　(iv) 7个(ii)和(iii)中的特性元

(a) ATGP-UVSFA和UNCLS-UVSFA

(i) 6个背景特性元　(ii) 6个目标特性元　(iii) 1个背景特性元　(iv) 7个(ii)和(iii)中的特性元

(b) UFCLS-UVSFA

图 9.2　针对 TI2，采用 3 种无监督算法 ATGP-UVSFA、UNCLS-UVSFA 和 UFCLS-UVSFA 寻找特性元

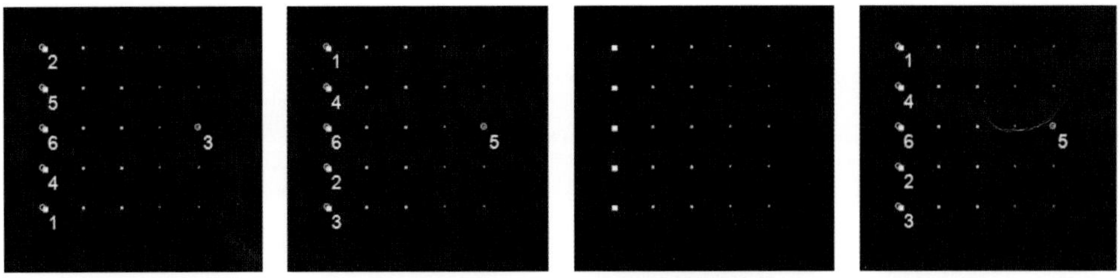

(i) 6个背景特性元　(ii) 6个目标特性元　(iii) 0个背景特性元　(iv) 6个(ii)和(iii)中的特性元

(a) ATGP-UVSFA和UNCLS-UVSFA

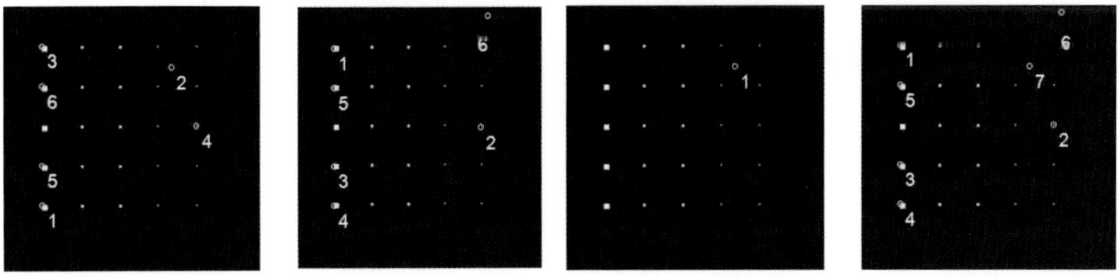

(i) 6个背景特性元　(ii) 6个目标特性元　(iii) 1个背景虚拟特性元　(iv) 7个(ii)和(iii)中的特性元

(b) UFCLS-UVSFA

图 9.3　针对 TE2，采用 3 种无监督算法 ATGP-UVSFA、UNCLS-UVSFA 和 UFCLS-UVSFA 寻找特性元

根据图 9.2 和图 9.3，基于 LS 的 UVSFA 算法最终找到两类特性元，BKG 特性元 $\{\tilde{\boldsymbol{b}}_i^{\mathrm{LS}}\}_{i=1}^{n_{\mathrm{BKG}}}$ 和目标特性元 $\{\boldsymbol{t}_j^{\mathrm{LS}}\}_{j=1}^{n_{\mathrm{VD}}}$。用 $\{\tilde{\boldsymbol{b}}_i^{\mathrm{LS}}\}_{i=1}^{n_{\mathrm{BKG}}}$ 和 $\{\boldsymbol{t}_j^{\mathrm{LS}}\}_{j=1}^{n_{\mathrm{VD}}}$ 构成期望特性元矩阵 $\boldsymbol{M}=[\boldsymbol{t}_1^{\mathrm{LS}}\ \boldsymbol{t}_2^{\mathrm{LS}}\cdots\boldsymbol{t}_{n_{\mathrm{VD}}}^{\mathrm{LS}}\ \tilde{\boldsymbol{b}}_1^{\mathrm{LS}}\ \tilde{\boldsymbol{b}}_2^{\mathrm{LS}}\cdots\tilde{\boldsymbol{b}}_{n_{\mathrm{BKG}}}^{\mathrm{LS}}]$，对图像中任意像元 $\boldsymbol{r}$ 解混，解混结果中各特性元对应的丰度图如图 9.4 和图 9.5 所示。前面使用的特性元寻找算法有 3 种，即 ATGP、UNCLS 和 UFCLS，这里的光谱解混也用了 3 种算法，分别为 LSOSP、NCLS 和 FCLS，图 9.4 和图 9.5 列出了图 9.2 所找特性元和图 9.3 所找特性元的解混结果，其中(i)、(ii)和(iii)分别表示 LSOSP、NCLS 和 FCLS 的解混效果，其后附加的数值显示结果可以依据真实数据信息对解混效果进行定量分析；(a)是 ATGP、UNCLS 所找特性元对应的结果，(b)是 UFCLS 所找特性元对应的结果。整个处理过程是非监督的，解混时使用所有找到的特性元，包括 BKG 特性元。图 9.3(iv)因为使用亚像元 $\boldsymbol{p}_{5,1}^3$ 作为特性元，得到两个亚像元的像元丰度为 100%，如图 9.5(b)。这与图 9.5(a)的结果不同，图 9.5(a)同时采用了目标特性元和背景特性元解混，两个亚像元的像元丰度解混结果正确，分别为 50%和 25%。而图 9.5(b)的(i)因为利用亚像元解混，且解混算法 LSOSP 对丰度无约束，其结果超出正确数值。

为了进一步分析上述实验结果，利用 5 种特性元的先验知识以及背景先验知识的样本均值，重新构建解混特性元矩阵 $\boldsymbol{M}$，并在此基础上用相同的 3 种 LSMA 方法进行 SLSMA 解混。图 9.6(a)～(c)和图 9.7(a)～(c)给出了 TI2 和 TE2 中 130 个面板像元的解混结果以及对应的丰度图。

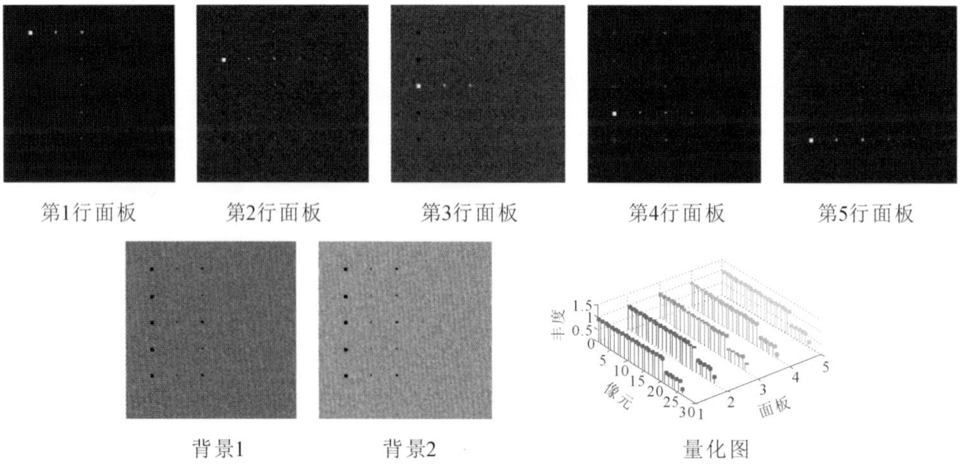

(i) LSOSP

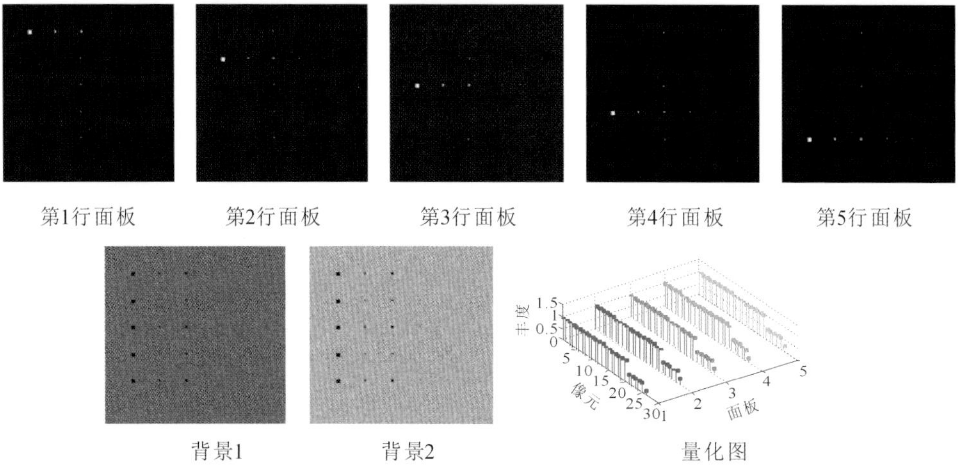

(ii) NCLS

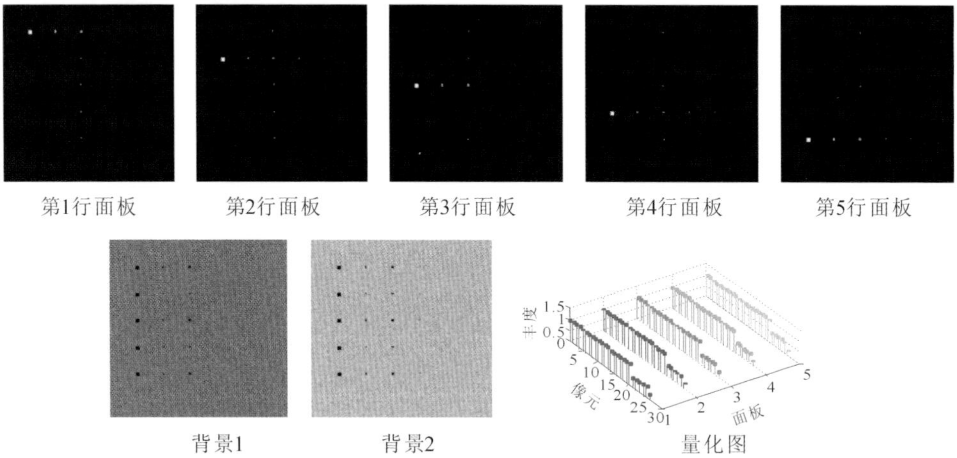

(iii) FCLS

(a) ATGP-UVSFA和UNCLS-UVSFA

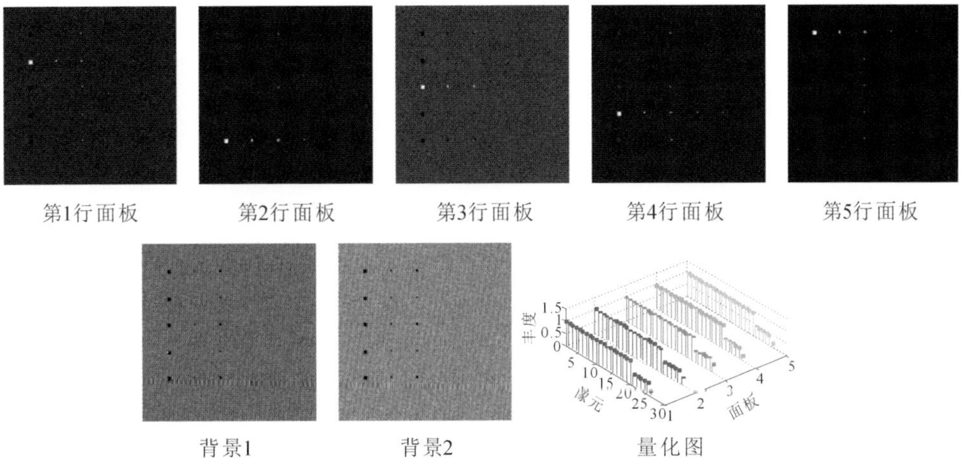

(i) LSOSP

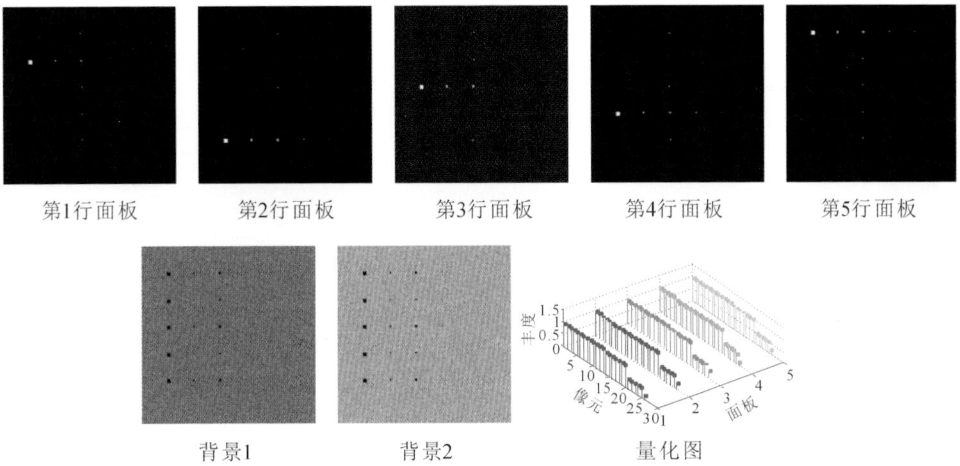

(ii) NCLS

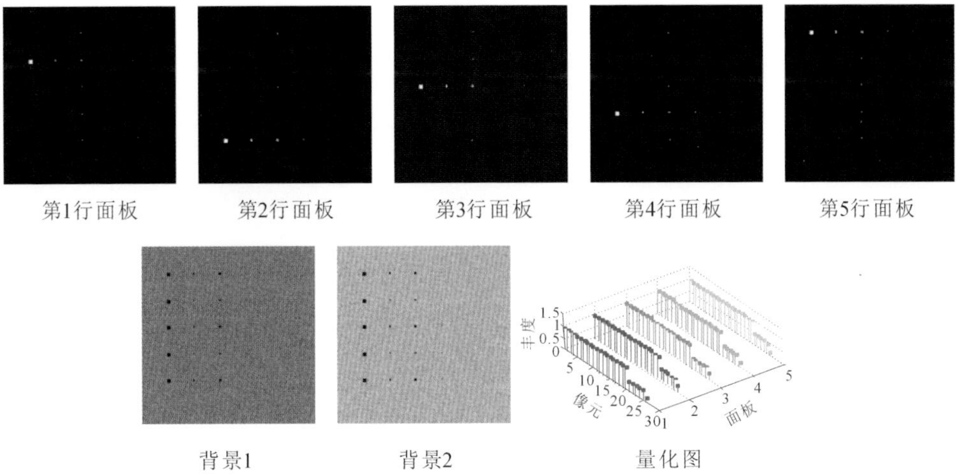

(iii) FCLS

(b) UFCLS-UVSFA

图 9.4 利用 LSOSP、NCLS 和 FCLS 通过图 9.2(iv)中的目标/特性元对 TI2 进行解混的结果

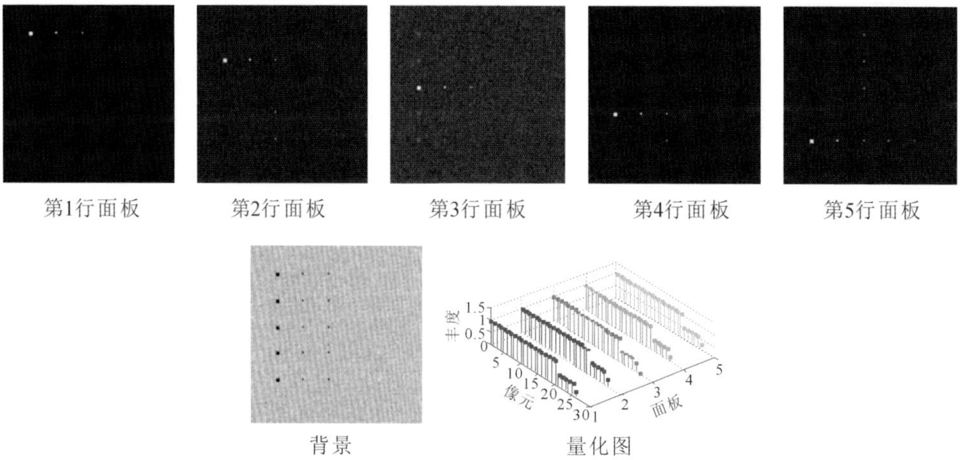

(i) LSOSP

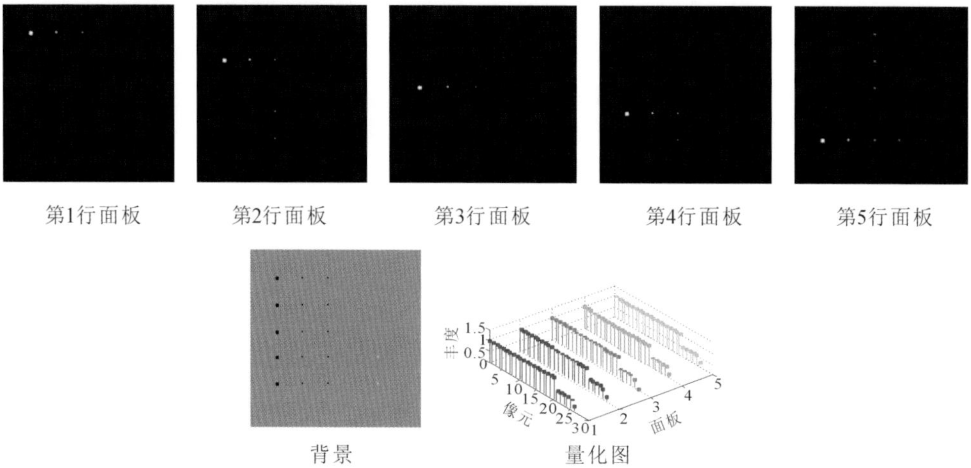

(ii) NCLS

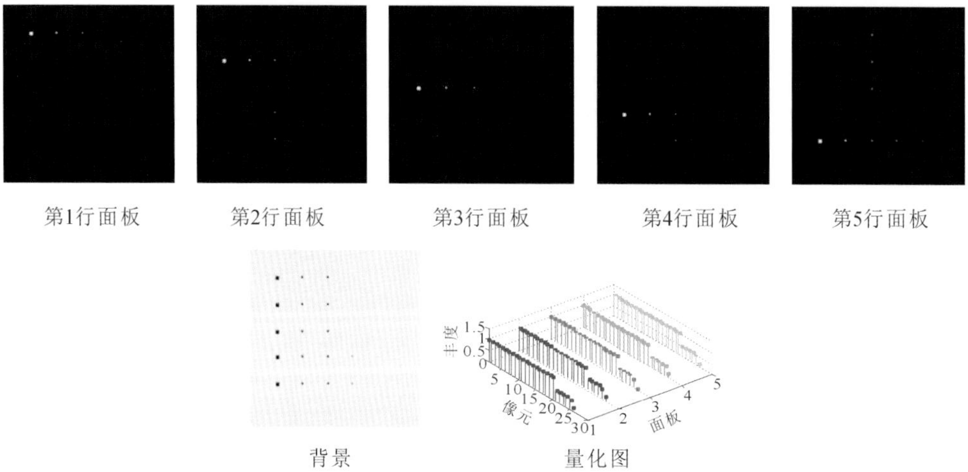

(iii) FCLS

(a) ATGP-UVSFA和UNCLS-UVSFA

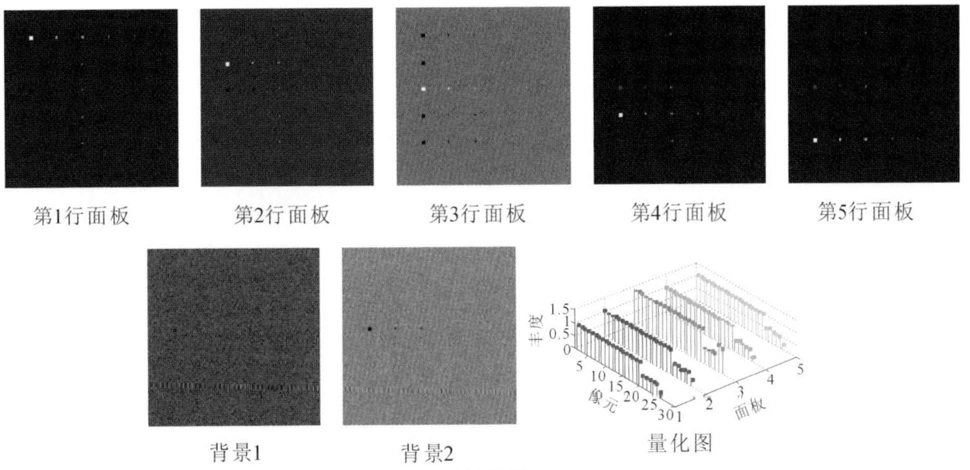

(i) LSOSP

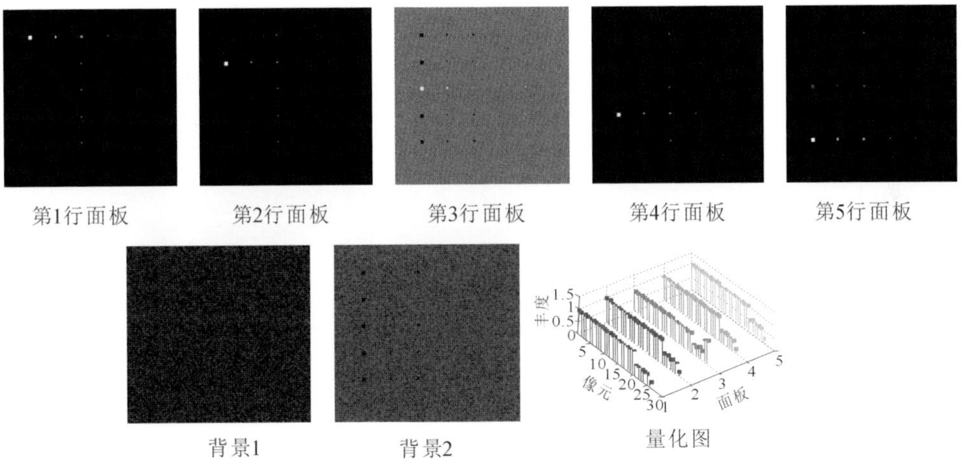

(ii) NCLS

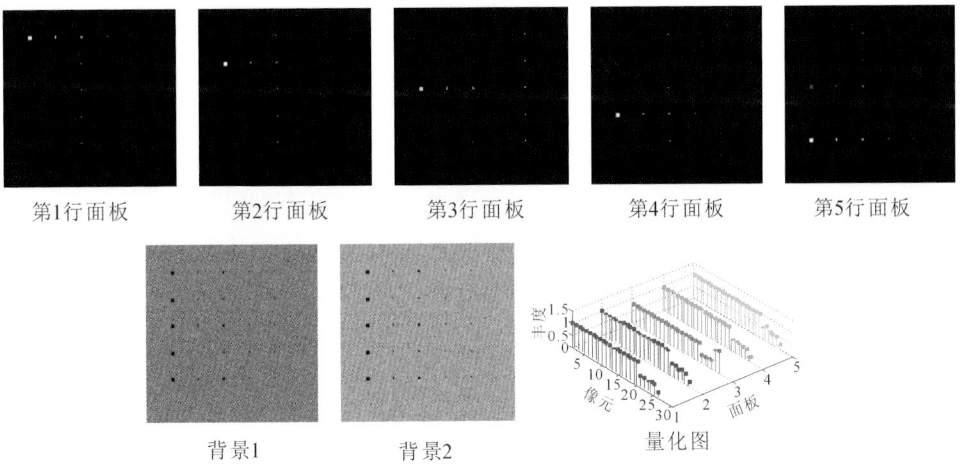

(iii) FCLS

(b) UFCLS-UVSFA

图 9.5 利用 LSOSP、NCLS 和 FCLS 通过图 9.3(iv)中的目标/特性元对 TE2 进行解混的结果

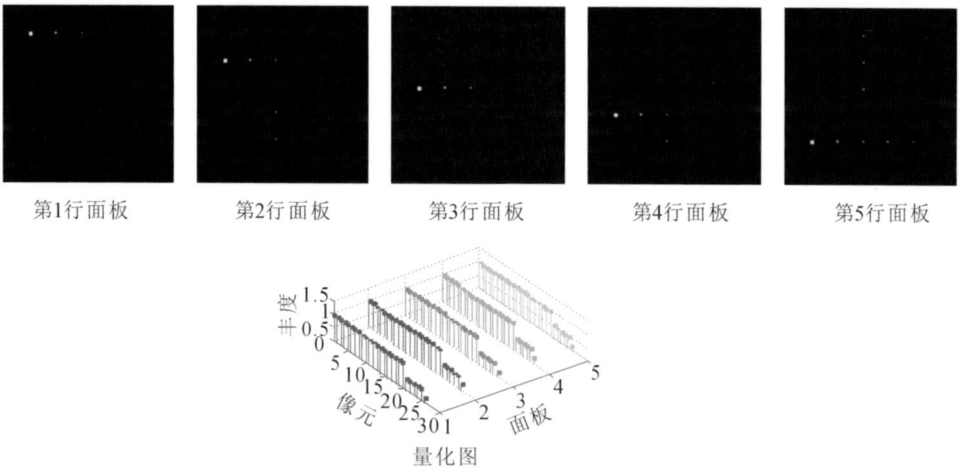

(a) LSOSP

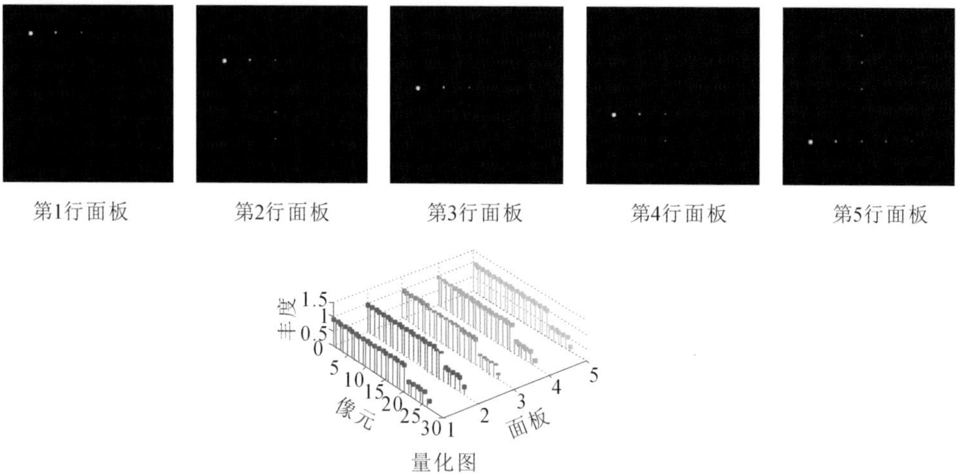

(b) NCLS

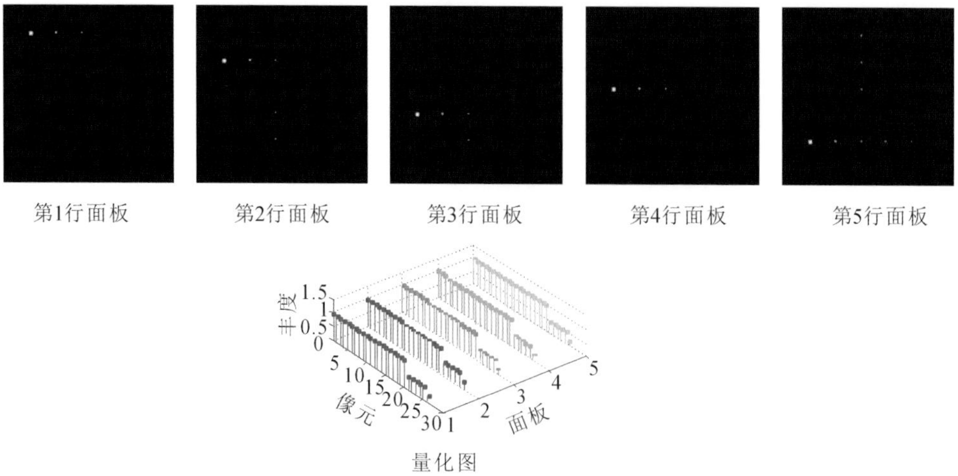

(c) FCLS

图 9.6　假设先验特性元知识，利用 LSOSP、NCLS 和 FCLS 对 TI2 解混的结果

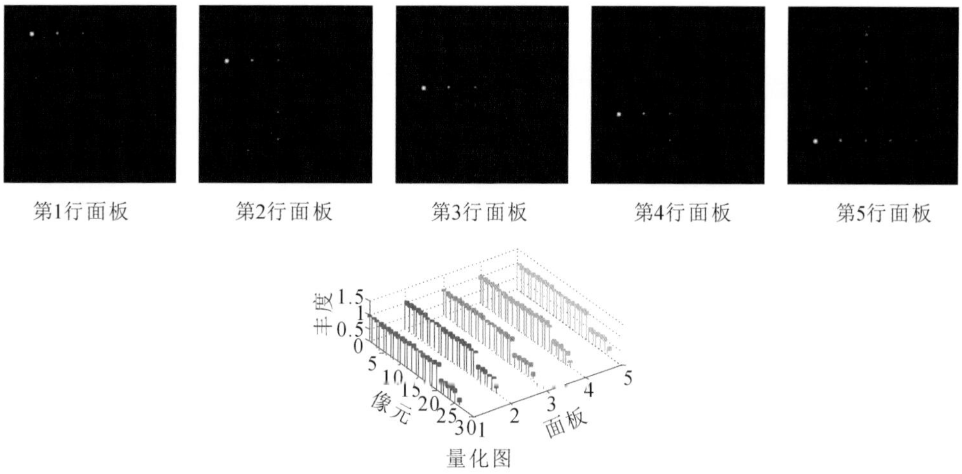

(a) LSOSP

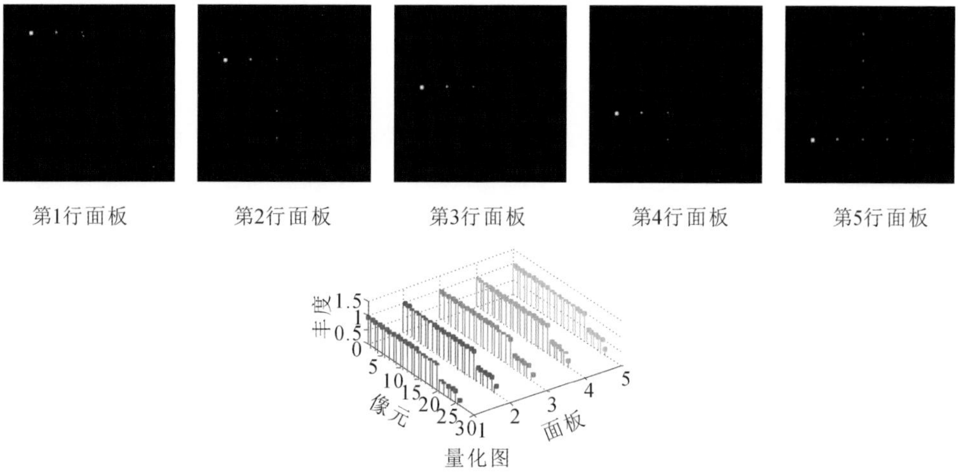

(b) NCLS

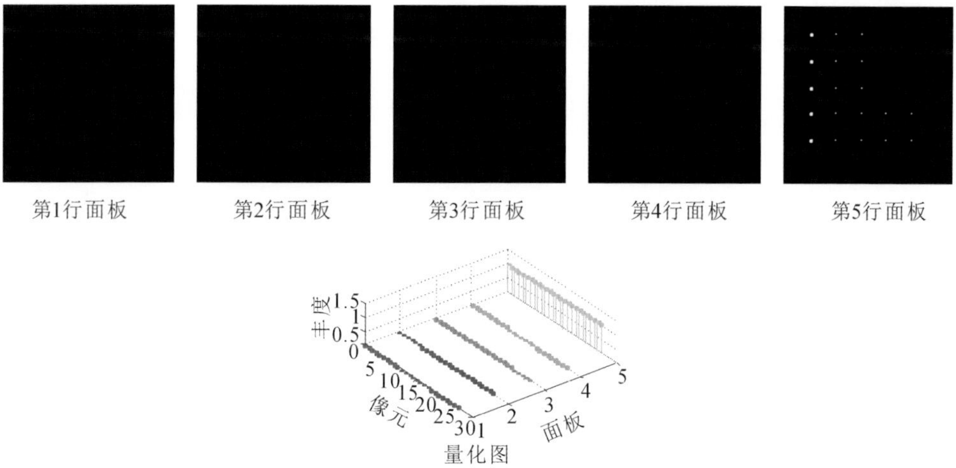

(c) FCLS

图 9.7 假设先验特性元知识，利用 LSOSP、NCLS 和 FCLS 对 TE2 解混的结果

比较图 9.6 和图 9.7 利用 SLSMA 与图 9.4 和图 9.5 利用 ULSMA 解混得到的结果可以发现,大部分算法在 TI2 和 TE2 的 130 个面板像元上的效果相当,只有 FCLS 除外。FCLS 在 TE2 的结果中,第 5 行目标的丰度都为 100%,其他 1~4 行面板像元的丰度都为 0,如图 9.7(c)所示。出现该现象的原因可能是:TE2 中的面板像元融合在背景像元里,像元的丰度值不满足和为一,但 FCLS 仍然使用该约束进行解混,导致将所有丰度都赋值给了光谱差异性最大的特性元,即仿真产生的第 5 行元素。这里 ULSMA 在 SLSMA 之前执行,ULSMA 使用的是直接从图像中获取的特性元,即与背景像元混合后的结果而非纯特性元,实际上比使用先验知识更符合现实情况。TI2 因为是将面板像元植入背景图像,用面板像元代替对应位置的背景像元,没有破坏和为一约束,故 FCLS 可以正常使用。此外,LSOSP 和 NCLS 因为没有用到和为一约束,在 TI2 和 TE2 上都可以正常使用。该实验也充分说明利用合成数据验证的必要性,因为在不具备地物真实分布的完备知识时,实际图像不能用于定量分析。

9.5.2 CA-ULSMA

本小节对基于成分分析的光谱解混方法做了与 9.5.1 节相同的实验,并对结果进行比较。图 9.8(a)~(b)给出了利用最大独立成分(ICs)和最小独立成分投影从 TI2 中分别找出的 6 个目标特性元,图 9.8(c)给出了利用主成分(PCs)找出的 6 个背景特性元,图 9.8(d)给出了 9.8(a)~(c)的合并结果,共 11 个特性元。

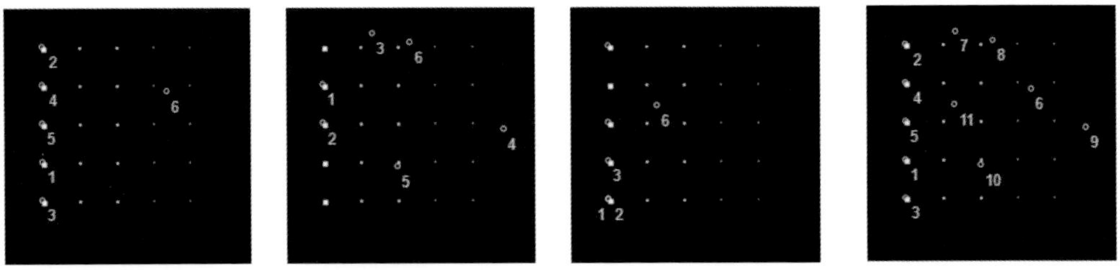

(a) (b) (c) (d)

图 9.8 场景 TI2 中的目标

用图 9.8(d)得到的 11 个特性元构成 LSMA 的特性元矩阵,并用 LSOSP、NCLS 和 FCLS 三种算法进行丰度估计,结果如图 9.9(a)~(c)所示。可以看出,5 种目标面板像元都被正确分类,且丰度值性能都很好。因为第 4 列和第 5 列亚像元结果的可视性不强,在每个图的后面也给出了 130 个面板像元的结果丰度图。

在 TE2 上也进行相同的实验,结果如图 9.10 所示。图 9.10(a)和(b)给出了利用最大独立成分和最小独立成分投影从 TE2 中分别找出的 6 个目标特性元,图 9.10(c)给出了利用主成分找出的 6 个背景特性元,图 9.10(d)给出了 9.10(a)~(c)的合并结果,共 10 个特性元。

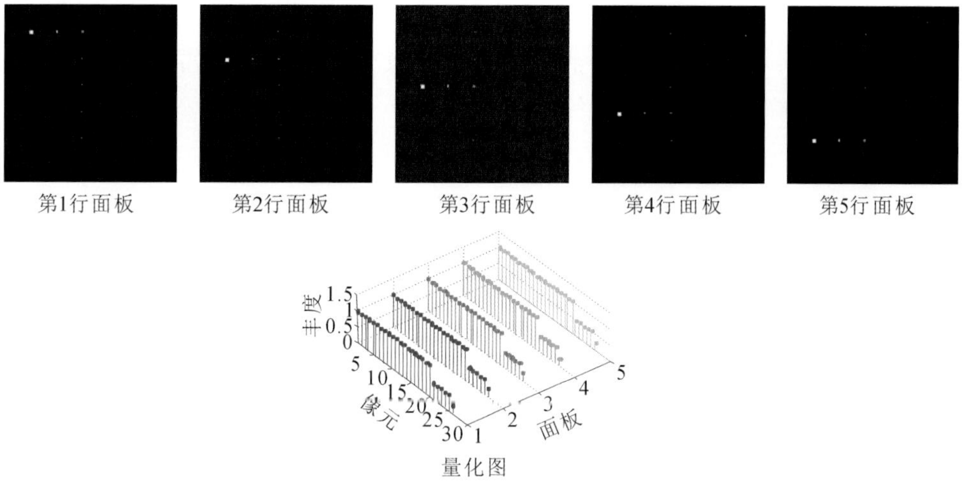

(a) LSOSP

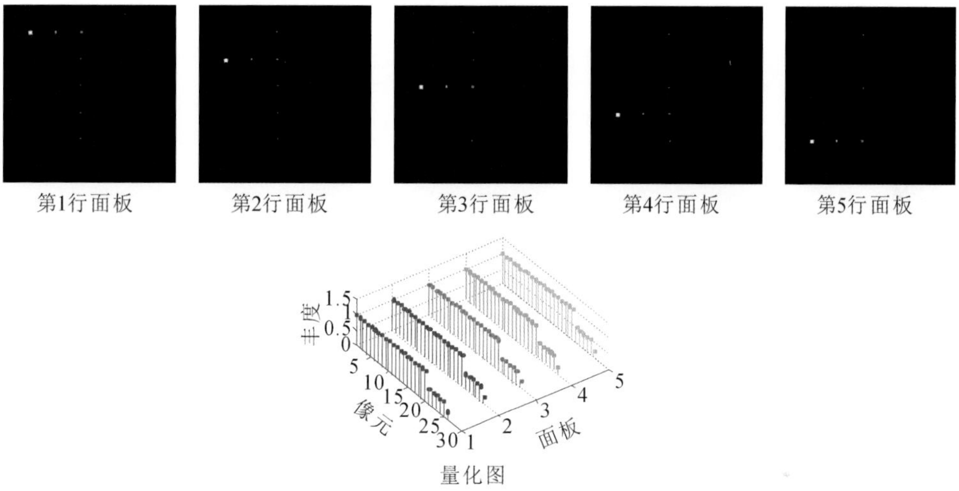

(b) NCLS

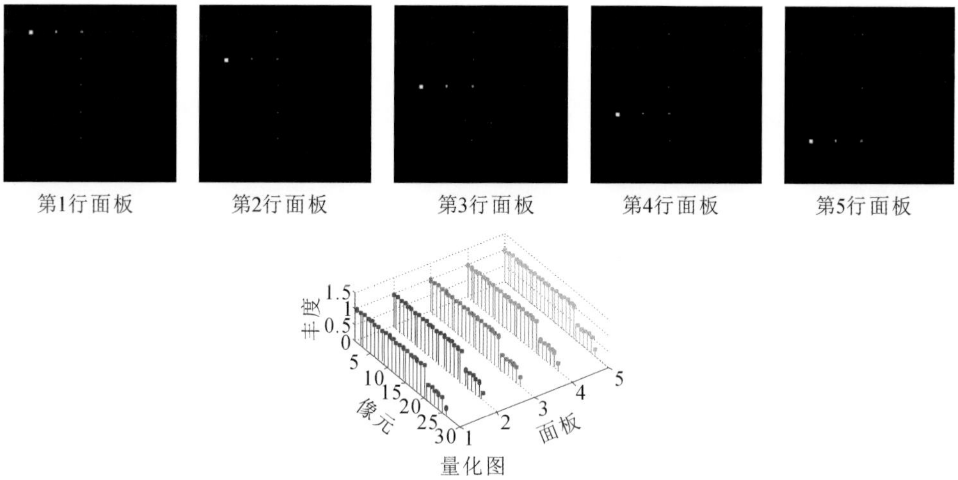

(c) FCLS

图 9.9　通过图 9.8(d)中的目标特性元，利用 LSOSP、NCLS 和 FCLS 对场景 TI2 进行解混的结果

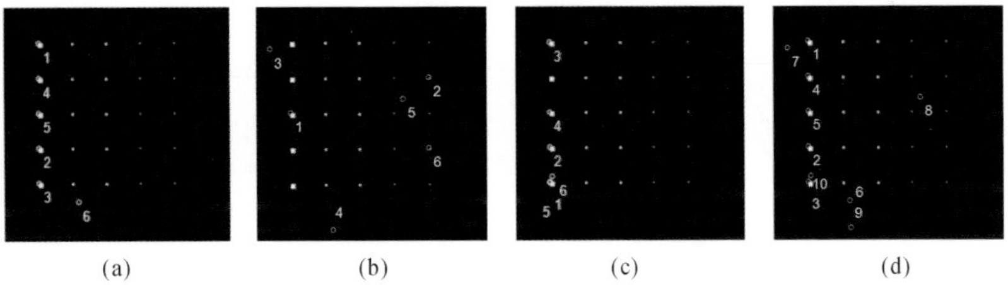

图 9.10　场景 TE2 中的目标

用图 9.10(d)得到的 10 个特性元构成 LSMA 的特性元矩阵，并用 LSOSP、NCLS 和 FCLS 三种算法进行丰度估计，结果如图 9.11(a)～(c)所示，图中也给出了 130 个面板像元的丰度值图。可以看出，5 种目标面板像元也都被正确分类，且丰度值性能都很好。

比较图 9.9 和图 9.11 可以发现，TI2 和 TE2 的解混结果很接近，只是在 TE2 第 3 行的两个亚像元上，FCLS 的目标特性元丰度结果为 75%，超过了真实值，其原因可能也是这两个像元的丰度不满足和为一约束。该问题在后续的 SLSMA 实验结果中更明显，如图 9.13。

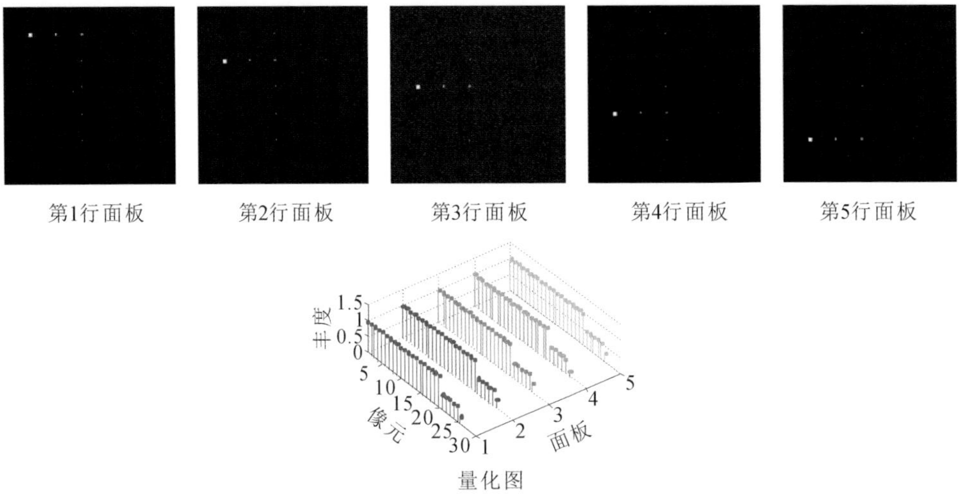

(a) LSOSP

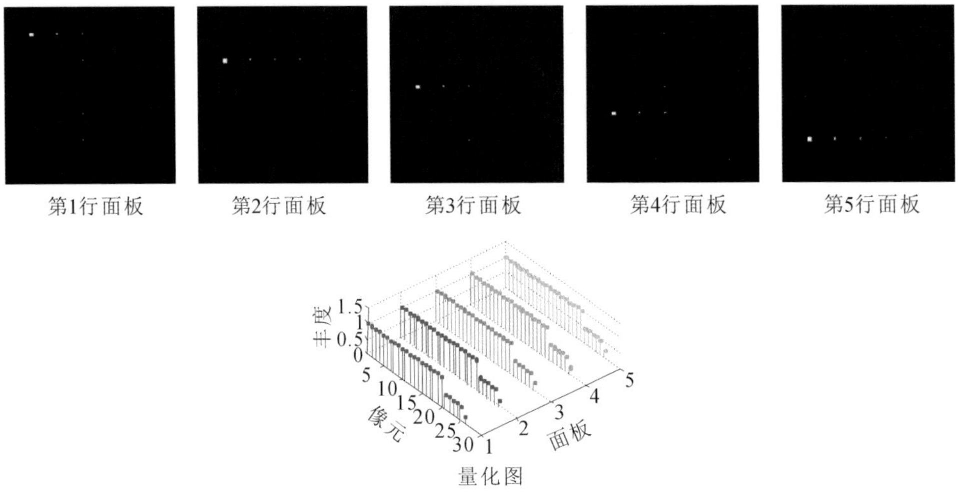

(b) NCLS

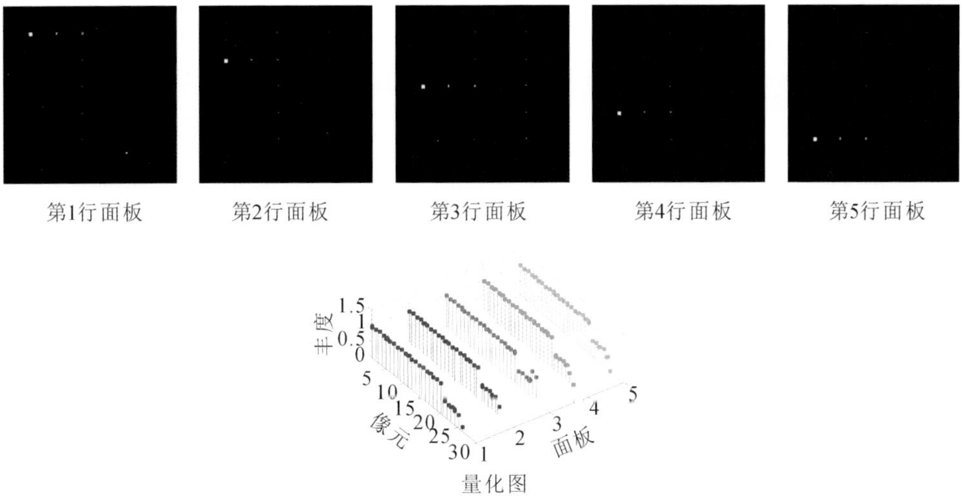

(c) FCLS

图 9.11　通过图 9.10(d)中的目标特性元，利用 LSOSP、NCLS 和 FCLS 对场景 TE2 进行解混的结果

将图 9.9 和图 9.11 的结果与图 9.6 和图 9.7 的结果进行对比，可以发现 CA-ULSMA 和 SLSMA 的差异。除了 FCLS 在 TE2 上的问题之外，CA-ULSMA 的效果与 LS-LSMA 的效果相当。

总结：我们首先要充分认识到合成图像的重要性。利用 130 个面板像元的先验完备知识，可以对 LSMA 在光谱解混上的表现进行定量的分析和评价，这在真实图像上无法实现。如实验结果所示，利用基于 LS 方法和基于 CA 方法找到的特性元进行 ULSMA 时，得到的结果不比 SLSMA 差，甚至在一些不存在纯像元的情况下，ULSMA 的表现好于 SLSMA，原因是其所采用的特性元直接来源于图像数据，比先验知识更适合。

除此之外，还有以下两点总结。

(1) 合成图像场景看起来简单，但可以让不同算法在完全可控的环境下作用，并预测其在真实图像上的效果。例如图 9.7(c)帮助我们找到了 FCLS 不能正常使用的原因，说明 FCLS 在真实图像情况下会效果较差。如果一个算法在合成图像中都不能正常使用，则在实际图像中会表现更差，这是可以理解的。

(2) 高光谱图像传感器具有出色的光谱获取能力，导致我们在高光谱图像上通常进行基于目标的光谱分析，而不是传统图像处理中基于类别图/模型的空间分析。背景特性元通常是非感兴趣光谱，不必对其进行光谱分析，但背景特性元不可或缺，可以用其进行背景压制。

9.6　真实图像实验结果和分析

这里使用图 1.6 所示的真实图像 HYDICE 数据对 LSMA 算法进行测试。地物中包括 15 个面板，其中有 19 个 R 像元。说明：该图像只作参考用，真实数据中很多无法描述的光谱变异等都会对数据本身造成影响，进而影响算法的性能。另外，面板中心的 R 像元也可能并非纯像元(Chang et al.，2004)，后面的实验结果也验证了这一点。这都从另一个角度说明，实际图像的先验知识并非预期那么可靠。

9.6.1 LS-ULSMA

首先，设定虚警率 $P_F \leqslant 10^{-3}$，此时图像的 VD 估计值为 9。图 9.12(a)给出 ATGP 直接从数据中提取的 9 个目标特性元，看作背景特性元集合 $S^{BKG}=\{\boldsymbol{b}_j^{ATGP}\}_{j=1}^{9}$，其中包含了第 1 行、第 3 行和第 5 行的 3 个面板像元。图 9.12(b)给出利用 ATGP 从球化后的数据中提取的 9 个目标特性元，包含了这 5 行中的所有面板像元，看作目标特性元集合，$S^{target}=\{\boldsymbol{t}_j^{ATGP}\}_{j=1}^{9}$。图 9.12(c)是去掉背景特性元集合中存在于目标特性元集合的 4 个特性元后，剩余的 5 个背景特性元集合 $\widetilde{S}^{BKG}=\{\widetilde{\boldsymbol{b}}_i^{ATGP}\}$，将 $\widetilde{S}^{BKG}=\{\widetilde{\boldsymbol{b}}_i^{ATGP}\}$ 与 $S^{target}=\{\boldsymbol{t}_j^{ATGP}\}_{j=1}^{9}$ 合并，最终得到图 9.12(d)中的 14 个特性元集合用来进行光谱解混。

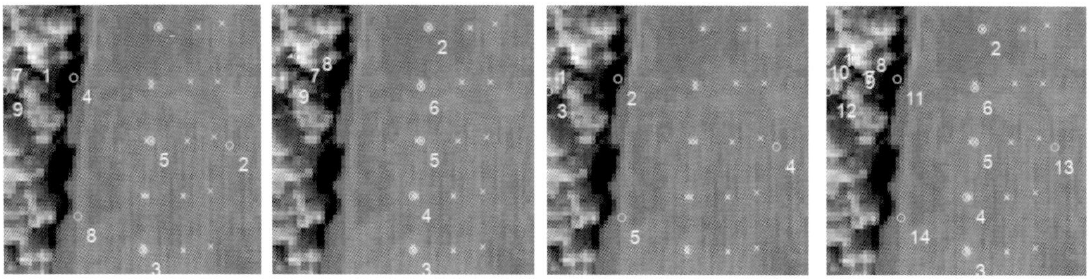

(a) (b) (c) (d)

图 9.12 ATGP 生成的背景和目标特性元

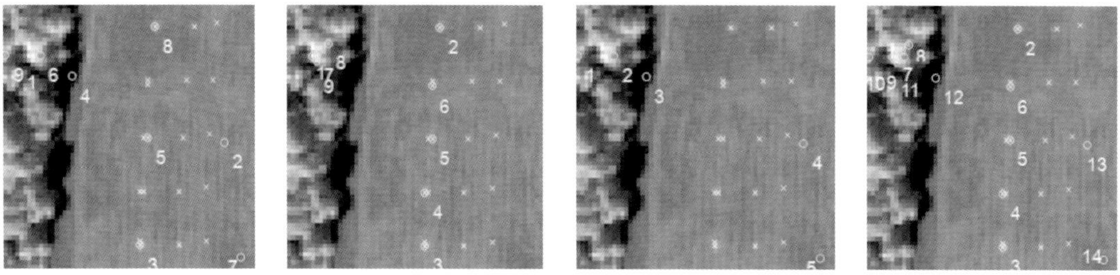

(a) (b) (c) (d)

图 9.13 UNCLS 生成的背景和目标特性元

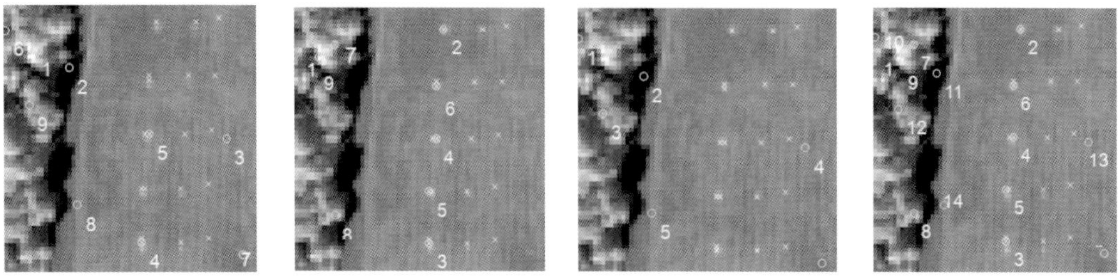

(a) (b) (c) (d)

图 9.14 UFCLS 生成的背景和目标特性元

同样，图 9.13(d)和图 9.14(d)分别给出了 UNCLS 找到的 14 个特性元，包括 9 个目标特性元和 5 个背景特性元；以及 UFCLS 找到的 15 个特性元，包括 9 个目标特性元和 6 个背景特性元。说明：感兴趣目标是图 9.12(b)、图 9.13(b)、图 9.14(b)中那些利用基于 LS 的算法从球化后数据中获得的特性元，他们应该包括 5 个纯目标特性元，即对应于 5 个纯面板特性元。实际情况也正是如此，图 9.12(b)、图 9.13(b)、图 9.14(b)找到的特性元正好就是纯面板像元 p_{11}、p_{221}、p_{312}、p_{411} 和 p_{521}。而这 5 个纯面板像元中，光谱差异和光谱均值能量较大的 p_{11}、p_{312} 和 p_{521} 也被当作背景特性元被提取出来了，如图 9.12(a)、图 9.13(a)、图 9.14(a)。这是因为实际中的第 2 行和第 4 行的面板像元，具有与第 3 行和第 5 行非常相似的光谱特性，在第 3 行和第 5 行面板被找出来后，第 2 行和第 4 行就被认为已被表达，不再作为特性元。其他的特性元提取算法也能够找到这 3 个纯目标特性元，除非提前使用 ICA 进行了降维处理。

为了使 LSMA 有效，构建特性元矩阵 $\boldsymbol{M}$ 的特性元必须包含所有目标特性元 $\{\boldsymbol{t}_j^{\text{LS}}\}_{j=1}^{n_{\text{VD}}}$ 和背景特性元 $\{\tilde{\boldsymbol{b}}_i^{\text{LS}}\}_{i=1}^{n_{\text{BKG}}}$，其中 $\{t_j^{\text{LS}}\}_{j=1}^{n_{\text{VD}}}$ 是我们感兴趣的待分类目标特性元，$\{\tilde{\boldsymbol{b}}_i^{\text{LS}}\}_{i=1}^{n_{\text{BKG}}}$ 是非感兴趣背景特性元，用于背景压制从而提高目标的分类和解混性能。使用 LSOSP、NCLS 和 FCLS 三个 LSMA 算法对高阶统计量的目标特性元 $\{\boldsymbol{t}_j^{\text{LS}}\}_{j=1}^{n_{\text{VD}}}$ 进行解混，每个特性元代表一种特定的目标类别。图 9.15～图 9.17 给出了算法结果，其中(a)对应算法 LSOSP，(b)对应算法 NCLS，(c)对应算法 FCLS。

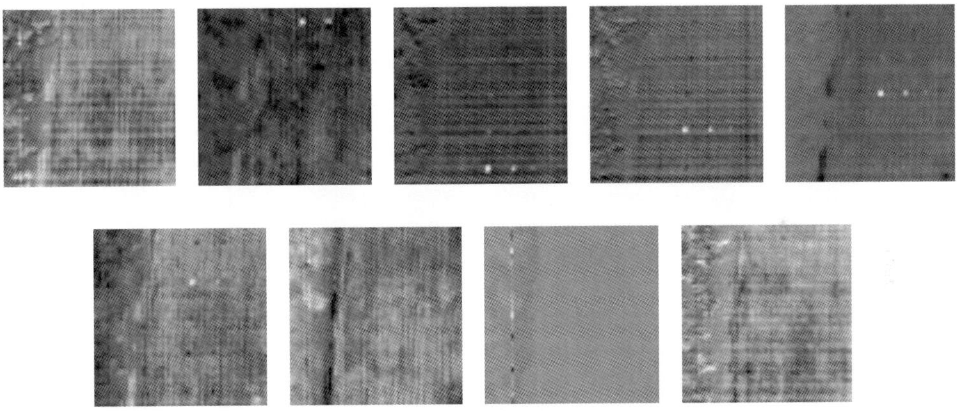

(a) LSOSP

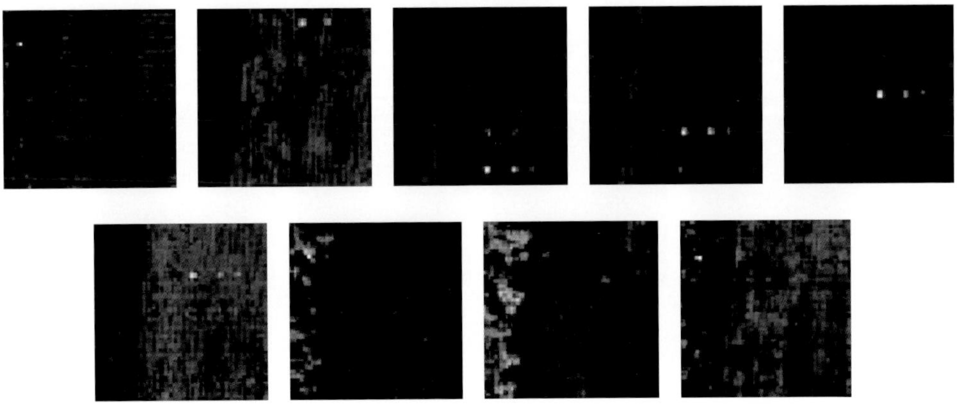

(b) NCLS

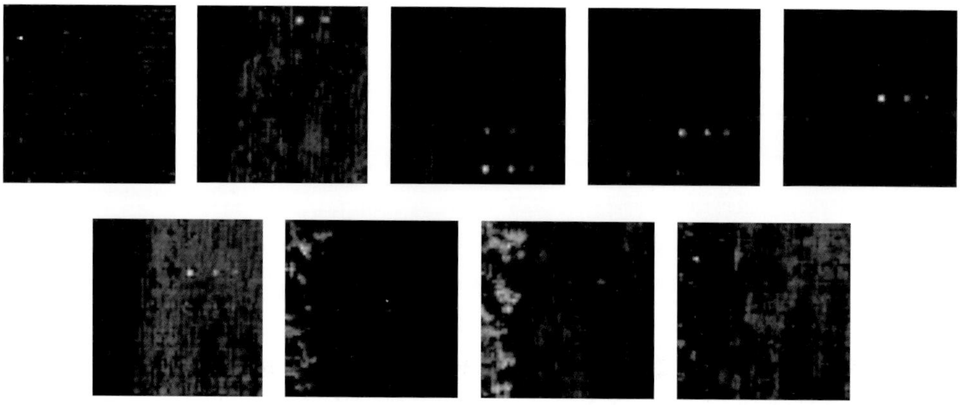

(c) FCLS

图 9.15　利用 ATGP-UVSFA 生成的目标像元，由 LSOSP、NCLS 和 FCLS 得到 9 个目标类

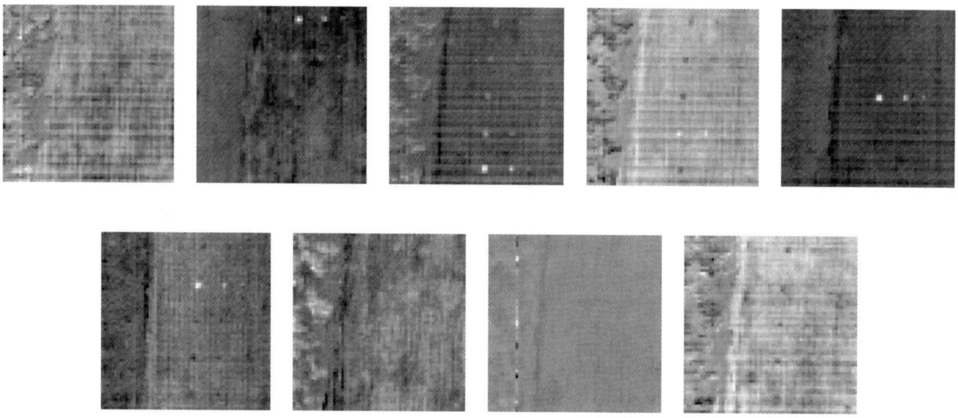

(a) LSOSP

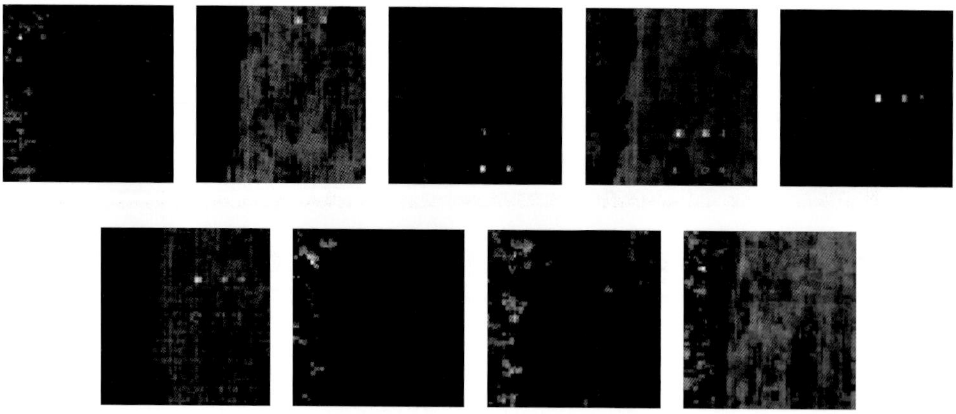

(b) NCLS

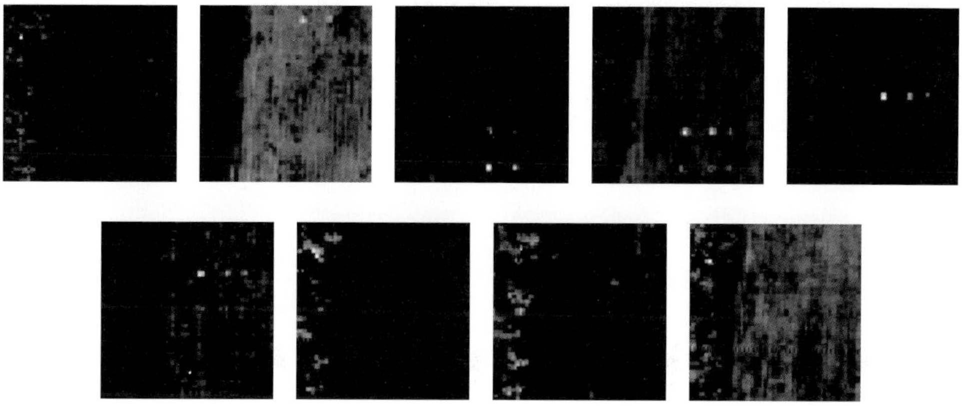

(c) FCLS

图 9.16 利用 UNCLS-UVSFA 生成的目标像元,由 LSOSP、NCLS 和 FCLS 得到 9 个目标类

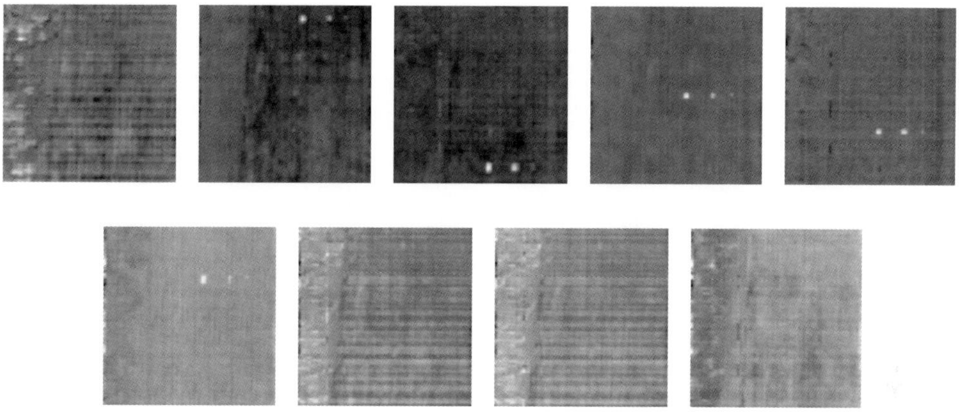

(a) LSOSP

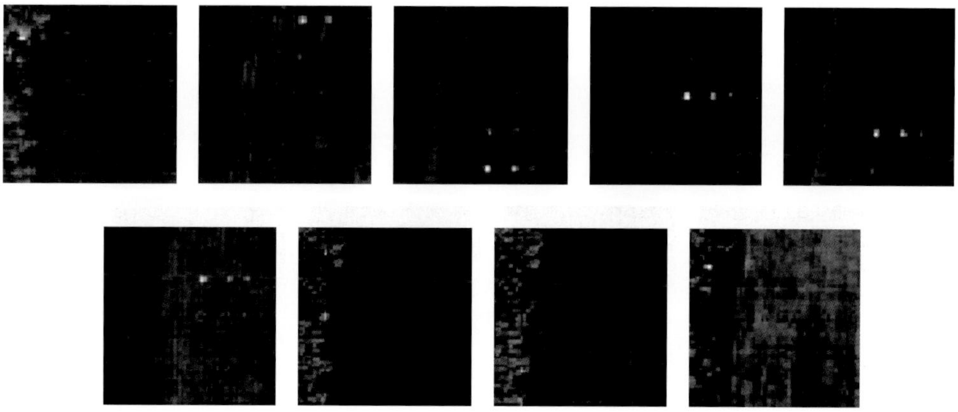

(b) NCLS

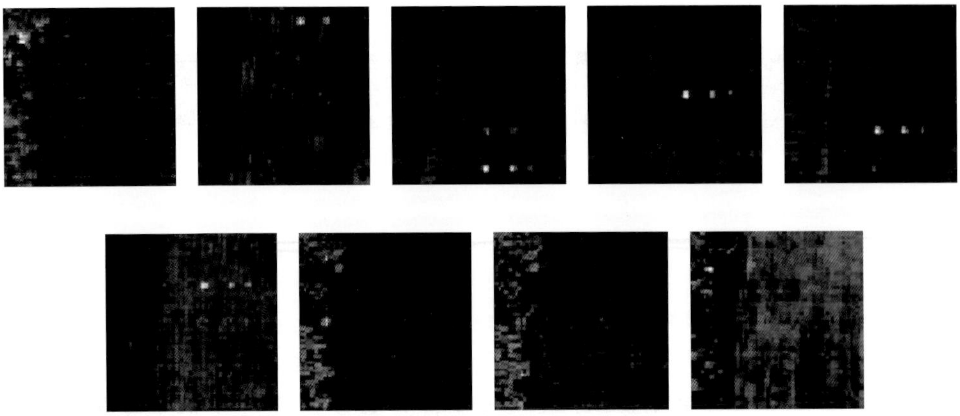

(c) FCLS

图 9.17 利用 UFCLS-UVSFA 生成的目标像元，由 LSOSP、NCLS 和 FCLS 得到 9 个目标类

从图 9.15～图 9.17 的结果中可以明显看出，因为添加了丰度约束的原因，NCLS 和 FCLS 的解混效果好于 LSOSP。此外，虽然图 9.15(b)和(c)的效果与图 9.16(b)和(c)、图 9.17(b)和(c)接近，但图 9.17(a)的解混效果却稍好于图 9.15(a)和图 9.16(a)，这是因为 UFCLS 找到了 6 个背景特性元，对背景的压制效果优于 ATGP 和 UNCLS 利用 5 个背景特性元。需要说明的是，理论上更多的背景特性元可以达到更好的解混效果，Chang(2016)和 Heinz 等(2001)使用了 UFCLS 找到的 34 个特性元。但是实际上，图像端元数量大于 9 之后的性能提高不大，对于该图像的 LSMA 而言，9 个端元已经足够。

9.6.2 CA-ULSMA

这里仍然设定 VD 值为 9，利用 CA-UVSFA 找到 9 个主成分上投影最大的特性元，以及 9 个独立成分上投影最大和最小的 18 个特性元。图 9.18(a)和(b)给出的是利用最大独立成分和最小独立成分投影的 9 个目标特性元，图 9.18(c)给出的是利用主成分找到的 9 个背景特性元，图 9.18(d)给出的是图 9.18(a)～(c)合并后的结果，共 19 个特性元。

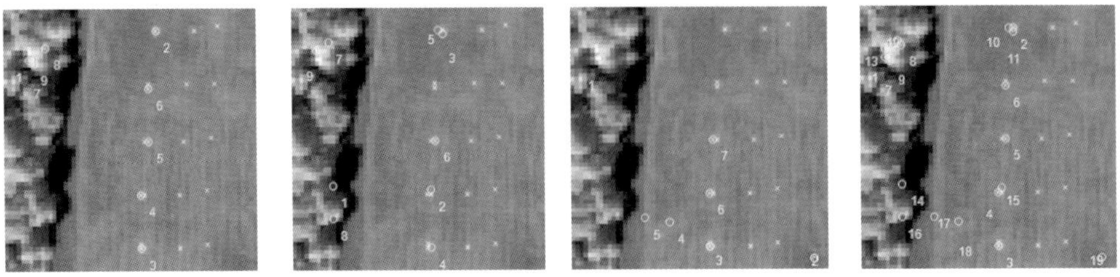

(a) (b) (c) (d)

图 9.18 针对 HYDICE 场景 CA-UTFA 的结果

利用图 9.18(d)中得到的 19 个特性元构成 LSMA 的特性元矩阵，结合 LSOSP、NCLS 和 FCLS 三种算法进行解混，结果如图 9.19(a)～(c)所示。

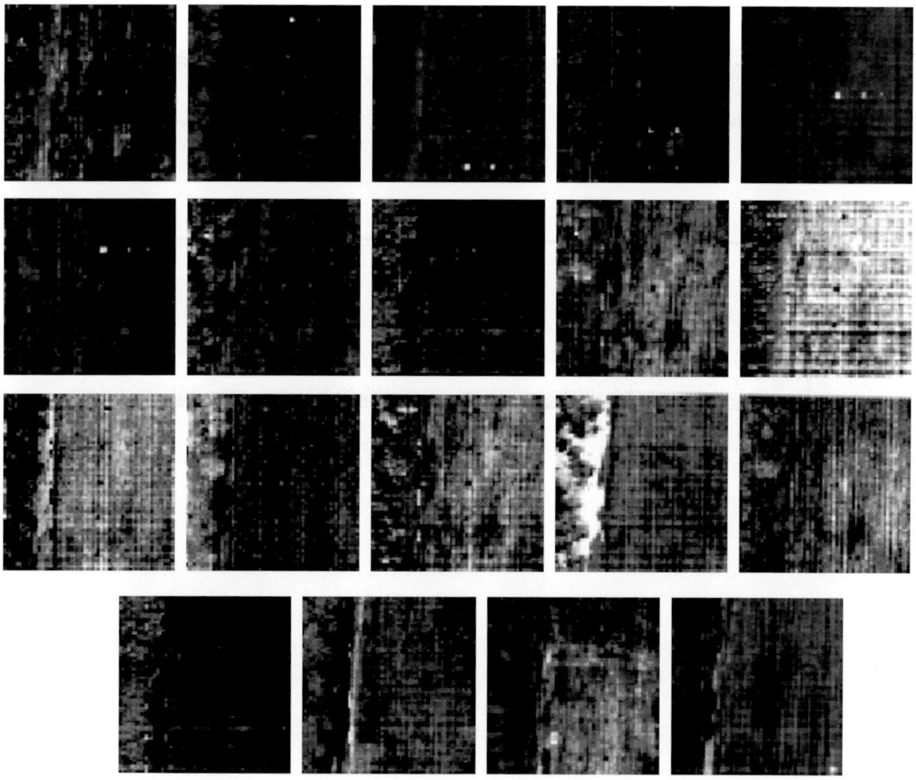

(a) LSOSP

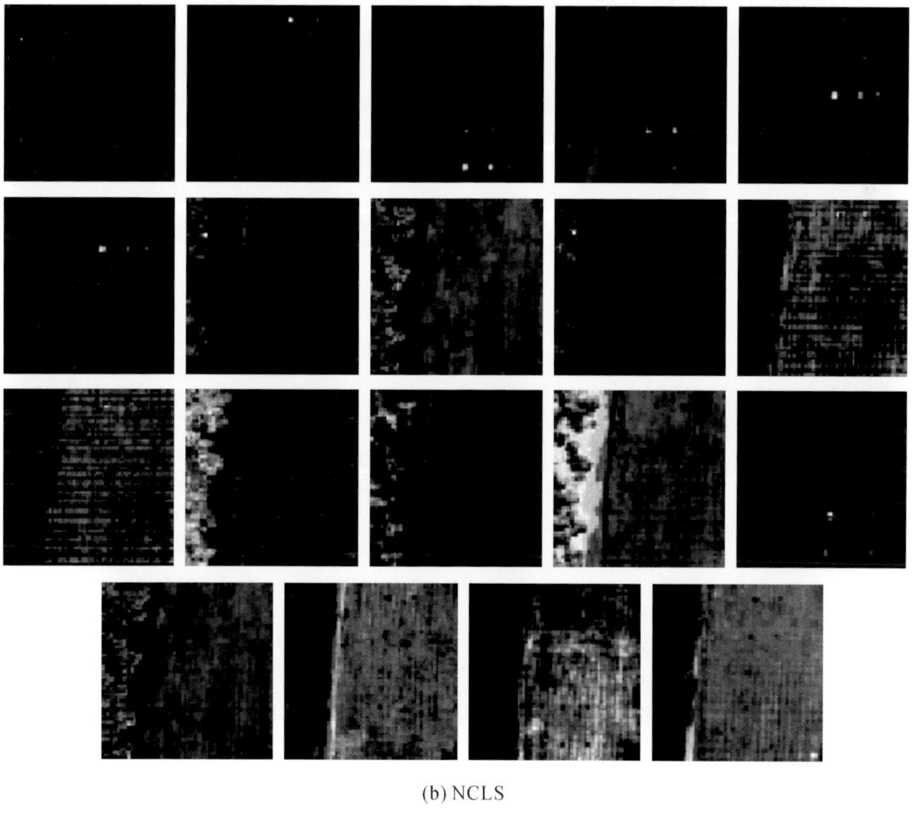

(b) NCLS

(c) FCLS

图 9.19 通过 LSOSP、NCLS 和 FCLS 得到 19 个类

从图 9.19 可以明显看出，因为添加了丰度约束，图 9.19(b)的 NCLS 和图 9.19(c)的 FCLS 解混效果明显好于图 9.19(a)的 LSOSP。图 9.12(b)、图 9.13(b)、图 9.14(b)中 LS-UVSFA 在球化后图像上找到的特性元，与图 9.18(a)中 CA-UVSFA 通过 ICA 找到的特性元，都包括了相同的 5 个面板像元 p_{11}、p_{221}、p_{312}、p_{411} 和 p_{521}，它们代表了 5 类差异大的面板光谱。如果把这 5 个特性元看作感兴趣特性元，其他的看作背景特性元，两类算法的差别在于 CA-UFSFA 提取的背景特性元数量多于 LS-UVSFA。CA-LSMA 因为使用了比 LS-LSMA 更多的背景特性元进行背景压制，其在图 9.19 中得到的对第 5 行面板像元的解混结果，从视觉上看比图 9.15～图 9.17 中的结果更干净、更清楚。这是否意味着 CA-LSMA 在 19 个 R 像元的解混丰度值定量评价上也优于 LS-LSMA 呢？有趣的是，结论是“未必”，下面给出了更详细的数据说明和相关解释。

9.6.3 ULSMA 和 SLSMA 之间的定量和定性分析

由前面的实验结果，我们知道有两个方面的因素影响着 LSMA 的性能：一个是解混的

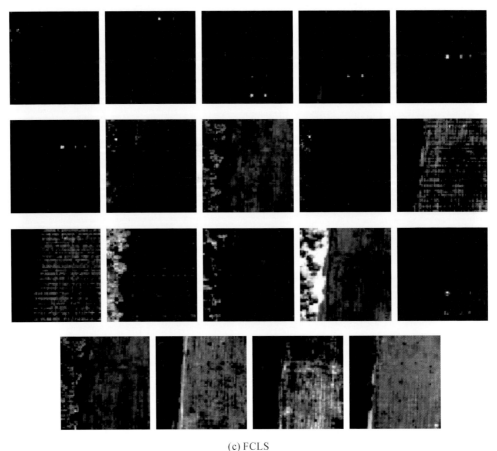

能力，另一个是背景压制的能力。早在 Harsanyi 等(1994)提出的 OSP 算法中，就已经考虑了背景的压制问题，算法将特性元分成 2 组，感兴趣特性元和非期望特性元(例如背景)。本节我们进一步说明利用 UVSFA 的 ULSMA 在目标特性元解混和背景压制方面，相对于使用特性元先验知识的 SLSMA 的优势。

为了提高 SLSMA 的性能，我们在线性混合模型中加入更多的背景特性元。根据视觉判断和提供的地物分布情况，除了图 1.7(b)中的 19 个 R 像元之外，图像中至少还有 3 个确定的背景特性元，分别是图 9.20 所示的草、树和路。

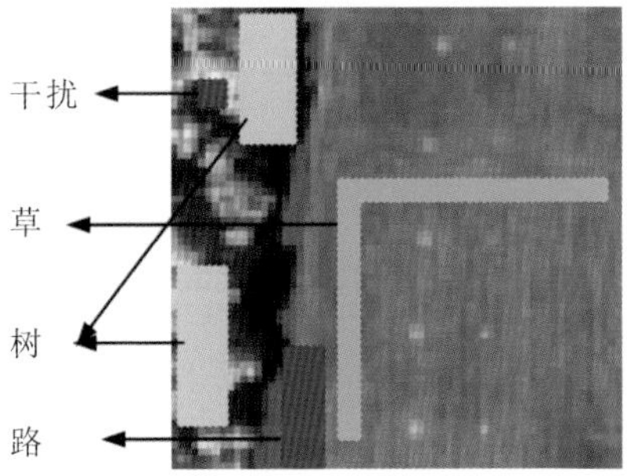

图 9.20 显示了地物参照图识别的区域，并标记出 3 个背景特性元(草、树和路)和 1 个干扰特性元

另外，图 9.20 中还存在一个红色区域所示的干扰，其虽然从视觉上和先验知识上不容易判别，但具有很强的能量，可以被任何一种非监督式的目标检测算法找出来，如 Chang (2016)提出的算法等。如果将这个干扰考虑进来，加上代表 5 个目标类别的面板特性元，以及 3 个背景特性元，共有 9 个特性元可用来构成光谱解混的特性元矩阵 $\boldsymbol{M}$，该值与 VD 的得到的估计值相同。为了确认将干扰因素加入解混矩阵 $\boldsymbol{M}$ 后是否导致结果不同，图 9.21 给出了不带干扰特性元 $\boldsymbol{M}=[\boldsymbol{p}_1,\boldsymbol{p}_2,\boldsymbol{p}_3,\boldsymbol{p}_4,\boldsymbol{p}_5,\mathbf{grass},\mathbf{tree},\mathbf{road}]$的情况下，在使用 3 种 SLSMA 方法时的目标特性元解混结果，而图 9.22 给出的是带有干扰特性元情况 $\boldsymbol{M}=[\boldsymbol{p}_1,\boldsymbol{p}_2,\boldsymbol{p}_3,\boldsymbol{p}_4,\boldsymbol{p}_5,\mathbf{grass},\mathbf{tree},\mathbf{road},\mathbf{interferer}]$的情况下目标特性元解混结果。

比较图 9.21 和图 9.22 中的结果，可以看出干扰信息的作用很大，尤其是对 LSOSP。如果进一步将图 9.21 和图 9.22 与图 9.15～图 9.17、图 9.19 的结果进行对比，还可以发现 ULSMA 的解混结果明显优于 SLSMA，尤其是第 3 行和第 5 行面板像元的效果。这都说明在实际图像的处理上，SLSMA 性能没有 ULSMA 好，因为 SLSMA 对背景的信息未知，而背景知识在背景压制上起到重要作用。

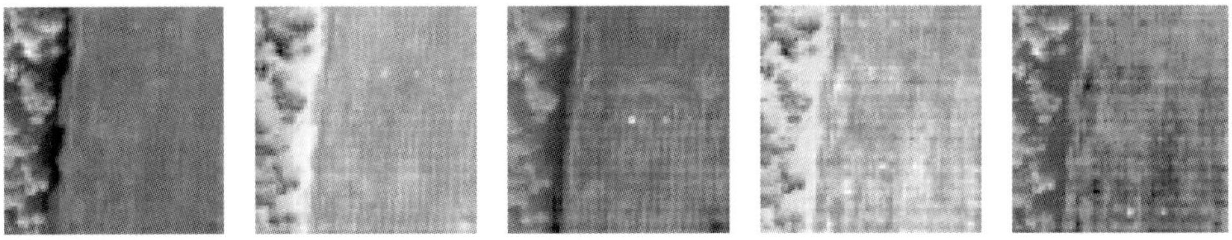

第1行面板　第2行面板　第3行面板　第4行面板　第5行面板

(a) LSOSP

第1行面板 第2行面板 第3行面板 第4行面板 第5行面板

(b) NCLS

第1行面板 第2行面板 第3行面板 第4行面板 第5行面板

(c) FCLS

图 9.21 使用图 1.7 中的 5 个面板特性元和图 9.20 中标记区域获得的 3 个背景特性元(草、树和路)，利用 LSOSP、NCLS 和 FCLS 对 15 个面板(19 个面板像元)的解混结果

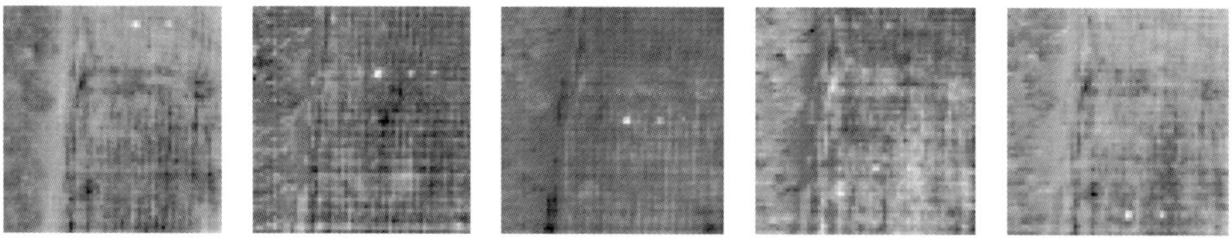

第1行面板 第2行面板 第3行面板 第4行面板 第5行面板

(a) LSOSP

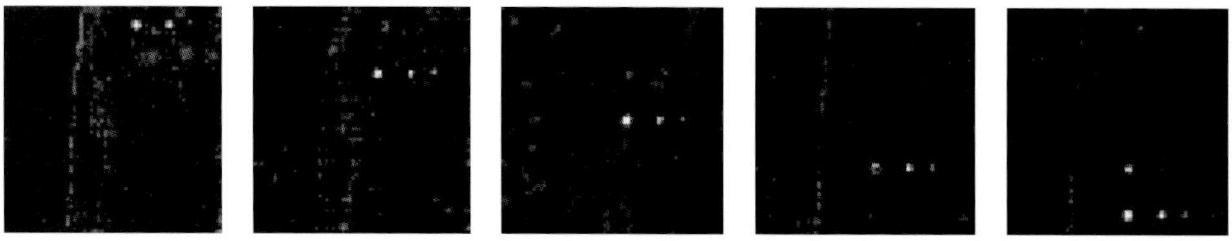

第1行面板 第2行面板 第3行面板 第4行面板 第5行面板

(b) NCLS

第1行面板 第2行面板 第3行面板 第4行面板 第5行面板

(c) FCLS

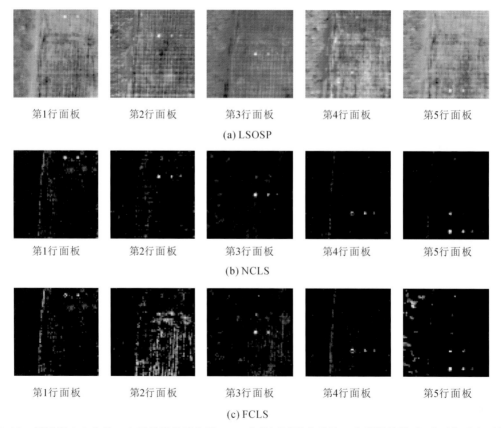

图 9.22 使用图 1.7 中的 5 个面板特性元和图 9.20 中标记区域获得的 4 个背景特性元(草、树、路和干扰)，利用 LSOSP、NCLS 和 FCLS 对 15 个面板(19 个面板像元)的解混结果

上面是通过视觉判断的方式对解混结果进行定性评价，结论有可能不够客观，表 9.1 给出了图 9.15～图 9.17 中解混丰度的定量数据，分别是 19 个 R 像元利用由基于 LS 的 UVSFA 找到的特性元作为解混矩阵，结合 LSOSP、NCLS 和 FCLS 三种丰度估计方法得到的结果。每个表格的最后一行给出丰度误差，即根据解混结果的丰度向量和实际地物分布中的丰度向量计算平方差之和。第 3 列中的 5 个像元是亚像元，其真实丰度值根据面板尺寸与像元尺寸的比值来计算，为(1 m×1 m)/(1.56 m×1.56 m)≈10/25=0.4。由表 9.1 可知，NCLS 和 FCLS 得到的丰度值比较接近，LSOSP 得到的总误差最小，NCLS 总误差最大，这与视觉上的判断完全相反。这个实验说明，简单的总定量化误差不能很好地描述 LSMA 的有效性，其只计算 19 个 R 像元中的目标特性元丰度，并未考虑背景压制的效果。

表 9.1 利用图 9.12～图 9.14 中 ATGP-UVSFA、UNCLS-UVSFA 和 UFCLS-UVSFA 找到的背景和目标特性元，使用 LSOSP、NCLS 和 FCLS 得到的 19 个面板像元的丰度分数估计

面板像元	真实值	$\{\tilde{b}_i^{\mathrm{ATGP}}\}\cup\{t_j^{\mathrm{ATGP}}\}_{j=1}^{9}$			$\{\tilde{b}_i^{\mathrm{UNCLS}}\}\cup\{t_j^{\mathrm{UNCLS}}\}_{j=1}^{9}$			$\{\tilde{b}_i^{\mathrm{UFCLS}}\}\cup\{t_j^{\mathrm{UFCLS}}\}_{j=1}^{9}$		
		LSOSP	NCLS	FCLS	LSOSP	NCLS	FCLS	LSOSP	NCLS	FCLS
p_{11}	1	1.000 0	1.000 0	1.000 0	1.000 0	1.000 0	1.000 0	1.000 0	1.000 0	1.000 0
p_{12}	1	0.409 6	0.433 2	0.412 0	0.356 2	0.416 5	0.400 1	0.408 5	0.414 8	0.385 0
p_{13}	0.4	0.000 2	0.088 7	0.084 1	−0.107 3	0.030 8	0.046 5	0.014 2	0.030 7	0.025 0
p_{211}	1	0.842 1	0.840 3	0.840 4	0.918 0	0.841 3	0.820 9	0.864 8	0.838 4	0.845 3
p_{221}	1	1.000 0	1.000 0	1.000 0	1.000 0	1.000 0	1.000 0	1.000 0	1.000 0	1.000 0
p_{22}	1	0.616 4	0.625 7	0.730 8	0.635 1	0.660 7	0.712 7	0.699 0	0.612 6	0.740 5
p_{23}	0.4	0.552 5	0.477 4	0.472 4	0.347 8	0.416 8	0.415 3	0.379 8	0.447 1	0.449 8
p_{311}	1	0.874 1	0.867 4	0.862 7	0.909 4	0.867 4	0.862 8	0.896 9	0.867 1	0.863 4
p_{321}	1	1.000 0	1.000 0	1.000 0	1.000 0	1.000 0	1.000 0	1.000 0	1.000 0	1.000 0
p_{32}	1	0.502 7	0.424 9	0.419 2	0.590 6	0.471 3	0.472 7	0.592 5	0.514 9	0.492 2
p_{33}	0.4	0.251 6	0.261 4	0.265 5	0.354 1	0.295 9	0.292 9	0.338 8	0.288 0	0.288 6
p_{411}	1	1.000 0	1.000 0	1.000 0	1.000 0	1.000 0	1.000 0	1.000 0	1.000 0	1.000 0
p_{412}	1	0.768 5	0.313 7	0.387 6	0.582 7	0.322 2	0.360 5	0.797 6	0.340 7	0.392 3
p_{42}	1	0.808 5	0.676 1	0.665 7	0.796 5	0.749 5	0.748 5	0.841 4	0.748 0	0.747 7
p_{43}	0.4	0.236 3	0.178 9	0.147 3	0.504 7	0.285 1	0.263 3	0.279 0	0.122 7	0.154 2
p_{511}	1	0.720 4	0.722 4	0.721 5	0.695 4	0.724 5	0.719 8	0.697 3	0.721 3	0.723 5
p_{521}	1	1.000 0	1.000 0	1.000 0	1.000 0	1.000 0	1.000 0	1.000 0	1.000 0	1.000 0
p_{52}	1	0.764 5	0.777 0	0.768 9	0.702 7	0.746 0	0.724 4	0.722 8	0.775 3	0.774 0
p_{53}	0.4	0.145 2	0.154 5	0.153 7	−0.014 4	0.000 0	0.001 7	0.121 5	0.147 1	0.155 4
总误差		1.305	1.769	1.665	1.572	1.761	1.712	1.115	1.690	1.582

进一步，表 9.2 给出了图 9.19 解混丰度的定量数据，分别是 19 个 R 像元利用由基于 CA 的 UVSFA 找到的特性元作为解混矩阵，结合 LSOSP、NCLS 和 FCLS 三种丰度估计方法得到的结果，最后一行总误差的计算根据第 2 列给出的地物真实分布得到。该表的结论与表 9.1 的类似。

表 9.2 利用 CA-UVSMA 估计 19 个面板像元的丰度分数的定量分析结果

面板像元	真实值	LSOSP	NCLS	FCLS
p_{11}	1	1.000	1.000	1.000
p_{12}	1	0.323	0.357	0.313
p_{13}	0.4	−0.190	0.000	0.000
p_{211}	1	0.810	0.800	0.800
p_{221}	1	1.000	1.000	1.000
p_{22}	1	0.623	0.657	0.777
p_{23}	0.4	0.376	0.456	0.454
p_{311}	1	0.864	0.869	0.864
p_{321}	1	1.000	1.000	1.000
p_{32}	1	0.587	0.511	0.513
p_{33}	0.4	0.430	0.374	0.374
p_{411}	1	1.000	1.000	1.000
p_{412}	1	0.756	0.308	0.372
p_{42}	1	0.781	0.734	0.740
p_{43}	0.4	0.281	0.126	0.213
p_{511}	1	0.682	0.716	0.721
p_{521}	1	1.000	1.000	1.000
p_{52}	1	0.747	0.783	0.777
p_{53}	0.4	0.096	0.132	0.144
总误差		1.556	1.816	1.672

比较表 9.1 与表 9.2 可以看出，LS-LSMA 的在总误差上的效果略好于 CA-LSMA，尤其是像元 p_{13} 在表 9.2 中 NCLS 和 FCLS 的丰度值是 0，而在表 9.1 中大于 0。

表 9.3 给出了图 9.21 和图 9.22 中由 SLSMA 根据先验知识得到的 19 个面板像元的丰度值，每项都包含两个数据，“/”前面的表示利用 3 个背景特性元(草、树和路)得到的丰度，后面的表示利用 4 个背景特性元(草、树、路和干扰)得到的丰度。

表 9.3 使用前 3 列中所有 R 像元(3 个背景特性元/ 4 个背景特性元)平均得到的 5 个面板特性元，LSOSP、NCLS 和 FCLS 对图 9.21 和图 9.22 中 19 个面板像元的丰度分数估计

	LSOSP	NCLS	FCLS
p_{11}	1.387 6/1.447 5	0.842 0/0.830 9	0.017 7/0.017 7
p_{12}	0.937 7/0.915 5	0.882 1/0.851 0	0.881 3/0.819 9
p_{13}	0.674 7/0.637 0	0.273 5/0.273 5	0.334 9/0.194 0
p_{211}	1.152 0/1.238 4	0.811 5/0.811 5	0.547 4/0.547 4
p_{221}	1.151 6/1.314 6	0.794 5/0.794 5	0.345 5/0.345 5
p_{22}	0.977 1/0.855 8	0.855 8/0.855 8	0.852 2/0.852 2
p_{23}	0.719 3/0.591 2	0.484 3/0.484 3	0.499 2/0.499 2
p_{311}	1.246 7/1.248 2	0.877 0/0.880 9	0.855 2/0.829 9
p_{321}	1.533 6/1.471 3	0.914 9/0.895 3	0.796 0/0.791 3
p_{32}	0.796 6/0.824 0	0.593 5/0.593 5	0.738 8/0.738 8
p_{33}	0.423 1/0.456 5	0.276 1/0.276 1	0.271 0/0.271 0
p_{411}	1.122 0/1.235 6	0.107 5/0.161 7	0.000 0/0.000 0
p_{412}	1.141 1/1.167 2	−0.000 0/−0.000 0	0.000 0/0.000 0

续表

	LSOSP	NCLS	FCLS
p_{42}	1.281 1/1.233 1	0.955 5/0.955 5	0.478 2/0.478 2
p_{43}	0.455 7/0.364 1	0.239 3/0.239 3	0.200 4/0.200 4
p_{511}	1.167 0/0.177 0	0.989 2/0.959 9	1.000 0/0.975 9
p_{521}	1.531 6/1.469 8	1.121 0/0.955 1	1.000 0/1.000 0
p_{52}	1.084 5/1.076 0	1.046 7/0.992 5	1.000 0/1.000 0
p_{53}	0.216 9/0.277 2	0.202 9/0.202 9	0.176 5/0.176 5

由表 9.3 可以发现，NCLS 估计的 p_{412} 和 FCLS 估计的 p_{411} 和 p_{412} 丰度都为 0，这是因为用来进行光谱解混的 5 个面板特性元 $\boldsymbol{p}_1$，$\boldsymbol{p}_2$，$\boldsymbol{p}_3$，$\boldsymbol{p}_4$，$\boldsymbol{p}_5$ 并非纯特性元，如第 3 列参与计算平均特性元光谱的面板像元是亚像元而不是纯像元。如果重新试验，只用第 1 列和第 2 列中的 R 像元的均值光谱表达 $\boldsymbol{p}_1$，$\boldsymbol{p}_2$，$\boldsymbol{p}_3$，$\boldsymbol{p}_4$，$\boldsymbol{p}_5$，得到的结果如图 9.23 和图 9.24 所示，其中利用 4 个背景特性元（草、树、路和干扰）的 LSOSP 和 NCLS 结果明显得到改善。

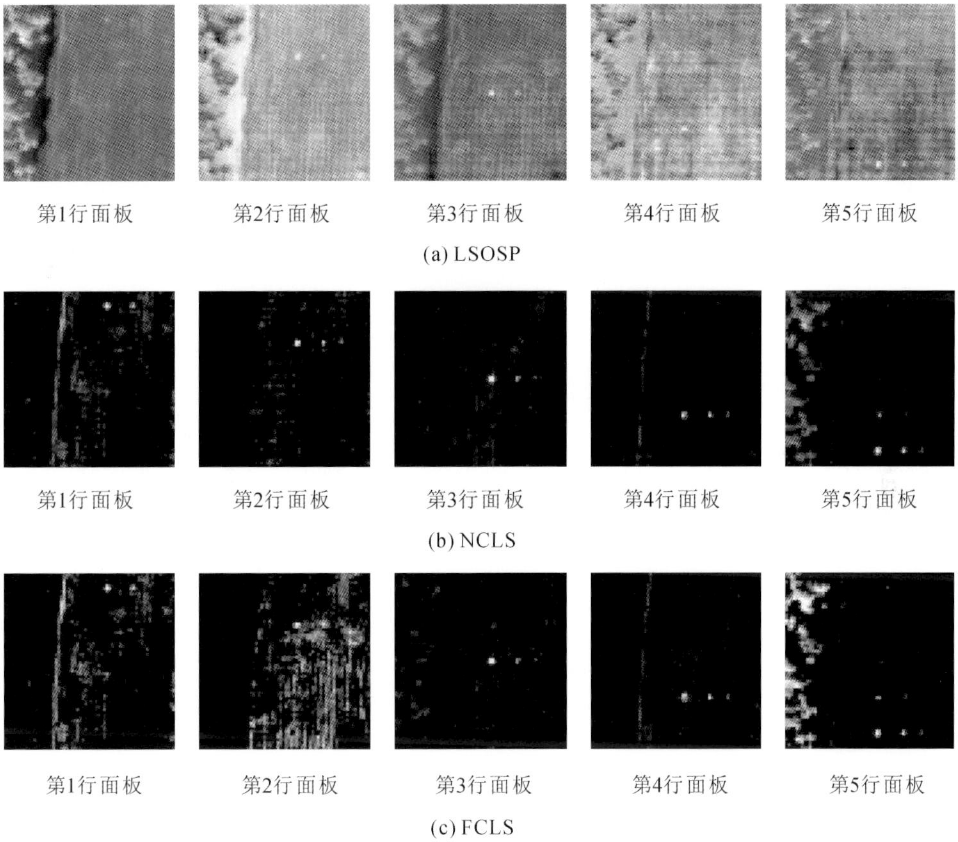

图 9.23 由 LSOSP、NCLS 和 FCLS 生成的 15 个面板像元的丰度图
利用由 LSOSP、NCLS 和 FCLS 使用了图 1.6(b)中前两列的 R 像元平均
得到的 5 个面板特性元，以及图 9.20 中标记区域获得的 3 个背景特性元（草、树和路）

比较图 9.23 与图 9.21，以及图 9.24 与图 9.22 可以发现，最好的结果是 NCLS 在使用前两列面板 R 像元均值光谱和 4 个背景特性元的条件下得到的，如图 9.24(b)。为了进一步定量比较，表 9.4 给出了 LSOSP、NCLS、FCLS 利用前两列面板 R 像元均值光谱，以及 3

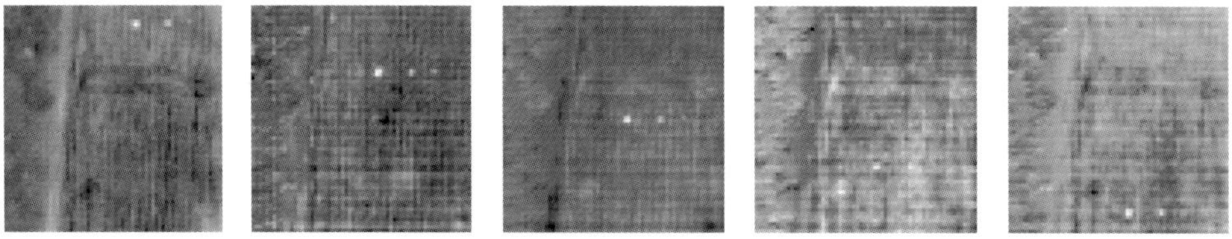

第1行面板　　第2行面板　　第3行面板　　第4行面板　　第5行面板

(a) LSOSP

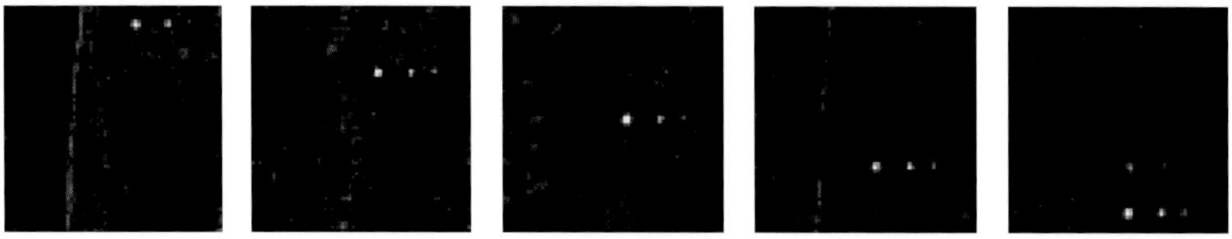

第1行面板　　第2行面板　　第3行面板　　第4行面板　　第5行面板

(b) NCLS

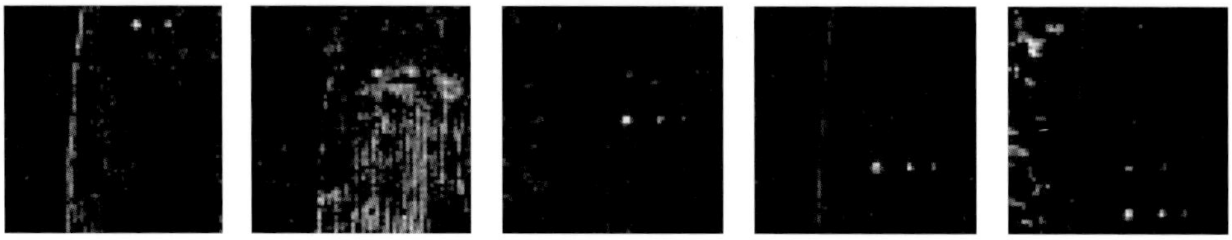

第1行面板　　第2行面板　　第3行面板　　第4行面板　　第5行面板

(c) FCLS

图 9.24　由 LSOSP、NCLS 和 FCLS 生成的 15 个面板像元的丰度图
利用由 LSOSP、NCLS 和 FCLS 使用了图 1.6(b)中前两列的 R 像元平均得到的
5 个面板特性元，以及图 9.20 中标记区域获得的 4 个背景特性元(草、树、路和干扰)

个和 4 个背景像元进行解混时得到的丰度值。"/"的前面是 3 个背景特性元的结果，后面是 4 个背景特性元的结果。

表 9.4　图 9.23 和图 9.24 中，LSOSP、NCLS 和 FCLS 使用 5 个面板特性元估计 19 个面板像元的丰度，5 个面板特性元使用前两列的所有 R 像元求平均值得到(3 个 BKG 签名/ 4 个 BKG 签名)

	LSOSP	NCLS	FCLS
p_{11}	1.225 1/1.263 5	0.955 4/0.955 0	0.761 7/0.761 7
p_{12}	0.774 9/0.736 5	0.650 8/0.622 6	0.605 1/0.536 9
p_{13}	0.479 3/0.405 3	0.153 6/0.130 2	0.160 9/0.007 5
p_{211}	1.066 1/1.085 3	0.992 9/0.992 9	0.909 1/0.909 1
p_{221}	1.099 2/1.165 2	0.953 0/0.953 0	0.788 3/0.788 3
p_{22}	0.834 6/0.749 5	0.813 0/0.813 0	0.824 5/0.824 5
p_{23}	0.532 9/0.457 8	0.401 8/0.401 8	0.423 9/0.423 9
p_{311}	1.049 5/1.058 4	0.920 4/0.913 9	0.922 8/0.913 6

续表

	LSOSP	NCLS	FCLS
p_{321}	1.274 9/1.240 4	0.956 0/0.929 2	0.905 8/0.902 5
p_{32}	0.675 7/0.701 4	0.469 9/0.469 9	0.447 8/0.447 8
p_{33}	0.348 9/0.375 6	0.207 2/0.207 2	0.210 5/0.210 5
p_{411}	1.011 3/1.053 2	0.919 8/0.910 4	0.509 4/0.509 4
p_{412}	0.955 5/0.950 7	0.305 3/0.432 9	0.354 0/0.437 8
p_{42}	1.033 2/0.996 2	0.786 2/0.786 2	0.757 4/0.757 4
p_{43}	0.318 1/0.268 4	0.189 6/0.189 6	0.157 2/0.157 2
p_{511}	0.941 9/0.953 1	0.830 4/0.830 4	0.830 4/0.830 4
p_{521}	1.190 1/1.173 8	1.062 8/1.029 5	1.000 0/1.000 0
p_{52}	0.868 0/0.873 1	0.935 4/0.935 4	0.935 3/0.935 3
p_{53}	0.202 2/0.230 3	0.159 6/0.159 6	0.137 4/0.137 4

与表 9.3 中 FCLS 得到面板像元 p_{411} 和 p_{412} 的丰度为 0 不同，表 9.4 的结果是正确的。真实地物分布图中给出 p_{411} 和 p_{412} 是面板的中心像元，但是从我们在 HYDICE 数据上的大量实验结果表明，这两个像元并非 100%纯像元。相对于 FCLS，NCLS 只是减少了一个约束，其丰度估计结果也与 FCLS 相当，且二者都好于丰度无约束的 LSOSP 算法。

比较表 9.4 与表 9.3 可知，如果使用被污染的或不准确的先验知识，会降低丰度估计的性能。表 9.1 和表 9.2 的结果与表 9.3 和表 9.4 的结果比较可知，ULSMA 的性能好于 SLSMA。上述实验结果说明两个问题：①SLSMA 算法只有在先验知识准确的情况下有效，如 9.4 节中合成图像的 TI2 和 TE2。但是在实际图像中该方法未必有效，因为真实的目标知识通常很难或者无法获取，即使具有一定的先验知识，也可能在复杂的成像过程中变得不可信。②为了避免使用不可信的先验知识，更适合选用 ULSMA 机制代替 SLSMA。

9.7 ULSMA 与端元提取

早期对 ULSMA 的研究方法，大多是同时进行端元选择和 LSMA，例如结合 PCA 确定所选端元的纯度，使用凸几何单形体来选择端元（Boardman，2013，1994；Boardman et al.，1995），还提出多端元光谱混合分析（Dennison et al.，2003；Roberts et al.，1998）和端元束（Bateson et al.，1998）等方法来处理光谱变异性。此外，也将虚拟端元（VEs）的概念引入光谱混合分析（Tompkins et al.，1997）中用于端元选择，在指定的约束条件下最小化均方根误差。这些方法的一个主要问题是无法事先知道端元数目，必须同时进行端元选择和线性光谱解混，通过阈值或物理约束，确定过程的终止条件。本章介绍的 LS-ULSMA/CA-ULSMA 则不同，它将两个同时进行的操作分离开并按顺序进行，即首先使用 VD 确定线性混合模型的特性元数量，然后通过 LS-UVSFA/CA-UVSFA 提取特性元用于数据解混。此外，为了区分 LS-UVSFA/CA-UVSFA 与 Chang(2006)和 Tompkins 等(1997)使用的 VEs 间区别,引入了特性元(VSs)的概念。由 LS-UVSFA 和 CA-UVSFA 找到的 VSs 与由端元选择产生的特性元有很大不同:①与假定端元为纯光谱不同,特性元不一定是纯的。②相比于端元寻找的标准,如用于最小单形体体积方法(Craig,1994)和最大单形体体积方法(Winter,1999)的最小/最大单形体体积,以及计算像元纯度指数(PPI)的正交投影(Boardman et al.,1995),LS-UVSFA/CA-UVSFA 是以样本向量集合 S 的光谱相关性 IBSI(S)作为特性元寻找的准则,更适合被看作是端元提取算法(EEAs)。③LS-UVSFA/CA-UVSFA 找到的特性元可以分为背景类(BKG 类)和目标类两类,BKG 类中的特性元通常是混合的,而目标类中的特性元通常是纯的,故 LS-UVSFA/CA-UVSFA 找到的目标类特性元本质上是 EEAs 找到的特性元。

虽然端元提取与线性光谱解混密切相关,但它们是完全不同的技术。端元提取是寻找数据中存在的所有端元$\{\boldsymbol{e}_j\}_{j=1}^{\tilde{p}}$,通常在非监督情况下进行,其性能受两个因素的影响,即端元数量 $\tilde{p}$ 和真实端元估计。线性光谱解混假设数据可以由 p 个特性元$\{\boldsymbol{m}_j\}_{j=1}^{p}$线性表示,$p$ 值和特性元集合$\{\boldsymbol{m}_j\}_{j=1}^{p}$明显影响解混的性能。与 SLSMA 要求事先知道特性元$\{\boldsymbol{m}_j\}_{j=1}^{p}$不同,ULSMA 用非监督方式找到这些特性元$\{\boldsymbol{m}_j\}_{j=1}^{p}$。许多情况下都假设 $\tilde{p}=p$ 和$\{\boldsymbol{e}_j\}_{j=1}^{\tilde{p}}=\{\boldsymbol{m}_j\}_{j=1}^{p}$。

通常,可以用端元提取算法获得候选端元,并通过线性光谱解混进行验证,两个过程同时实现,这种类型的方法称为 EEA+LSMA。Winter(2004,1999a,1999b)设计了 N-FINDR 算法提取候选端元,并使用光谱解混确定端元,但必须假设端元数量已知。但实际数据中可能没有真正的端元,导致 EEAs 失效,这一情况将在下面的实验部分得到说明。本章介绍的 LS-ULSMA 和 CA-ULSMA 可以缓解该问题,用 LS-UVSFA 和 CA-UVSFA 取代其中的 EEA。

为了进一步证明 LS-ULSMA 和 CA-ULSMA 的有效性,实验也测试了 N-FINDR+LSMA 机制。利用 N-FINDR 算法找到 9 个端元形成线性混合模型,在此基础上通过 LSMA 进行数据解混。N-FINDR 需要降维,分别测试了 PCA、MNF 和 ICA 三种降维方法的效果。图 9.25 为 N-FINDR 找到的 9 个端元,ICA 降维时的 N-FINDR 成功找出了 5 个面板像元,而 PCA 和 MNF 只找出 2 个面板像元。

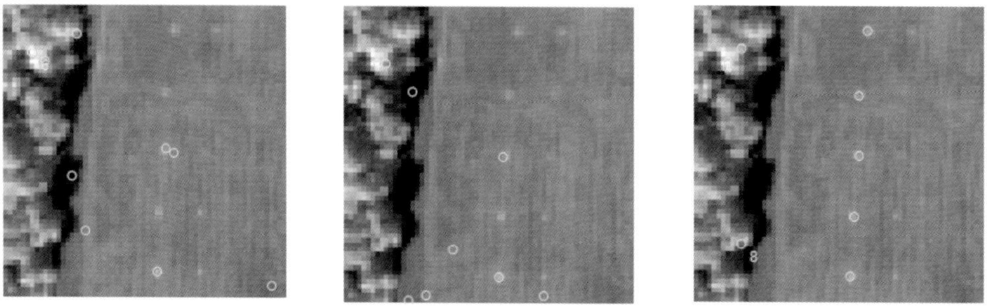
(a) PCA (b) MNF (c) ICA

图 9.25 使用 PCA、MNF 和 ICA 降维的 N-FINDR 找到的 9 个端元

图 9.26 为利用图 9.25 中的 9 个端元分别进行 LSOSP、NCLS 和 FCLS 解混时，得到的结果，丰度图按照端元顺序排列。

从视觉效果上，PCA 和 ICA 的效果分别是最差的和最好的，LSOSP 和 FCLS 的解混效果分别是最差的和最好的，NCLS 的性能与 FCLS 相当。比较图 9.26 与图 9.19 中 CA-LSMA 的解混结果，可以发现 CA-LSMA 的性能明显优于 N-FINDR＋LSMA。表 9.5 列出了图 9.26 中 19 个 R 像元的解混丰度，其中第 2 列为实际值。

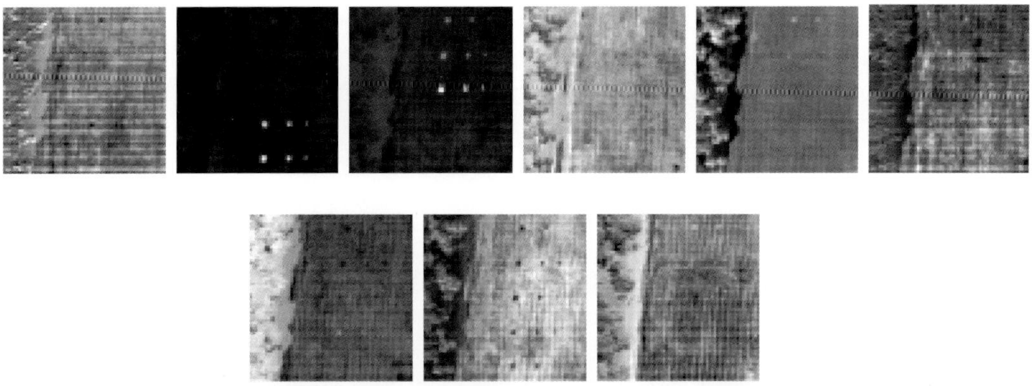

(i) PCA

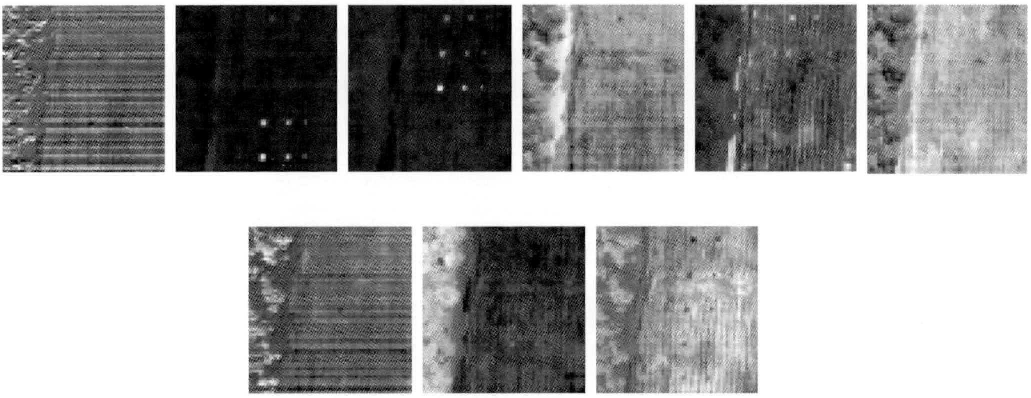

(ii) MNF

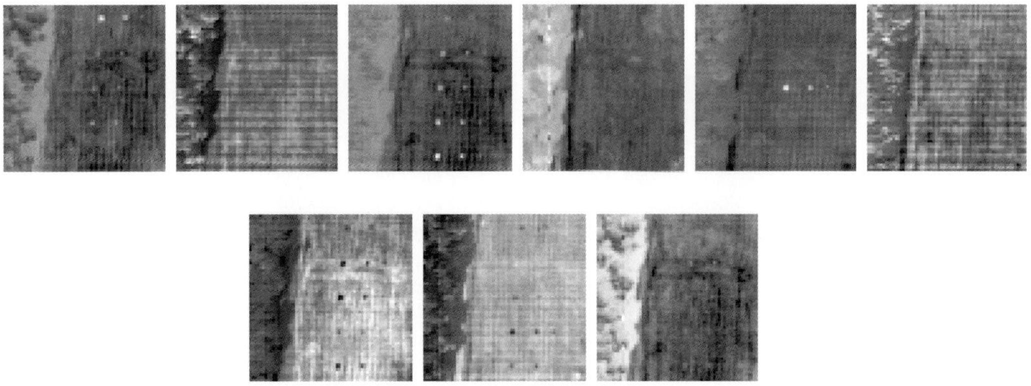

(iii) ICA

(a) 由LSOSP得到的9个丰度图

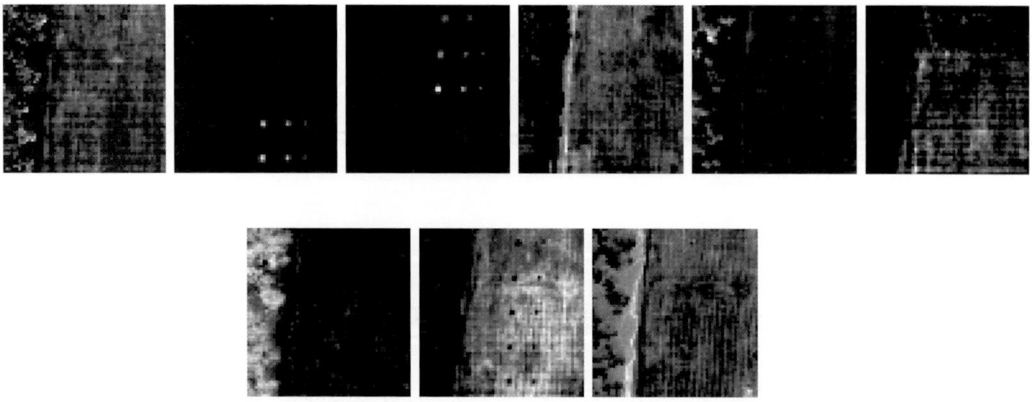

(i) PCA

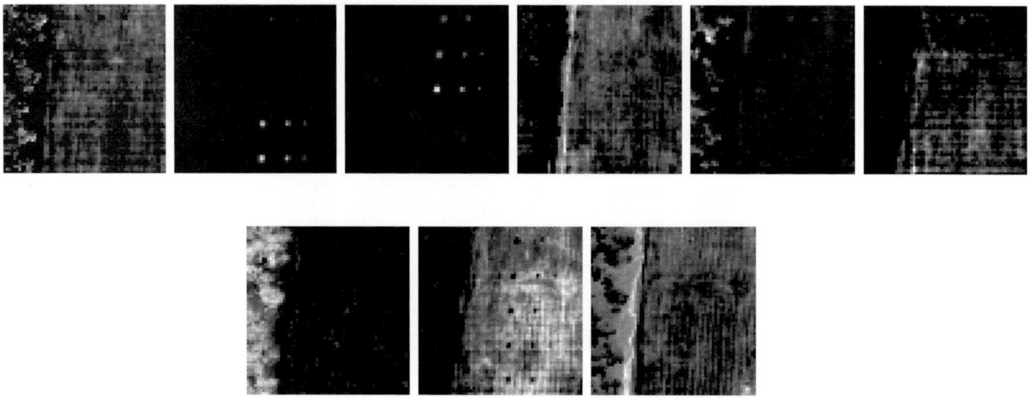

(ii) MNF

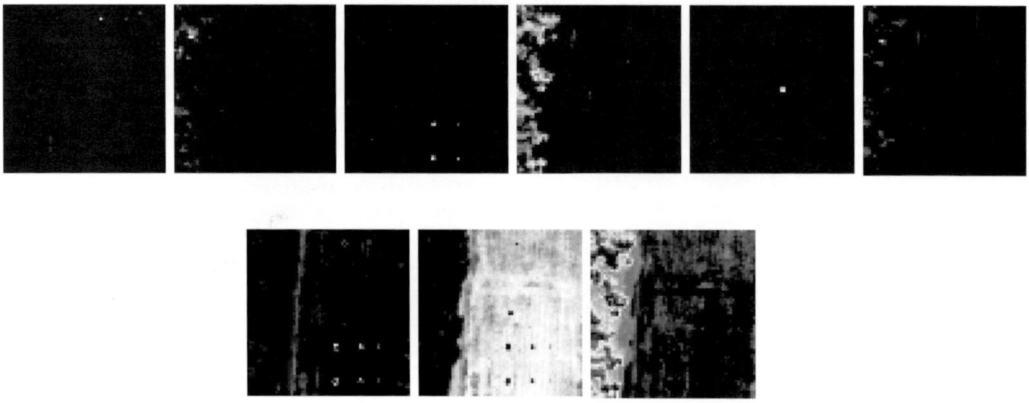

(iii) ICA

(b) 由NCLS得到的9个丰度图

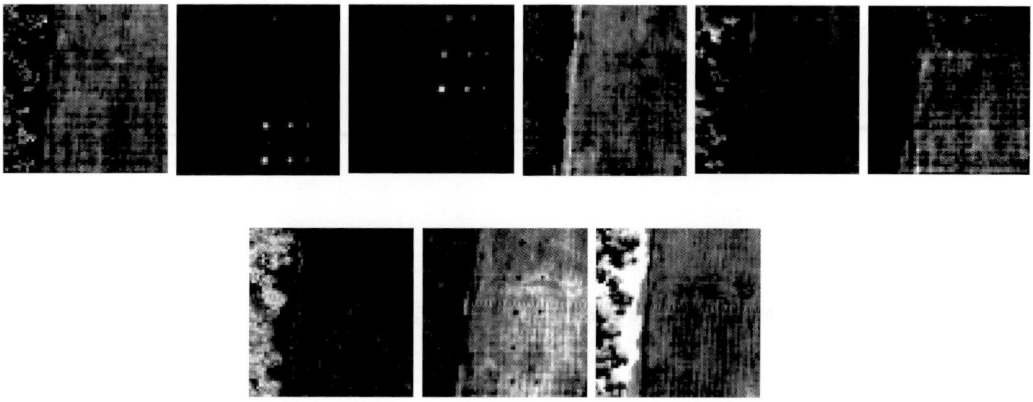

(i) PCA

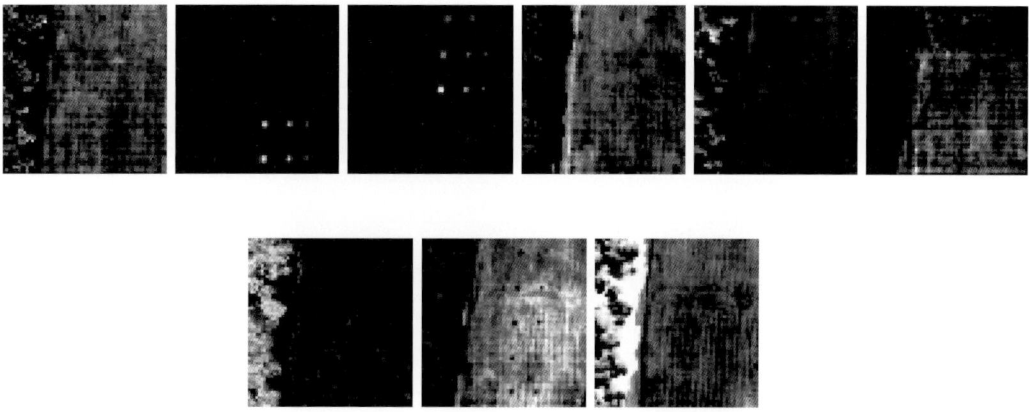

(ii) MNF

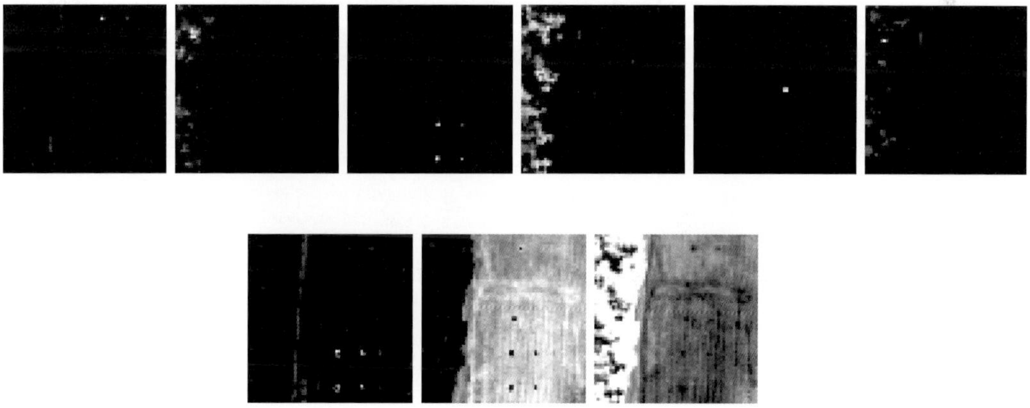

(iii) ICA

(c) 由FCLS 得到的9个丰度图

图 9.26 使用 N-FINDR 找到的 9 个端元，通过 LSOSP、NCLS 和 FCLS 解混的结果

表 9.5 在 PCA、MNF 和 ICA 降维基础上，用 N-FINDR 生成的 9 个端元，通过 LSMA 估计的 19 个面板像元的丰度值

面板像元	标识值	LSOSP			NCLS			FCLS		
		PCA	MNF	ICA	PCA	MNF	ICA	PCA	MNF	ICA
p_{11}	1	0.524 6	0.812 3	1.000 0	0.312 9	0.352 6	1.000 0	0.311 8	0.332 9	1.000 0
p_{12}	1	0.308 8	0.383 8	0.452 9	0.279 3	0.300 1	0.528 5	0.229 3	0.314 2	0.527 3
p_{13}	0.4	0.521 7	0.410 8	0.712 2	0.338 6	0.359 8	0.723 8	0.367 9	0.346 7	0.705 3
p_{211}	1	0.397 4	0.455 7	0.846 5	0.428 3	0.427 4	0.947 2	0.424 7	0.423 3	0.938 4
p_{221}	1	0.404 1	0.501 0	1.000 0	0.438 6	0.437 6	1.000 0	0.434 8	0.428 5	1.000 0
p_{22}	1	0.330 8	0.332 9	0.633 0	0.360 4	0.340 9	0.799 5	0.351 9	0.343 0	0.799 1
p_{23}	0.4	0.351 3	0.331 6	0.745 0	0.295 3	0.376 2	0.818 2	0.265 0	0.423 1	0.745 5
p_{311}	1	0.972 7	0.963 8	0.853 8	0.918 0	0.925 4	0.861 3	0.899 1	0.927 1	0.837 3
p_{321}	1	1.000 0	1.000 0	1.000 0	1.000 0	1.000 0	1.000 0	1.000 0	1.000 0	1.000 0
p_{32}	1	0.559 6	0.556 9	0.725 0	0.519 7	0.516 4	0.962 2	0.492 9	0.512 7	0.930 8
p_{33}	0.4	0.369 1	0.347 4	0.761 2	0.383 7	0.368 1	0.880 8	0.403 7	0.367 3	0.757 2
p_{411}	1	0.673 0	0.686 4	0.961 0	0.702 8	0.712 3	0.575 5	0.740 4	0.737 9	0.569 0
p_{412}	1	0.748 6	0.766 9	0.553 2	0.774 5	0.781 9	0.759 2	0.790 7	0.806 5	0.753 5
p_{42}	1	0.572 3	0.598 2	0.870 5	0.604 3	0.615 8	0.680 4	0.639 6	0.640 8	0.692 5
p_{43}	0.4	0.254 3	0.371 5	1.211 7	0.228 1	0.379 2	0.606 4	0.277 4	0.328 5	0.602 5
p_{511}	1	0.730 3	0.726 5	0.629 1	0.710 8	0.721 3	0.509 3	0.714 1	0.724 8	0.502 1
p_{521}	1	1.000 0	1.000 0	1.000 0	1.000 0	1.000 0	1.000 0	1.000 0	1.000 0	1.000 0
p_{52}	1	0.789 7	0.788 4	0.641 6	0.776 5	0.775 6	0.664 9	0.770 7	0.774 0	0.620 4
p_{53}	0.4	0.272 3	0.287 2	0.979 5	0.237 3	0.318 1	0.663 4	0.283 2	0.269 8	0.659 5
平方差之和		2.590 0	2.057 7	2.380 1	2.780 6	2.643 4	1.602 3	2.828 6	2.637 4	1.480 6

说明：大量实验表明，除了基于 ICA 降维的 N-FINDR 外，其他降维方式下的 N-FINDR 算法最多能找到 3 个端元，而不是 5 个。因为第 2 行和第 3 行面板材料相同，当 $\boldsymbol{p}_3$ 被提取为端元时，$\boldsymbol{p}_2$ 就被看作归属 $\boldsymbol{p}_3$ 类别，第 4 行和第 5 行面板像元也属此类情况。

9.8 本章小结

线性光谱混合分析(LSMA)对混合样本向量解混时，性能取决于线性混合模型中的特性元数目 p 和特征元集合 $\{\boldsymbol{m}_j\}_{j=1}^{p}$，但实际上这二者都无法提前准确预知。因此，LSMA 效果的关键是找到一个合适的光谱特征矩阵 $\boldsymbol{M}$，以获得式 (2.1)所示的线性混合模型 $\boldsymbol{r}=\boldsymbol{M}\boldsymbol{\alpha}+\boldsymbol{n}$，其中 $\boldsymbol{r}$ 是图像中的像元矢量，$\boldsymbol{n}$ 为模型误差项。第一，在监督式线性光谱混合分析(SLSMA)中矩阵 $\boldsymbol{M}$ 已知，但在非监督式线性光谱混合分析(ULSMA)中矩阵 $\boldsymbol{M}$ 未知，必须从数据中获取。9.4.1 节和 9.4.2 节介绍的 LS-UVSFA 和 CA-UVSFA，可以在非监督情况下获得矩阵 $\boldsymbol{M}$。$\boldsymbol{M}$ 中的向量不像 SLSMA 中的端元那么纯净，我们称其为特性元(VSs)，因此由特性元组成的矩阵 $\boldsymbol{M}$ 被称为特性元矩阵。ULSMA 的性能取决于两个因素：特性元的个数 p 和构成线性混合模型的特性元。第二，当有很多未知物质不能提供先验知识或通过视觉识别时，ULSMA 的表现一般优于 SLSMA。第三，ULSMA 线性混合模型中的特性元是真实数据样本向量，可以是任何形式的，如子样本向量和混合样本向量。SLSMA 使用的特性元通常是用户感兴趣的端元，在扩展到 ULSMA 时，感兴趣的端元仍可以被看作特性元，但并不充分。正如9.6节实验所证明，非感兴趣的混合背景特性元对于LSMA实现背景抑制至关重要，但找到合适的BKG特性元并非易事。通过本章介绍的LS-UVSFA和CA-UVSFA，可以找到一组包含目标和BKG特性元的VSs。

尽管已经有很多确定端元的数量的算法（Eches et al.，2010；Cawse et al.，2010；Broadwater et al.，2009；Zare et al.，2007；José et al.，2005），但其所得到的数值通常小于实际目标的数量，9.3节提出的基于目标的VD算法可以一定程度缓解这一问题。

参考文献

AMBIKAPATHI A，CHAN T，CHI C，et al.，2013. Hyperspectral data geometry-based estimation of number of endmembers using p-norm-based pure pixel identification algorithm[J]. IEEE Transactions on Geoscience and Remote Sensing，51(5)：2753-2769.

BATESON C，ASNER G，WESSMAN C，1998. Incorporating endmember variability into spectral mixture analysis through endmember bundles[J]. IEEE Transactions on Geoscience and Remote Sensing，38(2)：1083-1094.

BIOUCAS-DIAS J，NASCIMENTO J，2008. Hyperspectral subspace identification[J]. IEEE Transactions on Geoscience and Remote Sensing，46(8)：2435-2445.

BOARDMAN J，2013. Automating spectral unmixing of aviris data using convex geometry concepts[C]// JPL Airborne Geoscience Workshop.

BOARDMAN J，1994. Geometric mixture analysis of imaging spectrometry data[C]// Proceedings of IGARSS '94 - 1994 IEEE International Geoscience and Remote Sensing Symposium，Pasadena，CA，USA，4：2369-2371.

BOARDMAN J，KRUSE F，GREEN R，1995. Mapping target signatures via partial unmixing of AVIRIS data[C]// Summaries，Fifth JPL Airborne Geosci. Workshop，JPL Publication：23-26.

BROADWATER J，BANERJEE A，2009. A Neyman-Pearson approach to estimating the number of endmembers[C]// 2009 IEEE International Geoscience and Remote Sensing Symposium，Cape Town，IV：693 -696.

CAWSE K，SEARS M，ROBIN A，et al.，2010. Using random matrix theory to determine the number of endmembers in a hyperspectral image[C]// Hyperspectral Image and Signal Processing：Evolution in Remote Sensing (WHISPERS)，2010 2nd Workshop on IEEE.

CHANG C，2003. Hyperspectral imaging：Techniques for spectral detection and classification[M]. New York：Kluwer Academic/Plenum Publishers.

CHANG C，2006. Hyperspectral data exploitation：Theory and applications[M]. New York：John Wiley & Sons，Inc.

CHANG C，2013. Hyperspectral data processing：Algorithm design and analysis[M]. New York：John Wiley & Sons，Inc.

CHANG C，2016. Real-time progressive hyperspectral image processing：Endmember finding and anomaly detection[M]. New York：Springer International Publishing.

CHANG C，2017. Real-time recursive hyperspectral sample and band processing：Algorithm architecture and implementation[M]. New York: Springer International Publishing.

CHANG C, DU Q, 2004. Estimation of number of spectrally distinct signal sources in hyperspectral imagery[J]. IEEE Transactions on Geoscience and Remote Sensing, 42(3): 608-619.

CHANG C, JIAO X, WU C, et al., 2010a. A review of unsupervised spectral target analysis for hyperspectral imagery[J]. EURASIP Journal on Advances in Signal Processing, (1): 503752.

CHANG C, JIAO X, WU C, et al., 2011. Component analysis-based unsupervised linear spectral mixture analysis for hyperspectral imagery[J]. IEEE Transactions on Geoscience and Remote Sensing, 49(11): 4123-4137.

CHANG C, XIONG W, LIU W, et al., 2010b. Linear spectral mixture analysis based approaches to estimation of virtual dimensionality in hyperspectral imagery[J]. IEEE Transactions on Geoscience and Remote Sensing, 48(11): 3960-3979.

CRAIG M, 1994. Minimum-volume transforms for remotely sensed data[J]. IEEE Transactions on Geoscience and Remote Sensing, 32(3): 542-552.

DENNISON P, ROBERTS D, 2003. Endmember selection for multiple endmember spectral mixture analysis using endmember average RMSE[J]. Remote Sensing of Environment, 87(2-3): 123-135.

ECHES O, DOBIGEON N, TOURNERET J, 2010. Estimating the number of endmembers in hyperspectral images using the normal compositional model and a hierarchical Bayesian algorithm[J]. IEEE Journal of Selected Topics in Signal Processing, 4(3): 582-591.

HARSANYI J, FARRAND W, CHANG C, 1994. Detection of subpixel spectral signatures in hyperspectral image sequences, Proceedings of American Congress on Surveying and Mapping (ACSM)[C]//American Society of Photogrammetry and Remote Sensing (ASPRS) Annual Convention and Exposition, Baltimore: 236-247.

HEINZ D, CHANG C, 2001. Fully constrained least squares linear spectral mixture analysis method for material quantification in hyperspectral imagery[J]. IEEE Transactions on Geoscience and Remote Sensing, 39(3): 529-545.

HYVARINEN A, OJA E, 2000. Independent component analysis: Algorithms and applications[J]. Neural Networks, 13: 411-430.

JOSÉ M, BIOUCAS-DIAS J, NASCIMENTO J, 2005. Estimation of signal subspace on hyperspectral data [C]// Image and Signal Processing for Remote Sensing XI. International Society for Optics and Photonics, 59820L.

KUYBEDA O, MALAH D, BARZOHAR M, 2007. Rank estimation and redundancy reduction of high-dimensional noisy signals with preservation of rare vectors[J]. IEEE Transactions on Signal Processing, 55(12): 5579-5592.

LEADBETTER M, 1987. Extremes and related properties of random sequences and processes[M]. New York: Springer-Verlag.

NASCIMENTO J,BIOUCAS-DIAS J, 2005. Vertex component analysis: A fast algorithm to unmix hyperspectral data[J]. IEEE Transactions on Geoscience and Remote Sensing, 43(4): 898-910.

PAYLOR D, CHANG C, 2013. Second order statistics target-specified virtual dimensionality[J]. Proceedings of SPIE 8743, Algorithms and Technologies for Multispectral, Hyperspectral, and Ultraspectral Imagery XIX: 87430X.

ROBERTS D, GARDNER M, CHURCH R, et al., 1998. Mapping chaparral in the Santa Monica

Mountains using multiple endmember spectral mixture models[J]. Remote Sensing of Environment, 65 (3): 267-279.

TOMPKINS S, MUSTARD J, PIETERS C, et al., 1997. Optimization of endmembers for spectral mixture analysis[J]. Remote Sensing of Environment, 59(3): 472-489.

WINTER M, 1999a. Fast autonomous spectral endmember determination in hyperspectral data[C]// Proc. of 13th International Conference on Applied Geologic Remote Sensing, Vancouver, B. C., Canada: 337-344.

WINTER M, 1999b. N-FINDR: An algorithm for fast autonomous spectral endmember determination in hyperspectral data[J]. Proceedings of SPIE-The International Society for Optical Engineering, 3753: 266-275.

WINTER M, 2004. A proof of the N-FINDR algorithm for the automated detection of endmembers in a hyperspectral image[J]. Proceedings of SPIE - The International Society for Optical Engineering, 5425: 31-41.

ZARE A, GADER P, 2007. Sparsity promoting iterated constrained endmember detection in hyperspectral imagery[J]. IEEE Geoscience and Remote Sensing Letters, 4(3): 446-450.

第 10 章　基于统计方法的非监督式特性元寻找

第 9 章已经介绍了非监督式光谱解混的理论，并简单引入了基于成分分析的非监督光谱解混方法，本章的部分内容与第 9 章具有一定相关性，将进一步详细讨论基于统计方法的非监督式特性元寻找方法。前面我们已经阐述，用于线性光谱分析的特性元不一定是纯目标特性元，实际应用中使用真实的目标特性元可以更好地表达图像中的数据，取得更有效的结果。本章主要研究基于统计方法的非监督式特性元的寻找方法，包括二阶统计特性、高阶统计特性和独立成分分析等方法。

10.1　简　　介

如第 9 章所述，高光谱图像的典型优势是可以获得细微和弱小目标，例如端元和异常等。该类目标通常未知，且尺寸很小甚至不到一个像元（亚像元情况），很难用视觉的方法定位。Chang 等（2011，2010）对此提出了一个新的概念，即光谱目标，以区别于空间目标。一个光谱向量可以拥有上百个连续的光谱波段值，包含非常丰富的信息用于数据开发和分析，这种光谱信息称作波段内部光谱信息（inter-band spectral information，IBSI）。利用 IBSI，两个数据样本的光谱向量可以用光谱相似性度量方法进行判别、分类和识别，如光谱夹角匹配等。

在光谱统计量的基础上，通常关心两种光谱目标，一类是样本的二阶统计量 IBSI 目标，另一类是样本的高阶统计量 IBSI 目标。IBSI（S）指的是样本向量集合 S 的光谱相关性，S 的规模大小对于二阶统计量 IBSI 的影响较大。高光谱图像分析中，我们的感兴趣光谱目标有时候是一些小目标，它们会以较小的概率出现或者出现时数量很少。此类光谱目标的样本规模相对较小，常因空间信息有限在传统图像处理中被忽略，但正因为不容易从视觉上被察觉的特点，它们在防御和情报分析中起到了至关重要的作用。从统计学的角度来看，这类光谱目标相对于具有大样本规模的目标比重较小，其光谱信息统计量不易从二阶 IBSI 中捕获，通常表现在高阶 IBSI 上。

10.2　二阶统计量定义的目标作为特性元

目前虚拟维度估计方法大都是基于二阶统计中的特征值分解方法提出的，其共同缺点是 n_{VD} 由特征值、本征向量或者奇异向量决定，但这些都不是真实的信号源。由 VD 得到的光谱区分性高的特性元数量，首先不知道其所对应的特性元，其次该数量通常小于实际应该产生的特性元数量。本节我们介绍两种二阶统计量定义的特性元产生机制，一个是由 Chang 等(2010)和 Paylor 等(2013)提出的基于 LSMA 的机制，根据相应的方法寻找真实样本向量作为特性元，用于最小二乘误差标准的数据解混；另一个是由 Chang 等(2011)提出的 ATGP/MOCA 方法，使用由 Ren 等(2003)提出的 ATGP 算法找到的真实目标样本向量代替原 MOCA 算法中的奇异向量，在此基础上计算 n_{VD}的值，从而非监督地决定所有特性元。

10.2.1 OSP 方法找到的目标作为特性元

设$\boldsymbol{m}_1,\boldsymbol{m}_2,\cdots,\boldsymbol{m}_p$ 是光谱特性元，L 是光谱波段总数，$\boldsymbol{r}$ 是 L 维的数据样本向量，该向量可以用$\boldsymbol{m}_1,\boldsymbol{m}_2,\cdots,\boldsymbol{m}_p$ 按照丰度$\alpha_1,\alpha_2,\cdots,\alpha_p$ 线性混合。更具体地说，$\boldsymbol{r}$ 是$L\times 1$ 列向量，$\boldsymbol{M}$ 是 $L\times p$ 的目标光谱特性元矩阵，表示为$[\boldsymbol{m}_1\ \boldsymbol{m}_2\cdots\boldsymbol{m}_p]$，其中 $\boldsymbol{m}_j$是 $L\times 1$ 的列向量，表示存在于 $\boldsymbol{r}$ 中的第 j 个目标光谱特性。令 $\boldsymbol{\alpha}=(\alpha_1,\alpha_2,\cdots,\alpha_p)^{\mathrm{T}}$ 表示与 $\boldsymbol{r}$ 相关的 $p\times 1$ 列向量，其中 α_j 表示 $\boldsymbol{r}$ 中第 j 个目标特性元 $\boldsymbol{m}_j$的丰度值。最常用于混合光谱分类的方法是线性解混，即假设像元向量 $\boldsymbol{r}$ 的光谱特性是由$\boldsymbol{m}_1,\boldsymbol{m}_2,\cdots,\boldsymbol{m}_p$ 线性混合得到的，称为线性混合模型。

$$\boldsymbol{r}=\boldsymbol{M\alpha}+\boldsymbol{n} \tag{10.1}$$

其中，$\boldsymbol{n}$ 表示噪声，也可以理解为测量或模型误差。

式(10.1) 是一个标准的信号检测模型，其中 $\boldsymbol{M\alpha}$ 是需要检测的期望信号向量，$\boldsymbol{n}$ 是干扰噪声。如果我们感兴趣的是某个特定目标，可以将 p 个目标特性元$\boldsymbol{m}_1,\boldsymbol{m}_2,\cdots,\boldsymbol{m}_p$ 划分为两部分，一个是感兴趣目标 $\boldsymbol{m}_p$，另一部分是非期望特性元的集合$\{\boldsymbol{m}_1,\boldsymbol{m}_2,\cdots,\boldsymbol{m}_{p-1}\}$。这种情况下，合理的做法是检测 $\boldsymbol{m}_p$之前，消除非期望目标$\boldsymbol{m}_1,\boldsymbol{m}_2,\cdots,\boldsymbol{m}_{p-1}$的干扰，提高对感兴趣目标的探测能力。为此，我们首先从 $\boldsymbol{M}$ 的$\boldsymbol{m}_1,\boldsymbol{m}_2,\cdots,\boldsymbol{m}_p$ 中分离出 $\boldsymbol{m}_p$，将式(10.1) 表示为

$$\boldsymbol{r}=\boldsymbol{d}\alpha_p+\boldsymbol{U\gamma}+\boldsymbol{n} \tag{10.2}$$

其中，$\boldsymbol{d}=\boldsymbol{m}_p$ 是感兴趣光谱特性元，$\boldsymbol{U}=[\boldsymbol{m}_1\ \boldsymbol{m}_2\cdots\boldsymbol{m}_{p-1}]$是非期望目标光谱特性元矩阵，由$\boldsymbol{m}_1,\boldsymbol{m}_2,\cdots,\boldsymbol{m}_{p-1}$组成。根据式(10.2)，可以设计正交子空间投影算子，在检测 $\boldsymbol{m}_p$之前从 $\boldsymbol{r}$ 中消除 $\boldsymbol{U}$，Harsanyi 等(1994)便给出了这样一个算子：

$$\boldsymbol{P}_U^{\perp}=\boldsymbol{I}-\boldsymbol{U}\boldsymbol{U}^{\#} \tag{10.3}$$

其中，$\boldsymbol{U}^{\#}=(\boldsymbol{U}^{\mathrm{T}}\boldsymbol{U})^{-1}\boldsymbol{U}^{\mathrm{T}}$ 是 $\boldsymbol{U}$ 的伪逆。$\boldsymbol{P}_U^{\perp}$ 中的$_U^{\perp}$ 表示$<\boldsymbol{U}>$的正交残余空间，也可表示为$<\boldsymbol{U}>^{\perp}$。将 $\boldsymbol{P}_U^{\perp}$ 用于式(10.2)得到

$$\boldsymbol{P}_U^{\perp}\boldsymbol{r}=\boldsymbol{P}_U^{\perp}\boldsymbol{d}\alpha_p+\boldsymbol{P}_U^{\perp}\boldsymbol{U\gamma}+\boldsymbol{P}_U^{\perp}\boldsymbol{n}=\alpha_p\boldsymbol{P}_U^{\perp}\boldsymbol{d}+\boldsymbol{P}_U^{\perp}\boldsymbol{n} \tag{10.4}$$

为了检测到式(10.4)中的带有信号强度 α_p的信号 $\boldsymbol{P}_U^{\perp}\boldsymbol{d}$，我们需要设计一个线性检测系统(linear detection system，LDS)，$\delta^{\mathrm{LDS}}(\boldsymbol{r})$，如图 10.1 所示。对于输入 $\boldsymbol{x}=\boldsymbol{P}_U^{\perp}\boldsymbol{r}$，通过权重向量 $\boldsymbol{w}$，得到输出 $\boldsymbol{y}=\boldsymbol{w}^{\mathrm{T}}\boldsymbol{x}$。

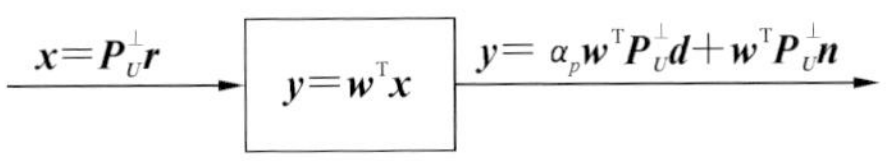

图 10.1 根据式(10.4) 设计的线性检测系统 $\delta^{\mathrm{LDS}}(\boldsymbol{r})$示意图

其中，信噪比定义为

$$\begin{aligned}\mathrm{SNR}(\boldsymbol{w}) &= \frac{E([\boldsymbol{w}^{\mathrm{T}}(\alpha_p \boldsymbol{P}_U^{\perp}\boldsymbol{d})]^2)}{E([\boldsymbol{w}^{\mathrm{T}}(\boldsymbol{P}_U^{\perp}\boldsymbol{n})]^2)} = \frac{[\boldsymbol{w}^{\mathrm{T}}(\alpha_p \boldsymbol{P}_U^{\perp}\boldsymbol{d})][\boldsymbol{w}^{\mathrm{T}}(\alpha_p \boldsymbol{P}_U^{\perp}\boldsymbol{d})]^{\mathrm{T}}}{[\boldsymbol{w}^{\mathrm{T}}(\boldsymbol{P}_U^{\perp}\boldsymbol{n})][\boldsymbol{w}^{\mathrm{T}}(\boldsymbol{P}_U^{\perp}\boldsymbol{n})]^{\mathrm{T}}} \\ &= \frac{\alpha_p^2[\boldsymbol{w}^{\mathrm{T}}\boldsymbol{P}_U^{\perp}\boldsymbol{d}][\boldsymbol{w}^{\mathrm{T}}\boldsymbol{P}_U^{\perp}\boldsymbol{d}]^{\mathrm{T}}}{\boldsymbol{w}^{\mathrm{T}}\boldsymbol{P}_U^{\perp}E[\boldsymbol{n}\boldsymbol{n}^{\mathrm{T}}]\boldsymbol{P}_U^{\perp}\boldsymbol{w}} = \left(\frac{\alpha_p^2}{\sigma^2}\right)\frac{[\boldsymbol{w}^{\mathrm{T}}\boldsymbol{P}_U^{\perp}\boldsymbol{d}][\boldsymbol{w}^{\mathrm{T}}\boldsymbol{P}_U^{\perp}\boldsymbol{d}]^{\mathrm{T}}}{\boldsymbol{w}^{\mathrm{T}}\boldsymbol{P}_U^{\perp}\boldsymbol{P}_U^{\perp}\boldsymbol{w}} \\ &= \left(\frac{\alpha_p^2}{\sigma^2}\right)\frac{\boldsymbol{w}^{\mathrm{T}}\boldsymbol{P}_U^{\perp}\boldsymbol{d}\,\boldsymbol{d}^{\mathrm{T}}\boldsymbol{P}_U^{\perp}\boldsymbol{w}}{\boldsymbol{w}^{\mathrm{T}}\boldsymbol{P}_U^{\perp}\boldsymbol{w}}\end{aligned} \tag{10.5}$$

这里有 $(\boldsymbol{P}_U^{\perp})^2=\boldsymbol{P}_U^{\perp}$ 以及 $(\boldsymbol{P}_U^{\perp})^{\mathrm{T}}=\boldsymbol{P}_U^{\perp}$。

有两种方法可以针对 $\boldsymbol{w}$ 最大化式(10.5)。一种是从模式分类的角度，将式(10.5)形式化为泛化的特征值问题(Duda et al.，2003)：

$$\lambda(\boldsymbol{w}) = \mathrm{SNR}(\boldsymbol{w}) = \left(\frac{\alpha_p^2}{\sigma^2}\right)\frac{\boldsymbol{w}^{\mathrm{T}}\boldsymbol{P}_U^{\perp}\boldsymbol{d}\boldsymbol{d}^{\mathrm{T}}\boldsymbol{P}_U^{\perp}\boldsymbol{w}}{\boldsymbol{w}^{\mathrm{T}}\boldsymbol{P}_U^{\perp}\boldsymbol{w}} \tag{10.6}$$

实际上就是著名的 Fisher 比或瑞利商，是线性 Fisher 判别分析中(Duda et al.，2003)经常使用的一个标准。求解式(10.6)实际上等价于求解：

$$(\boldsymbol{P}_U^{\perp})^{-1}\boldsymbol{P}_U^{\perp}\boldsymbol{d}\,\boldsymbol{d}^{\mathrm{T}}\boldsymbol{P}_U^{\perp}\boldsymbol{w} = \lambda(\boldsymbol{w})\boldsymbol{w} \Rightarrow \boldsymbol{d}\,\boldsymbol{d}^{\mathrm{T}}\boldsymbol{P}_U^{\perp}\boldsymbol{w} = \lambda(\boldsymbol{w})\boldsymbol{w} \tag{10.7}$$

最大化式(10.5)实际上就是寻找式(10.7)的最大特征值。矩阵 $\boldsymbol{d}\,\boldsymbol{d}^{\mathrm{T}}\boldsymbol{P}_U^{\perp}$ 的秩为 1，也就意味着该矩阵只有一个非零特征值，也就是最大的特征值 $\lambda_{\max}$。如果我们将式(10.7)中的 $\boldsymbol{w}$ 用 $\boldsymbol{P}_U^{\perp}\boldsymbol{d}$ 代替，并在式(10.7)两边都乘以 $\boldsymbol{P}_U^{\perp}$，可以得到 $\lambda_{\max}=\boldsymbol{d}^{\mathrm{T}}\boldsymbol{P}_U^{\perp}\boldsymbol{d}$，这刚好就是后面式(10.13)中的最大 SNR。

通过式(10.7)，得到了由文献(Chang，2003；Harsanyi et al.，1994)提出的线性最优化信号检测器 $\delta^{\mathrm{OSP}}(\boldsymbol{r})$：

$$\delta^{\mathrm{OSP}}(\boldsymbol{r}) = \boldsymbol{d}^{\mathrm{T}}\boldsymbol{P}_U^{\perp}\boldsymbol{r} \tag{10.8}$$

第二种最大化式(10.5)的方法是从信号检测的角度，通过 Schwarz 的不等式原则(Schwarz's inequality)，式(10.6)中的 SNR 可以看作是偏移检测标准(deflection detection criterion)，即

$$|\boldsymbol{w}^{\mathrm{T}}\boldsymbol{P}_U^{\perp}\boldsymbol{d}| \leqslant \|\boldsymbol{w}\|\,\|\boldsymbol{P}_U^{\perp}\boldsymbol{d}\| \tag{10.9}$$

等号成立等价于对某个常量 κ 有 $\boldsymbol{w}=\kappa\boldsymbol{P}_U^{\perp}\boldsymbol{d}$。这种情况下，式(10.5)可以表示为

$$\begin{aligned}\mathrm{SNR}(\boldsymbol{w}) &= \left(\frac{\alpha_p^2}{\sigma^2}\right)\left(\frac{\boldsymbol{w}^{\mathrm{T}}\boldsymbol{P}_U^{\perp}\boldsymbol{d}\,\boldsymbol{d}^{\mathrm{T}}\boldsymbol{P}_U^{\perp}\boldsymbol{w}}{\boldsymbol{w}^{\mathrm{T}}\boldsymbol{P}_U^{\perp}\boldsymbol{w}}\right) = \left(\frac{\alpha_p^2}{\sigma^2}\right)\left(\frac{|\boldsymbol{w}^{\mathrm{T}}\boldsymbol{P}_U^{\perp}\boldsymbol{d}|^2}{\|\boldsymbol{P}_U^{\perp}\boldsymbol{w}\|^2}\right) \\ &= \left(\frac{\alpha_p^2}{\sigma^2}\right)\left(\left|\left(\frac{\boldsymbol{w}}{\|\boldsymbol{P}_U^{\perp}\boldsymbol{w}\|^{1/2}}\right)^{\mathrm{T}}\boldsymbol{P}_U^{\perp}\left(\frac{\boldsymbol{d}}{\|\boldsymbol{P}_U^{\perp}\boldsymbol{w}\|^{1/2}}\right)\right|^2\right) \\ &= \left(\frac{\alpha_p^2}{\sigma^2}\right)(|\tilde{\boldsymbol{w}}^{\mathrm{T}}\boldsymbol{P}_U^{\perp}\tilde{\boldsymbol{d}}|^2)\left(\text{其中},\tilde{\boldsymbol{w}} = \frac{\boldsymbol{w}}{\|\boldsymbol{P}_U^{\perp}\boldsymbol{w}\|^{1/2}},\tilde{\boldsymbol{d}} = \frac{\boldsymbol{d}}{\|\boldsymbol{P}_U^{\perp}\boldsymbol{w}\|^{1/2}}\right) \\ &\leqslant \left(\frac{\alpha_p^2}{\sigma^2}\right)\|\tilde{\boldsymbol{w}}\|^2\,\|\boldsymbol{P}_U^{\perp}\tilde{\boldsymbol{d}}\|^2\end{aligned} \tag{10.10}$$

其中，

$$\begin{aligned}\text{equality} &\Leftrightarrow \tilde{\boldsymbol{w}} = \kappa\boldsymbol{P}_U^{\perp}\tilde{\boldsymbol{d}} \Leftrightarrow \tilde{\boldsymbol{w}} = \frac{\boldsymbol{w}}{\|\boldsymbol{P}_U^{\perp}\boldsymbol{w}\|^{1/2}} = \kappa\boldsymbol{P}_U^{\perp}\frac{\boldsymbol{d}}{\|\boldsymbol{P}_U^{\perp}\boldsymbol{w}\|^{1/2}} \\ &\Leftrightarrow \boldsymbol{w} = \kappa\boldsymbol{P}_U^{\perp}\boldsymbol{d}\end{aligned} \tag{10.11}$$

根据式(10.11)，求解式(10.10)的最优权重向量 $\boldsymbol{w}^*$，定义为

$$w^* = \kappa P_U^\perp d \tag{10.12}$$

利用式(10.12)得到的 w^* 描述图 10.1 的系统 $\delta^{\mathrm{LDS}}(r)$，得到了最大 SNR：

$$\mathrm{SNR}(w^*) = \left(\frac{\alpha_p^2}{\sigma^2}\right)(d^{\mathrm{T}} P_U^\perp d) \tag{10.13}$$

且最优信号检测系统为

$$\delta^{\mathrm{LDS}}(r) = y = (w^*)^{\mathrm{T}} P_U^\perp r = \kappa\,[P_U^\perp d]^{\mathrm{T}} P_U^\perp r = \kappa d^{\mathrm{T}} P_U^\perp r \tag{10.14}$$

这实际上就是式(10.8)给出的 OSP。需要说明的是，式(10.12)给出了与式(10.13)相同的最大 SNR，虽然存在常数 κ，但是式(10.10)独立于 κ。

式(10.3)也给出了一个建议，可以用于解决非监督 OSP(UOSP)算法的设计问题，即在一个增长的非期望目标信号矩阵 U 上逐次使用式(10.3)，找到最终的感兴趣目标(Wang et al.,2002)。由 Ren 等(2003)提出的 ATGP 算法利用了与 UOSP 相同的思想，UOSP 算法流程如下文。

(1) 初始条件：令 ε 表示预先设定的误差阈值，t_0 是具有最大向量长度的数据样本向量，即 $t_0 = \arg\{\max_r \| r \|\}$，其中 r 是一个数据样本向量，且 $\| r \|^2 = r^{\mathrm{T}} r$。令 $k=0$，并利用式(10.3)定义 $P_{t_0}^\perp = I - t_0\,(t_0^{\mathrm{T}}\,t_0)^{-1} t_0^{\mathrm{T}}$，$U_0 = [t_0]$。

(2) 令 $k \leftarrow k+1$ 并通过式(10.3)和 $U_{k-1} = [t_0\ t_1 \cdots t_{k-1}]$，在所有图像向量 r 上进行操作 $P_{U_{k-1}}^\perp r = [I - U_{k-1}(U_{k-1}^{\mathrm{T}} U_{k-1})^{-1} U_{k-1}^{\mathrm{T}}]r$，得到第 k 个目标 t_k，该目标在第 k 次迭代中具有最大的正交投影：

$$t_k = \arg\{\max_r [\,(P_{[U_{k-1} t_k]}^\perp r)^{\mathrm{T}} (P_{[U_{k-1} t_k]}^\perp r)\,]\} \tag{10.15}$$

(3) 如果 $m_{\mathrm{OSP}}(t_k) > \varepsilon$，则转到第(2)步，其中 $m_{\mathrm{OSP}}(\cdot)$ 是某个 OSP 测度；否则，算法结束，此时得到的目标像元集合就是期望的目标集。

10.2.2　ATGP 方法找到的目标作为特性元

式(10.8)定义的 OSP 不能精确地解混混合像元，但可以产生 OS 目标，ATGP 就是利用 OSP 概念寻找线性光谱目标特性元的算法。

令 X 表示由数据样本向量 $\{r_i\}_{i=1}^N$ 构成的数据矩阵，即 $X = [r_1\ r_2 \cdots r_N]$。将 X 的范数定义为

$$\| X \| = \max_{1 \leqslant i \leqslant N} \| r_i \| \tag{10.16}$$

其中，$\| r_i \|$ 是向量 $r_i = (r_{i1}, r_{i2}, \cdots, r_{iL})^{\mathrm{T}}$ 的长度，定义为 $\| r_i \|^2 = \sum_{l=1}^{L} r_{il}^2$。假设 $i^* = \arg\{\max_{1 \leqslant i \leqslant N} \| r_i \|\}$，则矩阵 X 的范数可以表示为

$$\| X \| = \| r_{i^*} \| \tag{10.17}$$

正好是具有最大向量长度的像元 r_{i^*}，也就是说，式(10.16)所定义的 X 的二阶范数实际上是集合中最亮的像元向量所对应的向量长度。

利用式(10.17)，ATGP 可以执行一系列 OSP 操作，即重复使用式(10.3)的正交算子 $P_U^\perp = I - U U^{\#}$ 产生所需的目标特性元。对于原始高光谱图像 X，首先根据式(10.16)选择一个对应二阶范数的初始目标特性元 t_0^{ATGP}，有 $\| t_0^{\mathrm{ATGP}} \| = \| X \|$，然后将样本集 X 投影到一个与 $\langle t_0^{\mathrm{ATGP}} \rangle$ 正交的子空间 $P_{U_0}^\perp$ 上，$U_0 = [t_0^{\mathrm{ATGP}}]$。

如果将得到的正交残余样本集表示为$\boldsymbol{X}_1=<\boldsymbol{t}_0^{\mathrm{ATGP}}>^{\perp}$，下一步，ATGP 就选择对应$\boldsymbol{X}_1$的2 阶范数的第一个像元作为新目标特性元$\|\boldsymbol{t}_1^{\mathrm{ATGP}}\|=\|\boldsymbol{X}_1\|$，继续将样本集$\boldsymbol{X}$投影到与$<\boldsymbol{t}_0^{\mathrm{ATGP}},\boldsymbol{t}_1^{\mathrm{ATGP}}>$正交的子空间上$\boldsymbol{P}_{U_1}^{\perp}$，$\boldsymbol{U}_1=[\boldsymbol{t}_0^{\mathrm{ATGP}}\ \boldsymbol{t}_1^{\mathrm{ATGP}}]$且得到的正交残余样本集表示为$\boldsymbol{X}_2=<\boldsymbol{t}_0^{\mathrm{ATGP}},\boldsymbol{t}_1^{\mathrm{ATGP}}>^{\perp}$。重复上面的过程直到满足结束条件，自动目标产生过程算法 ATGP 的细节如下文。

(1) 初始条件：令 ε 表示误差阈值，$\boldsymbol{t}_0$是最亮的像元，即具有最大的灰度值范数。令 $k=0$。

(2) $k\leftarrow k+1$，根据式(10.3) 将 $\boldsymbol{P}_{U_{k-1}}^{\perp}=\boldsymbol{I}-\boldsymbol{U}_{k-1}(\boldsymbol{U}_{k-1}^{\mathrm{T}}\boldsymbol{U}_{k-1})^{-1}\boldsymbol{U}_{k-1}^{\mathrm{T}}$应用在所有的样本$\boldsymbol{X}$上寻找第$k$ 个目标特性元$\boldsymbol{t}_k$，其中$\boldsymbol{U}_{k-1}=[\boldsymbol{t}_0\ \boldsymbol{t}_1\cdots\boldsymbol{t}_{k-1}]$。

$$\boldsymbol{t}_k=\arg\{\max_{\boldsymbol{r}}[(\boldsymbol{P}_{[U_{k-1}t_k]}^{\perp}\boldsymbol{r})^{\mathrm{T}}(\boldsymbol{P}_{[U_{k-1}t_k]}^{\perp}\boldsymbol{r})]\}\tag{10.18}$$

(3) 如果 $m(\boldsymbol{t}_{k-1},\boldsymbol{t}_k)>\varepsilon$，其中 $m(\cdot,\cdot)$可以定义为任意的目标区分度度量，则转到第(2)步；否则算法结束，此时的目标像元$\boldsymbol{t}_0,\boldsymbol{t}_1,\cdots,\boldsymbol{t}_{k-1}$即看作目标特性元。说明：在文献(Ren et al.,2003)中，$m(\cdot,\cdot)$称为正交投影互相关系数(orthogonal projection correlation index,OPCI)，定义为

$$\mathrm{OPCI}=\boldsymbol{t}_{k-1}^{\mathrm{T}}\boldsymbol{P}_{U_{k-1}}^{\perp}\boldsymbol{t}_k\tag{10.19}$$

其中，$\boldsymbol{U}_{k-1}=[\boldsymbol{t}_0\ \boldsymbol{t}_1\cdots\boldsymbol{t}_{k-1}]$是由 k 个目标$\{\boldsymbol{t}_l\}_{l=0}^{k-1}$线性扩展得到的空间。

如第(1)步和第(3)步所述，ATGP 结束条件中的误差阈值 ε 是根据经验在算法执行之前预先设定的，实际应用中这样的处理方式比较主观，因为合适的阈值选择需要很多先验知识，这与事先确定目标的数量类似，故 ATGP 也可以通过估计产生目标信号源$\{\boldsymbol{t}_k\}$的虚拟维度来停止。另外，式(10.18) 可以改写为

$$\boldsymbol{t}_k=\arg\{\max_{\boldsymbol{r}}\|\boldsymbol{P}_{[U_{k-1}t_k]}^{\perp}\boldsymbol{r}\|^2\}\tag{10.20}$$

其中，$(\boldsymbol{P}_{[U_{k-1}t_k]}^{\perp}\boldsymbol{r})^{\mathrm{T}}(\boldsymbol{P}_{[U_{k-1}t_k]}^{\perp}\boldsymbol{r})=\boldsymbol{r}^{\mathrm{T}}\boldsymbol{P}_{[U_{k-1}t_k]}^{\perp}\boldsymbol{r}=\|\boldsymbol{P}_{[U_{k-1}t_k]}^{\perp}\boldsymbol{r}\|^2$，寻找式(10.20)中的目标$\boldsymbol{t}_k$就等价于寻找在超平面 $P_{U_{k-1}}^{\perp}$ 上具有最大残余向量长度的数据样本向量。

10.2.3 最小二乘方法找到的目标作为特性元

10.2.3.1 非监督的最小二乘 OSP(LSOSP)算法

最初，由式(10.4) 定义的 OSP 是利用信噪比原则进行信号检测而不是信号估计，其目的是检测期望特性元 $\boldsymbol{d}$ 的强度而并非解混丰度值。不失一般性，假设特性元 $\boldsymbol{m}_p=\boldsymbol{d}$，Settle (1996)推导了 α_p 的最大似然估计结果 $\hat{\alpha}_p(\boldsymbol{r})$，后来 Tu 等(1997)人设计了最小二乘 OSP (LSOSP)算法，即

$$\delta^{\mathrm{LSOSP}}(\boldsymbol{r})=\frac{\boldsymbol{d}^{\mathrm{T}}\boldsymbol{P}_U^{\perp}\boldsymbol{r}}{\boldsymbol{d}^{\mathrm{T}}\boldsymbol{P}_U^{\perp}\boldsymbol{d}}\tag{10.21}$$

与式(10.14) 相同，该式包含一个规范化 OSP 的估计误差常数$(\boldsymbol{d}^{\mathrm{T}}\boldsymbol{P}_U^{\perp}\boldsymbol{d})^{-1}$。根据式(10.16)，可以提出一个非监督 LSOSP 算法，寻找丰度无约束情况下最小二乘原则决定的目标，ULSOSP 算法如下文。

(1) 初始化条件：令 ε 表示预先设定的误差阈值，$\boldsymbol{t}_0$是具有最大向量长度的数据样本向量，即$\boldsymbol{t}_0=\arg\{\max_{\boldsymbol{r}}\|\boldsymbol{r}\|\}$，其中 $\boldsymbol{r}$ 是图像中任意数据样本向量。令 $k=0$。

(2) 令$\text{LSE}^{(0)}(\boldsymbol{r})=(\boldsymbol{r}-\hat{\alpha}_0^{(1)}(\boldsymbol{r})\boldsymbol{t}_0)^{\mathrm{T}}(\boldsymbol{r}-\hat{\alpha}_0^{(1)}(\boldsymbol{r})\boldsymbol{t}_0)$，判断是否有$\max_r\{\text{LSE}^{(0)}(\boldsymbol{r})\}<\varepsilon$，如果成立则算法结束；否则，继续。

(3) 令 $k\leftarrow k+1$，并寻找$\boldsymbol{t}_k=\arg\{\max_r[\text{LSE}^{(k-1)}(\boldsymbol{r})]\}$。

(4) 利用 LSOSP 算法和特性元矩阵$\boldsymbol{M}^{(k)}=[\boldsymbol{t}_0\ \boldsymbol{t}_1\cdots\boldsymbol{t}_{k-1}]$，估计目标$\boldsymbol{t}_0,\boldsymbol{t}_1,\cdots,\boldsymbol{t}_{k-1}$的丰度$\hat{\alpha}_1^{(k)}(\boldsymbol{r}),\hat{\alpha}_2^{(k)}(\boldsymbol{r}),\cdots,\hat{\alpha}_{k-1}^{(k)}(\boldsymbol{r})$。

(5) 寻找第 k 个最大的最小二乘误差：

$$\max_r\{\text{LSE}^{(k)}(\boldsymbol{r})\}=\max_r\left\{\left(\boldsymbol{r}-\sum\nolimits_{j=1}^{k-1}\hat{\alpha}_j^{(k)}\boldsymbol{t}_j\right)^{\mathrm{T}}\left(\boldsymbol{r}-\sum\nolimits_{j=1}^{k-1}\hat{\alpha}_j^{(k)}\boldsymbol{t}_j\right)\right\}\tag{10.22}$$

(6) 如果$\max_r\{\text{LSE}^{(k)}(\boldsymbol{r})\}<\varepsilon$，算法结束；否则，转到第(3)步。

10.2.3.2 非监督的非负最小二乘方法

求解式(10.1)的另一种方法是经典的最小二乘估计(least squares estimation，LSE)：

$$\hat{\boldsymbol{\alpha}}^{\text{LS}}(\boldsymbol{r})=(\boldsymbol{M}^{\mathrm{T}}\boldsymbol{M})^{-1}\boldsymbol{M}^{\mathrm{T}}\boldsymbol{r}\tag{10.23}$$

其中，$\hat{\boldsymbol{\alpha}}^{\text{LS}}(\boldsymbol{r})=(\hat{\alpha}_1^{\text{LS}}(\boldsymbol{r}),\hat{\alpha}_2^{\text{LS}}(\boldsymbol{r}),\cdots,\hat{\alpha}_p^{\text{LS}}(\boldsymbol{r}))$，$\hat{\alpha}_j^{\text{LS}}(\boldsymbol{r})$表示第 j 种物质对应的特性元$\boldsymbol{m}_j$在样本向量 $\boldsymbol{r}$ 中的最小二乘估计丰度，强调数据样本向量 $\boldsymbol{r}$ 的原因是丰度值依赖于 $\boldsymbol{r}$。在文献(Chang，2003)中提到，最小二乘估计得到的 $\hat{\alpha}_j^{\text{LS}}(\boldsymbol{r})$，与 LSOSP 算法在 $\boldsymbol{d}=\boldsymbol{m}_j$设置下得到的解相同。

LSOSP 和 LSE 都是丰度无约束方法，为了反映真实问题，通常在式(10.1)基础上施加两个物理约束：丰度和为一约束$\sum\nolimits_{j=1}^{p}\alpha_j=1$和丰度非负约束$\alpha_j\geqslant 0,1\leqslant j\leqslant p$。如果只考虑丰度非负约束，可以将 LSOSP 算法扩展为非负约束的最小二乘算法(NCLS)(Chang et al.，2000)。将 NCLS 用于非监督的目标寻找，就得到了 Chang，(2016，2013)介绍的非监督 NCLS 算法(UNCLS)，算法描述如下文。

(1) 初始化：令 ε 表示预先设定的误差阈值，$\boldsymbol{t}_0$是具有最大向量长度的数据样本向量，即$\boldsymbol{t}_0=\arg\{\max_r\|\boldsymbol{r}\|\}$，其中 $\boldsymbol{r}$ 是图像中任意数据样本向量。令 $k=0$。

(2) 令$\text{LSE}^{(0)}(\boldsymbol{r})=(\boldsymbol{r}-\hat{\alpha}_0^{(1)}(\boldsymbol{r})\boldsymbol{t}_0)^{\mathrm{T}}(\boldsymbol{r}-\hat{\alpha}_0^{(1)}(\boldsymbol{r})\boldsymbol{t}_0)$，判断是否有$\max_r\{\text{LSE}^{(0)}(\boldsymbol{r})\}<\varepsilon$，如果成立则算法结束；否则，继续。

(3) 令 $k\leftarrow k+1$，并寻找$\boldsymbol{t}_k=\arg\{\max_r\{\text{LSE}^{(k-1)}(\boldsymbol{r})\}\}$。

(4) 利用 NCLS 算法和特性元矩阵$\boldsymbol{M}^{(k)}=[\boldsymbol{t}_0\ \boldsymbol{t}_1\cdots\boldsymbol{t}_{k-1}]$，估计目标$\boldsymbol{t}_0,\boldsymbol{t}_1,\cdots,\boldsymbol{t}_{k-1}$的丰度$\hat{\alpha}_1^{(k)}(\boldsymbol{r}),\hat{\alpha}_2^{(k)}(\boldsymbol{r}),\cdots,\hat{\alpha}_{k-1}^{(k)}(\boldsymbol{r})$。

(5) 寻找第 k 个最大的最小二乘误差：

$$\max_r\{\text{LSE}^{(k)}(\boldsymbol{r})\}=\max_r\left\{\left(\boldsymbol{r}-\sum\nolimits_{j=1}^{k-1}\hat{\alpha}_j^{(k)}t_j\right)^{\mathrm{T}}\left(\boldsymbol{r}-\sum\nolimits_{j=1}^{k-1}\hat{\alpha}_j^{(k)}\boldsymbol{t}_j\right)\right\}$$

(6) 如果$\max_r\{\text{LSE}^{(k-1)}(\boldsymbol{r})\}<\varepsilon$，算法结束；否则，转到第(3)步。

10.2.3.3 非监督的全约束最小二乘算法

NCLS 是丰度非负约束算法，如果进一步在 NCLS 基础上加入和为一约束，则 NCLS 算法可以发展为全约束最小二乘算法(FCLS)(Heinz et al.，2001)。利用与 UNCLS 相同的原理，可以得到非监督 FCLS 算法，称为 UFCLS(Chang，2016，2013)，算法描述如下文。

(1) 初始化：令 ε 表示预先设定的误差阈值，$\boldsymbol{t}_0$ 是具有最大向量长度的数据样本向量，即 $\boldsymbol{t}_0=\arg\{\max_r \|\boldsymbol{r}\|\}$，其中 $\boldsymbol{r}$ 是图像中任意数据样本向量。令 $k=0$。

(2) 令 $\mathrm{LSE}^{(0)}(\boldsymbol{r})=(\boldsymbol{r}-\hat{\alpha}_0^{(1)}(\boldsymbol{r})\boldsymbol{t}_0)^{\mathrm{T}}(\boldsymbol{r}-\hat{\alpha}_0^{(1)}(\boldsymbol{r})\boldsymbol{t}_0)$，判断是否有 $\max_r\{\mathrm{LSE}^{(0)}(\boldsymbol{r})\}<\varepsilon$，如果成立则算法结束；否则，继续。

(3) 令 $k\leftarrow k+1$，并寻找 $\boldsymbol{t}_k=\arg\{\max_r[\mathrm{LSE}^{(k-1)}(\boldsymbol{r})]\}$。

(4) 利用 FCLS 算法和特性元矩阵 $\boldsymbol{M}^{(k)}=[\boldsymbol{t}_0\ \boldsymbol{t}_1\cdots\boldsymbol{t}_{k-1}]$，估计目标 $\boldsymbol{t}_0,\boldsymbol{t}_1,\cdots,\boldsymbol{t}_{k-1}$ 的丰度 $\hat{\alpha}_1^{(k)}(\boldsymbol{r}),\hat{\alpha}_2^{(k)}(\boldsymbol{r}),\cdots,\hat{\alpha}_{k-1}^{(k)}(\boldsymbol{r})$。

(5) 寻找第 k 个最大的最小二乘误差：

$$\max_r\{\mathrm{LSE}^{(k)}(\boldsymbol{r})\}=\max_r\left\{\left(\boldsymbol{r}-\sum\nolimits_{j=1}^{k-1}\hat{\alpha}_j^{(k)}\boldsymbol{t}_j\right)^{\mathrm{T}}\left(\boldsymbol{r}-\sum\nolimits_{j=1}^{k-1}\hat{\alpha}_j^{(k)}\boldsymbol{t}_j\right)\right\}$$

(6) 如果 $\max_r\{\mathrm{LSE}^{(k)}(\boldsymbol{r})\}<\varepsilon$，算法结束；否则，转到第(3)步。

上述 3 种方法：ULSOSP、UNCLS 和 UFCLS，可以看作是非监督式线性光谱混合分析(unsupervised linear spectral mixture analysis，ULSMA)机制。在算法实现时需要根据实际情况预先定义一个误差阈值 ε，作为结束条件的依据，通常该值利用结合试错和视觉检测的方式选择，这在实际应用中可行性不高。有了 VD 后，可以不再依赖误差阈值 ε，而是根据 VD 值确定需要找到的目标数量，以此结束算法。

10.3 高阶统计量定义的目标作为特性元

ATGP 可用于寻找二阶统计量的光谱目标，这里我们关心的是高阶统计量的目标，下面介绍一种适用于高阶统计量的目标特性元寻找方法。首先采用球化处理，去掉数据中的一阶和二阶统计量。假设有 N 个数据点 $\{\boldsymbol{x}_i\}_{i=1}^N$，每个数据点的维度为 L，且 $\boldsymbol{X}=[\boldsymbol{x}_1\ \boldsymbol{x}_2\cdots\boldsymbol{x}_N]$ 是由 $\{\boldsymbol{x}_i\}_{i=1}^N$ 构成的 $L\times N$ 的数据矩阵。令 $\boldsymbol{w}$ 为 L 维列向量，并设其为期望的投影向量，则 $\boldsymbol{z}=\boldsymbol{w}^{\mathrm{T}}\boldsymbol{X}=(z_1,z_2,\cdots,z_N)^{\mathrm{T}}$ 是 $1\times N$ 的行向量，表示数据 $\{\boldsymbol{x}_i\}_{i=1}^N$ 沿 $\boldsymbol{w}$ 方向的投影结果。现假设 $F(\cdot)$ 为定义在投影空间 $\boldsymbol{z}=\boldsymbol{w}^{\mathrm{T}}\boldsymbol{X}$ 上的函数，其选择与具体应用无关。

设定一个通用框架，假设函数 $F(\cdot)$ 由任意 k 阶统计量 κ_k 决定，k 阶中心距定义为

$$F(z_i)=\kappa_k(z_i)=\frac{E[(z_i-\mu)^k]}{\sigma^k}=\frac{E[(\boldsymbol{w}^{\mathrm{T}}\boldsymbol{x}_i-\mu)^k]}{\sigma^k}\tag{10.24}$$

其中，μ 和 σ 定义为随机变量 z_i 的均值和方差，$i=1,2,\cdots,N$。小目标对应的数据样本向量可以描述为会导致样本空间最大程度分布不对称和波动的个体。求解最大化式(10.24)的投影向量 $\boldsymbol{w}$ 等价于找到一个投影方向，使所有像元在该方向上投影后，目标可以最大程度不重叠。将所有像元 $\{\boldsymbol{x}_i\}_{i=1}^N$ 投影到投影向量 $\boldsymbol{w}$ 上后，投影长度最大的像元即期望的小目标。

可以按照与文献(Ren et al.，2006)相同的方式，设计一个迭代算法寻找投影算子，根据式(10.24) 定义的最优化标准，求解下面的约束优化问题：

$$\max_{w}\left\{\frac{1}{N}\sum_{i=1}^{N} z_i^k\right\} = \max_{w}\left\{\frac{1}{N}\sum_{i=1}^{N} \boldsymbol{w}^{\mathrm{T}}\ \boldsymbol{y}_i\ (\boldsymbol{y}_i^{\mathrm{T}}\boldsymbol{w})^{k-2}\ \boldsymbol{y}_i^{\mathrm{T}}\boldsymbol{w}\right\} \tag{10.25}$$

其中，$\boldsymbol{w}^{\mathrm{T}}\boldsymbol{w}=1$，$z_i$ 是球化后数据 $\boldsymbol{y}_i$ 在向量 $\boldsymbol{w}$ 上的投影结果。$\boldsymbol{w}^{\mathrm{T}}\boldsymbol{w}=1$ 的作用是规范化，使投影后数据 k 阶中心距不受 $\boldsymbol{w}$ 的量级影响。对式(10.25) 采用拉格朗日乘子算法，得到：

$$(E[\boldsymbol{y}_i\ (\boldsymbol{y}_i^{\mathrm{T}}\boldsymbol{w})^{k-2}\ \boldsymbol{y}_i^{\mathrm{T}}] - \lambda'\boldsymbol{I})\boldsymbol{w} = 0 \tag{10.26}$$

$E[\boldsymbol{y}_i\ (\boldsymbol{y}_i^{\mathrm{T}}\boldsymbol{w})^{k-2}\boldsymbol{y}_i^{\mathrm{T}}]$ 是本征向量，利用特征分解可化简式(10.26)为

$$\boldsymbol{w}^{\mathrm{T}}(E[\boldsymbol{y}_i\ (\boldsymbol{y}_i^{\mathrm{T}}\boldsymbol{w})^{k-2}\ \boldsymbol{y}_i^{\mathrm{T}}])\boldsymbol{w} = \lambda' \tag{10.27}$$

因为 $\boldsymbol{w}^{\mathrm{T}}\boldsymbol{w}=1$，式(10.27)可以进一步简化为

$$E[\boldsymbol{w}^{\mathrm{T}}\ \boldsymbol{y}_i\ (\boldsymbol{y}_i^{\mathrm{T}}\boldsymbol{w})^{k-2}\ \boldsymbol{y}_i^{\mathrm{T}}\boldsymbol{w}] = E[(\boldsymbol{y}_i^{\mathrm{T}}\boldsymbol{w})^k] = E[z_i^k] = \lambda' \tag{10.28}$$

这正是 $\boldsymbol{z}=(\boldsymbol{w}^*)^{\mathrm{T}}\boldsymbol{Y}$ 的 k 阶中心距。例如对于不同的 k，式(10.26) 简化为

$$(E[\boldsymbol{y}_i\ \boldsymbol{y}_i^{\mathrm{T}}\boldsymbol{w}\ \boldsymbol{y}_i^{\mathrm{T}}] - \lambda'\boldsymbol{I})\boldsymbol{w} = 0, k = 3 \tag{10.29}$$

$$(E[\boldsymbol{y}_i\ \boldsymbol{y}_i^{\mathrm{T}}\boldsymbol{w}\ \boldsymbol{w}^{\mathrm{T}}\ \boldsymbol{y}_i\ \boldsymbol{y}_i^{\mathrm{T}}] - \lambda'\boldsymbol{I})\boldsymbol{w} = 0, k = 4 \tag{10.30}$$

需要说明的是，求解式(10.26) 只能得到一个投影向量 $\boldsymbol{w}^*$，可以通过一系列 OSP 操作得到更多投影向量，从而得到更多目标。为此，在找到投影向量 $\boldsymbol{w}^*$ 后，将去相关数据 $\boldsymbol{Y}$ 映射到由 $\boldsymbol{w}^*$ 线性扩展空间 $<\boldsymbol{w}^*>$ 的正交空间 $<\boldsymbol{w}^*>^{\perp}$ 中，进而在新数据空间上利用式(10.26)求解下一个投影向量。反复执行相同操作，直到满足结束条件，如达到预先定义的投影数量。相应的算法我们称其为 k 阶中心距投影向量产生算法(projection vector generation algorithm，PVGA)，描述如下文。

(1) 将原数据集 $\boldsymbol{X}$ 球化，得到结果数据集 $\boldsymbol{Y}$。

(2) 通过求解式(10.26) 得到第一个投影向量 $\boldsymbol{w}_1^*$，即通过最大化 k 阶中心距寻找最优投影向量。

(3) 利用找到的 $\boldsymbol{w}_1^*$，产生第一个投影图像，并由此获得第 1 类目标特性元。

(4) 利用 $\boldsymbol{P}_{\boldsymbol{w}_1}^{\perp}=\boldsymbol{I}-\boldsymbol{w}_1\ (\boldsymbol{w}_1^{\mathrm{T}}\ \boldsymbol{w}_1)^{-1}\boldsymbol{w}_1^{\mathrm{T}}$ 定义的正交子空间投影算子处理数据集 $\boldsymbol{Y}$，得到 OSP 投影数据集，记为 $\boldsymbol{Y}^1$，$\boldsymbol{Y}^1=\boldsymbol{P}_{\boldsymbol{w}_1}^{\perp}\boldsymbol{Y}$。

(5) 在 Y^1 上求解式(10.25)，找到第 2 个投影向量 $\boldsymbol{w}_2^*$，并由此产生第 2 类目标特性元。

(6) 进一步将数据集 $\boldsymbol{Y}^1$ 投影到空间 $\boldsymbol{P}_{\boldsymbol{w}_2}^{\perp}=\boldsymbol{I}-\boldsymbol{w}_2\ (\boldsymbol{w}_2^{\mathrm{T}}\ \boldsymbol{w}_2)^{-1}\boldsymbol{w}_2^{\mathrm{T}}$，得到 OSP 投影后的数据集记为 $\boldsymbol{Y}^2$，$\boldsymbol{Y}^2=\boldsymbol{P}_{\boldsymbol{w}_2}^{\perp}\boldsymbol{Y}^1$。或者定义投影矩阵 $\boldsymbol{W}^2=[\boldsymbol{w}_1\ \boldsymbol{w}_2]$，并得到其对应正交空间 $\boldsymbol{P}_{\boldsymbol{W}^2}^{\perp}=\boldsymbol{I}-\boldsymbol{W}^2\ ((\boldsymbol{W}^2)^{\mathrm{T}}\boldsymbol{W}^2)^{-1}(\boldsymbol{W}^2)^{\mathrm{T}}$，将球化后数据 $\boldsymbol{Y}$ 投影到该空间上，得到 $\boldsymbol{Y}^2=\boldsymbol{P}_{\boldsymbol{W}^2}^{\perp}\boldsymbol{Y}$。在其基础上求解式(10.25)并产生第 3 个投影向量 $\boldsymbol{w}_3^*$，进而产生第 3 类目标特性元。

(7) 重复第(5)步和第(6)步，直到达到预先指定的投影向量数量。

需要说明的是，算法实现中的第(2)步很重要，建议用下面的迭代过程实现对式(10.25)的求解，得到最优投影向量 $\boldsymbol{w}_1^*$。①初始化随机投影向量 $\boldsymbol{w}_1^{(0)}$，并设 $n=0$。②计算矩阵 $\boldsymbol{E}[\boldsymbol{y}_i\ (\boldsymbol{y}_i^{\mathrm{T}}\ \boldsymbol{w}_1^{(n)})^{k-2}\boldsymbol{y}_i^{\mathrm{T}}]$，寻找对应于矩阵 $\boldsymbol{E}[\boldsymbol{y}_i\ (\boldsymbol{y}_i^{\mathrm{T}}\ \boldsymbol{w}_1^{(n)})^{k-2}\boldsymbol{y}_i^{\mathrm{T}}]$ 最大特征值的本征向量 $\boldsymbol{v}_1^{(n)}$。③如果欧氏距离 $\|\boldsymbol{w}_1^{(n)}-\boldsymbol{w}_1^{(n+1)}\|>\varepsilon$ 或 $\|\boldsymbol{w}_1^{(n)}+\boldsymbol{w}_1^{(n+1)}\|>\varepsilon$，令 $\boldsymbol{w}_1^{(n+1)}=\boldsymbol{v}_1^{(n)}$ 并 $n\leftarrow n+1$，转步骤②；否则，$\boldsymbol{w}_1^{(n)}$ 即为期望的投影向量 $\boldsymbol{w}_1^*$，令 $\boldsymbol{w}_1^*=\boldsymbol{w}_1^{(n)}$，并返回 k 阶中心距投影向量产生算法的第(3)步。

根据 k 阶中心距投影向量产生算法，所得到的向量跟本征向量和奇异值向量一样，代表了目标信号方向。为了找到真实的目标信号向量，可以将整个数据集投影到该向量上，投影

长度最大的数据样本向量即被视为该方向上期望的真实目标信号向量。

10.4 独立成分分析方法找到的目标作为特性元

如前面所述，式(10.24)可以用来计算 k 阶中心距，k 为任意整数，且 $k\neq\infty$。k 阶中心距算法可以由快速独立成分分析(fast independent component analysis，FICA)方法代替(Hyvärinen et al.，1997)，其中的标准“负熵”定义为

$$\text{negentropy}(\boldsymbol{B}_j)=(1/12)[\kappa_j^3]^2+(1/48)[\kappa_j^4-3]^2 \tag{10.31}$$

其为三阶和四阶统计量的组合(Hyvärinen et al.，2001)，并证明了通常作为衡量两个信号源之间统计独立性标准的近似互信息。

ICA 已经广泛应用于盲信号分离，目前在遥感图像处理 LSMA 中也取得了较好的应用效果(Chang，2013，2003)。为了使用 ICA 方法解混像元，重新解释目标特性元矩阵为混合矩阵，解释丰度向量为 p 个信号源。与传统 LSMA 相比，对模型的重新解释有两点不同：①在LSMA 中，p 个丰度值通常假设为未知常数，而在 ICA 中假设为随机参数且表示统计上独立的信号源；②ICA 中的 p 个信号源中，至多有一个符合高斯特性。

使用 ICA 时，需要假设混合矩阵为方阵，如果混合矩阵的行数 L 小于待分割信源的数量 p，式(10.1)处理的是一个欠定系统，ICA 称为过完备 ICA；相反，如果 $L>p$，式(10.1)处理的是一个超定系统，ICA 称为欠完备 ICA，此时需要借助降维处理得到方阵。常用的降维方法是 PCA，但该方法对于高光谱图像小目标分析任务不是非常有效，因为有些成分信息如亚像元和异常等会在降维的过程中丢失。这里提出另一种解决方案，即按照某种应用任务的标准对独立成分排序，以此达到降维的目的(Wang et al.，2006)。

高光谱图像中波段数量众多，通常默认波段数量多于地物信号的种类，即将 L 和 p 解释为波段数量和丰度信号源 $\alpha_1,\alpha_2,\cdots,\alpha_p$ 的数量时，$L>p$ 始终成立，故 ICA 具有 p 个欠完备的基底用于找到 p 个丰度信号源 $\alpha_1,\alpha_2,\cdots,\alpha_p$。这里使用由 Hyvärinen 等(1997)提出的 FastICA 算法找到 p 个独立成分，对应于 p 个丰度信号源 $\alpha_1,\alpha_2,\cdots,\alpha_p$。将高光谱图像中每个波段转换为一个向量，假设高光谱立方体尺寸为 $M\times N\times L$，L 为波段数，MN 为每个波段图像的大小，则高光谱数据可以转换为大小为 $L\times MN$ 的矩阵 $\boldsymbol{X}$，$\boldsymbol{X}$ 中的行向量由特定的波段图像定义。由 FastICA 可以产生 L 个独立成分，但是根据式(10.1)，只对 p 个独立成分感兴趣，且 ICA 必须在欠完备基底上进行。原始 FastICA 采用了一种简单的处理方法依次产生独立成分，即随机选择一个向量并用其作为初始投影向量，最大化 Kurtosis 负熵从而产生独立成分。因为投影向量是随机选择的，FastICA 每次得到的独立成分有可能并不相同，而且先产生的独立成分也不一定比后产生的独立成分重要。后面介绍的优先级独立成分方法采用某种标准对独立成分优先级进行调整，从而解决了上述问题。

10.4.1 IC 优先级算法

上面已经提到，因为高光谱图像中的波段数 L 通常比特性元数量 p 大很多，此时的 ICA

实际上是一个欠完备 ICA,其中的混合物(即观察)数量远大于信号源的数量,如何找到包含端元的 IC 是一个关键性问题。但是 FastICA 得到的 IC 是无序的,不像 PCA 和 MNF 得到的成分一样按照信息的方差、特征值或信噪比等重要性降序排列。因为 FastICA 随机选择初始投影单位向量,每次运行 FastICA 得到的 IC 都可能顺序不同,从而提取存在于 IC 中特性元的结果也会发生变化。

为了解决上述由随机初始投影单位向量导致的问题,结合 IC 优先级的思想,定义一种优先级评价标准,并根据该标准对所有的 IC 进行排序,由此提出两种算法:基于高阶统计的 IC 优先级算法(high order statistic-based IC prioritization algorithm,HOS-ICPA)和基于初始化驱动的优先级算法(initialization driven-based IC prioritization algorithm,ID-ICPA)。HOS-ICPA 将产生的每个 IC 看作随机变量,并将第 i 个 IC_i 描述为随机变量ζ_i,由 FastICA 产生的 IC 可以根据随机变量ζ按照优先级评价排序。相反,ID-ICPA 采用了一种特定的初始化方法产生初始的投影向量,消除了 FastICA 初始化中的随机性,产生的 IC 优先级评价始终是确定的。

10.4.2 基于高阶统计的 IC 优先级算法

HOS-ICPA 的主要思想首先是确定需要保留的 IC 数量 p,可利用算法 VD 计算得到,然后将 FastICA 产生的所有 IC 根据高阶统计量标准进行排序,并选择最前面的 p 个。

HOS-ICPA 算法描述如下文。

(1) 利用 VD 求得所需 IC 的数量 p。

(2) 利用 FastICA 找到所有的 IC,其中每个 IC 都使用一个随机产生的单位向量作为投影向量,得到该 IC 最终对应的投影向量 IC_i。

(3) 对每个 IC_i,利用下述的三阶和四阶高阶统计量计算其优先级评价:

$$\text{priority\_score}(IC_i) = (1/12)[\kappa_i^3]^2 + (1/48)[\kappa_i^4 - 3]^2 \tag{10.32}$$

其中 $\kappa_i^3 = E[\zeta_i^3] = \frac{1}{MN}\sum_{n=1}^{MN}(z_n^i)^3$ 和 $\kappa_i^4 = E[\zeta_i^4] = \frac{1}{MN}\sum_{n=1}^{MN}(z_n^i)^4$ 是 IC 中样本的三阶、四阶统计量均值。

(4) 根据 priority_score(IC_i)对{IC_i}进行排序。

(5) 选择 p 个优先级评价最高的 IC。

需要说明的是式(10.32) 中的 IC 优先级评价只使用了三阶和四阶统计量,任何其他高阶统计量也可以用于计算优先级评价,但根据我们的经验以及实验结果可知,三阶和四阶已经可以达到较好的效果,加入更高阶的统计量时效果改进不大。

10.4.3 基于初始化驱动的 IC 优先级算法

HOS-ICPA 通过式(10.32) 定义的优先级标准,为 FastICA 产生的每个 IC 进行评价并排序。该小节介绍另一种对 IC 进行排序的算法,即基于初始化驱动的 IC 优先级算法(ID-ICPA),该方法采用定制的初始化算法产生一个固定的初始投影向量集,从而对 IC 进行优先级排序。

ID-ICPA 算法描述如下文。

(1) 利用 VD 决定 FastICA 所需找到的 IC 数量 p。

(2) 设计一个初始化算法产生一组合适的初始投影向量$\{\boldsymbol{t}_i\}_{i=1}^{p}$,供 FastICA 使用。

(3) 对每个 IC_i,FastICA 利用 $\boldsymbol{t}_i$ 作为初始投影向量,并产生最终期望的投影向量,定义优先级评价为 priority_score(IC_i)$=i$。

关于该算法,有以下问题需要说明。

(1)IC 是依据初始投影向量$\{\boldsymbol{t}_i\}_{i=1}^{p}$按照优先级评价进行排序的,如果初始化算法得到的投影向量不同,则得到的 IC 优先级评价就不同。这里选择计算结果稳定的 ATGP 算法,产生用于 ID-ICPA 算法的初始投影向量。

(2)所有的初始投影向量$\{\boldsymbol{t}_i\}_{i=1}^{p}$都将用于 IC 提取中,且任意两个初始投影向量都不相同。

(3)与 HOS-ICPA 需要对 FastICA 产生的所有 IC 进行排序不同,ID-ICPA 只需要获得 FastICA 的 p 个 IC。

(4)选择$\{\boldsymbol{t}_i\}_{i=1}^{p}$的常见方法也有基于本征向量的方式,但实验结果表明用本征向量得到的初始投影向量不是始终有效,且容易结果不一致,原因可能是本征向量本身是二阶统计特性,不适用于统计独立的 FastICA。

10.4.4 基于 ICA 的特性元寻找和丰度量化

很多特性元寻找或提取算法不能用于丰度量化,通常需要结合某个丰度量化算法进行解混,如全约束方法 FCLS。该节介绍一个基于 ICA 的丰度量化算法(ICA-based abundance quantification algorithm,ICA-AQA),同时进行特性元提取和丰度量化,即首先选出前 p 个优先级的 IC 作为特性元,进而用其进行丰度量化。

10.4.4.1 特性元寻找

大多数特性元寻找算法都寻找真实的目标样本作为感兴趣端元特性元,并在图像中标识出来。特性元对应某个类别的理想化纯特性元,其数量通常较少,数据方差的统计上作用很小,使得主成分分析方法不太适用。ICA 已经在很多其他应用领域中取得较好的效果,这里我们将其用于高光谱图像的特性元提取和丰度量化。

下面提出的基于 ICA 的特性元寻找算法利用了 FastICA 生成的 IC,分离所有成分中提取的特性元像元。这样,在同一个成分中不会出现表示两个不同类别的特性元像元。

基于 ICA 的特性元寻找算法(ICA-based endmemeber finding algorithm,ICA-EFA)描述如下文。

(1) 利用 VD 计算需要产生的 IC 数量 p。

(2) 执行 HOS-ICPA 或者 ID-ICPA,找到优先级最高的 p 个 IC。

(3) 对每个选中的 IC,找到绝对值最大的像元作为特性元像元,该像元的光谱特性即被选作特性元。

(4) 将第(3)步所得到的 p 个特性元像元记作$\{\boldsymbol{e}_i\}_{i=1}^{p}$,即最终的特性元像元集。

注:一个 IC 可能得到多个特性元像元,在后面的实验中证明它们是属于同一类别的。

10.4.4.2 丰度量化

ICA-EFA 的主要目的是从高光谱图像的 p 个优先级 IC 中提取感兴趣特性元。下面对基于 ICA 的丰度量化算法(ICA-AQA)进行介绍。该算法有 3 个特点：①与常用的基于最小二乘的丰度约束线性光谱混合分析(abundance-constrained linear spectral mixture analysis，ACLSMA)方法使用二阶统计量不同，ICA-AQA 是基于高阶统计量的方法，更能突出特性元的少量性特点；②ICA 利用的统计独立性，通常认为其不能用作约束方法，但是后面的 ICA-AQA 性能说明并非如此；③为了使用 ACLSMA 进行丰度量化，需要结合 ICA-EFA 算法找到图像中的特性元，但是 ICA-AQA 可以同步进行两个操作，且得到跟丰度约束方法相当的效果。

ICA-AQA 算法描述如下文。

(1) 利用 ICA-EFA 获得 p 个特性元$\{\boldsymbol{e}_i\}_{i=1}^{p}$，ICA-EFA 可以是 HOS-ICPA 或者 ID-ICPA。

(2) 对每个特性元 $\boldsymbol{e}_i$，令 IC_i 为提取 $\boldsymbol{e}_i$ 的 IC，且 $\mathrm{IC}_i(\boldsymbol{r})$ 表示 IC_i 中像元 $\boldsymbol{r}$ 的值，将 $\mathrm{IC}_i(\boldsymbol{r})$ 的绝对值 $|\mathrm{IC}_i(\boldsymbol{r})|$ 利用 $\boldsymbol{e}_i$ 的绝对值 $|\boldsymbol{e}_i|$ 进行规范化，定义相应的丰度值 $\alpha_{\mathrm{IC}_i}(\boldsymbol{r})$ 为

$$\alpha_{\mathrm{IC}_i}(\boldsymbol{r})=\frac{|\mathrm{IC}_i(\boldsymbol{r})|-\min_r|\mathrm{IC}_i(\boldsymbol{r})|}{|\boldsymbol{e}_i|-\min_r|\mathrm{IC}_i(\boldsymbol{r})|} \tag{10.33}$$

式(10.33)中的特性元 $\boldsymbol{e}_i$ 实际上是 IC_i 中所有图像像元中绝对值 $|\mathrm{IC}_i(\boldsymbol{r})|$ 最大的像元，即 $|\boldsymbol{e}_i|=\max_r|\mathrm{IC}_i(\boldsymbol{r})|$。

(3) 集合 $\{\alpha_{\mathrm{IC}_i}(\boldsymbol{r})\}_{r\in \mathrm{IC}_i}$ 即第 i 个独立成分 IC_i 的期望丰度值 $\{\alpha_{\mathrm{IC}_i}(\boldsymbol{r})\}_{r\in \mathrm{IC}_i}$。

说明：为了使用 ICA-AQA 进行量化，式(10.33)需要同时满足和为一约束和非负约束，但是其规范化随着 IC 的变化而变化，其实现是一个启发式的搜索过程。另外，ICA-EFA 和 ICA-AQA 假设数据中存在端元。该假设是合理的，因为图像中通常包含多种类别，每个类别可以用一个端元代表。如果图像中没有端元，则 ICA-EFA 提取最接近纯像元的点代表端元(即特性元)，然后 ICA-AQA 利用这些特性元进行丰度量化。下面的实验结果表明，ICA-AQA 的效果确实接近于 FCLS，ICA-AQA 的创新性主要体现在以下 3 个方面。

(1) 使用 ICA 进行丰度量化。通常认为 ICA 利用的是统计独立性以及盲信号分离，不能用于带约束处理以及丰度量化，但这里所提出的 ICA-AQA 说明并非如此。

(2) 所提出的基于 ICA 的丰度量化算法可以同时进行特性元提取和丰度量化，这是目前任意一种丰度量化算法和特性元提取算法都不能达到的。例如，要使用 ACLSMA 进行丰度量化，首先需要利用一种不同的算法进行特性元提取。但是 ICA-AQA 使用由 ICA 产生的独立成分进行特性元提取，同时利用相同的独立成分进行丰度量化。

(3) 与常用的基于最小二乘原则和二阶统计量的 ACLSMA 不同，基于 ICA 的丰度量化是一种基丁高阶统计的方法。

10.5 合成图像实验结果

为了定量评价基于统计信息的特性元提取和丰度量化方法的性能，本节用计算机仿真合成图像进行测试，图像采用 USGS 网站光谱库中的 5 种物质光谱构造，包括明矾石、水铵长石、方解石、高岭石以及白云母，依次用 A、B、C、K 和 M 表示。

图 10.2 的 5 种光谱按照图 10.3 的方式构成一幅尺寸为 64×64 的合成图像，其背景由 50%的 A 和 50%的 K 构成，27 个面板像元由另外 3 种矿物质以不同的丰度比例混合构成。

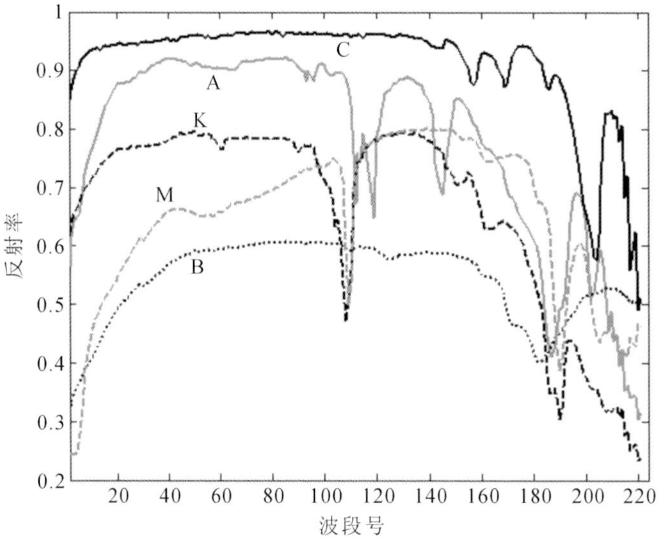

图 10.2　5 种矿物质对应的纯像元光谱

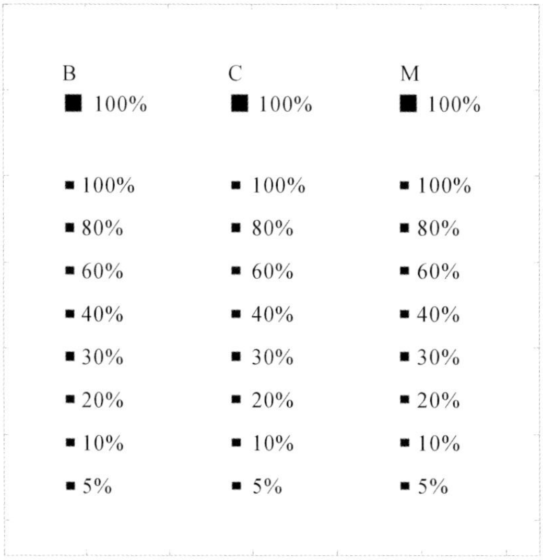

图 10.3　具有指定丰度的合成图像

27 个面板像元被植入背景图像代替背景中的相应像元，并分布于 3 列。除了第 1 行的 3 个面板分别是 4 个 100%纯像元之外，其他面板都是 1 个混合像元，小于 1 的丰度值表示该像元以相应的丰度值与背景进行混合。例如，第 1 列中标注为 80%丰度值的像元是 80%的 B 光谱与 20%的背景光谱的混合结果。

该合成图像可以模拟两种情况：第一种是将未污染的面板植入带噪声的背景中，第二种是将未污染的面板植入未污染的背景中，并在此基础上整体加入高斯噪声。第一种情况可用来评价 EFA 在带有噪声的环境中提取特性元的能力，第二种情况可用来评价 EFA 在高斯噪声影响下不存在纯像元时，提取特性元的能力。

10.5.1 实验1:图像中存在纯像元的情况(将未污染面板植入带噪声的背景中)

本实验将图10.3中的27个未污染面板植入带噪声的背景图像中(由50%的明矾石和50%的高岭石构成，并添加了信噪比为30∶1的高斯噪声)，代替相应位置的原背景像元。在该图像上执行VD算法，不同虚警率下计算得到的VD值如表10.1所示，选择VD=3。

表10.1 在不同虚警率下，对实验1中合成图像的VD估计

	$P_F=10^{-1}$	$P_F=10^{-2}$	$P_F=10^{-3}$	$P_F=10^{-4}$	$P_F=10^{-5}$
VD	3	3	3	3	3

图10.4(a)～(c)给出了ICA-EFA分别利用HOS-ICPA、ID-ICPA从3个不同的IC中提取3个特性元，以及利用PPI算法提取3个特性元的情况。因为27个面板中都没有加入噪声，ICAEFA可以找到每种物质所有的5个纯像元，包括第1行4个和第2行1个，如图10.4(a)和(b)所示。

说明：图10.4(a)和(b)中IC图像像元值都是实数并以灰度图显示，其中非特性元的同类面板像元也显示出来，其灰度值与丰度值成比例，即丰度越高像元越亮。

与图10.4(a)和(b)不同，图10.4(c)的图像实际上是一个二值图像，其中的灰度像元表示真实纯像元的位置，PPI算法只提取了3个面板像元，分别为第1行中3个2×2面板的左上角像元。这里的PPI算法在执行之前进行了最小噪声分离(minimum noise fraction, MNF)的降维预处理，将维度降到了3。

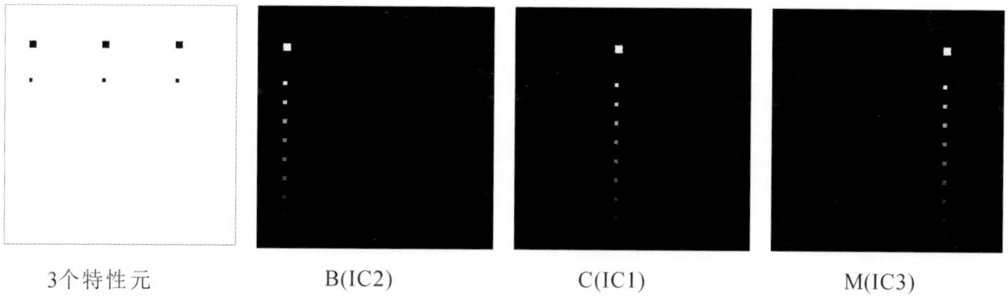

(a) ICA-EFA利用HOS-ICPA提取3个特性元

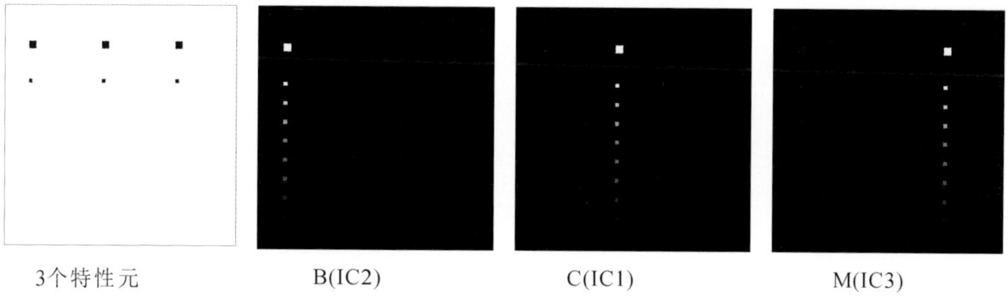

(b) ICA-EFA利用ID-ICPA提取3个特性元

(c) 利用PPI提取3个特性元

图 10.4　ICA-EFA 分别利用 HOS-ICPA、ID-ICPA 以及 PPI 提取 3 个特性元的情况

为了更好地评价 ICA-AQA 性能，对非监督全约束最小二乘方法(unsupervised fully constrained least squares，UFCLS)也进行了测试。用其提取 3 个特性元，结果如图 10.5(a)所示，UFCLS 没有找到矿物质 M 的光谱。将 p 值改为 4 的时候，UFCLS 才找到了所有的纯像元，如图 10.5(b)所示。

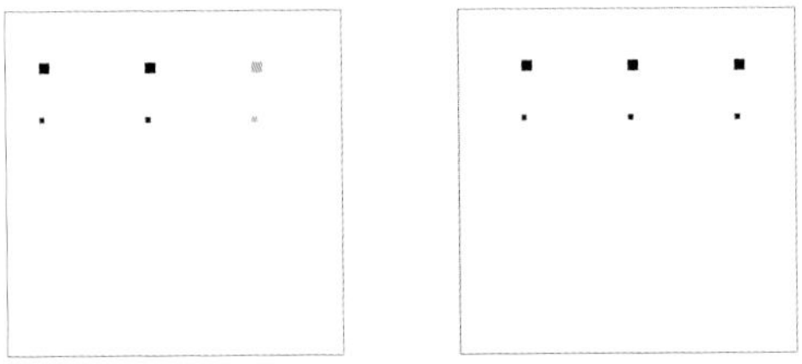

(a) p=3，UFCLS结果　　(b) p=4，UFCLS结果

图 10.5　$p=3$ 和 $p=4$ 时，UFCLS 提取 3 个特性元结果

表 10.2 给出了 27 个面板像元分别利用 ICA-AQA 的 HOS-ICPA 和 ID-ICPA 以及 UFCLS 提取特性元，并用 FCLS 进行丰度量化的结果。

表 10.2　$p=3$，ICA-AQA 和 UFCLS 丰度量化结果

真实值(%)	B(%)			C(%)			M(%)		
	ICA-AQA HOS-ICPA	ICA-AQA ID-ICPA	UFCLS ($p=3$)	ICA-AQA HOS-ICPA	ICA-AQA ID-ICPA	UFCLS ($p=3$)	ICA-AQA HOS-ICPA	ICA-AQA ID-ICPA	UFCLS ($p=3$)
100	100.00	100.00	100.00	100.00	100.00	100.00	100.00	100.00	66.75
100	100.00	100.00	100.00	100.00	100.00	100.00	100.00	100.00	66.75
100	100.00	100.00	100.00	100.00	100.00	100.00	100.00	100.00	66.75
100	100.00	100.00	100.00	100.00	100.00	100.00	100.00	100.00	66.75
100	100.00	100.00	100.00	100.00	100.00	100.00	100.00	100.00	66.75
80	79.96	79.96	80.33	79.96	79.96	80.41	79.96	79.96	53.73
60	59.92	59.92	60.65	59.92	59.92	60.82	59.93	59.93	40.70
40	39.89	39.88	40.98	39.88	39.88	41.24	39.89	39.89	27.68
30	29.87	29.86	31.14	29.86	29.86	31.44	29.87	29.87	21.16

续表

真实值(%)	B(%)			C(%)			M(%)		
	ICA-AQA HOS-ICPA	ICA-AQA ID-ICPA	UFCLS ($p=3$)	ICA-AQA HOS-ICPA	ICA-AQA ID-ICPA	UFCLS ($p=3$)	ICA-AQA HOS-ICPA	ICA-AQA ID-ICPA	UFCLS ($p=3$)
20	19.85	19.85	21.30	19.84	19.84	21.65	19.85	19.85	110.65
10	9.83	9.83	11.46	9.82	9.82	11.85	9.83	9.83	8.14
5	10.82	10.82	6.54	10.81	10.81	6.96	10.82	10.83	10.88

表10.2说明，$p=3$时，图10.4(a)和(b)中的15个面板像元以及图10.5(a)中的10个面板像元都被量化为100%纯像元，但UFCLS不能将对应于M矿物质的5个面板像元量化为100%纯像元。ICA-AQA对其他面板像元的量化性能也大多优于UFCLS。背景光谱在图像中所占数量比例较大且与面板光谱差异性大，对降低解混误差具有重要的作用，所以在UFCLS的前3个特性元中包含了背景特性元。如果将UFCLS的p设置为4，其所提取的特性元效果如图10.5(b)所示，与图10.4(a)和(b)中提取的15个面板像元相同，得到了M物质对应的特性元。

表10.3给出了UFCLS在$p=4$时的丰度量化结果，为了比较，这里也列出了利用FCLS进行监督式丰度估计的结果。FCLS使用的端元集是光谱库中的B、C、M光谱，以及包含或不包含背景光谱(BKG)。利用B、C、M和BKG作为先验知识的FCLS取得了最好的量化结果，但是只使用B、C和M进行丰度估计时，FCLS性能最差。

表10.3 UFCLS和FCLS对B、C、M的丰度量化结果

真实值(%)	B(%)			C(%)			M(%)		
	UFCLS ($p=4$)	FCLS		UFCLS ($p=4$)	FCLS		UFCLS ($p=4$)	FCLS	
		B,C,M	B,C,M,BKG		B,C,M	B,C,M,BKG		B,C,M	B,C,M,BKG
100	100.00	100.00	100.00	100.00	100.00	100.00	100.00	100.00	100.00
100	100.00	100.00	100.00	100.00	100.00	100.00	100.00	100.00	100.00
100	100.00	100.00	100.00	100.00	100.00	100.00	100.00	100.00	100.00
100	100.00	100.00	100.00	100.00	100.00	100.00	100.00	100.00	100.00
100	100.00	100.00	100.00	100.00	100.00	100.00	100.00	100.00	100.00
80	80.15	86.53	80.00	80.36	89.28	80.00	80.27	810.18	80.00
60	60.29	73.07	60.00	60.72	78.57	60.00	60.54	68.36	60.00
40	40.44	59.60	40.00	41.07	67.85	40.00	40.81	52.54	40.00
30	30.51	52.87	30.00	31.25	62.50	30.00	30.94	410.63	30.00
20	20.58	46.14	20.00	21.43	57.14	20.00	21.08	36.72	20.00
10	10.65	39.40	10.00	11.61	51.78	10.00	11.21	28.82	10.00
5	5.69	36.04	5.00	6.70	49.10	5.00	6.28	210.86	5.00

10.5.2 实验2:图像中不包含纯像元的情况(将未污染的面板植入未污染的背景图像,并在此基础上整体添加高斯噪声)

实验1模拟了噪声背景图像中包含3种纯像元的情况,本实验模拟图像中不包含纯像元的情况,将未污染的面板植入到未污染的背景图像中后,整体添加信噪比为30∶1的加性高斯噪声。此时的VD估计值如表10.4所示。

表10.4 在不同的虚警率下,对实验2中合成图像的VD估计

	$P_F=10^{-1}$	$P_F=10^{-2}$	$P_F=10^{-3}$	$P_F=10^{-4}$	$P_F=10^{-5}$
VD	4	3	3	3	3

这里选择$P_F \leqslant 10^{-2}$时的VD=3。图10.6(a)和(b)给出了ICA-EFA利用HOS-ICPA和ID-ICPA算法得到3个不同的IC并产生3个特性元的情况,其中用圆圈标注的2个特性元出现在第2行,分别对应于B物质和C物质的单像元面板,第3个特性元是第1行第3列2×2面板中的左上角像元,对应于M物质。由图可知ICA-EFA在存在噪声干扰的情况下,仍可以正确提取出3个特性元。但PPI的结果却完全不同,提取了如图10.6(c)所示的5个面板像元,包括第2行1个,第1行4个,其中1个在第1列2×2面板的左下角,1个在第2列2×2面板的右上角,2个位于第3列2×2面板的左上和右上角。

对比图10.6(a)和(b)和图10.6(c),ICA-EFA的性能与PPI相当,二者都成功提取出3种特性元,分别对应矿物质B、C和M。

跟实验1类似,分别测试UFCLS在$p=3$和$p=4$时的性能,结果如图10.7所示。图10.7(a)给出了UFCLS在$p=3$时提取的特性元,只有一个对应原始纯像元,位于第2列2×2面板的右下角。图10.7(b) UFCLS在$p=4$时提取的特性元,其中3个对应原始纯像元,分别是第1列2×2面板的左下角,第2列第2行的单像元,第3列2×2面板的左上角。

由图10.7(a)和(b)可知,$p=4$时的UFCLS优于$p=3$时的UFCLS,成功提取了对应于3种矿物质B、C和M受噪声影响的特性元。

尽管图像中不存在纯像元,可以将图10.6(a)和(b)提取的面板像元看作特性元,并将其丰度设为100%。所有其他像元丰度则根据式(10.33)规范化,约束到[0,1]区间上,表10.5给出了27个面板像元的量化结果。因为矿物质B、C和M对应原始纯像元的5个面板像元中只分别提取了一个作为特性元,其他像元也需要进行规范化,丰度值都大于97.38%。丰度小于100%的亚像元,除了丰度为5%的亚像元外量化结果也较理想。

为了比较,将UFCLS在$p=3$情况下的结果也列在表10.5中。从表10.5可以看出,UFCLS的结果较ICA-AQA差很多,原因是3个特性元中只有一个对应C物质的原始纯像元,而对应B和M物质原始纯像元的特性元没有找到。当$p=4$时,UFCLS找到了对应3种物质的特性元,如图10.7(b)所示,其丰度量化结果如表10.6所示。从表10.6可以看出,这种情况下UFCLS的量化准确度高于ICA-AQA。

表10.6说明,UFCLS要得到较好的结果,不能只使用感兴趣目标特性元作为整张图像的特性元,还需要其他的光谱特异的特性元,如背景和噪声干扰,但ICA-EFA中提取这类信

3个特性元　B(IC2)　C(IC1)　M(IC3)

(a) ICA-EFA利用HOS-ICPA提取3个特性元

3个特性元　B(IC2)　C(IC1)　M(IC3)

(b) ICA-EFA利用ID-ICPA提取3个特性元

(c) 利用PPI提取3个特性元

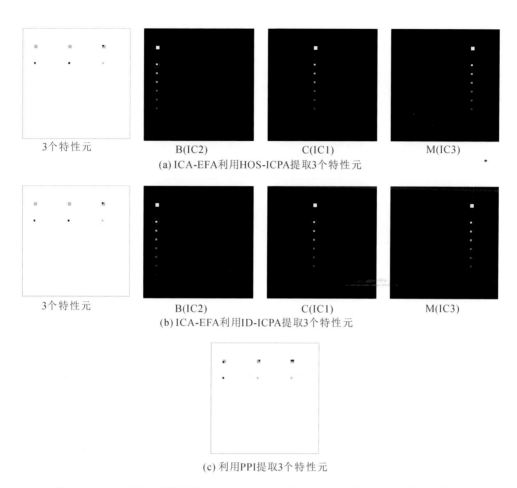

图 10.6　ICA-EFA 分别利用 HOS-ICPA、ID-ICPA 和 PPI 提取 3 个特性元的情况

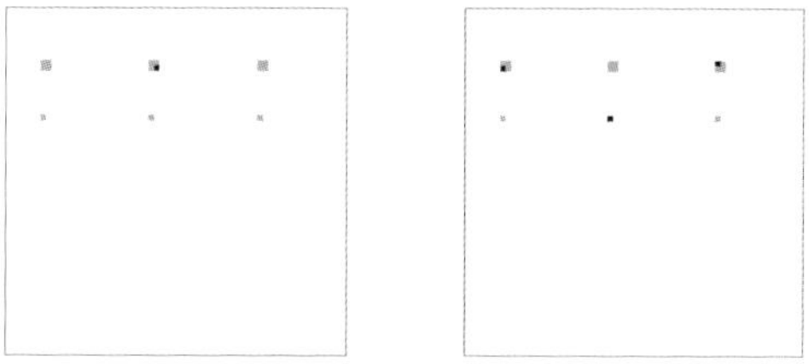

(a) p=3，UFCLS结果　(b) p=4，UFCLS结果

图 10.7　$p=3$ 和 $p=4$ 时，UFCLS 提取 3 个特性元结果

息的可能很小。为了验证这一结论，表 10.6 也列出了 FCLS 方法利用光谱库光谱作为先验知识进行丰度量化的结果，包括只有矿物质 B、C 和 M 的情况，以及包含 B、C、M 和 BKG 的情况。包含 B、C、M 和 BKG 的情况下，FCLS 的结果好于 ICA-EFA 和 UFCLS，但是只包含 B、C 和 M 时，FCLS 的结果就很差，尤其是亚像元的丰度量化结果。

表 10.5 ICA-EFA 提取特性元结果以及 ICA-AQA 和 UFCLS 丰度量化结果

真实值(%)	B(%)			C(%)		M(%)			
	HOS-ICPA	ID-ICPA	UFCLS($p=3$)	HOS-ICPA	ID-ICPA	UFCLS($p=3$)	HOS-ICPA	ID-ICPA	UFCLS($p=3$)
100	98.04	98.03	98.67	99.15	99.17	98.99	100.00	100.00	19.54
100	97.50	97.47	99.08	99.39	99.41	99.24	97.38	97.38	18.91
100	98.91	98.90	98.73	99.20	99.21	99.09	98.43	98.43	20.19
100	98.43	98.42	99.39	99.97	99.99	100.00	98.78	98.78	19.97
100	100.00	100.00	99.99	100.00	100.00	99.65	98.72	98.72	19.39
80	76.54	76.54	79.49	77.17	77.16	79.65	77.18	77.18	16.68
60	57.49	57.49	61.02	58.05	58.04	60.21	57.55	57.55	12.11
40	37.88	37.87	41.33	38.60	38.60	40.89	38.45	38.45	8.42
30	28.74	28.74	30.75	28.32	28.32	31.12	28.37	28.37	7.21
20	18.68	18.68	21.67	19.27	19.27	20.84	17.61	17.61	5.52
10	8.56	8.55	11.33	8.70	8.69	11.03	9.17	9.17	3.36
5	10.26	10.26	7.39	5.58	5.58	6.41	3.73	3.73	2.64

表 10.6 UFCLS 和 FCLS 对 B、C、M 的丰度量化结果

真实值(%)	B(%)			C(%)			M(%)		
	UFCLS($p=4$)	FCLS		UFCLS($p=4$)	FCLS		UFCLS($p=4$)	FCLS	
		B,C,M	B,C,M,BKG		B,C,M	B,C,M,BKG		B,C,M	B,C,M,BKG
100	97.99	99.21	99.21	98.68	99.48	99.33	100.00	100.00	100.00
100	98.07	99.54	99.54	99.09	99.82	99.63	96.67	99.23	98.70
100	99.09	100.00	100.00	98.73	99.79	99.35	96.84	99.13	99.13
100	100.0	100.00	100.00	99.39	100.00	99.96	97.34	99.46	99.46
100	99.65	100.00	100.00	100.00	100.00	100.00	96.97	99.42	99.31
80	78.46	85.87	79.71	79.44	88.30	79.69	78.44	810.08	80.07
60	59.94	73.23	60.09	60.77	78.29	60.60	59.35	68.93	60.10
40	40.33	59.58	40.15	41.22	67.95	40.45	40.34	53.85	40.38
30	30.87	53.12	30.32	30.71	62.60	29.98	29.95	410.89	29.81
20	20.79	46.23	19.73	21.67	57.74	20.56	18.87	35.84	19.04
10	10.55	39.07	9.74	11.07	51.64	9.92	10.11	28.71	9.51
5	5.51	35.44	10.59	7.32	49.37	5.57	10.81	210.63	10.56

说明:UFCLS 的使用需要两个步骤,首先是利用非监督的、基于二乘误差标准的方式寻找

目标特性元或非期望特性元(主要是背景),然后利用 FCLS 进行丰度估计。如果 UFCLS 所寻找的特性元不能够很好地表达图像,该算法的解混效果会很差,如表 10.2 和表 10.5 所示。而 ICA-AQA 算法同时寻找特性元和估计丰度,更适合于实际应用情况。实验 2 中,同时测试了信噪比为 20∶1 和 10∶1 的高斯噪声情况,结果与 30∶1 接近,这里就不再列出。

10.6 真实图像实验结果

本节实验采用两组真实高光谱图像,一个是著名的 airborne visible/infrared 成像光谱仪(AVIRIS)得到的 Cuprite 场景图像,另一个是 hyperspectral digital imagery collection experiment (HYDICE)图像。

10.6.1 AVIRIS 数据

图 10.8 所示的 AVIRIS Cuprite 图像可在网站获得,是在 1997 年内华达州 Cuprite 矿区拍摄的。它是一张大小为 350×350 具有 224 个波段的图像,在矿物学上有良好的辨识率。根据吸水性和信号噪声比,分析之前去掉 1~3、105~115 与 150~170 波段,保留 189 个波段用于实验。虽然数据集中包含 5 种以上的矿物质,但这个地区实际能提供的纯像元位置只有明矾石(A)、水铵长石(B)、方解石(C)、高岭石(K)与白云母(M),其位置如图 10.8 所示。

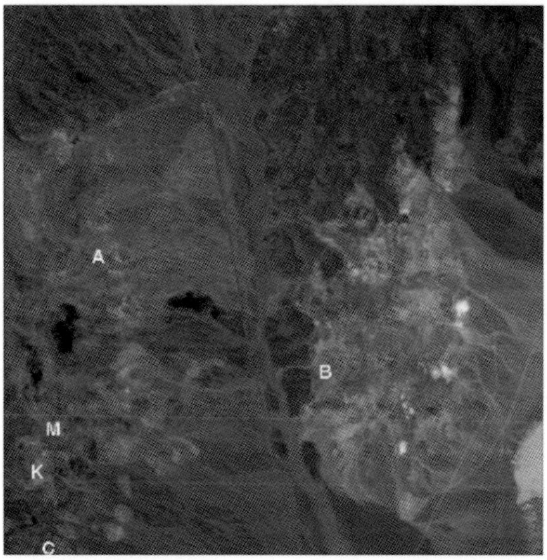

图 10.8 AVIRIS Cuprite 图像与 5 种矿物质纯像元相对应的空间位置

这张图像的场景在矿物学上具有良好的辨识性与可靠的真实值,成为用于比较特性元提取算法的标准测试数据。用虚警率约束估计该图像场景的 VD 值,表 10.7 中列出了估计结果。在我们的实验中选择了 VD=22 与 $P_F=10^{-4}$。

表 10.7　图 10.8 中 VD 值的估计情况

	$P_F=10^{-1}$	$P_F=10^{-2}$	$P_F=10^{-3}$	$P_F=10^{-4}$	$P_F=10^{-5}$
VD	34	30	24	22	20

如图 10.9 和图 10.10 中，10.9(a)和 10.10(a)分别给出了通过 ICA-EFA 的 HOS-ICPA 和 ID-ICPA 找到的 22 个特性元的空间位置，与 5 种矿物质对应的 ICs 如图 10.9(b)～(f)和图 10.10(b)～(f)所示。三角形表示由 a、b、c、k、m 标记的最接近 5 种矿物质的特性元空间位置，交叉号表示的是由 A、B、C、K、M 标记的 5 个地面真实矿物特性元空间位置。

图 10.9 和图 10.10 中 ICs 的索引值表示其生成顺序。用于矿物鉴定的光谱相似性度量是基于相关匹配滤波器的距离(RMFD)(Chang，2003)，因为实际高光谱图像中 RMFD 优于光谱角映射(SAM)。图 10.9(a)和图 10.10(a)中，由圆圈标记的剩余 17 个像元是不与 5 种矿物质相对应的特性元像元，可能是其他一些不明物质，真实值中没有进行说明。图 10.11给出了通过 PPI 获得的 $p=22$ 个特性元情况，三角形标记的像元是对应于 5 种矿物质的最终特性元，而圆圈标记是不明身份的特性元，如上所述。PPI 的提取结果中漏掉了 1 种矿物质，即水铵长石(B)，将图 10.11 中的 PPI 结果与 ICA-EFA 的图 10.9 和图 10.10 所得结果相比较，ICA-EFA 优于 PPI。

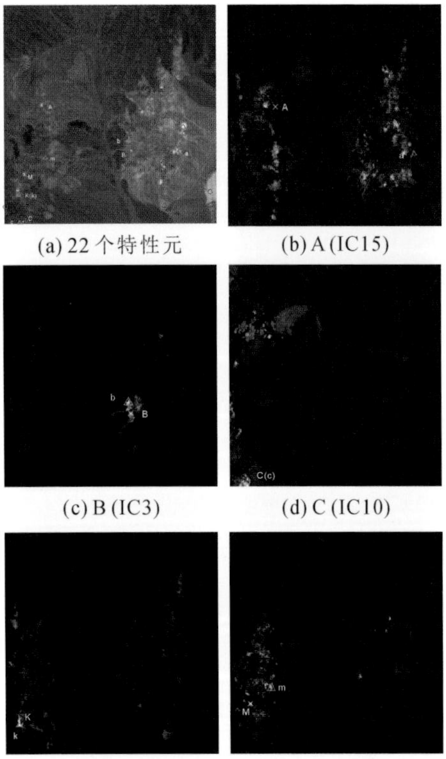

(a) 22 个特性元　(b) A (IC15)
(c) B (IC3)　(d) C (IC10)
(e) K (IC5)　(f) M (IC7)

图 10.9　使用 ICA-EFA 的 HOS-ICPA 获取的 22 个特性元

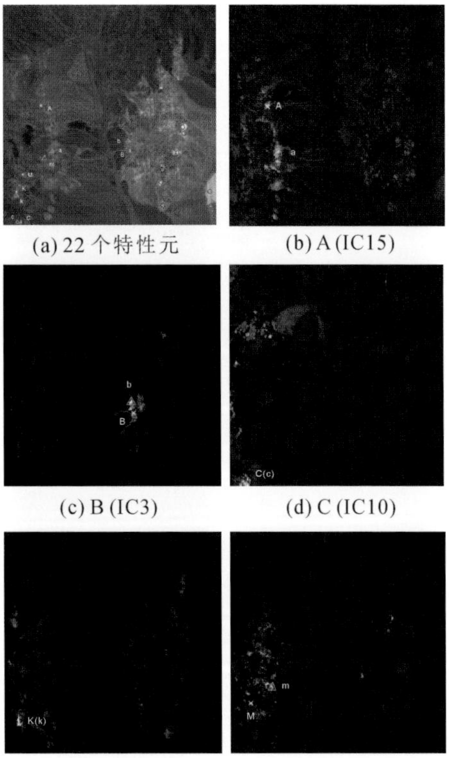

(a) 22 个特性元　(b) A (IC15)
(c) B (IC3)　(d) C (IC10)
(e) K (IC5)　(f) M (IC7)

图 10.10　使用 ICA-EFA 的 ID-ICPA 获取的 22 个特性元

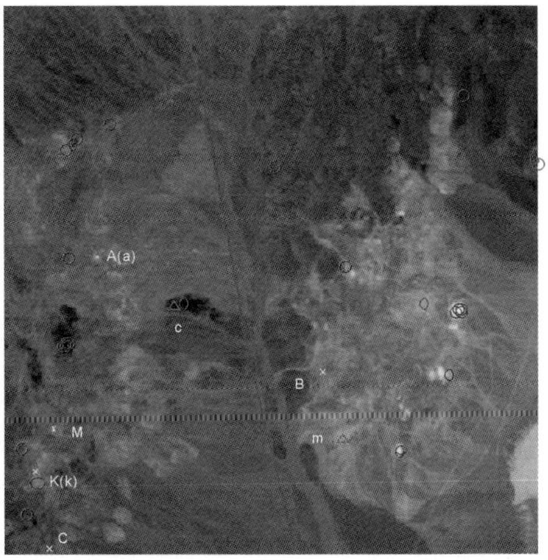

图 10.11　PPI 提取的 22 个特性元

应该注意的是，由于缺乏关于图像中特性元的丰度值信息，这里没有实现 ICA-AQA。

10.6.2　HYDICE 数据

用于本实验的场景图像如图 10.12 所示。该图像截取自机载高光谱数字图像（HYDICE），图像大小为 64×64，包含 15 个面板，图 10.12(b)为真实值图。

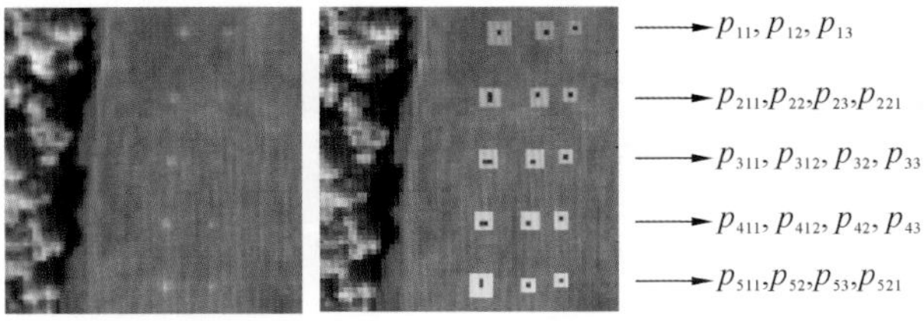

(a) 包含15个面板的HYDICE图像　　(b) 15个面板的真实分布情况

图 10.12　HYDICE 图像

这里我们应该指出图 10.12(b)中，以黄色标记的面板像元 p_{212} 有特别的意义。根据真实值，该面板像元不是纯面板像元的中心面板像元，以黄色标记为边界面板像元。然而，在我们广泛而全面的实验中，这个黄色的面板像元总是与面板像元 p_{221} 一起提取为第 2 行中光谱差异性大的目标，这表明光谱纯度特性元与光谱差异性特性元并不完全相同。在许多实际情况下，特性元提取算法首先提取的是面板像元 p_{212} 而不是面板像元 p_{221} 作为第 2 行的面板特性元，这意味着图 10.12(b)中给出的第 2 行中 R 像元的真实值可能不如预期纯净。

首先，用 VD 算法估计所需选择的波段数 p。表 10.8 给出了图 10.12(a)在不同虚警率下的 VD 值。实验中根据经验选择虚警率 $P_F = 10^{-4}$ 时的 VD 值 9($p=9$)。

表 10.8 图 10.12 的 HYDICE 图像在不同虚警率时的 VD 值

	$P_F=10^{-1}$	$P_F=10^{-2}$	$P_F=10^{-3}$	$P_F=10^{-4}$	$P_F=10^{-5}$
VD	14	11	9	9	7

图 10.13 和图 10.14 给出了图 10.12(a)中使用 ICA-EFA 的 HOS-ICPA 和 ID-ICPA 提取的 9 个特性元的空间位置，以及它们对应的 5 个不同 ICs，按照对应的面板顺序排列在图 10.13(b)～(f)和图 10.14(b)～(f)中。其中十字符号表示真实值中的 R 像元位置，三角形标记的是与这些像元相对应的特性元位置。图 10.13(a)和图 10.14(a)中圆圈标记的其他 4 个特性元像元不是 R 像元，而是对应于图像背景中的树、森林、草或路。HOS-ICPA 和 ID-ICPA 的 ICA-EFA 提取了相同的 5 个像元特性元 p_{11}、p_{221}、p_{312}、p_{411} 和 p_{521}，分别代表 5 个不同的面板特性 $\boldsymbol{p}_1$、$\boldsymbol{p}_2$、$\boldsymbol{p}_3$、$\boldsymbol{p}_4$ 和 $\boldsymbol{p}_5$。虽然二者都发现 4 个其他的特性元，如图 10.13(a)和图 10.14(a)中用圆圈标记的像元位置，但它们并不相同。图 10.15 给出了 PPI 得到的结果，其特性元的数量增加到了 11 个，但只找到 4 个特性元像元 p_{311}、p_{312}、p_{412} 和 p_{521} 对应 3 种不同的面板(第 3、4 和 5 行中的面板特性元 $\boldsymbol{p}_3$、$\boldsymbol{p}_4$ 和 $\boldsymbol{p}_5$)，遗漏了另外 2 个面板特性元 $\boldsymbol{p}_1$ 和 $\boldsymbol{p}_2$。由圆圈标记的其他特性元像元都不是 R 像元，而是背景像元。

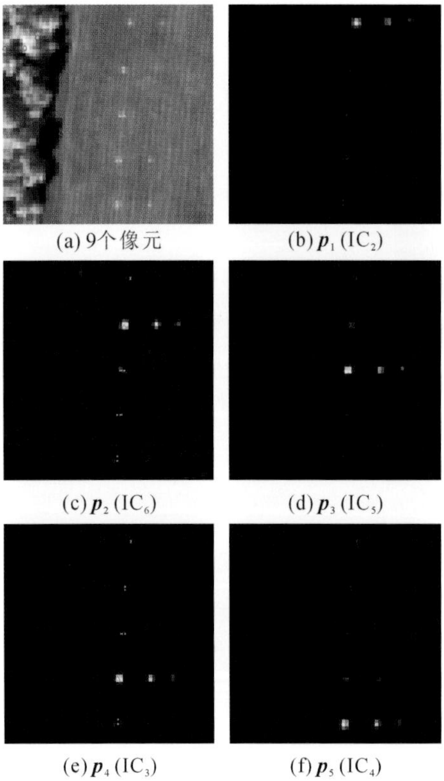

图 10.13 使用 ICA-EFA 的 HOS-ICPA 提取的 9 个像元

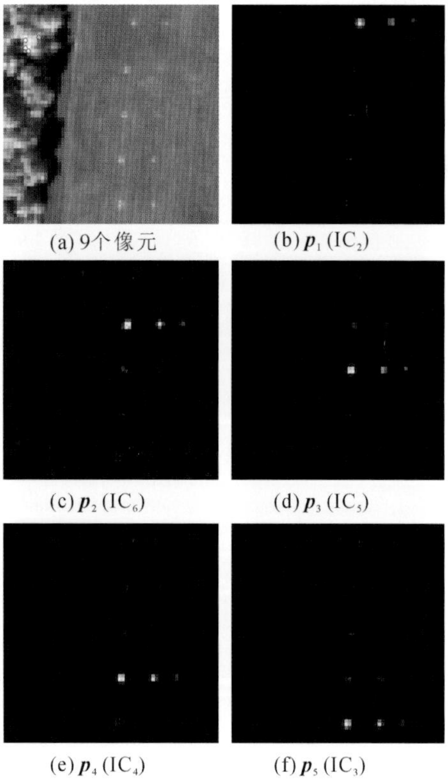

图 10.14 使用 ICA-EFA 的 ID-ICPA 提取的 9 个像元

该实验表明 ICA-EFA 特性元提取的效果明显优于 PPI，前者发现所有 5 个特性元像元，而后者遗漏了第 1 个和第 2 个面板特性元。

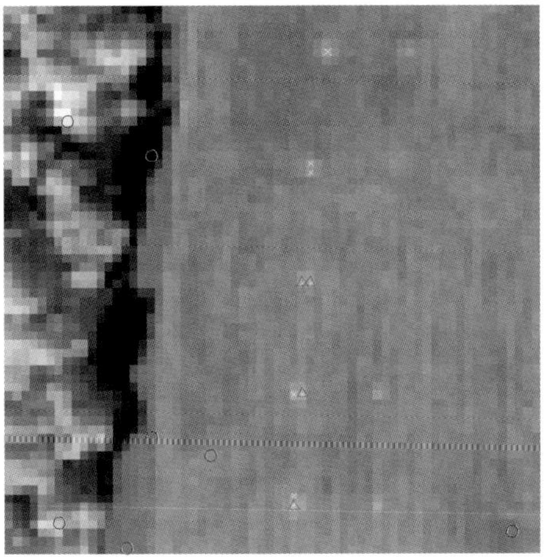

图 10.15 PPI 提取的 9 个特性元

图 10.12(b)中 19 个 R 像元的丰度可以利用它们的面板尺寸和空间分辨率的比值来计算(Chang et al.,2004),对 UFCLS 和 ICA-AQA 的性能进行对比分析。Chang(2003)和 Heinz 等(2001)已经证明,为了使 UFCLS 表现良好,至少需要 34 个特性元。图 10.16(a)和(b)给出了由 UFCLS 提取的特性元对应像元情况,$p=9$ 时获得了两个像元的对应特性元,分别为 p_{312} 和 p_{521},$p=34$ 时获得 4 个像元的对应特性元,分别为 p_{11}、p_{312}、p_{411} 和 p_{521}。

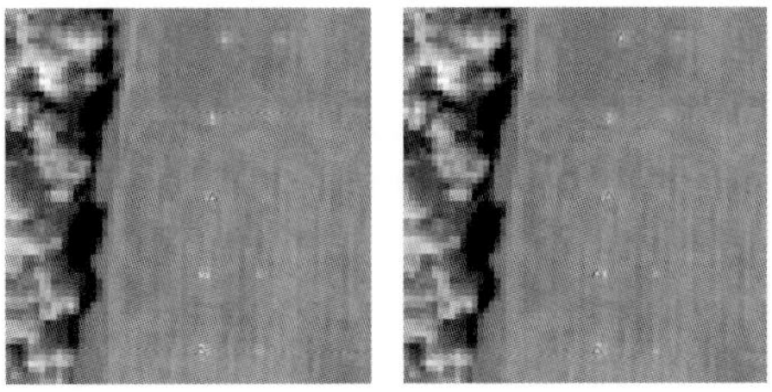

(a) $p=9$　　(b) $p=34$

图 10.16 $p=9$ 和 34 由 UFCLS 提取的像元

使用图 10.13(a)和图 10.14(a)中提取的面板像元作为特性元,表 10.9 列出了 19 个 R 像元的 ICA-AQA 量化结果,其中阴影像元对应算法所提取的特性元。表 10.9 中还给出了 19 个 R 像元的 UFCLS 丰度量化结果,包括 $p=9$ 和 $p=34$ 两种情况,其中的阴影像元对应图 10.16(a)和(b)中的特性元。

表 10.9 ICA-AQA 和 UFCLS 的所有 19 个 R 像元的丰度系数

	ICA-AQA		UFCLS	
	HOS-ICPA	ID-ICPA	$p=9$	$p=34$
p_{11}	1	1	0.349 8	1
p_{12}	0.445 8	0.445 8	0.198 2	0.409 8

续表

	ICA-AQA		UFCLS	
	HOS-ICPA	ID-ICPA	$p=9$	$p=34$
p_{13}	0.174 5	0.174 4	0.071 2	0.049 9
p_{211}	0.998 6	0.998 8	0.429 1	0.525 5
p_{212}	1	1	0.435 8	0.314 1
p_{22}	0.921 5	0.920 9	0.356 0	0.691 7
p_{23}	0.273 3	0.271 9	0.197 8	0.422 1
p_{311}	0.894 3	0.898 1	0.927 3	0.864 7
p_{312}	1	1	1	1
p_{32}	0.535 8	0.539 6	0.512 7	0.534 3
p_{33}	0.335 6	0.338 1	0.373 5	0.328 5
p_{411}	1	1	0.738 0	1
p_{412}	0.900 0	0.901 2	0.806 6	0.382 1
p_{42}	0.790 7	0.788 9	0.639 7	0.703 4
p_{43}	0.191 8	0.189 7	0.177 2	0.224 2
p_{511}	0.700 4	0.700 1	0.724 2	0.720 3
p_{521}	1	1	1	1
p_{52}	0.730 6	0.732 2	0.774 2	0.778 9
p_{53}	0.130 1	0.130 1	0.158 4	0.146 6

从表 10.9 可以看出，ICA-AQA 在两种情况下的表现都明显优于 UFCLS。$p=9$ 时，UFCLS 性能不佳是由于使用的特性元数量不足，虽然 $p=34$ 时的 UFCLS 性能有所改善，但仍不理想。由表 10.9 还可知，ICA-AQA 和 UFCLS 在第 1 和第 2 行面板上的量化结果差异较大。因为除了这 19 个面板之外不具备关于 HYDICE 图像场景的完整先验知识，这里没有与监督式 FCLS 算法进行性能比较。表 10.9 还揭示了 ICA-EFA 与诸如 UFCLS 之类的完全丰度约束方法间的差异性：如果图像数据包含纯像元，即特性元，则 ICA-AQA 可以与 UFCLS 方法一样，甚至更好；如果图像数据中不存在纯像元，则迫使 ICA-AQA 找到一个混合像元，但很可能是最纯净的像元。此时，ICA-AQA 将找到的混合像元丰度规范化为 1，所有其他像元的丰度也进行相应的归一化，导致最终获得的丰度值可能并不精确。实验 2 中图 10.6 和表 10.5 的结果证明了这种现象，在 HYDICE 图像的实验也证明了这一现象。图 10.12(b)的像元 p_{211} 和 p_{212} 都是 R 像元，但它们并不是纯像元。这种情况下，ICA-AQA 找到像元 p_{212} 作为特性元并将其规范化为 1，然后将面板中的另一个像元 p_{211} 的丰度值量化为 0.998 6(HOS-ICPA)或 0.998 8(ID-ICPA)。但根据 UFCLS，这两个像元的丰度值分别为0.525 5和 0.314 1。因此，当图像数据中没有纯像元时，ICA-AQA 和 UFCLS 之间存在很大的量化差异，且此时 ICA-AQA 比 UFCLS 估计的丰度值更准确。

相对于其他大多的非监督式光谱解混算法需要特性元提取和丰度量化两个阶段，ICA-AQA 算法的主要优点之一就是同步进行特性元提取和丰度量化，因此其复杂性显著降低。为了验证这一点，表 10.10 列出了 ICA-AQA 和 UFCLS 生成表 10.9 结果所需的 CPU 运行时间，计算机环境如表 10.11 中所示。表 10.10 显示，ID-ICPA 的运行时间最短，使用 34 个目标特性元的 UFCLS 算法耗时最长。

表 10.10 ICA-AQA 和 UFCLS 所需的 CPU 运行时间

	ICA-AQA		UFCLS	
	HOS-ICPA	ID-ICPA	$p=9$	$p=34$
CPU 运行时间	7.56	3.79	19.16	276.17

表 10.11 算法运行的计算机环境

CPU	Memory	OS	MATLAB Version
Intel(R)Pentium(R) 4 CPU 2.66 GHz	1G	Windows XP	6.5

本节介绍了一种基于 ICA 的特性元提取和丰度量化方法，另一个有价值的工作是使用计算机模拟图像进行了详细的性能分析和研究。首先，使用 Wang 等(2006)和 Chang (2003)提出的虚拟维度(VD)算法确定需要生成的 ICs 数量 p，以解决非监督解混中长期存在且具有挑战性的特性元数量确定问题。然后，实现了基于 ICA 的特性元提取算法(ICA-EFA)。该算法包括两个 IC 优先级排序机制——基于高阶统计的 IC 优先级排序算法(HOS-ICPA)和基于初始化驱动的 IC 优先级排序算法(ID-ICPA)，用来确定 ICs 的优先级以选择 p 个适当的 ICs 用于特性元产生。再次，利用 ICA-EFA 选择的 p 个优先 ICs 进行丰度量化，这是任何其他特性元提取算法都无法完成的。最后，利用计算机合成的模拟高光谱图像和真实高光谱图像证实了 ICA-AQA 在定量分析上的有效性，以及在实际应用中的价值。实验结果表明，ICA-EFA 的效果与常用的特性元提取算法 PPI 的效果相当甚至更好，ICA-AQA 可以与全丰度约束的线性光谱混合分析方法(如 UFCLS)相媲美。说明：针对 PPI 得出的结论对于另一种流行的特性元提取算法 N-FINDR 也适用，因为二者结果非常相似，这里就不再对 N-FINDR 算法的效果进行比较。

10.7 本章小结

寻找合适的特性元，构成线性光谱混合分析(LSMA)中的线性混合模型(LMM)，具有一定的挑战性，本章介绍了基于统计的非监督特性元寻找方法来满足这一需求。对于二阶统计量，设计了 3 种算法：基于 OSP 的算法、ATGP 算法和基于最小二乘误差的算法；对于高阶统计量，设计了投影向量生成算法。本章重点介绍了基于独立成分分析(ICA)的丰度量化算法，其不仅可以寻找特性元，还可以同步使用找到的特性元对混合光谱数据进行解混。

参考文献

CHANG C, 2003. Hyperspectral imaging: Techniques for spectral detection and classification[M]. New York: Kluwer Academic/Plenum Publishers.

CHANG C, 2013. Hyperspectral data processing: Algorithm design and analysis[M]. New York: John Wiley & Sons, Inc.

CHANG C, 2016. Real-time progressive hyperspectral image processing: Endmember finding and anomaly detection[M]. New York: Springer International Publishing.

CHANG C, DU Q, 2004. Estimation of number of spectrally distinct signal sources in hyperspectral imagery[J]. IEEE Transactions on Geoscience and Remote Sensing, 42(3): 608-619.

CHANG C, HEINZ D, 2000. Constrained subpixel detection for remotely sensed images[J]. IEEE Transactions on Geoscience and Remote Sensing, 38(3): 1144-1159.

CHANG C, JIAO X, WU C, et al., 2010. A review of unsupervised spectral target analysis for hyperspectral imagery[J]. Eurasip Journal on Advances in Signal Processing, (1): 1-26.

CHANG C, JIAO X, WU C, et al., 2011. Component analysis-based unsupervised linear spectral mixture analysis for hyperspectral imagery[J]. IEEE Transactions on Geoscience and Remote Sensing, 49(11): 4123-4137.

CHANG C, REN H, CHANG C, et al., 2004. Estimation of subpixel target size for remotely sensed imagery[J]. IEEE Transactions on Geoscience and Remote Sensing, 42(6): 1309-1320.

DUDA R, HART P, STROK D, 2003. Pattern classification and scene analysis 2nd ed [J]. IEEE Transactions on Automatic Control, 19(4): 462-463.

HARSANYI J C, CHANG C, 1994. Hyperspectral image classification and dimensionality reduction: An orthogonal subspace projection approach[J]. IEEE Transactions on Geoscience and Remote Sensing, 32(4): 779-785.

HEINZ D, CHANG C, 2001. Fully constrained least squares linear spectral mixture analysis method for material quantification in hyperspectral imagery[J]. IEEE Transactions on Geoscience and Remote Sensing, 39(3): 529-545.

HYVÄRINEN A, KARHUNEN J, OJA E, 2001. Independent Component Analysis[M]. New York: John Wiley & Sons, Inc.

HYVÄRINEN A, OJA E, 1997. A fast fixed-point algorithm for independent component analysis[J]. Neural Computation, 9(7): 1483-1492.

PAYLOR D, CHANG C, 2013. Second order statistics target-specified virtual dimensionality[J]. Proceedings of SPIE 8743, Algorithms and Technologies for Multispectral, Hyperspectral, and Ultraspectral Imagery XIX: 87430X.

REN H, CHANG C, 2003. Automatic spectral target recognition in hyperspectral imagery[J]. IEEE Transactions on Aerospace and Electronic Systems, 39(4): 1232-1249.

REN H, DU Q, WANG J, et al., 2006. Automatic target recognition for hyperspectral imagery using high-order statistics[J]. IEEE Transactions on Aerospace and Electronic Systems, 42(4): 1372-1385.

SETTLE J, 1996. On the relationship between spectral unmixing and subspace projection[J]. IEEE Transactions on Geoscience and Remote Sensing，34(4)：1045-1046.

TU T，CHEN C，CHANG C，1997. A posteriori least squares orthogonal subspace projection approach to desired signature extraction and detection[J]. IEEE Transactions on Geoscience and Remote Sensing，35(1)：127-139.

WANG C，CHEN C，YANG S，et al.，2002. Unsupervised orthogonal subspace projection approach to magnetic resonance image classification[J]. Optical Engineering，41(7)：1546-1557.

WANG J，CHANG C，2006. Independent component analysis-based dimensionality reduction with applications in hyperspectral image analysis[J]. IEEE Transactions on Geoscience and Remote Sensing，44(6)：1586-1600.

第11章　基于正交投影的非监督式特性元寻找

正交性原则是统计信号处理中最广泛使用的概念之一，表示任何的新信息必须从方差的角度正交于已知信息，或正交于由已知信息推导得到的信息。目前该机制已经在高光谱应用中开发出系列算法，本章主要介绍3种用于特性元寻找的正交投影(orthogonal projection，OP)算法，即像元纯度指数(PPI)算法、自动目标生成(ATGP)算法和顶点成分分析(VCA)算法。ATGP算法和VCA算法将在第12章和第14章中详细讨论，本章主要介绍PPI和快速迭代PPI(FIPPI)算法，并通过实验对其性能进行比较分析和研究。

11.1　简　　介

正交投影(OP)是信号处理和通信领域中方差估计的关键理念，重要的应用实例是卡尔曼滤波，可以利用OP获取实时处理中的递归方程。OP思想在高光谱数据处理和分析中也取得了巨大的成功，例如，Harsanyi等(1994)提出了用于混合像元分类和降维的正交子空间投影算法(OSP)，Ren等(2003)提出了用于非监督式目标探测和分类的自动目标获取过程算法(ATGP)，Boardman(1994)提出了像元纯度指数算法(PPI)，以及Nascimento等(2005)提出了顶点成分分析算法(VCA)。

OP的原理可以简要描述如下：假设有两个数据样本向量 $\boldsymbol{x}$ 和 $\boldsymbol{y}$，二者之间存在一定相关性。处理 $\boldsymbol{y}$ 的时候，如果 $\boldsymbol{x}$ 已知，则由 $\boldsymbol{x}$ 可以预测关于 $\boldsymbol{y}$ 的某些信息，这部分信息被视为可以从 $\boldsymbol{y}$ 中去除的冗余信息。作为说明，图11.1给出了两个数据样本向量 $\boldsymbol{x}$ 和 $\boldsymbol{y}$。假设已知数据样本向量 $\boldsymbol{x}$，可以使用 $\boldsymbol{x}$ 作为基本向量来预测 $\boldsymbol{y}$。在这种情况下，$\boldsymbol{y}$ 可以表示为 $\boldsymbol{y}=\boldsymbol{y}^{/\!/}+\boldsymbol{y}^{\perp}$，其中 $\boldsymbol{y}^{/\!/}$ 和 $\boldsymbol{y}^{\perp}$ 分别是向量 $\boldsymbol{y}$ 在平行于 $\boldsymbol{x}$ 方向和垂直于 $\boldsymbol{x}$ 方向上的投影。

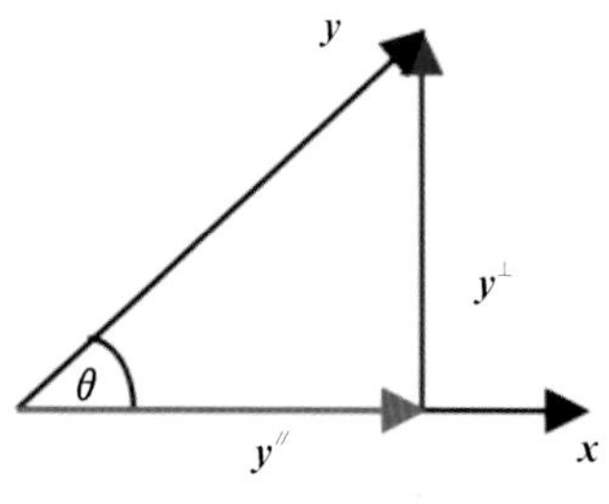

图11.1　已知 x 时 y 的表示形式

由于 $\boldsymbol{y}^{/\!/}$ 平行于数据样本向量 $\boldsymbol{x}$，完全可以由 $\boldsymbol{x}$ 推测得到，因此 $\boldsymbol{y}^{/\!/}$ 可以从 $\boldsymbol{y}$ 中去除且不丢失任何信息。相反，$\boldsymbol{y}^{\perp}$ 正交于数据样本向量 $\boldsymbol{x}$，代表了不可预知的信息。OP概念简单地讲就是把 $\boldsymbol{y}^{\perp}$ 作为必须保留的信息，因为它代表了 $\boldsymbol{y}$ 所提供的新信息。因此，$\boldsymbol{y}^{\perp}$ 越大，$\boldsymbol{y}$ 和 $\boldsymbol{x}$ 之间的相关性越小；$\boldsymbol{y}^{/\!/}$ 越大，$\boldsymbol{y}$ 和 $\boldsymbol{x}$ 之间的相关性越大。这种关系也可以用光谱夹角匹配(SAM)方式来解释，图11.1中向量 $\boldsymbol{x}$ 和 $\boldsymbol{y}$ 间的夹度 θ 表示二者间的相关性，角度越接近垂直，两者越不相关，反之亦然。

PPI 算法利用 OP 原理寻找潜在的候选特性元集合，可以用一个简单的例子来理解其原理。首先，将数百个相同长度的钢针撒在桌面上，每个钢针代表一个特定的方向。然后，将所有数据样本向量投影到这些钢针所代表的方向上，比较每个方向上数据样本向量的投影，具有最大或者最小投影的数据样本向量就是感兴趣特性元。这里提到的钢针对应于 11.2 节中的投影向量。

11.2 PPI

PPI 算法广泛用于特性元提取，已作为一个常用功能嵌入到 environment for visualizing images (ENVI)软件系统中。同时因为早期关于该算法具体实现的文献描述较少，大部分学者都直接使用 ENVI 软件，或基于个人理解编程实现。PPI 的基本思想是使用 OP 决定数据样本向量是否为特性元，如果一个数据样本是潜在的特性元，则它在某个或某些投影向量上的 OP 值很可能是最大值或者最小值。PPI 利用随机初始化单元向量的方式，产生投影向量，图 11.2 给出了 3 个投影向量的情况，分别为 $\boldsymbol{skewer}_1$、$\boldsymbol{skewer}_2$ 和 $\boldsymbol{skewer}_3$。图中的空心圆表示数据样本向量，实心圆表示特性元 $\boldsymbol{e}_1$、$\boldsymbol{e}_2$ 和 $\boldsymbol{e}_3$，分别位于三角形的 3 个顶点，交叉号"×"表示在投影向量上的最大或最小投影。

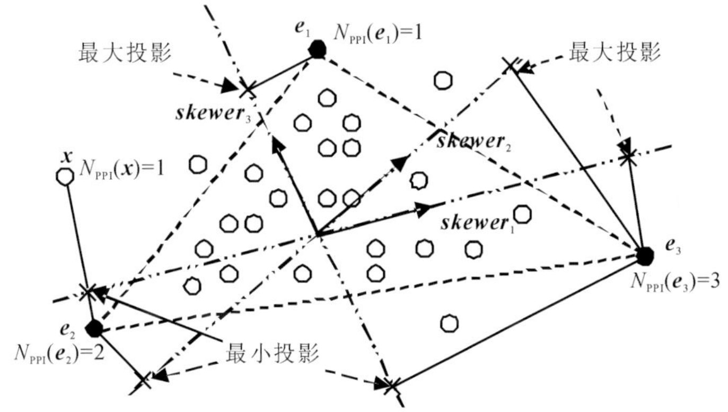

图 11.2　三个特性元 $\boldsymbol{e}_1$，$\boldsymbol{e}_2$，$\boldsymbol{e}_3$ 情况下 PPI 的图示

PPI 算法的第一个主要问题是受两个参数的影响，一是初始化投影向量的数量 K，另一个是算法终止条件中的阈值 τ，该值决定了特性元选择时的指数计数值。PPI 算法的另一个问题是在 ENVI 中使用时，通过可视化工具人为参与来选择最终特性元集合。另外，PPI 算法是一次性处理过程而不是迭代求解过程，当特性元数量(或投影向量数量)K 增加时，当前的特性元提取结果不能直接作为新特性元集合的子集。

本节介绍了我们使用 PPI 算法过程中的一些经验，以及在 MATLAB 平台实现过程中遇到的几个问题，以便读者了解 ENVI 中的 PPI 版本和其他版本，感兴趣的读者可以按照本节的介绍重现算法和相关实验结果。

本章实现的 PPI 算法与 ENVI 中的 PPI 算法主要存在以下区别：首先，ENVI 中的 PPI

算法没有给出降维操作的波段数，我们的算法利用VD算法估计波段数q以指导降维处理。其次，ENVI中的PPI算法不能自动为所有样本向量提供纯度计数值，我们的算法可以追踪所有样本向量的PPI纯度计数，即该样本落在投影向量端点上的次数。除此之外，我们实现的PPI算法与ENVI中的PPI算法计算结果很接近。

PPI算法描述如下文。

(1) 初始化。①使用VD确定维度的数量q，即降维后需要保留的波段数；②应用降维算法，如最小噪声分离(minimum noise fraction，MNF)(Green，1988)变换，降低数据的维度为q；③随机生成K个单位向量$\{\boldsymbol{skewer}_k\}_{k=1}^{K}$作为“投影向量”，其中$K$是提前设定的一个足够大的正整数。

(2) 计算PPI纯度计数值。

将所有的样本向量投影到单位向量集合$\{\boldsymbol{skewer}_k\}_{k=1}^{K}$上。对每个数据样本向量$\boldsymbol{r}$，寻找其投影后作为端点的投影向量，并将满足条件的投影向量组成集合$S_{\text{extrema}}(\boldsymbol{r})$。样本向量$\boldsymbol{r}$的PPI纯度计数值定义为$S_{\text{extrema}}(\boldsymbol{r})$中投影向量的数量。

$$N_{\text{PPI}}(\boldsymbol{r}) = |S_{\text{extrema}}(\boldsymbol{r})| \tag{11.1}$$

其中，$|A|$定义为集合A中元素的数量。

(3) 特性元提取。定义合适的阈值τ，满足$N_{\text{PPI}}(\boldsymbol{r})\geqslant\tau$的样本向量成为最终特性元。

具体地，首先定义$\{\boldsymbol{r}_i\}_{i=1}^{N}$为给定的数据样本向量，产生$K$个随机单位向量$\{\boldsymbol{skewer}_k\}_{k=1}^{K}$作为投影向量，代表$K$个不同的投影方向。然后，将所有的样本向量$\{\boldsymbol{r}_i\}_{i=1}^{N}$投影到$\{\boldsymbol{skewer}_k\}_{k=1}^{K}$上。根据凸面体的几何结构，特性元(也就是纯像元)应该拥有最大或最小投影值，即位于投影向量的端点。对于每个样本向量$\boldsymbol{r}_i$，我们进一步计算以其作为端点的投影向量数用$N_{\text{PPI}}(\boldsymbol{r}_i)$表示，$N_{\text{PPI}}(\boldsymbol{r}_i)$对应于$\boldsymbol{r}_i$的PPI值。如图11.2的情况中$K=3$，对应3个随机产生的投影向量$\boldsymbol{skewer}_1$、$\boldsymbol{skewer}_2$和$\boldsymbol{skewer}_3$。数据样本向量用空心圆标识，每个数据向量投影到3个投影向量上，并确定其投影值是否为各投影方向上的最大或最小值。如$\boldsymbol{e}_3$在$\boldsymbol{skewer}_1$和$\boldsymbol{skewer}_2$上投影值最大，在$\boldsymbol{skewer}_3$上投影值最小，它的PPI值就是3，即$N_{\text{PPI}}(\boldsymbol{e}_3)=3$。同样，$\boldsymbol{e}_2$在$\boldsymbol{skewer}_1$和$\boldsymbol{skewer}_2$上投影值最小，在$\boldsymbol{skewer}_3$上的投影值既不是最大也不是最小，它的PPI值就是2，即$N_{\text{PPI}}(\boldsymbol{e}_2)=2$。另外，$\boldsymbol{e}_1$在$\boldsymbol{skewer}_3$上的投影值最大，在$\boldsymbol{skewer}_1$和$\boldsymbol{skewer}_2$的投影值既不最大也不最小，它的PPI值就是1，即$N_{\text{PPI}}(\boldsymbol{e}_1)=1$。只有这3个用实心圆标识的数据向量$\boldsymbol{e}_1$、$\boldsymbol{e}_2$和$\boldsymbol{e}_3$可以产生非零的PPI值，其他用空心圆标识的数据向量对应的PPI值均为零。说明：有一个用灰色圆圈表示的数据向量$\boldsymbol{x}$，它对应的PPI值$N_{\text{PPI}}(\boldsymbol{e}_1)=1$。但以$\boldsymbol{e}_1$、$\boldsymbol{e}_2$、$\boldsymbol{e}_3$和$\boldsymbol{x}$中任意3者为顶点构成的三角形的面积中，以$\boldsymbol{e}_1$、$\boldsymbol{e}_2$和$\boldsymbol{e}_3$为顶点的三角形面积最大，图中用虚线表示，这意味着$\boldsymbol{e}_1$、$\boldsymbol{e}_2$和$\boldsymbol{e}_3$是最终要找的特性元。

由凸面体的几何性质，图11.2中所有三角形内部的数据样本向量对应PPI值都等于0，意味着它们可以表达为3个特性元的线性混合。说明：投影结果如果跟投影向量的方向一致，则为正值，如果跟投影向量的方向相反，则为负值。一个样本向量如果在投影向量上的投影值最大或者最小，都有可能是潜在的候选特性元。

上文提到的PPI算法是一次性的执行过程，并不是迭代循环的过程。为了确认我们实现的PPI算法与ENVI中的PPI算法执行方式一致，将上述步骤的执行结果与ENVI中的

PPI 算法进行了实验比较，二者得到了相同的结果，其间并没有使用 ENVI 提供的可视化工具。最后需要说明的是，PPI 算法需要一个阈值 τ 来限定 PPI 值，该值必须作为先验知识提供。所有 PPI 值大于 τ 的样本向量将会被提取出来作为特性元。

由此得到 ENVI 中 PPI 算法存在以下几个弊端。

(1) 原始 PPI 算法不是迭代循环过程，不能保证所有提取的特性元都是真正的特性元。随机产生 K 个投影向量，导致算法的每次运行结果不一样。最重要的，一旦 K 值发生变化，算法必须重新运行而不能利用已有结果。

(2) PPI 算法使用最小噪声分离变换算法(或者称为基于噪声调节的主成分分析，noise-adjusted principal component，NAPC)降维，而 PPI 算法对噪声很敏感，故 MNF 中噪声估计方法的选择很关键。另外，ENVI 中并未说明应该怎样确定 MNF 降维的维度数。

(3) 虽然参数 K 和阈值 τ 决定了最终的特性元数量，但没有关于二者选择标准的说明。

(4) 需要使用 ENVI 中的可视化工具手动选择特性元。

图 11.3 和图 11.4 给出了使用 PCA、MNF、SVD 和 ICA 四种降维方法，且投影向量分别为 200 和 1 000 时 PPI 的执行结果，其中"×"表示目标的位置，"○"表示提取的特性元位置。

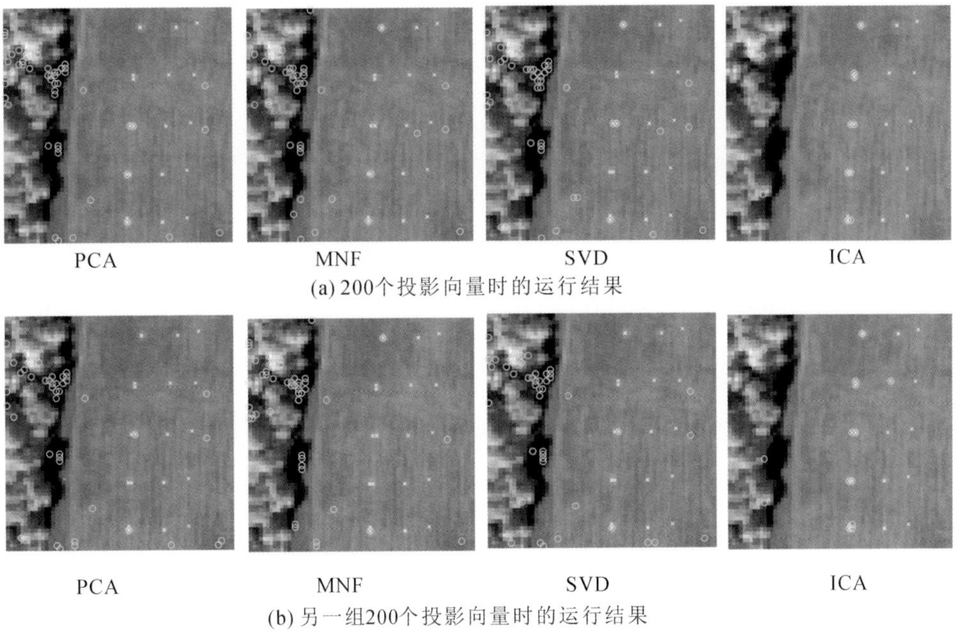

图 11.3　投影向量为 200 个时，PPI 使用 PCA、MNF、SVD 和 ICA 方法降维，两次执行提取的特性元

如图 11.3 和图 11.4 所示，在投影向量的数量为 200 和 1 000 时，只有使用 ICA 降维的 PPI 算法提取的特性元能够代表 5 种目标。由图 11.3 和图 11.4 可得到以下结论。

(1) 导致最终特性元选择不一致的主要原因是投影向量的随机初始化。PPI 使用 SVD 降维方式在 200 个投影向量时，一次执行的结果提取到 3 个目标特性元，如图 11.3(a)所示，但另一次执行的结果只提取到两个目标特性元，如图 11.3(b)所示。

(2) 选择可以保持特性元信息的降维方法至关重要。依据上面的实验结果，只有 ICA

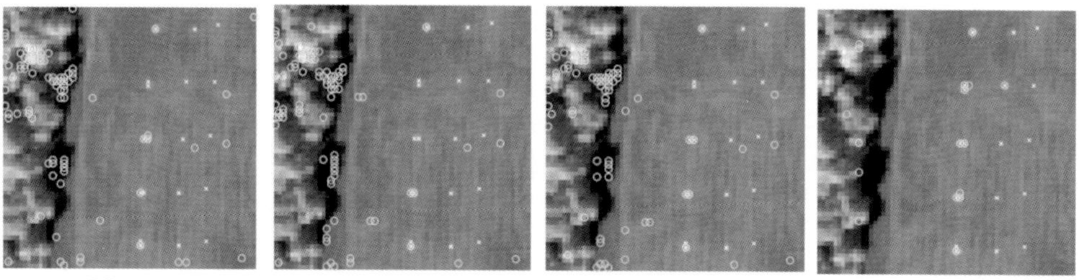

PCA　　MNF　　SVD　　ICA

(a) 1000个投影向量时的运行结果

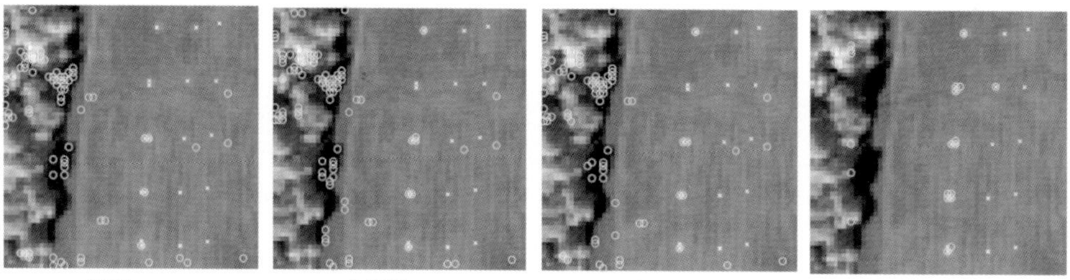

PCA　　MNF　　SVD　　ICA

(b) 另一组1000个投影向量时的运行结果

图 11.4　投影向量为 1000 个时，PPI 使用 PCA、MNF、SVD 和 ICA 方法降维，两次执行提取的特性元

降维算法满足这一要求，因为与基于二阶统计信息的 PCA、MNF 和 SVD 变换算法相比，基于高阶统计特性的 ICA 变换算法能够更好地获取物质的细微特性。

(3) 投影向量的数量对 PPI 执行结果的影响。如图 11.4 所示，当投影向量的数量为 1 000时，PPI 算法用所有降维方法都能找到 3 个以上特性元；当投影向量的数量为 200 时，PPI 算法只有使用 SVD 和 ICA 降维能够找到 3 个以上特性元。这个结果表明，选择足够数量的投影向量对于 PPI 能否成功找到特性元至关重要。

11.3　FIPPI

为了缓解上述问题，Chang 等(2006a)提出了一个快速迭代像元纯度指数(fast iterative pixel purity index，FIPPI)。它相对于 PPI 有几个显著的优点：①FIPPI 利用 VD 算法估计特性元数量，这样算法就不再需要 K 和 τ 两个参数；②FIPPI 使用 ATGP 算法产生一组特性元用于投影向量的初始化，大幅降低了算法运行时间，且避免由于投影向量随机初始化导致的特性元提取结果不一致问题；③FIPPI 是一个迭代循环算法，在特性元数量增加时，可以利用已有特性元结果快速收敛进而节省计算时间；④FIPPI 不再像 PPI 那样需要手动确定特性元。总而言之，FIPPI 可以自动结束且找到唯一的特性元集合，这是相较于 PPI 最大的优点。另外，相对于 PPI 需要一个非常大的 K 值，比如 10^4 甚至更大，来循环投影寻找特性元，FIPPI 仅需要少量循环，相应地降低了算法复杂度。FIPPI 算法描述如下文。

(1) 初始化。使用 VD 算法(Chang et al.，2004)确定 p 值，即需要寻找的特性元个数。

(2) 降维。使用 MNF 算法降维并保留前 p 个成分，用 ATGP 产生 p 个特性元组成初始投影向量集合 $\{\boldsymbol{skewer}_j^{(0)}\}_{j=1}^{p}$。实际上也可以不执行降维操作，直接用 ATGP 从原始数据中找到 p 个目标像元作为 $\{\boldsymbol{skewer}_j^{(0)}\}_{j=1}^{p}$。

(3) 给定第 k 次循环中的投影向量集 $\{\boldsymbol{skewer}_j^{(k)}\}_{j=1}^{p}$ 后，执行 PPI 算法，将数据向量 $\boldsymbol{r}_i$ 投影到 $\{\boldsymbol{skewer}_j^{(k)}\}_{j=1}^{p}$ 中所有的 $\boldsymbol{skewer}_j^{(k)}$ 上，并计算得到 11.1 中定义的 $N_{\mathrm{PPI}}(\boldsymbol{r}_i^{(k)})$，表示使用投影向量集 $\{\boldsymbol{skewer}_j^{(k)}\}_{j=1}^{p}$ 得到的 $\boldsymbol{r}_i$ 的 PPI 值。由此形成一个新的投影向量集：

$$\{\boldsymbol{skewer}_j^{(k+1)}\} = \{\boldsymbol{r}_i^{(k)}\}_{N_{\mathrm{PPI}}(\boldsymbol{r}_i^{(k)})>0} \cup \{\boldsymbol{skewer}_j^{(k)}\} \tag{11.2}$$

(4) 停止准则。如果 $\{\boldsymbol{skewer}_j^{(k+1)}\} = \{\boldsymbol{skewer}_j^{(k)}\}$，即没有新的投影向量加入到集合中，算法执行结束。否则，$k \leftarrow k+1$ 转第(3)步。

说明：算法第(4)步中 $N_{\mathrm{PPI}}(\boldsymbol{r}_j^{(k+1)})>0$ 对应的样本向量就是要提取的特性元，用 $\{\bar{\boldsymbol{e}}_j^{(k+1)}\}$ 表示。另外，第(1)步中初始投影向量 $\{\boldsymbol{skewer}_j^{(0)}\}_{j=1}^{p}$ 使用 ATGP 提取的 p 个特性元，也可以使用其他方法的结果，只要提供确定的投影向量即可，因为随机初始化使算法的收敛速度变慢。图 11.5 描述了 FIPPI 算法执行的流程图。

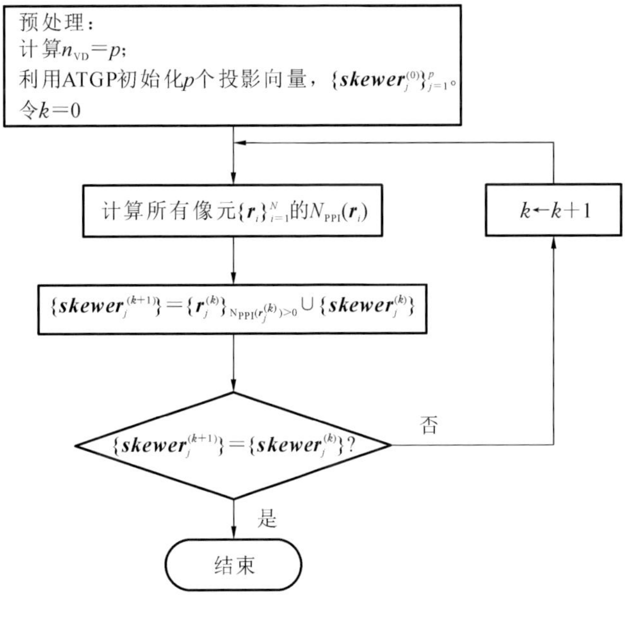

图 11.5 FIPPI 算法执行的流程图

11.4 ATGP

Harsanyi 等(1994)提出的正交子空间投影(OSP)算法，需要假设已知特性元的相关先验知识。为了解决这一问题，Ren 等(2003)设计了一种非监督目标寻找算法——自动目标生成过程(ATGP)，允许用户在不具备任何先验知识的情况下找到感兴趣目标。大量实验结果表明(Chang,2016,2013),ATGP 是一种有效的特性元寻找方法,与本章的 PPI、第 13 章中即将讨论的顶点成分分析(vertex component analysis,VCA)和第 14 章中即将讨论的单形体增长算法(simplex growing algorithm,SGA)有着非常密切的关系。

设 $\boldsymbol{X}$ 为数据样本向量$\{\boldsymbol{r}_i\}_{i=1}^{N}$组成的矩阵,即 $\boldsymbol{X}=[\boldsymbol{r}_1,\boldsymbol{r}_2\cdots\boldsymbol{r}_N]$。定义矩阵 $\boldsymbol{X}$ 的范数为

$$\|\boldsymbol{X}\| = \max_{1\leqslant i\leqslant N}\|\boldsymbol{r}_i\| \tag{11.3}$$

其中,$\|\boldsymbol{r}_i\|$ 是向量$\boldsymbol{r}_i=(r_{i1},r_{i2},\cdots,r_{iL})^{\mathrm{T}}$ 的长度,有 $\|\boldsymbol{r}_i\|^2=\sum_{l=1}^{L}r_{il}^2$。假设 $i^*=\arg\{\max_{1\leqslant i\leqslant N}\|\boldsymbol{r}_i\|\}$,则式(11.3) 可以进一步表示为

$$\|\boldsymbol{X}\| = \|\boldsymbol{r}_{i^*}\| \tag{11.4}$$

因为最亮向量$\boldsymbol{r}_{i^*}$ 的二阶范数最大,式(11.4) 定义的即数据集中最长的向量也是最亮的向量。

在式(11.4) 的基础上,ATGP 算法利用下面投影算子执行一系列正交投影操作即可:

$$\boldsymbol{P}_U^{\perp} = \boldsymbol{I}-\boldsymbol{U}\boldsymbol{U}^{\#} \tag{11.5}$$

故如果假设 $\boldsymbol{X}$ 是原始的高光谱数据立方体,ATGP 算法首先从 $\boldsymbol{X}$ 中选择一个初始目标像元 $\boldsymbol{t}_0^{\mathrm{ATGP}}$,按照式(11.3),有 $\|\boldsymbol{t}_0^{\mathrm{ATGP}}\|=\|\boldsymbol{X}\|$。然后将 $\boldsymbol{X}$ 投影到$<\boldsymbol{t}_0^{\mathrm{ATGP}}>$的正交子空间上,投影算子为 $\boldsymbol{P}_{U_0}^{\perp}$,$\boldsymbol{U}_0=[\boldsymbol{t}_0^{\mathrm{ATGP}}]$,得到的投影后数据为$\boldsymbol{X}_1=<\boldsymbol{t}_0^{\mathrm{ATGP}}>^{\perp}$。下一步,根据式(11.4),ATGP 从结果数据 $\boldsymbol{X}_1$ 中选择一个目标像元 $\|\boldsymbol{t}_1^{\mathrm{ATGP}}\|=\|\boldsymbol{X}_1\|$,并将 $\boldsymbol{X}$ 通过投影算子 $\boldsymbol{P}_{U_1}^{\perp}$ 正交投影到$<\boldsymbol{t}_0^{\mathrm{ATGP}},\boldsymbol{t}_1^{\mathrm{ATGP}}>$扩展空间的正交子空间上,$\boldsymbol{U}_1=[\boldsymbol{t}_0^{\mathrm{ATGP}}\ \boldsymbol{t}_1^{\mathrm{ATGP}}]$,得到的结果数据为$\boldsymbol{X}_2=<\boldsymbol{t}_0^{\mathrm{ATGP}},\boldsymbol{t}_1^{\mathrm{ATGP}}>^{\perp}$。重复上述步骤直到满足停止准则。详细的算法执行步骤如下文。

(1) 初始化。令 ε 为预先设定的误差阈值,$\boldsymbol{t}_0$ 是最亮的像元,$k=0$。

(2) $k\leftarrow k+1$,将所有像元向量 $\boldsymbol{r}$ 通过投影算子 $\boldsymbol{P}_{U_{k-1}}^{\perp}$ 进行投影,$\boldsymbol{U}_{k-1}=[\boldsymbol{t}_0,\boldsymbol{t}_1,\cdots,\boldsymbol{t}_{k-1}]$,找到投影值最大的像元作为第 k 个目标像元:

$$\boldsymbol{t}_k = \arg\{\max_{\boldsymbol{r}}[(\boldsymbol{P}_{U_{k-1}}^{\perp}\boldsymbol{r})^{\mathrm{T}}(\boldsymbol{P}_{U_{k-1}}^{\perp}\boldsymbol{r})]\} \tag{11.6}$$

(3) 如果 $m(\boldsymbol{t}_{k-1},\boldsymbol{t}_k)>\varepsilon$,其中 $m(\cdot,\cdot)$是目标相似性衡量准则,则重复第(2)步。否则,算法终止,此时的目标像元集合$\boldsymbol{t}_0,\boldsymbol{t}_1,\cdots,\boldsymbol{t}_{k-1}$即所要寻找的特性元集合。Ren 等(2003) 定义 $m(\cdot,\cdot)$为正交投影相关性指数(orthogonal projection correlation index,OPCI):

$$\mathrm{OPCI} = \boldsymbol{t}_{k-1}^{\mathrm{T}}\boldsymbol{P}_{U_{k-1}}^{\perp}\boldsymbol{t}_k \tag{11.7}$$

其中,$\boldsymbol{U}_{k-1}=[\boldsymbol{t}_0\ \boldsymbol{t}_1\cdots\boldsymbol{t}_{k-1}]$是由 k 个目标$\{\boldsymbol{t}_l\}_{l=0}^{k-1}$定义。

正如第(3)步所示,ATGP 是由阈值 ε 终止的,在许多实际应用中该阈值是主观选择。选择阈值 ε 等同于确定 ATGP 需要提取的特性元数量,如果将式(11.6) 改写为

$$\boldsymbol{t}_k = \arg\{\max_{\boldsymbol{r}}\|\boldsymbol{P}_{U_{k-1}}^{\perp}\boldsymbol{r}\|^2\} \tag{11.8}$$

其中,$(\boldsymbol{P}_{U_{k-1}}^{\perp}\boldsymbol{r})^{\mathrm{T}}(\boldsymbol{P}_{U_{k-1}}^{\perp}\boldsymbol{r})=\boldsymbol{r}^{\mathrm{T}}\boldsymbol{P}_{U_{k-1}}^{\perp}\boldsymbol{r}=\|\boldsymbol{P}_{U_{k-1}}^{\perp}\boldsymbol{r}\|^2$,就会发现式(11.8) 中的 $\boldsymbol{t}_k$ 等同于与 $\boldsymbol{P}_{U_{k-1}}^{\perp}$ 定义的超平面最相关的数据样本向量,这也意味着 ATGP 算法可以通过用 VD 算法估计目标特征元$\{\boldsymbol{t}_k\}$的数量来终止。

ATGP 算法在 Cuprite 数据集上的特性元提取结果如图 11.6 所示。

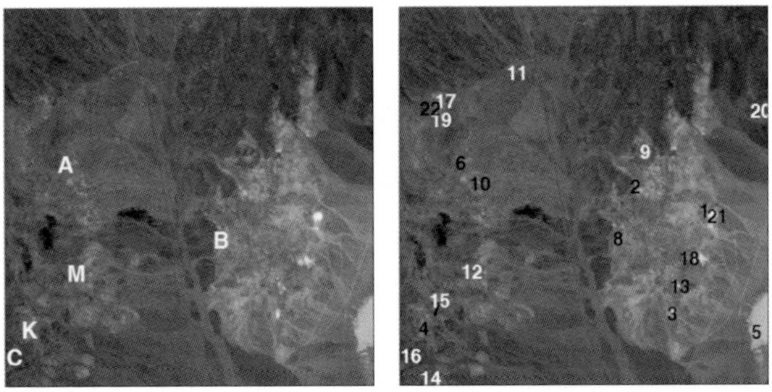

(a) (b)

图 11.6 Cuprite 数据上 ATGP 的特性元寻找结果

11.5 VCA

由 Nascimento 等(2005)提出的顶点成分分析(vertex component analysis,VCA)算法,通过正交投影代替代数等式逐顶点生成 p 个顶点的凸体,降低了 MVT 算法和 CCA 算法的计算复杂度。算法思路与 Chang 等(2006b)提出的单形体增长算法(SGA)类似,预先设定一个或两个顶点,并在此基础上顺次增加新顶点。二者的区别是增加新顶点的方式不同,VCA 是依据凸体增长的原则,选择正交投影最大的样本向量作为新顶点,而 SGA 是依据单形体增长的原则,选择使单形体体积最大的样本向量。由此,VCA 可以看作是递进版的 PPI 算法,而 SGA 可以看作递进版的 N-FINDR 算法,具体细节在第 14 章中详细讨论。VCA 算法的实现如下文。

(1) 设置特性元数为 p,令 $k=1$。

(2) 将 L 维原始数据 $\boldsymbol{X}$ 降到 p 维,用 $\tilde{\boldsymbol{X}}$ 表示。

(3) 设定初始向量 $\boldsymbol{e}^{(0)}=(\underbrace{0,0,\cdots,1}_{p})$ 以及 $p\times p$ 的辅助矩阵 $\boldsymbol{A}^{(0)}=[\boldsymbol{e}^{(0)}\ \boldsymbol{0}\cdots\boldsymbol{0}]$。

(4) 在 k 次迭代中,生成一个高斯随机向量 $\boldsymbol{w}^k$,用于构造 $\boldsymbol{f}^{(k)}$。

$$\boldsymbol{f}^{(k)}=((\boldsymbol{I}-\boldsymbol{A}^{(k-1)}(\boldsymbol{A}^{(k-1)})^{\#})\boldsymbol{w}^k)/(\|(\boldsymbol{I}-\boldsymbol{A}^{(k-1)}(\boldsymbol{A}^{(k-1)})^{\#})\boldsymbol{w}^k\|) \tag{11.9}$$

(5) 找到使 $\boldsymbol{f}^{(k)\mathrm{T}}\tilde{\boldsymbol{x}}$ 最大的 $\tilde{\boldsymbol{e}}^{(k)}$,$\tilde{\boldsymbol{x}}\in\tilde{\boldsymbol{X}}$

$$\boldsymbol{e}^{(k)}=\arg\{\max_{\tilde{x}\in\tilde{X}}[\,|\boldsymbol{f}^{(k)\mathrm{T}}\tilde{\boldsymbol{x}}|\,]\} \tag{11.10}$$

(6) 使用 $\boldsymbol{e}^{(k)}$ 取代 $\boldsymbol{A}^{(k)}$ 中的第 $k+1$ 列,令 $\boldsymbol{A}^{(k)}=[\boldsymbol{e}^{(0)}\cdots\boldsymbol{e}^{(k)}\ \boldsymbol{0}\cdots\boldsymbol{0}]$。

(7) 如果 $k=p-1$,算法结束。否则 $k\leftarrow k+1$ 执行第(4)步。

依据上述的算法,VCA 算法是通过多次执行正交子空间投影操作,逐步增长凸体顶点数量。这里的算法实现与 Nascimento 和 Dias (2005) 提出的算法略有不同,但主要思想一致。

11.6 实验结果分析

ATGP 和 VCA 之间的实验对比会在第 12 章和第 14 章详细列出，这里主要给出了 PPI 和 FIPPI 之间的对比结果。实验中使用的是著名的 AVIRIS 图像数据，如图 11.7(a)所示。

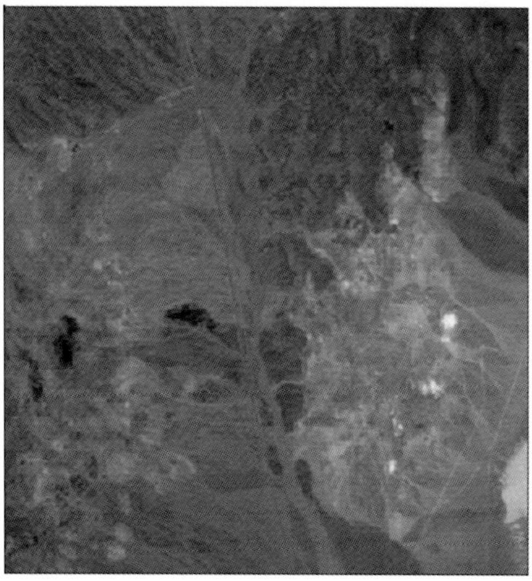

(a) AVIRIS Cuprite中第50个波段

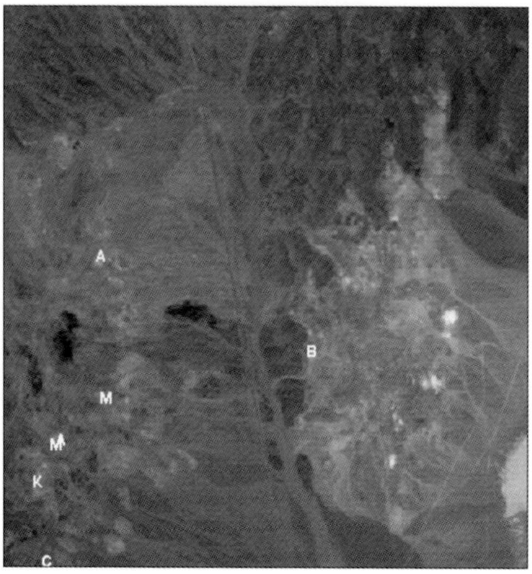

(b) 5种矿物质的空间位置

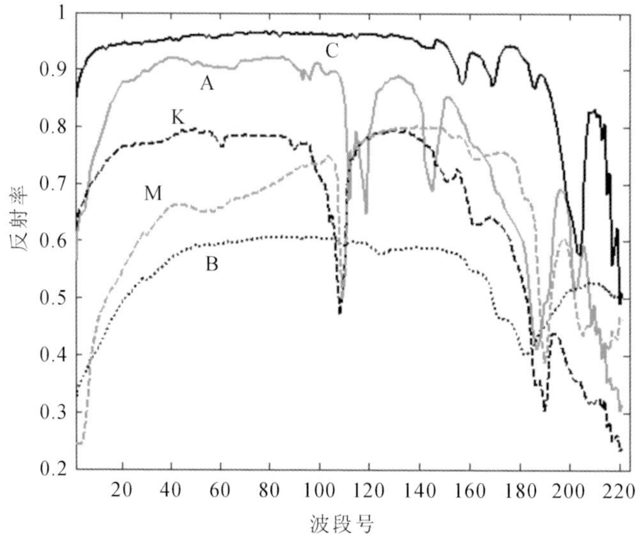

(c) USGS 中5种矿物质的光谱曲线

图 11.7　5 种矿物质的相关图像

这是一幅长宽为 350×350 像元具有 224 个波段的图像，在矿物学上有良好的辨识率。根据吸水性和信号噪声比，分析之前去掉 1～3、105～115 与 150～170 波段，最后共包含 189

个波段。虽然数据集中包含5种以上的矿物质，但这个地区实际能提供的纯像元只有明矾石(A)、水铵长石(B)、方解石(C)、高岭石(K)与白云母(M)，其位置分别由图11.7(b)中的A、B、C、K与M标记。5种矿物质的标准光谱曲线来自于USGS光谱库，如图11.7(c)所示。依据对AVIRIS Cuprite数据集的实验经验，我们将PPI的参数k设置为$k=10^4$，因为$k\geqslant 10^4$(如$k=10^5$和$k=10^6$)时，PPI算法得到的结果是同一组特性元集合$\{\tilde{\boldsymbol{e}}_j\}_{j=1}^p$，而$k<10^4$时会丢失一部分重要的特性元。$\tau$取$k$次迭代后数据集$N_{\mathrm{PPI}}(\boldsymbol{r})$的平均值。这两个参数值的选择与大多数参考文献一致。p的值由虚拟维度估计方法HFC产生。表11.1列出了不同虚警率$P_{\mathrm{F}}=\alpha=10^{-i}(i=1,2,3,4,5)$下，使用HFC估计得到的特性元个数。

表11.1 在不同虚警率下VD的估计值

P_{F}	10^{-1}	10^{-2}	10^{-3}	10^{-4}	10^{-5}
p	37	27	23	22	21

大量实验的结果表明，$p=22$对于AVIRIS Cuprite图像是一个较为合理的特性元数量估计值，本章的实验都基于该设定值进行。

为了客观比较，PPI算法的最终特性元定义为同类别的边界候选特性元，而不是该类别候选特性元集合的均值向量，这样每个特性元对应代表一种地物的纯像元。利用3组实验分别评估PPI和FIPPI算法的性能，实验1测试随机产生初始投影向量时，FIPPI对于PPI的性能改善情况，实验2测试使用ATGP算法产生初始投影向量时，FIPPI对于PPI的性能提升情况，实验3对实验1和2的结果进行了综合比较分析。

为了区分，用$\bar{\boldsymbol{e}}_j^{(\mathrm{random})}$和$\bar{\boldsymbol{e}}_j^{(\mathrm{ATGP})}$表示FIPPI算法提取的特性元，而$\tilde{\boldsymbol{e}}_j^{(\mathrm{random})}$和$\tilde{\boldsymbol{e}}_j^{(\mathrm{ATGP})}$表示PPI提取的特性元，上标"random"和"ATGP"分别对应利用随机方法和ATGP算法初始化投影向量的情况。

11.6.1 实验1(随机方法产生初始投影向量集)

首先随机产生22个投影向量，将FIPPI和PPI算法分别应用于图11.7的图像上。图11.8和图11.9给出了PPI和FIPPI提取的22个特性元位置分布。

对比图11.8和图11.9的结果可以发现，二者在提取的22个特性元中有20个相同，2个不同。不同的特性元分别是PPI提取的$\tilde{\boldsymbol{e}}_8^{(\mathrm{random})}$和$\tilde{\boldsymbol{e}}_{22}^{(\mathrm{random})}$，以及FIPPI提取的$\bar{\boldsymbol{e}}_9^{(\mathrm{random})}$和$\bar{\boldsymbol{e}}_{11}^{(\mathrm{random})}$。表11.2列出了PPI和FIPPI提取的特性元间相似性比较，为了节省空间略去了$\tilde{\boldsymbol{e}}_j^{(\mathrm{random})}$和$\bar{\boldsymbol{e}}_j^{(\mathrm{random})}$的上标"random"。

需要指出的是：PPI算法不能保证每次的执行结果都一样，但我们发现$\tilde{\boldsymbol{e}}_8^{(\mathrm{random})}$和$\tilde{\boldsymbol{e}}_{22}^{(\mathrm{random})}$在PPI的多次执行中都被提取为特性元。

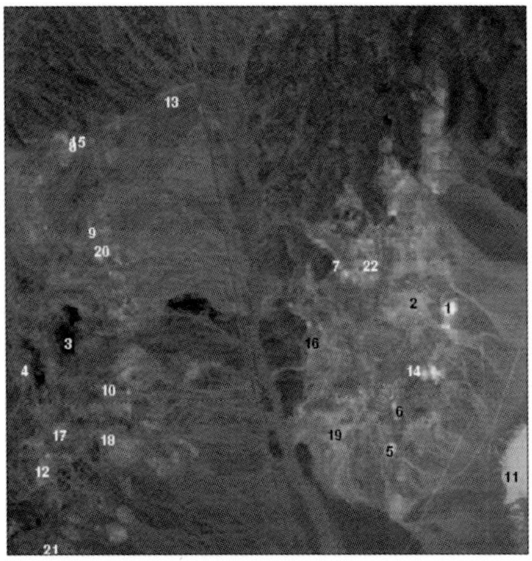

图 11.8　随机初始化时 PPI 产生特性元集合 $\{\tilde{e}_j^{(\mathrm{random})}\}_{j=1}^{22}$ 的空间位置

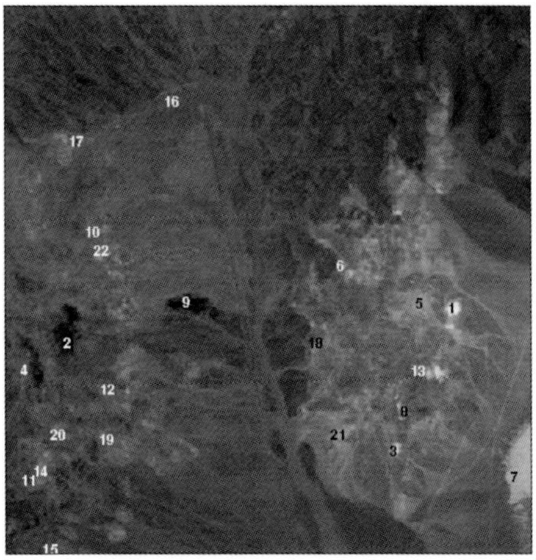

图 11.9　随机初始化时 FIPPI 产生特性元集合 $\{\tilde{e}_j^{(\mathrm{random})}\}_{j=1}^{22}$ 的空间位置

另一方面，大量文献指出，Cuprite 图像中存在对应于 A、B、C、K 和 M 五种矿物质的纯像元，但其他矿物质多是以混合像元的形式存在。

表 11.2　PPI 找到的 22 种特性元 $\{\tilde{e}_j\}_{j=1}^{22}$ 和 FIPPI 找到的 $\{\bar{e}_j\}_{j=1}^{22}$ 之间的光谱角

	$\bar{e}_1$	$\bar{e}_2$	$\bar{e}_3$	$\bar{e}_4$	$\bar{e}_5$	$\bar{e}_6$	$\bar{e}_7$	$\bar{e}_8$	$\bar{e}_9$	$\bar{e}_{10}$	$\bar{e}_{11}$
$\tilde{e}_1$	**0.000**	0.131	0.182	0.274	0.220	0.241	0.088	0.081	0.100	0.235	0.271
$\tilde{e}_2$	0.220	0.279	0.062	0.325	**0.000**	0.274	0.215	0.165	0.248	0.261	0.390
$\tilde{e}_3$	0.131	**0.000**	0.265	0.181	0.279	0.163	0.090	0.132	0.050	0.157	0.153
$\tilde{e}_4$	0.274	0.181	0.341	**0.000**	0.325	0.093	0.224	0.248	0.209	0.091	0.142
$\tilde{e}_5$	0.182	0.265	**0.000**	0.341	0.062	0.292	0.195	0.141	0.229	0.279	0.391
$\tilde{e}_6$	0.081	0.132	0.141	0.248	0.165	0.204	0.067	**0.000**	0.096	0.199	0.267
$\tilde{e}_7$	0.241	0.163	0.292	0.093	0.274	**0.000**	0.180	0.204	0.177	0.072	0.156
$\tilde{e}_8$	0.074	0.161	0.148	0.292	0.187	0.259	0.106	0.072	0.125	0.248	0.308
$\tilde{e}_9$	0.235	0.157	0.279	0.091	0.261	0.072	0.179	0.199	0.171	**0.000**	0.169
$\tilde{e}_{10}$	0.225	0.120	0.317	0.095	0.312	0.099	0.168	0.205	0.151	0.095	0.115
$\tilde{e}_{11}$	0.088	0.090	0.195	0.224	0.215	0.180	**0.000**	0.067	0.060	0.179	0.225
$\tilde{e}_{12}$	0.215	0.211	0.184	0.192	0.154	0.158	0.184	0.160	0.202	0.152	0.281
$\tilde{e}_{13}$	0.149	0.087	0.235	0.171	0.239	0.126	0.076	0.115	0.088	0.139	0.185
$\tilde{e}_{14}$	0.083	0.094	0.178	0.219	0.196	0.176	0.043	0.047	0.062	0.172	0.227
$\tilde{e}_{15}$	0.073	0.172	0.148	0.300	0.189	0.268	0.116	0.085	0.138	0.258	0.318
$\tilde{e}_{16}$	0.131	0.154	0.137	0.225	0.142	0.179	0.102	0.079	0.124	0.164	0.269
$\tilde{e}_{17}$	0.175	0.115	0.241	0.120	0.237	0.103	0.121	0.141	0.128	0.102	0.181

续表

	$\bar{\boldsymbol{e}}_1$	$\bar{\boldsymbol{e}}_2$	$\bar{\boldsymbol{e}}_3$	$\bar{\boldsymbol{e}}_4$	$\bar{\boldsymbol{e}}_5$	$\bar{\boldsymbol{e}}_6$	$\bar{\boldsymbol{e}}_7$	$\bar{\boldsymbol{e}}_8$	$\bar{\boldsymbol{e}}_9$	$\bar{\boldsymbol{e}}_{10}$	$\bar{\boldsymbol{e}}_{11}$
$\tilde{\boldsymbol{e}}_{18}$	0.185	0.113	0.252	0.104	0.244	0.080	0.136	0.154	0.125	0.067	0.162
$\tilde{\boldsymbol{e}}_{19}$	0.201	0.246	0.088	0.283	0.051	0.232	0.186	0.141	0.219	0.224	0.351
$\tilde{\boldsymbol{e}}_{20}$	0.191	0.164	0.190	0.172	0.170	0.122	0.144	0.138	0.154	0.095	0.236
$\tilde{\boldsymbol{e}}_{21}$	0.164	0.060	0.277	0.148	0.283	0.128	0.110	0.149	0.089	0.136	0.131
$\tilde{\boldsymbol{e}}_{22}$	0.234	0.150	0.292	0.100	0.277	0.028	0.170	0.198	0.164	0.070	0.147
	$\bar{\boldsymbol{e}}_{12}$	$\bar{\boldsymbol{e}}_{13}$	$\bar{\boldsymbol{e}}_{14}$	$\bar{\boldsymbol{e}}_{15}$	$\bar{\boldsymbol{e}}_{16}$	$\bar{\boldsymbol{e}}_{17}$	$\bar{\boldsymbol{e}}_{18}$	$\bar{\boldsymbol{e}}_{19}$	$\bar{\boldsymbol{e}}_{20}$	$\bar{\boldsymbol{e}}_{21}$	$\bar{\boldsymbol{e}}_{22}$
$\tilde{\boldsymbol{e}}_1$	0.225	0.083	0.215	0.164	0.149	0.073	0.131	0.185	0.175	0.201	0.191
$\tilde{\boldsymbol{e}}_2$	0.312	0.196	0.154	0.283	0.239	0.189	0.142	0.244	0.237	0.051	0.170
$\tilde{\boldsymbol{e}}_3$	0.120	0.094	0.211	0.060	0.087	0.172	0.154	0.113	0.115	0.246	0.164
$\tilde{\boldsymbol{e}}_4$	0.095	0.219	0.192	0.148	0.171	0.300	0.225	0.104	0.120	0.283	0.172
$\tilde{\boldsymbol{e}}_5$	0.317	0.178	0.184	0.277	0.235	0.148	0.137	0.252	0.241	0.088	0.190
$\tilde{\boldsymbol{e}}_6$	0.205	0.047	0.160	0.149	0.115	0.085	0.079	0.154	0.141	0.141	0.138
$\tilde{\boldsymbol{e}}_7$	0.099	0.176	0.158	0.128	0.126	0.268	0.179	0.080	0.103	0.232	0.122
$\tilde{\boldsymbol{e}}_8$	0.249	0.098	0.203	0.190	0.161	0.029	0.122	0.199	0.186	0.173	0.191
$\tilde{\boldsymbol{e}}_9$	0.095	0.172	0.152	0.136	0.139	0.258	0.164	0.067	0.102	0.224	0.095
$\tilde{\boldsymbol{e}}_{10}$	**0.000**	0.172	0.201	0.097	0.122	0.258	0.192	0.091	0.096	0.272	0.158
$\tilde{\boldsymbol{e}}_{11}$	0.168	0.043	0.184	0.110	0.076	0.116	0.102	0.136	0.121	0.186	0.144
$\tilde{\boldsymbol{e}}_{12}$	0.201	0.164	**0.000**	0.197	0.169	0.208	0.123	0.133	0.130	0.108	0.099
$\tilde{\boldsymbol{e}}_{13}$	0.122	0.086	0.169	0.077	**0.000**	0.172	0.129	0.100	0.085	0.202	0.130
$\tilde{\boldsymbol{e}}_{14}$	0.172	**0.000**	0.164	0.112	0.086	0.111	0.085	0.126	0.120	0.167	0.127
$\tilde{\boldsymbol{e}}_{15}$	0.258	0.111	0.208	0.200	0.172	**0.000**	0.131	0.209	0.194	0.176	0.201
$\tilde{\boldsymbol{e}}_{16}$	0.192	0.085	0.123	0.163	0.129	0.131	**0.000**	0.135	0.131	0.115	0.094
$\tilde{\boldsymbol{e}}_{17}$	0.096	0.120	0.130	0.094	0.085	0.194	0.131	0.063	**0.000**	0.195	0.112
$\tilde{\boldsymbol{e}}_{18}$	0.091	0.126	0.133	0.098	0.100	0.209	0.135	**0.000**	0.063	0.203	0.095
$\tilde{\boldsymbol{e}}_{19}$	0.272	0.167	0.108	0.246	0.202	0.176	0.115	0.203	0.195	**0.000**	0.136
$\tilde{\boldsymbol{e}}_{20}$	0.158	0.127	0.099	0.156	0.130	0.201	0.094	0.095	0.112	0.136	**0.000**
$\tilde{\boldsymbol{e}}_{21}$	0.097	0.112	0.197	**0.000**	0.077	0.200	0.163	0.098	0.094	0.246	0.156
$\tilde{\boldsymbol{e}}_{22}$	0.090	0.168	0.168	0.117	0.119	0.263	0.173	0.079	0.106	0.237	0.121

为了分析 PPI 和 FIPPI 算法所提取 22 个特性元与 5 种感兴趣的矿物质光谱间的相似性，分别给出了其 SAM 和 SID 值，如表 11.3 和表 11.4 所示。

表 11.3　PPI 找到的特性元 $\{\tilde{e}_j^{(\mathrm{random})}\}_{j=1}^{22}$ 与 USGS 光谱库中矿物质光谱间的 SAM 和 SID 情况

	A		B		C		K		M	
	SAM	SID	SAM	SID	SAM	SID	SAM	SID	SAM	SID
$\tilde{e}_1^{(\mathrm{random})}$	0.162	0.035	0.123	0.018	0.156	0.041	0.157	0.030	0.195	0.061
$\tilde{e}_2^{(\mathrm{random})}$	0.158	0.033	0.151	0.031	0.283	0.105	0.135	0.023	0.284	0.106
$\tilde{e}_3^{(\mathrm{random})}$	0.146	0.024	0.141	0.021	0.043	0.003	0.168	0.032	0.095	0.011
$\tilde{e}_4^{(\mathrm{random})}$	0.182	0.038	0.213	0.054	0.155	0.026	0.205	0.050	0.108	0.013
$\tilde{e}_5^{(\mathrm{random})}$	0.170	0.037	0.146	0.026	0.275	0.098	0.147	0.025	0.287	0.108
$\tilde{e}_6^{(\mathrm{random})}$	0.106	0.013	0.073	0.006	0.145	0.027	0.098	0.012	0.170	0.037
$\tilde{e}_7^{(\mathrm{random})}$	0.130	0.026	0.170	0.044	0.131	0.024	0.154	0.038	0.097	0.015
$\tilde{e}_8^{(\mathrm{random})}$	0.161	0.032	0.120	0.017	0.185	0.042	0.151	0.028	0.215	0.058
$\tilde{e}_9^{(\mathrm{random})}$	0.114	0.017	0.155	0.034	0.134	0.020	0.153	0.035	0.106	0.013
$\tilde{e}_{10}^{(\mathrm{random})}$	0.159	0.031	0.180	0.041	0.093	0.010	0.189	0.046	**0.056**	**0.005**
$\tilde{e}_{11}^{(\mathrm{random})}$	0.115	0.015	0.094	0.010	0.100	0.014	0.123	0.018	0.134	0.024
$\tilde{e}_{12}^{(\mathrm{random})}$	0.097	0.013	0.119	0.019	0.203	0.054	**0.073**	**0.007**	0.176	0.045
$\tilde{e}_{13}^{(\mathrm{random})}$	0.111	0.015	0.119	0.019	0.075	0.007	0.124	0.022	0.085	0.009
$\tilde{e}_{14}^{(\mathrm{random})}$	0.098	0.012	0.075	0.006	0.105	0.015	0.103	0.013	0.137	0.026
$\tilde{e}_{15}^{(\mathrm{random})}$	0.172	0.036	0.128	0.018	0.197	0.051	0.157	0.029	0.225	0.068
$\tilde{e}_{16}^{(\mathrm{random})}$	0.069	0.006	**0.018**	**0.000**	0.158	0.031	0.074	0.007	0.169	0.037
$\tilde{e}_{17}^{(\mathrm{random})}$	0.101	0.011	0.118	0.016	0.098	0.012	0.113	0.015	0.063	0.008
$\tilde{e}_{18}^{(\mathrm{random})}$	0.094	0.011	0.122	0.019	0.096	0.010	0.122	0.021	0.076	0.007
$\tilde{e}_{19}^{(\mathrm{random})}$	0.122	0.021	0.122	0.021	0.247	0.081	0.091	0.011	0.242	0.079
$\tilde{e}_{20}^{(\mathrm{random})}$	**0.036**	**0.002**	0.090	0.011	0.154	0.027	0.081	0.010	0.144	0.025
$\tilde{e}_{21}^{(\mathrm{random})}$	0.141	0.023	0.149	0.027	**0.034**	**0.001**	0.160	0.033	0.065	0.008
$\tilde{e}_{22}^{(\mathrm{random})}$	0.129	0.027	0.164	0.044	0.118	0.021	0.158	0.043	0.093	0.014

表 11.4　FIPPI 找到的特性元 $\{\bar{e}_j^{(\mathrm{random})}\}_{j=1}^{22}$ 与 USGS 光谱库中矿物质光谱间的 SAM 和 SID 情况

	A		B		C		K		M	
	SAM	SID	SAM	SID	SAM	SID	SAM	SID	SAM	SID
$\bar{e}_1^{(\mathrm{random})}$	0.162	0.035	0.123	0.018	0.156	0.041	0.157	0.030	0.195	0.061
$\bar{e}_2^{(\mathrm{random})}$	0.146	0.024	0.141	0.021	0.043	0.003	0.168	0.032	0.095	0.011
$\bar{e}_3^{(\mathrm{random})}$	0.170	0.037	0.146	0.026	0.275	0.098	0.147	0.025	0.287	0.108
$\bar{e}_4^{(\mathrm{random})}$	0.182	0.038	0.213	0.054	0.155	0.026	0.205	0.050	0.108	0.013
$\bar{e}_5^{(\mathrm{random})}$	0.158	0.033	0.151	0.031	0.283	0.105	0.135	0.023	0.284	0.106

续表

	A		B		C		K		M	
$\bar{e}_6^{(\text{random})}$	0.130	0.026	0.170	0.044	0.131	0.024	0.154	0.038	0.097	0.015
$\bar{e}_7^{(\text{random})}$	0.115	0.015	0.094	0.010	0.100	0.014	0.123	0.018	0.134	0.024
$\bar{e}_8^{(\text{random})}$	0.106	0.013	0.073	0.006	0.145	0.027	0.098	0.012	0.170	0.037
$\bar{e}_9^{(\text{random})}$	0.131	0.020	0.114	0.014	0.073	0.007	0.150	0.026	0.124	0.019
$\bar{e}_{10}^{(\text{random})}$	0.114	0.017	0.155	0.034	0.134	0.020	0.153	0.035	0.106	0.013
$\bar{e}_{11}^{(\text{random})}$	0.236	0.069	0.255	0.082	0.129	0.023	0.263	0.088	0.127	0.022
$\bar{e}_{12}^{(\text{random})}$	0.159	0.031	0.180	0.041	0.093	0.010	0.189	0.046	**0.056**	**0.005**
$\bar{e}_{13}^{(\text{random})}$	0.098	0.012	0.075	0.006	0.105	0.015	0.103	0.013	0.137	0.026
$\bar{e}_{14}^{(\text{random})}$	0.097	0.013	0.119	0.019	0.203	0.054	**0.073**	**0.007**	0.176	0.045
$\bar{e}_{15}^{(\text{random})}$	0.141	0.023	0.149	0.027	**0.034**	**0.001**	0.160	0.033	0.063	0.005
$\bar{e}_{16}^{(\text{random})}$	0.111	0.015	0.119	0.019	0.075	0.007	0.124	0.022	0.085	0.009
$\bar{e}_{17}^{(\text{random})}$	0.172	0.036	0.128	0.018	0.197	0.051	0.157	0.029	0.225	0.068
$\bar{e}_{18}^{(\text{random})}$	0.069	0.006	**0.018**	**0.000**	0.158	0.031	0.074	0.007	0.169	0.037
$\bar{e}_{19}^{(\text{random})}$	0.094	0.011	0.122	0.019	0.096	0.010	0.122	0.021	0.076	0.007
$\bar{e}_{20}^{(\text{random})}$	0.101	0.011	0.118	0.016	0.098	0.012	0.113	0.015	0.063	0.008
$\bar{e}_{21}^{(\text{random})}$	0.122	0.021	0.122	0.021	0.247	0.081	0.091	0.011	0.242	0.079
$\bar{e}_{22}^{(\text{random})}$	**0.036**	**0.002**	0.090	0.011	0.154	0.027	0.081	0.010	0.144	0.025

从表 11.3 和表 11.4 可以看出$\{\tilde{e}_j^{(\text{random})}\}_{j=1}^{22}$和$\{\bar{e}_j^{(\text{random})}\}_{j=1}^{22}$中包含与 USGS 光谱库中纯物质光谱非常接近的特性元。两组集合中与{A,B,C,K,M}对应的特性元分别是$\{\tilde{e}_{10}^{(\text{random})},\tilde{e}_{12}^{(\text{random})},\tilde{e}_{16}^{(\text{random})},\tilde{e}_{20}^{(\text{random})},\tilde{e}_{21}^{(\text{random})}\}$和$\{\bar{e}_{12}^{(\text{random})},\bar{e}_{14}^{(\text{random})},\bar{e}_{15}^{(\text{random})},\bar{e}_{18}^{(\text{random})},\bar{e}_{22}^{(\text{random})}\}$。比较表 11.2 两组子集中特性元的光谱夹角,可以发现二者夹角为 0,即为相同向量。

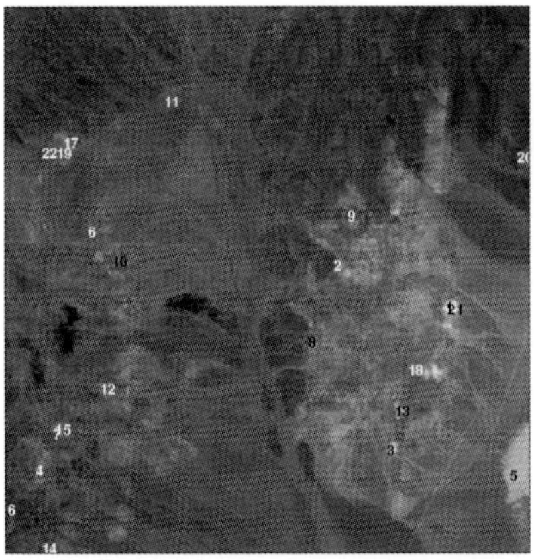

图 11.10　ATGP 产生目标集$\{t_j^{(\text{ATGP})}\}_{j=1}^{22}$的空间分布

11.6.2 实验 2(ATGP 产生初始投影向量集)

用 ATGP 算法产生初始特性元集合 $\{\tilde{\boldsymbol{e}}_j^{(0)}\}_{j=1}^{22}$ 或者 $\{\bar{\boldsymbol{e}}_j^{(0)}\}_{j=1}^{22}$，测试 FIPPI 和 PPI 算法对特性元集合的优化程度。图 11.10 给出了 ATGP 提取 22 个目标像元 $\{\boldsymbol{t}_j^{(\mathrm{ATGP})}\}_{j=1}^{22}$ 的分布情况。

我们在这里使用的是"$\boldsymbol{t}$" 而不是 "$\boldsymbol{e}$"来表示 ATGP 产生的目标像元，是因为 AGTP 算法找到的更确切地说是目标。表 11.5 给出了 ATGP 产生的目标像元与 USGS 光谱库中 5 种矿物质光谱曲线间的 SAM 和 SID 值。

表 11.5 ATGP 产生的目标像元 $\{\boldsymbol{t}_j^{(\mathrm{ATGP})}\}_{j=1}^{22}$ 与 USGS 光谱库中矿物质光谱间的 SAM 和 SID 值

	A		B		C		K		M	
	SAM	SID	SAM	SID	SAM	SID	SAM	SID	SAM	SID
$\boldsymbol{t}_1^{(\mathrm{ATGP})}$	0.162	0.035	0.123	0.018	0.156	0.041	0.157	0.030	0.195	0.061
$\boldsymbol{t}_2^{(\mathrm{ATGP})}$	0.130	0.026	0.170	0.044	0.131	0.024	0.154	0.038	0.097	0.015
$\boldsymbol{t}_3^{(\mathrm{ATGP})}$	0.170	0.037	0.146	0.026	0.275	0.098	0.147	0.025	0.287	0.108
$\boldsymbol{t}_4^{(\mathrm{ATGP})}$	0.097	0.013	0.119	0.019	0.203	0.054	**0.073**	**0.007**	0.176	0.045
$\boldsymbol{t}_5^{(\mathrm{ATGP})}$	0.115	0.015	0.094	0.010	0.100	0.014	0.123	0.018	0.134	0.024
$\boldsymbol{t}_6^{(\mathrm{ATGP})}$	0.114	0.017	0.155	0.034	0.134	0.020	0.153	0.035	0.106	0.013
$\boldsymbol{t}_7^{(\mathrm{ATGP})}$	0.101	0.011	0.118	0.016	0.098	0.012	0.113	0.015	0.063	0.008
$\boldsymbol{t}_8^{(\mathrm{ATGP})}$	0.069	0.006	**0.018**	**0.000**	0.158	0.031	0.074	0.007	0.169	0.037
$\boldsymbol{t}_9^{(\mathrm{ATGP})}$	0.077	0.009	0.098	0.016	0.090	0.009	0.106	0.020	0.097	0.010
$\boldsymbol{t}_{10}^{(\mathrm{ATGP})}$	0.084	0.008	0.081	0.008	0.080	0.008	0.107	0.015	0.110	0.015
$\boldsymbol{t}_{11}^{(\mathrm{ATGP})}$	0.111	0.015	0.119	0.019	0.075	0.007	0.124	0.022	0.085	0.009
$\boldsymbol{t}_{12}^{(\mathrm{ATGP})}$	0.159	0.031	0.180	0.041	0.093	0.010	0.189	0.046	**0.067**	**0.005**
$\boldsymbol{t}_{13}^{(\mathrm{ATGP})}$	0.106	0.013	0.073	0.006	0.145	0.027	0.098	0.012	0.170	0.037
$\boldsymbol{t}_{14}^{(\mathrm{ATGP})}$	0.141	0.023	0.149	0.027	**0.034**	**0.001**	0.160	0.033	0.063	0.005
$\boldsymbol{t}_{15}^{(\mathrm{ATGP})}$	**0.062**	**0.005**	0.070	0.006	0.099	0.012	0.087	0.012	0.108	0.015
$\boldsymbol{t}_{16}^{(\mathrm{ATGP})}$	0.218	0.050	0.233	0.058	0.112	0.012	0.235	0.061	0.094	0.009
$\boldsymbol{t}_{17}^{(\mathrm{ATGP})}$	0.170	0.032	0.160	0.028	0.066	0.006	0.191	0.043	0.124	0.019
$\boldsymbol{t}_{18}^{(\mathrm{ATGP})}$	0.098	0.012	0.075	0.006	0.105	0.015	0.103	0.013	0.137	0.026
$\boldsymbol{t}_{19}^{(\mathrm{ATGP})}$	0.071	0.008	0.094	0.017	0.154	0.026	0.102	0.020	0.156	0.025
$\boldsymbol{t}_{20}^{(\mathrm{ATGP})}$	0.220	0.058	0.228	0.063	0.099	0.012	0.250	0.077	0.129	0.019
$\boldsymbol{t}_{21}^{(\mathrm{ATGP})}$	0.138	0.024	0.100	0.011	0.142	0.030	0.134	0.022	0.178	0.046
$\boldsymbol{t}_{22}^{(\mathrm{ATGP})}$	0.121	0.017	0.141	0.023	0.071	0.006	0.144	0.026	0.053	0.006

从表 11.5 中我们可以看出，$\boldsymbol{t}_4^{(\mathrm{ATGP})}$、$\boldsymbol{t}_8^{(\mathrm{ATGP})}$、基于 SID 选择的 $\boldsymbol{t}_{12}^{(\mathrm{ATGP})}$（或者基于 SAM 选择的 $\boldsymbol{t}_{22}^{(\mathrm{ATGP})}$）、$\boldsymbol{t}_{14}^{(\mathrm{ATGP})}$ 以及 $\boldsymbol{t}_{15}^{(\mathrm{ATGP})}$ 分别对应于 K、B、M、C 和 A 五种矿物质。从 ATGP 产生的 22 个初始特性元集合 $\{\boldsymbol{t}_j^{(\mathrm{ATGP})}\}_{j=1}^{22}$ 出发，即 $\tilde{\boldsymbol{e}}_j^{(0)}=\bar{\boldsymbol{e}}_j^{(0)}=\boldsymbol{t}_j^{(\mathrm{ATGP})}$，$1\leqslant j\leqslant 22$，分别执行 PPI 和 FIPPI 后得到的结果特性元分布如图 11.11 和图 11.12 所示。

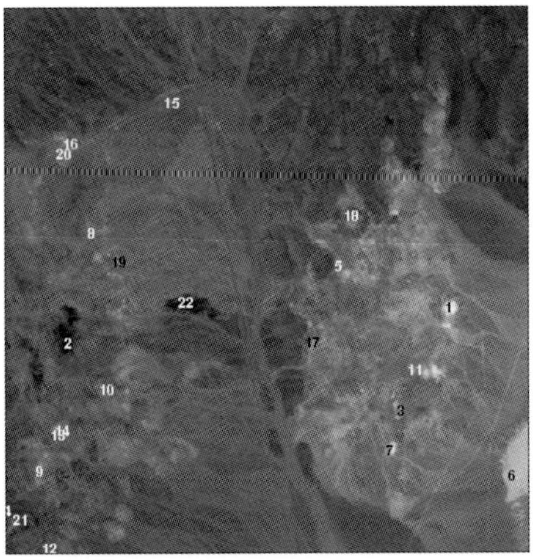

图 11.11　PPI 使用 ATGP 提取的 $\{\boldsymbol{t}_j^{(\mathrm{ATGP})}\}_{j=1}^{22}$ 作为初始化特性元得到 $\{\tilde{\boldsymbol{e}}_j^{(\mathrm{ATGP})}\}_{j=1}^{22}$

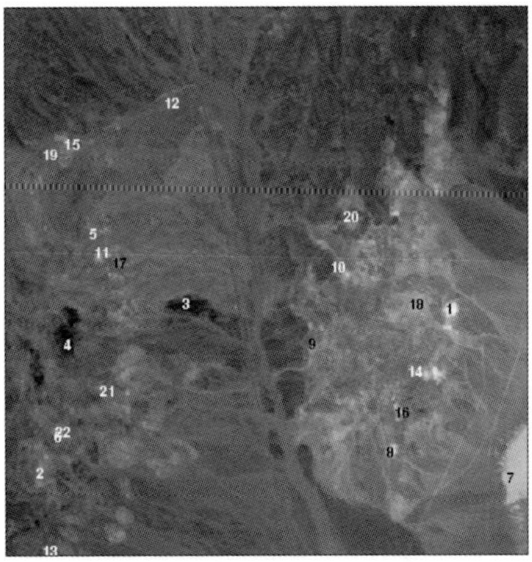

图 11.12　FIPPI 使用 ATGP 提取的 $\{\boldsymbol{t}_j^{(\mathrm{ATGP})}\}_{j=1}^{22}$ 作为初始特性元得到 $\{\bar{\boldsymbol{e}}_j^{(\mathrm{ATGP})}\}_{j=1}^{22}$

表 11.6 和表 11.7 给出了 $\{\tilde{\boldsymbol{e}}_j^{(\mathrm{ATGP})}\}_{j=1}^{22}$ 和 $\{\bar{\boldsymbol{e}}_j^{(\mathrm{ATGP})}\}_{j=1}^{22}$ 与 USGS 光谱库中 5 种真实矿物质光谱之间的 SAM 和 SID 值。

表 11.6　PPI 使用 ATGP 提取的 $\{\boldsymbol{t}_j^{(\mathrm{ATGP})}\}_{j=1}^{22}$ 作为初始特性元得到 $\{\tilde{\boldsymbol{e}}_j^{(\mathrm{ATGP})}\}_{j=1}^{22}$ 与 USGS 光谱库中 5 种矿物质光谱间的 SAM 和 SID 值

	A		B		C		K		M	
	SAM	SID	SAM	SID	SAM	SID	SAM	SID	SAM	SID
$\tilde{\boldsymbol{e}}_1^{(\mathrm{ATGP})}$	0.162	0.035	0.123	0.018	0.156	0.041	0.157	0.030	0.195	0.061
$\tilde{\boldsymbol{e}}_2^{(\mathrm{ATGP})}$	0.155	0.027	0.151	0.024	0.048	0.003	0.174	0.035	0.079	0.009
$\tilde{\boldsymbol{e}}_3^{(\mathrm{ATGP})}$	0.106	0.013	0.073	0.006	0.145	0.027	0.098	0.012	0.170	0.037
$\tilde{\boldsymbol{e}}_4^{(\mathrm{ATGP})}$	0.218	0.050	0.233	0.058	0.112	0.012	0.235	0.061	0.094	0.009
$\tilde{\boldsymbol{e}}_5^{(\mathrm{ATGP})}$	0.130	0.026	0.170	0.044	0.131	0.024	0.154	0.038	0.097	0.015
$\tilde{\boldsymbol{e}}_6^{(\mathrm{ATGP})}$	0.115	0.015	0.094	0.010	0.100	0.014	0.123	0.018	0.134	0.024
$\tilde{\boldsymbol{e}}_7^{(\mathrm{ATGP})}$	0.170	0.037	0.146	0.026	0.275	0.098	0.147	0.025	0.287	0.108
$\tilde{\boldsymbol{e}}_8^{(\mathrm{ATGP})}$	0.114	0.017	0.155	0.034	0.134	0.020	0.153	0.035	0.106	0.013
$\tilde{\boldsymbol{e}}_9^{(\mathrm{ATGP})}$	0.097	0.013	0.119	0.019	0.203	0.054	**0.073**	**0.007**	0.176	0.045
$\tilde{\boldsymbol{e}}_{10}^{(\mathrm{ATGP})}$	0.159	0.031	0.180	0.041	0.093	0.010	0.189	0.046	0.067	**0.005**
$\tilde{\boldsymbol{e}}_{11}^{(\mathrm{ATGP})}$	0.098	0.012	0.075	0.006	0.105	0.015	0.103	0.013	0.137	0.026

续表

	A		B		C		K		M	
	SAM	SID	SAM	SID	SAM	SID	SAM	SID	SAM	SID
$\tilde{e}_{12}^{(ATGP)}$	0.141	0.023	0.149	0.027	**0.034**	**0.001**	0.160	0.033	0.063	0.005
$\tilde{e}_{13}^{(ATGP)}$	0.101	0.011	0.118	0.016	0.098	0.012	0.113	0.015	**0.054**	**0.005**
$\tilde{e}_{14}^{(ATGP)}$	**0.062**	**0.005**	0.070	0.006	0.099	0.012	0.087	0.012	0.108	0.015
$\tilde{e}_{15}^{(ATGP)}$	0.111	0.015	0.119	0.019	0.075	0.007	0.124	0.022	0.085	0.009
$\tilde{e}_{16}^{(ATGP)}$	0.170	0.032	0.160	0.028	0.066	0.006	0.191	0.043	0.124	0.019
$\tilde{e}_{17}^{(ATGP)}$	0.069	0.006	**0.018**	**0.000**	0.158	0.031	0.074	0.007	0.169	0.037
$\tilde{e}_{18}^{(ATGP)}$	0.077	0.009	0.098	0.016	0.090	0.009	0.106	0.020	0.097	0.010
$\tilde{e}_{19}^{(ATGP)}$	0.084	0.008	0.081	0.008	0.080	0.008	0.107	0.015	0.110	0.015
$\tilde{e}_{20}^{(ATGP)}$	0.078	0.010	0.094	0.017	0.154	0.026	0.102	0.020	0.156	0.025
$\tilde{e}_{21}^{(ATGP)}$	0.199	0.042	0.212	0.048	0.087	0.007	0.218	0.053	0.078	0.007
$\tilde{e}_{22}^{(ATGP)}$	0.131	0.020	0.114	0.014	0.073	0.007	0.150	0.026	0.124	0.019

表 11.7　FIPPI 使用 ATGP 提取的 $\{t_j^{(ATGP)}\}_{j=1}^{22}$ 作为初始特性元得到 $\{\bar{e}_j^{(ATGP)}\}_{j=1}^{22}$ 与 USGS 光谱库中 5 种矿物质光谱间的 SAM 和 SID 值

	A		B		C		K		M	
	SAM	SID	SAM	SID	SAM	SID	SAM	SID	SAM	SID
$\bar{e}_{1}^{(ATGP)}$	0.162	0.035	0.123	0.018	0.156	0.041	0.157	0.030	0.195	0.061
$\bar{e}_{2}^{(ATGP)}$	0.097	0.013	0.119	0.019	0.203	0.054	**0.073**	**0.007**	0.176	0.045
$\bar{e}_{3}^{(ATGP)}$	0.170	0.037	0.146	0.026	0.275	0.098	0.147	0.025	0.287	0.108
$\bar{e}_{4}^{(ATGP)}$	0.146	0.024	0.141	0.021	0.043	0.003	0.168	0.032	0.095	0.011
$\bar{e}_{5}^{(ATGP)}$	0.114	0.017	0.155	0.034	0.134	0.020	0.153	0.035	0.106	0.013
$\bar{e}_{6}^{(ATGP)}$	0.101	0.011	0.118	0.016	0.098	0.012	0.113	0.015	0.063	0.008
$\bar{e}_{7}^{(ATGP)}$	0.115	0.015	0.094	0.010	0.100	0.014	0.123	0.018	0.134	0.024
$\bar{e}_{8}^{(ATGP)}$	0.170	0.037	0.146	0.026	0.275	0.098	0.147	0.025	0.287	0.108
$\bar{e}_{9}^{(ATGP)}$	0.069	0.006	**0.018**	**0.000**	0.158	0.031	0.074	0.007	0.169	0.037
$\bar{e}_{10}^{(ATGP)}$	0.130	0.026	0.170	0.044	0.131	0.024	0.154	0.038	0.097	0.015
$\bar{e}_{11}^{(ATGP)}$	**0.036**	**0.002**	0.090	0.011	0.154	0.027	0.081	0.010	0.144	0.025
$\bar{e}_{12}^{(ATGP)}$	0.111	0.015	0.119	0.019	0.075	0.007	0.124	0.022	0.085	0.009
$\bar{e}_{13}^{(ATGP)}$	0.141	0.023	0.149	0.027	**0.034**	**0.001**	0.160	0.033	0.063	0.005
$\bar{e}_{14}^{(ATGP)}$	0.098	0.012	0.075	0.006	0.105	0.015	0.103	0.013	0.137	0.026
$\bar{e}_{15}^{(ATGP)}$	0.170	0.032	0.160	0.028	0.066	0.006	0.191	0.043	0.124	0.019
$\bar{e}_{16}^{(ATGP)}$	0.106	0.013	0.073	0.006	0.145	0.027	0.098	0.012	0.170	0.037
$\bar{e}_{17}^{(ATGP)}$	0.084	0.008	0.081	0.008	0.080	0.008	0.107	0.015	0.110	0.015
$\bar{e}_{18}^{(ATGP)}$	0.158	0.033	0.151	0.031	0.283	0.105	0.135	0.023	0.284	0.106

续表

	A		B		C		K		M	
	SAM	SID	SAM	SID	SAM	SID	SAM	SID	SAM	SID
$\bar{e}_{19}^{(ATGP)}$	0.121	0.017	0.141	0.023	0.071	0.006	0.144	0.026	**0.053**	0.006
$\bar{e}_{20}^{(ATGP)}$	0.077	0.009	0.098	0.016	0.090	0.009	0.106	0.020	0.097	0.010
$\bar{e}_{21}^{(ATGP)}$	0.159	0.031	0.180	0.041	0.093	0.010	0.189	0.046	0.067	**0.005**
$\bar{e}_{22}^{(ATGP)}$	0.062	0.005	0.070	0.006	0.099	0.012	0.087	0.012	0.108	0.015

从表 11.6 和表 11.7 可以看出，大部分 ATGP 提取的初始特性元仍然保留在 PPI 和 FIPPI 的最终特性元集合中。表 11.8 中列出了 ATGP 产生的初始 22 个目标像元和 PPI 最终特性元间的关系，只更换了 3 个目标像元，这表明初始特性元集合 $\{\tilde{e}_j^{(0)}\}_{j=1}^{22}=\{t_j^{(ATGP)}\}_{j=1}^{22}$ 与最终的特性元集合 $\{\tilde{e}_j^{(ATGP)}\}_{j=1}^{22}$ 间有 86.4%的重复率。

表 11.8 PPI 产生的 $\{\tilde{e}_j^{(ATGP)}\}_{j=1}^{22}$ 和 $\{\tilde{e}_j^{(random)}\}_{j=1}^{22}$ 与 ATGP 产生的目标像元 $\{t_j^{(ATGP)}\}_{j=1}^{22}$ 间的对应关系

$\{t_j^{(ATGP)}\}_{j=1}^{22}$		$\{\tilde{e}_j^{(ATGP)}\}_{j=1}^{22}\cap\{t_j^{(ATGP)}\}_{j=1}^{22}$		$\{\tilde{e}_j^{(random)}\}_{j=1}^{22}\cap\{t_j^{(ATGP)}\}_{j=1}^{22}$	
像元	空间坐标	像元	空间坐标	像元	空间坐标
$t_1^{(ATGP)}$	(298,194)	$\tilde{e}_1^{(ATGP)}$	(298,194)	$\tilde{e}_1^{(random)}$	(298,194)
$t_2^{(ATGP)}$	(224,167)	$\tilde{e}_5^{(ATGP)}$	(224,167)	$\tilde{e}_7^{(random)}$	(224,167)
$t_3^{(ATGP)}$	(259,285)	$\tilde{e}_7^{(ATGP)}$	(259,285)	—	—
$t_4^{(ATGP)}$	(24,298)	$\tilde{e}_9^{(ATGP)}$	(24,298)	$\tilde{e}_{12}^{(random)}$	(24,298)
$t_5^{(ATGP)}$	(340,302)	$\tilde{e}_6^{(ATGP)}$	(340,302)	$\tilde{e}_{11}^{(random)}$	(340,302)
$t_6^{(ATGP)}$	(59,145)	$\tilde{e}_8^{(ATGP)}$	(59,145)	$\tilde{e}_9^{(random)}$	(59,145)
$t_7^{(ATGP)}$	(36,275)	$\tilde{e}_{13}^{(ATGP)}$	(36,275)	$\tilde{e}_{17}^{(random)}$	(36,275)
$t_8^{(ATGP)}$	(207,216)	$\tilde{e}_{17}^{(ATGP)}$	(207,216)	$\tilde{e}_{16}^{(random)}$	(207,216)
$t_9^{(ATGP)}$	(233,135)	$\tilde{e}_{18}^{(ATGP)}$	(233,135)	—	—
$t_{10}^{(ATGP)}$	(77,164)	$\tilde{e}_{19}^{(ATGP)}$	(77,164)	—	—
$t_{11}^{(ATGP)}$	(112,62)	$\tilde{e}_{15}^{(ATGP)}$	(112,62)	$\tilde{e}_{13}^{(random)}$	(112,62)
$t_{12}^{(ATGP)}$	(69,246)	$\tilde{e}_{10}^{(ATGP)}$	(69,246)	$\tilde{e}_{10}^{(random)}$	(69,246)
$t_{13}^{(ATGP)}$	(266,260)	$\tilde{e}_3^{(ATGP)}$	(266,260)	$\tilde{e}_6^{(random)}$	(266,260)
$t_{14}^{(ATGP)}$	(30,348)	$\tilde{e}_{12}^{(ATGP)}$	(30,348)	$\tilde{e}_{21}^{(random)}$	(30,348)
$t_{15}^{(ATGP)}$	(39,272)	$\tilde{e}_{14}^{(ATGP)}$	(39,272)	—	—
$t_{16}^{(ATGP)}$	(3,323)	$\tilde{e}_4^{(ATGP)}$	(3,323)	—	—
$t_{17}^{(ATGP)}$	(45,88)	$\tilde{e}_{16}^{(ATGP)}$	(45,88)	—	—
$t_{18}^{(ATGP)}$	(275,234)	$\tilde{e}_{11}^{(ATGP)}$	(275,234)	$\tilde{e}_{14}^{(random)}$	(275,234)
$t_{19}^{(ATGP)}$	(41,95)	$\tilde{e}_{20}^{(ATGP)}$	(41,95)	—	—

续表

$\{t_j^{(ATGP)}\}_{j=1}^{22}$		$\{\tilde{e}_j^{(ATGP)}\}_{j=1}^{22} \cap \{t_j^{(ATGP)}\}_{j=1}^{22}$		$\{\tilde{e}_j^{(random)}\}_{j=1}^{22} \cap \{t_j^{(ATGP)}\}_{j=1}^{22}$	
像元	空间坐标	像元	空间坐标	像元	空间坐标
$t_{20}^{(ATGP)}$	(348,98)	—	—	—	—
$t_{21}^{(ATGP)}$	(302,195)	—	—	—	—
$t_{22}^{(ATGP)}$	(31,95)	—	—	—	—

同样，表 11.9 列出了 ATGP 产生的 22 个初始目标像元和 FIPPI 最终特性元间的关系，只有 4 个目标像元被更换，这表明初始特性元集合$\{\bar{e}_j^{(0)}\}_{j=1}^{22}=\{t_j^{(ATGP)}\}_{j=1}^{22}$与最终的特性元集合$\{\bar{e}_j^{(ATGP)}\}_{j=1}^{22}$间有 82.8%的重复率。

表 11.9　FIPPI 产生的$\{\bar{e}_j^{(ATGP)}\}_{j=1}^{22}$和$\{\bar{e}_j^{(random)}\}_{j=1}^{22}$与 ATGP 产生的目标像元$\{t_j^{(ATGP)}\}_{j=1}^{22}$间的对应关系

$\{t_j^{(ATGP)}\}_{j=1}^{22}$		$\{\bar{e}_j^{(ATGP)}\}_{j=1}^{22} \cap \{t_j^{(ATGP)}\}_{j=1}^{22}$		$\{\bar{e}_j^{(random)}\}_{j=1}^{22} \cap \{t_j^{(ATGP)}\}_{j=1}^{22}$	
像元	空间坐标	像元	空间坐标	像元	空间坐标
$t_1^{(ATGP)}$	(298,194)	$\bar{e}_1^{(ATGP)}$	(298,194)	$\bar{e}_1^{(random)}$	(298,194)
$t_2^{(ATGP)}$	(224,167)	$\bar{e}_{10}^{(ATGP)}$	(224,167)	$\bar{e}_6^{(random)}$	(224,167)
$t_3^{(ATGP)}$	(259,285)	$\bar{e}_8^{(ATGP)}$	(259,285)	$\bar{e}_3^{(random)}$	(259,285)
$t_4^{(ATGP)}$	(24,298)	$\bar{e}_2^{(ATGP)}$	(24,298)	$\bar{e}_{14}^{(random)}$	(24,298)
$t_5^{(ATGP)}$	(340,302)	$\bar{e}_7^{(ATGP)}$	(340,302)	$\bar{e}_7^{(random)}$	(340,302)
$t_6^{(ATGP)}$	(59,145)	$\bar{e}_5^{(ATGP)}$	(59,145)	$\bar{e}_{10}^{(random)}$	(59,145)
$t_7^{(ATGP)}$	(36,275)	$\bar{e}_6^{(ATGP)}$	(36,275)	$\bar{e}_{20}^{(random)}$	(36,275)
$t_8^{(ATGP)}$	(207,216)	$\bar{e}_9^{(ATGP)}$	(207,216)	$\bar{e}_{18}^{(random)}$	(207,216)
$t_9^{(ATGP)}$	(233,135)	$\bar{e}_{20}^{(ATGP)}$	(233,135)	—	—
$t_{10}^{(ATGP)}$	(77,164)	$\bar{e}_{17}^{(ATGP)}$	(77,164)	—	—
$t_{11}^{(ATGP)}$	(112,62)	$\bar{e}_{12}^{(ATGP)}$	(112,62)	$\bar{e}_{16}^{(random)}$	(112,62)
$t_{12}^{(ATGP)}$	(69,246)	$\bar{e}_{21}^{(ATGP)}$	(69,246)	$\bar{e}_{12}^{(random)}$	(69,246)
$t_{13}^{(ATGP)}$	(266,260)	$\bar{e}_{16}^{(ATGP)}$	(266,260)	$\bar{e}_8^{(random)}$	(266,260)
$t_{14}^{(ATGP)}$	(30,348)	$\bar{e}_{15}^{(ATGP)}$	(30,348)	$\bar{e}_{15}^{(random)}$	(30,348)
$t_{15}^{(ATGP)}$	(39,272)	$\bar{e}_{22}^{(ATGP)}$	(39,272)	—	—
$t_{16}^{(ATGP)}$	(3,323)	—	—	—	—
$t_{17}^{(ATGP)}$	(45,88)	$\bar{e}_{15}^{(ATGP)}$	(45,88)	—	—
$t_{18}^{(ATGP)}$	(275,234)	$\bar{e}_{14}^{(ATGP)}$	(275,234)	$\bar{e}_{13}^{(random)}$	(275,234)
$t_{19}^{(ATGP)}$	(41,95)	—	—	—	—
$t_{20}^{(ATGP)}$	(348,98)	—	—	—	—
$t_{21}^{(ATGP)}$	(302,195)	—	—	—	—
$t_{22}^{(ATGP)}$	(31,95)	$\bar{e}_{19}^{(ATGP)}$	(31,95)	—	—

11.6.3 实验 3（实验 1 和实验 2 结果的综合对比）

实验 1 中使用随机方法初始化投影向量，实验 2 中使用 ATGP 算法初始化投影向量，将 PPI 和 FIPPI 在两种情况下得到的最终特性元集合进行进一步对比。表 11.8 和表 11.9 表明在 $\{t_j^{(ATGP)}\}_{j=1}^{22}$、$\{\tilde{e}_j^{(ATGP)}\}_{j=1}^{22}$ 和 $\{\bar{e}_j^{(ATGP)}\}_{j=1}^{22}$ 之间有超过 50% 的特性元重复率。PPI 使用 $\{t_j^{(ATGP)}\}_{j=1}^{22}$ 作为初始特性元得到的 $\{\tilde{e}_j^{(ATGP)}\}_{j=1}^{22}$ 中有 19 个相同，FIPPI 使用 $\{t_j^{(ATGP)}\}_{j=1}^{22}$ 作为初始特性元得到的 $\{\bar{e}_j^{(ATGP)}\}_{j=1}^{22}$ 中有 18 个相同。图 11.13 进一步给出了 3 个集合 $\{t_j^{(ATGP)}\}_{j=1}^{22}$、$\{\tilde{e}_j^{(random)}\}_{j=1}^{22}$ 和 $\{\tilde{e}_j^{(ATGP)}\}_{j=1}^{22}$ 间的关系，分别用"×""○"和"+"标识，图 11.14 给出了集合 $\{t_j^{(ATGP)}\}_{j=1}^{22}$、$\{\bar{e}_j^{(random)}\}_{j=1}^{22}$ 和 $\{\bar{e}_j^{(ATGP)}\}_{j=1}^{22}$ 间的关系，分别用"×""○"和"+"标识。

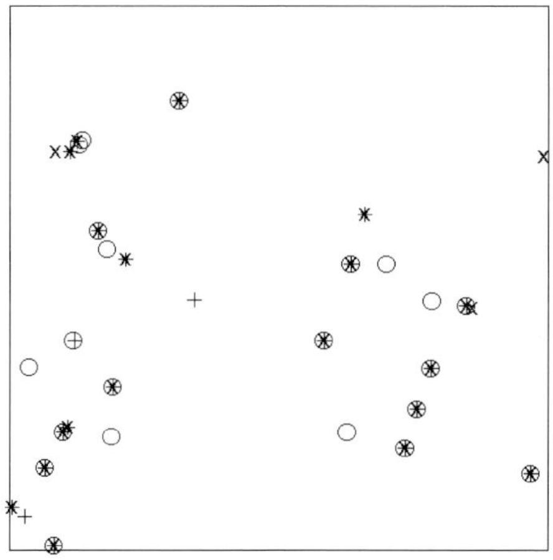

图 11.13 3 个集合元素的空间位置：$\{t_j^{(ATGP)}\}_{j=1}^{22}$ 用"×"标识，$\{\tilde{e}_j^{(random)}\}_{j=1}^{22}$ 用"○"标识，$\{\tilde{e}_j^{(ATGP)}\}_{j=1}^{22}$ 用"+"标识

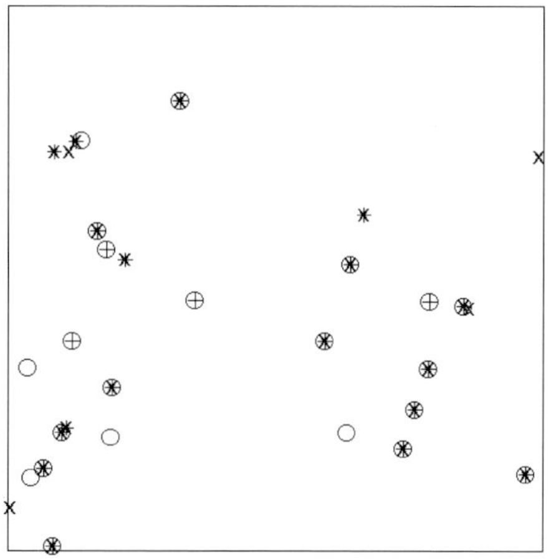

图 11.14 3 个集合元素的空间位置：$\{t_j^{(ATGP)}\}_{j=1}^{22}$ 用"×"标识，$\{\bar{e}_j^{(random)}\}_{j=1}^{22}$ 用"○"标识，$\{\bar{e}_j^{(ATGP)}\}_{j=1}^{22}$ 用"+"标识

根据表 11.8 和表 11.9 和在图 11.7(b)中的真实地物分布图，与{**A**,**B**,**C**,**K**,**M**}相关的光谱特性元在上述 5 个集合中分别对应 $\{\tilde{e}_{10}^{(random)},\tilde{e}_{12}^{(random)},\tilde{e}_{16}^{(random)},\tilde{e}_{20}^{(random)},\tilde{e}_{21}^{(random)}\}$，$\{\bar{e}_{12}^{(random)},\bar{e}_{14}^{(random)},\bar{e}_{15}^{(random)},\bar{e}_{18}^{(random)},\bar{e}_{22}^{(random)}\}$，$\{\tilde{e}_{9}^{(ATGP)},\tilde{e}_{10}^{(ATGP)},\tilde{e}_{12}^{(ATGP)},\tilde{e}_{14}^{(ATGP)},\tilde{e}_{17}^{(ATGP)}\}$，$\{\bar{e}_{2}^{(ATGP)},\bar{e}_{9}^{(ATGP)},\bar{e}_{13}^{(ATGP)},\bar{e}_{21}^{(ATGP)},\bar{e}_{22}^{(ATGP)}\}$ 和 $\{t_4^{(ATGP)},t_8^{(ATGP)},t_{12}^{(ATGP)},t_{14}^{(ATGP)},t_{15}^{(ATGP)}\}$。

根据图 11.13 和图 11.14 提供的特性元位置可知：

$$\tilde{e}_{10}^{(random)}=\bar{e}_{12}^{(random)}=\tilde{e}_{10}^{(ATGP)}=\bar{e}_{21}^{(ATGP)}=t_{12}^{(ATGP)}=\boldsymbol{M}$$

$$\tilde{e}_{12}^{(random)}=\bar{e}_{14}^{(random)}=\tilde{e}_{9}^{(ATGP)}=\bar{e}_{2}^{(ATGP)}=t_{4}^{(ATGP)}=\boldsymbol{K}$$

$$\tilde{e}_{16}^{(random)}=\bar{e}_{18}^{(random)}=\tilde{e}_{17}^{(ATGP)}=\bar{e}_{9}^{(ATGP)}=t_{8}^{(ATGP)}=\boldsymbol{B}$$

$$\tilde{\boldsymbol{e}}_{21}^{(\text{random})}=\bar{\boldsymbol{e}}_{15}^{(\text{random})}=\tilde{\boldsymbol{e}}_{12}^{(\text{ATGP})}=\bar{\boldsymbol{e}}_{13}^{(\text{ATGP})}=\boldsymbol{t}_{14}^{(\text{ATGP})}=\boldsymbol{C}$$

说明：矿物质 A 在两个特性元位置出现，分别是 $\tilde{\boldsymbol{e}}_{20}^{(\text{random})}=\bar{\boldsymbol{e}}_{22}^{(\text{random})}=\boldsymbol{A}$ 和 $\tilde{\boldsymbol{e}}_{14}^{(\text{ATGP})}=\bar{\boldsymbol{e}}_{22}^{(\text{ATGP})}=\boldsymbol{t}_{15}^{(\text{ATGP})}=\boldsymbol{A}$。

另一个重要发现，当以 $\{\boldsymbol{t}_j^{(\text{ATGP})}\}_{j=1}^{22}$ 作为初始特性元集合时，其与结果特性元集合 $\{\tilde{\boldsymbol{e}}_j^{(\text{ATGP})}\}_{j=1}^{22}$ 和 $\{\bar{\boldsymbol{e}}_j^{(\text{ATGP})}\}_{j=1}^{22}$ 之间的差别仅仅出现在结果的结尾部分，如表 11.8 和表 11.9 所示。

另外，以 $\{\boldsymbol{t}_j^{(\text{ATGP})}\}_{j=1}^{22}$ 作为初始特性元集合时，PPI 算法的计算复杂性明显降低，因为只需要替换少量特性元。如，使用 ATGP 初始特性元集合的 PPI 算法耗时 13 min，其中将近 8 min用于计算 $\{\boldsymbol{t}_j^{(\text{ATGP})}\}_{j=1}^{22}$，5 min 用于算法收敛。由此可以得到以下结论：以 ATGP 提取的目标像元作为初始特性元集合可以加速 PPI 算法的收敛速度，因为大多数目标像元即是潜在特性元。表 11.10 给出了 PPI 和 FIPPI 使用随机方法初始化以及 ATGP 初始化时算法的运行时间和迭代次数，括号内的数字是真正执行替换的迭代次数。

表 11.10　PPI 和 FIPPI 使用不同初始化方法时的迭代次数和运行时间，其中 ATGP 生成 $\{\boldsymbol{t}_j^{(\text{ATGP})}\}_{j=1}^{22}$ 耗时 482 s

PPI				FIPPI			
初始化设置 随机特性元 $\{\tilde{\boldsymbol{e}}_j^{(0)}\}_{j=1}^{22}$		初始化设置 ATGP 目标像元 $\{\boldsymbol{t}_j^{(\text{ATGP})}\}_{j=1}^{22}$		初始化设置 随机特性元 $\{\bar{\boldsymbol{e}}_j^{(0)}\}_{j=1}^{22}$		初始化设置 ATGP 目标像元 $\{\boldsymbol{t}_j^{(\text{ATGP})}\}_{j=1}^{22}$	
迭代次数	运行时间(s)	迭代次数	运行时间(s)	迭代次数	运行时间(s)	迭代次数	运行时间(s)
10^4	3 052	3 146 (3)	963	990	306	814 (4)	248

由表 11.10 可知，用 ATGP 方法初始化特性元集合，相当程度地减少了 PPI 算法和 FIPPI 算法的迭代过程，也极大地降低了运行时间，执行过程中实际的替换迭代次数非常少(PPI 算法 3 次，FIPPI 算法 4 次)。另外，无论使用什么初始化方法，FIPPI 算法的性能都明显优于 PPI 算法。

11.7　本章小结

像元纯度指数算法(PPI)(Boardman，1994)是一个经典的特性元提取算法，本章提出的快速迭代像元纯度指数算法(FIPPI)，与 PPI 算法存在以下几点不同：首先，FIPPI 算法使用虚拟维度(VD)(Chang et al.，2004)算法估计特性元数量，取代了 PPI 中的两个参数 K 和 τ，并通过循环规则不断优化特性元集合，直到满足停止条件。其次，FIPPI 算法充分利用 ATGP 算法初始化特性元集合，明显减少了迭代次数和特性元替换次数，节省了大量计算时间。实际上，初始化算法 ATGP 可以替换为任意的特性元寻找算法。另外，FIPPI 算法的执行可以自动完成，PPI 算法需要人为介入。最后，PPI 的每次运行结果不一致，FIPPI 可以获得稳定的特性元集合。这些明显的优势都使 FIPPI 算法比 PPI 算法在实际应用中更加实用。

参 考 文 献

BOARDMAN J, 1994. Geometric mixture analysis of imaging spectrometry data[C]// Proceedings of IGARSS '94 - 1994 IEEE International Geoscience and Remote Sensing Symposium, Pasadena, CA, USA, 4: 2369-2371.

CHANG C, 2013. Hyperspectral data processing: Algorithm design and analysis[M]. New York: John Wiley & Sons, Inc.

CHANG C, 2016. Real-time progressive hyperspectral image processing: Endmember finding and anomaly detection[M]. New York: Springer International Publishing.

CHANG C, DU Q, 2004. Estimation of number of spectrally distinct signal sources in hyperspectral imagery[J]. IEEE Transactions on Geoscience and Remote Sensing, 42(3): 608-619.

CHANG C, PLAZA A, 2006a. A fast iterative algorithm for implementation of pixel purity index[J]. IEEE Geoscience and Remote Sensing Letters, 3(1): 63-67.

CHANG C, WU C, LIU W, et al., 2006b. A new growing method for simplex-based endmember extraction algorithm[J]. IEEE Transactions on Geoscience and Remote Sensing, 44(10): 2804-2819.

GREEN A, 1988. A transformation for ordering multispectral data in terms of image quality with implications for noise removal[J]. IEEE Transactions on Geoscience and Remote Sensing: 26.

HARSANYI J, CHANG C, 1994. Hyperspectral image classification and dimensionality reduction: An orthogonal subspace projection approach[J]. IEEE Transactions on Geoscience and Remote Sensing, 32(4): 779-785.

NASCIMENTO J, BIOUCAS-DIAS J, 2005. Vertex component analysis: a fast algorithm to unmix hyperspectral data[J]. IEEE Transactions on Geoscience and Remote Sensing, 43(4): 898-910.

REN H, CHANG C, 2003. Automatic spectral target recognition in hyperspectral imagery[J]. IEEE Transactions on Aerospace and Electronic Systems, 39(4): 1232-1249.

第 12 章　PPI、ATGP 和 VCA 之间的关系

第 11 章介绍了像元纯度指数(pixel purity index,PPI)(Boardman,1994)、自动目标产生过程(automatic target generation process,ATGP)(Ren et al.,2003)及顶点成分分析(vertex component analysis,VCA)(Nascimento et al.,2005)三种基于正交投影的算法,用于寻找混合分析中的特性元。三者具有密切的联系,主要差异在于初始条件和降维转换方式的不同。本章将详细介绍它们之间的关系,讨论其设计理念上的差异,进一步说明 ATGP 算法和 VCA 算法的一致性,二者都从连续正交子空间投影序列中找出具有最大正交投影的目标。

12.1　简　　介

近年来,高光谱领域已经开发设计出很多种特性元寻找算法(endmember finding algorithm,EFA)。早期的像元纯度指数(PPI)算法(Boardman,1994),已经嵌入可视化图像软件工具 ENVI 中,成为最受欢迎的算法之一。像元纯度指数算法基于凸体几何概念设计,两点连接的线段可看作一种特殊的凸面体,其两个端点为纯净点,线段上的其他点通过两个端点以适当比例混合获得。

PPI 首先随机产生一组单位向量,用其作为所有样本向量的投影基向量,样本向量投影后落在基向量端点上的次数定义为 PPI 指数,用来确定样本向量是否为特性元向量。理论上,样本向量的 PPI 指数愈高,就愈可能是特性元向量。在执行 PPI 过程中有几个问题需要讨论:①投影向量的数量必须够大,足以覆盖特性元向量正交投影时所有可能的随机方向(一般来说并没有确定该数量值的特定准则,须通过不断试错获得),否则许多数据样本向量会被错误地提取为最终特性元;②所有大于 PPI 指数阈值的样本向量都看作特性元,可能会找出大量属于同类的样本向量,导致后续图像分析混乱;③需要人为介入调整阈值以抑制 PPI 指数,不同的使用者可能会产生不同的结果。Nascimento 等(2005)并没有将其开发的顶点成分分析(VCA)算法定义为 PPI 的变体,但是该方法也使用了 PPI 的投影向量概念。VCA 生成一系列高斯随机变量作为初始条件,依序产生投影向量,然后将样本向量正交投影到这些渐进的投影向量集上。从算法执行层面,VCA 可看作 PPI 的渐进版本,即 PPI 是通过同时对所有数据样本向量的 PPI 指数进行阈值处理找出所有特性元,而 VCA 则是渐进产生投影向量,一次迭代只找出一个特性元。由于 VCA 使用了 PPI 的投影向量概念,也具有与 PPI 相同的缺点,即需要大量随机投影向量尽可能覆盖特性元的方向。除此之外,Ren

等(2003)设计了一种自动目标产生过程(ATGP)方法,也使用正交投影的概念,通过一系列渐进的正交投影找到感兴趣目标。如第 11 章所述,由 ATGP 生成的目标大多最终都是特性元。从这个角度来看,PPI、VCA 和 ATGP 等方法属于同一个理论分支(Chang et al.,2013)。

12.2 基于正交投影的特性元寻找方法

使用正交原理导出的正交投影算法 PPI、VCA 和 ATGP 只是表现形式不同,但本质相同。正交投影是统计信号处理中最广泛使用的概念之一,在均方误差(mean squares error)或最小二乘误差方法(least squares error)中扮演关键角色(Poor,1994),它意味着任何的新信息必须从均方误差或最小平方误差的角度正交于已知信息,或正交于由已知信息推导得到的信息。

PPI、VCA 和 ATGP 三种算法都使用正交投影概念寻找特性元,但是它们之间的关系却未得到充分分析,本章以下的内容就从正交投影角度重新对其进行解释。

12.3 PPI、VCA 和 ATGP 之间的关系

PPI 的思想简单直观,它假设对于一个给定的投影向量,特性元在向其正交投影后应该落在端点位置,即特性元具有最大或最小正交投影量。但关键问题是如何找到“合适”的投影向量呢?在没有关于特性元先验知识的前提下,最好的方式是随机产生足够多的投影向量,以便包含所谓“合适”的投影向量。故算法首先随机产生一系列单位向量作为投影向量,然后计算所有样本向量投影为端点的次数,称其为 PPI。样本向量的 PPI 越高,就越可能成为特性元。该方法在理想情况下可以产生理想的结果,但实际执行中会遇到两个主要问题:①需要足够数量的投影向量,带来巨大运算量;②如何决定 PPI 的阈值来产生所需的特性元。实际使用中,这两个问题的处理都并不容易。

ATGP 是在没有先验信息的情况下,找出感兴趣目标。通过重复正交投影操作,找到在已有目标扩展空间的正交子空间中的最大投影量,产生目标序列。实验表明,ATGP 找到的目标像元大多是特性元,因为 ATGP 使用了与 PPI 相同的 OP 概念。二者主要区别有两点:①PPI 需要大量投影向量来找到最大或最小的正交投影量,ATGP 是依次从正交投影子空间的最大投影中找到感兴趣目标,即 PPI 是同时提取所有特性元,ATGP 是顺次提取特性元;②PPI 利用随机投影向量发现所有可能方向上的特性元,而 ATGP 是采用确定的方法搜索特性元,即在已有目标的正交投影子空间中寻找可能的候选目标。

VCA 利用高斯随机向量替换 PPI 中的随机向量,重复执行正交投影以产生一个子空间序列,将其中具有最大投影的样本作为特性元。除了使用高斯投影向量产生初始特性元外,VCA 还有两个方面与 PPI 不同:①VCA 不需要大量高斯投影向量,但需要特性元数目作为先验信息;②VCA 是一个渐次特性元寻找算法,可以看作 PPI 算法的序列化版本。下一节

的内容，说明 ATGP 衔接了 PPI 和 VCA。

12.3.1 PPI 和 ATGP 之间的关系

正如引言中指出的，PPI 和 ATGP 利用相同的原则寻找感兴趣目标或特性元。下面，我们进行逐项比较研究。

（1）降维：PPI 需要降维算法来降低计算复杂度，ATGP 则不需要。

（2）初始化过程：PPI 需要随机初始化过程获得投影向量，ATGP 以最大长度的样本作为确定性初始化条件。

（3）对每个投影向量（$\boldsymbol{skewer}_k$），PPI 计算所有样本向量的正交投影，即 $(\boldsymbol{skewner}_k)^{\mathrm{T}}\boldsymbol{x}$，$\boldsymbol{x}\in\boldsymbol{X}$，计算最大和最小投影，分别定义为 $\max(\boldsymbol{skewner}_k)$ 和 $\min(\boldsymbol{skewner}_k)$。由此计算每个 $\boldsymbol{x}\in\boldsymbol{X}$ 样本的 PPI，对应 $(\boldsymbol{skewner}_k)^{\mathrm{T}}\boldsymbol{x}=\max(\boldsymbol{skewner}_k)$ 或是 $(\boldsymbol{skewner}_k)^{\mathrm{T}}\boldsymbol{x}=\min(\boldsymbol{skewner}_k)$ 的情况。需要注意的是，PPI 执行的正交投影可以沿着投影向量的方向或相反方向，决定了投影后的最大值和最小值。ATGP 每次搜索新特性元时需要找到最大的正交投影长度，投影结果非负。与 PPI 相比，ATGP 在递减的正交投影子空间序列中寻找目标 $\boldsymbol{t}^{(k)}$，即 $<\boldsymbol{U}^{(0)}>^{\perp}\supset<\boldsymbol{U}^{(1)}>^{\perp}\supset\cdots\supset<\boldsymbol{U}^{(k)}>^{\perp}$。

（4）需要一个适当的阈值限制 PPI 以产生所有特性元，但并没有给出该阈值的选择标准。ATGP 依次产生感兴趣目标，直至目标总数达到所需数量。故 PPI 可看作同步式的特性元寻找算法，而 ATGP 是序列式的特性元寻找算法。

Chang 等（2006a）和 Plaza 等（2006）在研究中并未提及上述 PPI 和 ATGP 间的关系，但是从实验结果可知，PPI 选择的特性元与 ATGP 的选择结果大致相同。

12.3.2 PPI 和 VCA 之间的关系

PPI 和 VCA 之间的关系比上述 PPI 和 ATGP 之间的关系更为紧密。

（1）降维：VCA 和 PPI 都要求降维，PPI 用主成分分析或最小噪声分离降维，VCA 用奇异值分解降维。

（2）初始化过程：PPI 以随机方式产生单位向量作为初始投影向量，VCA 使用高斯随机向量产生投影向量。

（3）PPI 同时产生所有方向上的投影向量，VCA 在正交投影子空间序列中渐次产生期望目标，投影空间逐渐降低维度，可用 $<\boldsymbol{A}^{(0)}>^{\perp}\supset<\boldsymbol{A}^{(1)}>^{\perp}\supset\cdots\supset<\boldsymbol{A}^{(k)}>^{\perp}$ 表示。

（4）PPI 中的投影向量（$\boldsymbol{skewer}_k$）与 VCA 中的 $\boldsymbol{f}^{(k)}$ 作用相同，只是 PPI 使用随机方式同时产生投影向量，VCA 是使用高斯变量初始化算法依次产生投影向量。

（5）$(\boldsymbol{skewer}_k)^{\mathrm{T}}\boldsymbol{x}$ 方式所产生的正交投影概念与 $(\boldsymbol{f}^{(k)})^{\mathrm{T}}\boldsymbol{x}$ 方式相同。

（6）PPI 以 $(\boldsymbol{skewer}_n)^{\mathrm{T}}\boldsymbol{x}$ 方式对所有投影向量同时寻找特性元，VCA 则是以 $(\boldsymbol{f}^{(k)})^{\mathrm{T}}\boldsymbol{x}$ 的方式，按照 $\boldsymbol{f}^{(0)},\boldsymbol{f}^{(1)},\cdots,\boldsymbol{f}^{(k)}$ 渐次寻找特性元。

（7）对每个样本向量 $\boldsymbol{x}$，PPI 首先分别找出 $\boldsymbol{x}$ 在投影向量上的最大投影和最小投影次数，我们可以用下列方式来表示：

$$n_{\max}(\boldsymbol{x}) = \boldsymbol{x}\text{ 产生最大投影的向量数} = \#\{\boldsymbol{skewer}_k \mid (\boldsymbol{skewer}_k)^{\mathrm{T}}\boldsymbol{x} \geqslant (\boldsymbol{skewer}_k)^{\mathrm{T}}\boldsymbol{y}, \boldsymbol{y} \in \boldsymbol{X}\}$$

与

$$n_{\min}(\boldsymbol{x}) = \boldsymbol{x}\text{ 产生最小投影的向量数} = \#\{\boldsymbol{skewer}_k \mid (\boldsymbol{skewer}_k)^{\mathrm{T}}\boldsymbol{x} \leqslant (\boldsymbol{skewer}_k)^{\mathrm{T}}\boldsymbol{y}, \boldsymbol{y} \in \boldsymbol{X}\}$$

再计算向量 $\boldsymbol{x}$ 的 $N_{\mathrm{PPI}}(\boldsymbol{x}) = n_{\max}(\boldsymbol{x}) + n_{\min}(\boldsymbol{x})$，最后利用一个阈值产生特性元。VCA 则是通过正交子空间投影最大原则一次找出一个 $\boldsymbol{e}^{(k)}$。

12.3.3 ATGP 和 VCA 之间的关系

ATGP 和 VCA 非常相似，可以从以下 3 点解释说明。

(1) 降维：VCA 用奇异值分解方法降维，ATGP 不需要。用 $\boldsymbol{r}$ 和 $\hat{\boldsymbol{x}}$ 分别表示原始数据空间的样本向量和降维后空间中的样本向量。

(2) ATGP 是用 $(\boldsymbol{P}_{\boldsymbol{U}^{(k-1)}}^{\perp}\boldsymbol{r})^{\mathrm{T}}(\boldsymbol{P}_{\boldsymbol{U}^{(k-1)}}^{\perp}\boldsymbol{r})$ 产生最大投影量，VCA 是以式(12.1) 来产生最大投影量：

$$(\boldsymbol{f}^{(k)})^{\mathrm{T}}\hat{\boldsymbol{x}} = [\boldsymbol{P}_{\boldsymbol{A}^{(k-1)}}^{\perp}\boldsymbol{w}^{(k)}] / (\|\boldsymbol{P}_{\boldsymbol{A}^{(k-1)}}^{\perp}\boldsymbol{w}^{(k)}\|)^{\mathrm{T}}\hat{\boldsymbol{x}} \tag{12.1}$$

即 ATGP 是以 $\boldsymbol{P}_{\boldsymbol{U}^{(k-1)}}^{\perp}$ 产生最大投影，与 VCA 以 $\boldsymbol{P}_{\boldsymbol{A}^{(k-1)}}^{\perp}$ 处理的概念相似，二者间区别是 VCA 在 $\boldsymbol{f}^{(k)}$ 中使用随机方式产生高斯向量 $\boldsymbol{w}^{(k)}$ 后，再对样本向量 $\boldsymbol{r}$ 进行运算，而 ATGP 则是直接以 $(\boldsymbol{P}_{\boldsymbol{U}^{(k-1)}}^{\perp}\boldsymbol{r})^{\mathrm{T}}(\boldsymbol{P}_{\boldsymbol{U}^{(k-1)}}^{\perp}\boldsymbol{r})$ 对样本向量 $\boldsymbol{r}$ 进行运算。所以我们如果将式(12.1) 中的 $\boldsymbol{w}^{(k)}$ 取代成 $\hat{\boldsymbol{x}}$，如式(12.2) 所示，则 VCA 即可视为 ATGP 的变形。

$$(\boldsymbol{f}^{(k)})^{\mathrm{T}}\hat{\boldsymbol{x}} = [\boldsymbol{P}_{\boldsymbol{A}^{(k-1)}}^{\perp}\hat{\boldsymbol{x}}] / (\|\boldsymbol{P}_{\boldsymbol{A}^{(k-1)}}^{\perp}\hat{\boldsymbol{x}}\|)^{\mathrm{T}}\hat{\boldsymbol{x}} \tag{12.2}$$

(3) ATGP 以式(12.3) 方式产生感兴趣的目标序列：

$$\{\boldsymbol{t}^{(0)}\} \subset \{\boldsymbol{t}^{(0)}, \boldsymbol{t}^{(1)}\} \subset \cdots \subset \{\boldsymbol{t}^{(0)}, \boldsymbol{t}^{(1)}, \cdots, \boldsymbol{t}^{(k)}\} \tag{12.3}$$

由式(12.3) 中的目标序列正交产生的投影子空间序列如式(12.4) 所示。

$$<\boldsymbol{t}^{(0)}>^{\perp} \supset <\boldsymbol{t}^{(0)}, \boldsymbol{t}^{(1)}>^{\perp} \supset \cdots \supset <\boldsymbol{t}^{(0)}, \boldsymbol{t}^{(1)}, \cdots, \boldsymbol{t}^{(k)}>^{\perp} \tag{12.4}$$

与 ATGP 相比，VCA 也产生了一个特性元序列，如式(12.5)：

$$\{\boldsymbol{e}^{(0)}\} \subset \{\boldsymbol{e}^{(0)}, \boldsymbol{e}^{(1)}\} \subset \cdots \subset \{\boldsymbol{e}^{(0)}, \boldsymbol{e}^{(1)}, \cdots, \boldsymbol{e}^{(k)}\} \tag{12.5}$$

从式(12.5) 产生的特性元序列正交投影子空间，也可以视为与 ATGP 情况相同，如式(12.6) 所示。

$$<\boldsymbol{A}^{(0)}>^{\perp} \supset <\boldsymbol{A}^{(1)}>^{\perp} \supset \cdots \supset <\boldsymbol{A}^{(k)}>^{\perp} \tag{12.6}$$

VCA 方法会遇到与 PPI 一样的问题，即利用随机方式初始化会导致端元成分的不确定性。为了解决此问题，就像 PPI 需要大量的初始投影向量一样，VCA 需要足够多的顶点，才能产生可靠的统计数据，导致产生过多的无用顶点。PPI 通过可视化工具让使用者介入寻找合适数量的样本向量顶点，缓解该问题，VCA 并未给出解决方法。在上一章提出的快速迭代 PPI (fast iterative PPI，FIPPI)方法中引进 ATGP 概念(本章称其为 ATGP-PPI)，可以一定程度缓解该问题，类似解决方式也可用于 VCA，称为 ATGP-VCA。

PPI、ATGP 和 VCA，以及 ATGP-PPI 与 ATGP-VCA 之间的关系可用图 12.1 来说明。PPI 和 VCA 都可以利用 ATGP 初始化，以产生确定性特性元集合。

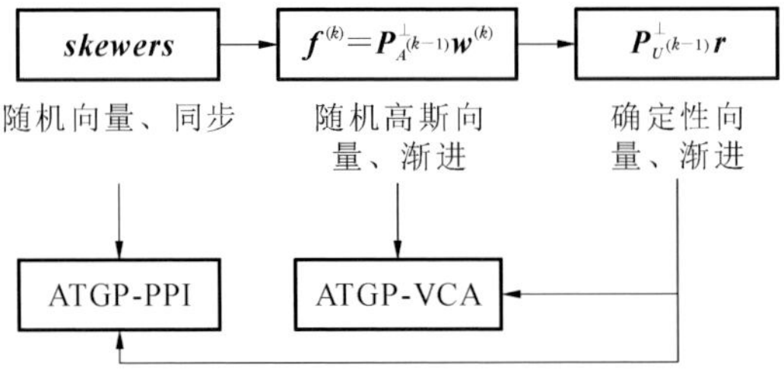

图 12.1　PPI、VCA 与 ATGP 三者之间的关系

12.4　实验比较和分析

选择实际的 HYDICE 图像、AVIRIS Cuprite 图像和仿真的 TI2 图像，对上述方法进行全面比较和分析。仿真图像 TI1 图像中没有噪声，TI3 图像中的特性元被高斯噪声污染过，只有 TI2 可以模拟同时具有噪声和纯像元的情况。

HYDICE 图像数据如第 1 章所描述，如图 12.2 所示。另外，一共使用 4 组与 AVIRIS Cuprite 相关的图像数据集进行 ATGP、PPI 和 VCA 的实验比较和分析。两组来源于实际 AVIRIS Cuprite 图像，分别为反射率图像和辐射值图像，如图 12.3(a)～(d)所示。另外两组是由 A、B、C、K 和 M 五种矿物质的反射率光谱和辐射值光谱，以及混合背景光谱构成的 TI2 图像。

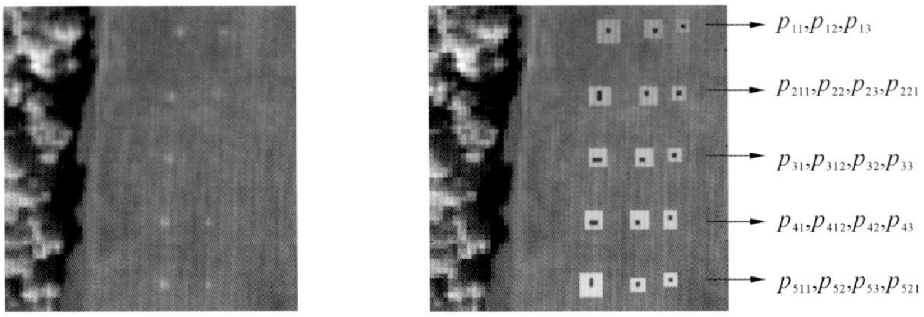

(a) 包含15个面板的HYDICE图像　　(b) 15个面板的真实分布情况

图 12.2　HYDICE 图像

利用这 5 组数据集设计实验，展示 ATGP、PPI 和 VCA 产生的结果。

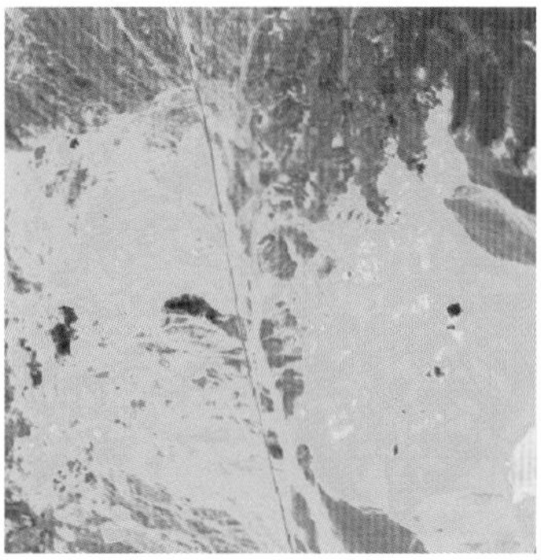

(a) AVIRIS Cuprite图像的第170个波段

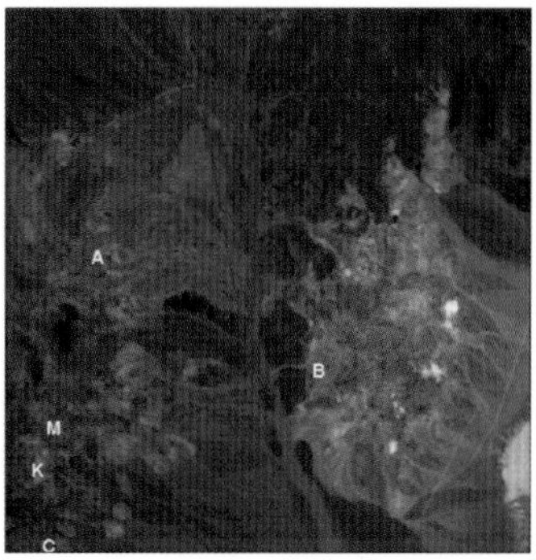

(b) 5种矿物质相对应纯像元的空间位置

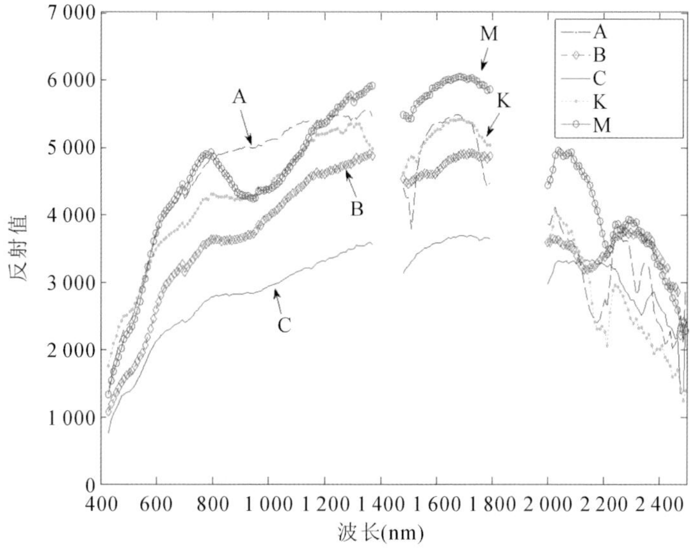

(c) 5种矿物质光谱反射值

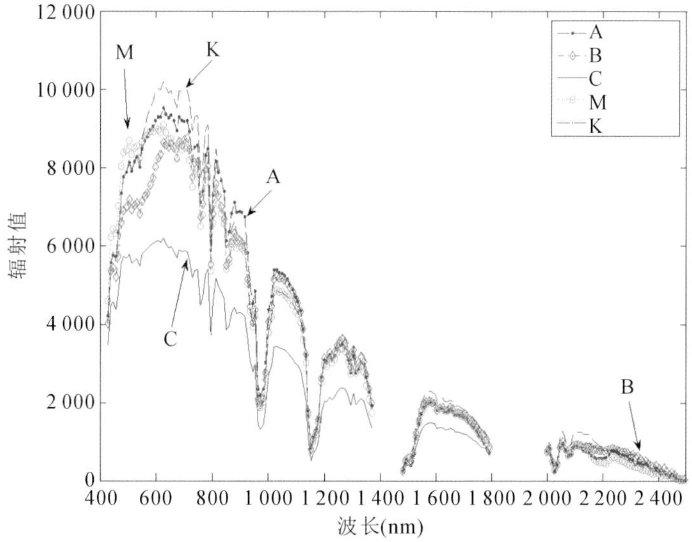

(d) 5种矿物质相对应辐射值

图 12.3 5 种矿物质的相关图像

12.4.1 合成图像实验

首先，对于用反射值光谱合成的 TI2 图像数据，采用 Hrasanyi-Farrend-Chang 方法(Harsanyi et al.,1994)，在 $P_F \leqslant 10^{-1}$ 条件下得到 $n_{VD}=6$。6 代表特性元数量，即 $p=6$，也代表降维所需的维度数目，即 $q=6$。

12.4.1.1 反射率合成图像实验

表 12.1 列出了 PPI、VCA 和 ATGP，以及使用 ATGP 初始化的 ATGP-PPI 和 ATGP-VCA 方法的结果，降维算法分别选择 PCA、MNF、SVD 和 ICA。将特性元像元定义为光谱具有纯光谱特性的实际图像像元，且 PPI 所使用的投影向量数量为 $K=200$。

表 12.1 由 PPI、ATGP、VCA、ATGP-PPI 和 ATGP-VCA 等方法提取的特性元情况(反射值合成图像 TI2)

<table>
<tr><td>特性元
寻找方法</td><td colspan="8">相对应 5 种矿物质的特性元</td></tr>
<tr><td></td><td colspan="4">$K=200$</td><td colspan="4">$p=6$</td></tr>
<tr><td rowspan="2">PPI</td><td>PCA
($q=6$)</td><td>MNF
($q=6$)</td><td>ICA
($q=6$)</td><td>SVD
($q=6$)</td><td colspan="4" rowspan="2">N/A</td></tr>
<tr><td>$a,b,c,$
k,m</td><td>$a,b,c,$
k,m</td><td>$a,b,c,$
k,m</td><td>$a,b,c,$
k,m</td></tr>
<tr><td>ATGP</td><td colspan="4">N/A</td><td colspan="4">a,b,c,k,m</td></tr>
<tr><td rowspan="2">VCA</td><td colspan="4" rowspan="2">N/A</td><td>PCA
($q=6$)</td><td>MNF
($q=6$)</td><td>ICA
($q=6$)</td><td>SVD
($q=6$)</td></tr>
<tr><td>$a,b,c,$
k,m</td><td>$a,b,c,$
k,m</td><td>$a,b,c,$
k,m</td><td>$a,b,c,$
k,m</td></tr>
<tr><td rowspan="2">ATGP-PPI</td><td colspan="4" rowspan="2">N/A</td><td>PCA
($q=6$)</td><td>MNF
($q=6$)</td><td>ICA
($q=6$)</td><td>SVD
($q=6$)</td></tr>
<tr><td>$a,b,c,$
k,m</td><td>$a,b,c,$
k,m</td><td>$a,b,c,$
k,m</td><td>$a,b,c,$
k,m</td></tr>
<tr><td rowspan="2">ATGP-VCA</td><td colspan="4" rowspan="2">N/A</td><td>PCA
($q=6$)</td><td>MNF
($q=6$)</td><td>ICA
($q=6$)</td><td>SVD
($q=6$)</td></tr>
<tr><td>$a,b,c,$
k,m</td><td>$a,b,c,$
k,m</td><td>$a,b,c,$
k,m</td><td>$a,b,c,$
k,m</td></tr>
</table>

实际上，PPI、VCA 和 ATGP 三者所需的已知信息间具有密切关系。PPI 不需要知道特性元数量 p，但需要已知降维维度 q 值。VCA 和 ATGP 需要已知目标数量 p，q 可视为等于 p，即 $p=q$。

根据表 12.1 结果，5 种算法都可以找到特性元。但需要注意的是，由于 PPI 和 VCA 都使用随机向量初始化，最终结果会有不一致的情况，在某些情况下有可能不会成功找到所有特性元。

12.4.1.2 辐射值合成图像实验

此实验是以图 12.3(d)的辐射光谱代替图 12.3(c)中的反射值光谱，采用合成图像 TI2

的方式产生辐射值合成图像。

用 VD 方法对该合成图像进行估计，在 $P_F \leqslant 10^{-1}$ 的情况下 $n_{VD}=5$，也就是由辐射光谱均值仿真的背景没有被看作特性元。把 p 值设置为 5，降维维度也设为 5，即 $p=q=5$。

表 12.2 列出了 PPI、ATGP、VCA、ATGP-PPI 及 ATGP-VCA 等方法的实验结果，降维方法选择 PCA、MNF、ICA 和 SVD，表中阴影部分表示提取特性元失败的情况。

表 12.2 由 PPI、ATGP、VCA、ATGP-PPI 和 ATGP-VCA 等方法提取的特性元情况(辐射值合成图像 TI2)

特性元寻找方法	相对应 5 种矿物质的特性元							
	$K=200$				$p=5$			
PPI	PCA ($q=5$)	MNF ($q=5$)	ICA ($q=5$)	SVD ($q=5$)	N/A			
	b,c,k,m	a,b,c,k,m	a,b,c,k,m	a,b,c,k,m				
ATGP	N/A				a,b,c,k,m			
VCA	N/A				PCA ($q=5$)	MNF ($q=5$)	ICA ($q=5$)	SVD ($q=5$)
					b,k,m	a,b,c,k,m	a,b,c,k,m	b,k,m
ATGP-PPI	N/A				PCA ($q=5$)	MNF ($q=5$)	ICA ($q=5$)	SVD ($q=5$)
					a,b,c,k,m	a,b,c,k,m	a,b,c,k,m	a,b,c,k,m
ATGP-VCA	N/A				PCA ($q=5$)	MNF ($q=5$)	ICA ($q=5$)	SVD ($q=5$)
					b,k,m	a,b,c,k,m	a,b,c,k,m	b,m

如表 12.2 所示，表现最好的是 ATGP 方法，最差的是 VCA 方法。有两点值得注意：①使用 ATGP 初始化的 ATGP-VCA 算法，虽然不再使用随机方式初始化向量，但其结果并没有单纯使用 ATGP 算法好。这意味着 ATGP 产生的目标向量，在降维后 VCA 方法寻找最大体积的过程中被其他数据样本向量取代了；②ATGP 初始化的 PPI 方法得到了改善。降维方法中，PCA 和 SVD 效果较差，可能是因为特性元特征主要表现在高阶统计量特性上，而这二者主要体现的是二阶统计特性，丢失了特性元的高阶特性。从表 12.1 与表12.2 的结果比较可知，在辐射值图像进行特性元提取比在反射值图像上更具有挑战性。

12.4.2 实际图像实验

本节我们用图 12.2 中的 HYDICE 图像和图 12.3 中的 Cuprite 图像重复 12.4.1 节的实验。Chang 等(2006b，2004，2003)已经证明在 P_F 小于或等于 10^{-3} 时，对 HYDICE 图像数据进行 VD 方法估计的结果为 $n_{VD}=9$，这里即令 $p=q=9$ 作为特性元提取的条件，$K=200$ 作为 PPI 方法初始化的条件，结果如表 12.3 所示。

表 12.3 由 PPI、ATGP、VCA、ATGP-PPI 和 ATGP-VCA 等方法提取的特性元情况(HYDICE 图像数据)

<table>
<tr><td>特性元
寻找方法</td><td colspan="8">相对应 5 种矿物质的特性元</td></tr>
<tr><td></td><td colspan="4">$K=200$</td><td colspan="4">$p=9$</td></tr>
<tr><td rowspan="2">PPI</td><td>PCA
($q=9$)</td><td>MNF
($q=9$)</td><td>ICA
($q=9$)</td><td>SVD
($q=9$)</td><td colspan="4" rowspan="2">N/A</td></tr>
<tr><td>$\boldsymbol{p}_3,\boldsymbol{p}_4,\boldsymbol{p}_5$</td><td>$\boldsymbol{p}_1,\boldsymbol{p}_4,\boldsymbol{p}_5$</td><td>$\boldsymbol{p}_1,\boldsymbol{p}_2,\boldsymbol{p}_3,\boldsymbol{p}_4,\boldsymbol{p}_5$</td><td>$\boldsymbol{p}_1,\boldsymbol{p}_3,\boldsymbol{p}_5$</td></tr>
<tr><td>ATGP</td><td colspan="4">N/A</td><td colspan="4">$\boldsymbol{p}_1,\boldsymbol{p}_3,\boldsymbol{p}_5$</td></tr>
<tr><td rowspan="2">VCA</td><td colspan="4" rowspan="2">N/A</td><td>PCA
($q=9$)</td><td>MNF
($q=9$)</td><td>ICA
($q=9$)</td><td>SVD
($q=9$)</td></tr>
<tr><td>$\boldsymbol{p}_3,\boldsymbol{p}_5$</td><td>$\boldsymbol{p}_3,\boldsymbol{p}_5$</td><td>$\boldsymbol{p}_1,\boldsymbol{p}_3,\boldsymbol{p}_4,\boldsymbol{p}_5$</td><td>$\boldsymbol{p}_3,\boldsymbol{p}_5$</td></tr>
<tr><td rowspan="2">ATGP-PPI</td><td colspan="4" rowspan="2">N/A</td><td>PCA
($q=9$)</td><td>MNF
($q=9$)</td><td>ICA
($q=9$)</td><td>SVD
($q=9$)</td></tr>
<tr><td>$\boldsymbol{p}_1,\boldsymbol{p}_3,\boldsymbol{p}_5$</td><td>$\boldsymbol{p}_1,\boldsymbol{p}_3,\boldsymbol{p}_5$</td><td>$\boldsymbol{p}_1,\boldsymbol{p}_2,\boldsymbol{p}_3,\boldsymbol{p}_4,\boldsymbol{p}_5$</td><td>$\boldsymbol{p}_1,\boldsymbol{p}_3,\boldsymbol{p}_5$</td></tr>
<tr><td rowspan="2">ATGP-VCA</td><td colspan="4" rowspan="2">N/A</td><td>PCA
($q=9$)</td><td>MNF
($q=9$)</td><td>ICA
($q=9$)</td><td>SVD
($q=9$)</td></tr>
<tr><td>$\boldsymbol{p}_1,\boldsymbol{p}_3,\boldsymbol{p}_5$</td><td>$\boldsymbol{p}_3,\boldsymbol{p}_4,\boldsymbol{p}_5$</td><td>$\boldsymbol{p}_1,\boldsymbol{p}_2,\boldsymbol{p}_3,\boldsymbol{p}_4,\boldsymbol{p}_5$</td><td>$\boldsymbol{p}_3,\boldsymbol{p}_5$</td></tr>
</table>

由表 12.3 可知,PPI、ATGP-PPI 和 ATGP-VCA 三种方法只有在使用 ICA 降维的时候,才能够完整提取所有 5 种特性元的光谱。而 VCA 方法即使使用 ICA 降维,也只能提取 4 种特性元光谱。另外,PPI、ATGP-PPI 和 ATGP-VCA 三种方法利用除 ICA 外的其他三种方法降维时,最多只能提取出 3 种特性元光谱。ATGP 方法没有使用降维,也只能提取 3 种特性元光谱。这个简单例子说明了两点问题:①降维是特性元提取的关键预处理;②基于高阶统计的降维比基于二阶统计的降维效果更好。

Cuprite 数据反射值图像和辐射值图像中特性元数量的估计结果,已经在文献(Chang et al.,2006b)中详细列出。选择虚警率 $P_F=10^{-4}$ 的条件下,反射值图像的特性元数量估计结果为 $n_{VD}=22$,即 $p=22$。相应地,选择虚警率 $P_F=10^{-4}$ 的条件下辐射值图像的估计结果为 $n_{VD}=15$。其他虚警率条件下的估计结果如表 12.4 所示。

表 12.4 在各种虚警率(P_F)下 Cuprite 数据的 VD 估计值

n_{VD}	$P_F=10^{-1}$	$P_F=10^{-2}$	$P_F=10^{-3}$	$P_F=10^{-4}$	$P_F=10^{-5}$
反射率数据	34	30	24	22	20
辐射值数据	29	18	17	15	15

表 12.5 和表 12.6 给出了 PPI、ATGP、VCA、ATGP-PPI 及 ATGP-VCA 五种方法的实验结果,使用的降维方法是 PCA、MNF、SVD 和 ICA。表 12.5 是 $q=p=22$ 时,反射值图像中的特性元提取情况,而表 12.6 是 $q=p=15$ 时辐射值图像中的特性元提取情况,其中的阴影部分表示未能提取所有 5 种矿物质光谱特征的情况。

表 12.5 PPI、ATGP、VCA、ATGP-PPI 和 ATGP-VCA 等方法提取的特性元情况(反射值图像)

<table>
<tr><td>特性元寻找方法</td><td colspan="8">相对应5种矿物质特性元</td></tr>
<tr><td></td><td colspan="4">$K=1\ 000$</td><td colspan="4">$p=22$</td></tr>
<tr><td rowspan="2">PPI</td><td>PCA $(q=22)$</td><td>MNF $(q=22)$</td><td>ICA $(q=22)$</td><td>SVD $(q=22)$</td><td colspan="4" rowspan="2">N/A</td></tr>
<tr><td>a,b,c,k,m</td><td>a,b,c,k,m</td><td>a,b,c,k,m</td><td>a,b,c,k,m</td></tr>
<tr><td>ATGP</td><td colspan="4">N/A</td><td colspan="4">a,b,c,k,m</td></tr>
<tr><td rowspan="2">VCA</td><td colspan="4" rowspan="2">N/A</td><td>PCA $(q=22)$</td><td>MNF $(q=22)$</td><td>ICA $(q=22)$</td><td>SVD $(q=22)$</td></tr>
<tr><td>b,c,k,m</td><td>a,b,c,k,m</td><td>a,b,c,k,m</td><td>a,b,c,m</td></tr>
<tr><td rowspan="2">ATGP-PPI</td><td colspan="4" rowspan="2">N/A</td><td>PCA $(q=22)$</td><td>MNF $(q=22)$</td><td>ICA $(q=22)$</td><td>SVD $(q=22)$</td></tr>
<tr><td>a,b,c,k,m</td><td>a,b,c,k,m</td><td>a,b,c,k,m</td><td>a,b,c,k,m</td></tr>
<tr><td rowspan="2">ATGP-VCA</td><td colspan="4" rowspan="2">N/A</td><td>PCA $(q=22)$</td><td>MNF $(q=22)$</td><td>ICA $(q=22)$</td><td>SVD $(q=22)$</td></tr>
<tr><td>a,c,k,m</td><td>a,c,k</td><td>a,b,c,k,m</td><td>b,c,k,m</td></tr>
</table>

表 12.6 PPI、ATGP、VCA、ATGP-PPI 和 ATGP-VCA 等方法提取的特性元情况(辐射值图像)

<table>
<tr><td>特性元寻找方法</td><td colspan="8">相对应5种矿物质的特性元</td></tr>
<tr><td></td><td colspan="4">$K=1000$</td><td colspan="4">$p=15$</td></tr>
<tr><td rowspan="2">PPI</td><td>PCA $(q=15)$</td><td>MNF $(q=15)$</td><td>ICA $(q=15)$</td><td>SVD $(q=15)$</td><td colspan="4" rowspan="2">N/A</td></tr>
<tr><td>a,b,c,k,m</td><td>a,b,k,m</td><td>a,b,c,k,m</td><td>a,b,k</td></tr>
<tr><td>ATGP</td><td colspan="4">N/A</td><td colspan="4">a,b,k,m</td></tr>
<tr><td rowspan="2">VCA</td><td colspan="4" rowspan="2">N/A</td><td>PCA $(q=15)$</td><td>MNF $(q=15)$</td><td>ICA $(q=15)$</td><td>SVD $(q=15)$</td></tr>
<tr><td>a,c,k,m</td><td>a,c,m</td><td>a,b,c,k,m</td><td>a,k,m</td></tr>
<tr><td rowspan="2">ATGP-PPI</td><td colspan="4" rowspan="2">N/A</td><td>PCA $(q=15)$</td><td>MNF $(q=15)$</td><td>ICA $(q=15)$</td><td>SVD $(q=15)$</td></tr>
<tr><td>a,b,k,m</td><td>a,b,k,m</td><td>a,b,k,m</td><td>a,b,k,m</td></tr>
<tr><td rowspan="2">ATGP-VCA</td><td colspan="4" rowspan="2">N/A</td><td>PCA $(q=15)$</td><td>MNF $(q=15)$</td><td>ICA $(q=15)$</td><td>SVD $(q=15)$</td></tr>
<tr><td>k,m</td><td>a,b,c,k,m</td><td>a,b,k,m</td><td>a,c,k,m</td></tr>
</table>

与合成影像实验类似,表 12.5 和表 12.6 的实验结果也证实,辐射值图像通常比反射值图像更难分析,更具有挑战性。除此之外,还有以下 4 点总结。

(1) 从本章的实验结果可以看出,在合成和实际图像上,3 种基于正交投影(OP)的算法(PPI、ATGP 和 VCA)中 VCA 表现一般,PPI 只要具有足够数量的投影向量,跟 ATGP 一样可以在整体上产生较好的结果。VCA 表现不好可能有两个原因:①使用随机的初始特性元;②VCA 的顶点数量不足。事实上,这两个原因是密切相关的:①为了克服使用随机初始特性元的不确定性,VCA 使用的顶点数必须足够大;这可以解释为什么 PPI 需要大量的投影向量,且具有大量的投影向量后,PPI 表现会优于 VCA;②在使用少量顶点的情况下,要缓解由随机初始特性元造成的随机性,须预先选择适当的初始特性元,即必须更可靠稳定,这也是 ATGP 表现优于 VCA 的主要原因。VCA 继承了 PPI 方法使用随机初始特性元的特点,以及 ATGP 由 VD 来确定少量特性元的特点,但这两者间互相矛盾,即使用随机特性元时其数量应多到足以克服随机性。为了解决 VCA 遇到的困境,可以采取两种做法:①模仿 PPI 用大量随机投影向量的方式,使用更多的顶点,其代价是产生更多的虚假特性元;②使用如 ATGP 的初始化算法,产生适当的初始特性元来降低随机性,但必须先提供可靠和准确的特性元数量 p。通常,VD 在合成图像和真实反射率图像中具有良好的表现,但在真实的辐射值图像中结果似乎不是非常理想。如果 p 值选择为 30,即 VD 估计值的两倍时,如表 12.7 所示,VCA 以及 ATGP-VCA 在使用 PCA 或 ICA 降维后,可成功地提取所有特性元。

表 12.7 ATGP、VCA、ATGP-PPI 和 ATGP-VCA 等方法提取的特性元情况(辐射值图像,$p=30$)

特性元寻找方法	相对应 5 种矿物质的特性元			
ATGP	a,b,c,k,m			
VCA	PCA ($q=30$)	MNF($q=30$)	ICA ($q=30$)	SVD($q=30$)
	a,b,c,k,m	a,b,c,k	a,b,c,k,m	a,b,k,m
ATGP-PPI	PCA ($q=30$)	MNF($q=30$)	ICA ($q=30$)	SVD ($q=30$)
	a,b,c,k,m	a,b,c,k,m	a,b,c,k,m	a,b,c,k,m
ATGP-VCA	PCA ($q=30$)	MNF($q=30$)	ICA ($q=30$)	SVD($q=30$)
	a,b,c,k,m	a,c,k,m	a,b,c,k,m	a,c,k,m

(2) 如上述实验所示,ATGP 大多数情况下的表现优于 VCA。然而,ATGP-VCA 却未能提高 VCA 的效能,其原因可能来源于降维处理。ATGP 不需要降维,得到的初始特性元在降维后的 VCA 方法中,投影结果不能保证最大。这就是为什么本来由 ATGP 产生的目标像元,在作为 VCA 初始特性元时,却被后续寻找过程中的顶点取代了。ATGP 不使用任何凸集的概念,只使用正交投影序列式地寻找一组感兴趣目标,它们不一定是特性元,但非常具有成为特性元的潜质。

(3) ATGP 最初是为目标检测和分类设计的,但许多情况下它的性能甚至优于 VCA。

(4) 根据表 12.5 和表 12.6 的结果,不管使用哪种特性元提取算法,ICA 都是最好的降维方式。另外 ATGP 算法并不需要降维。

12.5 本章小结

本章探讨了 PPI、VCA 和 ATGP 三种算法间的关系。从结果和分析中,我们发现 VCA

作为一种基于正交投影的特性元提取算法，与 PPI 和 ATGP 联系紧密，本节从正交原理角度重新解释 PPI、ATGP 和 VCA 间的关系。由于 PPI 和 VCA 都使用随机向量初始化，存在两个重要的问题：①初始条件的随机性导致产生的最终结果不一致；②对特性元数目的确定。为了解决第一个问题，本章还介绍了 PPI 和 VCA 的两个变形，称为 ATGP-PPI 和 ATGP-VCA，分别以 ATGP 初始化，用 ATGP 产生的目标像元作为其初始化特性元。最后，通过合成和实际图像实验进一步评估和比较这 5 种算法，结果证明，使用 ATGP 产生的目标样本作为任何 EFA 的初始特性元时，最终的特性元集合都变化不大。也就是说，用于自动目标检测和分类的 ATGP 算法，在特性元提取中表现也很好，甚至在大多数情况下优于 VCA。

参考文献

BOARDMAN J, 1994. Geometric mixture analysis of imaging spectrometry data[C]// Proceedings of IGARSS '94 - 1994 IEEE International Geoscience and Remote Sensing Symposium, Pasadena, CA, USA, 4: 2369-2371.

CHANG C, 2003. Hyperspectral imaging: Techniques for spectral detection and classification[M]. New York: Kluwer Academic/Plenum Publishers.

CHANG C, DU Q, 2004. Estimation of number of spectrally distinct signal sources in hyperspectral imagery[J]. IEEE Transactions on Geoscience and Remote Sensing, 42(3): 608-619.

CHANG C, PLAZA A, 2006a. A fast iterative algorithm for implementation of pixel purity index[J]. IEEE Geoscience and Remote Sensing Letters, 3(1): 63-67.

CHANG C, WEN C, WU C, 2013. Relationship exploration among PPI, ATGP and VCA via theoretical analysis[J]. International Journal of Computational Science and Engineering, 8(4): 361.

CHANG C, WU C, LIU W, et al., 2006b. A new growing method for simplex-based endmember extraction algorithm[J]. IEEE Transactions on Geoscience and Remote Sensing, 44(10): 2804-2819.

HARSANYI J, FARRAND W, CHANG C, 1994. Detection of subpixel spectral signatures in hyperspectral image sequences[C]// Annual Meeting, Proceedings of American Society of Photogrammetry and Remote Sensing, Reno, 236-247.

NASCIMENTO J, BIOUCAS-DIAS J, 2005. Vertex component analysis: a fast algorithm to unmix hyperspectral data[J]. IEEE Transactions on Geoscience and Remote Sensing, 43(4): 898-910.

PLAZA A, CHANG C, 2006. Impact of initialization on design of endmember extraction algorithms[J]. IEEE Transactions on Geoscience and Remote Sensing, 44(11): 3397-3407.

POOR H V, 1994. An introduction to signal detection and estimation[M]. 2nd ed. New York: Springer-Verlag.

REN H, CHANG C, 2003. Automatic spectral target recognition in hyperspectral imagery[J]. IEEE Transactions on Aerospace and Electronic Systems, 39(4): 1232-1249.

第13章　基于单形体体积的非监督式特性元寻找

Schowengerdt(1997)将"端元"定义为某种理想的纯净光谱特征,本书用特性元表示实际图像中最接近端元的像元光谱,用来指定一种独特的光谱类别。特性元提供了分辨不同物质的重要信息,特性元寻找是高光谱数据处理中最基本的工作之一。单形体体积分析法是特性元寻找的典型方法,假设特性元为单形体的顶点,寻找特性元等同于寻找一个数据空间内最大体积的单形体,以尽可能多地包含数据样本;或是等同于寻找一个数据空间外最小体积的单形体,用以包含所有高光谱数据样本。近年来单形体体积分析法逐渐成为特性元搜寻算法的主流之一,最经典的就是由 Winter(1999)提出的 N-FINDR 算法,算法提出以后陆续出现了许多改进与变形算法。然而在实际应用中,N-FINDR 算法必须克服以下 4 个问题:①必须预先知道数据中特性元的数量;②随机选取的初始特性元导致同一数据会有不同的结果,进而造成难以重现的问题;③必须利用数据降维算法,不同的数据降维算法将导致不同的结果;④在数据空间中同时搜寻所有特性元会造成庞大的运算量。本章以发展单形体体积分析法为主,从实用角度改进 N-FINDR 算法以缓解上述缺点,进而提出新版本 N-FINDR,分别为循序式 N-FINDR(SeQuential N-FINDR,SQ N-FINDR)、逐步式 N-FINDR(SuCcessive N-FINDR,SC N-FINDR)(Chang,2016,2013),以及各版本算法相对应的实时处理版本。此外,为了解决随机选取的初始特性元问题,本章提出了两个新版本的 N-FINDR 算法,分别为迭代式 N-FINDR 与随机式 N-FINDR,为了进一步扩展这两种算法的实时性,提出多通道式 N-FINDR 算法。

13.1　简　　介

N-FINDR 算法在最原始的设计中是要找到一个单形体,使其 p 个顶点构成数据空间内的最大体积,则这 p 个顶点可看作高光谱图像中的特性元。N-FINDR 算法在使用过程中存在以下几个问题。

首先,必须预先知道特性元的数量,也就是 p 值。在实际应用中该值难以获得,需要基于经验进行反复测试。而且当 p 值改变时,已有结果无法利用,整个 N-FINDR 算法必须重新运行。因此,估计可信的 p 值以避免重复执行 N-FINDR 算法是一个极为重要和关键的步骤,可以由 Chang 等(2004,2003)提出的虚拟维度(VD)方法解决。

使用 N-FINDR 算法会遇到的第二个问题是庞大的运算量。在原始 N-FINDR 算法的设计中,必须同时寻找 p 个顶点,Chang(2013)将该原始算法命名为同步式 N-FINDR(SiMultaneous N-FINDR,SM N-FINDR)算法。同步式 N-FINDR 算法寻找所有可能的 p 个特性元组合,每次迭代过程都会用新的 p 个特性元代替原有组合,直到测试完所有组合,最终找到具有最大体积的特性元集合。若假设数据样本数量为 N,则所有需要比较的 p 个特性元组合的数量为 $\binom{N}{p}=\frac{N!}{(n-p)!\ p!}$,任意两个不同组合之间没有任何关联,任何一组都无法利用另一组的运算结果。另一方面,如果 p 的数值有所变动,整个寻找过程必须重新运行。加上高光谱图像本身数据量比较庞大,使该算法的运算量更加难以控制。本章介绍两种方法来解决运算量庞大的问题:第一个方法是缩小同步式 N-FINDR 算法的特性元搜寻区域。该方法需要一个预处理操作选定特性元的待搜寻区域,例如由 Xiong 等(2011)提出将 PPI 数值大于零的数据样本选定为候选特性元;第二个方法是利用双层循环结构来寻找 p 个特性元,一个定义在数据样本(以符号 i 来表示)上,另一个定义在 p 个特性元(以符号 j 来表示)上。根据双层循环结构的实现方式不同,本章也提出两个版本的 N-FINDR 算法。第一个版本是循序式 N-FINDR(SQ N-FINDR)算法,将数据样本(以符号 i 来表示)作为外部循环,p 个特性元(以符号 j 来表示)作为内部循环。在内部循环过程中,当前样本依次替换 p 个特性元,该方式也会导致大量运算。循序式 N-FINDR(SQ N-FINDR)用外部循环处理数据样本,故可以利用逐样本的方式实现实时化,称为实时循序式 N-FINDR(real time SQ N-FINDR,RT SQ N-FINDR)。第二个版本则是将数据样本(以符号 i 来表示)与 p 个特性元(以符号 j 来表示)的循环位置相互对调,称为逐步式 N-FINDR(SuCcessive N-FINDR,SC N-FINDR)算法。该算法将 p 个特性元(以符号 j 来表示)放在外部循环,数据样本(以符号 i 来表示)放在内部循环。逐步式 N-FINDR(SC N-FINDR)算法也带来许多好处,一方面能够大幅降低运算量,另一方面则是特性元产生的顺序对应各特性元的重要性。

使用 N-FINDR 算法的过程中会遇到的第三个问题是随机初始化特性元集合,导致算法每次运行结果不一致,进而结果难以重现。此外,循序式 N-FINDR 及逐步式 N-FINDR 算法并未对数据空间全遍历搜索,只能产生次优而不是最优的特性元组合。Chang(2003)提出 3 个方案用以改善上述问题:①利用特定的初始化算法,即特性元初始化算法(endmember initialization algorithm,EIA),提供比较有潜力的初始特性元,解决随机初始化的不一致问题;②在 k 次循环中,重复执行 3 种方式的 N-FINDR 算法,每次均将前一次的结果作为下一次的初始特性元集合,直到最后收敛。该方案被 Chang(2003)称为迭代式 N-FINDR(iterative N-FINDR,IN-FINDR)算法,则上述两种方式的 N-FINDR 算法变成了迭代循序式 N-FINDR (iterative SQ N-FINDR,ISQ N-FINDR)算法及迭代逐步式 N-FINDR(iterative SC N-FINDR,ISC N-FINDR)算法;③多次执行随机初始化特性元 N-FINDR 算法,并取多次结果的交集作为最终结果。该方案的假设条件是,无论以任何一组随机特性元作为初始特性元,关键性特性元都会出现,此类算法称为随机式 N-FINDR(random N-FINDR,RN-FINDR)算法。实际上,迭代式 N-FINDR(iterative N-FINDR,IN-FINDR)与随机式 N-FINDR (random N-FINDR,RN-FINDR)算法可以统一起来,称为多通道 N-FINDR(multiple-pass N-FINDR)算法,迭代式 N-FINDR 算法是以前一次结果作为下一次的起始条件,而随机式 N-FINDR 算法则是重复执行随机初始化的 N-FINDR 算法。

13.2 N-FINDR 算法的序列化版本

本章为了区别于不同版本的 N-FINDR 算法，将原始 N-FINDR 算法称为同步式 N-FINDR 算法。同步式 N-FINDR 算法为了找到最优特性元集合，必须通过大量计算来测试所有可能的特性元组合，这在实际中几乎不可能实现。为了使同步式 N-FINDR 算法更实用，必须对其进行相应的改进，Winter(2004)曾经提出以序列化的方式实现 N-FINDR 算法。本节介绍两个算法，分别为循序式 N-FINDR 算法和逐步式 N-FINDR 算法，它们最先由 Wu 等(2008)提出，后又由 Xiong 等(2011)进行了调整，其中的 SQ N-FINDR 算法可看作 Winter(2004)提出的序列化 N-FINDR 算法变形。

13.2.1 循序式 N-FINDR 算法

在已知特性元总数为 p 的情况下，同步式 N-FINDR 在数据空间中寻找一个 p 顶点的体积最大单形体，包含尽量多的样本数据。如前面所述，理论上可以利用同步式 N-FINDR 算法测试所有顶点组合，但实际上该操作需要庞大的运算量，在高光谱数据空间上尤为明显。为了克服这一困难，尝试利用数值方法寻找 p 个特性元的次优解，如 Winter(2004)提出了两层循环 N-FINDR 算法，外部循环遍历所有数据样本，内部循环中检查当前 p 个特性元是否需要被当前数据样本取代。Winter(2004)只给出了该算法简易的伪代码，这里我们重新定义其为循序式 N-FINDR 算法，并给出详细的算法描述。

循序式 N-FINDR(SQ N-FINDR)算法描述如下文。

(1) 预处理。假设特性元个数为 p；利用主成分分析或最小噪声分离等降维算法，将数据维度由原光谱波段数 L 降至 $p-1$。

(2) 初始化。从所有样本$\{\boldsymbol{r}_i\}_{i=1}^{N}$中随机选取 p 个数据向量组成初始特性元集合，并令其为$\{\boldsymbol{e}_1^{(0)},\boldsymbol{e}_2^{(0)},\cdots,\boldsymbol{e}_p^{(0)}\}$，设 $i=1$ 并前往第(4)步。

(3) 外部循环(使用 i 作为索引追踪当前处理的数据样本 $\boldsymbol{r}_i$)。判断是否有 $i==N$，若成立则终止算法；否则，令 $i\leftarrow i+1$ 并继续。

(4) 输入数据样本 $\boldsymbol{r}_i$。

(5) 内部循环(使用 j 作为索引追踪特性元集合中的第 j 个特性元 $\boldsymbol{e}_j$)。用样本 $\boldsymbol{r}_i$ 暂时取代特性元集合中的第 j 个($1\leqslant j\leqslant p$)特性元，计算所组成的单形体体积$V(\boldsymbol{e}_1^{(i)},\cdots,\boldsymbol{e}_{j-1}^{(i)},\boldsymbol{r}_i,\boldsymbol{e}_{j+1}^{(i)},\cdots\boldsymbol{e}_p^{(i)})$。若替换后的 p 个单形体体积 $V(\boldsymbol{r}_i,\boldsymbol{e}_2^{(i)},\cdots,\boldsymbol{e}_p^{(i)})$，$V(\boldsymbol{e}_1^{(i)},\boldsymbol{r}_i,\boldsymbol{e}_3^{(i)},\cdots,\boldsymbol{e}_p^{(i)})$，…，$V(\boldsymbol{e}_1^{(i)},\cdots,\boldsymbol{e}_{p-1}^{(i)},\boldsymbol{r}_i)$中的最大值大于当前单形体体积 $V(\boldsymbol{e}_1^{(i)},\boldsymbol{e}_2^{(i)},\cdots,\boldsymbol{e}_p^{(i)})$，则继续；否则，回到第(3)步。

(6) 替换原则。如果存在某一特性元$\boldsymbol{e}_j^{(i)}$ 在第(5)步中被替代后，单形体体积最大且大于 $V(\boldsymbol{e}_1^{(i)},\boldsymbol{e}_2^{(i)},\cdots,\boldsymbol{e}_p^{(i)})$，则以 $\boldsymbol{r}_i$ 替换$\boldsymbol{e}_j^{(i)}$，产生新的特性元集合，其中$\boldsymbol{e}_j^{(i+1)}=\boldsymbol{r}_i$，且$\boldsymbol{e}_i^{(i+1)}=\boldsymbol{e}_i^{(i)}$($i\neq j$)。替换完成后回到第(3)步。

上述循序式 N-FINDR(SQ N-FINDR)算法,有效地将运算量降低到 $N\times p^2$ 次单形体体积计算。

13.2.2 逐步式 N-FINDR 算法

循序式 N-FINDR(SQ N-FINDR)算法的双层循环结构中,外层循环测试数据样本,内层循环替换特性元。接下来介绍的逐步式 N-FINDR(SC N-FINDR)算法则是将两个循环交换位置,进一步降低单形体比较的次数,即外层循环迭代替换特性元,内循环迭代测试所有数据样本,从而寻找最大体积的单形体顶点集合。但此方法必须慎重选择初始特性元集合,因为不同的初始特性元集合对于最终的特性元集合会产生极大的影响。

逐步式 N-FINDR(SC N-FINDR)算法描述如下文。

(1) 预处理。假设特性元个数为 p;利用主成分分析或最小噪声分离等降维算法,将数据维度由原光谱波段数 L 降至 $p-1$。

(2) 初始化。从所有样本$\{\boldsymbol{r}_i\}_{i=1}^N$中随机选取 p 个数据向量组成初始特性元集合,并令其为$\{\boldsymbol{e}_1^{(0)},\boldsymbol{e}_2^{(0)},\cdots,\boldsymbol{e}_p^{(0)}\}$。设 $j=0$。

(3) 外循环(使用 j 作为索引追踪特性元集合中的第 j 个特性元 $\boldsymbol{e}_j$)。$j\leftarrow j+1$,利用第(4)步找到$\boldsymbol{e}_j^{(*)}(1\leqslant j\leqslant p)$以取代$\boldsymbol{e}_j^{(0)}$。

(4) 内循环(使用 i 作为索引追踪当前处理的数据样本 $\boldsymbol{r}_i$)。以所有的数据样本$\{\boldsymbol{r}_i\}_{i=1}^N$暂时取代特性元集合中的第 j 个特性元,第 j 个之前的特性元$\boldsymbol{e}_k^{(*)}(k<j)$及第 j 个之后的特性元$\boldsymbol{e}_k^{(0)}(k>j)$不变,并计算新的单形体体积 $V(\boldsymbol{e}_1^{(*)},\cdots,\boldsymbol{e}_{j-1}^{(*)},\boldsymbol{r}_i,\boldsymbol{e}_{j+1}^{(0)},\cdots,\boldsymbol{e}_p^{(0)})$。如果满足 $\max_{\boldsymbol{r}_i}V(\boldsymbol{e}_1^{(*)},\cdots,\boldsymbol{e}_{j-1}^{(*)},\boldsymbol{r}_i,\boldsymbol{e}_{j+1}^{(0)},\cdots,\boldsymbol{e}_p^{(0)})>V(\boldsymbol{e}_1^{(*)},\cdots,\boldsymbol{e}_{j-1}^{(*)},\boldsymbol{e}_j^{(*)},\boldsymbol{e}_{j+1}^{(0)},\cdots,\boldsymbol{e}_p^{(0)})$,则令$\boldsymbol{e}_j^{(*)}=\arg\{\max_{\boldsymbol{r}_i}V(\boldsymbol{e}_1^{(*)},\cdots,\boldsymbol{e}_{j-1}^{(*)},\boldsymbol{r}_i,\boldsymbol{e}_{j+1}^{(0)},\cdots,\boldsymbol{e}_p^{(0)})\}$。

(5) 停止条件。若 $j<p$,则回到第(3)步;否则,令$\{\boldsymbol{e}_1^{(*)},\boldsymbol{e}_2^{(*)},\cdots,\boldsymbol{e}_p^{(*)}\}$为最终特性元集合。

上述的逐步式 N-FINDR(SC N-FINDR)算法与循序式 N-FINDR(SQ N-FINDR)算法不同,将运算量从 $N\times p^2$ 次单形体体积计算减至 $N\times p(p+1)/2$ 次。

另外,Chang 等(2006)提出单形体增长算法(simplex growing algorithm,SGA),设计概念与逐步式 N-FINDR(SC N-FINDR)算法相似,都是由前面的迭代过程固定部分特性元,并由此寻找下一个特性元。

13.3 解决 N-FINDR 算法的随机初始化问题

N-FINDR 算法实现中,一个主要问题就是使用随机初始特性元集合,导致运行结果可能不一致。为此,Chang(2013)提出了两个方法:一是给定特性元初始化算法,另一个是随机式 N-FINDR 算法。本节简略介绍这两个方法并设计一系列迭代方法。

13.3.1 给定特性元初始化算法的 N-FINDR 算法

要解决随机初始化带来的问题,最简单的方式是为 N-FINDR 算法提供一个确定的初始特性元集合,可以选择有效的非监督式特性元初始化算法(endmember initialization algorithm, EIA),如 automatic target generation process (ATGP)、unsupervised non-negativity constrained least squares (UNCLS)方法以及 unsupervised fully constrained least squares (UFCLS)方法等。这 3 种方法分别对应无约束、部分约束以及全约束的特性元初始化需求,也可以采用其他非监督式特性元产生算法。确定某种特性元初始化算法后,得到的最终算法就被称为 EIA-N-FINDR 算法,也可以使用该特定算法的名称进行命名,如 ATGP-N-FINDR 算法。

13.3.2 迭代式 N-FINDR 算法

第二种解决随机初始特性元集合问题的方法是迭代执行 N-FINDR 算法,即无论初始特性元如何,都将每次迭代后的结果继续返回作为初始特性元,反复调整找到的结果。比如,首先利用随机初始特性元集合得到一个结果特性元集合,再以该结果集合作为新一轮迭代的初始特性元集合继续寻找,理论上第二轮的结果特性元集合应优于第一轮。将第二轮的结果作为第三轮的初始特性元集合,重复同样的步骤,直到某次迭代中的结果特性元集合与上次迭代的特性元集合相同,则算法结束,此时的特性元集合即为最终结果。其中的 N-FINDR 算法可以替换为循序式 N-FINDR(SQ N-FINDR)算法或逐步式 N-FINDR(SC N-FINDR)算法。

迭代式 N-FINDR(IN-FINDR)算法描述如下文。

(1) 预处理。假设特性元个数为 p;利用主成分分析或最小噪声分离等降维算法,将数据维度由原光谱波段数 L 降至 $p-1$。

(2) 初始化。从所有样本 $\{\boldsymbol{r}_i\}_{i=1}^N$ 中随机选取 p 个数据向量组成初始特性元集合,并令其为 $\{\boldsymbol{e}_1^{(0)},\boldsymbol{e}_2^{(0)},\cdots,\boldsymbol{e}_p^{(0)}\}$。

(3) 使用循序式 N-FINDR 算法或逐步式 N-FINDR 算法,产生第一轮结果特性元集合 $E^{(1)}$,令 $k=1$。(注意:此处的参数 k 用于记录特性元集合的更新次数)

(4) 在第 k 次迭代中($k \geqslant 1$),利用循序式 N-FINDR 算法或逐步式 N-FINDR 算法,以 $E^{(k)}$ 作为初始特性元集合,产生第 $k+1$ 轮结果特性元集合,以 $E^{(k+1)}=\{\boldsymbol{e}_1^{(k+1)},\boldsymbol{e}_2^{(k+1)},\cdots,\boldsymbol{e}_p^{(k+1)}\}$表示。

(5) 停止条件。如果 $E^{(k+1)} \neq E^{(k)}$,令 $k \leftarrow k+1$ 并回到第(4)步;否则,停止并以 $E^{(k)}$ 作为最终的特性元集合。

迭代式 N-FINDR 算法在第(3)步中对应两种不同的实现方法,使用循序式 N-FINDR 算法实现的称为迭代循序式 N-FINDR 算法,而使用逐步式 N-FINDR 算法实现的则称为迭代逐步式 N-FINDR 算法,图 13.1 与 13.2 分别详细给出这两个算法的流程。没有特别说明的情况下,默认为迭代循序式 N-FINDR 算法。

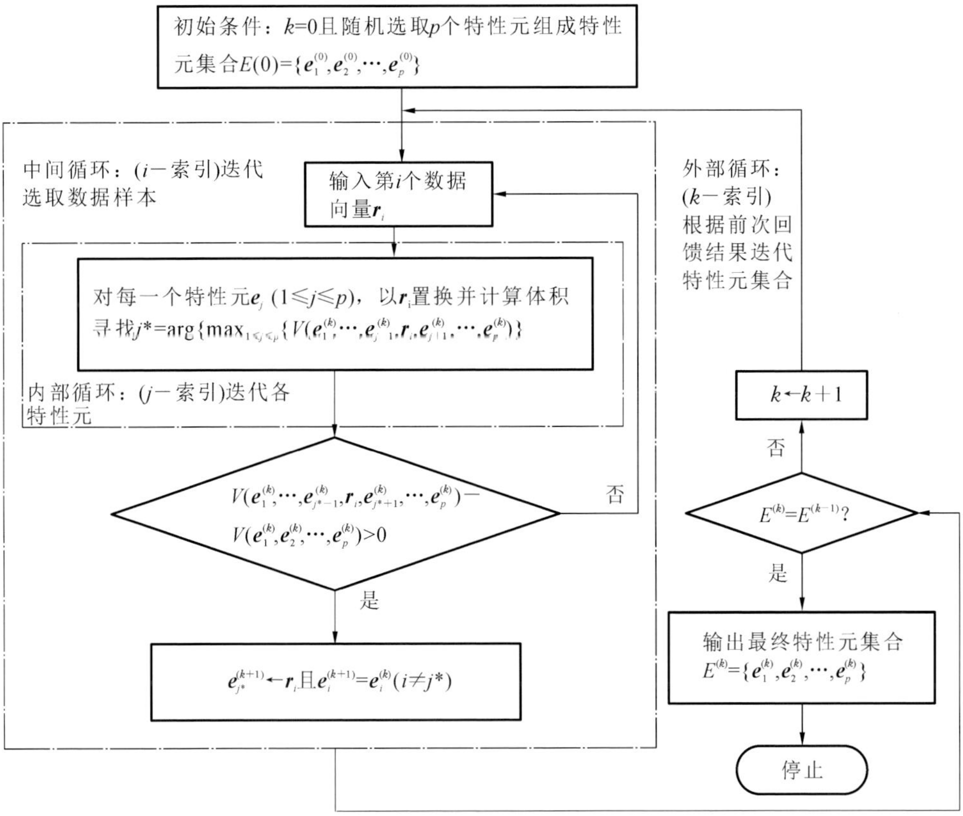

图 13.1 迭代循序式 N-FINDR 算法的流程图

该算法有以下 4 点值得注意。

(1) 迭代式 N-FINDR 算法中使用参数 i、j 和 k 作为不同循环的索引，其中 i 为迭代 N 个数据样本$\{r_i\}_{i=1}^{N}$的索引，j 为迭代 p 个特性元$\{e_j\}_{j=1}^{p}$的索引，以及代表迭代次数的 k。

(2) 迭代式 N-FINDR 算法和 Wu 等(2008)所提出的算法相同，同样地包含了 3 层循环并分别使用 i、j、k 作为索引参数，区别于使用特定初始化条件和随机初始化的方式。

(3) 在循序式/逐步式 N-FINDR 算法的 i、j 索引层之外，使用 k 索引的第三层循环亦即最外层循环，以迭代方式提升了循序式/逐步式 N-FINDR 算法的性能。当迭代式 N-FINDR 算法使用特定 N-FINDR 算法如循序式 N-FINDR 算法时，该迭代式 N-FINDR 算法称为迭代循序式 N-FINDR 算法。同样地，迭代逐步式 N-FINDR 算法表示使用逐步式 N-FINDR 算法的迭代式 N-FINDR 算法。就技术而言，迭代式 N-FINDR 算法可以看作同步式 N-FINDR 算法在计算上的近似值。

(4) 不同于有 i,j 两个索引层循环的循序式 N-FINDR 算法和逐步式 N-FINDR 算法，迭代式 N-FINDR 算法还包含了第三层 k 索引循环，用以减轻原方法对初始条件的依赖，最终找到相对稳定的特性元集合。图 13.3 和图 13.4 给出了迭代式 N-FINDR 算法的简要流程图，分别对应于图 13.1 和图 13.2 的算法流程图。

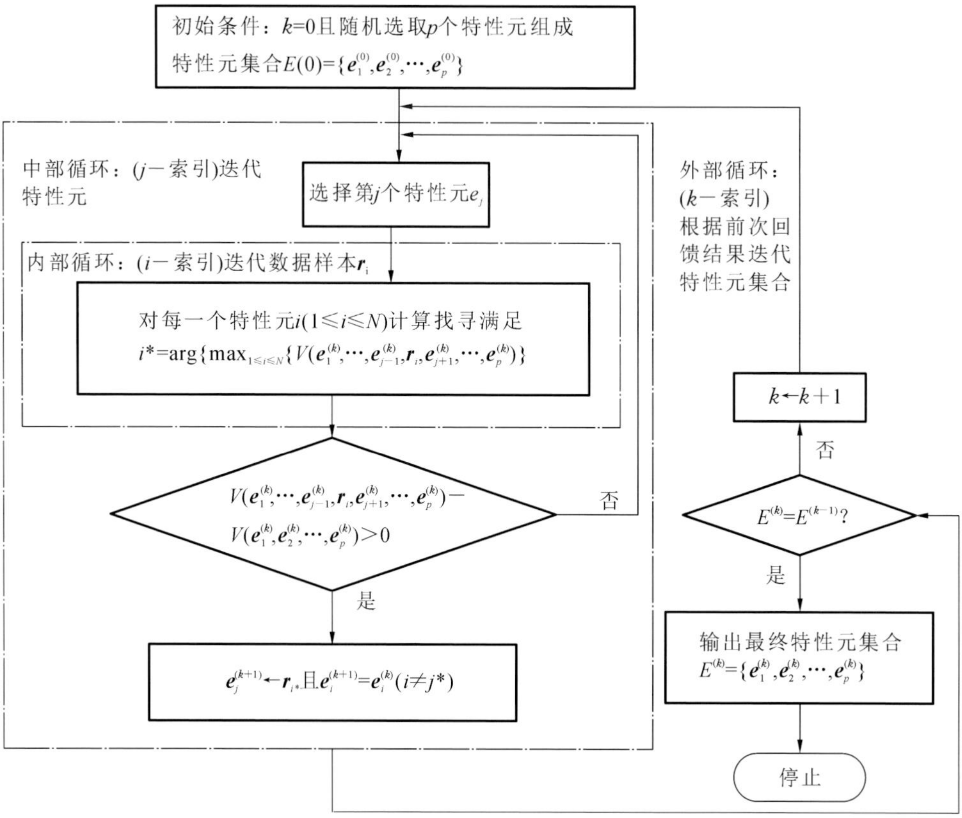

图 13.2　迭代逐步式 N-FINDR 算法的流程图

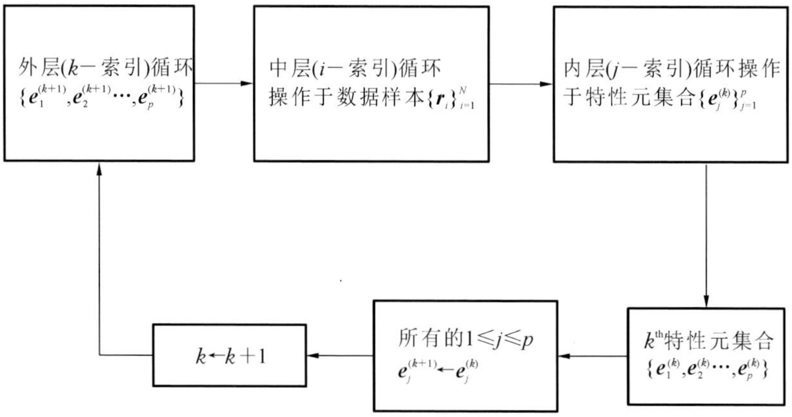

图 13.3　迭代循序式 N-FINDR 算法的流程图

如图 13.3 和图 13.4 所示，迭代式 N-FINDR 算法中的反馈循环，使用已有的结果特性元集合作为下一次迭代运算的初始特性元集合，提升了算法优化特性元集合的能力。

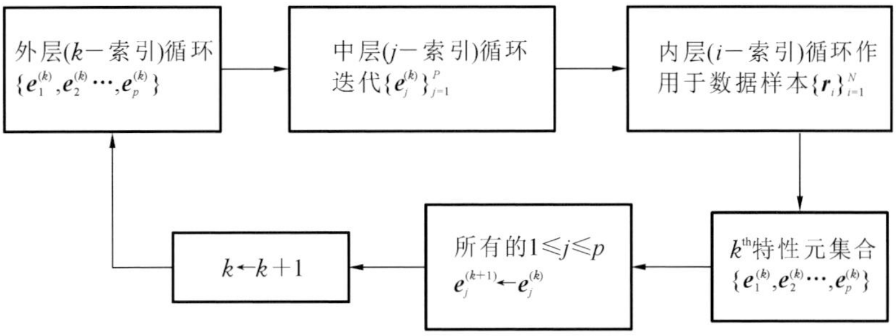

图 13.4 迭代逐步式 N-FINDR 算法的流程图

13.3.3 随机式 N-FINDR 算法

与 13.3.2 节中迭代式 N-FINDR 算法利用反馈循环重复执行 N-FINDR 算法不同，第三种缓解随机初始特性元集合问题的方法，是将 N-FINDR 算法看作随机算法。此方法每次运行时都随机挑选数据样本作为初始特性元，其运行结果即为随机算法的一次实现，称之为随机式 N-FINDR 算法（random N-FINDR，RN-FINDR）。

随机式 N-FINDR 算法的设计思想来源于随机变量，真实实验中的一次结果可以看作该随机变量的一个实现值。基于随机变量的想法，可以将随机初始化的算法看作随机算法，而算法的一次运行结果也可以看作该随机算法的一个实现值。

具体地说，随机式 N-FINDR 算法就是以随机算法的形式运行 N-FINDR 算法，这里的“随机”来源于从数据样本中随机选取初始特性元的行为。在随机选取了 p 个样本 $\{e_1^{(0)},e_2^{(0)},\cdots,e_p^{(0)}\}$ 作为 N-FINDR 算法的初始特性元之后，即运行了一次随机式 N-FINDR 算法，得到的 p 个特性元便是随机式 N-FINDR 算法的一个实现值。由于通常不具备关于特性元的任何先验知识，任何的样本集合都有可能被选取为初始特性元；根据随机算法的概念，随机式 N-FINDR 算法是在不同时间点不同初始状态下运行的随机程序，每次运行会产生不同的实现值，当此随机程序遍历样本空间时，其统计平均值会收敛至实现值的平均值。可以借助这一现象定义随机式 N-FINDR 算法的停止条件，即如果两次连续运行产生同样的运算结果，即终止算法。下面是 RN-FINDR 算法的细节。

(1) 初始化。假设 q 是特性元数量，令 $n=1$ 作为运行 N-FINDR 算法的计数器（这里的 N-FINDR 可以是循序式 N-FINDR 算法或逐步式 N-FINDR 算法），并且设 $E^{(0)}=\varnothing$，$\mathrm{IE}^{(0)}=\varnothing$。对原始样本数据进行球化操作，即移除样本平均值，并将数据方差规范化。

(2) 在球化后的数据上使用 N-FINDR 算法，产生 q 个结果特性元 $E^{(n)}=\{e_1^{(n)},e_2^{(n)},\cdots,e_q^{(n)}\}$。

(3) 寻找特性元集合的交集 $\mathrm{IE}^{(n)}$，即 $\mathrm{IE}^{(n)}=E^{(n-1)}\cap E^{(n)}$。由于真实数据中普遍存在的光谱变异性，两个集合几乎不可能完全吻合，可以使用如 SAM 等光谱距离计算方法计算光谱的相似性。若 $n=1$，$n\leftarrow 2$，则回到第(2)步；否则，继续。

(4) 如果 $\mathrm{IE}^{(n)}\neq\mathrm{IE}^{(n-1)}$，令 $n\leftarrow n+1$ 并回到第(2)步；否则，继续。

(5) 算法终止。$\mathrm{IE}^{(n)}=\bigcap_{m=1}^{n}E^{(m)}=\bigcap_{m=1}^{n}\{\boldsymbol{e}_1^{(m)},\boldsymbol{e}_2^{(m)},\cdots,\boldsymbol{e}_q^{(m)}\}$为最终的特性元集合。

关于随机式 N-FINDR 算法有以下 6 点需要注意。

(1) 随机式 N-FINDR 算法的设计思想,是利用多次随机算法实现值的交集来提升最终特性元的性能。从这个角度,随机式 N-FINDR 算法类似于迭代式 N-FINDR 算法。

(2) 随机式 N-FINDR 算法中的 q 可以是任意正整数,但为了避免预设方式的随机性,常用 VD 算法进行估计,并将 q 值设为 VD 估计值的两倍,即 $q=2n_{\mathrm{VD}}$。但实际上,随机式 N-FINDR 算法最终的特性元数量并不取决于 q 值,而是在第(5)步中自动决定。极端情况下,特性元数为 n_{VD}时,两次随机式的结果特性元集合可能会完全不同,故将第(2)步中的特性元数量 q 设为 n_{VD}的两倍,以避免两个集合求交集时丢掉潜在特性元。除此之外,第(2)步还需要结合适当的 SAM 或 SID 误差范围保证算法在第(4)步中很好地收敛。不受物理条件限制的理想情况下,q 值可定义为光谱维度数 L,即特性元数量的上限为高光谱数据的波段数量。

(3) 某些情况下,第(4)步中的交集 $\mathrm{IE}^{(n)}$可能只包含极少量特性元,这意味着 q 的初始值设置过小。为了避免这一现象,可以加入一个约束条件,即当 $\mathrm{IE}^{(n)}$中的元素数量小于 n_{VD}时,重新调整 q 的取值。

(4) 随机式 N-FINDR 算法不需要降维操作,在计算单形体体积时会发生病态矩阵的问题,可以使用伪逆运算解决,即利用奇异值分解的方法计算单形体体积。

(5) 随机式 N-FINDR 算法的最大缺点是会多次重复运行 N-FINDR 算法,导致较高的运算量。可以通过设置合理的误差范围,加快算法收敛速度并降低运算量。

(6) 随机式 N-FINDR 算法第(2)步中的球化操作是可选项,也就是说,算法也可以直接在原始高光谱数据上执行。实验表明,两种情况下的运行结果类似,只是在球化数据上的算法收敛速度更快,运行时间较短。

13.4 设置 N-FINDR 算法的特性元搜索区域

重复计算单形体体积会导致巨大的计算量,在不丢失真实特性元的前提下,减小特性元的搜索范围对于降低 N-FINDR 算法的计算量至关重要,本节将探讨几种减小特性元搜索区域的方法。

13.4.1 数据球化方式

通常情况下,我们将特性元看作最大体积单形体的顶点,与数据样本均值向量间的距离要尽量大。因此,用高阶统计量表达的数据比二阶统计量表达的数据更易于突出特性元。首先,利用数据球化操作移除数据样本的一阶、二阶特性,然后为球化后数据向量的长度设定阈值,将长度大于阈值的向量集作为特性元的搜索范围。说明,阈值可以依据数据样本数量的比例给定。

13.4.2 PPI 预处理

PPI 算法也可以为 N-FINDR 算法提供一个有效的特性元搜索范围，无论在原始高光谱数据空间还是球化后的数据空间上，特性元对应数据样本的 PPI 数值一定大于 0。可以采取以下 3 种方式定义特性元的搜索区域：①在原数据样本空间上 PPI 数值大于 0 的数据样本集合，记为 $\bar{\boldsymbol{X}}$；②在球化后的数据样本空间上 PPI 数值大于 0 的样本集合，记为 $\tilde{\boldsymbol{X}}$；③前述两种数据样本集合的交集，记为 $\boldsymbol{X}^* = \bar{\boldsymbol{X}} \cap \tilde{\boldsymbol{X}}$。

13.4.3 随机式 PPI 的方式

Chang 等(2010)提出随机式 PPI(random PPI，RPPI)，将 PPI 看作随机算法，算法一次运算的结果即为随机初始化投影向量的一个实现。根据线性系统理论，对所有随机实现值求交集便可以得到最小化的线性系统传递函数。由此特性，RPPI 通过一个停止规则选择 PPI 数值大于实现次数的样本向量集，组成 N-FINDR 算法的特性元搜索范围。

13.4.4 N-FINDR 算法的发展史

自从 Winter(2004，2000，1999a，1999b)提出 N-FINDR 算法后，有许多学者研究改善其性能。改进的方式主要有两种：一种是渐进式顶点成长的单形体法，如 Chang 等(2006)所发展的单形体增长算法(simplex growing algorithm，SGA)，另一种是以 N-FINDR 算法为基础的改进 Winter 算法。首先，可以通过改变 Winter 算法的架构实现性能提升，如 Wu 等(2008)的研究工作。由于 Winter 提出 N-FINDR 算法时并未给出算法实现的细节，Wu 等(2008)在提出改进前先按照算法描述进行实现，并将其命名为循序式 N-FINDR 算法，交换 N-FINDR 算法中的两层循环后，得到逐步式 N-FINDR(SC N-FINDR)算法。也有许多学者均提出了与逐步式 N-FINDR 算法相同或相似的方法，包括 Dowler 等(2011)、Wang 等(2009)、Zortea 等(2009)和 Du 等(2008a，2008b)提出的改进 N-FINDR 算法。其次，可以设计初始化条件来改进 N-FINDR 算法，解决方式有 3 种：①使用特性元初始化算法(EIA)产生初始的特性元集合，如 ATGP 方法；②使用实时 N-FINDR 算法处理技术，如 Chang 等(2010)提出用前 p 个输入的数据样本作为初始特性元集合；③反复使用随机产生的初始特性元运行 N-FINDR 算法，直到满足给定的停止条件，如 Chang 等(2009)所提出的随机式 N-FINDR 算法。本章提到的迭代式 N-FINDR(IN-FINDR)算法加入了第三层循环，将前一次运算得到的特性元集合，反馈给下一次运算作为初始特性元集合，为了区别于 Wu 等(2008)提出的循序式 N-FINDR 算法，Chang 等(2010)将其重新命名为迭代式 N-FINDR 算法。

最后可以归纳出以下两点内容。

(1) 迭代式 N-FINDR 算法(IN-FINDR)可以利用迭代循序式 N-FINDR 算法(ISQ N-FINDR)或迭代逐步式 N-FINDR 算法(ISC N-FINDR)实现。就技术而言，迭代循序式 N-

FINDR 算法比迭代逐步式 N-FINDR 算法更适合，因为其更接近原始的 N-FINDR 算法思想。因此，当未明确指明时，迭代式 N-FINDR 算法默认为迭代循序式 N-FINDR 算法，同样地，随机式 N-FINDR 算法默认为随机循序式 N-FINDR 算法。

(2) 循序式 N-FINDR 算法(SQ N-FINDR)、EIA-SQ N-FINDR 算法、迭代循序式 N-FINDR 算法和随机循序式 N-FINDR 算法找到的所有特性元，都是同时产生的。逐步式 N-FINDR 算法(SC N-FINDR)虽然是同步产生特性元，但每次的循环都是在前阶段已确认特性元的基础上决定新特性元。因此，该方法特性元确定的顺序可以用数字表示。

13.5 实时 N-FINDR 算法

要实时化 N-FINDR 算法，需结合因果形式，利用已有数据样本进行计算。利用因果形式可以设计不同版本的实时 N-FINDR 算法，如实时迭代式 N-FINDR 算法、实时循序式 N-FINDR 算法、实时循环式 N-FINDR 算法以及实时逐步式 N-FINDR 算法。实时处理具有以下优点：①不存在随机初始化的问题；②不需要数据降维处理；③算法整体的计算复杂度将大幅降低；④可以进行在线处理，节省存储资源并降低数据传输量。其中，第④点对卫星数据的处理尤其重要。

因为不使用随机初始化和降维操作，原始的 N-FINDR 算法无法直接实时化，下面以循序式 N-FINDR 算法和循环式 N-FINDR 算法为例，介绍其实时化过程。

13.5.1 实时循序式 N-FINDR 算法

本节我们将重新设计循序式 N-FINDR 算法，使其符合实时处理的要求。首先，移除 13.2.1 节中第(1)步和第(2)步中的数据降维和随机初始化，将最先输入的 p 个数据样本作为初始特性元。然后利用下面描述的算法，实现原始循序式 N-FINDR 第(5)步中的特性元替换。该方法适用于摆扫式数据采集方式。

实时循序式 N-FINDR(real-time SQ N-FINDR，RT SQ N-FINDR)算法描述如下文。

(1) 初始化程序。假设数据样本向量$\{\boldsymbol{r}_i\}_{i=1}^{N}$的输入顺序为 $1,2,\cdots,N$，以前面的 p 个数据向量作为初始特性元集合$\{\boldsymbol{e}_1^{(0)},\boldsymbol{e}_2^{(0)},\cdots,\boldsymbol{e}_p^{(0)}\}$，即令$\boldsymbol{e}_j^{(0)}=\boldsymbol{r}_j(1\leqslant j\leqslant p)$。设定 $i=p$。

(2) 令 $i\leftarrow i+1$，用第 i 个数据样本替换第 $j\,(1\leqslant j\leqslant p)$ 个特性元并计算替换后单形体 $S(\boldsymbol{r}_i,\boldsymbol{e}_2^{(i)},\cdots,\boldsymbol{e}_p^{(i)})$，$S(\boldsymbol{e}_1^{(i)},\boldsymbol{r}_i,\boldsymbol{e}_3^{(i)},\cdots,\boldsymbol{e}_p^{(i)})$，…，$S(\boldsymbol{e}_1^{(i)},\cdots,\boldsymbol{e}_{p-1}^{(i)},\boldsymbol{r}_i)$的体积，找到拥有最大体积 $V(\boldsymbol{e}_1^{(i)},\cdots,\boldsymbol{e}_{j-1}^{(i)},\underbrace{\boldsymbol{r}_i}_{j},\boldsymbol{e}_{j+1}^{(i)},\cdots,\boldsymbol{e}_p^{(i)})$的第 j 个单形体，

$$j_i=\arg\{\max\nolimits_{1\leqslant j\leqslant p}V(\boldsymbol{e}_1^{(i)},\cdots,\boldsymbol{e}_{j-1}^{(i)},\underbrace{\boldsymbol{r}_i}_{j},\boldsymbol{e}_{j+1}^{(i)},\cdots,\boldsymbol{e}_p^{(i)})\} \tag{13.1}$$

(3) 判断置换后的最大单形体体积是否大于原特性元集合构成的单形体体积，即

$$V(\boldsymbol{e}_1^{(i)},\cdots,\underbrace{\boldsymbol{r}_i}_{j},\cdots,\boldsymbol{e}_p^{(i)})>V(\boldsymbol{e}_1^{(i)},\boldsymbol{e}_2^{(i)},\boldsymbol{e}_3^{(i)},\cdots,\boldsymbol{e}_p^{(i)}) \tag{13.2}$$

(4) 若式(13.2) 成立，则执行式(13.3)；否则，继续。

$$e_{j_i}^{(i)} \leftarrow r_i \tag{13.3}$$

(5) 检查 $i=N$ 是否成立，若成立则算法终止；否则，令 $e_j^{(i+1)}=e_j^{(i)}$，$1\leqslant j\leqslant p$，并回到第(2)步。

实时循序式 N-FINDR 算法的流程图如图 13.5，其中 i 表示外层循环中的数据样本向量标号，j 表示第 j 个特性元 $e_j^{(i)}$。算法的外层循环需要遍历数据样本，执行时可以利用因果的方式，先只处理已输入数据，处理过程中同步等待其他数据样本 $\{r_n\}_{n=i+1}^{N}$ 的输入，从而缩短算法的运行时间。此外，算法不需要存储和重新访问已处理的数据样本，降低了对存储空间的需求。

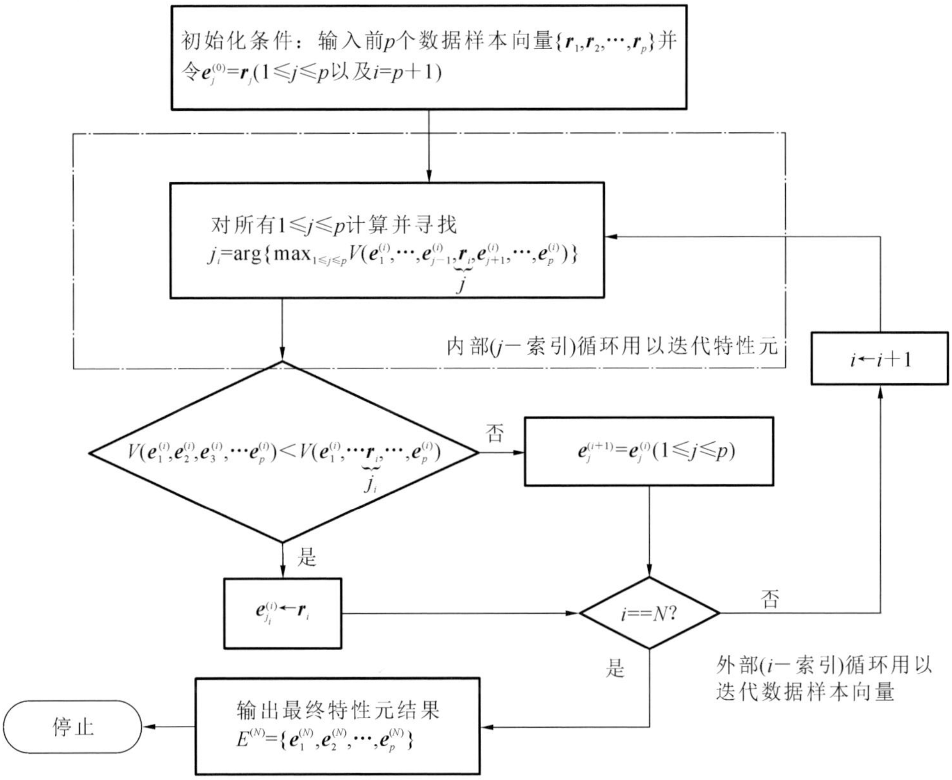

图 13.5 实时循序式 N-FINDR 算法的流程图

13.5.2 实时循环式 N-FINDR 算法

实时循序式 N-FINDR 算法中，每个数据样本 r_i 均需要计算 p 次单形体体积。也可以对 p 个特性元进行 i 次测试，获得实时循环式 N-FINDR(real-time circular N-FINDR，RT C N-FINDR)算法，该方法适用于推扫式数据采集方式，其概念说明如下。

假设 $\{r_i\}_{i=1}^{N}$ 为数据样本，将最前面的 p 个样本点 $r_1,r_2,\cdots,r_p$ 作为起始的 p 个特性元 $\{e_1^{(0)},e_2^{(0)},\cdots,e_p^{(0)}\}$。以第一个特性元 $e_1^{(0)}$ 作为分析对象，从新的样本点集合 $\{r_{p+1},r_{p+2},\cdots,r_{2p}\}$ 中寻找 $e_1^{(0)}$ 的替换值，并用 $e_1^{(1)}$ 表示。依次处理特性元 $e_2^{(0)}$ 等，直到特性

元$\boldsymbol{e}_p^{(0)}$。经过这个过程后，原本的 p 个初始特性元表示为新的特性元集合$\{\boldsymbol{e}_1^{(1)},\boldsymbol{e}_2^{(1)},\cdots,\boldsymbol{e}_p^{(1)}\}$，进而利用后续的 p 个样本点$\{\boldsymbol{r}_i\}_{i=2p+1}^{3p}$更新得到$\{\boldsymbol{e}_1^{(2)},\boldsymbol{e}_2^{(2)},\cdots,\boldsymbol{e}_p^{(2)}\}$。重复执行上述过程，直到最后一组样本点处理完毕，得到$\{\boldsymbol{e}_1^{(m+1)},\boldsymbol{e}_2^{(m+1)},\cdots,\boldsymbol{e}_p^{(m+1)}\}$。图 13.6 给出了实时循环式 N-FINDR 算法的流程细节，为了简化，索引 j 定义为$\hat{j}\equiv i(\mathrm{mod}p)$。

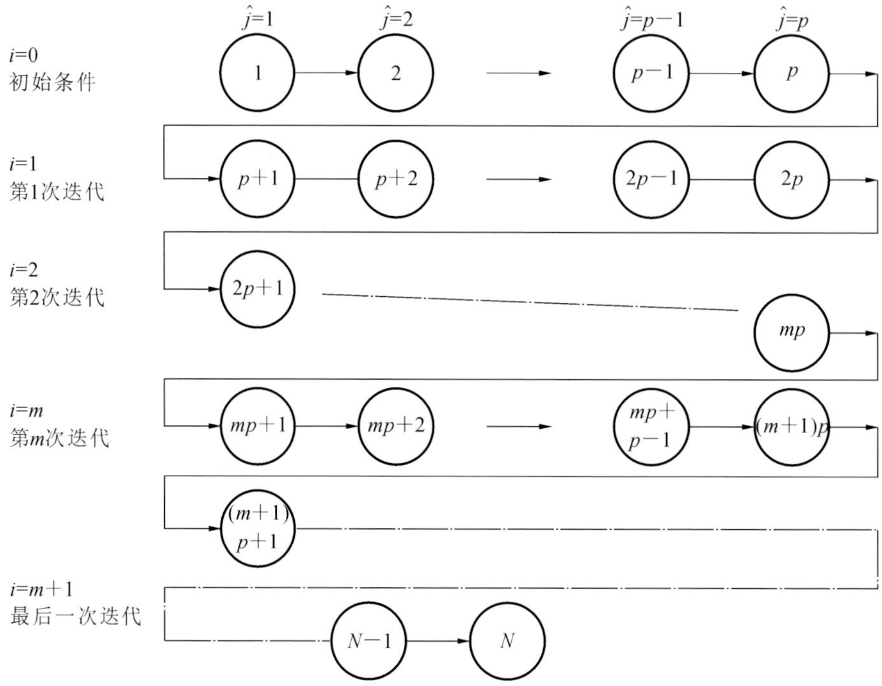

图 13.6　实时循环式 N-FINDR 算法的循环流程

使用图 13.6 所描述的迭代式的循环流程，实时循环式 N-FINDR 算法可以看作实时循序式 N-FINDR 算法的变形，详细的步骤描述如下文。

(1)初始条件。假设$\{\boldsymbol{r}_i\}_{i=1}^{N}$为依照 1,2,…,$N$ 顺序排列的数据样本，设定 $i=1,\hat{j}=1$，且 $1\leqslant\hat{j}\leqslant p$，将最前面的 p 个样本$\boldsymbol{r}_1,\boldsymbol{r}_2,\cdots,\boldsymbol{r}_p$ 作为初始的 p 个特性元$\{\boldsymbol{e}_1^{(0)},\boldsymbol{e}_2^{(0)},\cdots,\boldsymbol{e}_p^{(0)}\}$。

(2)$\boldsymbol{r}_{ip+\hat{j}}$表示影像中的第$(ip+\hat{j})$个像元，计算单形体 $S(\boldsymbol{e}_1^{(i)},\cdots,\boldsymbol{e}_{j-1}^{(i)},\boldsymbol{r}_{ip+\hat{j}},\boldsymbol{e}_{j+1}^{(i)},\cdots,\boldsymbol{e}_p^{(i)})$ 的体积 $V(\boldsymbol{e}_1^{(i)},\cdots,\boldsymbol{e}_{j-1}^{(i)},\boldsymbol{r}_{ip+\hat{j}},\boldsymbol{e}_{j+1}^{(i)},\cdots,\boldsymbol{e}_p^{(i)})$，寻找 $j_i=\arg_{1\leqslant\hat{j}\leqslant p}V(\boldsymbol{e}_1^{(i)},\cdots,\boldsymbol{e}_{j-1}^{(i)},\boldsymbol{r}_{ip+\hat{j}},\boldsymbol{e}_{j+1}^{(i)},\cdots,\boldsymbol{e}_p^{(i)})$并检查以下条件是否成立，若成立则继续；否则，转到第(4)步。

$$V(\boldsymbol{e}_1^{(i)},\cdots,\boldsymbol{e}_{j-1}^{(i)},\boldsymbol{r}_{ip+\hat{j}_i},\boldsymbol{e}_{j+1}^{(i)},\cdots,\boldsymbol{e}_p^{(i)})\geqslant V(\boldsymbol{e}_1^{(i)},\cdots,\boldsymbol{e}_{j-1}^{(i)},\boldsymbol{e}_j^{(i)},\boldsymbol{e}_{j+1}^{(i)},\cdots,\boldsymbol{e}_p^{(i)})\tag{13.4}$$

(3) 特性元$\boldsymbol{e}_j^{(i)}$ 将由$\boldsymbol{r}_{ip+\hat{j}_i}$取代并标识为$\boldsymbol{e}_j^{(i+1)}$。判断 $j==p$ 是否成立，若成立则转到第(5)步；否则，$j\leftarrow j+1$ 并回到第(2)步。

(4) $\boldsymbol{e}_i^{(i+1)}=\boldsymbol{e}_i^{(i)}$，判断 $j==p$ 是否成立，若成立则继续；否则，$j\leftarrow j+1$ 并回到第(2)步。

(5) 形成新的特性元集合，判断 $i\times p+p>N$ 是否成立，若成立则测试剩余像元并替换特性元，算法结束；否则，$i\leftarrow i+1$ 并回到第(2)步。

13.6 多通道循序式 N-FINDR 算法

本节在 N-FINDR 算法中引入多通道的概念，用以下 3 种不同的方式对其进行扩展。①将多通道中的每个通道当作 N-FINDR 算法中的一次迭代，用以寻找一个特性元，如 13.2.1节所讨论的逐步式 N-FINDR(SC N-FINDR)。②将多通道中的每个通道，当作 N-FINDR 算法中的一次迭代程序，将前一次产生的结果特性元集合作为本次 N-FINDR 算法的起始条件，产生下一组特性元集合，如同 13.3.2 节所讨论的迭代式 N-FINDR(IN-FINDR)。③将多通道中的每个通道，当作随机初始化特性元的一次实现，通过多个随机算法的实现收敛到最佳特性元集合，如同 13.4.3 节所讨论的随机式 N-FINDR(RN-FINDR)。上述的多通道 N-FINDR(multiple-pass N-FINDR，MP N-FINDR)都是逐样本处理实现。

13.6.1 实时多通道逐步式 N-FINDR 算法

逐步式 N-FINDR 是利用内部循环递归数据样本$\{\boldsymbol{r}_i\}_{i=1}^N$和外部循环递归特性元$\{\boldsymbol{e}_j\}_{j=1}^p$实现的。换句话说，逐步式 N-FINDR 为了找到第 j 个最佳特性元$\boldsymbol{e}_j^{(*)}$$(1\leqslant j\leqslant p)$，必须重复处理所有的数据样本$\{\boldsymbol{r}_i\}_{i=1}^N$。需要对所有的数据样本处理 p 次，产生最佳的 p 个特性元的集合$\{\boldsymbol{e}_j^{(*)}\}_{j=1}^p$。很明显，逐步式 N-FINDR 算法的处理过程既不是因果式的也不是实时的，但依然可以像循序式 N-FINDR 算法一样，借助多通道的思路通过实时或是因果的方式实现。将一个通道定义为寻找一个最佳特性元的逐步式 N-FINDR 算法，为了找到 p 个最佳特性元，共需要 p 个通道，每个通道中的逐步式 N-FINDR 算法可以通过因果的方式实时化，称其为 p 通道逐步式 N-FINDR(p-pass SC N-FINDR)，其算法如下文。

(1) 初始条件。设定 $j=1$，输入初始的 p 个像元向量$\boldsymbol{r}_1,\boldsymbol{r}_2,\cdots,\boldsymbol{r}_p$ 作为 p 个初始特性元$\{\boldsymbol{e}_1^{(0)},\boldsymbol{e}_2^{(0)},\cdots,\boldsymbol{e}_p^{(0)}\}$。

(2) 在第 j 个通道中，寻找第 j 个特性元$\boldsymbol{e}_j$，前 $j-1$ 个特性元$\boldsymbol{e}_1^{(*)},\boldsymbol{e}_2^{(*)},\cdots,\boldsymbol{e}_{j-1}^{(*)}$均已知。$\{\boldsymbol{r}_i\}_{i=1}^N$为输入的数据样本集合。令 $i=1$。

(3) 如果对于$\boldsymbol{r}_i\notin\{\boldsymbol{e}_1^{(*)},\boldsymbol{e}_2^{(*)},\cdots,\boldsymbol{e}_{j-1}^{(*)}\}$，计算单形体体积 $S(\boldsymbol{e}_1^{(*)},\boldsymbol{e}_2^{(*)},\cdots,\boldsymbol{e}_{j-1}^{(*)},\boldsymbol{r}_i,\boldsymbol{e}_{j+1}^{(0)},\cdots,\boldsymbol{e}_p^{(0)})$，并设定 $\text{max\_volume}(j)=V(\boldsymbol{e}_1^{(*)},\boldsymbol{e}_2^{(*)},\cdots,\boldsymbol{e}_{j-1}^{(*)},\boldsymbol{r}_i,\boldsymbol{e}_{j+1},\cdots,\boldsymbol{e}_p)$。然后，再计算 $V(\boldsymbol{e}_1^{(*)},\boldsymbol{e}_2^{(*)},\cdots,\boldsymbol{e}_{j-1}^{(*)},\boldsymbol{r}_{i+1},\boldsymbol{e}_{j+1},\cdots,\boldsymbol{e}_p)$，将其与 $\text{max_volume}(j)$进行比较。若 $V(\boldsymbol{e}_1^{(*)},\boldsymbol{e}_2^{(*)},\cdots,\boldsymbol{e}_{j-1}^{(*)},\boldsymbol{r}_{i+1},\boldsymbol{e}_{j+1},\cdots,\boldsymbol{e}_p)>\text{max\_volume}(j)$，则 $\text{max\_volume}(j)\leftarrow V(\boldsymbol{e}_1^{(*)},\boldsymbol{e}_2^{(*)},\cdots,\boldsymbol{e}_{j-1}^{(*)},\boldsymbol{r}_{i+1},\boldsymbol{e}_{j+1},\cdots,\boldsymbol{e}_p)$，并检查式(13.5)是否成立：

$$\boldsymbol{r}_{i+1}=\boldsymbol{r}_N \tag{13.5}$$

(4) 若式(13.5)不成立，则 $i\leftarrow i+1$ 并回到第(3)步；否则，继续。

(5) 找到第 j 个特性元$\boldsymbol{e}_j^{(*)}$。若 $j==p$ 成立，则停止算法；否则，$j\leftarrow j+1$ 并回到第(2)步。

图 13.7 提供了 p 通道实时逐步式 N-FINDR 算法的流程图，索引 j 用来追踪已经处理

过的特性元数量或通道数。

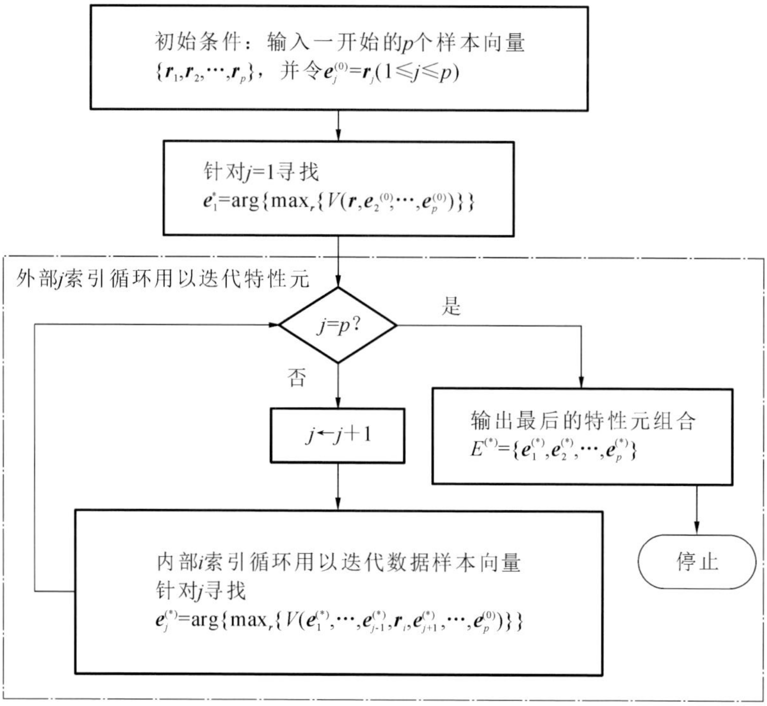

图 13.7　p 通道实时逐步式 N-FINDR 算法的流程图

说明：上述的 p 通道实时逐步式 N-FINDR 算法也使用两个循环实现。索引 j 指定外部循环，即记录算法已经被执行的次数（或通道号）；索引 i 指定内部循环，即用来递归所有数据样本，以寻找第 j 个最佳特性元$\boldsymbol{e}_j^{(*)}$。

13.6.2　多通道循序迭代式 N-FINDR 算法

如同 13.5 节所述，实时循序式 N-FINDR 算法和实时循环式 N-FINDR 算法都是利用最初的 p 个数据样本作为初始特性元，进而依据因果方式实时化，但初始特性元对最后的结果影响很大。这个问题可以通过图 13.3 与图 13.4 所描述的迭代式 N-FINDR 算法解决，该算法的思路是把前一次的结果作为本次 N-FINDR 算法的初始特性元集合。如果将多通道 N-FINDR 中的每个通道当作一次 N-FINDR 算法执行的结果，并用 k 来追踪迭代式 N-FINDR 算法的执行次数，则迭代式 N-FINDR 算法可以看作多通道循序迭代式 N-FINDR 算法。

相似的逻辑可以用在 13.5 节介绍的所有实时算法上，得到多通道实时循序式 N-FINDR 算法和多通道实时循环式 N-FINDR 算法。如图 13.3 与 13.4 所示的利用 k 追踪迭代次数的迭代循序式 N-FINDR 与迭代逐步式 N-FINDR 算法，这两种算法也可以延伸为多通道实时算法。

关于此类算法，有以下 4 点需要说明。

(1) 由于实时循环式 N-FINDR(RT CN-FINDR)算法需要针对每个特性元计算一次单形体体积，而实时循序式 N-FINDR(RT SQ N-FINDR)算法对每个特性元计算 p 次体积，故多通道实时循环式 N-FINDR 算法的通道数通常多于多通道实时循序式 N-FINDR 算法。根据我们在不同资料上的大量实验结果，多通道实时循环式 N-FINDR 所需要的通道数通常小于 p。但在某些特定情况下，如果光谱特征非常相似，算法可能会找到相同的特性元，这种情况下，无法有效找到其他某些特性元，导致算法无法在 p 个通道时收敛。此外，由于多通道算法中的每个通道都是采用像元整体位移的方式执行，我们可以在实时循环式 N-FINDR 算法的 p 个通道完成后，直接将其结果当作最后的特性元集合输出。

(2) 如果考虑每个通道运算造成的延迟，多通道实时循环式 N-FINDR 与多通道实时循序式 N-FINDR 算法不能看作是实时处理算法。然而如果可以忽略延迟，则这两个算法便视为近乎实时处理。另外，如果所需通道数过多，这两个算法也无法得到实时输出。因为其计算过程仅使用最近输入的样本，没有对全体数据的依赖性，从这个角度来说仍然属于实时处理方式。

(3) 这两种算法的内外层循环与实时迭代式 N-FINDR 算法不一样。实时迭代式 N-FINDR 算法使用外层循环来降低特定初始特性元对原始算法的影响，内部循环针对特定的初始条件找到最佳特性元集合。相反，实时逐步式 N-FINDR 算法则是用外部循环指定需要产生的特性元，内部循环递归所有的数据样本，以更新外部循环所指定的特性元。因此，实时逐步式 N-FINDR 算法更像是单通道的实时循序式 N-FINDR 算法，也可以当作是迭代式 N-FINDR 算法仅运行一次实时循序式 N-FINDR 算法的特例。

(4) 如果将图 13.1 中的循序式 N-FINDR 算法换成实时循序式 N-FINDR 算法，并将每次实时循序式 N-FINDR 算法看作多通道中的一个通道，则迭代式 N-FINDR 算法可以实现为多通道实时循序式 N-FINDR 算法，外部循环的索引 k 用来定义通道数。

13.6.3 多通道循序随机式 N-FINDR 算法

p 通道逐步式 N-FINDR 算法的每个通道产生一个特性元，而多通道循序式 N-FINDR 是通过索引 k 指定外部循环，利用多个通道来优化特性元集合。本节将介绍多通道循序式 N-FINDR 的第三种实现方式，即多通道循序随机式 N-FINDR 算法，将每个通道看作随机式 N-FINDR 算法的一次实现。根据系统学理论，随机式 N-FINDR(RN-FINDR)算法的每次执行结果是随机算法的一个实现值，每次产生的结果不同，而对多个实现值取交集就是最后所需要的结果。

13.6.4 不同版本 N-FINDR 算法的运算复杂度

若假设 c_j 为计算 j 个顶点单形体体积所需要的运算量，表 13.1 统计各算法所需要计算单形体体积的次数，列出了本章介绍的 N-FINDR 算法的运算复杂度，其中 k 表示外部循环的执行次数。由表可以看出，所有实时循序式 N-FINDR 算法的运算复杂度均为 $c_p \cdot p \cdot (N-p)$。

表 13.1　本章所提出各个版本 N-FINDR 算法的运算复杂度

N-FINDR	RT IN-FINDR	RT SQ N-FINDR	RT p-pass CN-FINDR	RT p-pass SC N-FINDR
$\frac{N!}{(N-p)!\,p!}\cdot c_p$	$c_p\cdot p\cdot(N-p)\cdot k$	$c_p\cdot p\cdot(N-p)$	$c_p\cdot p\cdot(N-p)$	$c_p\cdot p\cdot(N-p)$

运算复杂度只是相当于处理或运算时间，但并不是真实的运行时间。相同运算复杂度的算法可能会有不同的真实运算时间，取决于运行时所用的数学运算方式。

本节呈现的实时版本 N-FINDR 算法并不需要数据降维，更适用于实时化。同时，使用最初的 p 个数据样本初始化特性元，可以看作是特性元初始化算法（EIA）的一个特例，因为在因果处理方式下，无法使用特定的特性元初始化算法寻找初始特性元。利用特性元初始化算法的 N-FINDR 算法可以当作循序式 N-FINDR（SQ N-FINDR）算法的特例，是次优的迭代循序式 N-FINDR（ISQ N-FINDR）算法。

Chang 在 2013 年出版的专著的第 7～11 章中，已经给出了许多循序式 N-FINDR（SQ N-FINDR）与逐步式 N-FINDR（SC N-FINDR）算法的实验结果与细节，但是缺少关于随机初始化方面的分析与研究。前面提到过，随机的初始特性元会严重影响结果特性元集合。下面两节中将通过详细的实验结果比较各版本算法的性能。

13.7　合成图像实验结果

为了进行可靠的量化分析，本节依照前面章节中的方式构造几个合成图像，如图 13.8 所示。

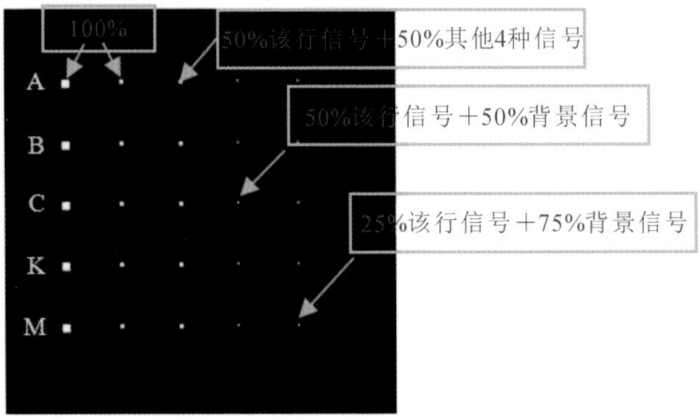

图 13.8　采用 A、B、C、K、M 光谱曲线生成 25 个面板的合成图像

25 个面板中，第 1 列是 5 个 4×4 纯像元面板，第 2 列是 5 个 2×2 纯像元面板，第 3 列是 5 个 2×2 混合像元面板，第 4 列与第 5 列各是 5 个 1×1 亚像元面板，混合像元与亚像元的模拟方式如图 13.8 所示。由此，共有 100 个纯像元（包含第 1 列 80 个和第 2 列 20 个），分别对应图 1.2(b)5 种矿物质（A、B、C、K、M）的光谱。图 1.2(b)中右上角光滑区域的光谱均

值(用 b 表示),用以仿真图 13.8 中的图像背景,大小为 200×200 并施加一定信噪比(SNR)的高斯噪声,这里设置信噪比为 20∶1。

确定好目标面板和背景图像后,便可以通过以下两种不同的组合方式来设计合成图像。第一种组合方式为目标种植(TI)法,用无噪声的目标面板取代对应位置的背景像元。第二种组合方式为目标嵌入(TE)法,将无噪声的目标面板与对应位置的背景像元叠加。二者的区别是,TE 图像中不存在纯像元,目标像元的丰度值之和不为 1。

13.7.1 TI 图像实验结果

如前面所述,TI 图像采用 5 种物质(A、B、C、K、M)的光谱特征和背景光谱向量进行仿真。在 130 个目标面板像元中,第 1 列有 80 个纯像元,第 2 列有 20 个纯像元,第 3 列有 20 个丰度为 75%的混合像元,第 4 列有 5 个丰度为 50%的亚像元,第 5 列有 5 个丰度为 25%的亚像元。从技术角度来说,TI 图像中包含 5 个特性元,分布在第 1 列和第 2 列的纯像元中。在不具备 TI 图像先验知识的情况下,可以采用 Chang 等(2004,2003)提出的虚拟维度(VD)方法来预测图像中的特性元数量,例如当虚警率 $P_F \leqslant 10^{-1}$ 时,TI 图像的虚拟维度为 $n_{VD}=5$。根据真实情况,图像中应该存在 6 个独立的光谱特征,包括 5 个目标光谱特征(A、B、C、K、M)和 1 个背景光谱特征 b,故后续实验中设置虚拟维度为 $n_{VD}=6$。

13.7.1.1 实验:特性元寻找算法初始化的 N-FINDR (EIA-N-FINDR)算法

针对特性元初始化算法对特性元寻找结果的影响,已经有过相关讨论,本节我们将专注于两种情况的分析,一种是假设图像中有 5 个特性元即 $n_{VD}=5$,另一种是假设图像中有 6 个特性元即 $n_{VD}=6$。

图 13.9～图 13.11 给出了图像中有 5 个特性元的情况下,分别利用 ATGP、UNCLS 和 UFCLS 初始化特性元时,循序式 N-FINDR(SQ N-FINDR)与逐步式 N-FINDR(SC N-FINDR)算法的特性元寻找结果。

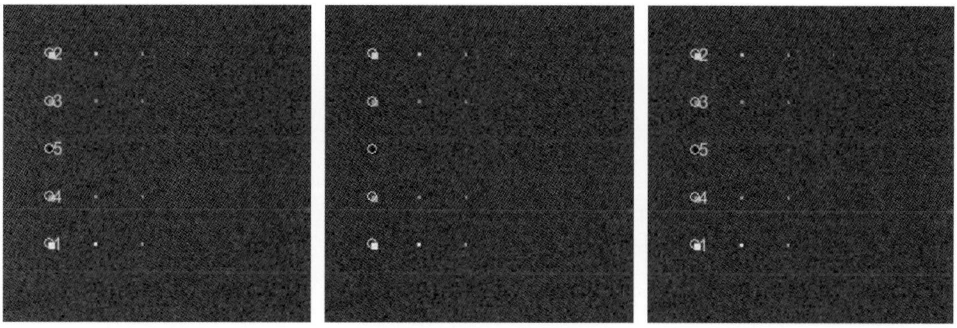

(a) ATGP　(b) ATGP-SQ N-FINDR　(c) ATGP-SC N-FINDR

图 13.9 ATGP 初始化特性元的循序式 N-FINDR 与逐步式 N-FINDR 算法在 TI 图像中寻找 5 个特性元

从图 13.9～图 13.11 可知,几种算法都在第 1 列中找到了 5 个特性元,且不同特性元初始化算法所找到的特性元与加上循序式 N-FINDR(SQ N-FINDR)或逐步式 N-FINDR(SC

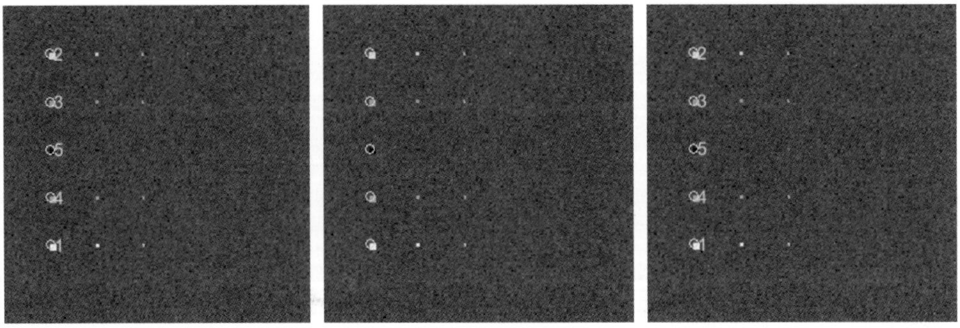

(a) UNCLS　　(b) UNCLS-SQ N-FINDR　　(c) UNCLS-SC N-FINDR

图 13.10　UNCLS 初始化特性元的循序式 N-FINDR 与逐步式 N-FINDR 算法在 TI 图像中寻找 5 个特性元

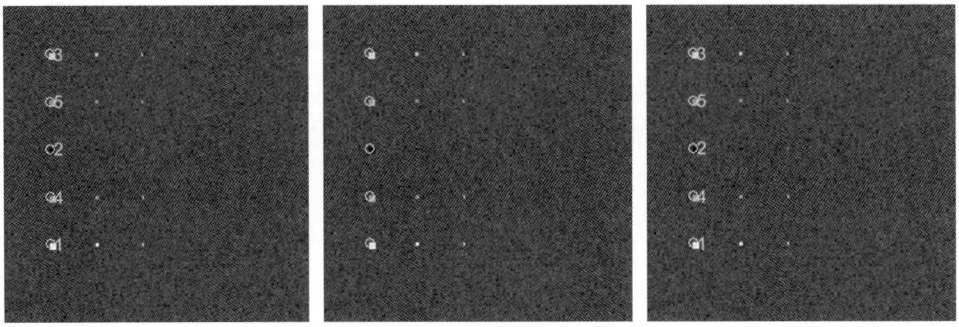

(a) UFCLS　　(b) UFCLS-SQ N-FINDR　　(c) UFCLS-SC N-FINDR

图 13.11　UFCLS 初始化特性元的循序式 N-FINDR 与逐步式 N-FINDR 算法在 TI 图像中寻找 5 个特性元

N-FINDR)算法后找到的特性元结果一致。这说明在给出 5 个特性元的情况下，特性元初始化算法(ATGP、UNCLS 和 UFCLS)与以其为基础的循序式 N-FINDR(SQ N-FINDR)和逐步式 N-FINDR(SC N-FINDR)算法性能相当。但是如图 13.12～图 13.14 所示，当假设图像中有 6 个特性元时，结果发生了变化。

图 13.12～图 13.14 给出了假设存在 6 个特性元的情况下，利用 ATGP、UNCLS 和 UFCLS 初始化的循序式 N-FINDR(SQ N-FINDR)与逐步式 N-FINDR(SC N-FINDR)算法的结果。

由图 13.12～图 13.14 可知，3 个特性元初始化算法(ATGP、UNCLS 和 UFCLS)都能够正确地找出 5 种矿物质和背景的光谱特征，但是以其作为基础的循序式 N-FINDR(SQ N-FINDR)与逐步式 N-FINDR(SC N-FINDR)算法，都未能找到对应第 3 行目标面板的 C 物质光谱特征。换句话说，部分初始特性元集合中正确的光谱特征在后续算法执行过程中被替换掉了。图 13.9～图 13.14 说明了以下两点：①特性元寻找的结果与特性元数量的设定密切相关；②背景的光谱特征 b，会影响对真实特性元的判定。这里所谓的真实(real)特性元不等同于真正(true)的特性元，相关的差异将在 13.7.2 节中进一步讨论。

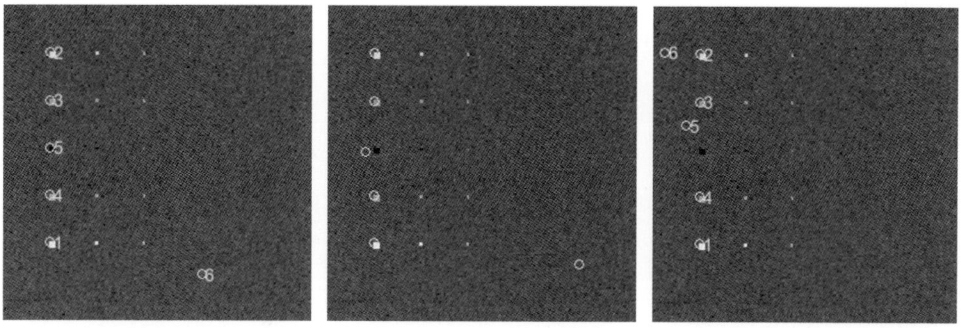

(a) ATGP　(b) ATGP-SQ N-FINDR　(c) ATGP-SC N-FINDR

图 13.12　ATGP 初始化特性元的循序式 N-FINDR 与逐步式 N-FINDR 算法在 TI 图像中寻找 6 个特性元

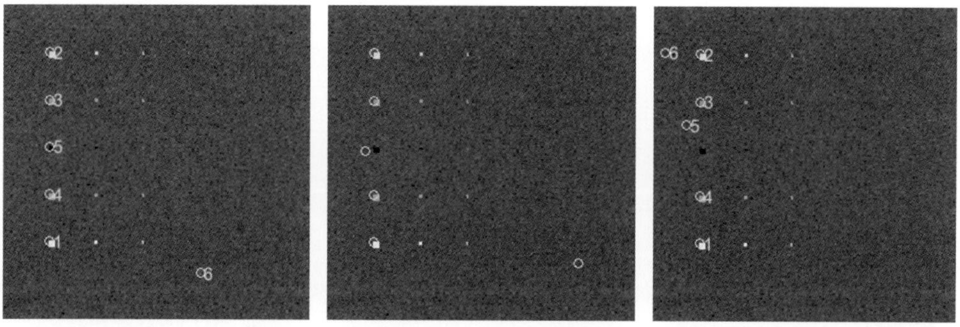

(a) UNCLS　(b) UNCLS-SQ N-FINDR　(c) UNCLS-SC N-FINDR

图 13.13　UNCLS 初始化特性元的循序式 N-FINDR 与逐步式 N-FINDR 算法在 TI 图像中寻找 6 个特性元

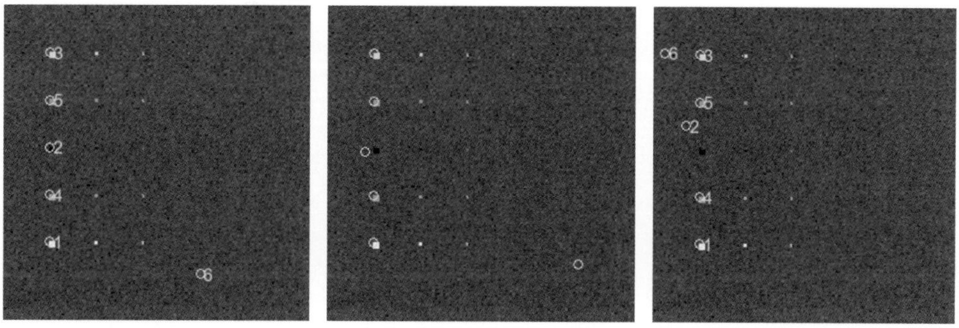

(a) UFCLS　(b) UFCLS-SQ N-FINDR　(c) UFCLS-SC N-FINDR

图 13.14　UFCLS 初始化特性元的循序式 N-FINDR 与逐步式 N-FINDR 算法在 TI 图像中寻找 6 个特性元

13.7.1.2　实验：迭代式 N-FINDR(IN-FINDR)算法

第二种处理随机初始特性元的方法是迭代式 N-FINDR(IN-FINDR)算法，即在迭代循环中，重复将上一次的特性元寻找结果作为本次循环的初始特性元。图 13.15 和图 13.16 给出了迭代循序式 N-FINDR(ISQ N-FINDR)算法找到的 5 或 6 个特性元，其中索引 k 表示迭代次数，$k=0$ 对应随机初始化后的运行结果状态。与 13.7.1.1 节实验中的结果一样，迭代循序式 N-FINDR(ISQ N-FINDR)算法在特性元个数设定为 5 和 6 时都遗漏了第 3 行的 C 物质光谱特征。

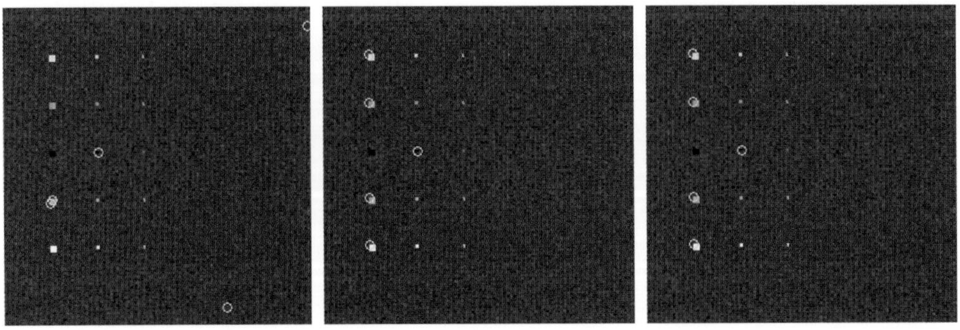

(a) $k=0$　　(b) $k=1$　　(c) $k=2$

图 13.15　随机初始化的迭代循序式 N-FINDR 算法在 TI 图像中寻找 5 个特性元

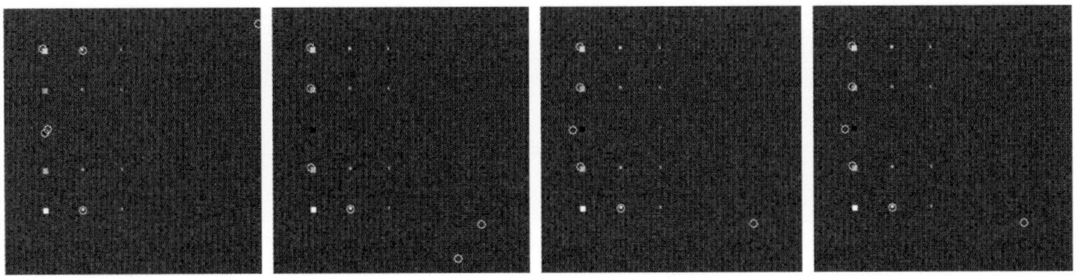

(a) $k=0$　　(b) $k=1$　　(c) $k=2$　　(d) $k=3$

图 13.16　随机初始化的迭代循序式 N-FINDR 算法在 TI 图像中寻找 6 个特性元

13.7.1.3　实验:随机式 N-FINDR(RN-FINDR)算法

第三种处理随机初始特性元的方式是随机式 N-FINDR(RN-FINDR)算法。与 EIA-N-FINDR 算法使用特定算法初始化特性元相比,该方法首先是随机初始化特性元集合,进而通过多个随机寻找过程收敛到结果特性元集合。与迭代式 N-FINDR(IN-FINDR)算法的概念相比,RN-FINDR 方法不采用迭代循环,每个随机寻找过程都只运行一次。

图 13.17 和图 13.18 给出了随机循序式 N-FINDR(RSQ N-FINDR)算法的结果。循序式 N-FINDR(SQ N-FINDR)算法寻找的特性元数量是虚拟维度估计特性元数量的两倍,以 $n_{VD}=5$ 和 6 为例,算法寻找 $q=2n_{VD}=10$ 和 12 个特性元。n 表示随机循序式 N-FINDR(RSQ N-FINDR)算法的随机寻找次数。实验 13.7.1.3 的结果显示,$q=10$ 时找到了 4 个面板像元的光谱特征,而 $q=12$ 时却仅找到 3 个面板像元的光谱特征。

13.7.1.4　实验:实时处理算法

实时处理的 N-FINDR 算法本身就是一个循序过程。设需要产生的特性元数为 5 个,即 $p=5$。图 13.19(a)~(d)为第 1 通道执行实时循序式 N-FINDR(RT SQ N-FINDR)算法的过程和结果,图 13.19(e)~(f)为第 2 通道与第 3 通道执行的结果。由于第 2 通道与第 3 通道得到

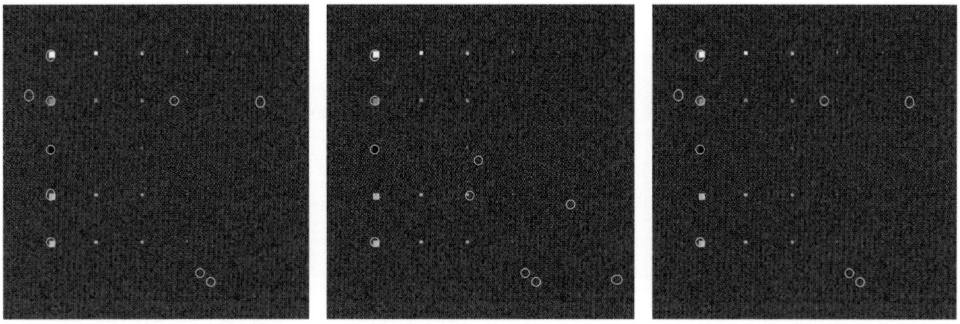

(a) $n=1$　(b) $n=2$　(c) $n=3$

图 13.17　设定 $q=2n_{\mathrm{VD}}=10$ 时，随机循序式 N-FINDR 算法在 TI 图像中找到的特性元

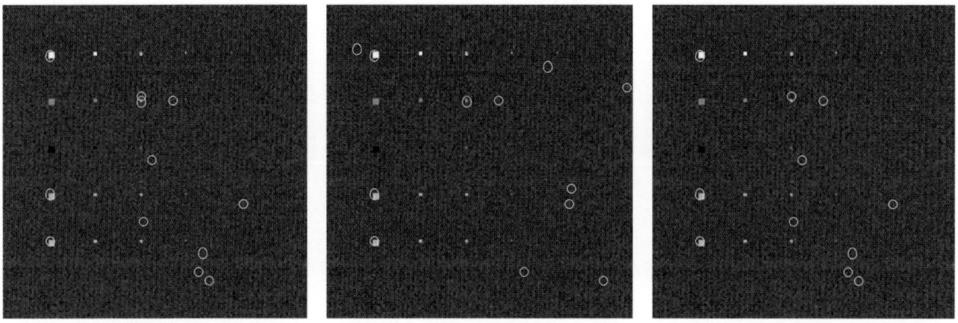

(a) $n=1$　(b) $n=2$　(c) $n=3$

图 13.18　设定 $q=2n_{\mathrm{VD}}=12$ 时，随机循序式 N-FINDR 算法在 TI 图像中找到的特性元

的特性元一致，实时迭代式 N-FINDR（RT IN-FINDR）算法在第 3 通道后终止。如图 13.19(a)～(c)所示，在当前通道的执行过程中，所有的特性元都在持续改变，直到完成本通道运算如图 13.19(d)。在第 1 通道之后，集合中的前 4 个特性元就是最终特性元。比较图 13.19(e)第 2 通道与图 13.19(d)第 1 通道的运行结果，可以发现第 2 通道找出了第 3 行的纯像元。

图 13.20 和图 13.21 给出了 5 通道实时循环式 N-FINDR（RT 5-pass circular N-FINDR）算法与 5 通道实时逐步式 N-FINDR（RT 5-pass SC N-FINDR）算法的结果，可以发现两个算法都可以找到 5 种物质的纯光谱特征。从 5 通道实时循环式 N-FINDR 算法的执行结果，可以看出其仅需要 3 个通道就找到 5 种物质的纯光谱特征。而 5 通道实时逐步式 N-FINDR（RT 5-pass SC N-FINDR）算法需要 5 个通道才能找到所有物质的纯光谱特征。另外，利用多通道实时循环式 N-FINDR（RT multiple-pass circular N-FINDR）算法实现的迭代式 N-FINDR（IN-FINDR）算法，需要 4 个通道才能够找到所有物质的纯光谱特征。如果以找到 5 个纯物质所需要的最少通道数来评价，多通道实时循环式 N-FINDR（RT multiple-pass circular N-FINDR）算法仅需要 3 个通道，是性能最好的。然后是迭代式 N-FINDR（IN-FINDR）算法需要 4 个通道，最后是 5 通道实时逐步式 N-FINDR（RT 5-pass SC N-FINDR）算法需要 5 个通道。

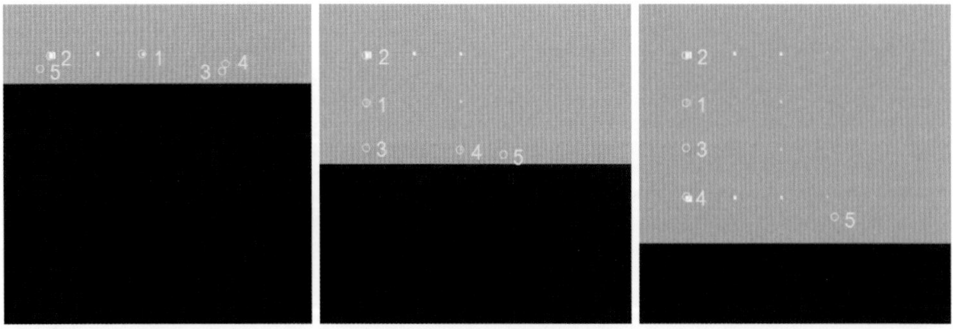

(a) 第1通道执行过程1　(b) 第1通道执行过程2　(c) 第1通道执行过程3

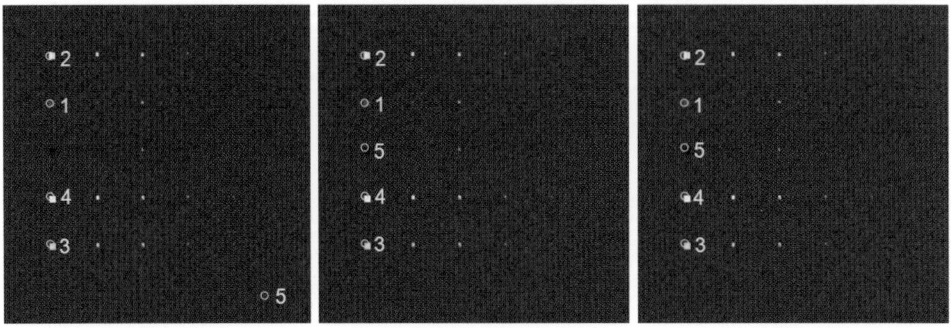

(d) 第1通道执行结果　(e) 第2通道执行结果　(f) 第3通道执行结果

图 13.19　TI 图像中实时循序式 N-FINDR(RT SQ N-FINDR)算法的寻找过程及结果

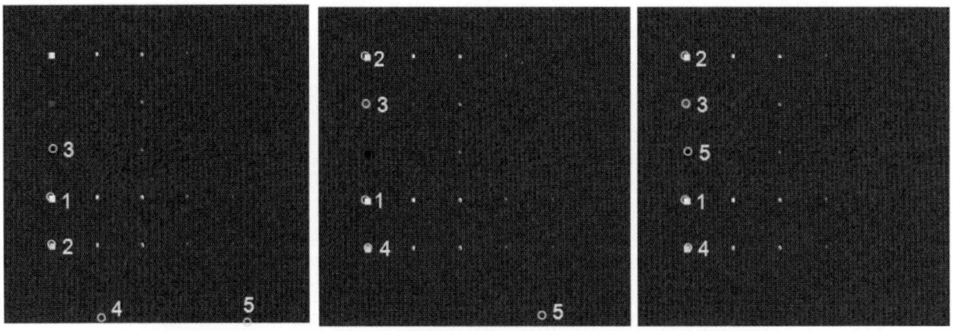

(a) 第1通道执行结果　(b) 第2通道执行结果　(c) 第3通道执行结果

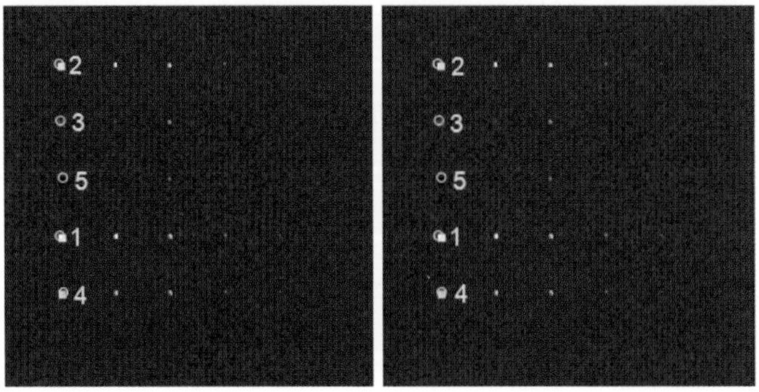

(d) 第4通道执行结果　(e) 第5通道执行结果

图 13.20　TI 图像中 5 通道实时循环式 N-FINDR 算法的各通道执行结果

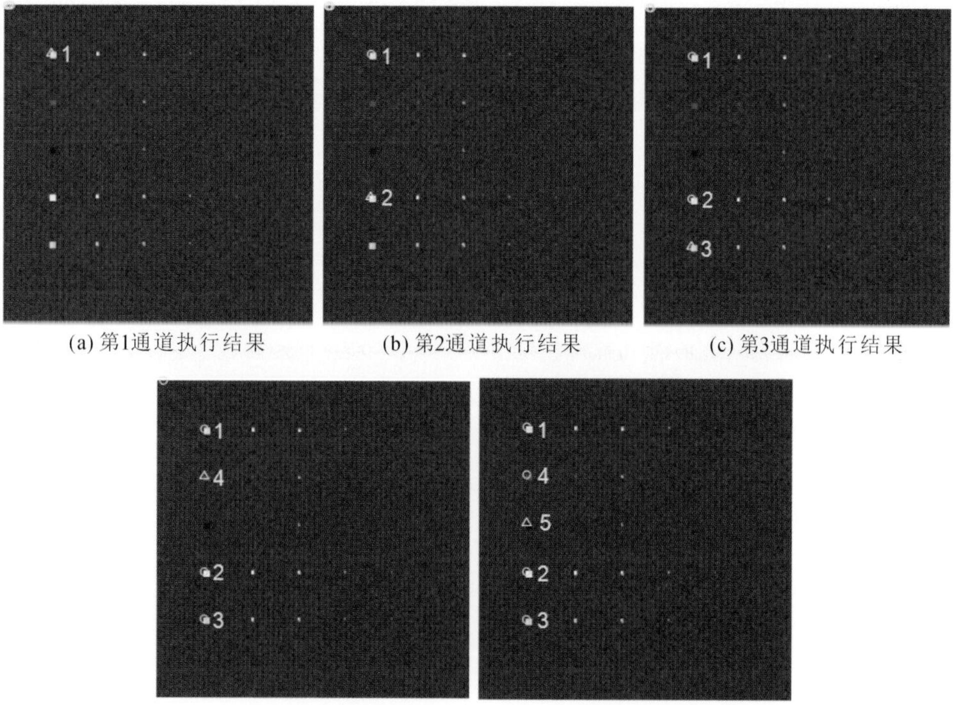

(a) 第1通道执行结果　(b) 第2通道执行结果　(c) 第3通道执行结果

(d) 第4通道执行结果　(e) 第5通道执行结果

图 13.21　TI 图像中 5 通道实时逐步式 N-FINDR 算法的各通道执行结果

表 13.2 列出了以上 5 种算法所需要的运算时间，其中最快的是多通道实时循环式 N-FINDR(RT multiple-pass circular N-FINDR)算法，第二则是实时循序式 N-FINDR(RT SQ N-FINDR)算法，两者的运算时间非常接近。另外需要注意的是循序式 N-FINDR(SQ N-FINDR)算法所需要的运算时间与 5 通道实时逐步式 N-FINDR(RT 5-pass SC N-FINDR)算法的运算时间几乎一样，这是由于 5 通道实时逐步式 N-FINDR(RT 5-pass SC N-FINDR)算法需要 5 个通道的运行来达成单通道循序式 N-FINDR(SQ N-FINDR)算法的效果。为了进一步比较，表格中也列出了两个常规的特性元寻找算法，分别是由 Chang 等(2006)提出的单形体增长算法(SGA)以及 Nascimento 等(2005)提出的顶点成分分析算法(VCA)。两种算法均未进行降维处理，比起 SGA 需要计算单形体体积，VCA 利用正交投影来寻找特性元，所需的运算时间相对较少，也是所有算法里运行速度最快的。由表 13.2 可以发现，除了迭代式 N-FINDR(IN-FINDR)算法之外，所有的实时 N-FINDR(RT N-FINDR)算法都快于单形体增长算法。

表 13.2　RT multiple-pass SQ N-FINDR、RT multiple-pass circular N-FINDR、RT **5**-pass circular N-FINDR **和** RT **5**-pass SC N-FINDR **的运算时间**

算法	运算时间 (s)
RT multiple-pass SQ N-FINDR 实现 RT IN-FINDR	39.645 4 (3 次)
RT multiple-pass circular N-FINDR 实现 RT IN-FINDR	10.958 2 (4 次)

续表

算法	运算时间（s）
RT SQ N-FINDR	13.271 6
RT 5-pass circular N-FINDR	13.397 9
RT 5-pass SC N-FINDR	13.361 4
SGA	20.430 0
VCA	2.420 0

13.7.2 TE 图像实验结果

图 13.8 为目标嵌入(TE)方式产生的合成图像。目标嵌入图像与目标植入图像类似，区别在于 TE 是将无噪声的目标像元叠加到有噪声的背景像元上，图像中没有纯像元。从技术的角度来说，TE 图像中的端元数量应为零，但从理论的角度，图像是由 5 个端元加上背景像元合成，即使不存在纯像元，仍可以找到纯度最高的像元作为特性元，这一现象与实际图像的情况非常接近。在虚警率为 $P_F \leqslant 10^{-1}$ 的情况下，TE 图像的虚拟维度估计值为 $n_{VD}=5$。为了与 TI 图像保持一致，分别将其设置为 $n_{VD}=5$ 和 6。

13.7.2.1 实验：特性元寻找算法初始化的 N-FINDR（EIA-N-FINDR）算法

与 13.7.1.1 节实验相似，假设 TE 图像中有 5 个特性元，分别利用 ATGP、UNCLS 和 UFCLS 初始化特性元集合，图 13.22～图 13.24 给出循序式 N-FINDR(SQ N-FINDR)与逐步式 N-FINDR(SC N-FINDR)算法的特性元寻找结果。

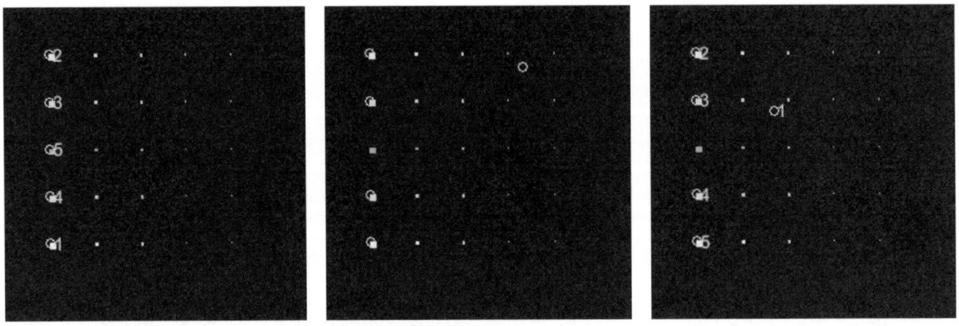

(a) ATGP　(b) ATGP-SQ N-FINDR　(c) ATGP-SC N-FINDR

图 13.22 ATGP 初始化特性元的循序式 N-FINDR 与逐步式 N-FINDR 算法在 TE 图像中寻找 5 个特性元

TE 图像中不存在纯像元，其最初的设计目的是用来测试目标检测算法的性能，而非测试特性元寻找算法的性能。根据图 1.3，C 物质的光谱特征与背景的光谱特征非常相似，故所有特性元寻找算法初始化的 N-FINDR(EIA N-FINDR)算法都无法找到 C 物质的光谱特征，而是找到了背景的光谱特征。特性元初始化算法中的 ATGP 与 UNCLS 算法所找到的 5 个目标成功对应了 5 种物质，UFCLS 却未能找到 C 物质对应的目标。但如果将特性元数

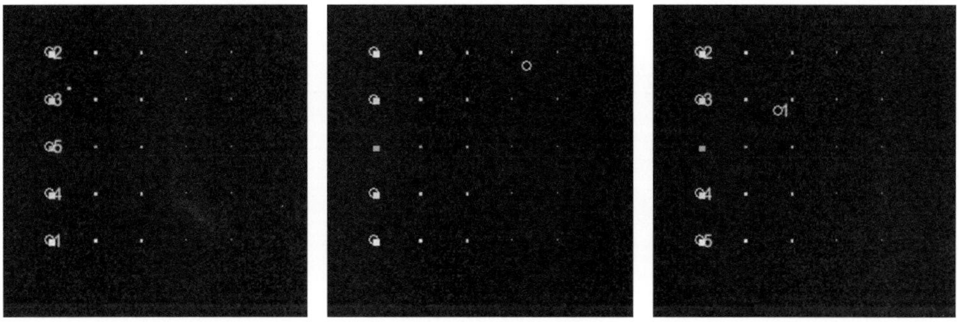

(a) UNCLS　　(b) UNCLS-SC N-FINDR　　(c) UNCLS-SC N-FINDR

图 13.23　UNCLS 初始化特性元的循序式 N-FINDR 与逐步式 N-FINDR 算法在 TE 图像中寻找 5 个特性元

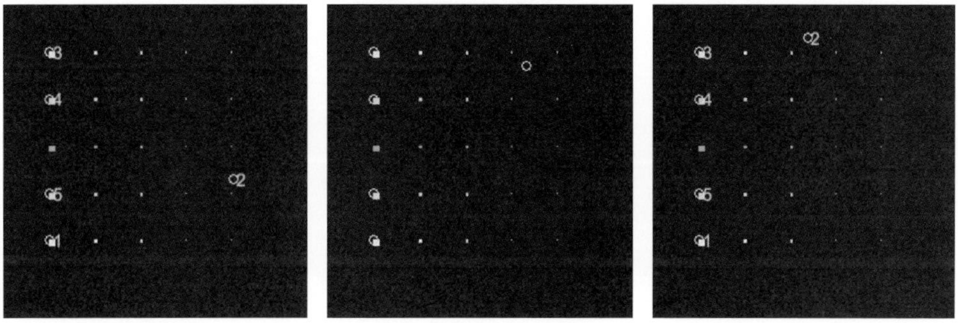

(a) UFCLS　　(b) UFCLS-SQ N-FINDR　　(c) UFCLS-SC N-FINDR

图 13.24　UFCLS 初始化特性元的循序式 N-FINDR 与逐步式 N-FINDR 算法在 TE 图像中寻找 5 个特性元

量设为 6，UFCLS 可以成功找到 C 物质的光谱特征，如图 13.27 所示。

假设特性元数量为 6，利用 ATGP、UNCLS 和 UFCLS 作为特性元初始化算法，图 13.25～图 13.27 给出了循序式 N-FINDR（SQ N-FINDR）与逐步式 N-FINDR（SC N-FINDR）算法在 TE 图像中的特性元寻找结果。

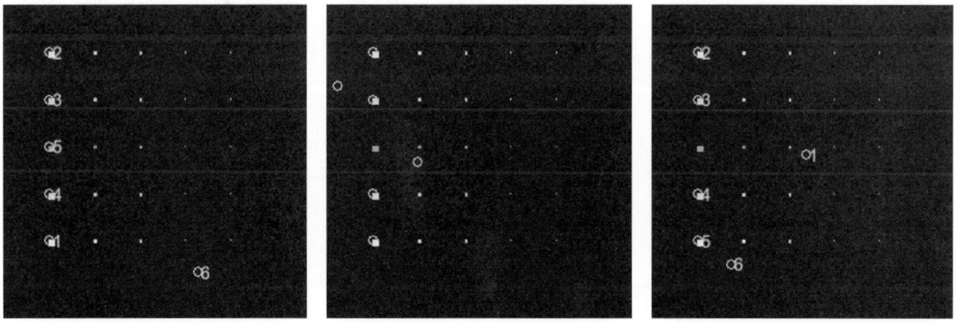

(a) ATGP　　(b) ATGP-SQ N-FINDR　　(c) ATGP-SC N-FINDR

图 13.25　ATGP 初始化特性元的循序式 N-FINDR 与逐步式 N-FINDR 算法在 TE 图像中寻找 6 个特性元

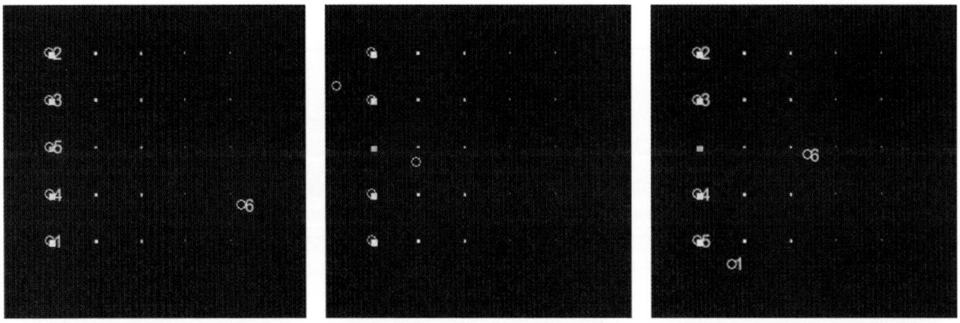

(a) UNCLS (b) UNCLS-SQ N-FINDR (c) UNCLS-SC N-FINDR

图 13.26 UNCLS 初始化特性元的循序式 N-FINDR 与逐步式 N-FINDR 算法在 TE 图像中寻找 6 个特性元

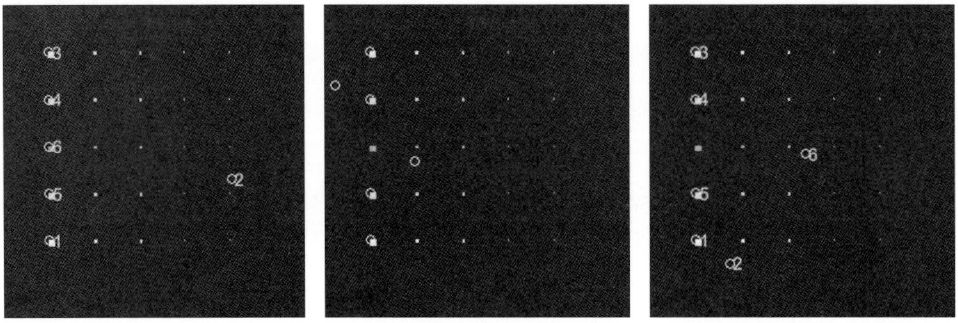

(a) UFCLS (b) UFCLS-SQ N-FINDR (c) UFCLS-SC N-FINDR

图 13.27 UFCLS 初始化特性元的循序式 N-FINDR 与逐步式 N-FINDR 算法在 TE 图像中寻找 6 个特性元

由图 13.25～图 13.27 可知，即使虚拟维度从 5 增加到 6，特性元初始化的循序式 N-FINDR（EIA-SQ N-FINDR）算法与特性元初始化的逐步式 N-FINDR（EIA-SC N-FINDR）算法依然无法找到 C 物质的光谱特征。找到的 6 个特性元中，有两个是背景像元，这表示 C 物质的光谱特征已经被背景的光谱特征 b 所覆盖。

13.7.2.2 实验：迭代式 N-FINDR（IN-FINDR）算法

本节采用与 13.7.1.2 节实验相似的实验，测试迭代式 N-FINDR（IN-FINDR）算法在 TE 图像中的性能，实验结果如图 13.28 和图 13.29 所示。从图中可以看出，当设定 $n_{\mathrm{VD}}=5$ 时，随机初始后得到的特性元集合（$k=0$）里包含了 2 个真实的特性元；当设定 $n_{\mathrm{VD}}=6$ 时，随机初始后得到的特性元集合（$k=0$）里则包含了 3 个真实的特性元。在两次迭代之后（$k=2$），迭代循序式 N-FINDR（ISQ N-FINDR）算法找到了 4 个真实特性元并终止，与实验 13.7.1.2的结果一样。

13.7.2.3 实验：随机式 N-FINDR（RN-FINDR）算法

本节采用与 13.7.1.3 节实验相同的方式，测试随机循序式 N-FINDR（RSQ N-FINDR）算法的性能，图 13.30 和图 13.31 给出了算法寻找 $q=2n_{\mathrm{VD}}=10$ 和 12 个特性元时的结果，n 表示随机循序式 N-FINDR（RSQ N-FINDR）算法中循序式 N-FINDR（SQ N-FINDR）的执行次数。由图可知，当 $n_{\mathrm{VD}}=10$ 时，算法找到 3 个面板像元作为目标；当 $n_{\mathrm{VD}}=12$ 时，算法找到 4 个面板

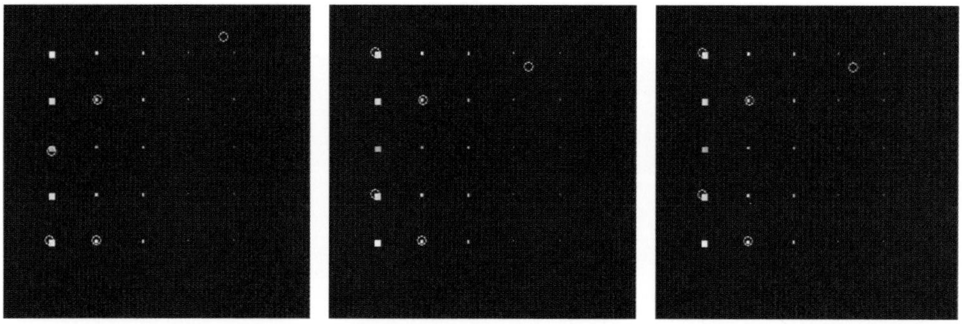

(a) $k=0$　　(b) $k=1$　　(c) $k=2$

图 13.28　随机初始化的迭代循序式 N-FINDR 算法在 TE 图像中寻找 5 个特性元

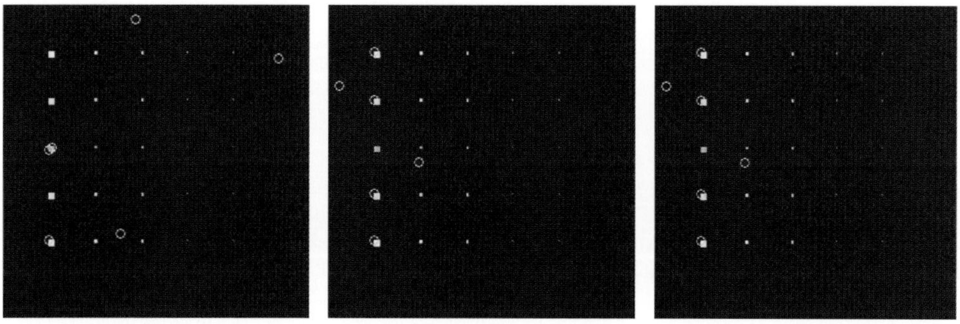

(a) $k=0$　　(b) $k=1$　　(c) $k=2$

图 13.29　随机初始化的迭代循序式 N-FINDR 算法在 TE 图像中寻找 6 个特性元

像元作为目标。与图 13.17 和图 13.18 不同的是，在这个实验中 q 的数值设定越大，找到的特性元越多。

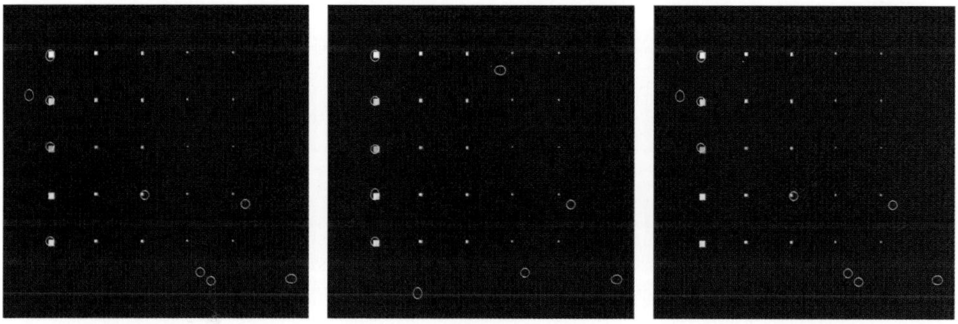

(a) $n=1$　　(b) $n=2$　　(c) $n=3$

图 13.30　$q=10$ 时，随机循序式 N-FINDR 算法在 TE 图像中找到的特性元

13.7.2.4　实验：实时处理算法

图 13.32 给出了实时迭代式 N-FINDR(RT IN-FINDR)算法在 TE 图像上的特性元寻找结果，其中，图 13.32(a)～(d)为第 1 通道执行实时循序式 N-FINDR(RT SQ N-FINDR)算法的渐

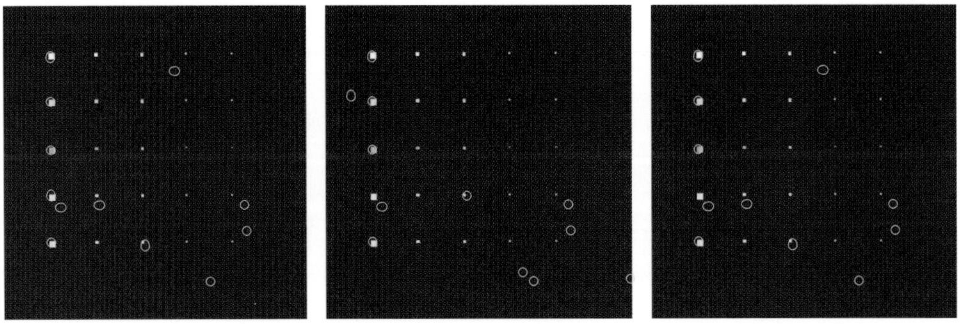

(a) $n=1$　　(b) $n=2$　　(c) $n=3$

图 13.31　$q=12$ 时，随机循序式 N-FINDR 算法在 TE 图像中找到的特性元

进过程，图 13.32(e)～(f)为第 2 通道与第 3 通道的结果。由于第 2 通道与第 3 通道所找到的特性元一致，算法在第 3 通道终止。与图 13.19～图 13.21 相比，图 13.32～图 13.34 中的 4 种实时处理 N-FINDR 算法(RT IN-FINDR、RT SQ N-FINDR、RT 5-pass circular N-FINDR 和 RT 5-pass SC N-FINDR)都能够正确找到所有特性元。另外，从 5 通道实时循环性 N-FINDR(RT 5-pass circular N-FINDR)算法的结果可以发现，该算法在第 2 通道结束后便找到了 5 个真实的特性元，而 5 通道实时逐步式 N-FINDR(RT 5-pass SC N-FINDR)算法则需要 5 个通道才能达成。因此若利用多通道数实时循环式 N-FINDR(RT multiple-pass circular N-FINDR)算法实现迭代式 N-FINDR(IN-FINDR)算法，仅需要执行 3 个通道，这与先前的迭代式 N-FINDR(IN-FINDR)算法情况一致。

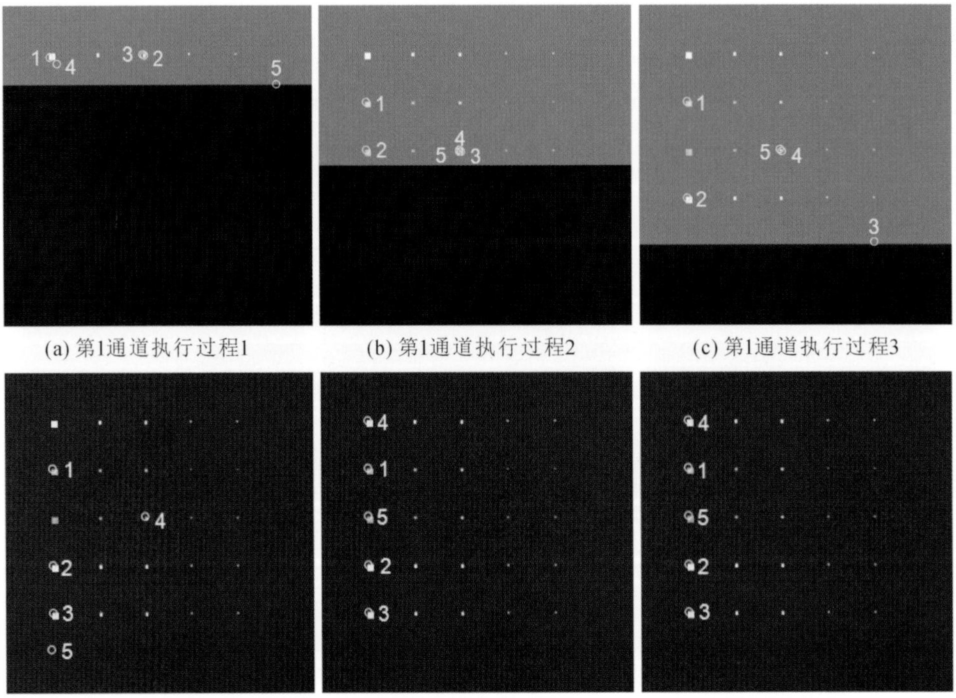

(a) 第1通道执行过程1　　(b) 第1通道执行过程2　　(c) 第1通道执行过程3

(d) 第1通道执行结果4　　(e) 第2通道执行结果　　(f) 第3通道执行结果

图 13.32　实时 N-FINDR 算法在 TE 图像中寻找 5 个特性元的过程及结果

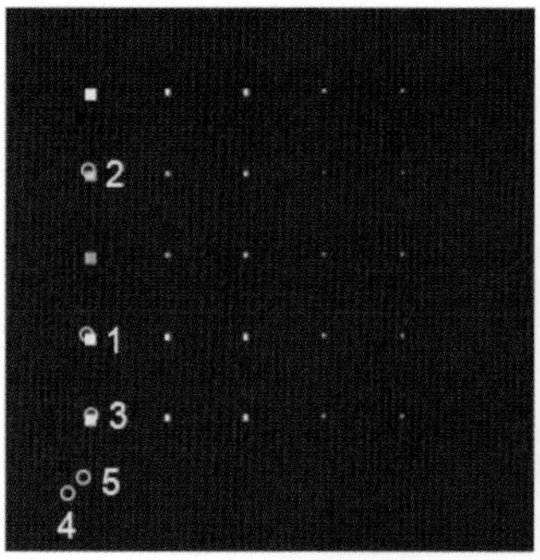

(a) 第1通道执行结果

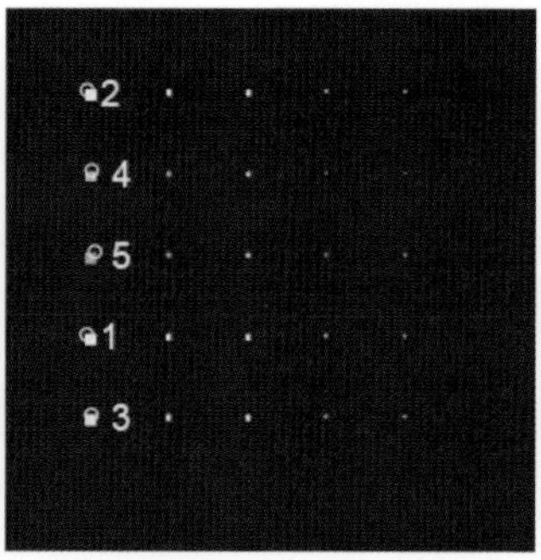

(b) 第2通道执行结果

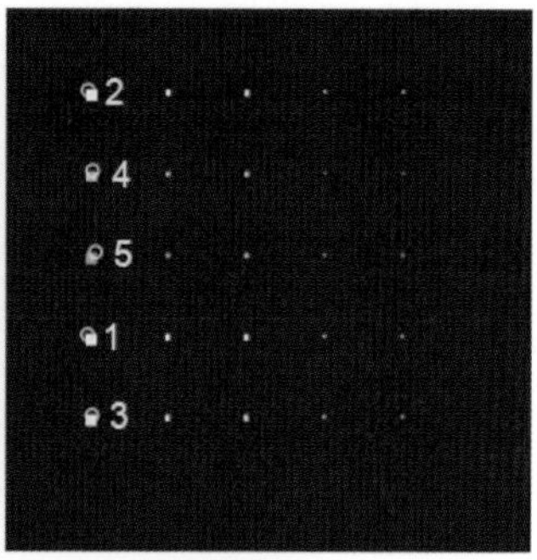

(c) 第3通道执行结果

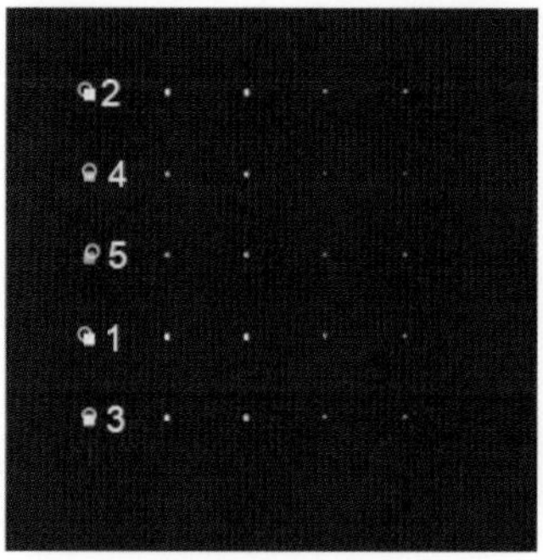

(d) 第4通道执行结果

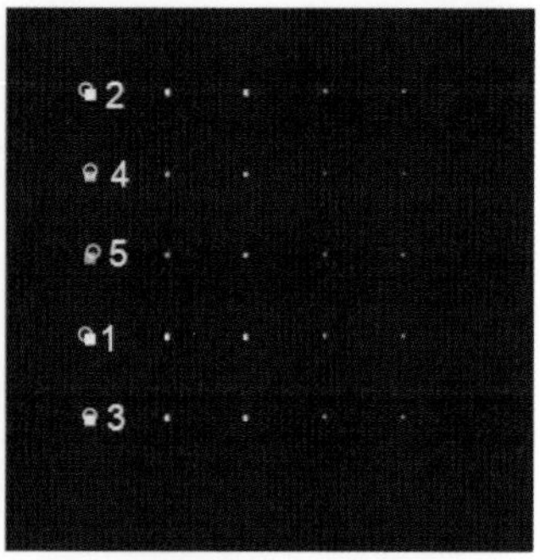

(e) 第5通道执行结果

图 13.33　TE 图像中 5 通道实时循环性 N-FINDR 算法执行结果

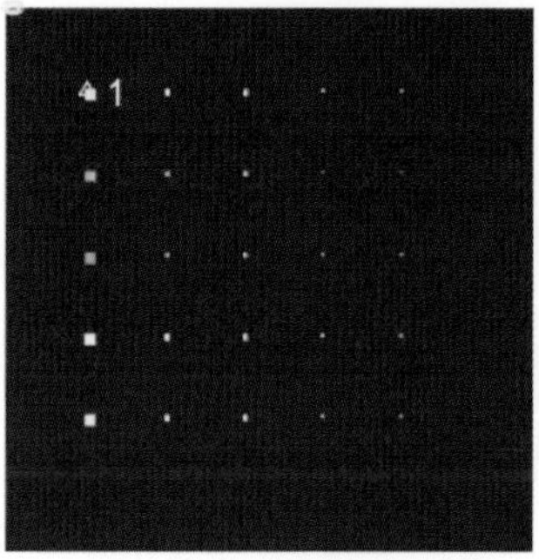

(a) 第1通道执行结果

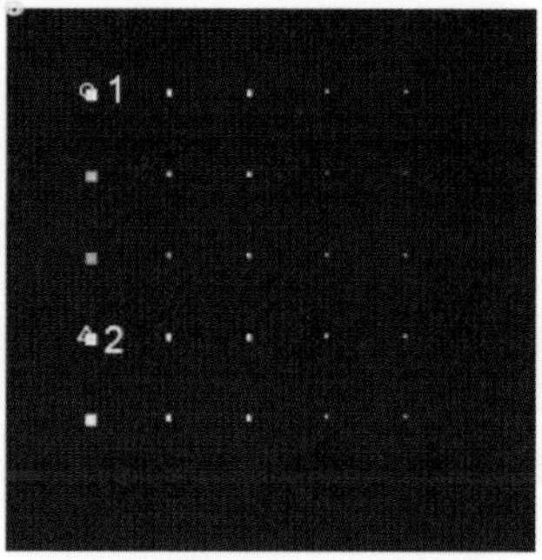

(b) 第2通道执行结果

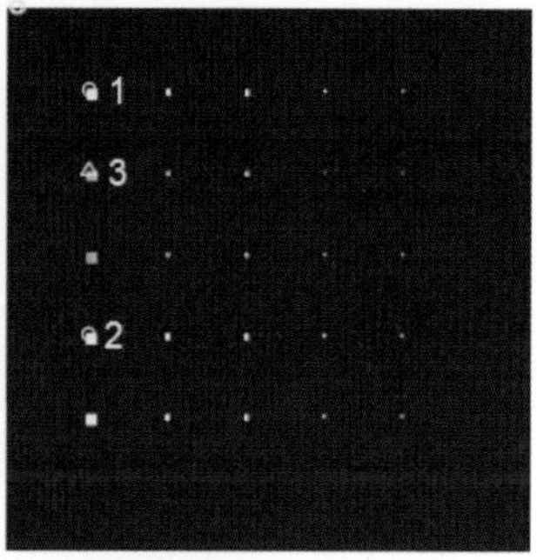

(c) 第3通道执行结果

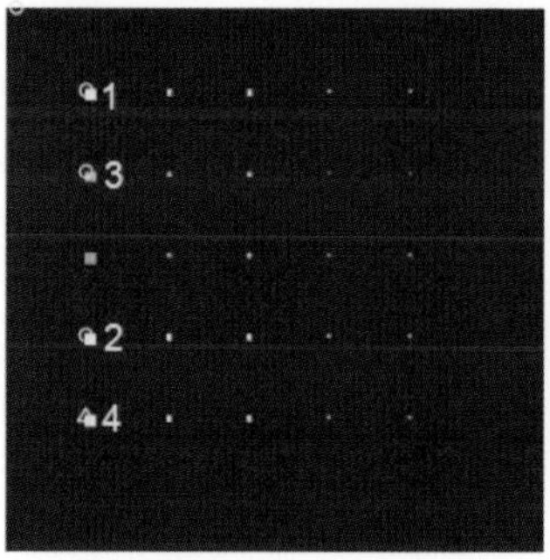

(d) 第4通道执行结果

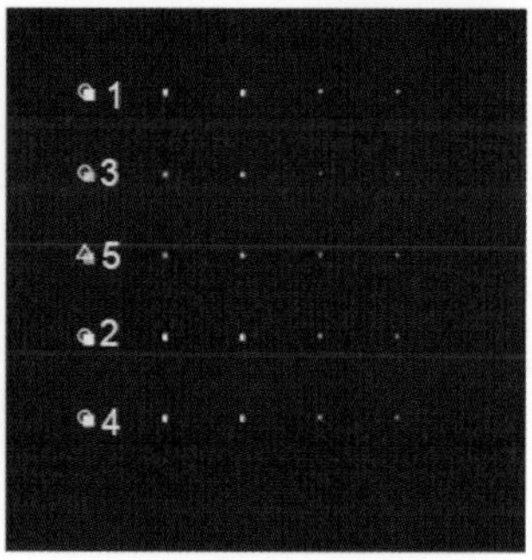

(e) 第5通道执行结果

图 13.34　TE 图像中 5 通道实时逐步式 N-FINDR 算法执行结果

表 13.3 列出了各实时算法的运算时间，并与 SGA 和 VCA 两个算法进行比较。结论与

表 13.2 相似，多通道实时循环式 N-FINDR(RT multiple-pass circular N-FINDR)算法依然表现突出。

表 13.3 RT multiple-pass SQ N-FINDR、RT multiple-pass circular N-FINDR、RT **5**-pass circular N-FINDR、RT **5**-pass SC N-FINDR、RT SQ N-FINDR、SGA 和 VCA **的运算时间**

算法	运算时间（s）
RT multiple-pass SQ N-FINDR 实现 RT IN-FINDR	40.276 1（3 次）
RT multiple-pass circular N-FINDR 实现 RT IN-FINDR	13.906 2（3 次）
RT SQ N-FINDR	13.336 4
RT 5-pass circular N-FINDR	13.384 1
RT 5-pass SC N-FINDR	13.383 8
SGA	20.280 0
VCA	2.540 0

13.8 真实图像实验结果

本节将利用两个真实图像进行实验，分别为图 1.6 和图 1.2。

13.8.1 HYDICE 数据实验结果

图 13.35 显示的 HYDICE 高光谱图像大小为 64×64，包含 15 个面板，图 13.35(b)为其真实分布情况图。图像的光谱范围是 0.4～2.5 μm，共包含 210 光谱波段，移除信噪比过低的 1～3 波段和 202～210 波段，以及水吸收 101～112 波段和 137～153 波段后，剩余 169 个波段。图像的空间与光谱分辨率分别为 1.56 m 和 10 nm。

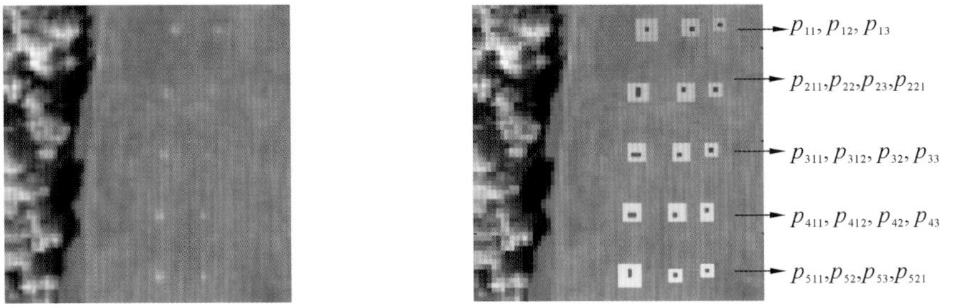

(a) 包含15个面板的HYDICE图像　　(b) 15个面板的真实分布图

图 13.35　HYDICE 图像

说明：根据图 13.35(b)的真实分布图，被标为黄色的面板像元 p_{212} 并非面板的中心像元。但是大量的实验结果表明，该像元与 p_{221} 一样，经常在特性元寻找算法中作为第 2 行面板的光谱特征被找出来，而且很多情况下 p_{212} 是第 2 行面板中找到的第 1 个特性元，而不是真实分布图提供的红色像元 p_{221}。这表明，第 2 行面板的纯像元位置可能标注有误，被标注为红色的像元 p_{221} 不够纯，在特性元寻找中很难被找到。

采用 HFC 方法（Chang et al.，2004；Chang，2003），在虚警率 $P_F \leqslant 10^{-3}$ 或 10^{-4} 时，HYDICE 图像的虚拟维度为 $n_{VD}=9$。

13.8.1.1 实验：特性元寻找算法初始化的 N-FINDR (EIA-N-FINDR)算法

与 13.7.1.1 节和 13.7.2.1 节实验相似，假设图像中有 9 个特性元，分别利用 ATGP、UNCLS 和 UFCLS 初始化特性元集合，图 13.36～图 13.38 给出循序式 N-FINDR(SQ N-FINDR)与逐步式 N-FINDR(SC N-FINDR)的特性元寻找结果，其中 ATGP、ATGP-SQ N-FINDR、ATGP-SC N-FINDR、UNCLS、UFCLS-SQ N-FINDR 算法找到了 3 个面板目标，而 UNCLS-SC N-FINDR、UNCLS-SC N-FINDR、UFCLS 和 UFCLS-SC N-FINDR 算法则找到了 2 个面板目标。

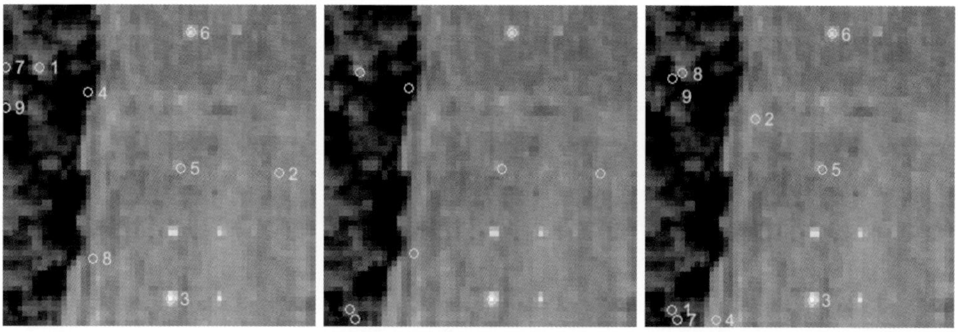

(a) ATGP　(b) ATGP-SQ N-FINDR　(c) ATGP-SC N-FINDR

图 13.36　ATGP 初始化特性元的循序式 N-FINDR 与逐步式 N-FINDR 算法在 HYDICE 图像中寻找 9 个特性元

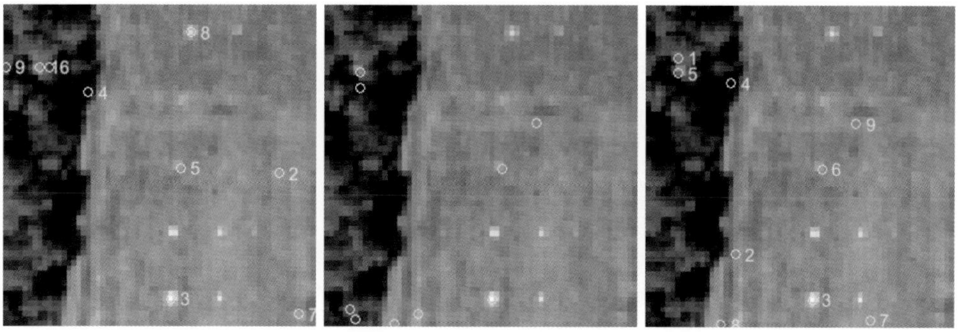

(a) UNCLS　(b) UNCLS-SQ N-FINDR　(c) UNCLS-SC N-FINDR

图 13.37　UNCLS 初始化特性元的循序式 N-FINDR 与逐步式 N-FINDR 算法在 HYDICE 图像中寻找 9 个特性元

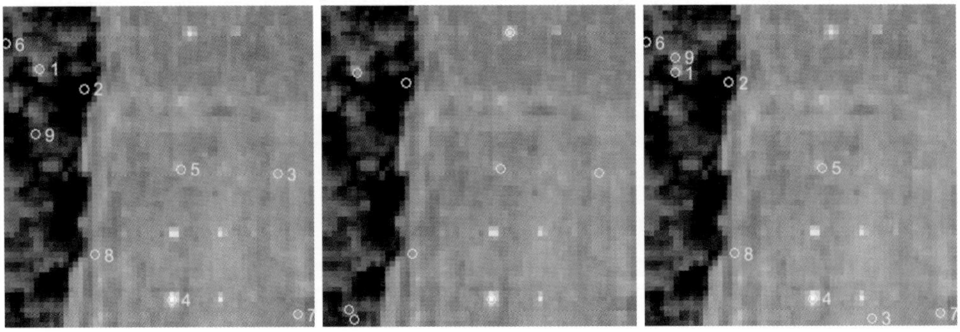

(a) UFCLS　　(b) UFCLS-SQ N-FINDR　　(c) UFCLS-SC N-FINDR

图 13.38　UFCLS 初始化特性元的循序式 N-FINDR 与逐步式 N-FINDR 算法在 HYDICE 图像中寻找 9 个特性元

由图 13.37 可以看出，在图 13.37(a)中的 UNCLS 找到了 3 个特性元，而以 UNCLS 作为初始化的循序式 N-FINDR(SQ N-FINDR)却仅找到 2 个特性元，如图 13.37(b)所示。这一现象可能是由于虚拟维度 $n_{\mathrm{VD}}=9$ 的数值太小导致，如果按照 Chang 等(2010)所述，将 n_{VD}的值加大到两倍即 $2n_{\mathrm{VD}}=18$，则 5 个面板的光谱特征都可以被找到。假设图像中有 18 个特性元，分别利用 ATGP、UNCLS 和 UFCLS 初始化特性元集合，图 13.39～图 13.41 给出循序式 N-FINDR(SQ N-FINDR)与逐步式 N-FINDR(SC N-FINDR)算法的特性元寻找结果，其中 ATGP 和 UNCLS-SC N-FINDR 算法可以找到 5 个面板像元，ATGP-SQ N-FINDR 和 UNCLS-SQ N-FINDR 算法可以找到 4 个面板像元，其他的算法则仍然只能找到 3 个面板像元。

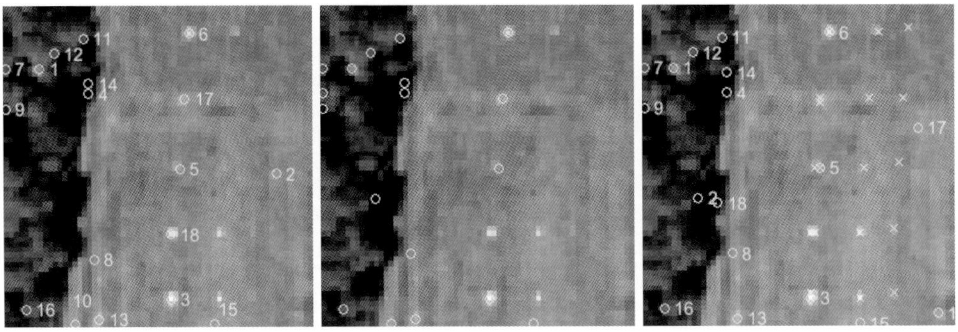

(a) ATGP　　(b) ATGP-SQ N-FINDR　　(c) ATGP-SC N-FINDR

图 13.39　ATGP 初始化特性元的循序式 N-FINDR 与逐步式 N-FINDR 算法在 HYDICE 图像中寻找 18 个特性元

说明：对于第 2 行的面板目标，图 13.39(a)和(b)中的 ATGP 算法找到的是像元 p_{212}，而图 13.40(b)和(c)中 UNCLS-SQ N-FINDR 与 UNCLS-SC N-FINDR 算法找到的是像元 p_{221}。因为 ATGP 算法的设计初衷是非监督式目标探测，依次寻找具有独特光谱特性的目标并非特性元，而循序式 N-FINDR(SQ N-FINDR)与逐步式 N-FINDR(SC N-FINDR)算法的目的是同时找到构成单形体体积较大的特性元集合，二者的目的和过程差异导致了结果的差异。

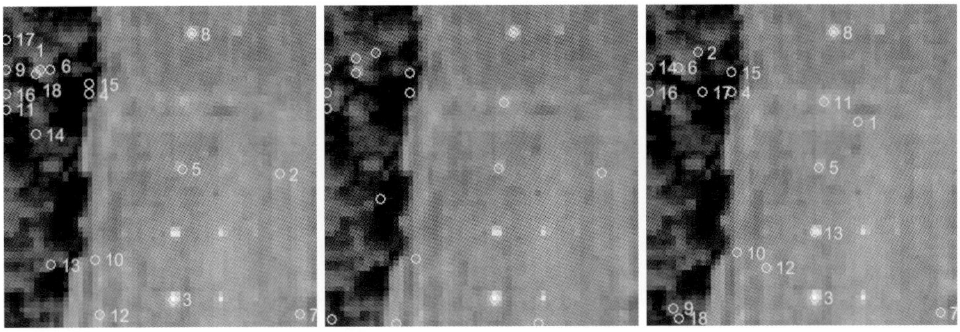

(a) UNCLS (b) UNCLS-SQ N-FINDR (c) UNCLS-SC N-FINDR

图 13.40 UNCLS 初始化特性元的循序式 N-FINDR 与逐步式 N-FINDR 算法在 HYDICE 图像中寻找 18 个特性元

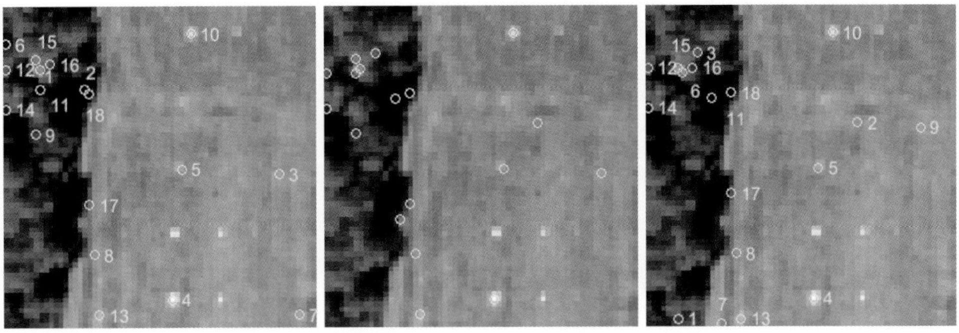

(a) UFCLS (b) UFCLS-SQ N-FINDR (c) UFCLS-SC N-FINDR

图 13.41 UFCLS 初始化特性元的循序式 N-FINDR 与逐步式 N-FINDR 算法在 HYDICE 图像中寻找 18 个特性元

13.8.1.2 实验:迭代式 N-FINDR(IN-FINDR)算法

本节采用与 13.7.1.2 节实验相似的实验,测试迭代式 N-FINDR(IN-FINDR)算法在图像中的性能,实验结果如图 13.42 和图 13.43 所示。从图中可以看出,当设定 $n_{\mathrm{VD}}=9$ 时,随机初始化后得到的特性元集合($k=0$)里没有真实的特性元,迭代循序式 N-FINDR(ISQ N-FINDR)算法在 4 次迭代循环后结束,并最终找到 2 个面板像元(特性元);当设定 $n_{\mathrm{VD}}=18$ 时,随机初始后得到的特性元集合($k=0$)里则包含 1 个真实的特性元。在 5 次迭代之后($k=5$),迭代循序式 N-FINDR (ISQ N-FINDR)算法找到 4 个真实特性元并终止。

13.8.1.3 实验:随机式 N-FINDR (RN-FINDR)算法

本节实验中的随机式 N-FINDR(RN-FINDR)算法通过随机循序式 N-FINDR(RSQ N-FINDR)算法实现,图 13.44 和图 13.45 给出了假设 $q=n_{\mathrm{VD}}=9$ 和 $2n_{\mathrm{VD}}=18$ 时的结果情况。

可以看出,图 13.44 和图 13.45 的结果与图 13.42 和图 13.43 中迭代循序式 N-FINDR (ISQ N-FINDR)算法的结果一致,同时也与图 13.36 和图 13.41 中的特性元寻找算法初始化的 N-FINDR (EIA-N-FINDR)算法结果相似。

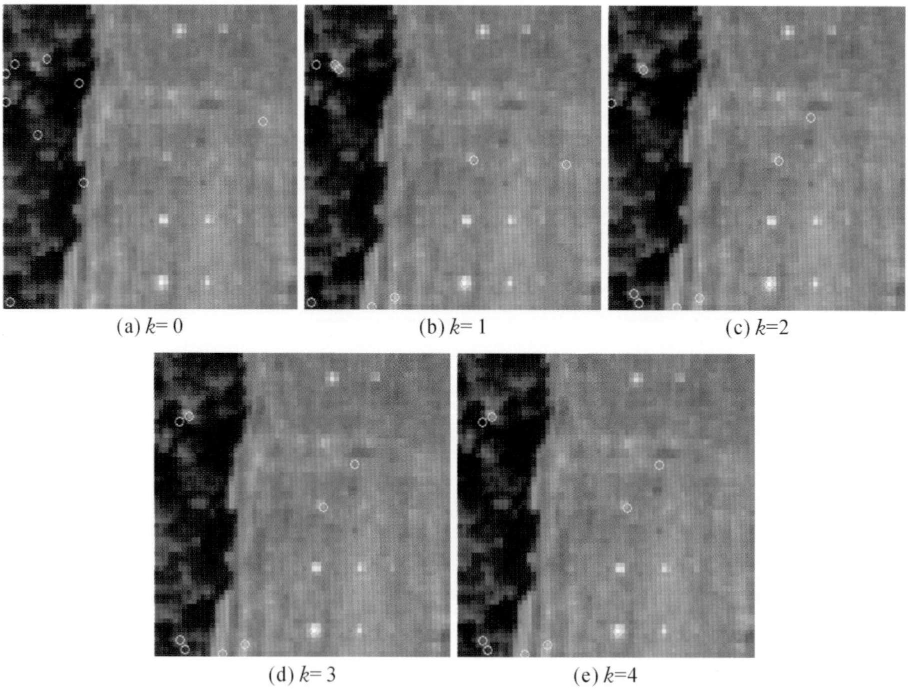

图 13.42 $n_{VD}=9$ 时，随机初始化的迭代循序式 N-FINDR 算法在 HYDICE 图像中的寻找结果(包含 2 个真实特性元)

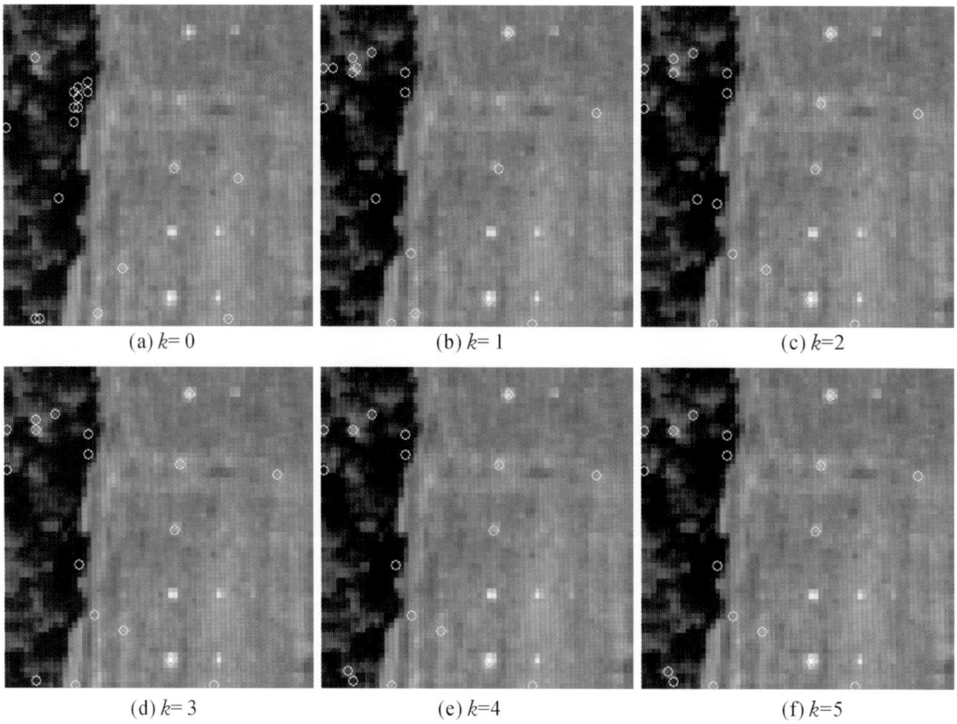

图 13.43 $n_{VD}=18$ 时，随机初始化的迭代循序式 N-FINDR 算法在 HYDICE 图像中的寻找结果(包含 4 个真实特性元)

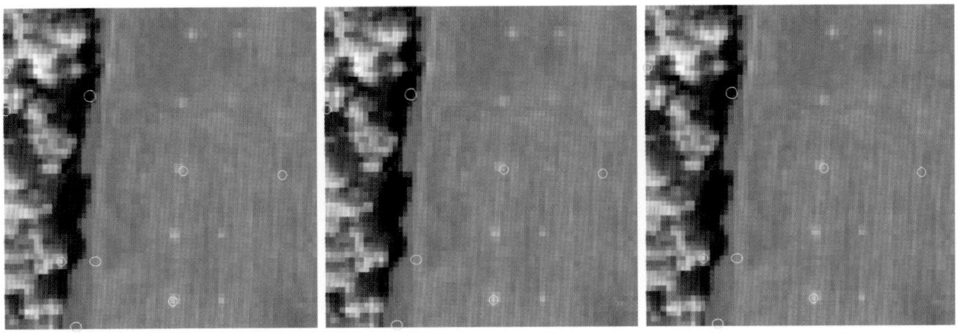

(a) $n=1$　　(b) $n=2$　　(c) $n=3$

图 13.44　$q=2n_{VD}=9$ 时，随机循序式 N-FINDR 算法在 HYDICE 图像中找到的特性元

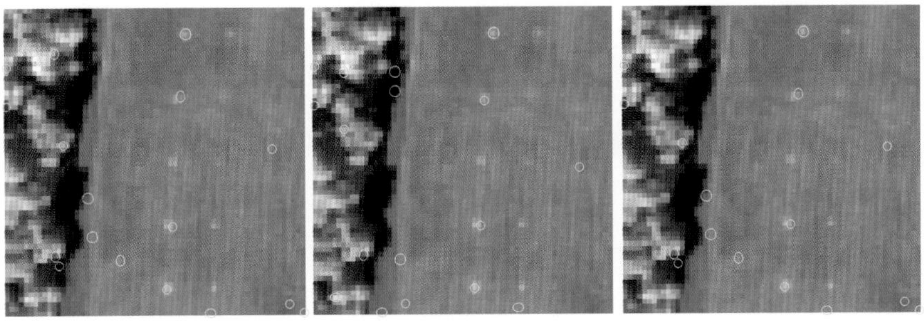

(a) $n=1$　　(b) $n=2$　　(c) $n=3$

图 13.45　$q=2n_{VD}=18$ 时，随机循序式 N-FINDR 算法在 HYDICE 图像中找到的特性元

13.8.1.4　实验：实时处理算法

实时迭代式 N-FINDR(RT IN-FINDR)算法可以看作是多通道实时循序式 N-FINDR (RT multiple-pass N-FINDR)算法，图 13.46(a)～(d)给出了实时循序式 N-FINDR(RT SQ N-FINDR)算法在第 1 个通道的运行过程，图 13.46(d)为第 1 通道运行结束时的结果，算法找到了 3 个真实特性元。第 1 通道所找到的特性元结果，将作为第 2 通道的初始特性元，第 2 通道的运行结果如图 13.46(e)。比较第 1 通道[图 13.46(d)]与第 2 通道[图 13.46(e)]的结果，二者找到的第 7 个特性元不同，需要开启第 3 通道。图 13.46(g)给出了第 4 通道运行后的结果，与第 3 通道的结果一致，算法在该通道结束。根据 Xiong 等(2011)和 Chang 等(2006,2004)的实验结果，N-FINDR 算法的最佳性能是从 15 个面板像元中，找出 3 个真实特性元。因为第 2 行面板与第 3 行面板的材质相同，二者的光谱特征非常类似，通常仅能找出第 3 行的面板像元作为代表。同时，第 4 行和第 5 行面板也存在同样的情况，通常只有第 5 行的面板像元会作为特性元被找到。Chang 等(2006)也指出，为了使 N-FINDR 算法成功找到 5 个面板像元，可以先采用独立成分分析(independent component analysis，ICA)方法进行数据降维，故可以在数据降维后利用实时 N-FINDR(RT N-FINDR)算法。

图 13.46 给出的是实时迭代式 N-FINDR(RT IN-FINDR)算法内外循环的运行方式，下面给出了 9 通道实时循环式 N-FINDR(RT 9-pass circular N-FINDR)与 9 通道实时逐步式 N-FINDR (RT 9-pass SC N-FINDR)算法的结果，如图 13.47 和图 13.48 所示。其中实时循环式 N-FINDR(RT circular N-FINDR)算法也只需要 3 个通道就能完成。但从运算量的

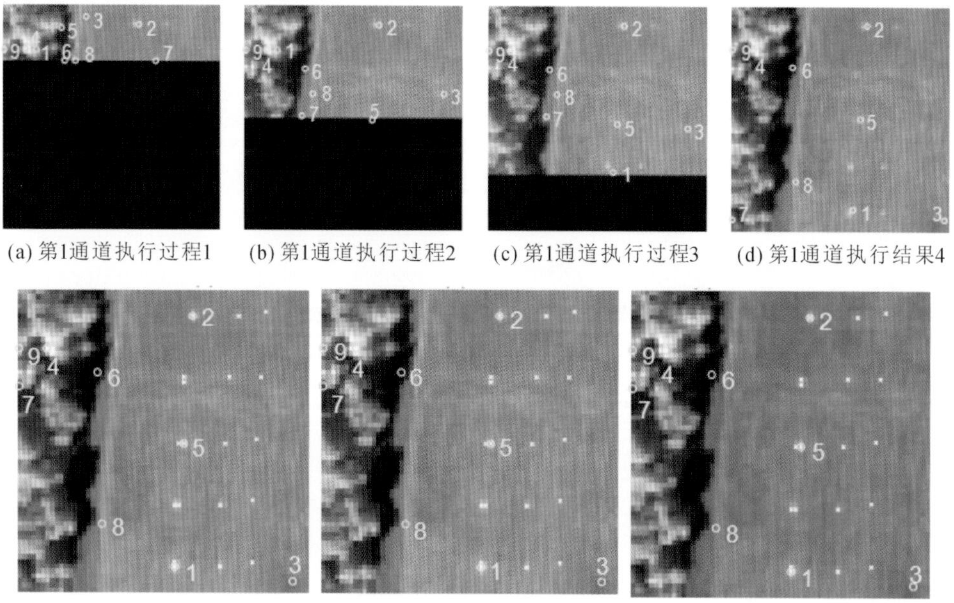

(a) 第1通道执行过程1　(b) 第1通道执行过程2　(c) 第1通道执行过程3　(d) 第1通道执行结果4

(e) 第2通道执行结果　(f) 第3通道执行结果　(g) 第4通道执行结果

图 13.46　实时循序式 N-FINDR(RT SQ N-FINDR)算法在 HYDICE 图像中寻找 9 个特性元的过程及结果

角度来说，多通道实时循环式 N-FINDR(RT multiple-pass circular N-FINDR)因其单通道运行时间较短所以速度依然是最快的，如表 13.4 所示。后续的 Cuprite 图像测试结果也得到相同的结论。

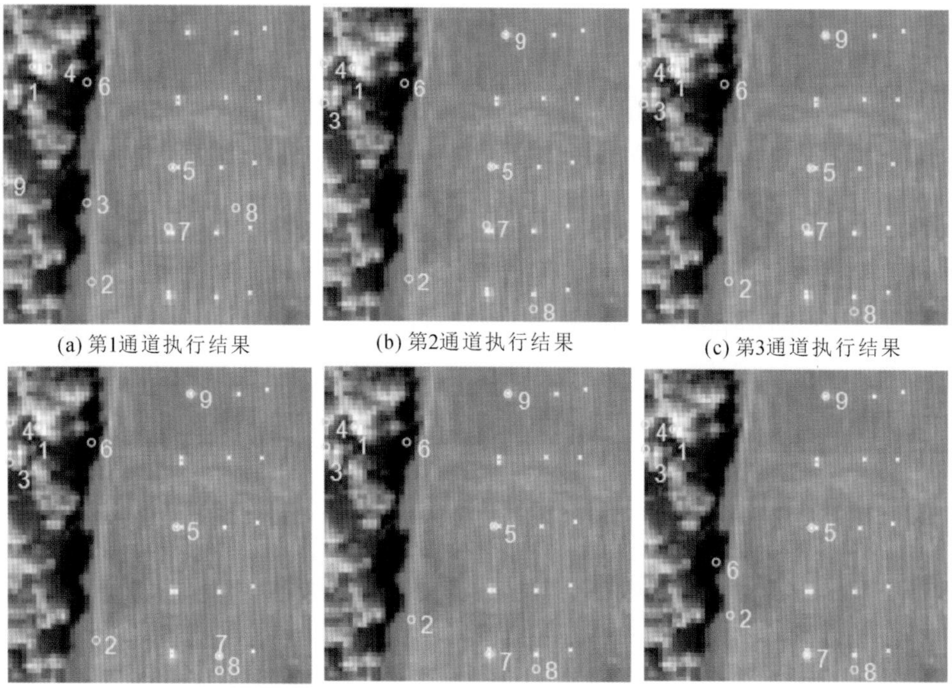

(a) 第1通道执行结果　(b) 第2通道执行结果　(c) 第3通道执行结果

(d) 第4通道执行结果　(e) 第5通道执行结果　(f) 第6通道执行结果

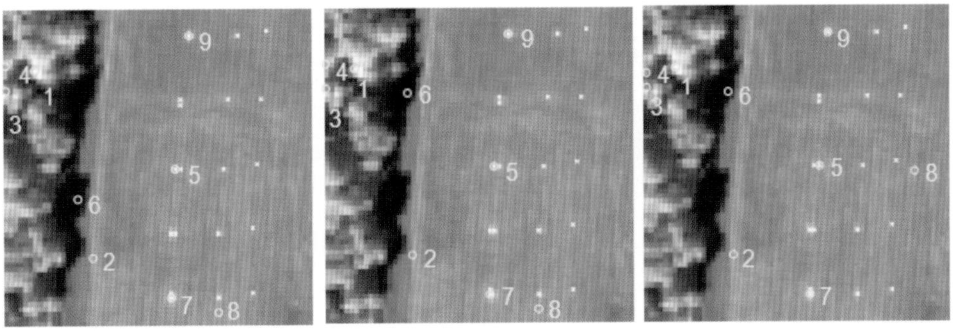

(g) 第7通道执行结果　(h) 第8通道执行结果　(i) 第9通道执行结果

图 13.47　9 通道实时循环式 N-FINDR(RT 9-pass circular N-FINDR)算法的执行结果

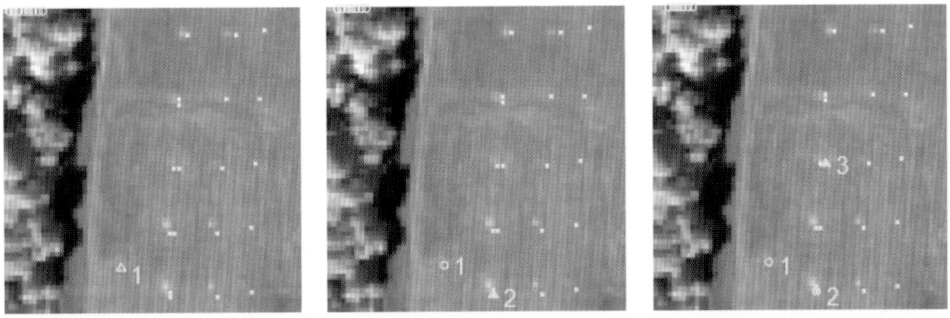

(a) 第1通道执行结果　(b) 第2通道执行结果　(c) 第3通道执行结果

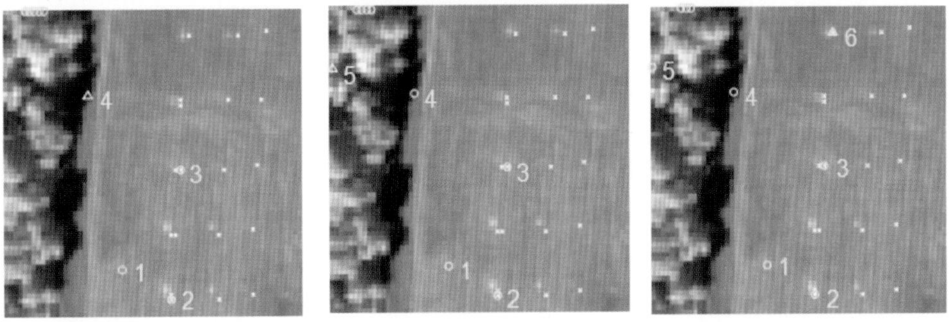

(d) 第4通道执行结果　(e) 第5通道执行结果　(f) 第6通道执行结果

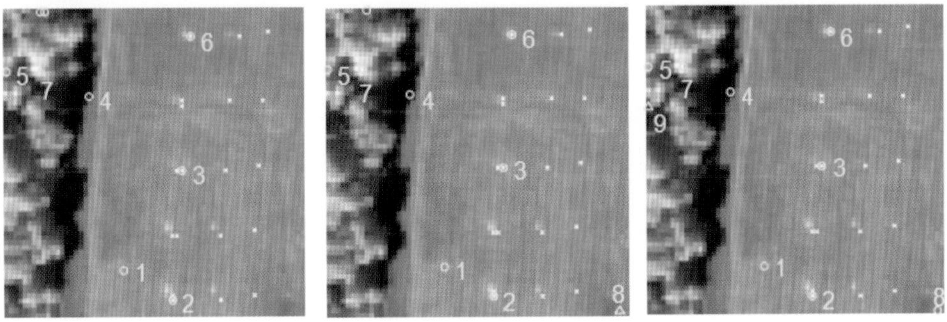

(g) 第7通道执行结果　(h) 第8通道执行结果　(i) 第9通道执行结果

图 13.48　9 通道实时逐步式 N-FINDR(RT 9-pass SC N-FINDR)算法的执行结果

表 13.4 列出了 5 种实时处理 N-FINDR 算法的运算时间，包含以实时迭代式 N-FINDR (RT IN-FINDR)算法实现的多通道循序式 N-FINDR(multiple-pass SQ N-FINDR)算法、以实时迭代式 N-FINDR(RT IN-FINDR)算法实现的多通道循环式 N-FINDR(multiple-pass circular N-FINDR)算法、实时循序式 N-FINDR(RT SQ N-FINDR)算法、9 通道实时循环式 N-FINDR(RT 9-pass circular N-FINDR)算法与 9 通道实时逐步式 N-FINDR(RT 9-pass SC N-FINDR)算法，另外也列出了 SGA 与 VCA 两个算法作为比较。

表 13.4 RT multiple-pass SQ N-FINDR、RT multiple-pass circular N-FINDR、RT **9**-pass circular N-FINDR、RT **9**-pass SC N-FINDR、RT SQ N-FINDR、SGA **和** VCA **的运算时间**

算法	运算时间 (s)
RT multiple-pass SQ N-FINDR 实现 RT IN-FINDR	113.223 4 (4 次)
RT multiple-pass circular N-FINDR 实现 RT IN-FINDR	3.184 6 (7 次)
RT SQ N-FINDR	4.046 3
RT 9-pass circular N-FINDR	4.165 5
RT 9-pass SC N-FINDR	4.006 0
SGA	13.040 0
VCA	0.500 0

如表 13.4 所示，VCA 算法由于仅执行正交投影，不需要计算单形体的体积，因此与其他算法相比执行速度最快。对于根据单形体体积进行特性元寻找的算法来说，多通道实时循环式 N-FINDR(RT multiple-pass circular N-FINDR)算法拥有最快的指令周期，多通道实时循序式 N-FINDR(RT multiple-pass SQ N-FINDR)算法则是最慢的，第二慢的算法是单形体增长算法(SGA)。若同时考虑表 13.4 的运算量与图 13.47 和图 13.48 的实时运算结果，多通道实时循环式 N-FINDR(RT multiple-pass circular N-FINDR)算法是性能最好的实时 N-FINDR 算法。

13.8.2 Cuprite 数据实验结果

本节将利用图 13.49 所示的真实高光谱图像对前面所提出的算法进行测试。该图像于 1997 年的美国内华达州 Cuprite 矿区拍摄，可以从 USGS 网站下载(http://aviris.jpl.nasa.gov/)。图像包含 224 个波段，像元大小为 350×350，空间和光谱分辨率分别为 20 m 和 10 nm，图像的光谱范围为 0.4～2.5 μm。图像有可靠的真实分布图，常被用于高光谱的相关实验，在矿物学上也具有很好的研究价值。图像包含两种类型数据：反射值数据和辐射值数据。图 13.49(a)和(b)中的圆圈代表 5 个不同物质的纯像元位置，分别为明矾石(A)、水铵长石(B)、方解石(C)、高岭石(K)与白云母(M)。

本节的算法测试都直接在原图像上进行，并未预先进行数据降维，且虚拟维度设为$n_{VD}=22$。

图 13.50(a)～(c)显示利用多通道实时循序式 N-FINDR(RT multiple-pass SQ N-FINDR)算法实现的实时迭代式 N-FINDR(RT IN-FINDR)算法第 1 通道运行的渐进式过程，图 13.50(d)则是第 1 通道运行结束找到的特性元。算法利用第 1 通道找到的结果特性元作为下一通

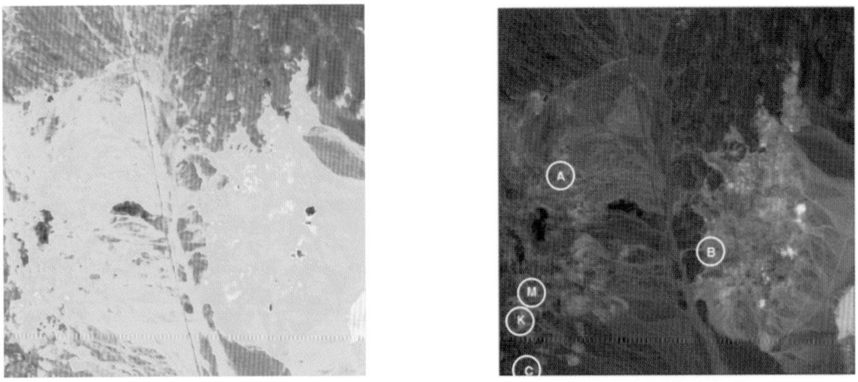

(a) Cuprite AVIRIS图像　　(b) A、B、C、K与M的纯像元真实位置图

图 13.49　美国内华达州 Cuprite 矿区高光谱图像

道的初始状态，图 13.50(e)为第 2 通道运行的结果。若连续两个通道运行的结果不一致，循序式 N-FINDR 便会重复运行，图 13.50(f)和(g)分别为第 3 通道和第 4 通道的运行结果，直到第 8 通道运行的结果与第 7 通道一致，算法才终止，如图 13.50(j)和(k)所示。由于算法所找到的像元，位置上一般不会与真实分布图完全一致，必须利用光谱相似度测量法(如 SAM)判断所找到像元与真实特性元的相似度。在图 13.50 中，图 13.50(d)之后的每一个子图都有一个放置于括号中的数字，用以表示本通道执行结束后找到的物质数量。从图 13.50(d)可以发现第 1 通道实时循序式 N-FINDR(RT 1-pass SQ N-FINDR)可以找到对应 4 种物质的 5 个像元，图 13.50(j)和(k)显示在第 6 通道结束后，才能找到 4 种物质的特性元。

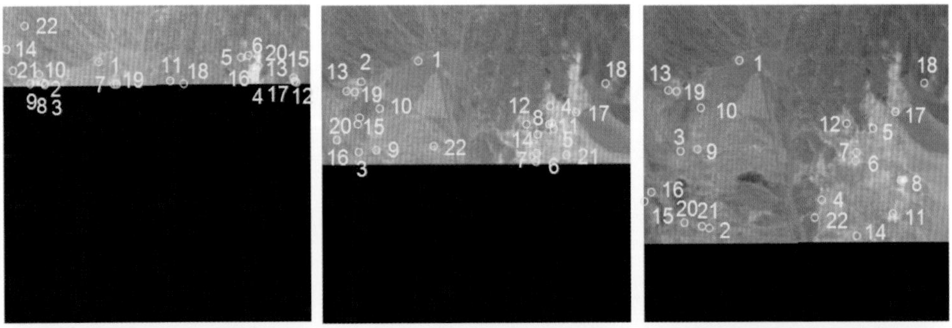

(a) 第1通道执行过程1　　(b) 第1通道执行过程2　　(c) 第1通道执行过程3

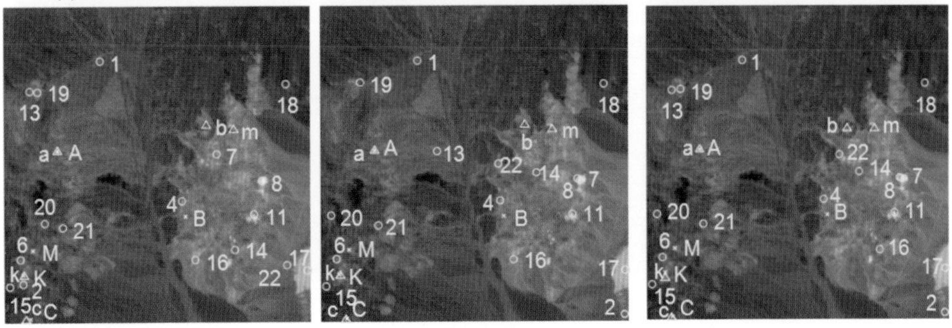

(d) 第1通道执行结果 (5)　　(e) 第2通道执行结果 (5)　　(f) 第3通道执行结果 (5)

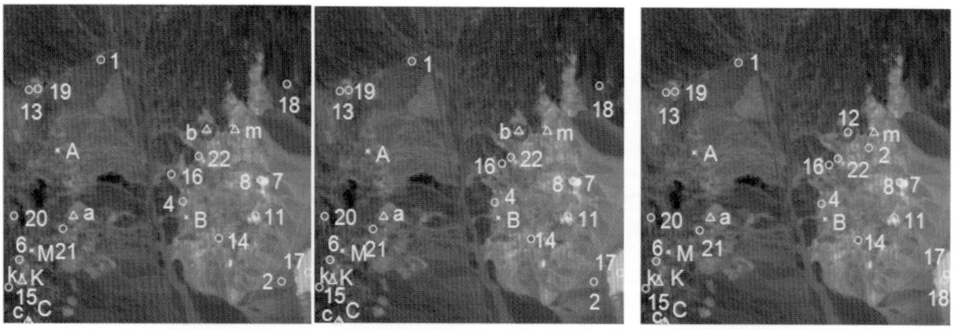

(g) 第4通道执行结果(5)　(h) 第5通道执行结果(5)　(i) 第6通道执行结果(4)

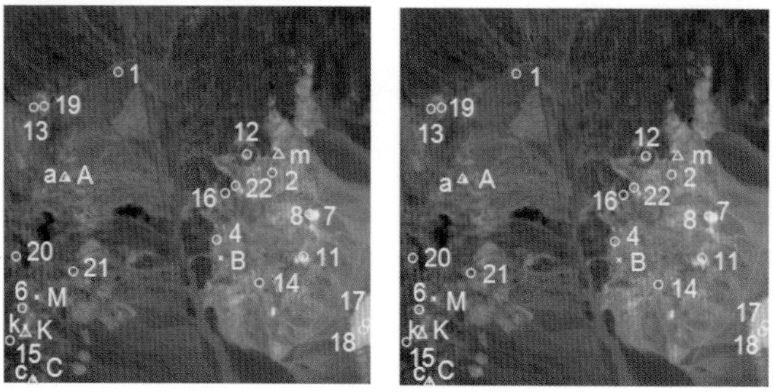

(j) 第7通道执行结果(4)　(k) 第8通道执行结果(4)

图 13.50　实时循序式 N-FINDR(RT SQ N-FINDR)在 Cuprite 图像中寻找 22 个特性元的渐进式结果

图 13.51 也给出了 22 通道实时循环式 N-FINDR(RT 22-pass circular N-FINDR)的结果，在第 16 通道执行结束后找到 5 种物质的特性元。这说明如果用多通道实时循环式 N-FINDR(RT multiple-pass circular N-FINDR)算法实现实时迭代式 N-FINDR(RT IN-FINDR)算法，算法将于第 17 个通道结束后终止。

图 13.52 用相似的方式给出了 22 通道实时逐步式 N-FINDR(RT 22-pass SC N-FINDR)算法的执行结果，该算法于第 14 通道结束后找到了 5 种物质。

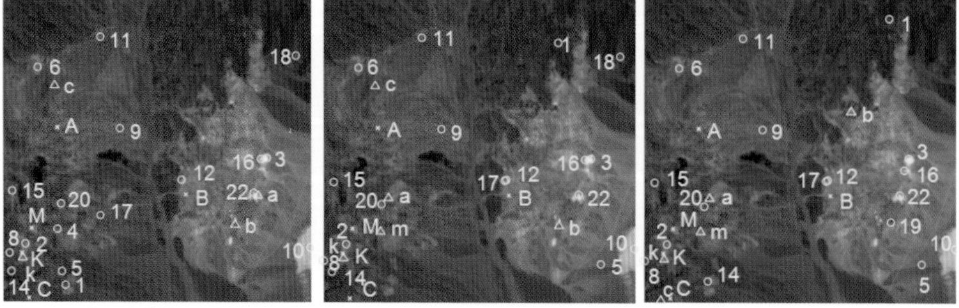

(a) 第1通道执行结果(4)　(b) 第2通道执行结果(5)　(c) 第3通道执行结果(5)

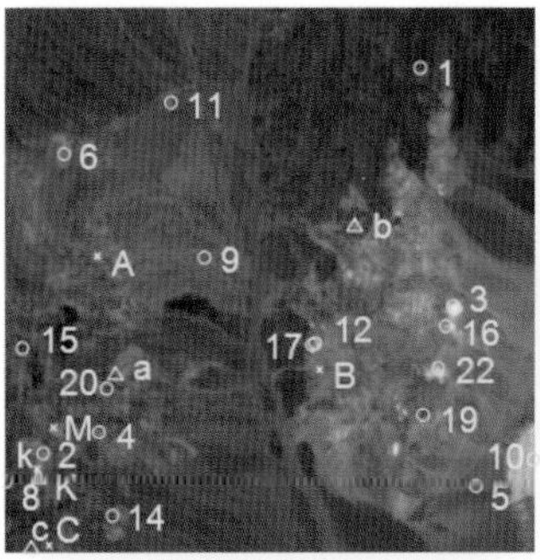
(d) 第4通道执行结果(4)

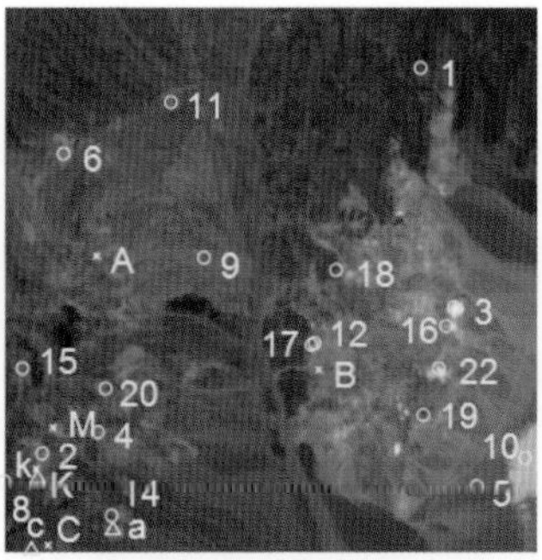
(e) 第5通道执行结果(3)

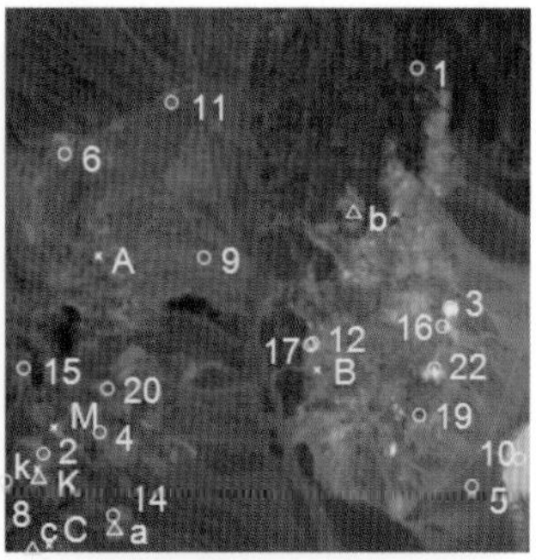
(f) 第6通道执行结果(4)

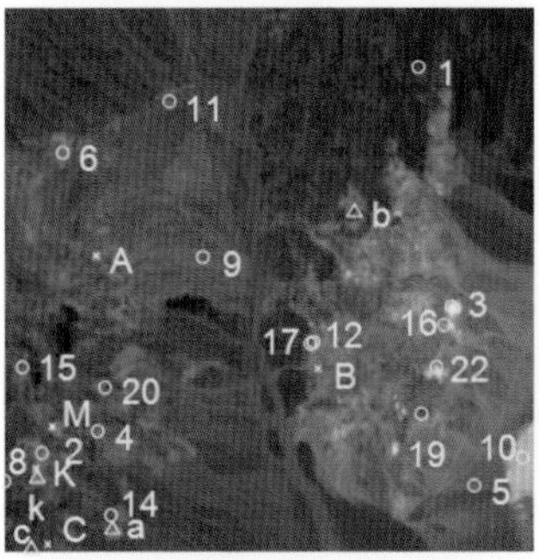
(g) 第7通道执行结果(4)

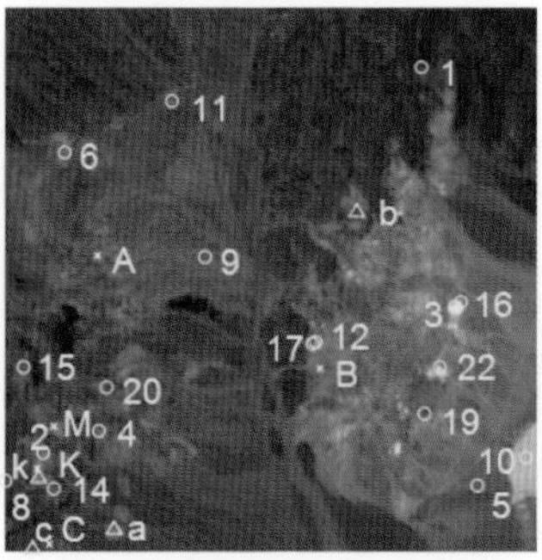
(h) 第8通道执行结果(4)

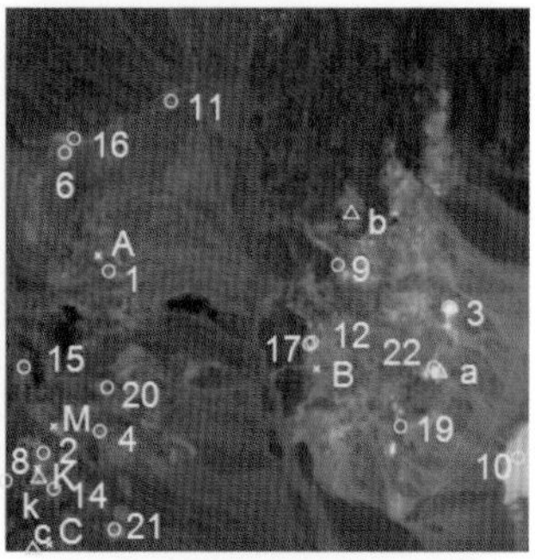
(i) 第9通道执行结果(4)

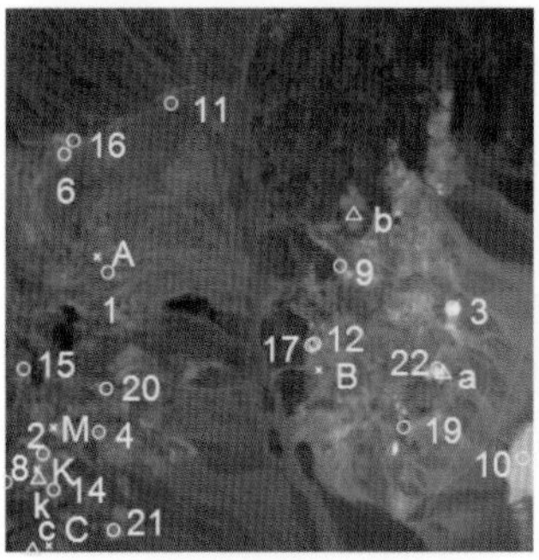
(j) 第10通道执行结果(4)

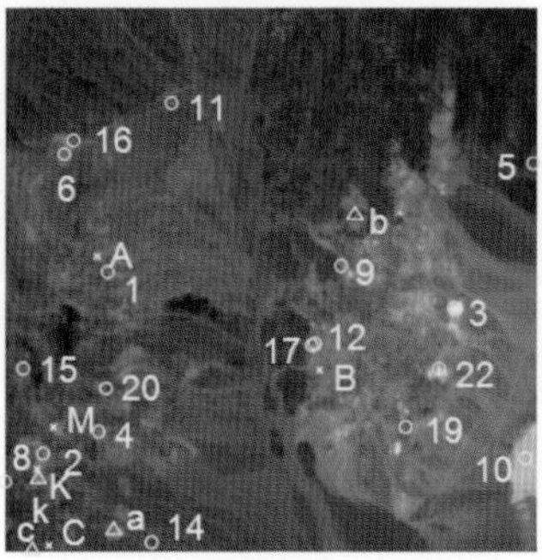
(k) 第11通道执行结果(4)

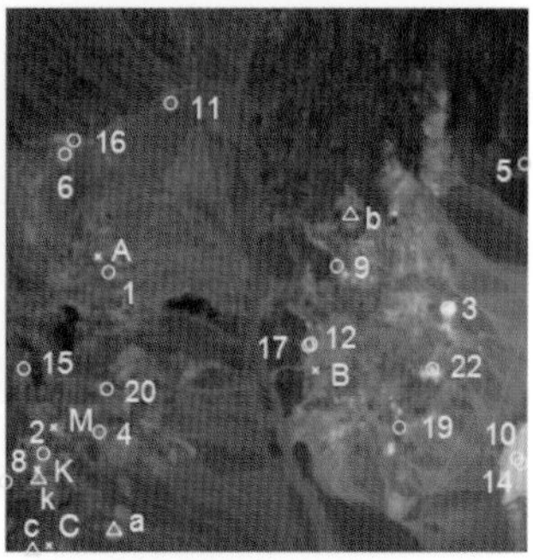
(l) 第12通道执行结果(4)

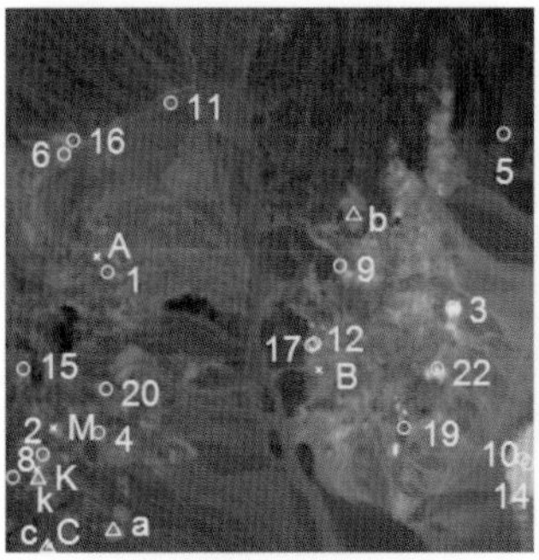
(m) 第13通道执行结果(4)

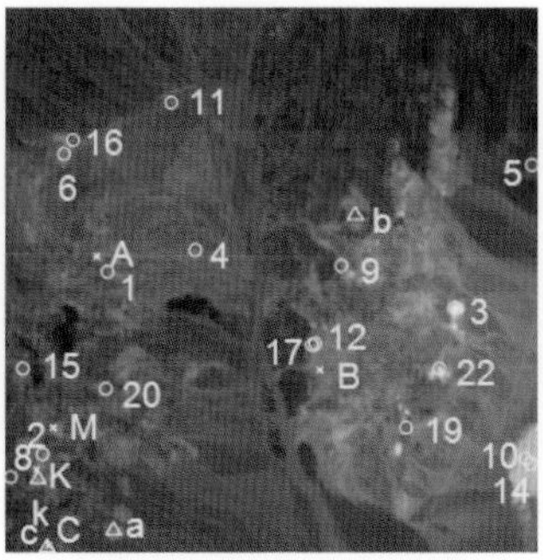
(n) 第14通道执行结果(4)

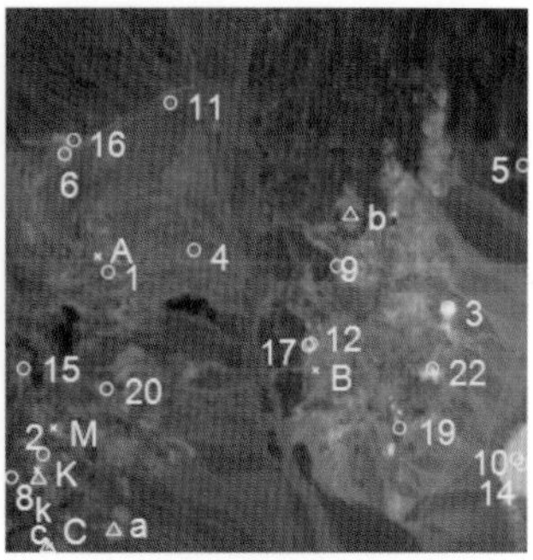
(o) 第15通道执行结果(4)

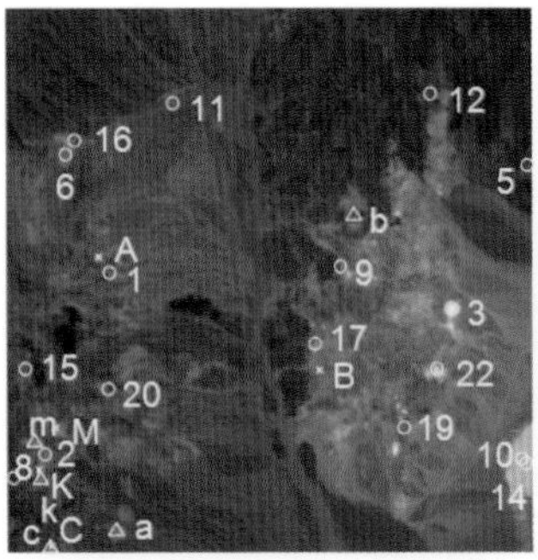

(p) 第16通道执行结果(5)

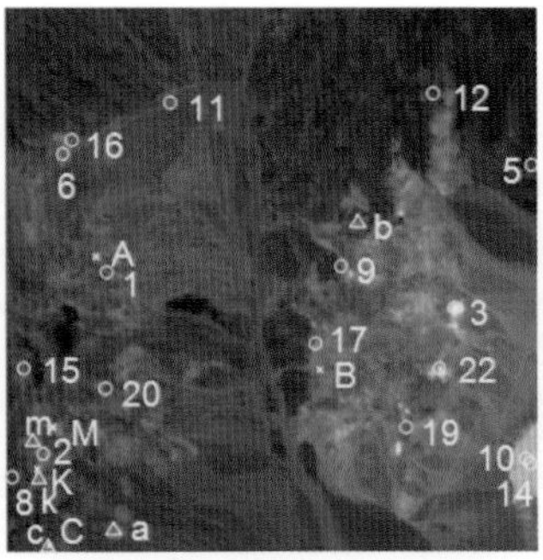

(q) 第17通道执行结果(5)

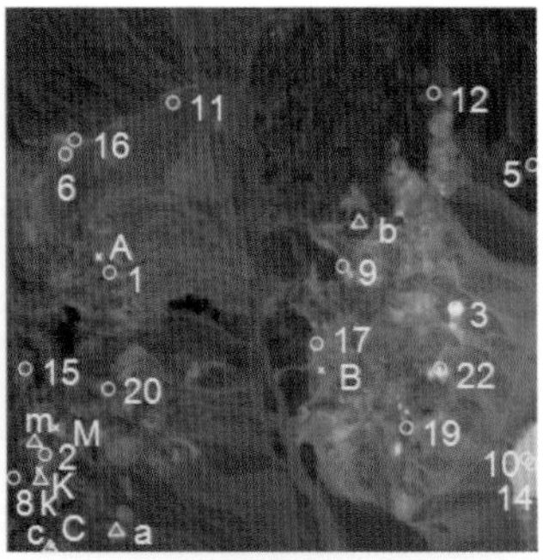

(r) 第18通道执行结果(5)

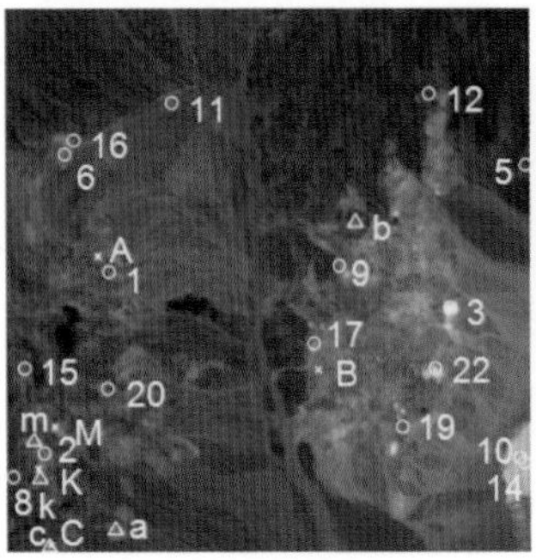

(s) 第19通道执行结果(5)

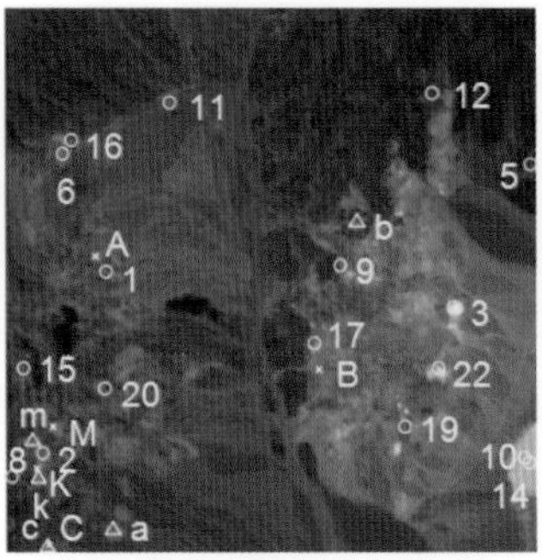

(t) 第20通道执行结果(5)

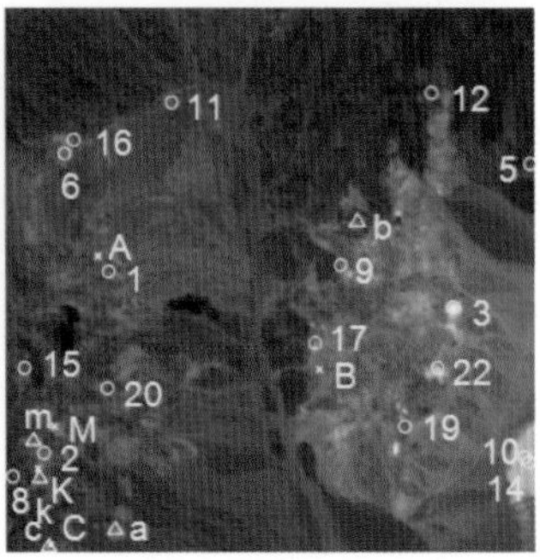

(u) 第21通道执行结果(5)

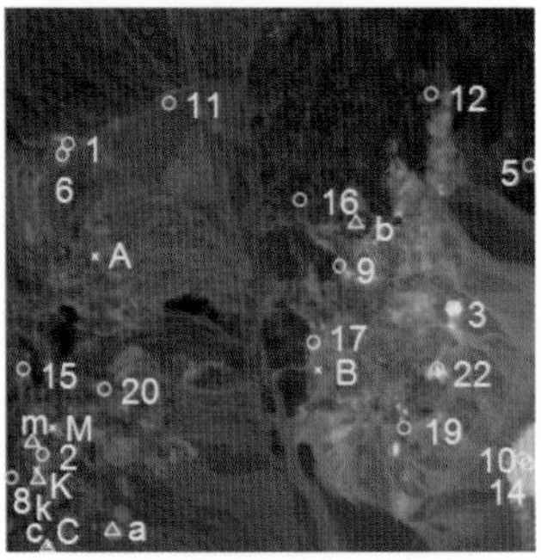

(v) 第22通道执行结果(5)

图 13.51　22 通道实时循环式 N-FINDR(RT 22-pass circular N-FINDR)算法的执行结果

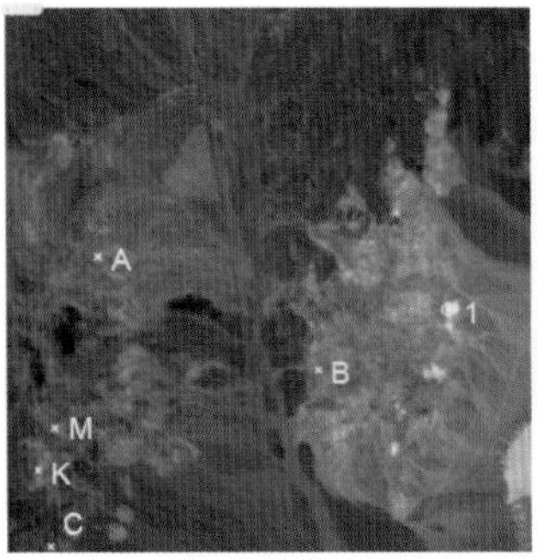

(a) 第1通道执行结果

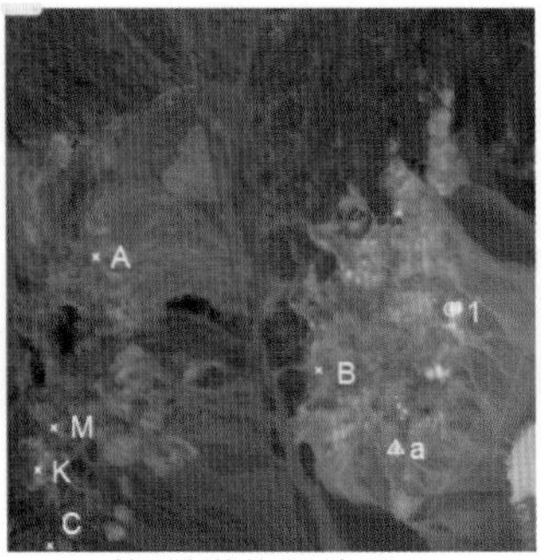

(b) 第2通道执行结果(1)

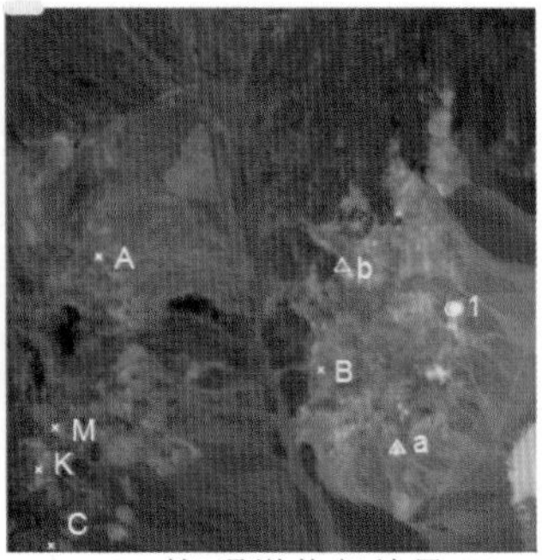

(c) 第3通道执行结果(2)

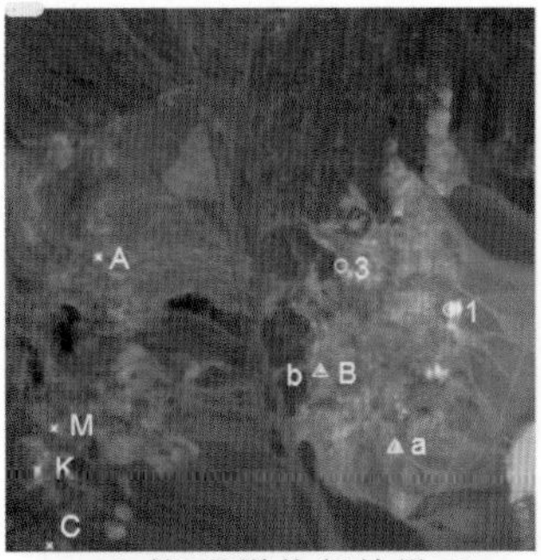

(d) 第4通道执行结果(2)

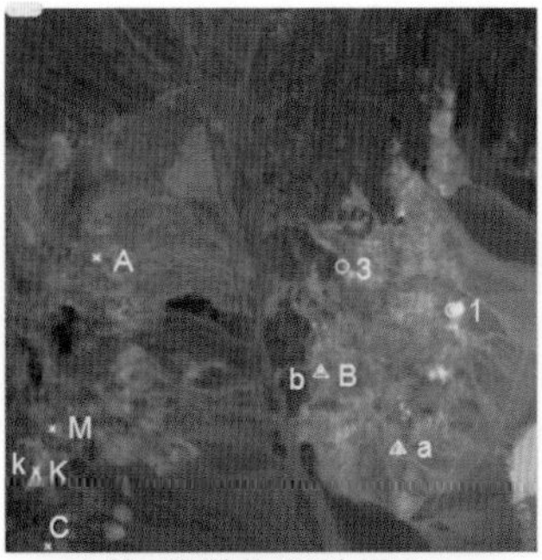

(e) 第5通道执行结果(3)

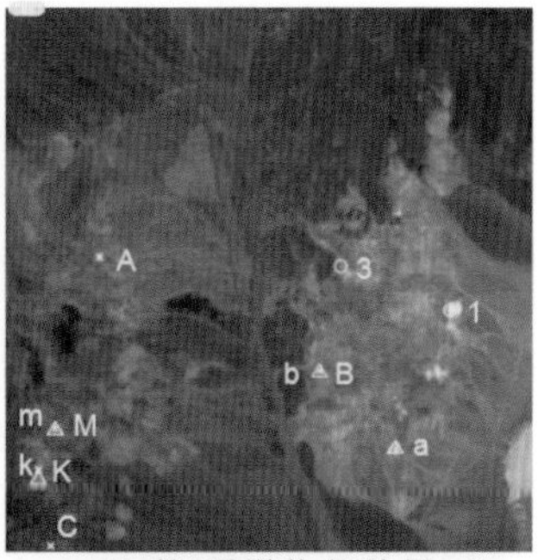

(f) 第6通道执行结果(4)

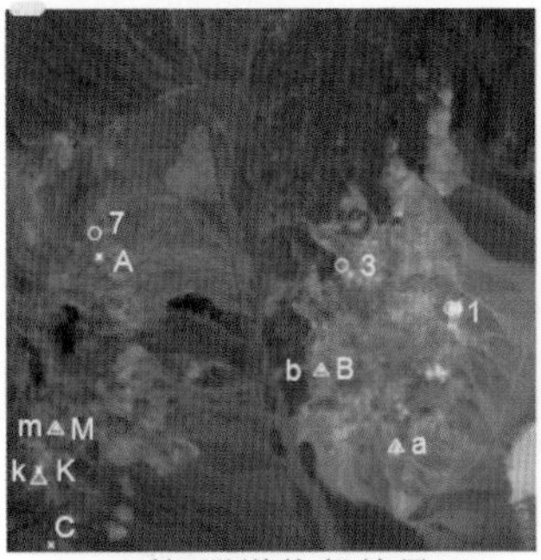

(g) 第7通道执行结果(4)

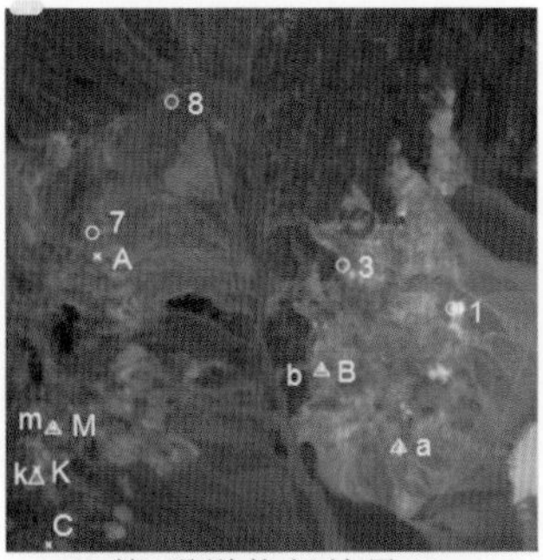

(h) 第8通道执行结果(4)

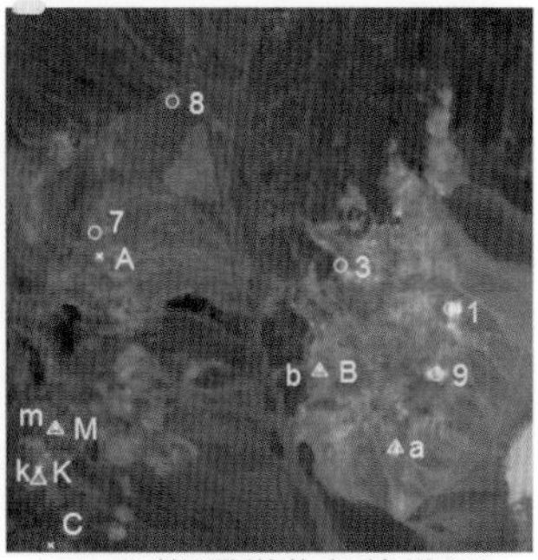

(i) 第9通道执行结果(4)

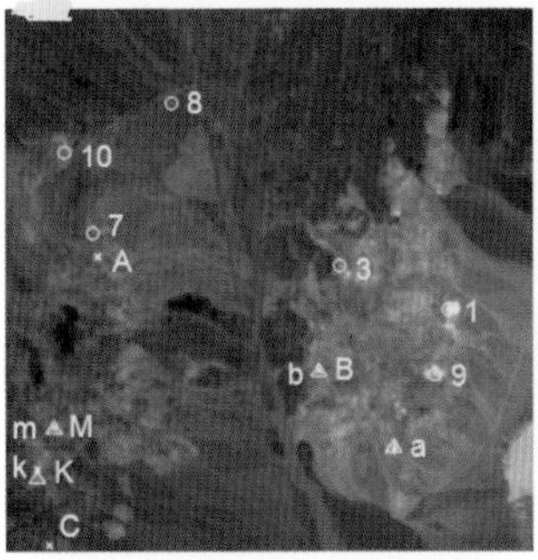

(j) 第10通道执行结果(4)

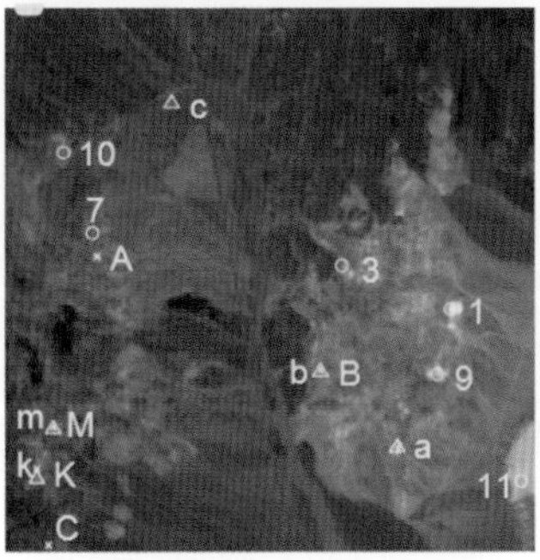

(k) 第11通道执行结果(5)

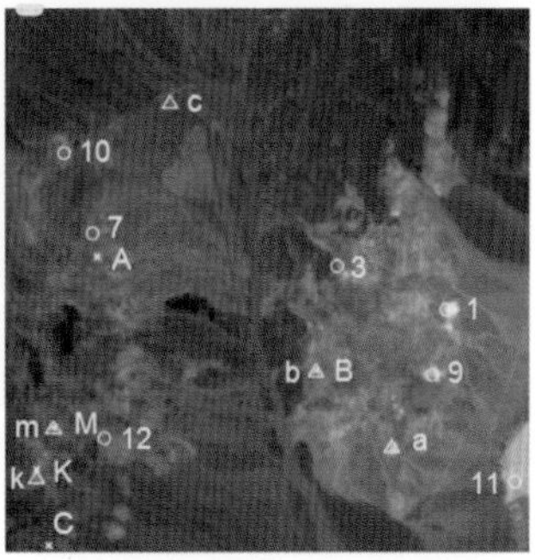

(l) 第12通道执行结果(5)

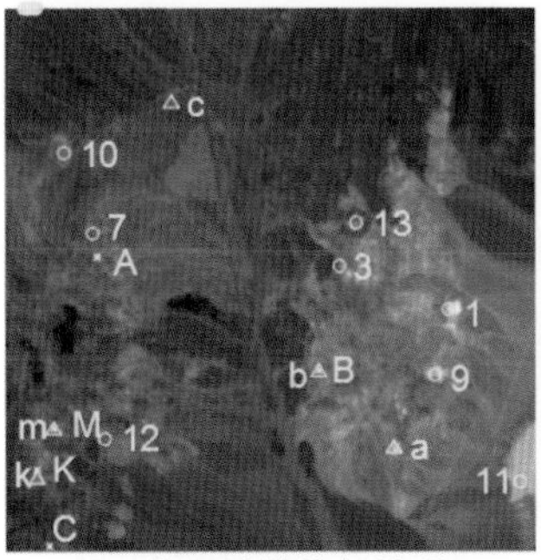

(m) 第13通道执行结果(5)

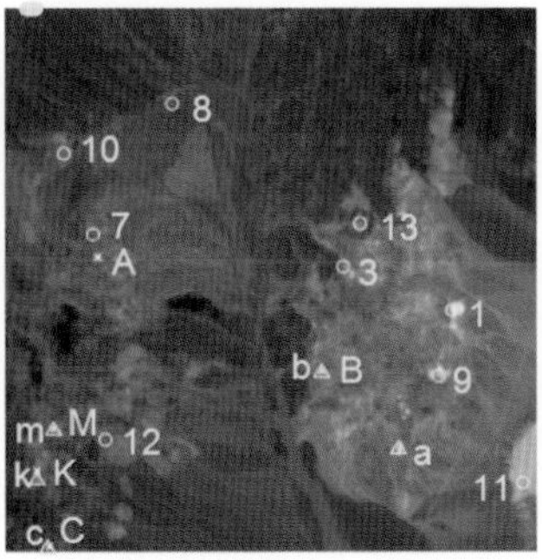

(n) 第14通道执行结果(5)

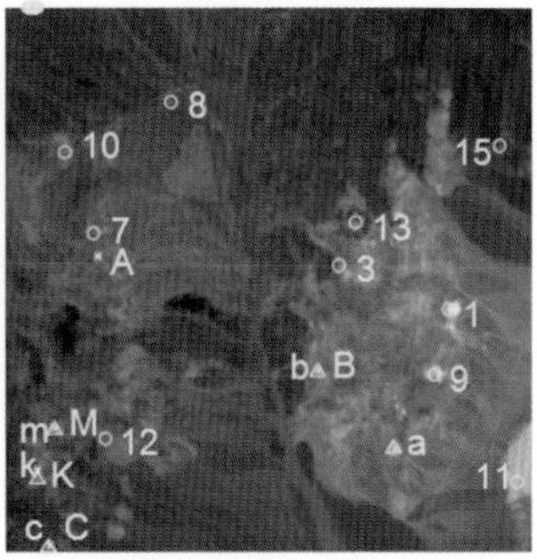

(o) 第15通道执行结果(5)

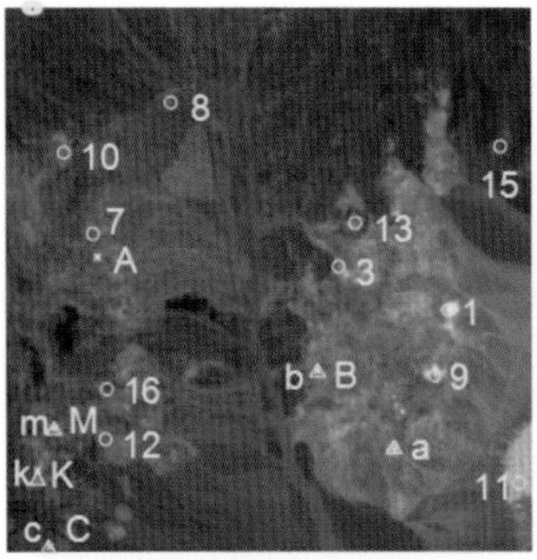

(p) 第16通道执行结果(5)

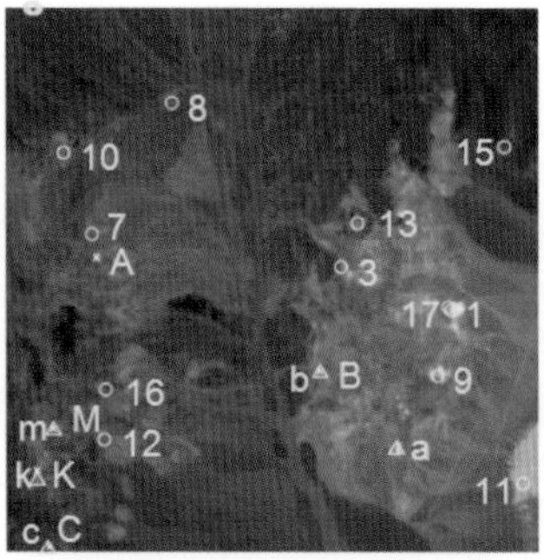

(q) 第17通道执行结果(5)

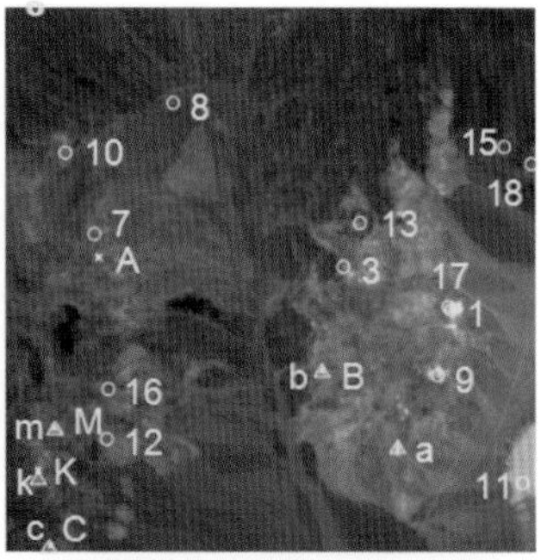

(r) 第18通道执行结果(5)

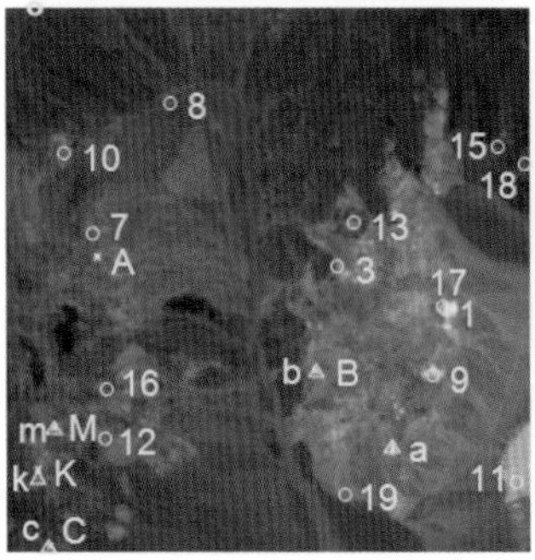

(s) 第19通道执行结果(5)

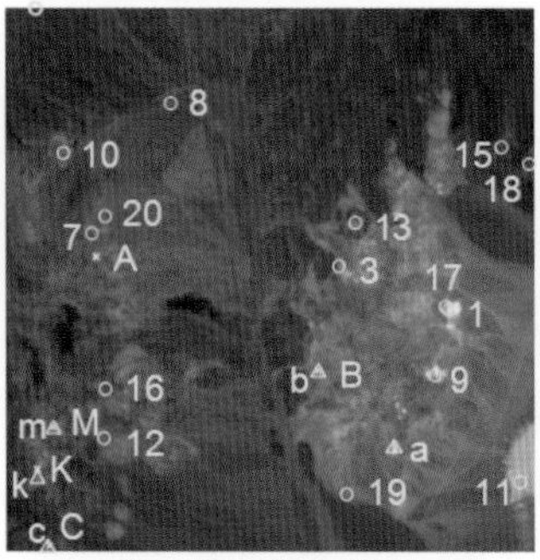

(t) 第20通道执行结果(5)

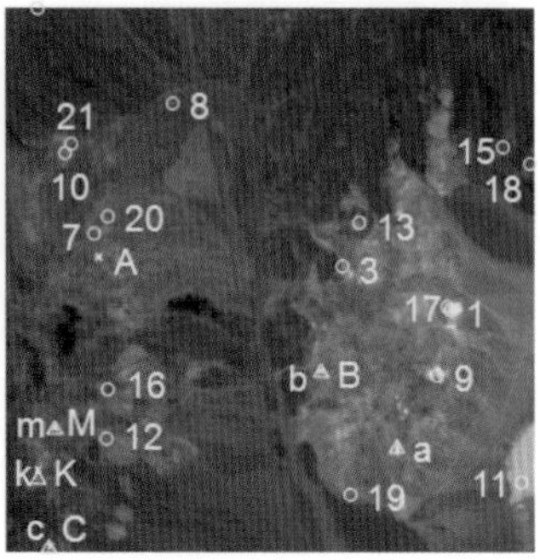

(u) 第21通道执行结果(5)

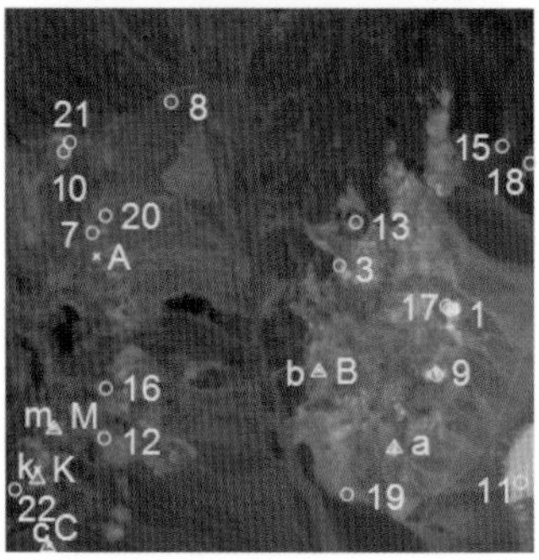

(v) 第22通道执行结果(5)

图 13.52　22 通道实时逐步式 N-FINDR(RT 22-pass SC N-FINDR)算法的执行结果

表 13.5 列出 5 个实时处理版本 N-FINDR 算法以及 SGA 和 VCA 两个算法的运算时间结果。其中,5 个实时处理版本 N-FINDR 算法包含多通道实时循序式 N-FINDR(RT multiple-pass SQ N-FINDR)实现的实时迭代式 N-FINDR(RT IN-FINDR)、多通道实时循环式 N-FINDR(RT multiple-pass circular N-FINDR)方式实现的实时迭代式 N-FINDR(RT IN-FINDR)、单通道实时循序式 N-FINDR(RT 1-pass SQ N-FINDR)、22 通道实时循环式 N-FINDR(RT 22-pass circular N-FINDR)与 22 通道实时逐步式 N-FINDR(RT 22-pass SC N-FINDR),其中多通道实时循环式 N-FINDR(RT multiple-pass circular N-FINDR)算法再次成为所有单形体体积计算算法中速度最快的。与 N-FINDR 算法计算矩阵行列式相比,由于 VCA 只使用内积进行正交投影,它所需的计算时间比预期的要少。然而,Nascimento 等(2005)指出,正交投影找到的特性元较单形体体积方式产生的特性元性能差。更重要的是,

VCA 无法实时化处理，一方面，VCA 使用随机高斯变量产生初始特性元导致无法实时化，这个问题可以借助实时 N-FINDR(RT N-FINDR)算法解决；另一方面当特性元数量增加时，如何实时化 VCA 还需要进一步研究。

表 13.5 RT multiple-pass SQ N-FINDR、RT multiple-pass circular N-FINDR、RT **1**-pass SQ N-FINDR、RT **22**-pass circular N-FINDR **与** RT **22**-pass SC N-FINDR、SGA、VCA **算法的运算时间**

算法	运算时间 (s)
RT multiple-pass SQ N-FINDR 实现 RT IN-FINDR	7 742.2 (8 次)
RT multiple-pass circular N-FINDR 实现 RT IN-FINDR	7 313.661 2 (17 次)
RT 1-pass SQ N-FINDR	951.517 2
RT 22-pass circular N-FINDR	954.058 1
RT 22-pass SC N-FINDR	933.094 9
SGA	9 413.940 0
VCA	9.380 0

若同时考虑表 13.5 与图 13.50～图 13.52 的结果，多通道实时循环式 N-FINDR (RT multiple-pass circular N-FINDR)算法的性能最优，该算法在 HYDICE 图像中也具备最优性能。

13.9 性能比较分析

本节比较 3 个实时处理与 5 个非实时处理特性元寻找算法的性能，其中 5 个非实时处理的算法包含迭代式 N-FINDR(IN-FINDR)、循序式 N-FINDR (SQ N-FINDR)、逐步式 N-FINDR(SC N-FINDR)、SGA 与 VCA，3 个实时处理算法包含多通道实时循序式 N-FINDR (RT multiple-pass SQ N-FINDR)、多通道实时循环式 N-FINDR(RT multiple-pass circular N-FINDR)与多通道实时逐步式 N-FINDR(RT SC N-FINDR)算法。表 13.6 按照寻找顺序详细列出了每个算法找到的特性元。

由表 13.6 可知，多通道实时循环式 N-FINDR(RT multiple-pass circular N-FINDR)算法在 TI 合成图像中，需要 5 个通道才能结束，而将其作为迭代式 N-FINDR(IN-FINDR)实现时，仅需要 3 个通道便可以找到 5 种物质。第 1 通道结束时找到 K、M、C 三种物质，第 2 通道结束时找到 B、K、M、A 四种物质，第 3 通道找到 C 物质。在 TE 合成图像、HYDICE 图像与 Cuprite 图像中，结果也是如此。

表 13.7 说明了实时版本的 N-FINDR 算法与非实时版本算法找到的特性元性能相当。HYDICE 图像中，找到的特性元可以对应真实像元的位置。Cuprite 图像中，只能利用 SAM 与均方根误差(mean square error，MSE)计算所找特性元与 5 种物质间的光谱特征相似度，故图 13.53 标注的特性元位置与图 13.49(b)中的标注位置会不一致。表 13.7 给出了图 13.53所示特性元对应 5 种物质之间光谱特征的 SAM 值及 MSE 值。

表 13.6 根据找到的特性元比较 IN-FINDR、SQ N-FINDR、SC N-FINDR、SGA、VCA、RT multiple-pass SQ N-FINDR、RT multiple-pass circular N-FINDR 和 RT multiple-pass SC N-FINDR 的性能

算法	TI ($n_{VD}=5$)	TE ($n_{VD}=5$)	HYDICE ($n_{VD}=9$)	Cuprite ($n_{VD}=22$)
IN-FINDR	K，A，B，M，C	M，A，B，K，C	p_{521}，p_{312}，p_{11}	A，B，C，K，M
SQ N-FINDR	K，M，C，B	B，C，K，M	p_{312}，p_{521}	A，B，C，K
SC N-FINDR	A，K，M，B，C	A，K，M，B，C	p_{521}，p_{312}	A，B，C，K，M
SGA	A，M，B，K，C	K，C，A，B，M	p_{521}，p_{312}，p_{11}	A，B，C，K，M
VCA	B，K，C，A	A，C，K，B	p_{312}，p_{521}	A，C，M
RT multiple-pass SQ N-FINDR 实现 RT IN-FINDR	B，A，M，K （通道 1）；C（通道 2）（第 3 通道结束）	B，K，M（通道 1）；B，C（通道 2）（第 3 通道结束）	p_{512}，p_{312}，p_{11}（通道 1）（第 4 通道结束）	A，B，C，K，M（通道 1）（第 8 通道结束）
RT multiple-pass circular N-FINDR 实现 RT IN-FINDR	K，M，C（通道 1）；B，K，M，A（通道 2）；C（通道 3）（第 4 通道结束）	K，B，M（通道 1）；K，A，M，B，C（通道 2）（第 3 通道结束）	p_{312}（通道 1）；p_{11}（通道 2）；p_{521}（通道 5）（第 6 通道结束）	A，B，C，K（通道 1）；M（通道 2）（第 10 通道结束）
RT multiple-pass SC N-FINDR	A，K，M，B，C（第 5 通道结束）	A，K，B，M，C（第 5 通道结束）	p_{512}（通道 2）；p_{312}（通道 3）；p_{11}（通道 6）（第 9 通道结束）	A（通道 2）；B（通道 3）；K（通道 5）；M（通道 6）；C（通道 11）（第 12 通道结束）

表 13.7 根据 SAM 和 MSE 值比较 IN-FINDR、SQ N-FINDR、SC N-FINDR、SGA、VCA、RT multiple-pass SQ N-FINDR、RT multiple-pass circular N-FINDR、和 RT multiple-pass SC N-FINDR 的性能

	物质	IN-FINDR	SQ N-FINDR	SC N-FINDR	SGA	VCA	RT multiple-pass SQ N-FINDR 实现 RT IN-FINDR	RT multiple-pass circular N-FINDR 实现 RT IN-FINDR	RT multiple-pass SC N-FINDR
SAM	A	0.075 5	0.048 9	0.017 2	0.016 7	0.067 9	0	0.071 7	0.094 3
	B	0.067 1	0.072 6	0.075 0	0.033 4		0.073 0	0.075 0	0.038 3
	C	0.036 2	0.051 6	0.051 6	0.051 6	0.037 4	0.036 2	0.051 6	0.051 6
	K	0.034 2	0.030 0	0.034 1	0.061 3		0.034 2	0.034 8	0.030 0
	M	0.070 6		0.070 6	0	0.071 0	0.069 2	0.080 9	0.026 4
MSE	A	$1.051\,2\times10^6$	$0.314\,1\times10^6$	$0.116\,1\times10^5$	$0.124\,7\times10^5$	$0.292\,1\times10^6$	0	$3.814\,4\times10^5$	$13.711\,0\times10^6$
	B	$0.283\,6\times10^6$	$0.118\,1\times10^6$	$2.540\,6\times10^5$	$0.463\,5\times10^5$		$0.875\,9\times10^5$	$2.540\,6\times10^5$	$0.343\,9\times10^6$
	C	$0.083\,1\times10^6$	$1.535\,5\times10^6$	$1.108\,5\times10^5$	$1.108\,5\times10^5$	$0.014\,5\times10^6$	$0.831\,2\times10^5$	$1.108\,5\times10^5$	$0.110\,8\times10^6$
	K	$0.103\,5\times10^6$	$0.493\,4\times10^6$	$0.679\,4\times10^5$	$0.720\,4\times10^5$		$0.709\,0\times10^5$	$0.387\,8\times10^5$	$0.035\,4\text{x}\,10^6$
	M	$0.140\,3\times10^6$		$1.403\,4\times10^5$	0	$1.214\,9\times10^6$	$2.645\,0\times10^5$	$1.574\,2\times10^5$	$0.020\,0\times10^6$

13.10 本章小结

N-FINDR 算法是广泛应用的高光谱图像特性元寻找算法，寻找到的特性元性能较好，但是速度慢。本章深入研究 N-FINDR 算法的设计逻辑，提出了实时迭代式 N-FINDR(RT IN-FINDR)算法。Winter 也提出过对 N-FINDR 算法的实时处理需求，用其进行异常检测，但并未对实时化方案进行描述。本章将 N-FINDR 算法划分为两个循环，内部循环称为实时循序式 N-FINDR (RT SQ N-FINDR)，从特定的初始特性元优化特性元集合；外部循环称为多通道过程，重复执行内部循环以降低对初始特性元的依赖性。为了进一步降低实时循序式 N-FINDR (RT SQ N-FINDR)算法的运算复杂度，提出了两个新的算法，分别为实时循环式 N-FINDR(RT circular N-FINDR)与实时逐步式 N-FINDR(RT SC N-FINDR)算法。

按照本章的方式实时化 N-FINDR 算法，具有以下 4 个优势：①缓解了随机初始化特性元导致最终特性元集合不一致的问题；②不需要数据降维；③可以大幅减低运算复杂度，使 N-FINDR 算法实用化；④算法循序、循环、逐步地处理数据样本，便于设计硬件运算，如 FPGA(field programmable gate array)。图 13.53 给出了 N-FINDR 算法的关系图。

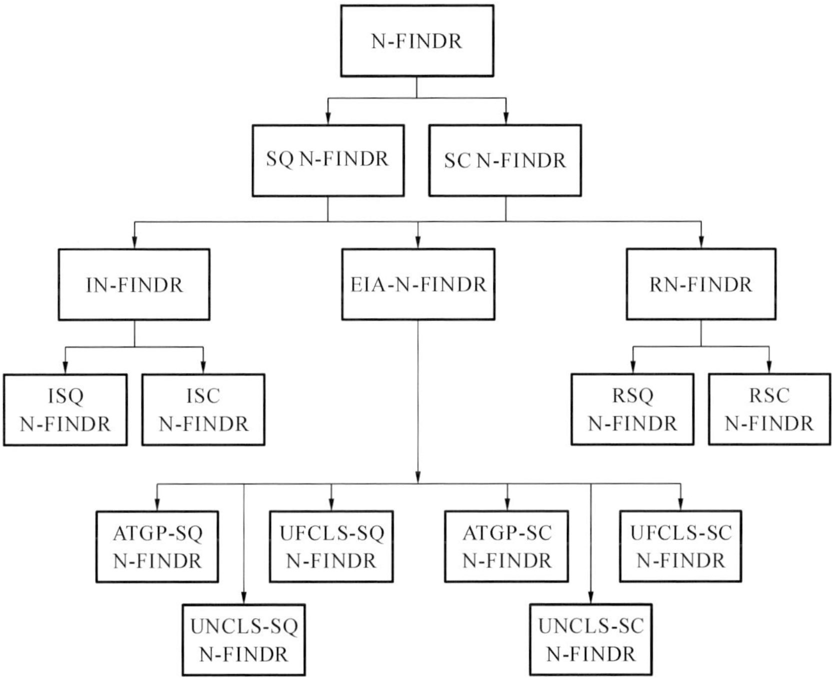

图 13.53 N-FINDR 算法的关系图

说明：除了 PPI 之外，文献中提到的大部分特性元寻找算法都需要在运行之前预先设定特性元的数量 p。实时版本的 N-FINDR 算法同样也需要预先设定特性元数量，采用的方法是 HFC/NWHFC。由于 HFC/NWHFC 方法需要计算样本的互相关和协方差矩阵(sample correlation and covariance matrices),计算前应已知图像的全部数据样本,因此本章所提出的实时处理 N-FINDR 算法需要对应的预处理。样本的互相关和协方差矩阵可以结合著名的 Woodburry 理论利用因果方式计算或更新新输入的样本向量,不需要额外的空间储存图像中的所有样本,对应的 FPGA 硬件算法在文献中(Chang,2016)有相关介绍。

参考文献

CHANG C, 2003. Hyperspectral imaging: Techniques for spectral detection and classification[M]. New York: Kluwer Academic/Plenum Publishers.

CHANG C, 2013. Hyperspectral data processing: Algorithm design and analysis[M]. New York: John Wiley & Sons, Inc.

CHANG C, 2016. Real-time progressive hyperspectral image processing: Endmember finding and anomaly detection[M]. New York: Springer International Publishing.

CHANG C, DU Q, 2004. Estimation of number of spectrally distinct signal sources in hyperspectral imagery[J]. IEEE Transactions on Geoscience and Remote Sensing, 42(3): 608-619.

CHANG C, WU C, 2009. Design and analysis of real-time endmember extraction algorithms for hyperspectral imagery[J]. SPIE 7455, Satellite Data Compression, Communication, and Processing V: 74550M.

CHANG C, WU C, LIU W, et al., 2006. A new growing method for simplex-based endmember extraction algorithm[J]. IEEE Transactions on Geoscience and Remote Sensing, 44(10): 2804-2819.

CHANG C, WU C, LO C, et al., 2010. Real-time simplex growing algorithms for hyperspectral endmember extraction[J]. IEEE Transactions on Geoscience and Remote Sensing, 48(4): 1834-1850.

CHANG C, JIAO X, WU C, et al., 2011. Component analysis-based unsupervised linear spectral mixture analysis for hyperspectral imagery[J]. IEEE Transactions on Geoscience and Remote Sensing, 49(11): 4123-4137.

DOWLER S, ANDREWS M, 2011. On the convergence of N-FINDR and related algorithms: To iterate or not to iterate? [J]. IEEE Geoscience and Remote Sensing Letters, 8(1): 4-8.

DU Q, RAKSUNTORN N, YOUNAN N, et al., 2008a. End-member extraction for hyperspectral image analysis. [J]. Applied Optics, 47(28): 77-84.

DU Q, RAKSUNTORN N, YOUNAN N, et al., 2008b. Variants of N-FINDR algorithm for endmember extraction[J]. Proceedings of SPIE - The International Society for Optical Engineering: 7109.

NASCIMENTO J,BIOUCAS-DIAS J, 2005. Vertex component analysis: A fast algorithm to unmix hyperspectral data[J]. IEEE Transactions on Geoscience and Remote Sensing, 43(4): 898-910.

SCHOWENGERDT R, 1997. Remote sensing: Models and methods for image processing[M]. 2nd ed., London: Academic Press.

WANG Y, GUO L, LIANG N, 2009. Using a new search strategy to improve the performance of N-FINDR algorithm for end-member determination[C]//2009 2nd International Congress on Image and Signal Processing, Tianjin: 1-4.

WINTER M, 1999. N-FINDR: An algorithm for fast autonomous spectral endmember determination in hyperspectral data[J]. Proceedings of SPIE - The International Society for Optical Engineering, 3753: 266-275.

WINTER M, 2000. Comparison of approaches for determining endmember in hyperspectral data[C]//2000 IEEE Aerospace Conference. Proceedings (Cat. No. 00TH8484), Big Sky, MT, USA, 3: 305-313.

WINTER M, 2004. A proof of the N-FINDR algorithm for the automated detection of endmembers in a hyperspectral image[J]. Proceedings of SPIE - The International Society for Optical Engineering, 5425: 31-41.

WU C, CHU S, CHANG C, 2008. Sequential N-FINDR algorithms[J]. Proceedings of SPIE 7086, Imaging Spectrometry XIII: 70860C.

XIONG W, CHANG C, WU C, et al., 2011. Fast algorithms to implement N-FINDR for hyperspectral endmember extraction[J]. IEEE Journal of Selected Topics in Applied Earth Observations and Remote Sensing, 4(3): 545-564.

ZORTEA M, PLAZA A, 2009. A quantitative and comparative analysis of different implementations of N-FINDR: A fast endmember extraction algorithm[J]. IEEE Geoscience and Remote Sensing Letters, 6(4): 787-791.

第 14 章　ATGP、VCA 和 SGA 之间的关系

特性元寻找在高光谱数据分析中非常重要，可以找到未知光谱类别，形成用于丰度估计的线性光谱混合模型。第 12 章讨论的像素纯度指数(PPI)和第 13 章的 N-FINDR 都是经典代表性算法，派生出很多特性元寻找算法(如 EFA)。本章从丰度约束角度，讨论 3 种算法间的关系，即无丰度约束的自动目标产生过程（ATGP)(Ren et al.，2003)、丰度非负约束的顶点成分分析(VCA)(Nascimento et al.，2005)以及完全丰度约束的单形体体积增长算法(SGA)(Chang et al.，2006b)。

14.1　简　　介

PPI(Boardman，1994)和 N-FINDR(Winter，1999)是广泛使用的代表性特性元寻找算法，但也存在固有缺陷：①PPI 需要大量投影向量（即随机生成的向量)，且需要人为参与选择特性元集合；②N-FINDR 算法需要预先知道特性元数量 p，且从所有可能像元组合中寻找最优特性元集合时，计算时间过长。更重要的是，二者都受到随机初始条件影响，结果不确定。针对这些问题，产生了一系列延伸算法，例如 PPI 派生得到的快速迭代 PPI(Chang et al.，2006a)、随机 PPI(Chang et al.，2010)、迭代 PPI(Chang et al.，2015)、顶点成分分析(Nascimento et al.，2005)等算法，由 N-FINDR 算法派生得到的循序式 N-FINDR、逐步式 N-FINDR、迭代式 N-FINDR(Chang，2016，2013a；Xiong et al.，2011)、单形体增长算法(Chang et al.，2006)等算法。N-FNIDR 算法的上述派生算法有一个共同特点，即并非同时找到所有特性元，而是根据特定标准利用优化设计依次寻找特性元，有效地降低了计算量。常用的特性元寻找标准包括正交投影(orthogonal projection，OP)、凸体(convex cone/hull)和单形体，其中基于 OP 的方法有 PPI、ATGP，基于凸体的方法为 VCA，基于单形体的方法有循序式 N-FINDR 算法、逐步式 N-FINDR 算法和 SGA。进一步，可以通过丰度无约束、丰度和为一约束（ASC)和丰度非负约束（ANC）来理解 3 个标准，OP、凸体和单形体分别对应于丰度无约束、ANC 和 ANC＋ASC。单形体看作以顶点特性元构成的线性混合模型，其内部数据样本向量是顶点特性元按不同丰度的线性组合，故可以用单形体体积的方法求解完全丰度约束的 LSU(Honeine，2012)或者寻找特性元。本章以 ATGP、VCA 和 SGA 为代表分析丰度无约束、ANC 约束和 ANC＋ASC 约束的特性元寻找算法。

Chang(2016a)探讨了 PPI、ATGP 和 VCA 之间的关系，认为以 OP 为标准的 VCA 和 ATGP 理论上相同，都用正交子空间投影(OSP)的概念，通过一系列操作找到具有最大正交

残余的特性元。

Chen(2014)和 Li 等(2015)探讨了 ATGP、VCA 和 SGA 之间的关系,Du 等(2008)也探讨了 N-FINDR、ATGP、VCA 和 SGA 之间的关系。本章以 Du 等人的研究为基础,继续深入探讨了以下 3 个问题:①初始化条件。Plaza 等(2006)曾经指出初始条件是导致 ATGP、VCA 和 SGA 结果不一致的主要原因之一,相同初始条件的情况下,ATGP、VCA 和 SGA 会产生相同的结果;②3 种算法表明,寻找最大单形体体积,可以通过几何上寻找最大 OP 实现,不必进行复杂的矩阵运算;③降维(DR)对特性元寻找结果的影响。Du 等人讨论了最小噪声分离(MNF)方法的情况,本章节详细研究 3 种 DR 对 ATGP、VCA 和 SGA 性能的作用。

14.2 算法介绍

14.2.1 ATGP

ATGP 算法是在不具备先验知识的情况下,利用递减正交子空间序列,从高光谱图像中依次提取最大正交投影的像元作为感兴趣目标,研究表明,ATGP 获得的目标像元大部分是特性元。前面已经介绍过,ATGP 和 PPI 都基于正交投影,区别在于:PPI 同时提取所有特性元,而 ATGP 每次提取一个目标;PPI 利用投影向量的随机性寻找特性元,而 ATGP 通过已有特性元的正交投影子空间寻找目标。

在 Ren 等(2003)的研究中,ATGP 被称为自动目标检测和分类算法(automatic target detection and classification algorithm,ATDCA),重复执行正交投影子空间算子:

$$\boldsymbol{P}_{\boldsymbol{U}}^{\perp} = \boldsymbol{I} - \boldsymbol{U}\,(\boldsymbol{U}^{\mathrm{T}}\boldsymbol{U})^{-1}\,\boldsymbol{U}^{\mathrm{T}} \tag{14.1}$$

从图像中直接找到感兴趣目标。ATGP 具体算法描述如下文。

(1) 初始化。选择初始目标向量$\boldsymbol{t}_0 = \arg\{\max_r \boldsymbol{r}^{\mathrm{T}}\boldsymbol{r}\}$,以及需要寻找的特性元数量 n_{ATGP}。令 $k=1$,$\boldsymbol{U}_0 = [\boldsymbol{t}_0]$。

(2) 在第 k 次迭代中,通过式(14.1)计算 $\boldsymbol{P}_{\boldsymbol{U}_{k-1}}^{\perp}$,并作用于图像中的所有像素 $\boldsymbol{r}$,找到第 k 个目标 $\boldsymbol{t}_k$ 满足:

$$\boldsymbol{t}_k = \arg\{\max_r [\,(\boldsymbol{P}_{\boldsymbol{U}_{k-1}}^{\perp}\boldsymbol{r})^{\mathrm{T}}(\boldsymbol{P}_{\boldsymbol{U}_{k-1}}^{\perp}\boldsymbol{r})\,]\} \tag{14.2}$$

其中$\boldsymbol{U}_{k-1} = [\boldsymbol{t}_1\ \boldsymbol{t}_2 \cdots \boldsymbol{t}_{k-1}]$是在第($k-1$)次迭代中产生的目标矩阵。

(3) 如果 $k<n$,令$\boldsymbol{U}_k = [\boldsymbol{U}_{k-1}\boldsymbol{t}_k] = [\boldsymbol{t}_1\ \boldsymbol{t}_2 \cdots \boldsymbol{t}_k]$作为第 k 次迭代后的目标矩阵,回到第(2)步;否则,继续。

(4) 算法结束,将包括 k 个目标像素向量的集合 $\{\boldsymbol{t}_0, \boldsymbol{t}_1, \boldsymbol{t}_2, \cdots, \boldsymbol{t}_k\} = \{\boldsymbol{t}_0\} \cup \{\boldsymbol{t}_1, \boldsymbol{t}_2, \cdots, \boldsymbol{t}_k\}$,作为最终特性元集合。

14.2.2 VCA

与 ATGP 类似,VCA 也通过式(14.1)依次找到新特性元。下面对不同条件的 VCA 流程进行描述。

14.2.2.1 原始 VCA (original version of VCA)

(1) 令特性元数量为 p。设置计数器 $k=1$。

(2) 执行降维处理,将维度为 L 的原始数据空间 $\boldsymbol{X}$ 降到 p 维数据空间 $\boldsymbol{X}$。

(3) 设初始向量$\boldsymbol{e}^{(0)}=(\underbrace{0,0,\cdots,1}_{p})$,辅助矩阵 $\boldsymbol{A}^{(0)}$ 为$\boldsymbol{A}^{(0)}=[\boldsymbol{e}^{(0)}\ \boldsymbol{0}\cdots\boldsymbol{0}]$。

(4) 生成高斯随机向量 $\boldsymbol{w}^k$ 用于产生 $\boldsymbol{f}^k$:

$$\boldsymbol{f}^{(k)}=((\boldsymbol{I}-\boldsymbol{A}^{(k-1)}(\boldsymbol{A}^{(k-1)})^{\#})\boldsymbol{w}^k)/(\|(\boldsymbol{I}-\boldsymbol{A}^{(k-1)}(\boldsymbol{A}^{(k-1)})^{\#})\boldsymbol{w}^k\|) \tag{14.3}$$

(5) 寻找最大化$\boldsymbol{f}^{(k)\mathrm{T}}\boldsymbol{x}$ 的 $\boldsymbol{x}\in\boldsymbol{X}$,作为 $\boldsymbol{e}^{(k)}$

$$\boldsymbol{e}^{(k)}=\arg\{\max_{\boldsymbol{x}\in\boldsymbol{X}}[\,|\boldsymbol{f}^{(k)\mathrm{T}}\boldsymbol{x}|\,]\} \tag{14.4}$$

(6) 用 $\boldsymbol{e}^{(k)}$ 代替 $\boldsymbol{A}^{(0)}$ 的第 k 列,即$\boldsymbol{A}^{(k)}=[\boldsymbol{e}^{(1)}\cdots\boldsymbol{e}^{(k)}\ \boldsymbol{0}\cdots\boldsymbol{0}]$。

(7) 如果 $k=p$,算法终止;否则,$k\leftarrow k+1$ 并回到第(4)步。

在此基础上,可以设计没有降维操作的 VCA 版本,以及利用不同降维方式的 VCA 版本。

14.2.2.2 特定条件的 VCA

1. 不使用 DR 的 VCA

(1) 使用原始版本的随机初始条件。

(2) 使用$\{\boldsymbol{t}_j^{\text{initial}}\}_{j=1}^{p}$作为特性元寻找的初始条件。即第 j 次迭代时,从$\{\boldsymbol{t}_j^{\text{initial}}\}_{j=1}^{p}$中的$\boldsymbol{t}_j^{\text{initial}}$出发生成第 j 个特性元 $\boldsymbol{e}_j$。

2. 采用 3 种 DR 技术(PCA、MNF 和 ICA)的 VCA

(1) 使用原始版本的随机初始条件。

(2) 使用单位向量 $\mathbf{1}=(\underbrace{1,1\cdots,1}_{L})^{\mathrm{T}}$ 作为初始条件,生成新特性元,维度 L 随着特性元数量增加而增加。

14.2.3 SGA

SGA 逐次增加顶点,获得体积最大的单形体。随着 p 值的增加,原单形体可以作为底面构造新的单形体,即较小 p 值单形体的顶点是较大 p 值单形体顶点的一部分。几种实现 SGA 的版本,描述如下。

14.2.3.1 原始 SGA

(1) 初始化。①估计特性元数量 p,可以利用虚拟维度方法;②找到距离最大的两个样本向量,作为初始特性元,并设置 $n=2$。

(2) 对每个样本向量 $\boldsymbol{r}$,计算由顶点$\boldsymbol{e}_1,\boldsymbol{e}_2,\cdots,\boldsymbol{e}_n,\boldsymbol{r}$ 构成的单形体的体积(SV),SV$(\boldsymbol{e}_1,\cdots,\boldsymbol{e}_n,\boldsymbol{r})$定义为

$$\mathrm{SV}(\boldsymbol{e}_1,\cdots,\boldsymbol{e}_n,\boldsymbol{r})=\frac{\left|\det\begin{bmatrix}1 & 1 & \cdots & 1 & 1\\ \boldsymbol{e}_1 & \boldsymbol{e}_2 & \cdots & \boldsymbol{e}_n & \boldsymbol{r}\end{bmatrix}\right|}{n!} \tag{14.5}$$

矩阵 $\det\begin{bmatrix}1 & 1 & \cdots & 1 & 1\\ \boldsymbol{e}_1 & \boldsymbol{e}_2 & \cdots & \boldsymbol{e}_n & \boldsymbol{r}\end{bmatrix}$ 不一定是方阵，需利用 PCA 或 MNF 降维算法将数据维度从 L 降到 n。

(3) 找到最大体积对应的向量 $\boldsymbol{r}$，并赋值给 $\boldsymbol{e}_{n+1}$，即

$$\boldsymbol{e}_{n+1}=\arg\{\max_{\boldsymbol{r}}[\mathrm{SV}(\boldsymbol{e}_1,\cdots,\boldsymbol{e}_n,\boldsymbol{r})]\} \tag{14.6}$$

(4) 停止条件：如果 $n<p-1$，则 $n\leftarrow n+1$ 并回到第(2)步；否则，特性元集合$\{\boldsymbol{e}_1,\boldsymbol{e}_2,\cdots,\boldsymbol{e}_p\}$便是最终的特性元集合。

说明：Chang 等(2006b)提出 SGA 算法时，初始条件与 ATGP 做法相同，选择具有最大长度的单个样本向量。第(1)步中②的初始条件与其不同，使用的是两个顶点的单形体，即连接两点的线。

14.2.3.2 特定条件的 SGA

1. 不使用 DR 的 SGA

(1) 使用随机初始化生成第 1 个特性元。

(2) 使用特定的初始条件。①以最大长度的向量为初始特性元。在这种情况下，SGA 同 ATGP 一样，都从最亮的像素开始。②以距离最大的两个向量作为初始特性元，二者构成了最大二维单形体。③以 UFCLS 方法(Heinz et al.,2001)中解混误差最大的两个像元作为初始特性元。

2. 采用 3 种 DR 技术(PCA、MNF 和 ICA)的 SGA

(1) 使用随机初始化生成第 1 个特性元。

(2) 使用特定的初始条件。①以最大长度的向量为初始特性元。在这种情况下，SGA 同 ATGP 一样，都从最亮的像素开始。②以距离最大的两个向量作为初始特性元，二者构成了最大二维单形体。③以 UFCLS 方法中解混误差最大的两个像元作为初始特性元。

14.2.4 特定初始条件

由上面的描述可知，SGA 和 VCA 都需要起始特性元，起始特性元不同，得到的结果特性元就可能不同。为了解决该问题，可选择特定的算法产生固定的起始特性元。Chang 等(2013b)提出可以利用 ATGP 或 UFCLS 产生起始特性元，即分别用$\{\boldsymbol{t}_j^{\mathrm{ATGP}}\}_{j=1}^p$或$\{\boldsymbol{t}_j^{\mathrm{UFCLS}}\}_{j=1}^p$代替$\{\boldsymbol{t}_j^{\mathrm{initial}}\}_{j=1}^p$。SGA 只需要一个起始特性元，可以取 ATGP 的第一个目标向量。VCA 产生每个新特性元时，都需要有对应的起始特性元，故生成 p 个结果特性元就需要 p 个初始特性元。在这种情况下，可以使用$\{\boldsymbol{t}_j^{\mathrm{initial}}\}_{j=1}^p$，从第 j 个起始特性元$\boldsymbol{t}_j^{\mathrm{initial}}$出发产生第 j 个结果特性元$\boldsymbol{e}_j$。14.4 节的实验结果表明，当 SGA 和 VCA 都使用 ATGP 所产生的目标向量作为起始特性元时，二者会得到与 ATGP 完全相同的结果。

14.3 ATGP、VCA 和 SGA 的比较分析

图 14.1 给出了 ATGP、VCA 和 SGA 三种算法的概念，假设 3 种算法都已找到相同的 j

个特性元$\boldsymbol{m}_1,\boldsymbol{m}_2,\cdots,\boldsymbol{m}_j$，作为寻找第$(j+1)$个特性元$\boldsymbol{m}_{j+1}$的起始条件。

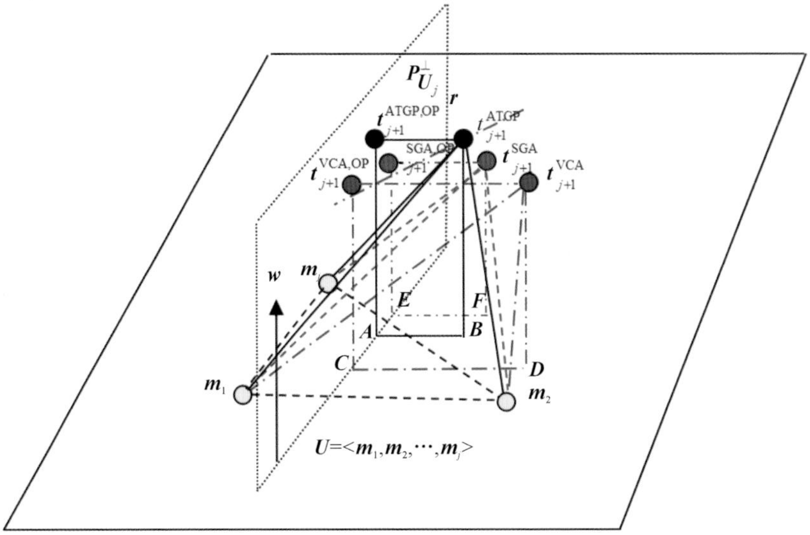

图 14.1 利用 ATGP、VCA 和 SGA 根据 OP 和单形体寻找特性元

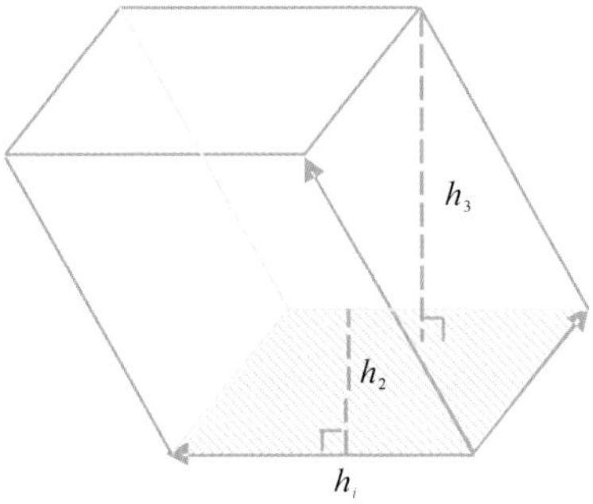

图 14.2 三维平行六面体的体积计算

这里的$\boldsymbol{P}_{U_j}^{\perp}$定义了一个超平面，正交于$\boldsymbol{m}_1,\boldsymbol{m}_2,\cdots,\boldsymbol{m}_j$的线性扩展空间$\boldsymbol{U}_j=\langle \boldsymbol{m}_1,\boldsymbol{m}_2,\cdots,\boldsymbol{m}_j\rangle$。假设已经计算得到了 SV$(\boldsymbol{m}_1,\boldsymbol{m}_2,\cdots,\boldsymbol{m}_j)$，利用 ATGP、VCA 和 SGA 寻找第$(j+1)$个特性元$\boldsymbol{m}_{j+1}$。将由 ATGP、VCA 和 SGA 得到的第$(j+1)$个目标分别用$\boldsymbol{t}_{j+1}^{\text{ATGP}}$、$\boldsymbol{t}_{j+1}^{\text{VCA}}$和$\boldsymbol{t}_{j+1}^{\text{SGA}}$表示，图14.1中的$\boldsymbol{t}_{j+1}^{\text{ATGP,OP}}$、$\boldsymbol{t}_{j+1}^{\text{VCA,OP}}$和$\boldsymbol{t}_{j+1}^{\text{SGA,OP}}$分别表示它们在超平面$\boldsymbol{P}_{U_j}^{\perp}$上的正交投影。根据参考文献(Chang et al.，2016b；Li，2016a；Li et al.，2016b，2016c；Berger，2010；Wong，2003)，可以得到结论：$(j+1)$个顶点的单形体S_{j+1}的体积SV(S_{j+1})，可以由对应的平行体P_{j+1}体积的$1/j!$计算得到，平行体P_{j+1}的体积为$\prod_{i=1}^{j} h_i$，其中h_i是第i个高度。图 14.2 给出了三维平行六面体的特殊情形。

1. 证明

令 SV(S_j)是$(j+1)$个顶点单形体S_{j+1}的基底S_j的体积，h_j是第$(j+1)$个顶点到S_j线性扩展子空间的垂直距离(也称作高度)。如图 14.2 中，h_1表示由两个采样点连接的 2 顶点单形体 S_2的距离(高度)，h_2表示由 3 个采样点形成的 3 顶点单形体 S_3的距离(高度)，由此$(j+1)$个顶点单形体 S_{j+1}的体积 SV(S_{j+1})可以由(14.5)给出，重新表示为

$$\mathrm{SV}(S_{j+1}) = \int_{h=0}^{h_j} \mathrm{SV}(S_j)\left(\frac{h}{h_j}\right)^{j-1} \mathrm{d}h = \mathrm{SV}(S_j)\,\frac{h_j}{j} \tag{14.7}$$

SV(S_{j+1})可以由先前 SV(S_j)递归替换为

$$\mathrm{SV}(S_{j+1}) = \mathrm{SV}(S_j)\cdot\frac{h_j}{j} = (1/j!)h_j h_{j-1}\cdots h_1 \tag{14.8}$$

其中，$h_1,h_2,\cdots,h_j$是平行体P_{j+1}的高度。换句话说，给定由$j+1$个向量指定的$j+1$维平

行体 P_{j+1}，将 h_j 视为垂直于基底的高度，其体积可以由 $\prod_{i=1}^{j} h_i$ 计算，递归计算 P_{j+1} 的体积为

$$V(P_{j+1}) = \prod_{i=1}^{j} h_i = h_j \cdot \prod_{i=1}^{j-1} h_i = h_j \cdot V(P_j) \tag{14.9}$$

由(14.9)和(14.8)，$\mathrm{SV}(S_{j+1})$ 可以重写为

$$\mathrm{SV}(S_{j+1}) = (1/j!) \prod_{i=1}^{j} h_i = (1/j!) V(P_{j+1}) \tag{14.10}$$

使用上述论点，我们证明了以下定理。

2. 定理

令

$$\boldsymbol{t}_{j+1}^{\mathrm{SGA}} = \arg\{\max_{\boldsymbol{t}_{j+1}} \mathrm{SV}(\boldsymbol{m}_1, \boldsymbol{m}_2, \cdots, \boldsymbol{m}_j, \boldsymbol{t}_{j+1})\} \tag{14.11}$$

和

$$\boldsymbol{t}_{j+1}^{\mathrm{ATGP}} = \arg\{\max_{\boldsymbol{r}} \| \boldsymbol{P}_{\boldsymbol{U}_j}^{\perp} \boldsymbol{r} \| \} \tag{14.12}$$

以及 $\boldsymbol{U}_j = [\boldsymbol{m}_1\ \boldsymbol{m}_2 \cdots \boldsymbol{m}_j]$，则 $\| \boldsymbol{t}_{j+1}^{\mathrm{ATGP,OP}} \| = \| \boldsymbol{t}_{j+1}^{\mathrm{SGA,OP}} \| = \boldsymbol{h}_j^*$，且

$$\begin{aligned} \mathrm{SV}(S_{j+1}) &= \mathrm{SV}(\boldsymbol{m}_1, \cdots \boldsymbol{m}_j, \boldsymbol{m}_{j+1}) \\ &= \| \boldsymbol{m}_1 - \boldsymbol{m}_2 \| \prod_{i=3}^{j+1} (1/(i-1)!) \cdot h_{i-1}^* \\ &= \| \boldsymbol{m}_1 - \boldsymbol{m}_2 \| \prod_{i=3}^{j+1} (1/(i-1)!) \| \boldsymbol{t}_i^{\mathrm{SGA,OP}} \| \\ &= \| \boldsymbol{m}_1 - \boldsymbol{m}_2 \| \prod_{i=3}^{j+1} (1/(i-1)!) \| \boldsymbol{t}_i^{\mathrm{ATGP,OP}} \| \end{aligned} \tag{14.13}$$

其中，h_j^* 是垂直于单形体 $S_j = S(\boldsymbol{m}_1, \cdots \boldsymbol{m}_{j-1}, \boldsymbol{m}_j)$ 的最大高度。

下面利用数学推理根据图 14.2 给出证明。

(1) 初始条件：$j=2$（退化单形体）。

最低维的单形体是 2 顶点退化单形体，将 $\boldsymbol{m}_1$ 和 $\boldsymbol{m}_2$ 作为两个初始特性元，形成连接 $\boldsymbol{m}_1$ 和 $\boldsymbol{m}_2$ 的线段 $(\boldsymbol{m}_1, \boldsymbol{m}_2)$，获得 2 顶点单形体。有两种方式获得 $\boldsymbol{m}_1$ 和 $\boldsymbol{m}_2$，一种是找最大长度的样本向量作为 $\boldsymbol{m}_1$，则 $\boldsymbol{m}_2$ 是与 $\boldsymbol{m}_1$ 距离最大的数据样本向量；另一种是找到距离最大的两个样本向量作为 $\boldsymbol{m}_1$ 和 $\boldsymbol{m}_2$。任一情况下，都有 $\mathrm{SV}(\boldsymbol{m}_1, \boldsymbol{m}_2) = \| \boldsymbol{m}_2 - \boldsymbol{m}_1 \|$。要寻找第三个特性元 $\boldsymbol{m}_3$，应选择能够产生垂直于线段 $(\boldsymbol{m}_1, \boldsymbol{m}_2)$ 的最大高度或最大 OP 的样本向量。进一步，令 $\boldsymbol{U}_2 = [\boldsymbol{m}_1\ \boldsymbol{m}_2]$，$\langle \boldsymbol{U}_2 \rangle$ 是由两个特性元 $\boldsymbol{m}_1$ 和 $\boldsymbol{m}_2$ 线性扩展的子空间，任意样本向量 $\boldsymbol{r}$ 都可以表示为 $\boldsymbol{r} = \boldsymbol{r}^{\mathrm{OP}} + \boldsymbol{r}^{\boldsymbol{U}_2}$ 的形式，其中 $\boldsymbol{r}^{\boldsymbol{U}_2} \in \langle \boldsymbol{U}_2 \rangle$，$\boldsymbol{r}^{\mathrm{OP}} \in \langle \boldsymbol{U}_2 \rangle^{\perp}$。故 $\boldsymbol{t}_3^{\mathrm{ATGP}}$ 和 $\boldsymbol{t}_3^{\mathrm{SGA}}$ 可以分解为形式 $\boldsymbol{t}_3^{\mathrm{ATGP}} = \boldsymbol{t}_3^{\mathrm{ATGP,OP}} + \boldsymbol{t}_3^{\mathrm{ATGP},\boldsymbol{U}_2}$，$\boldsymbol{t}_3^{\mathrm{ATGP,OP}} \in \langle \boldsymbol{U}_2 \rangle^{\perp}$ 且 $\boldsymbol{t}_3^{\mathrm{ATGP},\boldsymbol{U}_2} \in \langle \boldsymbol{U}_2 \rangle$，以及 $\boldsymbol{t}_3^{\mathrm{SGA}} = \boldsymbol{t}_3^{\mathrm{SGA,OP}} + \boldsymbol{t}_3^{\mathrm{SGA},\boldsymbol{U}_2}$，$\boldsymbol{t}_3^{\mathrm{SGA,OP}} \in \langle \boldsymbol{U}_2 \rangle^{\perp}$ 且 $\boldsymbol{t}_3^{\mathrm{SGA},\boldsymbol{U}_2} \in \langle \boldsymbol{U}_2 \rangle$，如图 14.3 所示。通过向量 $\boldsymbol{O}\boldsymbol{m}_3$，有 3 种方式可以来表示第三个特性元 $\boldsymbol{m}_3$：

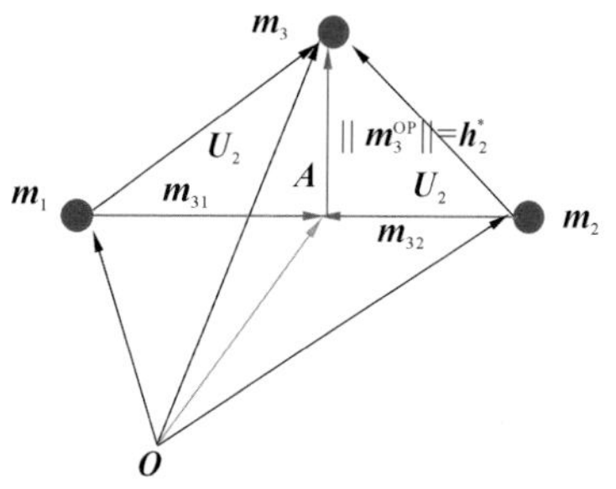

图 14.3 初始条件说明

$\boldsymbol{O}\boldsymbol{m}_3 = \boldsymbol{O}\boldsymbol{m}_1 + \boldsymbol{m}_1\boldsymbol{m}_3$，其中 $\boldsymbol{m}_1\boldsymbol{m}_3 = \boldsymbol{m}_1\boldsymbol{A} + \boldsymbol{A}\boldsymbol{m}_3$，$\boldsymbol{A}\boldsymbol{m}_3 = \boldsymbol{m}_3^{\mathrm{OP}}$，$\boldsymbol{m}_1\boldsymbol{A} = \boldsymbol{m}_{31}^{\boldsymbol{U}_2}$ 和 $\| \boldsymbol{m}_3^{\mathrm{OP}} \| = h_2^*$

$\boldsymbol{O}\boldsymbol{m}_3 = \boldsymbol{O}\boldsymbol{m}_2 + \boldsymbol{m}_2\boldsymbol{m}_3$，其中 $\boldsymbol{m}_2\boldsymbol{m}_3 = \boldsymbol{m}_2\boldsymbol{A} + \boldsymbol{A}\boldsymbol{m}_3$，$\boldsymbol{A}\boldsymbol{m}_3 = \boldsymbol{m}_3^{\mathrm{OP}}$，$\boldsymbol{m}_2\boldsymbol{A} = \boldsymbol{m}_{32}^{\boldsymbol{U}_2}$ 和 $\| \boldsymbol{m}_3^{\mathrm{OP}} \| = h_2^*$

$\boldsymbol{O}\boldsymbol{m}_3 = \boldsymbol{O}\boldsymbol{A} + \boldsymbol{A}\boldsymbol{m}_3$，其中 $\boldsymbol{O}\boldsymbol{A} = \boldsymbol{O}\boldsymbol{m}_1 + \boldsymbol{m}_1\boldsymbol{A}$ 或 $\boldsymbol{O}\boldsymbol{A} = \boldsymbol{O}\boldsymbol{m}_2 + \boldsymbol{m}_2\boldsymbol{A}$ 且 $\| \boldsymbol{m}_3^{\mathrm{OP}} \| = h_2^*$

在 $\boldsymbol{P}_{\boldsymbol{U}_2}^{\perp}$ 定义的超平面，$\boldsymbol{m}_1$，$\boldsymbol{m}_2$ 和 $\boldsymbol{m}_3$ 的空间位置包含于 $\boldsymbol{m}_1\boldsymbol{A} = \boldsymbol{m}_{31}^{\boldsymbol{U}_2}$ 和 $\boldsymbol{m}_2\boldsymbol{A} = \boldsymbol{m}_{32}^{\boldsymbol{U}_2}$ 的信息中，因此 3 种表示对 $\boldsymbol{A}\boldsymbol{m}_3 = \boldsymbol{m}_3^{\mathrm{OP}}$ 都没有影响。

根据以上定理,该高度通过乘以基底 $\|\boldsymbol{m}_1-\boldsymbol{m}_2\|$ 可以产生最大三角形面积,高度 h_2^* 表示为 $h_2^*=\|\boldsymbol{t}_3^{\text{ATGP,OP}}\|$,即有

$$\begin{aligned}&\max_{\boldsymbol{r}}\text{SV}(\boldsymbol{m}_1,\boldsymbol{m}_2,\boldsymbol{r})=\text{SV}(\boldsymbol{m}_1,\boldsymbol{m}_2,\boldsymbol{m}_3)\\&=(1/2)\|\boldsymbol{m}_1-\boldsymbol{m}_2\|\cdot h_2^*=(1/2)\|\boldsymbol{m}_1-\boldsymbol{m}_2\|\cdot\|\boldsymbol{t}_3^{\text{ATGP,OP}}\|\end{aligned}\tag{14.14}$$

或

$$\max_{\boldsymbol{r}}\text{SV}(\boldsymbol{m}_1,\boldsymbol{m}_2,\boldsymbol{r})=\text{SV}(\boldsymbol{m}_1,\boldsymbol{m}_2,\boldsymbol{t}_3^{\text{SGA}})=(1/2)\|\boldsymbol{m}_1-\boldsymbol{m}_2\|\cdot\|\boldsymbol{t}_3^{\text{SGA,OP}}\|\tag{14.15}$$

式(14.14)和式(14.15)相等,故 $h_2^*=\|\boldsymbol{t}_3^{\text{ATGP,OP}}\|=\|\boldsymbol{t}_3^{\text{SGA,OP}}\|$。由此,$\boldsymbol{m}_3$ 可以是由 $h_2^*=\|\boldsymbol{t}_3^{\text{ATGP,OP}}\|=\|\boldsymbol{t}_3^{\text{SGA,OP}}\|$ 给出具有相同最大正交投影的 $\boldsymbol{t}_3^{\text{ATGP}}$ 或 $\boldsymbol{t}_3^{\text{SGA}}$。

(2) 现假设 $\|\boldsymbol{t}_j^{\text{ATGP,OP}}\|=\|\boldsymbol{t}_j^{\text{SGA,OP}}\|$ 和式(14.13)对任何正整数 j 个特性元都成立。接下来,可以证明 $\|\boldsymbol{t}_{j+1}^{\text{ATGP,OP}}\|=\|\boldsymbol{t}_{j+1}^{\text{SGA,OP}}\|$,且式(14.13)对任何正整数 $j+1$ 个特性元也成立。

$\langle\boldsymbol{U}_j\rangle$ 是由 j 个特性元 $\boldsymbol{m}_1,\boldsymbol{m}_2,\cdots,\boldsymbol{m}_j$ 得到的线性扩展空间,它包含着由 $\boldsymbol{m}_1,\boldsymbol{m}_2,\cdots,\boldsymbol{m}_j$ 形成的单形体 $S(\boldsymbol{m}_1,\boldsymbol{m}_2,\cdots,\boldsymbol{m}_j)$。因为单形体是线性凸几何体,其高度必须垂直于单形体 $S(\boldsymbol{m}_1,\boldsymbol{m}_2,\cdots,\boldsymbol{m}_j)$。以图 14.3 为例,用 $\boldsymbol{m}_{j+1}$ 替代 $\boldsymbol{m}_3$,$\|\boldsymbol{m}_{j+1}^{\text{OP}}\|=h_j^*$ 代替 $\|\boldsymbol{m}_3^{\text{OP}}\|=h_2^*$,$\boldsymbol{m}_1,\boldsymbol{m}_2,\cdots,\boldsymbol{m}_j$ 代替 $\boldsymbol{m}_1$ 和 $\boldsymbol{m}_2$,则任意样本向量 $\boldsymbol{r}$ 都可以分解为 $\boldsymbol{r}=\boldsymbol{r}^{\text{OP}}+\boldsymbol{r}^{\boldsymbol{U}_j}$ 的形式,其中 $\boldsymbol{r}^{\text{OP}}\in\langle\boldsymbol{U}_j\rangle^{\perp}$,$\boldsymbol{r}^{\boldsymbol{U}_j}\in\langle\boldsymbol{U}_j\rangle$。高度向量 $\boldsymbol{P}_{\boldsymbol{U}_j}^{\perp}\boldsymbol{r}$ 应该位于由 $\boldsymbol{P}_{\boldsymbol{U}_j}^{\perp}$ 指定的超平面上,具有式(14.12)定义的最大 $\|\boldsymbol{P}_{\boldsymbol{U}_j}^{\perp}\boldsymbol{r}\|$。

换句话说,

$$\begin{aligned}&\text{SV}(\boldsymbol{m}_1,\boldsymbol{m}_2,\cdots,\boldsymbol{m}_j,\boldsymbol{t}_{j+1}^{\text{ATGP}})\\&=\text{SV}(\boldsymbol{m}_1,\boldsymbol{m}_2,\cdots,\boldsymbol{m}_j)\cdot(1/j)\cdot\|\boldsymbol{t}_{j+1}^{\text{ATGP,OP}}\| && (14.8)\\&=\text{SV}(\boldsymbol{m}_1,\boldsymbol{m}_2,\cdots,\boldsymbol{m}_j)\cdot(1/j)\max_{h_j}\{h_j\} && (14.12)\\&=\text{SV}(\boldsymbol{m}_1,\boldsymbol{m}_2,\cdots,\boldsymbol{m}_j)\cdot(1/j)\cdot h_j^*\\&=\|\boldsymbol{m}_2-\boldsymbol{m}_1\|\cdot\left(\prod_{i=3}^{j+1}(1/(i-1))\cdot\|\boldsymbol{t}_i^{\text{ATGP,OP}}\|\right)\cdot(1/j)\cdot\|\boldsymbol{t}_{j+1}^{\text{ATGP,OP}}\|\\&=(1/j!)\|\boldsymbol{m}_2-\boldsymbol{m}_1\|\cdot\left(\prod_{i=3}^{j}h_{i-1}^*\right) && (14.13)\\&=\max_{\boldsymbol{t}_{j+1}}\text{SV}(\boldsymbol{m}_1,\boldsymbol{m}_2,\cdots,\boldsymbol{m}_j,\boldsymbol{t}_{j+1})=\text{SV}(\boldsymbol{m}_1,\boldsymbol{m}_2,\cdots,\boldsymbol{m}_{j+1}) && (14.16)\end{aligned}$$

同时,

$$\begin{aligned}&\text{SV}(\boldsymbol{m}_1,\boldsymbol{m}_2,\cdots,\boldsymbol{m}_j,\boldsymbol{m}_{j+1})\\&=\max_{\boldsymbol{t}_{j+1}}\text{SV}(\boldsymbol{m}_1,\boldsymbol{m}_2,\cdots,\boldsymbol{m}_j,\boldsymbol{t}_{j+1})\\&=\text{SV}(\boldsymbol{m}_1,\boldsymbol{m}_2,\cdots,\boldsymbol{m}_j,\boldsymbol{t}_{j+1}^{\text{SGA}})\\&=\text{SV}(\boldsymbol{m}_1,\boldsymbol{m}_2,\cdots,\boldsymbol{m}_j)\cdot(1/j)\cdot\|\boldsymbol{t}_{j+1}^{\text{SGA,OP}}\|\\&=\text{SV}(\boldsymbol{m}_1,\boldsymbol{m}_2,\cdots,\boldsymbol{m}_j)\cdot(1/j)\max_{h_j}\{h_j\} && (14.12)\\&=\text{SV}(\boldsymbol{m}_1,\boldsymbol{m}_2,\cdots,\boldsymbol{m}_j)\cdot(1/j)\cdot h_j^*\\&=\|\boldsymbol{m}_2-\boldsymbol{m}_1\|\cdot\left(\prod_{i=3}^{j+1}(1/(i-1))\cdot h_{i-1}^*\right)\cdot(1/j)\cdot h_j^*\\&=(1/j!)\|\boldsymbol{m}_2-\boldsymbol{m}_1\|\cdot\left(\prod_{i=3}^{j+1}h_{i-1}^*\right) && (14.13)\\&=\text{SV}(\boldsymbol{m}_1,\boldsymbol{m}_2,\cdots,\boldsymbol{m}_j,\boldsymbol{t}_{j+1}^{\text{ATGP,OP}}) && (14.16)\end{aligned}\tag{14.17}$$

由式(14.16)和式(14.17)可知,t_{j+1}^{ATGP}和t_{j+1}^{SGA}会产生式(14.8)定义的相同最大SV,即$(1/j!)\|m_2-m_1\|\cdot(\prod_{i=3}^{j+1}h_{i-1}^*)$,$t_{j+1}^{\text{ATGP}}$和$t_{j+1}^{\text{SGA}}$在超平面$P_{U_j}^{\perp}$上的正交投影也相同,$\|t_{j+1}^{\text{ATGP,OP}}\|=\|t_{j+1}^{\text{SGA,OP}}\|$。

由上述定理可以得到以下推论。

(1) 根据式(14.11),对于所有的$j\geqslant 2$,有$\text{SV}(m_1,m_2,\cdots,m_j,t_{j+1}^{\text{SGA}})\geqslant\text{SV}(m_1,m_2,\cdots,m_j,t_{j+1}^{\text{VCA}})$。

(2) 根据式(14.12),对于所有的$j\geqslant 2$,有$\|t_{j+1}^{\text{ATGP,OP}}\|\geqslant\|t_{j+1}^{\text{VCA,OP}}\|$。

(3) 根据上述定理,可以进一步对式(14.5)的SV进行推导:

$$\text{SV}(S_{j+1})=(1/j!)|\det(M_E)|=(1/j!)\left|\det\begin{bmatrix}1 & 1 & \cdots & 1\\ m_1 & m_2 & \cdots & m_{j+1}\end{bmatrix}\right|$$

$$=(1/j!)\left|\det\left[\tilde{m}_2\quad\tilde{m}_3\quad\cdots\quad\tilde{m}_{j+1}\right]\right|$$

$$=(1/j!)\|m_2-m_1\|\cdot\left(\prod_{i=3}^{j+1}h_{i-1}^*\right)$$

根据式(14.2)和推论,有以下结论。

(1) ATGP在所有数据样本向量中寻找产生最大OP的t_{j+1}^{ATGP},即$\|t_{j+1}^{\text{ATGP,OP}}\|^2=\max_r(P_{U_j}^{\perp}r)^{\text{T}}(P_{U_j}^{\perp}r)=(P_{U_j}^{\perp}t_{j+1}^{\text{ATGP}})^{\text{T}}(P_U^{\perp}t_{j+1}^{\text{ATGP}})$,此时,有$\|t_{j+1}^{\text{ATGP,OP}}\|^2\geqslant(P_{U_j}^{\perp}t_{j+1}^{\text{VCA}})^{\text{T}}(P_{U_j}^{\perp}t_{j+1}^{\text{VCA}})=\|t_{j+1}^{\text{VCA,OP}}\|^2$和$\|t_{j+1}^{\text{ATGP,OP}}\|^2\geqslant(P_{U_j}^{\perp}t_{j+1}^{\text{SGA}})^{\text{T}}(P_{U_j}^{\perp}t_{j+1}^{\text{SGA}})=\|t_{j+1}^{\text{SGA,OP}}\|^2$。

(2) 另一方面,根据(14.5)和推论,SGA在所有样本向量中寻找产生最大SV的t_{j+1}^{SGA},即$\text{SV}(t_{j+1}^{\text{SGA}},U_j)=\max_r\text{SV}(r,U_j)$。此时,有$\text{SV}(t_{j+1}^{\text{SGA}},U_j)\geqslant\text{SV}(t_{j+1}^{\text{ATGP}},U_j)$和$\text{SV}(t_{j+1}^{\text{SGA}},U_j)\geqslant\text{SV}(t_{j+1}^{\text{VCA}},U_j)$。

(3) 由上面两条,可以得到结论$\|t_{j+1}^{\text{ATGP,OP}}\|=\|t_{j+1}^{\text{SGA,OP}}\|$,Du等(2008)也通过Gram-Schmidt正交过程证实了这一结论。两个原因导致上述理论并不适用于VCA:一个是为了使VCA满足非负约束,凸体必须在第一象限,故VCA找到的最大OP小于或等于ATGP找到的OP,即$\|t_{j+1}^{\text{ATGP,OP}}\|\geqslant\|t_{j+1}^{\text{VCA,OP}}\|$;另一个原因是VCA不一定满足ASC,无法找到最大体积的单形体。然而,如Chang等(2013a)所提到的,VCA在理论上与ATGP相同,如果VCA使用ATGP找到的目标作为初始条件,则所产生的新特性元满足$t_j^{\text{VCA}}=t_j^{\text{ATGP}}$,$1\leqslant j\leqslant p$。

上述定理仅表明t_{j+1}^{ATGP}和t_{j+1}^{SGA}在$P_{U_j}^{\perp}$定义的超平面上产生相同的最大OP,即$\|t_{j+1}^{\text{ATGP,OP}}\|=\|t_{j+1}^{\text{SGA,OP}}\|$,但并不代表它们是相同的向量,即$t_{j+1}^{\text{ATGP}}=t_{j+1}^{\text{SGA}}$。也就是说,它们有可能是在$P_{U_j}^{\perp}$定义的超平面上具有相同OP的不同向量,但在我们多次实验的结果中,这种情况从未发生过。

最后结论如下:只要ATGP与SGA的初始条件相同,ATGP算法就与SGA结果相同,即寻找最大OP也就是寻找最大SV。具体地说,对于一组给定的j个特性元$\{m_i\}_{i=1}^{j}$,ATGP是在所有样本向量中寻找能够产生最大OP的向量t_{j+1}^{ATGP},而SGA是在所有数据向量中寻找使单形体体积最大的向量t_{j+1}^{SGA}。假设$m_1,m_2,\cdots,m_j$对应顶点的单形体具有最大体积,因为$(j+1)$个顶点的单形体体积可以用高度与这j个顶点的单形体体积相乘得到,这意味着可以通过找到垂直于j顶点单形体的最大OP向量,来获得具有最大体积的$(j+1)$顶点单形体。故t_{j+1}^{ATGP}和t_{j+1}^{SGA}都在$m_1,m_2,\cdots,m_j$线性扩展空间中具有最大正交投影且值相同。

14.4 合成图像实验结果分析

本节将利用图 14.4 的真实高光谱图像进行数据合成，并对前面的算法进行测试。该图像拍摄于 1997 年的美国内华达州 Cuprite 矿区，可以从 USGS 网站下载(http://aviris.jpl.nasa.gov/)。图像包含 224 个波段，去掉水吸收和低信噪比的 1～3、105～115 和 150～170 波段后，剩余 189 个波段。图 14.4(b)中的 5 个纯像元位置，分别代表物质明矾石 (A)、水铵长石 (B)、方解石 (C)、高岭石(K)与白云母(M)。从真实图中可以得到一组反射率光谱曲线用于后续的图像仿真合成，如图 14.4(c)所示。

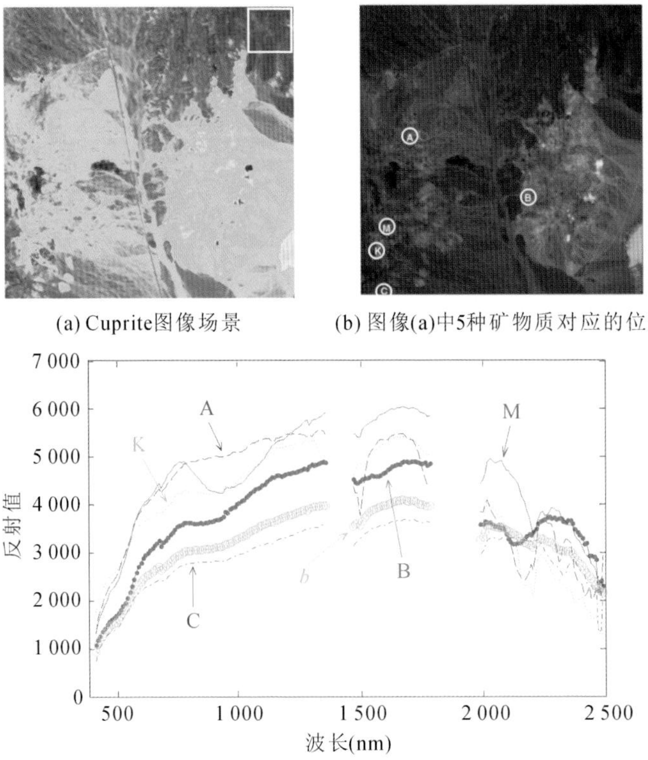

(a) Cuprite图像场景　　(b) 图像(a)中5种矿物质对应的位置

(c) 5种矿物质和背景特征b的反射值光谱

图 14.4　5 种矿物质的相关图像

真实图像不具备有关特性元的完整真实数据，必须依靠合成影像对各种特性元寻找算法进行性能的比较分析。图 14.5 是一幅仿真合成图像，其中的 25 个面板由图 14.4(b)中 5 种矿物质特征组成，第 1 列和第 2 列为 5 个纯像元面板，大小分别为 4×4 和 2×2，第 3 列、第 4 列和第 5 列是根据图 14.5 得到的混合像元面板，大小分别为 2×2、1×1 和 1×1。故图像中共包含 100 个纯像元，即第 1 列 80 个和第 2 列 20 个。图 14.5 中的背景是由图 14.4(a)中右上角方框区域的向量均值获得，光谱曲线如图 14.4(c)中 Background 所示。

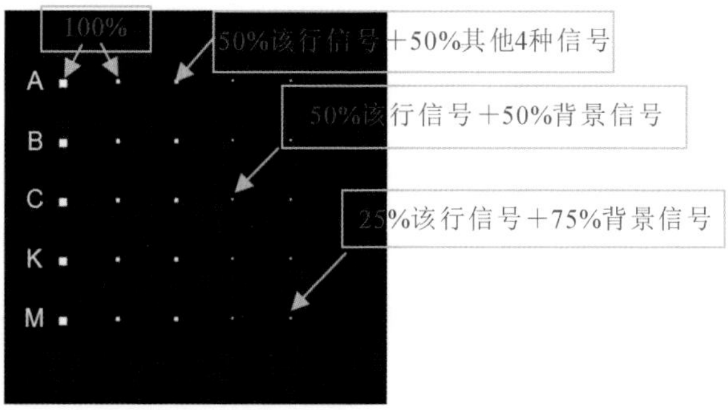

图 14.5 A、B、C、K、M 仿真的 25 个面板

14.4.1 TI 图像实验结果

目标种植是将未被噪声污染的目标面板插入含有高斯噪声的背景图像中，图像中存在 5 个纯像元特性元和 1 个混合背景特性元，p 值设置为 6，植入的目标像元满足 ASC 和 ANC 约束。图 14.6 给出了没有进行降维处理时 VCA 的效果，以及所找到的 6 个特性元位置，特性元旁的数值表示其被找到的顺序。使用随机初始化条件时，选择最佳运行结果进行说明。图 14.6中性能最好的是使用 ATGP 和 UFCLS 初始化的 VCA，成功找到了 6 个特性元。图 14.7～图 14.9 是使用 3 种不同 DR 算法处理的 VCA，包括 PCA、MNF 和 ICA 降维。在图 14.7 的 PCA 降维处理中，所有的 VCA 版本都不能找出 6 个特性元，因为 PCA 保留了大部分的背景光谱信息，却丢掉了部分目标光谱信息。但使用 ICA 降维的 VCA，所有的版本都能成功找出 6 个特性元，因为 ICA 是高阶统计特性，很好地保留了目标的光谱特征。使用 MNF 时，只有使用 ATGP 和 UFCLS 进行初始化的 VCA 找到了全部特性元，如图 14.8 所示。

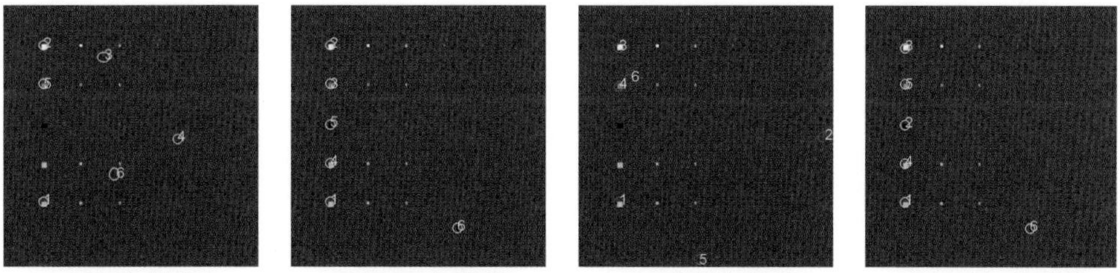

(a) 随机初始化　(b)ATGP初始化　(c) 1向量初始化　(d) UFCLS初始化

图 14.6 TI 图像中不降维时，4 种初始化方式的 VCA 结果

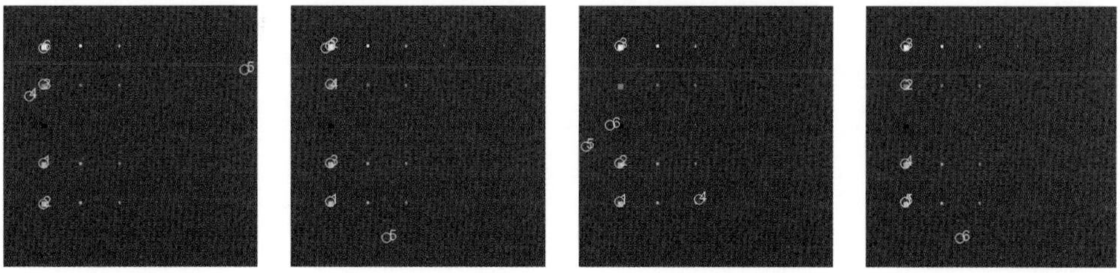

(a) 随机初始化　(b)ATGP初始化　(c) 1向量初始化　(d) UFCLS初始化

图 14.7 TI 图像中 PCA 降维时，4 种初始化方式的 VCA 结果

对 SGA 进行相同的实验，随机初始化时也选择最好的结果进行说明。图 14.10 为没有降维时的算法效果，可以成功找到 6 个特性元。图 14.11～图 14.13 是使用 3 种不同降维方法(PCA、MNF 和 ICA)时的算法效果，与 VCA 的情况类似，效果最差的仍是 PCA 降维。但这里效果最好的是 MNF 降维。除此之外，在各种初始化条件下，使用 UFCLS 的效果最好，始终可以找到 6 个特性元。

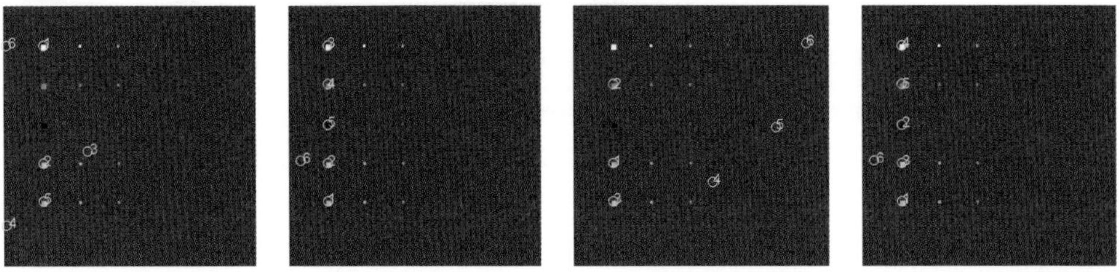

(a) 随机初始化　(b)ATGP初始化　(c) 1向量初始化　(d) UFCLS初始化

图 14.8　TI 图像中 MNF 降维时，4 种初始化方式的 VCA 结果

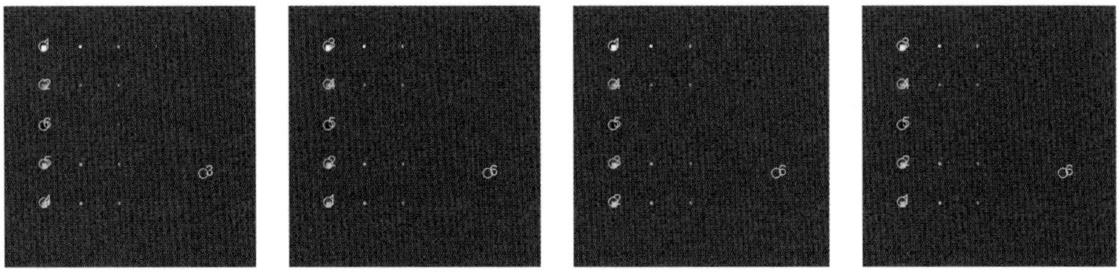

(a) 随机初始化　(b)ATGP初始化　(c) 1向量初始化　(d) UFCLS初始化

图 14.9　TI 图像中 ICA 降维时，4 种初始化方式的 VCA 结果

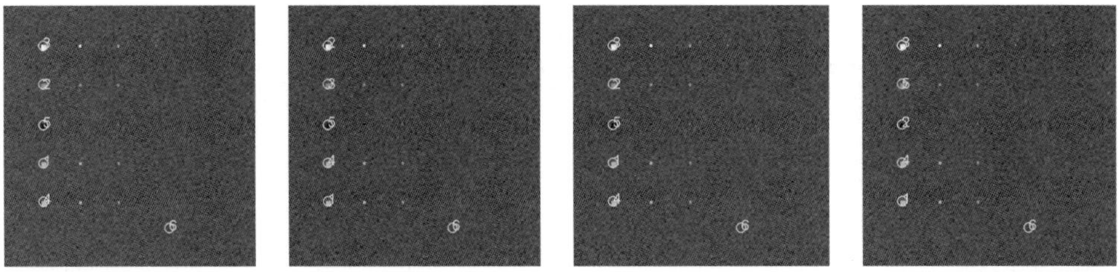

(a) 随机初始化　(b) ATGP第一个目标初始化　(c) 距离最大的两个向量初始化　(d) UFCLS前两个目标初始化

图 14.10　TI 图像中不降维时，4 种初始化方式的 SGA 结果

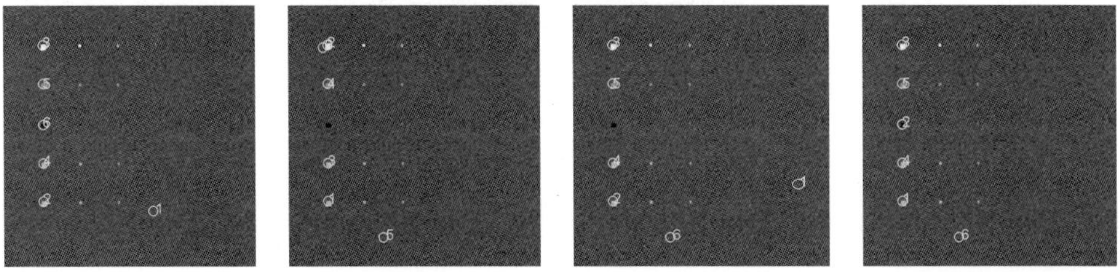

(a) 随机初始化　(b) ATGP第一个目标初始化　(c) 距离最大的两个向量初始化　(d) UFCLS前两个目标初始化

图 14.11　TI 图像中 PCA 降维时，4 种初始化方式的 SGA 结果

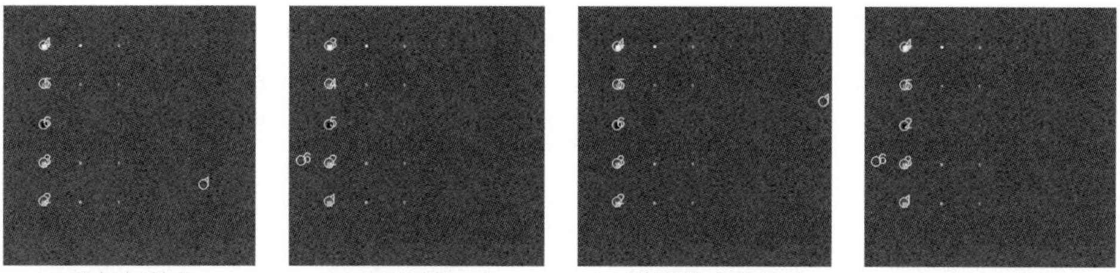

(a) 随机初始化　(b) ATGP第一个目标初始化　(c) 距离最大的两个向量初始化　(d) UFCLS前两个目标初始化

图 14.12　TI 图像中 MNF 降维时，4 种初始化方式的 SGA 结果

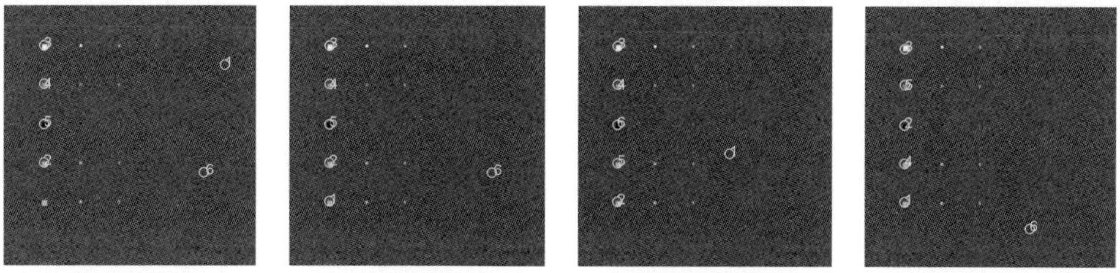

(a) 随机初始化　(b) ATGP第一个目标初始化　(c) 距离最大的两个向量初始化　(d) UFCLS前两个目标初始化

图 14.13　TI 图像中 ICA 降维时，4 种初始化方式的 SGA 结果

最后为了比较，图 14.14 和图 14.15 分别给出了 ATGP 和 UFCLS 算法在不降维以及利用 PCA、MNF 和 ICA 降维时的效果。只有在使用 PCA 降维的情况下，ATGP 算法没有成功找出 6 个特性元，如图 14.14(b)所示。

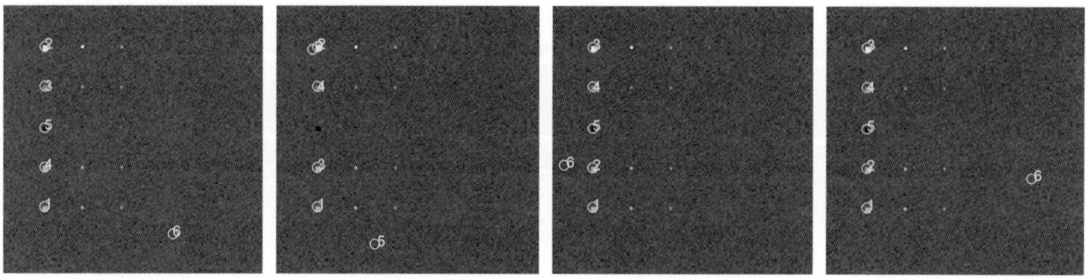

(a) 不降维　(b) PCA　(c) MNF　(d) ICA

图 14.14　TI 图像中在不同降维方式下，ATGP 找到的 6 个特性元

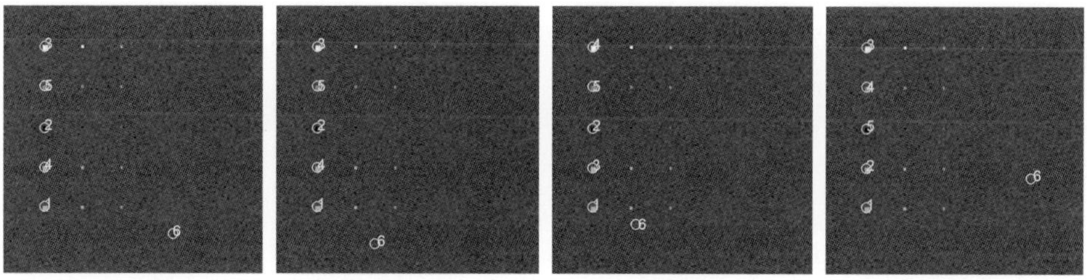

(a) 不降维　(b) PCA　(c) MNF　(d) ICA

图 14.15　TI 图像中在不同降维方式下，UFCLS 找到的 6 个特性元

现在近一步比较图 14.14 各种情况下 ATGP 的结果和使用 ATGP 初始化的 SGA 算法的结果，如图 14.10(b)、图 14.11(b)、图 14.12(b)和图 14.13(b)，可知只要 SGA 使用 ATGP 算法进行初始化，其结果就是相同的，即如前面定理所述二者为相同算法。同样，对于 ATGP 和 VCA，可以得到相同的结论，即图 14.6(b)、图 14.7(b)、图 14.8(b)和图 14.9(b)中以 ATGP 作为初始化的 VCA 结果与图 14.14 中的 ATGP 结果相同。

由 TI 图像的实验和分析结果，得到如下结论：使用 ATGP 进行初始化的 SGA 和 VCA 算法，皆可被认为是 ATGP 的变体。

14.4.2 TE 图像实验结果

目标嵌入是将未被噪声污染的目标面板叠加到具有高斯噪声的背景图像中的相应像元上，嵌入后的目标面板不满足 ASC，但满足 ANC。

图 14.16 给出了未降维 VCA 的效果，除了 14.16(a)随机初始化时未找到第 2 行和第 5 行的目标特性元外，其他条件下都成功找到 6 个特性元，如图 14.16(b)～(d)。此外，图 14.17～图14.19对应 PCA、MNF 和 ICA 三种不同降维方法时的 VCA 效果。与上面的 TI 图像结果类似，使用 PCA 降维时，所有 VCA 版本都未能成功找出 6 个特性元，如图 14.17 所示，但使用 MNF 和 ICA 降维时，除图 14.18(c)外都找到了 6 个特性元。

对 SGA 也进行类似实验。图 14.20 为 SGA 没有降维时的运行结果，4 种初始化方式下都能够找到所有特性元。图 14.21～图 14.23 是 SGA 使用 PCA、MNF 和 ICA 三种降维方法时的情况，效果最差的是使用 PCA 降维时的情况，如图 14.21(b)所示，第 3 行目标特性元未被找到。

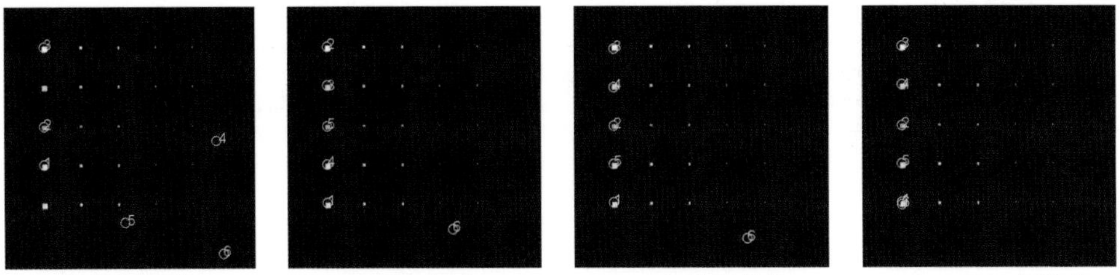

(a) 随机初始化　(b) ATGP初始化　(c) 1向量初始化　(d) UFCLS初始化

图 14.16　TE 图像中不降维时，4 种初始化方式的 VCA 结果

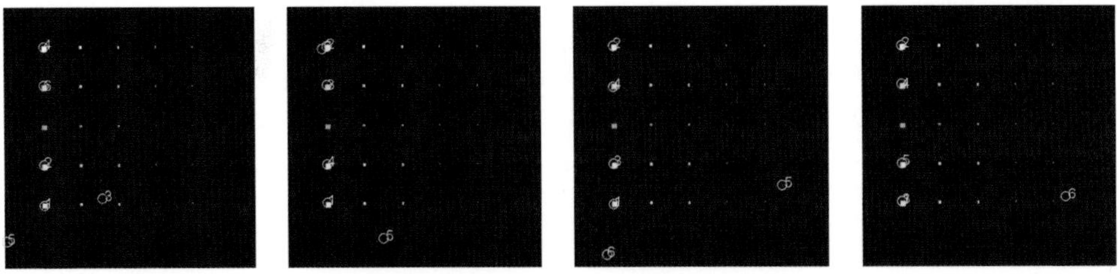

(a) 随机初始化　(b) ATGP初始化　(c) 1向量初始化　(d) UFCLS初始化

图 14.17　TE 图像中 PCA 降维时，4 种初始化方式的 VCA 结果

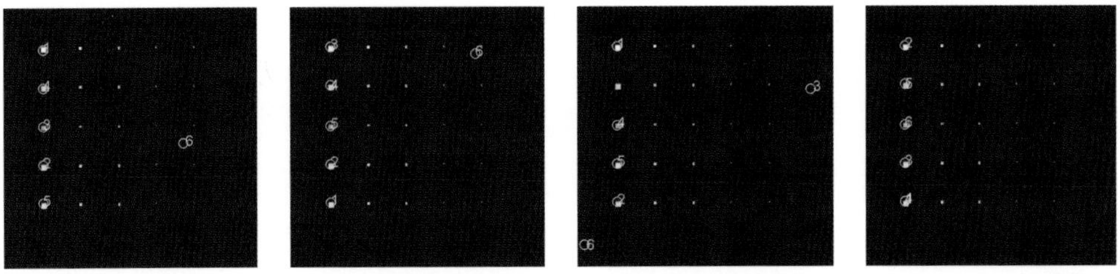

(a) 随机初始化　(b) ATGP初始化　(c) 1向量初始化　(d) UFCLS初始化

图 14.18　TE 图像中 MNF 降维时，4 种初始化方式的 VCA 结果

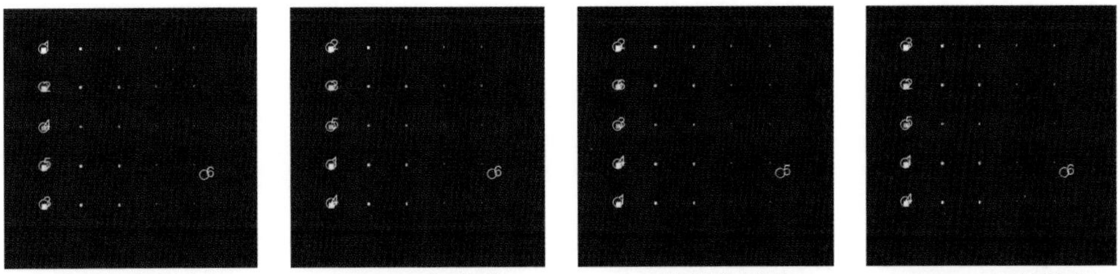

(a) 随机初始化　(b) ATGP初始化　(c) 1向量初始化　(d) UFCLS初始化

图 14.19　TE 图像中 ICA 降维时，4 种初始化方式的 VCA 结果

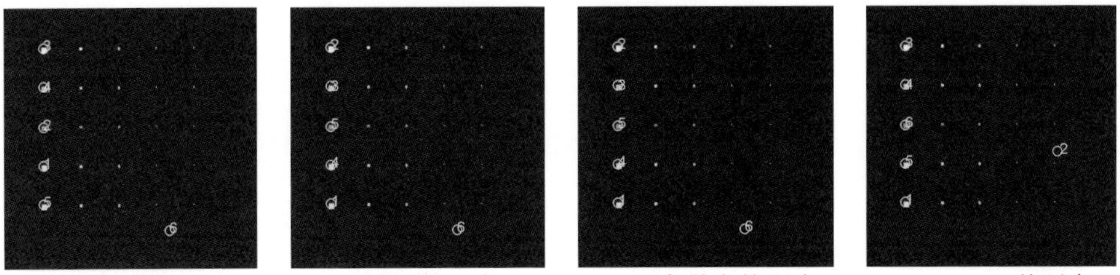

(a) 随机初始化　(b) ATGP第一个目标初始化　(c) 距离最大的两个向量初始化　(d) UFCLS前两个目标初始化

图 14.20　TE 图像中不降维时，4 种初始化方式的 SGA 结果

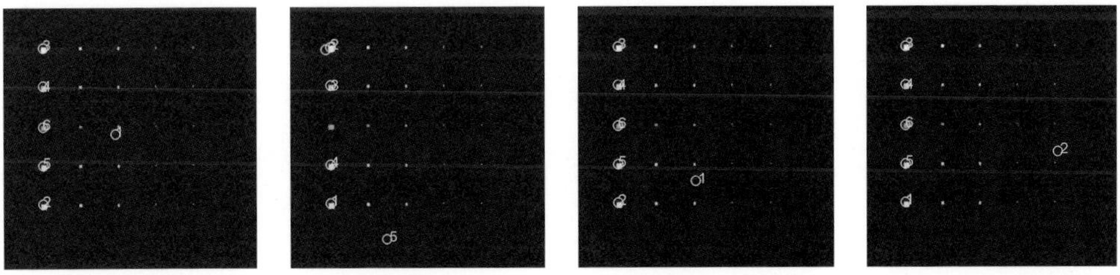

(a) 随机初始化　(b) ATGP第一个目标初始化　(c) 距离最大的两个向量初始化　(d) UFCLS前两个目标初始化

图 14.21　TE 图像中 PCA 降维时，4 种初始化方式的 SGA 结果

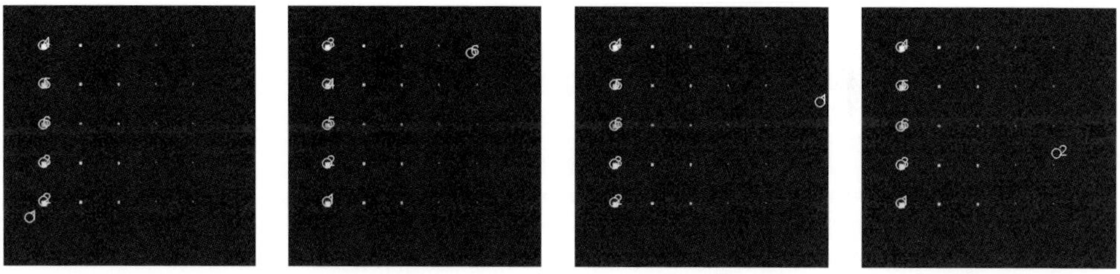

(a) 随机初始化　(b) ATGP第一个目标初始化　(c) 距离最大的两个向量初始化　(d) UFCLS前两个目标初始化

图 14.22　TE 图像中 MNF 降维时，4 种初始化方式的 SGA 结果

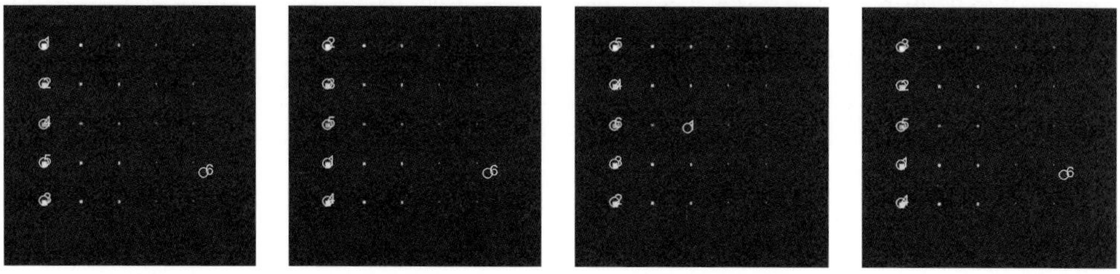

(a) 随机初始化　(b) ATGP第一个目标初始化　(c) 距离最大的两个向量初始化　(d) UFCLS前两个目标初始化

图 14.23　TE 图像中 ICA 降维时，4 种初始化方式的 SGA 结果

14.5　实际图像实验结果分析

本节利用两张实际图像进行实验测试，并根据实际地面分布图对 ATGP、VCA 和 SGA 三种算法的性能进行比较分析。

14.5.1　HYDICE 数据实验结果

如图 14.24 所示的 HYDICE 图像拍摄于 1995 年 8 月，飞行高度 10 000 m，空间分辨率约 1.56 m，光谱范围为 0.4～2.5 μm，光谱分辨率为 10 nm。共有 210 个波段，去掉低信噪比波段 1～3、202～210，以及水汽吸收波段 101～112、137～153 后，剩余 169 个波段。图像大小 64×64，如图 14.24(a)所识，图 14.24(b)为对应的真实地面分布图，其中面板的中心和边界分别用红色和黄色标识。15 个面板中除了第 1 列第 2、3、4、5 行为两个像元外，其他都是一个像元，故图像中总共有 19 个面板像元，图 14.24(b)给出了 19 个面板像元的精确空间位置。

虽然有所谓的真实地面分布图，仍缺少关于此场景的准确知识。根据 Nascimento 等(2005)的研究，VD 在该图像中估计的特性元数量为 9，此时利用 ATGP、VCA、SGA 和 N-

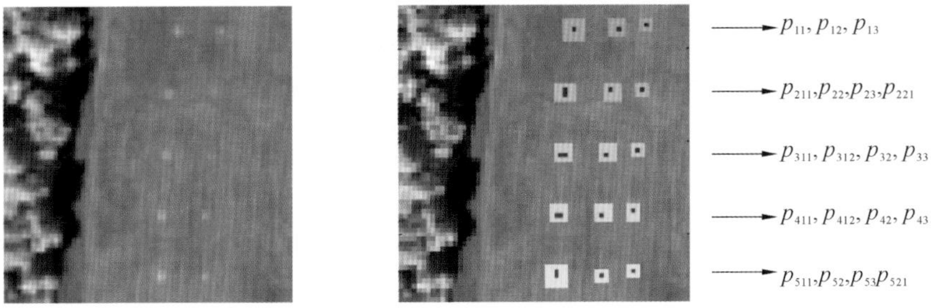

(a) 包含15个面板的HYDICE图像　　(b) 真实地面分布图

图 14.24　HYDICE 图像

FINDR 算法最多能够找到 3 个特性元。前面章节表明，如果使用 ATGP、VCA 与 SGA 生成的特性元来估计 VD 值，得到的特性元数量为 29，本节便采用该特性元数量进行测试。

图 14.25～图 14.28 给出了不同降维和不同初始化方式下的 VCA 结果，采用随机初始化的时候，选择最好的结果进行说明。由图 14.25～图 14.28 可知，使用 DR 的 VCA 性能不一定优于未使用 DR 的 VCA 算法；由 ATGP 初始化的 VCA 在所有的初始化方式中性能最佳，可以在 18 个特性元之内找到所有 5 个面板目标；使用 DR 的 ATGP 初始化 VCA 性能略优于未使用 DR 的情况，因为找到 5 个面板目标时前者所需的特性元数量更少。

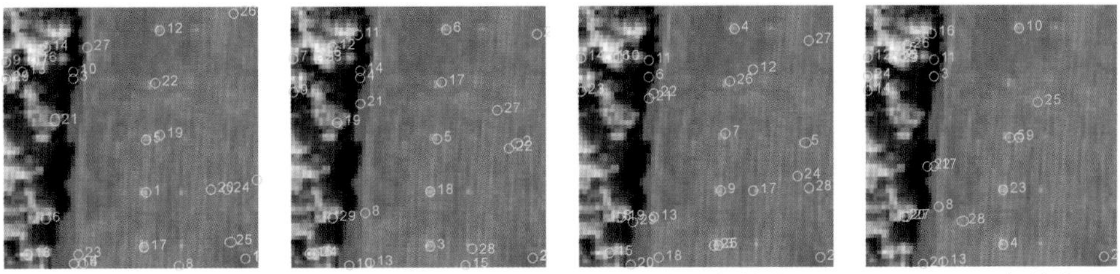

(a) 随机初始化　(b) ATGP初始化　(c) 1向量初始化　(d) UFCLS初始化

图 14.25　HYDICE 图像中不降维时，4 种初始化方式的 VCA 结果

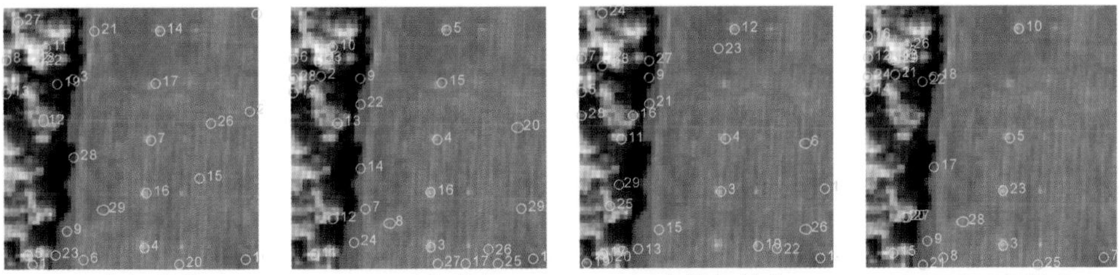

(a) 随机初始化　(b) ATGP初始化　(c) 1向量初始化　(d) UFCLS初始化

图 14.26　HYDICE 图像中 PCA 降维时，4 种初始化方式的 VCA 结果

为了比较 VCA 与 SGA 的性能，图 14.29～图 14.32 给出了相同设定条件下的 SGA 结果，可以看出 SGA 明显优于 VCA。

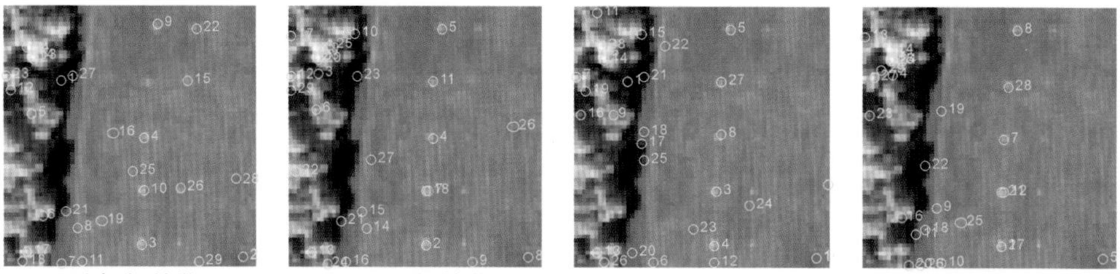

(a) 随机初始化　(b) ATGP初始化　(c) 1向量初始化　(d) UFCLS初始化

图 14.27　HYDICE 图像中 MNF 降维时，4 种初始化方式的 VCA 结果

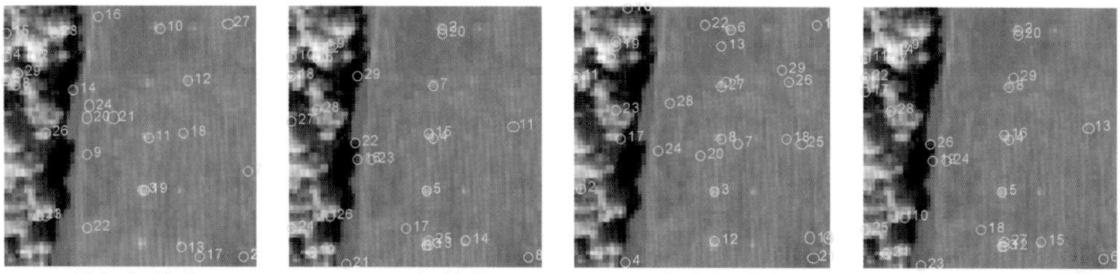

(a) 随机初始化　(b) ATGP初始化　(c) 1向量初始化　(d) UFCLS初始化

图 14.28　HYDICE 图像中 ICA 降维时，4 种初始化方式的 VCA 结果

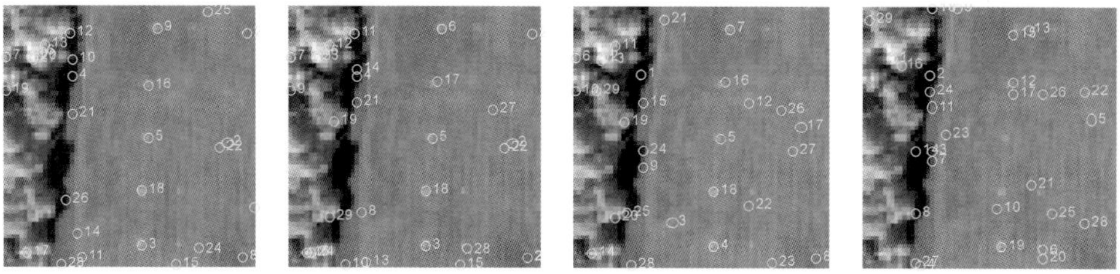

(a) 随机初始化　(b) ATGP第一个目标初始化　(c) 距离最大的两个向量初始化　(d) UFCLS前两个目标初始化

图 14.29　HYDICE 图像中不降维时，4 种初始化方式的 SGA 结果

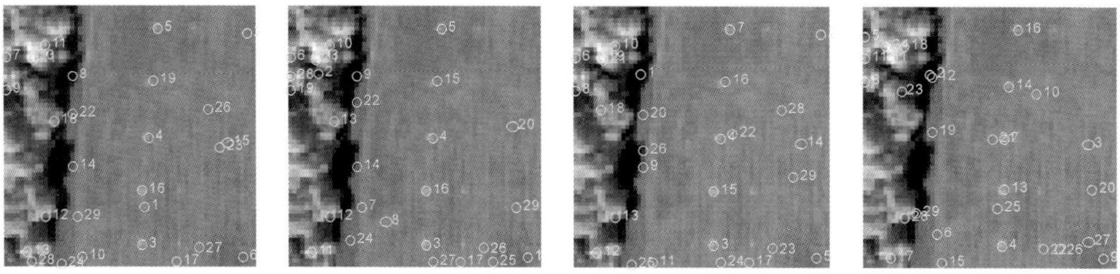

(a) 随机初始化　(b) ATGP第一个目标初始化　(c) 距离最大的两个向量初始化　(d) UFCLS前两个目标初始化

图 14.30　HYDICE 图像中 PCA 降维时，4 种初始化方式的 SGA 结果

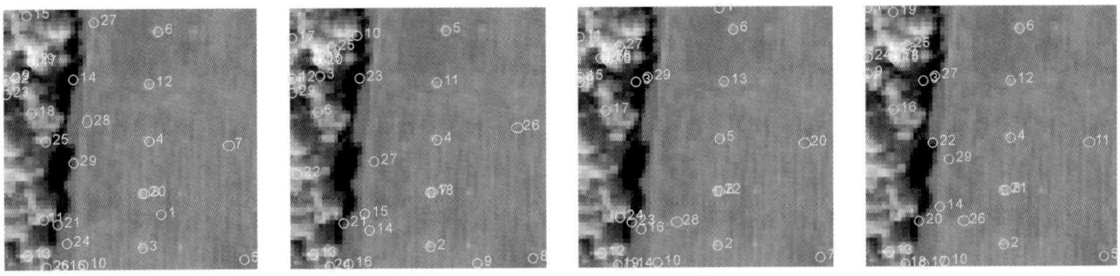

(a) 随机初始化　(b) ATGP第一个目标初始化　(c) 距离最大的两个向量初始化　(d) UFCLS前两个目标初始化

图 14.31　HYDICE 图像中 MNF 降维时，4 种初始化方式的 SGA 结果

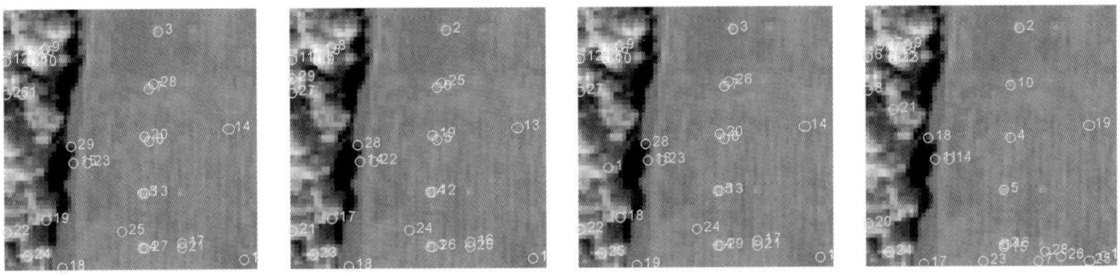

(a) 随机初始化　(b) ATGP第一个目标初始化　(c) 距离最大的两个向量初始化　(d) UFCLS前两个目标初始化

图 14.32　HYDICE 图像中 ICA 降维时，4 种初始化方式的 SGA 结果

由图 14.29～图 14.32 可得以下两个结论：①SGA 算法能够找出与实际地面分布图对应的所有 5 个面板目标；②与 VCA 相比，SGA 找到 5 个面板目标需要的 p 值较小。另外，与 VCA 相似，降维时使用 ATGP 初始化的 SGA 算法，性能略优于不降维使用 ATGP 初始化的 SGA 算法。

由图 14.25～图 14.32 可知，VD 值为 29 时，ATGP、VCA 和 SGA 都可以找到与面板像元对应的 5 个特性元。此外，结果显示，当 $p \geqslant 18$ 时才能找出第 2 行和第 4 行中的面板目标，这是因为第 2 行与第 3 行、第 4 行与第 5 行都是材质相同但颜色不同的面板。p 值不够大时，往往只能找出第 1 行、第 3 行与第 5 行面板目标，Chang(2017，2016a，2013a)也给出了同样的结论。

最后，图 14.33～图 14.36 给出了 ATGP 和 UFCLS 算法在不降维以及利用 PCA、MNF、ICA 降维时的效果。ATGP 性能明显优于 UFCLS，只需要 18 个特性元就可以找出 5 个面板特性元。UFCLS 在不降维和使用 PCA 降维的情况下，没有找到第 2 行面板目标。最重要的是，比较图 14.33(a)中 ATGP 产生的结果、图 14.25(b)中 VCA 产生的结果和图 14.29(b)中 SGA 产生的结果，会发现当 VCA 和 SGA 不降维时，三者是相同的。当 ATGP、VCA 和 SGA 都执行降维操作时，图 14.26(b)、图 14.27(b)和图 14.28(b)，图 14.30(b)、图 14.31(b)和图 14.32(b)显示的结果和图 14.34(a)、图 14.35(a)和图 14.36(a)显示的结果不同。

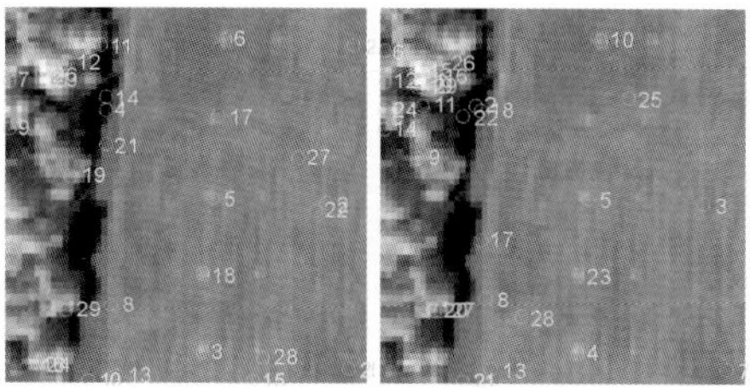

(a) ATGP (b) UFCLS

图 14.33 HYDICE 图像中不降维情况下，ATGP 与 UFCLS 找到的特性元

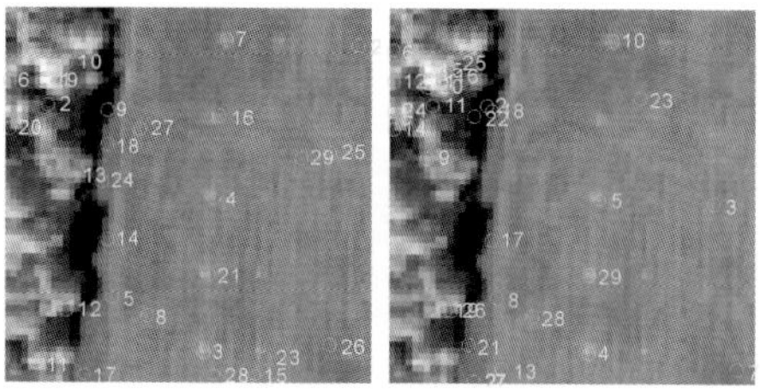

(a) ATGP (b) UFCLS

图 14.34 HYDICE 图像中 PCA 降维情况下，ATGP 与 UFCLS 找到的特性元

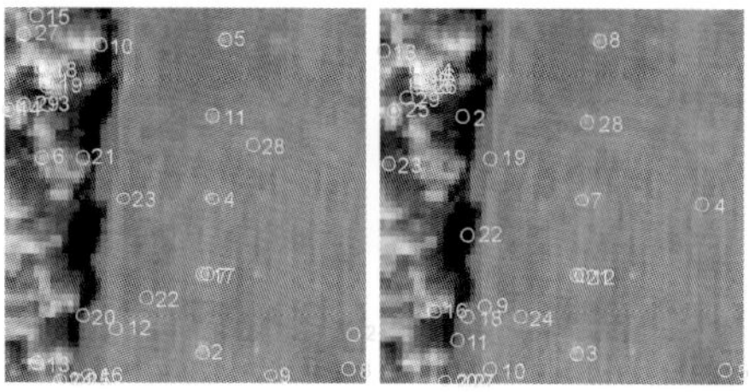

(a) ATGP (b) UFCLS

图 14.35 HYDICE 图像中 MNF 降维情况下，ATGP 与 UFCLS 找到的特性元

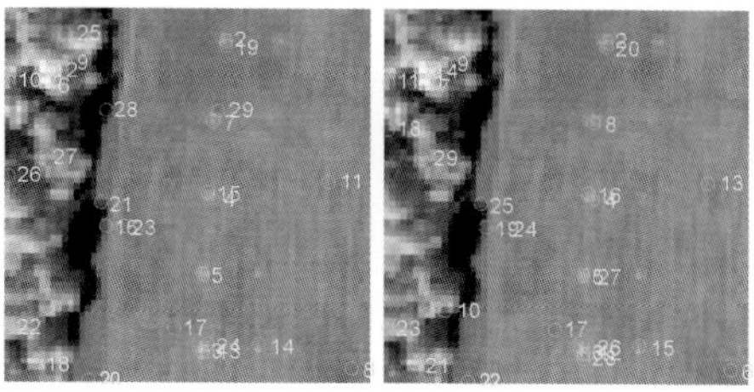

(a) ATGP (b) UFCLS

图 14.36 HYDICE 图像中 ICA 降维情况下，ATGP 与 UFCLS 找到的特性元

上述结果表明，当 SGA 使用 ATGP 初始化第一个目标时，找到的特性元会与 ATGP 结果一致，即$\boldsymbol{t}_j^{\mathrm{SGA}}=\boldsymbol{t}_j^{\mathrm{ATGP}}$，$2\leqslant j\leqslant p$。相同地，如果 VCA 使用 ATGP 生成的目标作为初始特性元，会产生与 ATGP 完全相同的结果特性元，即当 VCA 使用 ATGP 产生的第 j 个目标$\boldsymbol{t}_j^{\mathrm{ATGP}}$初始化并寻找第 j 个特性元$\boldsymbol{t}_j^{\mathrm{VCA}}$时，将会找到与 ATGP 完全相同的目标$\boldsymbol{t}_j^{\mathrm{VCA}}=\boldsymbol{t}_j^{\mathrm{ATGP}}$。

最后，表 14.1～表 14.3 列出了由 VCA 和 SGA 产生的 29 个顶点的单形体体积，以及由 ATGP 和 UFCLS 找到的 29 个顶点的单形体体积。

表 14.1(a) 不降维的 VCA 与 PCA 降维 VCA 找到的单形体体积

	不降维的 VCA				PCA-VCA	
初始条件	随机	ATGP 目标	单位向量	UFCLS 目标	随机	单位向量
HYDICE (VD=29)	8.03×10^{23}	1.15×10^{25}	1.14×10^{23}	4.91×10^{20}	2.04×10^{45}	1.21×10^{44}

表 14.1(b) MNF 降维 VCA 与 ICA 降维 VCA 找到的单形体体积

	MNF-VCA		ICA-VCA	
初始条件	随机	单位向量	随机	单位向量
HYDICE (VD=29)	7.99×10^{22}	4.04×10^{20}	2.49×10^{5}	865.75

表 14.2(a) 不降维的 SGA 与 PCA 降维 SGA 找到的单形体体积

	不降维的 SGA				PCA-SGA			
初始条件	随机	ATGP目标	最长线段	UFCLS目标	随机	ATGP目标	最长线段	UFCLS目标
HYDICE (VD=29)	5.37×10^{24}	1.15×10^{25}	8.12×10^{24}	5.17×10^{23}	1.43×10^{46}	1.79×10^{46}	3.12×10^{45}	2.16×10^{45}

表 14.2(b) MNF 降维 SGA 与 ICA 降维 SGA 找到的单形体体积

	MNF-SGA				ICA-SGA			
初始条件	随机	ATGP目标	最长线段	UFCLS目标	随机	ATGP目标	最长线段	UFCLS目标
HYDICE (VD=29)	1×10^{27}	1.73×10^{27}	1.84×10^{27}	1.21×10^{27}	1.23×10^{5}	7.1×10^{5}	7.1×10^{5}	4.32×10^{5}

表 14.3 ATGP 与 UFCLS 找到的单形体体积

	ATGP	UFCLS
HYDICE (VD=29)	1.15×10^{25}	7.45×10^{23}

从表 14.1～表 14.3 的结果可以看出，SGA 可以得到最大的单形体体积，明显优于 VCA。且相同降维条件下，ATGP 初始化的 SGA 和 VCA 得到的单形体体积最大。

14.5.2 Cuprite 数据实验结果

另一个用于实验测试的实际图像是图 14.4 所示的 Cuprite 数据，利用 VD 在该图像上的特性元数量估计值为 22。因为不具备关于该图像中特性元像素的所有位置信息，我们借助 Chang 等(2013c)提出的非监督特性元识别算法对所找到的特性元性能进行判定，描述如下。

设$\{\boldsymbol{t}_j\}_{j=1}^{J}$是找到的 J 个目标像元，$\{\boldsymbol{m}_i\}_{i=1}^{p}$是已知的 p 个实际特性元，特性元识别算法(endmember identification algorithm，EIA)过程如下文。

(1) 根据式(14.18)将所有目标像元$\{\boldsymbol{t}_j\}_{j=1}^{J}$，分到 p 个特性元的类$\{\boldsymbol{C}_j\}_{j=1}^{p}$中。

$$\boldsymbol{t}_j \in \boldsymbol{C}_{j^*} \Leftrightarrow j^* = \arg\{\min_{1\leqslant i\leqslant p}\mathrm{SAM}(\boldsymbol{t}_j,\boldsymbol{m}_i)\} \tag{14.18}$$

其中，SAM 是由光谱角度匹配算法得到的光谱相似性度量。

(2) 针对每个特性元 $\boldsymbol{m}_i$，用式(14.19)从目标像元$\{\boldsymbol{t}_j\}_{j=1}^{J}$中找出与其最接近的，作为最终目标像元$\boldsymbol{t}_{i^*}$。

$$i^* = \arg\{\min_{1\leqslant j\leqslant J}\mathrm{SAM}(\boldsymbol{t}_j,\boldsymbol{m}_i)\} \tag{14.19}$$

(3) 将第(2)步找到的所有最终目标像元作为结果特性元。

图 14.37 给出了不降维时 ATGP、VCA 和 SGA 找到的特性元情况，空心圆标识的为被找到像元的位置，其旁边的数字表示被找到的顺序，交叉号结合“A、B、C、K、M”表示标识图中的特性元位置和名称，三角形结合“a、b、c、k、m”表示与标识特性元对应的 EIA 识别目标像元的位置和名称。圆括号内的“x/y”中，y 表示找出的目标像元数量，x 表示被识别为 5

种物质的目标特性元数量。

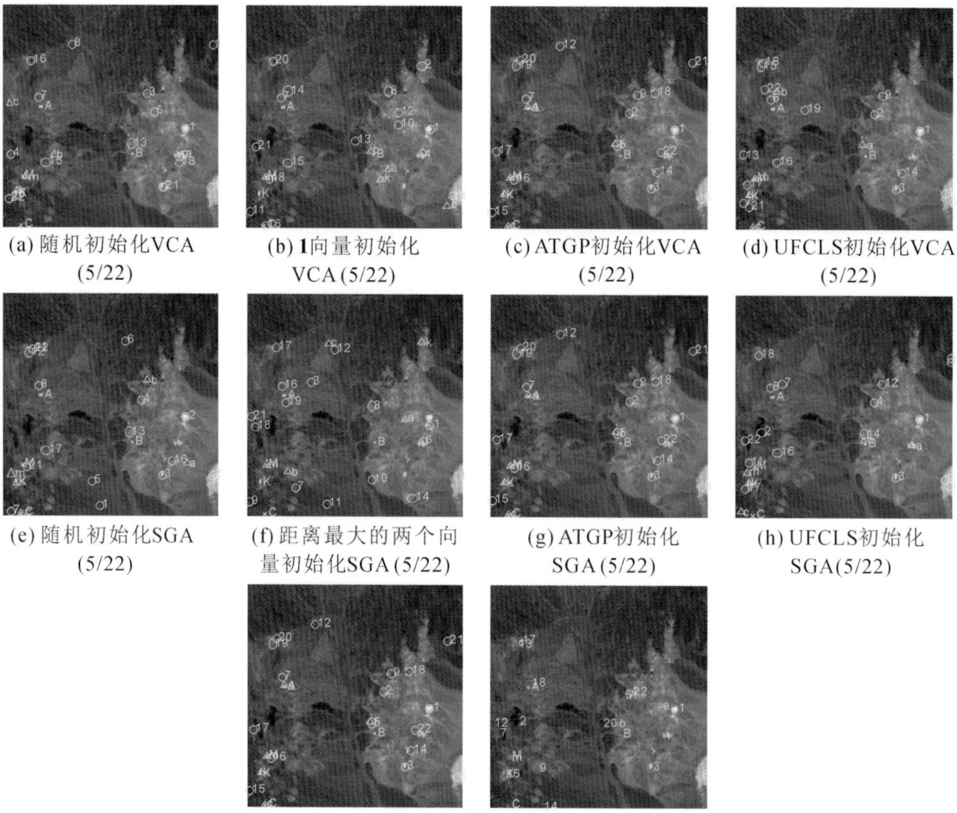

(a) 随机初始化VCA (5/22)　(b) 1向量初始化VCA (5/22)　(c) ATGP初始化VCA (5/22)　(d) UFCLS初始化VCA (5/22)

(e) 随机初始化SGA (5/22)　(f) 距离最大的两个向量初始化SGA (5/22)　(g) ATGP初始化SGA (5/22)　(h) UFCLS初始化SGA(5/22)

(i) ATGP(5/22)　(j) UFCLS(5/22)

图 14.37　各算法不降维时在 Cuprite 图像上寻找 22 个特性元的情况

如图 14.37 所示，所有的特性元寻找算法都能够成功找到与 5 种矿物质对应的目标特性元，表 14.4 给出了真实目标光谱（大写字母表示）与结果特性元光谱（小写字母表示）间的光谱角度匹配算法（SAM）与光谱信息分散度算法（SID）度量差距。单元格中的上三角表示 SAM 值，下三角表示 SID 值，表中的最好与最差结果分别用粗体和红色标识。

表 14.4　使用 SAM 和 SID 评价真实特性元与结果特性元间的差异

SAM \ SID	SAM(A,a)	SAM(B,b)	SAM(C,c)	SAM(K,k)	SAM(M,m)
VCA 随机	0.0732 / 0.0713	0.0378 / 0.0191	0.0519 / 0.0361	0.0613 / 0.0496	0.0677 / 0.0612
VCA 单位向量	0.0566 / 0.0425	0.0616 / 0.0508	0.0553 / 0.041	0.0783 / 0.0809	0.0264 / 0.0093
VCA-ATGP	**0.0167** / **0.0037**	**0.0334** / **0.0149**	**0.0516** / **0.0356**	0.0613 / 0.0496	**0** / **0**
VCA-UFCLS	0.0235 / 0.0073	0.0671 / 0.0601	0.055 / 0.0407	0.03 / 0.0118	0.0264 / 0.0093
SGA 随机	0.08 / 0.0868	0.0671 / 0.0601	0.0598 / 0.048	**0.022** / **0.0064**	0.0765 / 0.0781

续表

SID \ SAM（单元格：右上为 SAM，左下为 SID）	SAM(A,a)	SAM(B,b)	SAM(C,c)	SAM(K,k)	SAM(M,m)
SGA 最长线段	0.1053 / 0.1483	0.0726 / 0.0703	**0.0516** / **0.0356**	0.0613 / 0.0496	0.0249 / 0.0083
SGA-ATGP	**0.0167** / **0.0037**	**0.0334** / **0.0149**	**0.0516** / **0.0356**	0.0613 / 0.0496	**0** / **0**
SGA-UFCLS	0.0981 / 0.1284	0.0422 / 0.0238	0.0725 / 0.0702	0.0613 / 0.0496	0.0706 / 0.0664
ATGP	**0.0167** / **0.0037**	**0.0334** / **0.0149**	**0.0516** / **0.0356**	0.0613 / 0.0496	**0** / **0**
UFCLS	0.094 / 0.3083	0.0802 / 0.4012	0.0725 / 0.0705	0.0342 / 0.373	0.0264 / 0.0093

根据表 14.4 和图 14.37，可以发现 ATGP、VCA-ATGP、SGA-ATGP 仍然是性能最好的算法，找到的结果特性元与真实特性元最接近。UFCLS 算法的结果是最差的，因为它的目的是解析图像而不是寻找特性元。进一步比较上述各方法找到的结果特性元和真实特性元的光谱曲线，结果如图 14.38 所示。

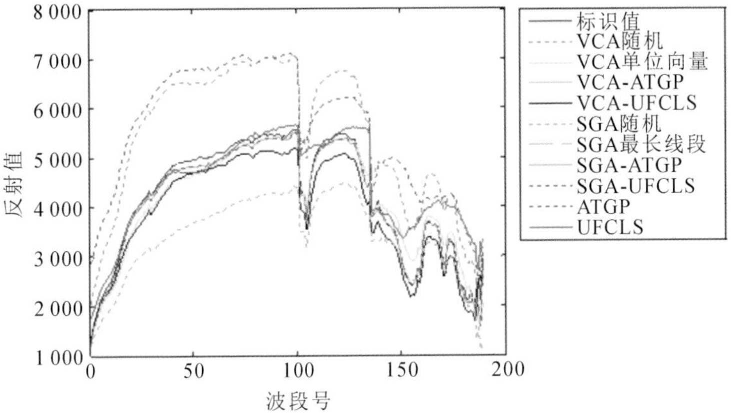

(a) 结果特性元a与真实特性元A

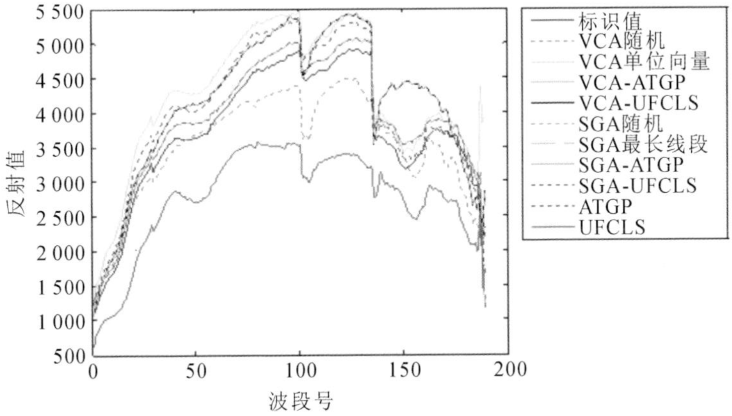

(b) 结果特性元b与真实特性元B

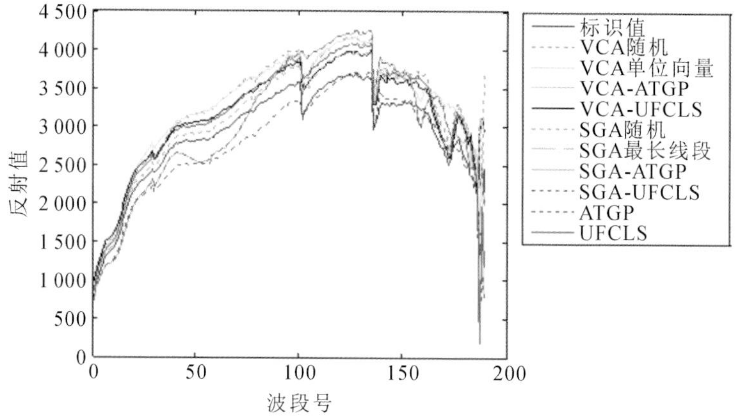

(c) 结果特性元c与真实特性元C

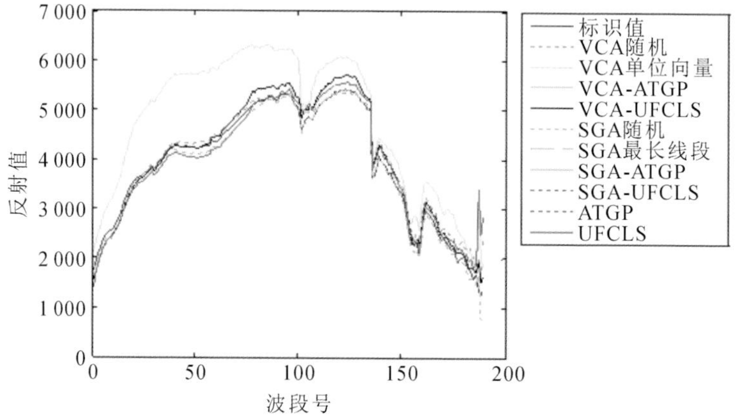

(d) 结果特性元k与真实特性元K

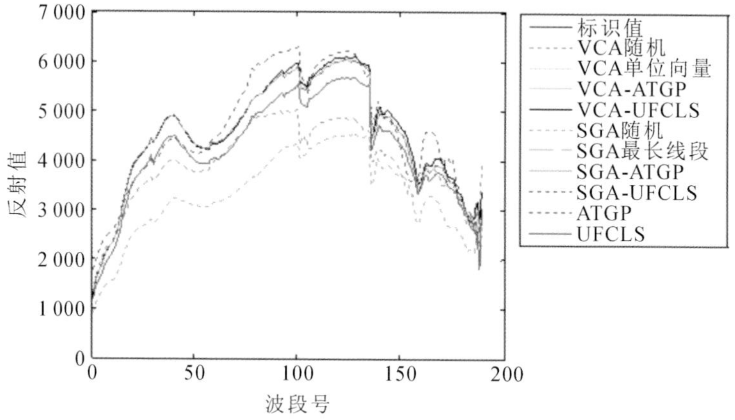

(e) 结果特性元m与真实特性元M

图 14.38　Cupirte 反射率光谱与结果特性元光谱比较

在 Cuprite 数据上，也对使用 PCA、MNF 和 ICA 降维的一系列算法进行测试，结果如图 14.39～图 14.41 所示，圆括号中的“-s”表示矿物质标记“s”未被找到。

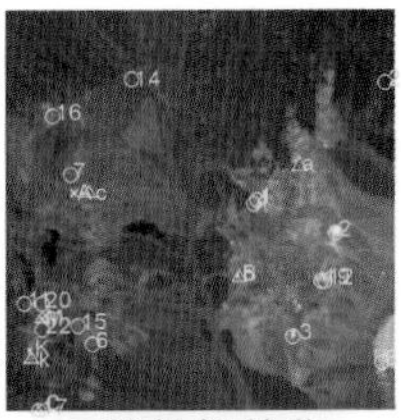
(a) 随机初始化 VCA (5/22)

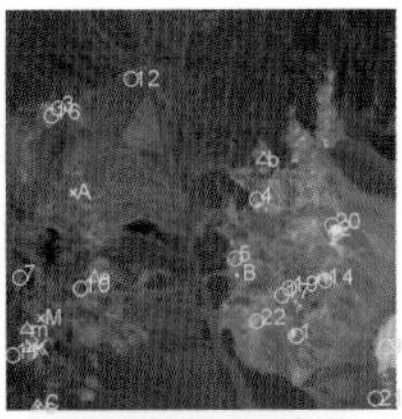
(b) 1向量初始化 VCA (5/22)

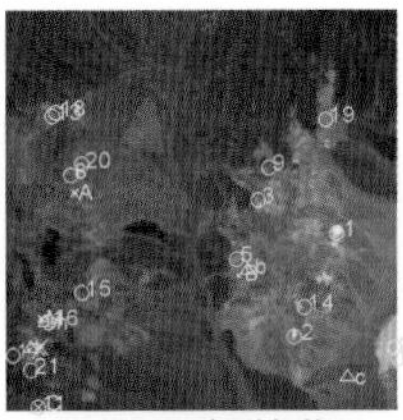
(c) ATGP初始化 VCA (4/22-a)

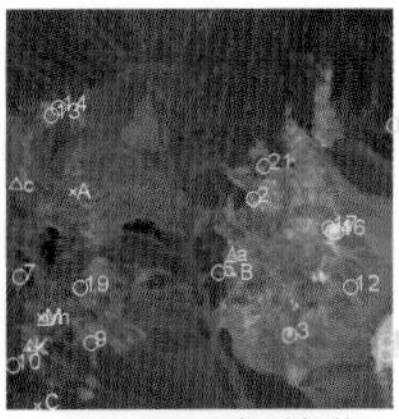
(d) UFCLS初始化 VCA (4/22-b)

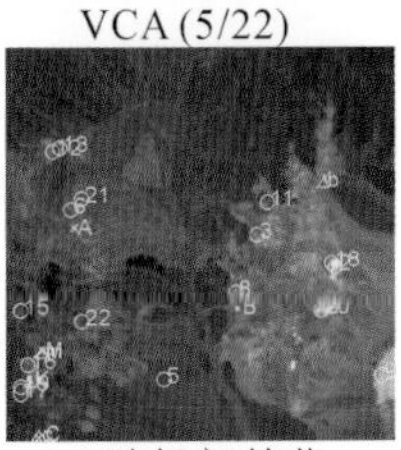
(e) 随机初始化 SGA (5/22)

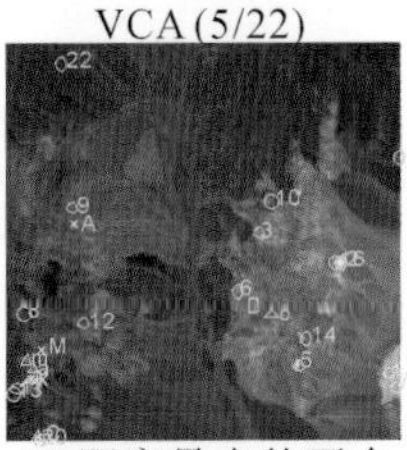
(f) 距离最大的两个向量初始化SGA (5/22)

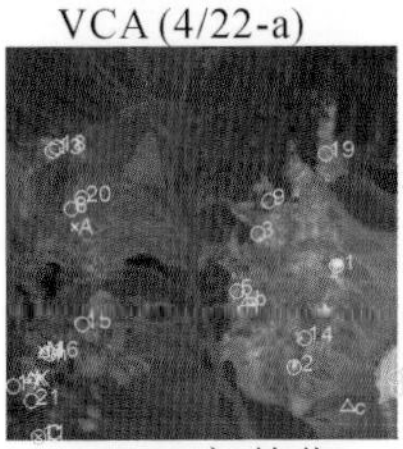
(g) ATGP初始化 SGA (4/22-a)

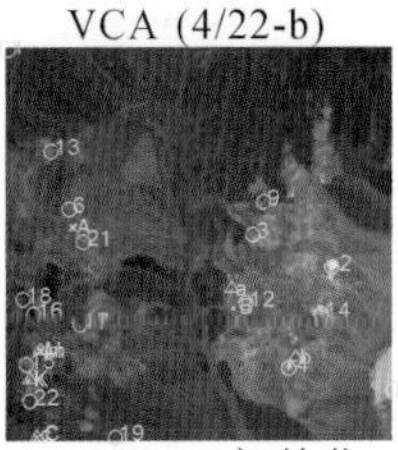
(h) UFCLS初始化 SGA(5/22)

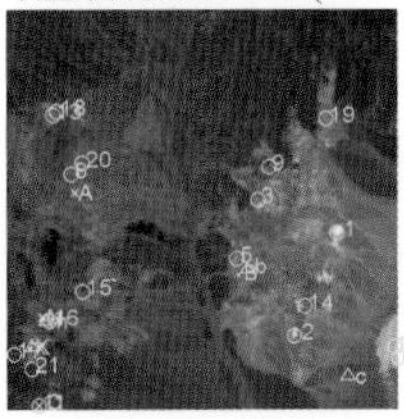
(i) ATGP (4/22-a)

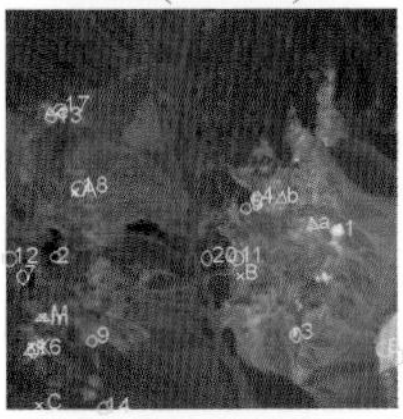
(j) UFCLS (5/22)

图 14.39 各算法 PCA 降维时在 Cuprite 图像上寻找 22 个特性元的情况

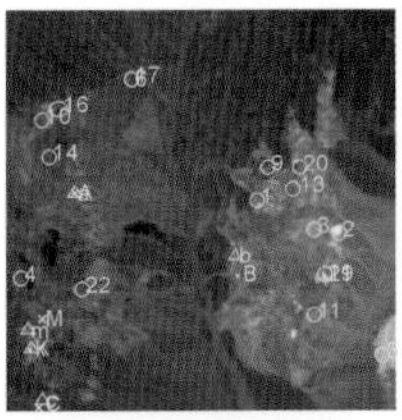
(a) 随机初始化 VCA (5/22)

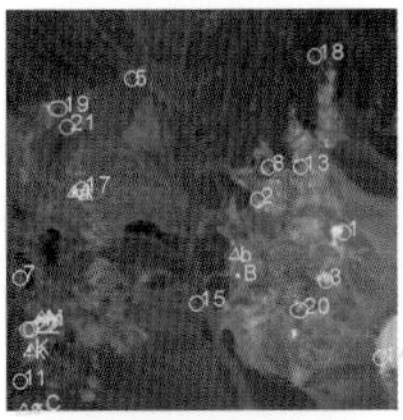
(b) 1向量初始化 VCA (5/22)

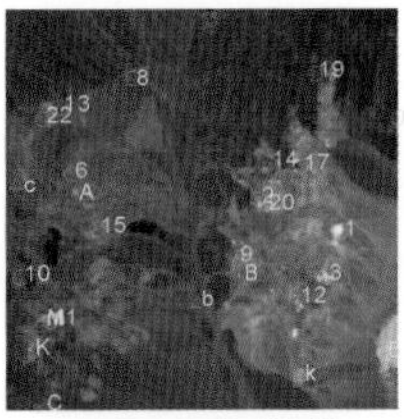
(c) ATGP初始化 VCA (4/22-a)

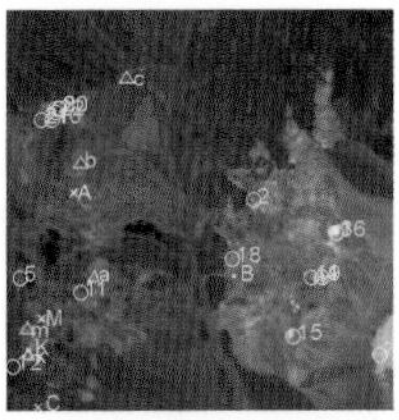
(d) UFCLS初始化 VCA (5/22)

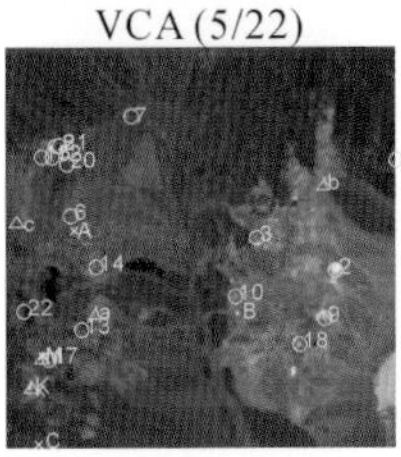
(e) 随机初始化 SGA (5/22)

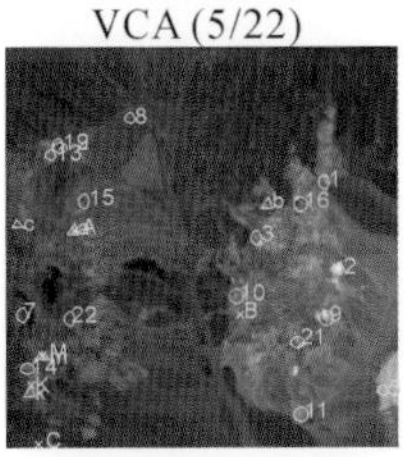
(f) 距离最大的两个向量初始化SGA (5/22)

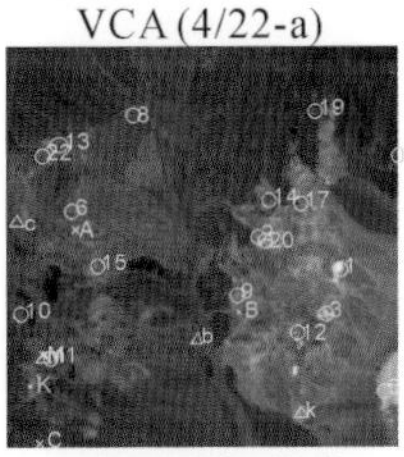
(g) ATGP初始化 SGA (4/22-a)

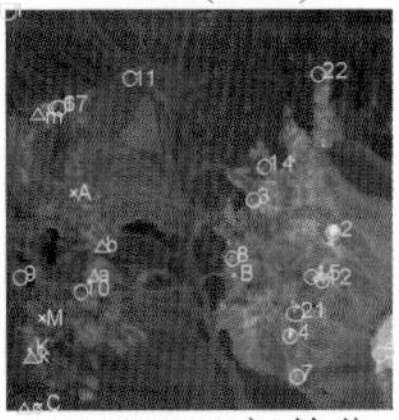
(h) UFCLS初始化 SGA(5/22)

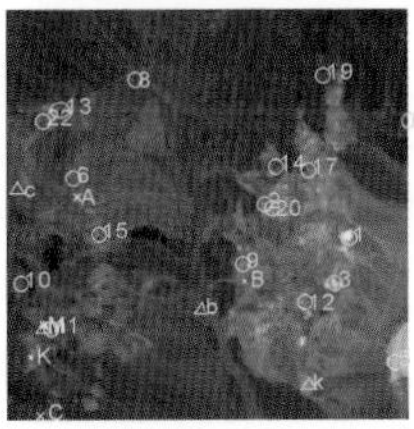
(i) ATGP (4/22-a)

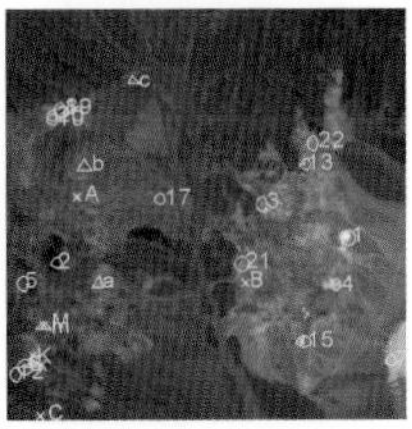
(j) UFCLS (5/22)

图 14.40 各算法 MNF 降维时在 Cuprite 图像上寻找 22 个特性元的情况

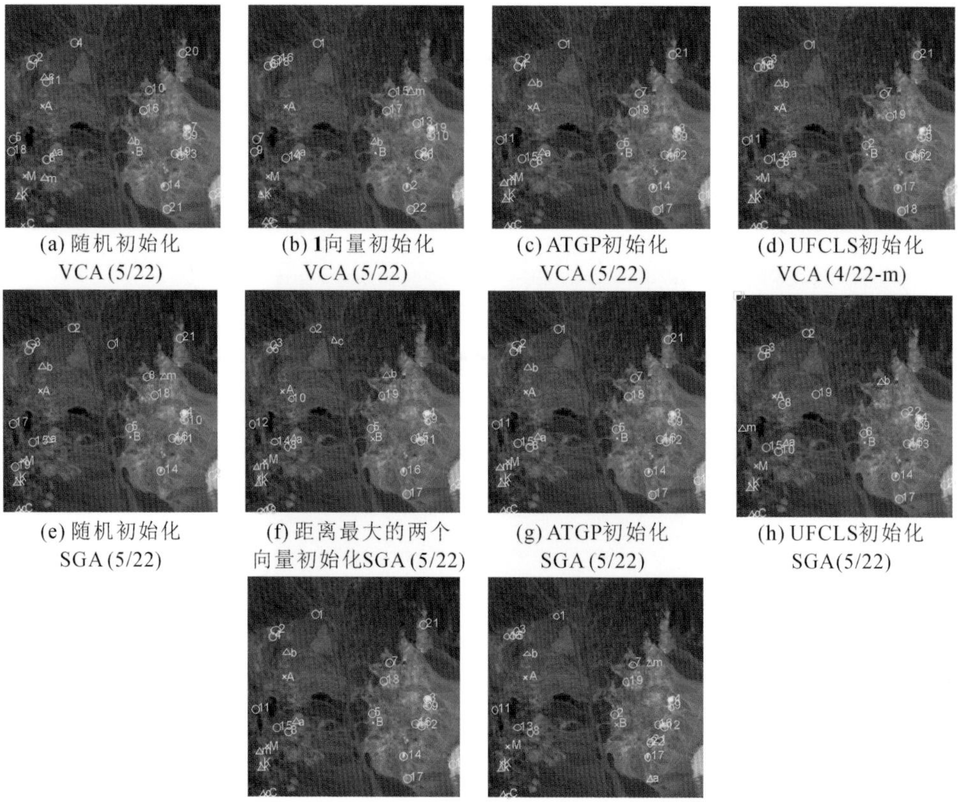

(a) 随机初始化 VCA (5/22)　(b) 1向量初始化 VCA (5/22)　(c) ATGP初始化 VCA (5/22)　(d) UFCLS初始化 VCA (4/22-m)

(e) 随机初始化 SGA (5/22)　(f) 距离最大的两个向量初始化SGA (5/22)　(g) ATGP初始化 SGA (5/22)　(h) UFCLS初始化 SGA(5/22)

(i) ATGP (5/22)　(j) UFCLS (5/22)

图 14.41　各算法 ICA 降维时在 Cuprite 图像上寻找 22 个特性元的情况

最后，表 14.5～表 14.7 列出了由 VCA、SGA 算法的各个版本，以及 ATGP、UFCLS 算法找到的 22 个特性元对应的单形体体积。由表中数据可知，SGA 系列算法得到的单形体体积最大，VCA 系列算法得到的单形体体积最小，且以 ATGP 进行初始化的 VCA 在 VCA 系列中体积最大。

表 14.5(a)　不降维的 VCA 与 PCA 降维 VCA 找到的单形体体积

	不降维的 VCA				PCA-VCA	
初始条件	随机	ATGP 目标	单位向量	UFCLS 目标	随机	单位向量
Cuprite (VD=22)	1.48×10^{51}	3.53×10^{54}	2.79×10^{50}	1.82×10^{50}	1.71×10^{48}	2×10^{48}

表 14.5(b)　MNF 降维的 VCA 与 ICA 降维 VCA 找到的单形体体积

	MNF-VCA		ICA-VCA	
初始条件	随机	单位向量	随机	单位向量
Cuprite (VD=22)	1.47×10^{25}	1.13×10^{25}	1.11×10^{7}	4.9×10^{7}

表 14.6(a) 不降维的 SGA 与 PCA 降维 SGA 找到的单形体体积

	不降维的 SGA				PCA-SGA			
初始条件	随机	ATGP目标	最长线段	UFCLS目标	随机	ATGP目标	最长线段	UFCLS目标
Cuprite (VD=22)	1.78×10^{51}	3.53×10^{54}	2.86×10^{52}	5.54×10^{50}	1.88×10^{50}	1.97×10^{52}	7.64×10^{51}	5.64×10^{51}

表 14.6(b) MNF 降维的 SGA 与 ICA 降维 SGA 找到的单形体体积

	MNF-SGA				ICA-SGA			
初始条件	随机	ATGP目标	最长线段	UFCLS目标	随机	ATGP目标	最长线段	UFCLS目标
Cuprite (VD=22)	7.45×10^{24}	1.86×10^{25}	1.23×10^{25}	8.38×10^{24}	4.25×10^{6}	8.29×10^{7}	2.49×10^{7}	1.83×10^{7}

表 14.7 ATGP 和 UFCLS 找到的单形体体积

	ATGP	UFCLS
Cuprite (VD=22)	3.53×10^{54}	2.011×10^{52}

通过图 14.39～图 14.41 可以发现，在经过二阶统计量的 PCA、MNF 降维处理后，以 ATGP 作为初始化的 VCA 和 SGA 算法都只找到了四种物质对应的结果特性元，而图 14.41中使用高阶统计量的 ICA 降维后，以 ATGP 初始化的算法可以找到对应五种物质的所有结果特性元。这是因为二阶统计量降维方法会削减那些在 ATGP 中表征特性元的有用信息，基于高维统计量降维的 ICA 方法则保留了这些信息。相反，以解析误差作为评价标准的 UFCLS 初始化 VCA 和 SGA 算法，在 PCA、MNF 和 ICA 降维时都有漏掉一种物质特性元的情况。这些研究结果表明，降维算法对以 ATGP 初始化的 VCA 和 SGA 算法影响比较大，且以 ATGP 初始化的算法，性能总体上好于以 UFCLS 初始化的算法。

14.5.3 计算复杂度

本节统计了在两个实际图像上运行 VCA、SGA、ATGP 和 UFCLS 算法所需的计算时间，统计结果为取 5 次运行时间的平均值，计算机环境是 64 位系统 Intel i7-4710 处理器、CPU 主频 2.5 Ghz，内存 16 GB(RAM)，结果如表 14.8 所示。

表 14.8 VCA,SGA,ATGP 和 UFCLS 算法的运行时间(单位:s)

	VCA				SGA				ATGP	UFCLS
初始条件	随机	ATGP目标	单位向量	UFCLS目标	随机	ATGP目标	最长线段	UFCLS目标	最亮像元	最亮像元
HYDICE (VD=29)	0.0310	0.0406	0.0307	40.281	7.7843	8.19	8.5211	10.244	0.02127	36.073
Cuprite (VD=22)	0.0515	0.5385	0.0483	596.56	147.1547	148.44	150.1217	160.57	0.4832	593.735

由表 14.8 可知，使用 UFCLS 初始化的 VCA 算法运行时间最长，因为 UFCLS 每次都需要解混所有像元以产生初始特性元，在此基础上再继续执行 VCA。而使用随机向量或 **1** 向量初始化的 VCA 算法，比用 ATGP 初始化的 VCA 算法速度快，因为 ATGP 算法中 $\boldsymbol{P}_U^{\perp}$ 的计算时间相对于生成随机向量或 **1** 向量的时间长很多。另外，在 HYDICE 数据上 ATGP 的计算时间最短，而在 Cuprite 数据上使用随机向量或 **1** 向量初始化的 VCA 比 ATGP 快，因为 Cuprite 数据的大小为 350×350，大约是 HYDICE 数据量的 30 倍，数据量越大，ATGP 需要的时间就越长。Li 等(2016c)设计了基于 OP 的 SGA(OP-SGA)算法，无需降维且可以明显降低计算时间，其速度与 VCA 相当，但性能优于 VCA。

14.6 特性元集合真的能够产生最大单形体体积吗?

根据特性元的定义，特性元应该对应光谱中纯净、理想化的光谱特性。特性元寻找是高光谱处理技术中的重要问题，经过 30 多年的研究，基于不同的理论和标准，已经产生了许多算法。其中常用的标准有以下 3 个：①基于凸体几何理论的方法，包括通过正交投影寻找最大凸体的 PPI 和 VCA 算法，寻找包含所有数据样本最小体积单形体的 MVT 和 CCA 算法，寻找包含多数样本最大体积单形体的 N-FINDR 算法等；②基于最小解混误差的方法，如迭代误差分析(iterative error analysis，IEA)(Nevilie et al.，2016)和全约束最小方差法(Heinz et al.，2001)；③基于正交子空间投影的方法，如 ATGP 算法。

假设数据中存在 p 个特性元，则由各特性元线性混合而成的像元应该位于由 p 个特性元决定的单形体内。换句话说，由特性元确定的单形体体积大于或等于具有相同数量顶点的任何单形体的体积。单形体体积最大，便成为特性元寻找中常用的一个标准。但是特性元集合真的能够产生最大单形体体积吗？相对于其他的特性元寻找标准，如最大正交投影标准(代表算法 PPI)和解混误差最小标准(代表算法 UFCLS)，单形体体积最大标准性能如何？本节测试了对应不同标准的几种算法，并对其进行深入的比较和分析。

本节测试了 6 种特性元寻找算法，分别是基于最大单形体体积的 N-FINDR 和 SGA，基于最大凸体的 PPI 和 VCA，基于正交子空间的 ATGP 以及基于混合光谱分解的 UFCLS。有以下两点需要说明。①在基于最大单形体体积的算法中，选择 N-FINDR 和 SGA 进行测试。对于给定的特性元数量，SGA 陆续地逐个寻找特性元，而 N-FINDR 同时寻找所有特性元。根据实验结果，SGA 的运行速度远远快于 N-FINDR，但是其找到的单形体体积却小于 N-FINDR 找到的。②在基于最大凸体的算法中，也选择了两个类似关系的算法进行测试，即 PPI 和 VCA。

首先利用 VD 算法估计图像中的特性元数量，用于特性元寻找和数据降维，得到的结果为 $q=9$。图 14.42～图 14.46 给出了 PPI(使用 500 个随机投影向量)、N-FINDR、SGA、VCA、ATGP 和 UFCLS 算法寻找的特性元结果，其中 PPI、N-FINDR、VCA 和 SGA 先采用了 3 种降维方法，分别为 PCA、MNF 和 ICA，将数据维度从 169 降低到 9。由于对一个面板 PPI 可以找到多个像素，因此，这里选择产生最大单形体体积的像元作为对应面板的特性元。

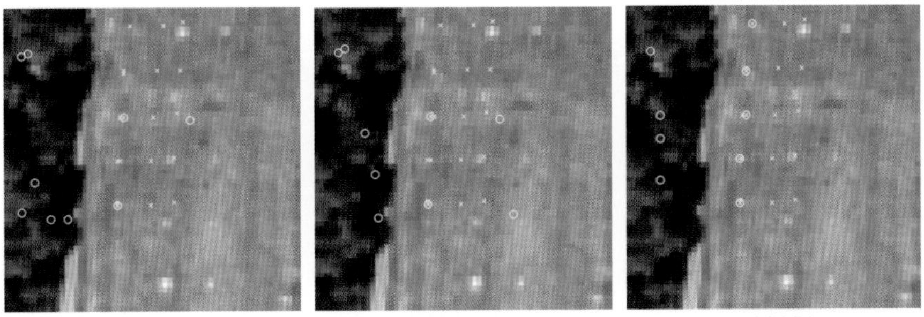

(a) PCA (b) MNF (c) ICA

图 14.42 使用3种不同降维方法的PPI特性元寻找结果

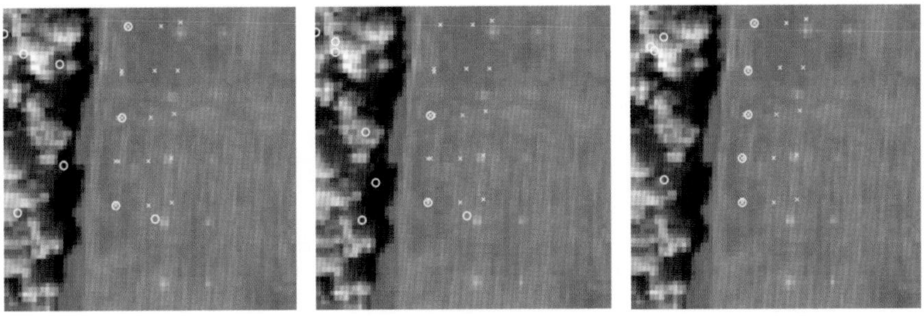

(a) PCA (b) MNF (c) ICA

图 14.43 使用3种不同降维方法的N-FINDR特性元寻找结果

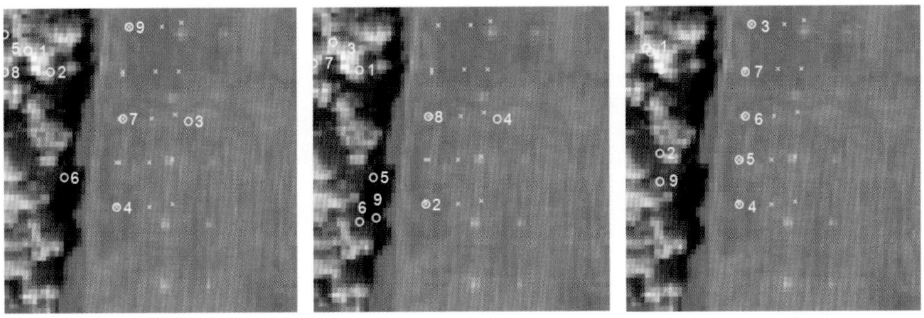

(a) PCA (b) MNF (c) ICA

图 14.44 使用3种不同降维方法的SGA特性元寻找结果

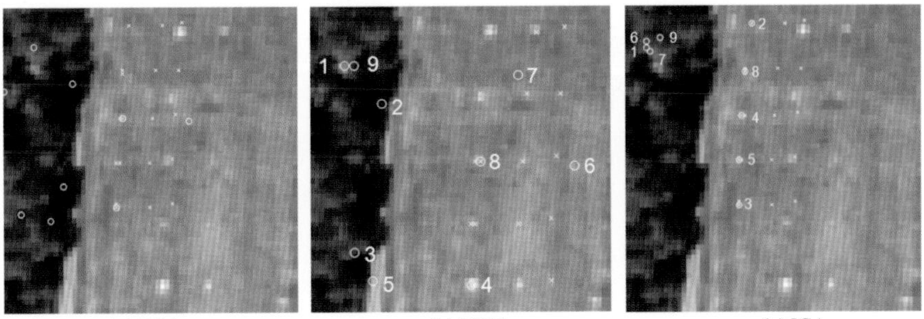

(a) PCA (b) MNF (c) ICA

图 14.45 使用3种不同降维方法的VCA特性元寻找结果

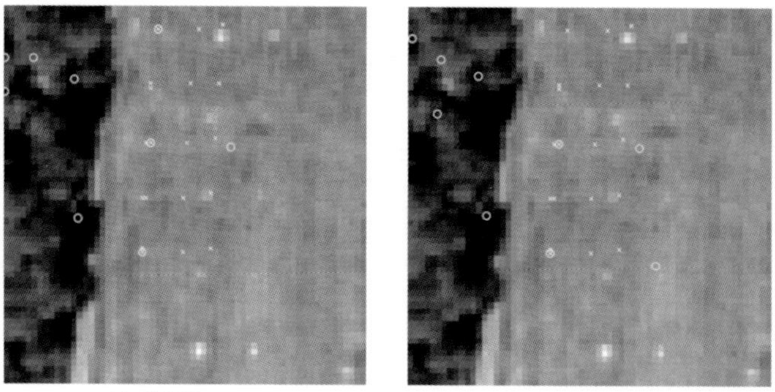
(a) ATGP (b) UFCLS

图 14.46 ATGP 及 UFCLS 的特性元寻找结果

表 14.9 列出了利用上述算法找到的特性元与真实图像分布中目标像元的对应情况。其中效果最好的是 ICA 降维后的 PPI、N-FINDR、SGA 和 VCA 算法，成功找到了 5 种面板对应的特性元。使用其他降维方法时，最好的情形是找到 3 种面板对应的特性元。此外，不降维的 ATGP 算法也找到了 3 种面板对应的特性元。

表 14.9 6 种特性元寻找算法找到的面板像元

算法	降维方法	找到的 R 像元
PPI	PCA	p_{312}，p_{521}
	MNF	p_{311}，p_{521}
	ICA	p_{11}，p_{221}，p_{312}，p_{411}，p_{521}
N-FINDR	PCA	p_{11}，p_{312}，p_{521}
	MNF	p_{311}，p_{521}
	ICA	p_{11}，p_{221}，p_{312}，p_{411}，p_{521}
SGA	PCA	p_{11}，p_{312}，p_{521}
	MNF	p_{311}，p_{521}
	ICA	p_{11}，p_{221}，p_{312}，p_{411}，p_{521}
VCA	PCA	p_{312}，p_{521}
	MNF	p_{312}，p_{521}
	ICA	p_{11}，p_{221}，p_{311}，p_{411}，p_{521}
ATGP		p_{11}，p_{312}，p_{521}
UFCLS		p_{312}，p_{521}

表 14.10 计算了 6 种特性元寻找算法找到的特性元单形体体积，其中第 4 列的数字为按体积大小的排序，第 5 列为算法找到的 R 像元数量。

表 14.10 6 种 EFAs 中单形体体积的比较分析

降维方法	EFA	体积	等级	找到的 R 像元数量
PCA	PPI	3.3202×10^{23}	2	2
	N-FINDR	4.3536×10^{23}	1	3
	SGA	1.7306×10^{23}	3	3
	VCA	1.0978×10^{23}	4	2
	ATGP	2.7049×10^{22}	5	3
	UFCLS	3.1084×10^{22}	6	2
MNF	PPI	6.0338×10^{17}	2	2
	N-FINDR	6.8626×10^{17}	1	2
	SGA	4.1013×10^{17}	3	2
	VCA	6.5567×10^{16}	4	2
	ATGP	7.7128×10^{15}	6	3
	UFCLS	6.2375×10^{16}	5	2
ICA	PPI	2.9075×10^{6}	3	5
	N-FINDR	3.7913×10^{7}	1	5
	SGA	2.0113×10^{7}	2	5
	VCA	7.8153×10^{4}	4	5
	ATGP	39.5323	5	3
	UFCLS	0.6267	6	2

由表 14.10 可知，因为 N-FINDR 算法是同时寻找最大化单形体体积的所有特性元，在大多数情况下，其特性元对应的单形体体积都是最大的。而 UFCLS 在寻找单形体体积方面表现最差，找到的单形体体积始终最小。但是从找到的特性元与真实目标特性元的接近程度来看，SGA 始终优于 N-FINDR，虽然其单形体体积小于 N-FINDR。并且，根据 Chang 等(2006b)的研究，SGA 的计算复杂度远远小于 N-FINDR。另一方面，在 MNF 降维情况下，尽管 ATGP 产生的体积最小，但找到的真实目标特性元最多。

14.7 本章小结

高光谱特性元寻找中很多算法是从两个著名的算法即基于正交投影(OP)的 PPI (Boardman，1994)和基于单形体体积(SV)的 N-FINDR(Winter，1999)派生而来。这两个算法的原始版本都是同时寻找所有特性元，导致运算量很大(Chang，2013)。为了解决这一问题，后续提出了很多改进算法，如 ATGP(Ren et al.，2003)、快速迭代 PPI (FIPPI)(Chang et al.，2006a)、迭代 PPI (IPPI)(Chang et al.，2010)、VCA(Nascimento et al.，2005)、循序式 N-FINDR 和逐步式 N-FINDR(Xiong et al.,2011;Wu et al.,2008)、SGA(Chang et al.,2006b)等,尤其是 ATGP、VCA 和 SGA 算法,都已经得到了广泛的应用。如 Chang 等(2013)所述,ATGP 和 VCA 可以看作是 PPI 的扩展算法,而 SGA 看作是 N-FINDR(Wu et al.,2008)的扩展算法,它们都逐次寻找特性元,降低了计算复杂度。本章利用 ATGP 将 OP 和 SV 的概念联系起来,并进一步讨论了 ATGP、VCA 和 SGA 之间的关系。首先,从使用 OP 概念的角度,VCA 与 ATGP 本质上相同,只是初始条件和降维方式不同。本章对 VCA 算法使用了 4 种不同的初始条件:随机向量、**1** 向量、ATGP 目标和 UFCLS 目标。同时,使用了 PCA、MNF 和 ICA 三种降维操作分别对算法性能进行比较和评价。事实证明,不降维时 ATGP 初始化的 VCA 算法能够产生最好结果,此时的 VCA 与 ATGP 相同。其次,通过将计算最大单形体体积转换为寻找最大垂直高度,将 SGA 与 ATGP 联系起来,并证明其二者本质上相同。尤其是使用 ATGP 的第一个目标进行初始化的 SGA 算法,实际上与 ATGP 算法相同。再次,SGA 算法可以由 ATGP 实现。由此看来,VCA 相对 ATGP 和 SGA 似乎失去了优势,因为它既不像 ATGP 那样产生最大 OP,并且也不像 SGA 那样产生最大 SV,但并非如此,VCA 的最大优势是计算速度快。最后,VCA 使用降维预处理,在寻找特性元之前降低了噪声影响和计算复杂度,但降维操作也改变了单形体体积(Li et al.,2016;Li,2016c;Chang et al.,2016;Li,2016a),进而影响所找到特性元的性能。单形体体积的计算方面,因为计算时间过长和病态矩阵问题,需要借助奇异值分解,过程复杂,这个问题不在本章讨论范围内。

参考文献

BERGER M, 2010. Geometry revealed[M]. Heidelberg: Springer.

CHANG C, 2013a. Hyperspectral data processing: Algorithm design and analysis[M]. New York: John Wiley & Sons, Inc.

CHANG C, 2016a. Real-time progressive hyperspectral image processing: Endmember finding and anomaly detection[M]. New York: Springer.

CHANG C, 2017. Real-time recursive hyperspectral sample and band processing: Algorithm architecture and implementation[M]. New York: Springer.

CHANG C, LI H, WU C, et al., 2016b. Recursive geometric simplex growing analysis for finding endmembers in hyperspectral imagery[J]. IEEE Journal of Selected Topics in Applied Earth Observations and Remote Sensing, 10(1): 1-13.

CHANG C, PLAZA A, 2006a. A fast iterative algorithm for implementation of pixel purity index[J]. IEEE Geoscience and Remote Sensing Letters, 3(1): 63-67.

CHANG C, WEN C, WU C, 2013b. Relationship exploration among PPI, ATGP and VCA via theoretical analysis[J]. International Journal of Computational Science and Engineering, 8(4): 361.

CHANG C, WU C, 2015. Design and development of iterative pixel purity index[J]. IEEE Journal of Selected Topics in Applied Earth Observations and Remote Sensing, 8(6): 1-20.

CHANG C, WU C, CHEN H, 2010. Random pixel purity index[J]. IEEE Geoscience and Remote Sensing

Letters, 7(2): 324-328.

CHANG C, WU C, LIU W, et al., 2006b. A new growing method for simplex-based endmember extraction algorithm[J]. IEEE Transactions on Geoscience and Remote Sensing, 44(10): 2804-2819.

CHANG C, XIONG W, WEN C, 2013c. A theory of high-order statistics-based virtual dimensionality for hyperspectral imagery[J]. IEEE Transactions on Geoscience and Remote Sensing, 52(1): 188-208.

CHEN S, 2014. Algorithm design and analysis for hyperspectral endmember finding[D]. Baltimore County: University of Maryland.

DU Q, RAKSUNTORN N, YOUNAN N, et al., 2008. Endmember extraction for hyperspectral image analysis[J]. Applied Optics, 47(28): F77-84.

HEINZ D, CHANG C, 2001. Fully constrained least squares linear spectral mixture analysis method for material quantification in hyperspectral imagery[J]. IEEE Transactions on Geoscience and Remote Sensing, 39(3): 529-545.

HONEINE P, 2012. Geometric Unmixing of large hyperspectral images: A barycentric coordinate approach [J]. IEEE Transactions on Geoscience and Remote Sensing, 50(6): 2185-2195.

LI H, CHANG C, 2015. Linear spectral unmixing using least squares error, orthogonal projection and simplex volume for hyperspectral Images[C]// 2015 7th Workshop on Hyperspectral Image and Signal Processing: Evolution in Remote Sensing (WHISPERS), Tokyo: 1-4.

LI H, 2016a. Growing Simplex Volume Analysis for Finding Endmembers in Hyperspectral Imagery[D]. Baltimore County: University of Maryland.

LI H, CHANG C, 2016b. Geometric simplex growing algorithm for finding endmembers in hyperspectral imagery[C]// 2016 IEEE International Geoscience and Remote Sensing Symposium (IGARSS), Beijing: 6549-6552.

LI H, CHANG C, 2016c. Recursive orthogonal projection-based simplex growing algorithm[J]. IEEE Transactions on Geoscience and Remote Sensing, 54(7): 3780-3793.

NASCIMENTO J, BIOUCAS-DIAS J, 2005. Vertex component analysis: A fast algorithm to unmix hyperspectral data[J]. IEEE Transactions on Geoscience and Remote Sensing, 43(4): 898-910.

NEVILLE R, STAENZ K, SZEREDI T, et al., 1999. Automatic endmember extraction from hyperspectral data for mineral exploration[C]// Proc. 4th International Airborne Remote Sensing Conf. and Exhib. 21st Canadian Symposium on Remote Sensing. Ottawa, ON, Canada: 21-24.

PLAZA A, CHANG C, 2006. Impact of initialization on design of endmember extraction algorithms[J]. IEEE Transactions on Geoscience and Remote Sensing, 44(11): 3397-3407.

REN H, CHANG C, 2003. Automatic spectral target recognition in hyperspectral imagery[J]. IEEE Transactions on Aerospace and Electronic Systems, 39(4): 1232-1249.

BOARDMAN J, 1994. Geometric mixture analysis of imaging spectrometry data[C]// Proceedings of IGARSS '94 - 1994 IEEE International Geoscience and Remote Sensing Symposium, Pasadena, CA, USA, 4: 2369-2371.

WINTER M, 1999. N-FINDR: An algorithm for fast autonomous spectral end-member determination in hyperspectral data[J]. Proceedings of SPIE - The International Society for Optical Engineering, 3753: 266-275.

WONG W, 2003. Application of Linear Algebra: Notes on Talk given to Princeton University Math Club on Cayley-Menger Determinant and Generalized N-dimensional Pythagorean Theorem[J]. OAI: CiteSeerX. psu：10.1.1.377.621.

WU C, CHU S, CHANG C, 2008. Sequential N-FINDR algorithms[J]. Proceedings of SPIE 7086, Imaging Spectrometry XIII：70860C.

XIONG W, CHANG C, WU C, et al., 2011. Fast algorithms to implement N-FINDR for hyperspectral endmember extraction [J]. IEEE Journal of Selected Topics in Applied Earth Observations and Remote Sensing, 4(3)：545-564.

第 15 章　多光谱图像的线性光谱混合分析

高光谱成像传感器已经发展三十多年，却没有具体的标准来区分高光谱图像和多光谱图像。一般认为，具有精细光谱分辨率和数百个连续光谱波段的属于高光谱图像，而具有低光谱分辨率和数十个光谱波段的属于多光谱图像。使用这种解释，我们会遇到一个问题：究竟多少个光谱波段才开始称为高光谱图像？或究竟多高的光谱分辨率才称为高光谱图像？例如，如果拍摄一组光谱分辨率为 10 nm 的图像（比如 5 波段图像），形成了一个三维数据立方体，那么这个三维数据立方体是高光谱图像，还是多光谱图像呢？如果利用波段数标准，此数据立方体应被看作多光谱图像，但利用光谱分辨率标准，此数据立方体则应看作高光谱图像。本章通过第 1 章描述的鸽舍原理，尝试从线性光谱混合分析（LSMA）的角度解释这个问题，并以这种方式将多光谱图像（MSI）扩展成高光谱图像（HSI），用于多光谱图像分析。

15.1　简　　介

高光谱成像设备具有比多光谱成像设备更精细的光谱分辨率，能更有效地区分和量化物质成分。高光谱图像早期被视为多光谱图像的自然延伸，只是具有更多的波段，且光谱分辨率更高。通过这种直观泛化设计得到的 HSI 算法，一般是 MSI 算法的扩展，如最大似然分类和估计（Landgrebe，2003）。这种扩展可能并非高光谱图像分析的最好方式，如果不弄清高光谱图像和多光谱图像之间的差异，就不能充分利用高光谱图像的优势。本章主要探讨 HSI 与 MSI 技术之间的联系。

15.2　多光谱图像的线性光谱混合分析

设遥感图像中包含 p 个光谱特征，L 是数据的光谱波段总数。从线性光谱混合分析的角度，L 个光谱波段可视为 L 个方程式，p 个特性元可视为 p 个未知向量，利用数据组成的线性系统来执行 LSMA 分析。当 $L>p$ 时，此系统是一个超定（over-determined）系统，图像可视为高光谱图像。反之，若 $L<p$，系统为欠定（under-determined）系统，图像被定义为多光谱图像。

具体来说，如果将 p 个特性元看作 L 个方程式中待求解的 p 个未知向量，则 $L>p$ 的情况，称为非完备 LSMA（under-complete LSMA），因为没有足够的向量来表示数据。反之，若 $L<p$，我们称其为过完备 LSMA（over-complete LSMA），因为有过多的向量表示数据。

上述定义 UC-LSMA 和 OC-LSMA 的方式不够直观，可以利用下面的解释进一步说明。

首先探讨 L 和 p 之间关系。一方面，L 是光谱波段的数量，也是使用的方程式数量；另一方面，p 是图像中特性元（或信号源）的数量，也是使用的变量数量。根据第 1 章（1.3 节）介绍的鸽舍原理，可将图像的一个波段（一个方程式）看作一间鸽舍，以容纳一只鸽子，即一个光谱信号源或特性元。UC-LSMA 的情况下，$L>p$ 意味着可使用的鸽舍数量多于鸽子数量，有 $\binom{L}{p}=\frac{L!}{p!\,(L-p)!}$ 种分配方式。OC-LSMA 的情况下，$L<p$ 意味着鸽子数量多于鸽舍数量，一个鸽舍需要容纳多只鸽子。此时，无法区分同一鸽舍中的多只鸽子，即无法分离信号源（特性元）。

在独立成分分析（independent component analysis，ICA）（Hyvarinen et al.，2001）理论中，也有与 UC-LSMA 和 OC-LSMA 相类似的定义。非完备 ICA 是在 $L>p$ 的情况下，使用 L 个数据样本盲分离 p 个统计独立的信号源，而过完备 ICA 是在 $L<p$ 情况下，使用 L 个数据样本盲分离 p 个统计独立的信号源。

UC-LSMA 常用于高光谱图像分析，常用第 6 章描述的降维处理，将超定系统转换至可求解，即 $L=p$ 的情形，此时可以产生一组确定解。而 OC-LSMA 常用于多光谱图像分析，欠定系统中存在多组解。UC-LSMA 和 OC-LSMA 处理的是完全相反的问题，图 15.1 说明了 UC-LSMA 和 OC-LSMA 之间的差异。

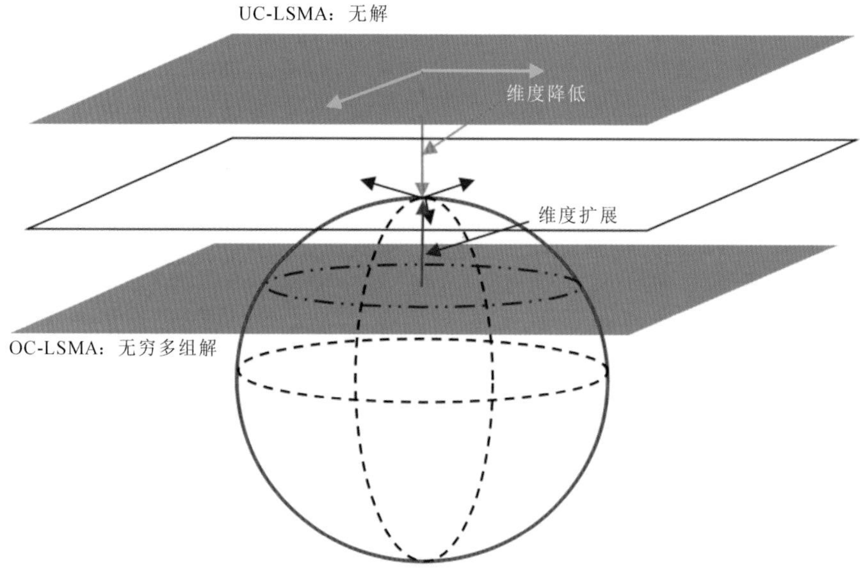

图 15.1　UC-LSMA 和 OC-LSMA 之间的差异

假设球体上的点表示不同的解。UC-LSMA 系统是与球体不相交的超平面，故 UC-LSMA 找不到解，这种情况下必须降低数据维度，使 UC-LSMA 找到一个与球体相切的超平面，并得到唯一解。另一方面，OC-LSMA 系统对应的超平面穿过球体，得到如图 15.1 所示的虚线圆，对应无限多组解。这种情况下必须进行维度扩展，使 OC-LSMA 超平面提升至球面的边界,并得到唯一解。

已有工作中,有许多 MSI 扩展技术来解决 HSI 问题(Landgrebe,2003;Richards et al.,1999),并取得了一定的成效。但利用 HSI 技术解决 MSI 问题的研究却相对较少,下面章节详细介绍了非线性波段扩展的概念,并在此基础上利用 HSI 算法对 MSI 进行分析。非线性波段扩展(nonlinear band expansion,NBE)利用非线性函数创建新的波段图像,源自于 Ren 等(2000)提出的波段产生过程(band generation process,BGP),本质上是波段选择的逆过程。NBE 的目的是解决由 OC-LSMA 引起的欠定问题,即多光谱图像不具备足够的光谱波段来求解或分离信号源(特性元)。

15.3 非线性波段扩展

Chang 等(1999)和 Brumbley 等(1999)指出,正交子空间投影(OSP)方法的性能会因光谱波段数量不足而显著降低。为了解决这一问题,Ren 等(2000)设计了一个改进的 OSP 算法,这里称其为泛化 OSP(generalized OSP,GOSP),用于多光谱图像分析。算法中介绍了一种“波段产生过程”技术,通过非线性函数来扩展光谱波段的维数。

15.3.1 非线性波段扩展的原理

Ren 等(2000)开发的 ATGP 算法,源自于一阶和二阶统计量形成的二阶随机过程。如果将原始光谱波段看作一阶统计图像,则可以构造一组二阶统计量的光谱波段,表征光谱波段间的相关性,用于提供原始光谱波段中缺少的二阶统计信息。这些二阶统计量包括自相关、互相关和非线性相关,都可以用来创建波段图像。用相同的方式可以产生具有高阶统计量信息的波段图像。构造二阶或高阶统计量波段的想法,与产生随机过程的矩母函数概念一致。尽管 NBE 得到的波段没有物理意义,但具有一个显著的优点,即应对波段数量不足的问题,其特点与信息论中的三进制霍夫曼编码(ternary Huffman coding)类似。

假设有信息源 X,包含 6 个符号 $\{a, b, c, d, e, f\}$,各符号出现的概率为 $\{0.3, 0.25, 0.2, 0.15, 0.05, 0.05\}$。则信息熵可如式(15.1)计算:

$$H(X) = -[0.3\lg 0.3 + 0.25\lg 0.25 + 0.2\lg 0.2 + 0.15\lg 0.15 + 0.05\lg 0.05 + 0.05\lg 0.05] \tag{15.1}$$

如果要用 3 个符号 $\{0,1,2\}$ 对信息源进行编码,则 $\{a,b,c,d,e,f\}$ 的最佳霍夫曼编码是什么?信源符号的数量是偶数,在三进制霍夫曼编码树中会存在一个空余节点。最好的处理方法是将这个空余节点放在最深的终端节点上,以便使其对应最长的码字,如图 15.2 所示,而不是像图 15.3 一样放在码字最短的节点上。

图 15.2 通过加入虚拟信源符号 x 获得最优编码效果,这个虚拟符号 x 的概率为零,具有最长码字却永远不会被用到。

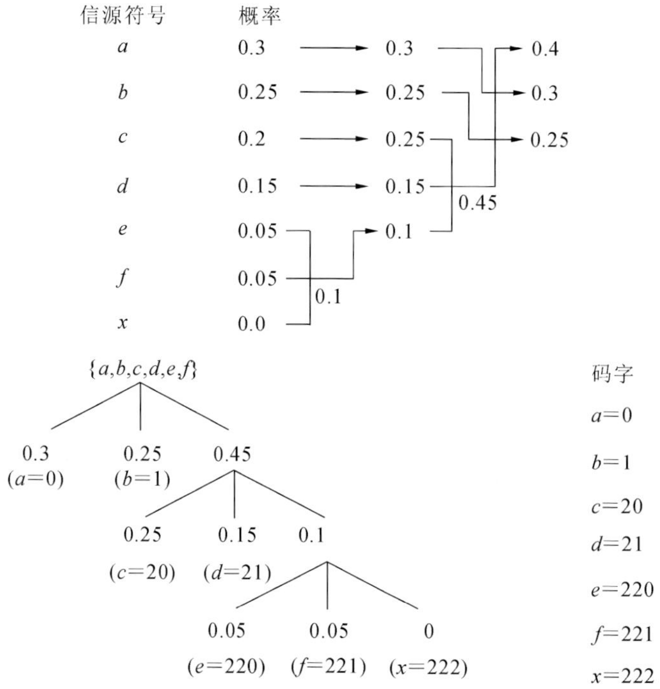

图 15.2　加入虚拟符号 x 的霍夫曼编码

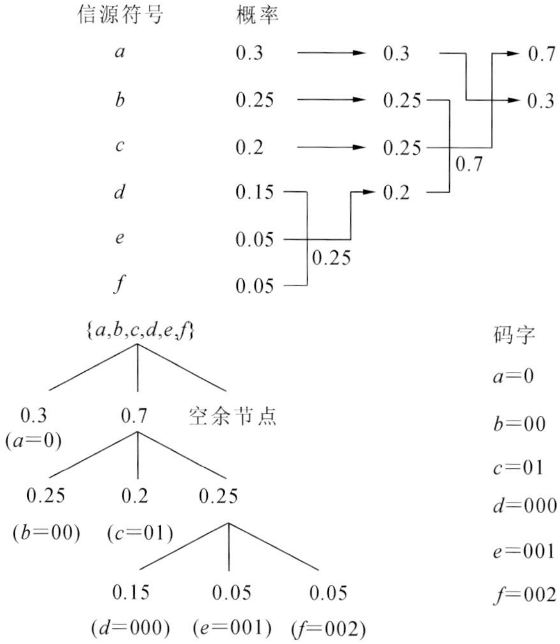

图 15.3　未加入虚拟符号 x 的霍夫曼编码

15.3.2 相关性波段扩展过程

Ren 等(2000)利用非线性函数,例如自相关和互相关,进行波段扩展。此类非线性波段扩展过程(NBEP)可称为相关性波段扩展过程(correlation band expansion process,CBEP)。

相关性波段扩展过程(CBEP)如下文。

(1) 一阶统计量波段图像$\{\boldsymbol{B}_l\}_{l=1}^{L}$:原始波段图像集合。

(2) 二阶相关性波段图像:① $\{\boldsymbol{B}_l^2\}_{l=1}^{L}$,自相关波段图像集合;② $\{\boldsymbol{B}_k\boldsymbol{B}_l\}_{k=1,l=1,k\neq l}^{L,L}$,互相关波段图像集合。

如果考虑量级的影响,可以用波段图像的方差规范自相关或互相关波段图像,即$(\sigma_{\boldsymbol{B}_l}^2)^{-1}\{\boldsymbol{B}_l^2\}$及$(\sigma_{\boldsymbol{B}_k}\sigma_{\boldsymbol{B}_l})^{-1}\{\boldsymbol{B}_k\boldsymbol{B}_l\}$。

(3) 三阶相关性波段图像:① $\{\boldsymbol{B}_l^3\}_{l=1}^{L}$,三阶自相关波段图像集合;② $\{\boldsymbol{B}_k^2\boldsymbol{B}_l\}_{k=1,l=1,l\neq k}^{L,L}$,两个互相关波段图像集合;③ $\{\boldsymbol{B}_k\boldsymbol{B}_l\boldsymbol{B}_m\}_{k=1,l=1,m=1,k\neq l\neq m}^{L,L,L}$,三个互相关波段图像集合。

同样如步骤(2),若需要考虑量级的影响,可以用波段图像的方差规范自相关或互相关波段图像,即得到$(\sigma_{\boldsymbol{B}_l}^3)^{-1}\{\boldsymbol{B}_l^3\}$、$(\sigma_{\boldsymbol{B}_k}^2\sigma_{\boldsymbol{B}_l})^{-1}\{\boldsymbol{B}_k^2\boldsymbol{B}_l\}$与$(\sigma_{\boldsymbol{B}_k}\sigma_{\boldsymbol{B}_l}\sigma_{\boldsymbol{B}_m})^{-1}\{\boldsymbol{B}_k\boldsymbol{B}_l\boldsymbol{B}_m\}$。

(4) 非线性相关波段图像:① $\{\sqrt{\boldsymbol{B}_l}\}_{l=1}^{L}$,利用平方根产生波段图像集合;② $\{\log(\boldsymbol{B}_l)\}_{l=1}^{L}$,利用对数函数产生波段图像集合。

注意:所有由 NBEP 得到的光谱波段图像都是非线性产生的,可以提供有用的非线性光谱信息,有助于提高数据分析的性能。但根据我们的实验结果,通常步骤(2)中②所产生的互相关光谱波段图像便足以满足需要。另外,步骤(2)的①产生的自相关波段图像有时会导致非奇异性问题,建议不单独使用,可以与互相关的波段图像一起使用。

15.3.3 波段比率扩展过程

NBEP 在一定程度上是有效的,但也存在无法处理由其他因素(如地形变化)引起的非线性变化的问题。通过波段比(band ratio,BR)图像,可进一步完善非线性波段扩展过程。

波段比广泛用于高光谱图像,可减少拓扑斜率和形态的影响,或消除由阴影引起的差别照明效应(Jensen,2005)。例如植被覆盖指数(normalized difference vegetation index,NDVI)能够部分消除与太阳高度角、卫星观测角、地形、云影等与大气条件有关的辐射变化的影响,反映出植物冠层的背景属性,如土壤、潮湿地面、雪、枯叶、粗糙度等,且与植被覆盖有关。NDVI 的取值范围为[−1,1],负值表示地面覆盖为云、水、雪等,对可见光高反射;0 表示有岩石或裸土等,近红外波段和红外波段处的反射率值近似相等;正值表示有植被覆盖,且随覆盖度增大而增大。高光谱数据分析中,波段比也可用于探测高光谱图像中的隐藏目标(Ren et al.,1998)。

波段比率扩展过程(band ratioed expansion process,BREP)如下文。

(1) 令 B_j 和 B_k 分别为第 j 和第 k 个波段图像。

(2) 计算 B_j 与 B_k 的对应像素比值,获得波段比图像 BR_{jk}:

$$BR_{jk} = B_j / B_k \tag{15.2}$$

NBE 的目标是通过非线性波段扩展来探索数据间的非线性关系的，与 SVM 使用核函数的功能类似。

15.4 多光谱图像实验

图 15.4 为本章实验用到的多光谱图像数据，由卫星观测台 SPOT(法文全称为 Système Probatoire d'Observation de la Terra)系统收集，包含 3 个光谱波段，其中两个波段为可见光区域，波段1：0.5～0.59 μm，波段 2：0.61～0.68 μm；第三波段为近红外区域：0.79～0.89 μm。空间分辨率为 20 m，图像大小 256×256，地点在弗吉尼亚州北部，图像中包含一所学校、一条小河、右上角的一个湖和米尔溪公园。

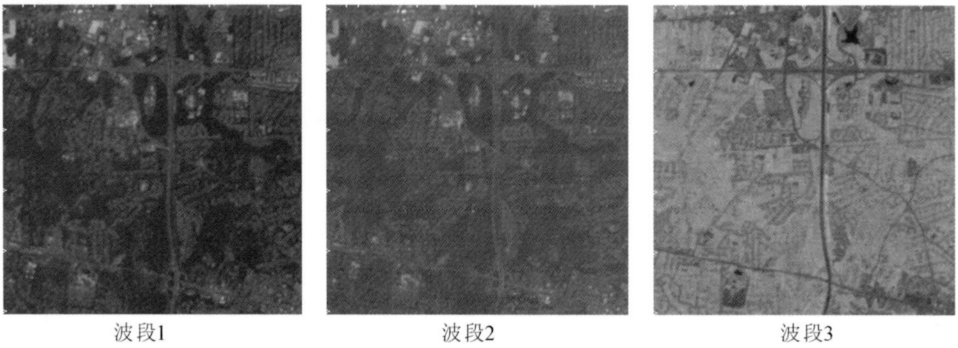

图 15.4　SPOT 数据的各光谱波段图像

根据 Google Earth 提供的地面实况，图像中至少有 4 种特性元：建筑物、道路/停车场、湖和植被，如图 15.5 所示的 4 个标记区域。利用这些区域均值构造 LSMA 方法中的特性元 $\boldsymbol{M}$，即 $\boldsymbol{M}=[\boldsymbol{m}_{\text{lake}}, \boldsymbol{m}_{\text{vegetation}}, \boldsymbol{m}_{\text{building}}, \boldsymbol{m}_{\text{roads}}]$。

图 15.5　SPOT 图像中的 4 个特性区域

通过 6 组实验比较分析 BEP 和核函数 LSMA 的性能，分别是 LSMA、BEP6＋LSMA、BEP9

+LSMA、KLSMA、BEP6+KLSMA 和 BEP9+KLSMA，其中 BEP6 与 BEP9 定义如下文。

(1) BEP6：原始 3 张波段图像+3 张互相关波段图像。

(2) BEP9：原始 3 张波段图像+3 张互相关波段图像+3 张自相关波段图像。

15.4.1 原图像的 LSMA 实验结果

这里利用 3 种 LSMA 技术：LSOSP、NCLS 和 FCLS 对原始 SPOT 图像进行分析，如图 15.6 所示，其中 FCLS 的性能明显优于 LSOSP 和 NCLS 方法。

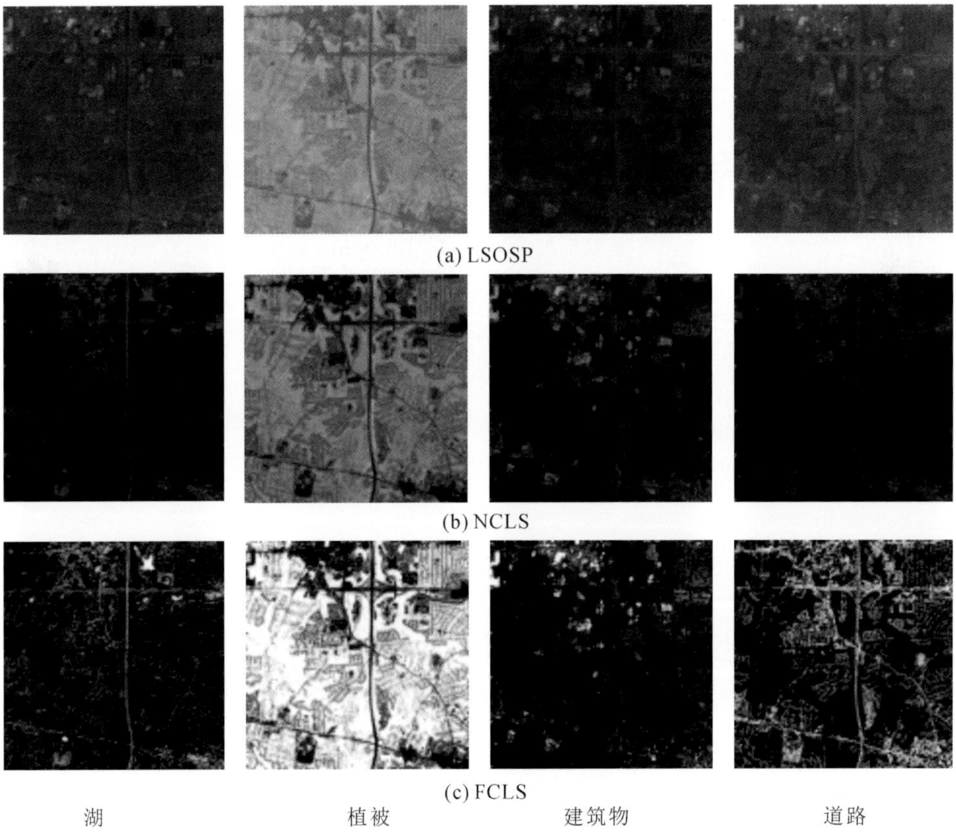

图 15.6 SPOT 原数据的 LSOSP、NCLS 和 FCLS 解混结果

15.4.2 BEP6+LSMA 实验结果

与 15.4.1 类似，使用 LSOSP、NCLS 和 FCLS 三种方法对 BEP6 图像数据进行分析。图 15.7 给出了光谱解混的结果，其中 FCLS 仍然是最好的，其次是 NCLS，最差的是 LSOSP 算法。与图 15.6 结果相比，FCLS 的效果几乎相同，没有明显改进，但 NCLS 明显改善，LSOSP 略有改善。该实验表明，3 个新扩展的波段提供了新的光谱信息，有利于提高 LSMA 技术的解混和分析能力。

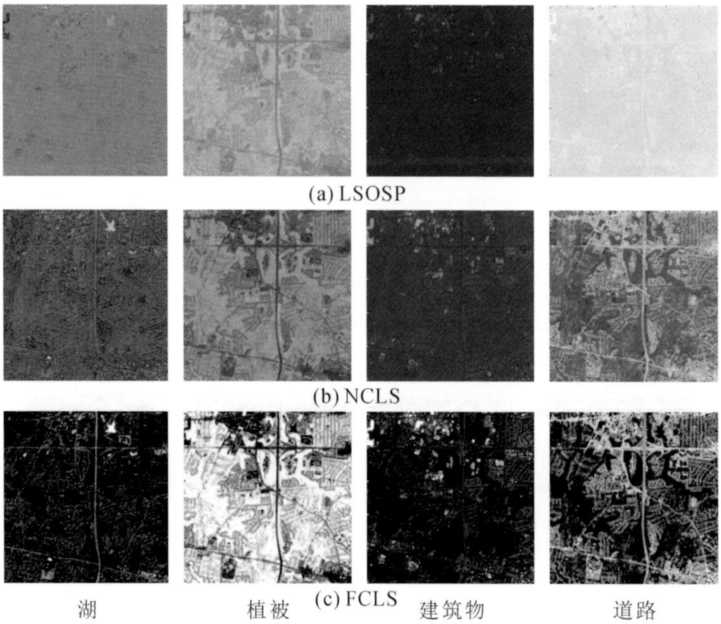

图 15.7　BEP6 数据的 LSOSP、NCLS 和 FCLS 解混结果

15.4.3　BEP9＋LSMA 实验结果

此实验与 15.4.2 中实验的唯一差别是，除了增加 3 个互相关波段图像外，还增加了 3 个自相关波段图像。图 15.8 分别给出了 LSOSP、NCLS 和 FCLS 的光谱解混结果。

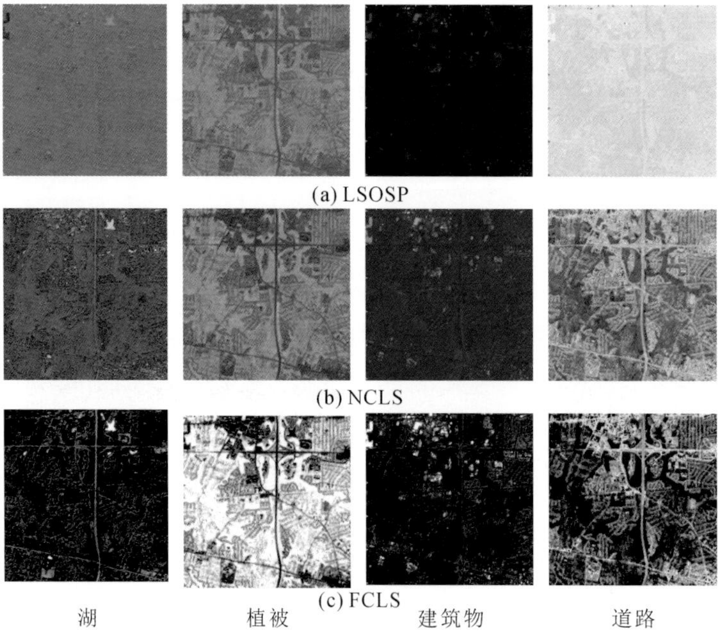

图 15.8　BEP9 数据的 LSOSP、NCLS 和 FCLS 解混结果

与图 15.7 的结果相比，BEP9 对 BEP6 的改善很少，几乎没有差异。这意味着加入自相关波段图像，对互相关波段图像并没有太多帮助。

15.4.4 原图像的 KLSMA 实验结果

为了了解 RBF 核函数对 LSMA 方法的性能改善情况，该实验测试了 3 个不同 σ 值 RBF 核函数。图 15.9～图 15.11 给出了 KLSOSP、KNCLS 和 KFCLS 的结果，KFCLS 是最好的，但 KLSOSP 和 KNCLS 的结果非常接近。

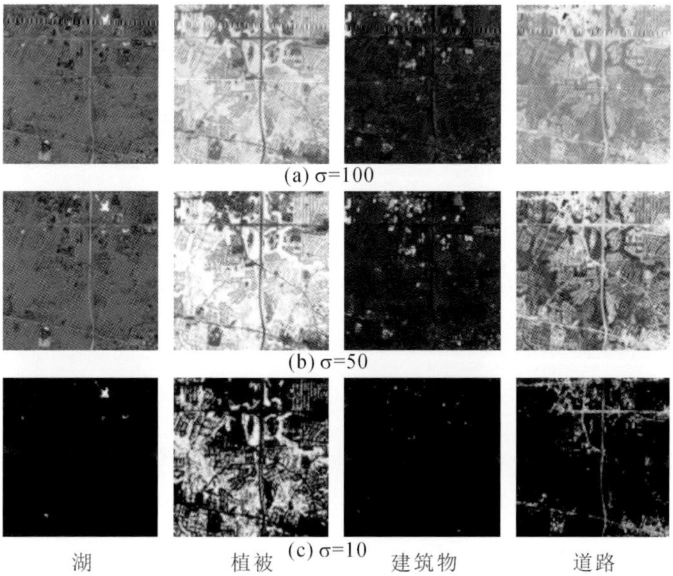

图 15.9 SPOT 原数据上 3 种不同 σ 值的 KLSOSP 光谱解混结果

比较此结果与 LSOSP 的结果发现，KLSOSP 的性能提高非常明显。

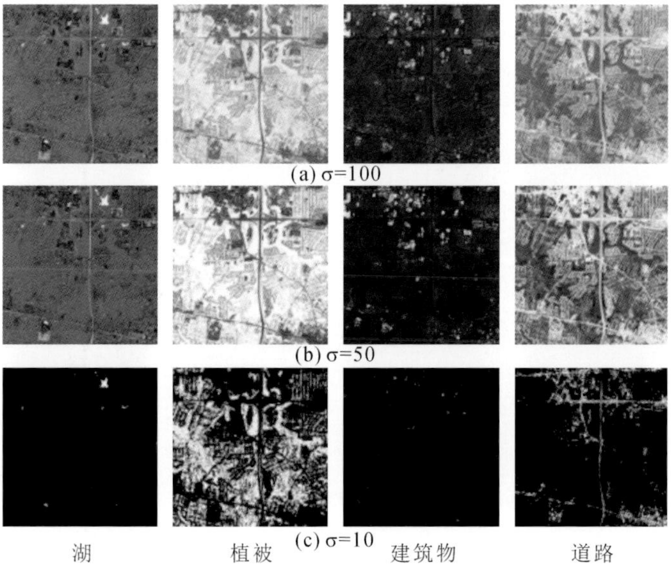

图 15.10 SPOT 原数据上 3 种不同 σ 值的 KNCLS 光谱解混结果

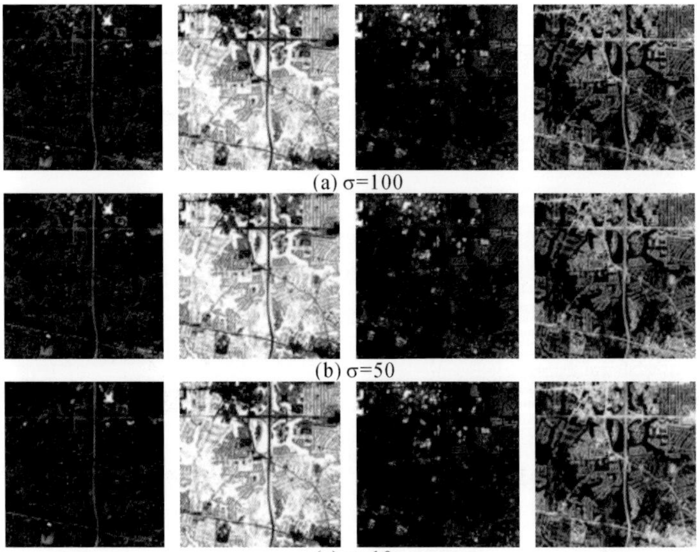

图 15.11　SPOT 原数据上 3 种不同 σ 值的 KFCLS 光谱解混结果

前面实验中，只使用一种非线性扩展技术，即 BEP 方法或核函数方法。下面测试同时使用两种方法的情况，看是否可以进一步改善光谱解混的能力。

15.4.5　BEP6＋KLSMA 实验结果

对 BEP6 图像进行 KLSMA 分析，图 15.12～图 15.14 分别给出了 KLSOSP、KNCLS 和 KFCLS 的解混结果。

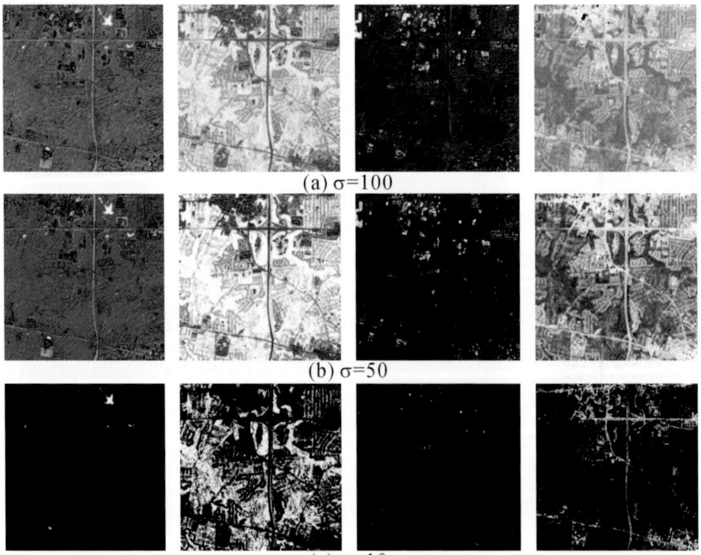

图 15.12　BEP6 数据上 3 种不同 σ 值的 KLSOSP 光谱解混结果

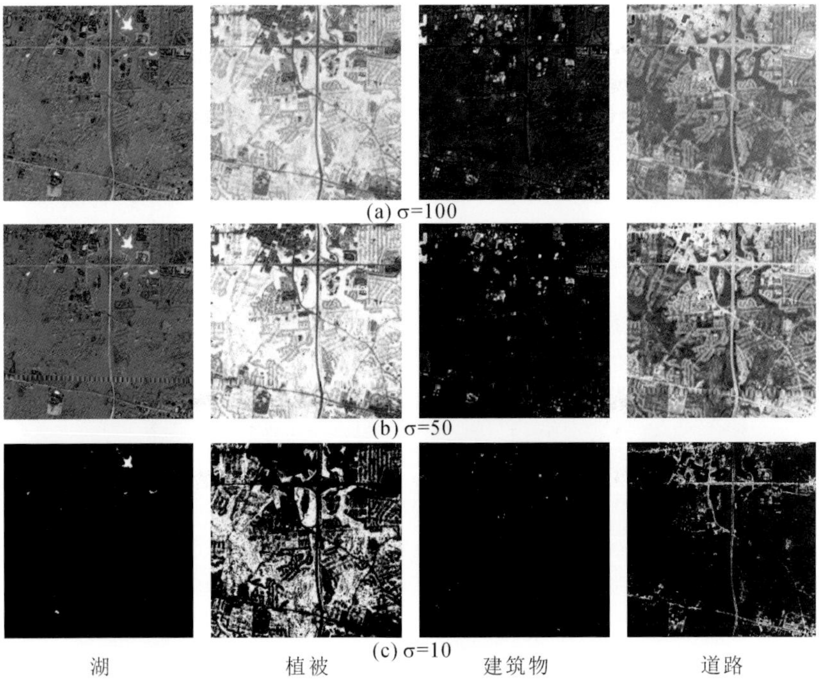

图 15.13 BEP6 数据上 3 种不同 σ 值的 KNCLS 光谱解混结果

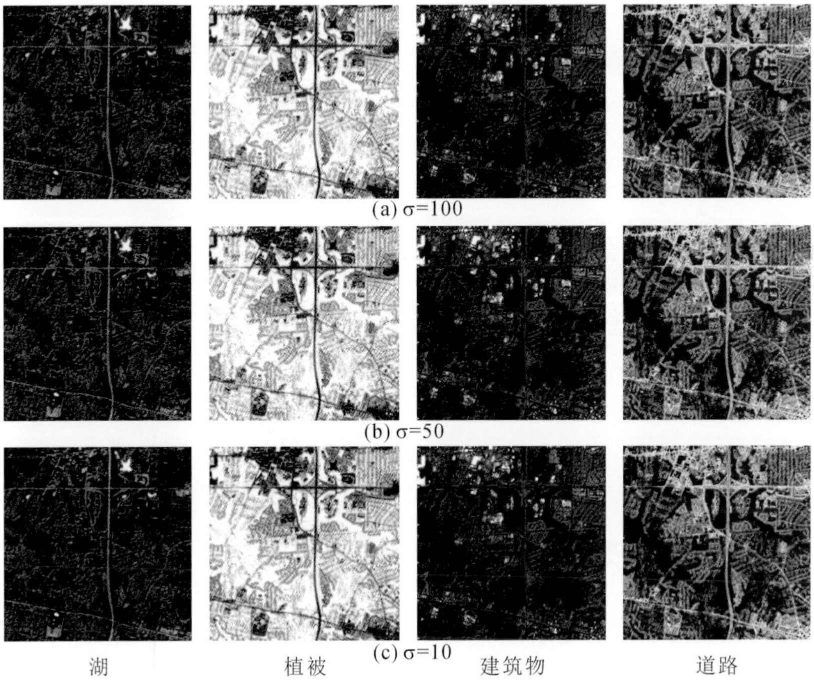

图 15.14 BEP6 数据上 3 种不同 σ 值的 KFCLS 光谱解混结果

与图 15.9～图 15.11 的结果相比，两种数据的差异不是很明显。换句话说，BEP 的优势在核函数化后消失了，这表明进行光谱解混时，核函数效果优于 BEP，因为 RBF 核函数的非线性表达能力更强。

15.4.6 BEP9+KLSMA 实验结果

在 BEP9 数据上使用核函数 LSMA 算法，图 15.15～图 15.17 给出了 KLSOSP、KNCLS 和 KFCLS 的实验结果。与 15.4.5 节中的实验结果比较，BEP9 没有提供更好的性能，这与 15.4.2 节和 15.4.3 节中观察到的现象类似，故不管是否使用核函数，BEP9 相对 BEP6 的改善不大。

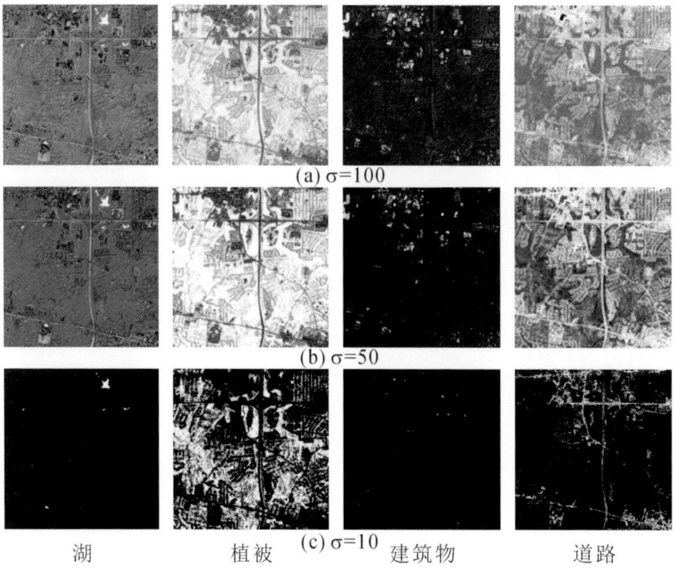

图 15.15　BEP9 数据上 3 种不同 σ 值的 KLSOSP 光谱解混结果

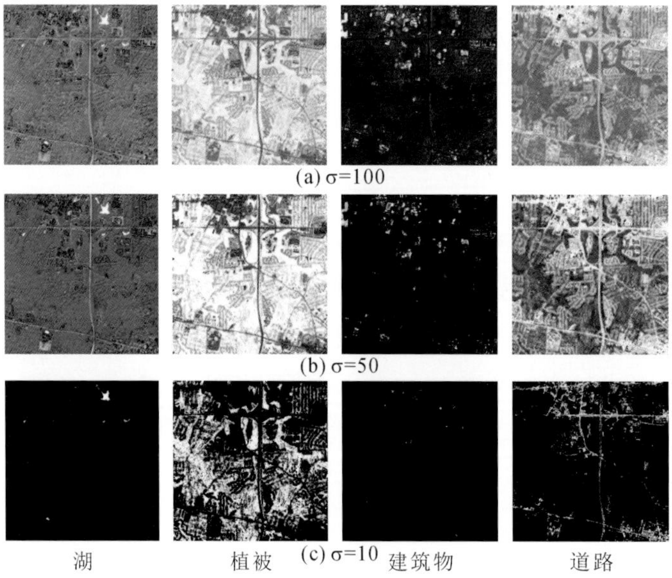

图 15.16　BEP9 数据上 3 种不同 σ 值的 KNCLS 光谱解混结果

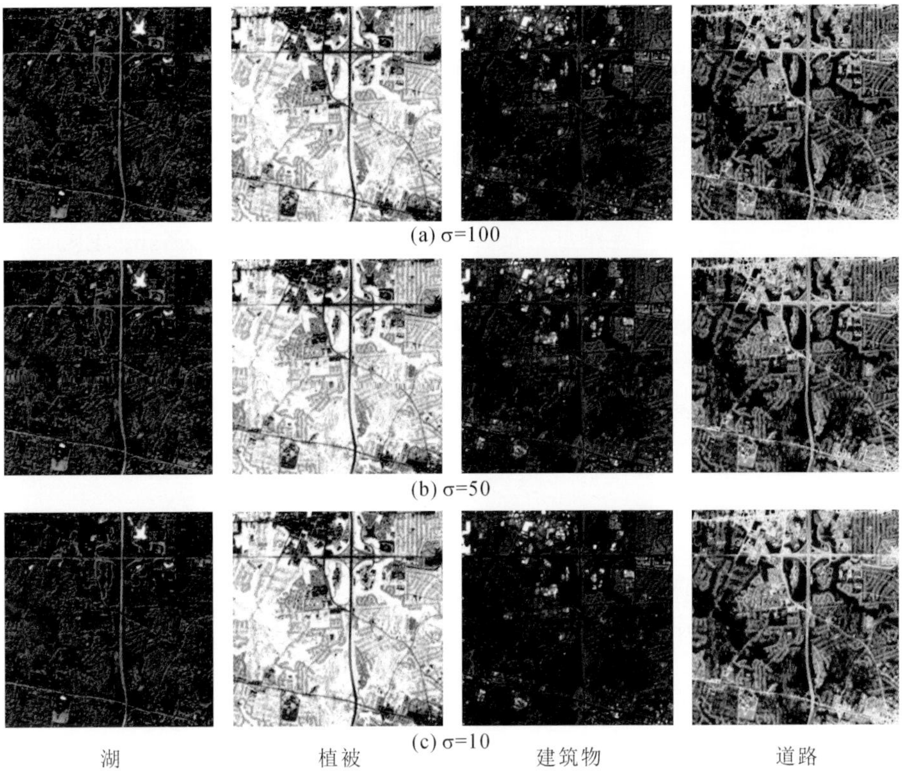

图 15.17 BEP9 数据上 3 种不同 σ 值的 KFCLS 光谱解混结果

根据上述 6 个实验，得出以下结论。

(1) 使用 LSMA 时，BEP 可以显著提高解混性能。

(2) 执行 BEP 时，互相关的波段已足够。

(3) 当数据维度较小时，核函数可以显著提高解混性能。

(4) KLSMA 性能优于“BEP＋LSMA”，尤其是在 LSOSP 和 NCLS 中。

(5) 一旦使用核函数，BEP 的优势就会消失。这意味着核函数优于 BEP，能有效提高光谱解混能力。

说明：Chang(2013)给出 BEP＋LSMA 和 KLSMA 算法在磁共振图像上的应用并说明了 KLSMA 对 LSMA 的性能改善，Wong(2011)通过 McGill University 提供的脑部合成磁共振图像(http://www.bic.mni.mcgill.CA/brainweb/)证明了此技术的有效性。对定量研究和分析感兴趣的研究人员，可参阅相关参考文献。

15.5 本章小结

20 世纪 90 年代初期，高光谱图像被看作是多光谱图像的延伸，认为只是包含了更多的光谱波段，具有更高的光谱分辨率，所以当时的高光谱图像数据处理技术，是直接延伸既有的多光谱图像处理技术。这种观念在后来的研究中，逐步被认识到是不准确的，因为 HSI

图像需要解决的问题如亚像元、混合像元及特性元分析等问题，与多光谱图像主要用于解决土地覆盖/使用分类、地理信息系统等问题不同。Chang(2003)直接从高光谱图像的角度，依据统计信号处理理论，设计和开发了亚像元探测和混合像元分解等算法，如正交子空间投影(orthogonal subspace projection，OSP)算法和约束能量最小化(constrained energy minimization，CEM)算法，并已广泛应用于 LSMA 分析。但如 Ren 和 Chang(2000)所述，基于高光谱图像设计的处理算法受到内在维度约束(intrinsic dimensional constraint，IDC)的影响，不一定能够有效用于多光谱图像。本章对此问题进行探讨，并进一步为 MSI 图像设计非线性波段扩展方法，将原始 MSI 数据根据非线性函数扩展得到新的波段图像，使其具有足够的光谱波段，进而有效使用高光谱图像分析技术。

参考文献

BRUMBLEY C，CHANG C，1999. An unsupervised vector quantization-based target signature subspace projection approach to classification and detection in unknown background[J]. Pattern Recognition，32(7)：1161-1174.

CHANG C，2013. Hyperspectral data processing：Algorithm design and analysis[M]. New York：John Wiley & Sons，Inc.

CHANG C，BRUMBLEY C，1999. A Kalman filtering approach to multispectral image classification and detection of changes in signature abundance[J]. IEEE Transactions on Geoscience and Remote Sensing，37(1)：257-268.

HYVARINEN A，KARHUNEN J，OJA E，2001. Independent component analysis[M]. New York：John Wiley & Sons，Inc.

JENSEN J，2005. Introductory digital image processing：A remote sensing perspective[M]. 3rd ed. Prentice-Hall：Englewood Cliffs.

LANDGREBE D，2003. Signal theory methods in multispectral remote sensing[M]. New York：John Wiley & Sons，Inc.

REN H，CHANG C，1998. A computer-aided detection and classification method for concealed targets in hyperspectral imagery[C]//IGARSS '98. Sensing and Managing the Environment. 1998 IEEE International Geoscience and Remote Sensing. Symposium Proceedings.（Cat. No. 98CH36174），Seattle，WA，USA，2：1016-1018.

REN H，CHANG C，2000. A generalized orthogonal subspace projection approach to unsupervised multispectral image classification[J]. IEEE Transactions on Geoscience and Remote Sensing，38(6)：2515-2528.

RICHARDS J，JIA X，1999. Remote sensing digital image analysis[M]. 2nd ed. New York：Springer.

WONG E，2011. Partial volume estimation of magnetic resonance image using linear spectral mixing analysis[D]. Maryland：University of Maryland，Baltimore County.

第 16 章　结　　论

本书无法涵盖领域内太多的关键知识点，尤其是近几年被广泛研究的线性光谱混合分析（LSMA）技术，这本书也不例外。本书内容主要基于马里兰大学巴尔的摩郡分校（UMBC）遥感信号与图像处理实验室（RSSIPL）和大连海事大学高光谱遥感中心（CHIRS）的研究成果，没有包含 LSMA 中很多其他的热点问题，如高光谱稀疏解混、非负矩阵分解等。本书主要集中在 LSMA 的基本原理、监督式 LSMA 和非监督式 LSMA 算法的研究及设计，总结如下文。

16.1　监督式线性光谱混合分析

LSMA 的主要任务之一是线性光谱解混（LSU）。许多应用中，LSMA 和 LSU 都使用先验知识提供的特性元（VS），称为监督式 LSMA/监督式 LSU（SLSMA/SLSU）。求解 SLSMA/SLSU 问题的常规方法是最小二乘法，将数据样本向量 $\boldsymbol{r}$ 描述为 p 个 VS 的线性混合，即 $\boldsymbol{m}_1,\boldsymbol{m}_2,\cdots,\boldsymbol{m}_p$ 按照加权系数 $\alpha_1,\alpha_2,\cdots,\alpha_p$ 线性混合模型，即

$$\boldsymbol{r}=\boldsymbol{M}\alpha+\boldsymbol{n} \tag{16.1}$$

其中，$\boldsymbol{M}=[\boldsymbol{m}_1\ \boldsymbol{m}_2\cdots\boldsymbol{m}_p]$ 为 VS 矩阵，$\boldsymbol{\alpha}=(\alpha_1,\alpha_2,\cdots,\alpha_p)^{\mathrm{T}}$ 为 $p\times1$ 的丰度向量，$\boldsymbol{n}$ 为噪声、测量误差或模型误差。利用最小二乘方法求解

$$\min_{\boldsymbol{\alpha}}\{(\boldsymbol{r}-\boldsymbol{M\alpha})^{\mathrm{T}}(\boldsymbol{r}-\boldsymbol{M\alpha})\} \tag{16.2}$$

有

$$\hat{\boldsymbol{\alpha}}^{\mathrm{LS}}(\boldsymbol{r})=(\boldsymbol{M}^{\mathrm{T}}\boldsymbol{M})^{-1}\boldsymbol{M}^{\mathrm{T}}\boldsymbol{r} \tag{16.3}$$

$\hat{\boldsymbol{\alpha}}^{\mathrm{LS}}(\boldsymbol{r})=(\hat{\alpha}_1^{\mathrm{LS}}(\boldsymbol{r}),\hat{\alpha}_2^{\mathrm{LS}}(\boldsymbol{r}),\cdots,\hat{\alpha}_p^{\mathrm{LS}}(\boldsymbol{r}))$，其中 $\hat{\alpha}_j^{\mathrm{LS}}(\boldsymbol{r})$ 对应数据样本向量 $\boldsymbol{r}$ 中第 j 个特性元 $\boldsymbol{m}_j$ 的丰度值。

Harsanyi 等（1994）利用统计信号检测理论，提出了一种基于信噪比（SNR）的正交子空间投影方法（OSP），描述如下：

假设 $\{\boldsymbol{m}_j\}_{j=1}^{p}$ 是 p 个 VS 的集合，$\boldsymbol{m}_p$ 是期望特性元。为了检测 $\boldsymbol{m}_p$，将其与其他 $p-1$ 个 VS 分离，式（16.1）重新表达为

$$\boldsymbol{r}=\alpha_p\boldsymbol{m}_p+\boldsymbol{\gamma}_{p-1}\boldsymbol{U}_{p-1}+\boldsymbol{n} \tag{16.4}$$

其中，$\boldsymbol{U}_{p-1}=[\boldsymbol{m}_1\ \boldsymbol{m}_2\cdots\boldsymbol{m}_{p-1}]$ 是非期望特性元构成的矩阵，$\boldsymbol{\gamma}_{p-1}=(\alpha_1,\alpha_2.\cdots,\alpha_{p-1})^{\mathrm{T}}$ 是非期望特性元的丰度向量。OSP 算法设计了一个投影算子如下：

$$P_{U_{p-1}}^{\perp}=I-U_{p-1}\left(U_{p-1}^{\mathrm{T}}U_{p-1}\right)^{-1}U_{p-1}^{\mathrm{T}} \tag{16.5}$$

可以在检测 m_p 之前去除 U_{p-1} 对 r 的影响。将 $P_{U_{p-1}}^{\perp}$ 应用于式(16.4)得到

$$P_{U_{p-1}}^{\perp}r=P_{U_{p-1}}^{\perp}\alpha_p m_p+P_{U_{p-1}}^{\perp}n \tag{16.6}$$

其中，$\gamma_{p-1}U_{p-1}$ 项被 $P_{U_{p-1}}^{\perp}$ 消去。式(16.6)是一个标准的信号检测问题，$P_{U_{p-1}}^{\perp}\alpha_p m_p$ 表示感兴趣信号，求解方法是利用 $P_{U_{p-1}}^{\perp}\alpha_p m_p$ 作为匹配信号进行匹配滤波，如下所示：

$$\delta_p^{\mathrm{OSP}}(r)=\kappa\left(P_{U_{p-1}}^{\perp}\alpha_p m_p\right)^{\mathrm{T}}P_{U_{p-1}}^{\perp}r=\kappa\alpha_p^2 m_p^{\mathrm{T}}P_{U_{p-1}}^{\perp}r \tag{16.7}$$

其中，κ 为常数，$P_{U_{p-1}}^{\perp}$ 为幂等矩阵，有 $(P_{U_{p-1}}^{\perp})^{\mathrm{T}}=P_{U_{p-1}}^{\perp}$ 和 $(P_{U_{p-1}}^{\perp})^2=P_{U_{p-1}}^{\perp}$。在式(16.7)的检测器中，$\kappa$ 和 α_p 都是未知常数，可以简单地将其设置为 $\kappa\alpha_p^2=1$，得到 OSP 检测器如下：

$$\hat{\alpha}_p^{\mathrm{OSP}}(r)=m_p^{\mathrm{T}}P_{U_{p-1}}^{\perp}r \tag{16.8}$$

Settle(1996)、Tu 等(1997)和 Chang(1998)的研究表明：

$$\hat{\alpha}_p^{\mathrm{LS}}(r)=\hat{\alpha}_p^{\mathrm{LSOSP}}(r)=\left(m_p^{\mathrm{T}}P_U^{\perp}m_p\right)^{-1}\hat{\alpha}_p^{\mathrm{OSP}}(r) \tag{16.9}$$

其中，$\hat{\alpha}^{\mathrm{LSOSP}}(r)$ 为估计值，$\hat{\alpha}_p^{\mathrm{OSP}}(r)$ 是检测值。此外，$\hat{\alpha}^{\mathrm{LS}}(r)$ 同时估计得到 p 个特性元 m_1，$m_2,\cdots,m_p$ 的丰度值，$\hat{\alpha}_p^{\mathrm{OSP}}(r)$ 只检测特性元 m_p 的强度，一次只处理一个特性元。

事实上，如果使用式(16.7)中的 $\delta_p^{\mathrm{OSP}}(r)$ 作为估计器，且 m_p 的估计值为 $\delta_p^{\mathrm{OSP}}(m_p)=1$，则可以确定式(16.7)中的 $\kappa\alpha_p^2$ 为

$$\begin{aligned}\delta_p^{\mathrm{OSP}}(m_p)&=\left(P_{U_{p-1}}^{\perp}\alpha_p m_p\right)^{\mathrm{T}}P_{U_{p-1}}^{\perp}r=\kappa\alpha_p^2 m_p^{\mathrm{T}}P_{U_{p-1}}^{\perp}m_p=1\\ \Rightarrow\kappa\alpha_p^2&=\frac{1}{m_p^{\mathrm{T}}P_{U_{p-1}}^{\perp}m_p}\end{aligned} \tag{16.10}$$

将式(16.10)代入式(16.7)，得到与式(16.9)相同的结果。这意味着只要确定了式(16.10)中的常数，OSP 也可以像 LS 一样用作估计器。

为了用 LSMA 进行 LSU，需要正确估计数据样本向量中包含的特性元丰度。对模型(16.1)施加两个物理约束，即丰度和为一约束(ASC)，$\sum_{j=1}^{p}\alpha_j=1$ 和丰度非负约束(ANC)，即对所有 $1\leqslant j\leqslant p$，都有 $\alpha_j\geqslant 0$。由此产生了以下 3 个丰度约束的最小二乘优化问题。

(1) 丰度和为一约束最小二乘 (SCLS)问题：

$$\min_{\alpha}\{(r-M\alpha)^{\mathrm{T}}(r-M\alpha)\},\ \sum_{j=1}^{p}\alpha_j=1 \tag{16.11}$$

式(16.11)的解为

$$\begin{aligned}\hat{\alpha}^{\mathrm{SCLS}}(r)&=\hat{\alpha}^{\mathrm{LS}}(r)+(M^{\mathrm{T}}M)^{-1}\mathbf{1}\left[\mathbf{1}^{\mathrm{T}}(M^{\mathrm{T}}M)^{-1}\mathbf{1}\right]^{-1}\left(1-\mathbf{1}^{\mathrm{T}}\hat{\alpha}^{\mathrm{LS}}(r)\right)\\&=P_{M,1}^{\perp}\hat{\alpha}^{\mathrm{LS}}(r)+(M^{\mathrm{T}}M)^{-1}\mathbf{1}\left[\mathbf{1}^{\mathrm{T}}(M^{\mathrm{T}}M)^{-1}\mathbf{1}\right]^{-1}\end{aligned} \tag{16.12}$$

其中，

$$P_{M,1}^{\perp}=I-(M^{\mathrm{T}}M)^{-1}\mathbf{1}\left[\mathbf{1}^{\mathrm{T}}(M^{\mathrm{T}}M)^{-1}\mathbf{1}\right]^{-1}\mathbf{1}^{\mathrm{T}} \tag{16.13}$$

(2) 丰度非负约束最小二乘 (NCLS)问题：

$$\min_{\alpha}\{(r-M\alpha)^{\mathrm{T}}(r-M\alpha)\},\ \alpha_j\geqslant 0\ (1\leqslant j\leqslant p) \tag{16.14}$$

由于不等式约束，式(16.14)没有解析解，必须依靠数值算法来求解最优解。为此，Chang 等(2000)开发了一种 NCLS 算法。

(3) 丰度全约束最小二乘(FCLS)问题：

$$\min_{\boldsymbol{\alpha}\in\Delta}\{(\boldsymbol{r}-\boldsymbol{M\alpha})^{\mathrm{T}}(\boldsymbol{r}-\boldsymbol{M\alpha})\},\Delta=\left\{\boldsymbol{\alpha}\mid\alpha_j\geqslant 0,\forall j,\sum_{j=1}^{p}\alpha_j=1\right\}\tag{16.15}$$

与上述 NCLS 问题一样,FCLS 问题也没有解析解。我们设计了两种数值算法,求解该优化问题,即 FCLS 方法(Heinz et al.,2001)和改进的 FCLS (MFCLS)方法(Chang,2003)。

16.2 非监督式线性光谱混合分析

SLSMA 中,必须具备 VS 的先验知识。但实际应用中,这些先验知识或者难以收集,或者获取代价高昂,即便可以预先得到,获取先验知识的可靠性也可能不高。因此,最好的方法是直接从数据中获取 VS 知识。这就必须解决 ULSMA 中的两个关键问题:确定特性元的数量,以及通过非监督的方式找到 VS。这些问题的解决都具有一定的难度和挑战性。

16.2.1 确定特性元的数量

在实际的高光谱图像应用中,通过寻找纯像元来表示不同的地物光谱是不现实的。首先,成像过程中存在未知因素的干扰,图像里可能并不存在真正的纯像元。其次,真实的图像数据中通常包含一些未知物质,只有利用图像中的目标光谱才能够真实地表示数据。再次,背景是图像数据的重要组成部分,但它所对应的 VS 可能是混合特性元。最后,VS 必须具有代表性,但并不一定是纯的。这也是本书中我们不建议使用特性元或纯像元等术语的主要原因,这里使用特性元或虚拟特性元(VS)的概念,与 Chang 等(2004,2003)提出的虚拟维度(VD)概念相对应。

VD 算法最初用于估计高光谱图像中光谱特征的数量,自提出以来,已经广泛应用于特性元数量估计、降维的波段数量估计等。最早采用的是特征值分析方式,通过特征值寻找一个合适的阈值确定 VD,如使用特征值累积分布、基于因子分析的误差分析等。Harsanyi 等(1994)提出 Neyman-Pearson 检测方法,参考 HFC 在约定的虚警率下分离出包含信号的特征值。Kuybeda 等(2007)设计了一种基于奇异值向量/本征向量的方法,称为最大正交余量算法(maximum orthogonal complement algorithm,MOCA),用 Bayesian 检测理论估计显著性向量的秩。Chang 等(2001)将其思想进一步扩展到最大正交子空间投影(maximal orthogonal subspace projection,MOSP),用 Neyman-Pearson 检测理论代替 Bayesian 检测理论,用 ATGP 算法生成的目标代替奇异向量/特征向量。

除了 HFC 方法和 MOCA 方法外,还有一些基于线性表示的方法,如 Chang 等(2001)使用 LSMA 解混误差作为寻找 VD 的标准,Nascimento 等(2008)以线性混合模型均方误差为准则的最小误差高光谱信号识别(hyperspectral signal identification by minimum error,HySime)方法。Ambikapathi 等(2013)综合 HySime、MOCA、HFC 和基于 LSMA 的 VD 等优势,在 Chang 等(2010)的基础上提出一种具有更多限制性假设的新方法,称为基于几何的特性元数量估计(geometry-based estimation of number of endmembers,GENE)。

16.2.2 寻找特性元

确定了 VS 的数量后，下一个问题是如何找到所需的 VS 集合。Chang(2016)的研究表明，有效特性元不一定是纯像元，尤其是在真实图像上。

过去研究中，学者们一直致力于设计和开发寻找 VS 的算法，包括像元纯度指数(PPI)、N-FINDR 算法、顶点成分分析(VCA)和单形体体积增长算法(SGA)等(Chang et al.，2006；Nascimento et al.，2005；Winter，1999；Boardman，1994)。Chang 等(2013)通过正交投影原理得出 PPI、ATGP 和 VCA 算法的设计原理相同并进一步表明，在初始条件相同的情况下，ATGP、VCA 和 SGA 基本相同。关于 PPI、ATGP、VCA 和 SGA 的详细内容可以参考第 11～14 章。

16.3 多光谱线性光谱混合分析

高光谱成像的优势是可以进行线性光谱混合分析，这也正是多光谱成像所欠缺的，因为多光谱图像没有足够的波段。要解决这个问题，可以采取两种方法，一种是利用核函数对 LSMA 使用的 VS 进行核化，另一种是非线性波段扩展，通过非线性构造方式产生足够多的波段，与原始的多光谱图像一起得到可视为高光谱图像的数据立方体。

参考文献

AMBIKAPATHI A, CHAN T, CHI C, et al., 2013. Hyperspectral data geometry-based estimation of number of endmembers using p-norm-based pure pixel identification algorithm[J]. IEEE Transactions on Geoscience and Remote Sensing, 51(5): 2753-2769.

BOARDMAN J, 1994. Geometric mixture analysis of imaging spectrometry data[C]// Proceedings of IGARSS '94 - 1994 IEEE International Geoscience and Remote Sensing Symposium, Pasadena, CA, USA, 4: 2369-2371.

CHANG C, 1998. Further results on relationship between spectral unmixing and subspace projection[J]. IEEE Transactions on Geoscience and Remote Sensing, 36(3): 1030-1032.

CHANG C, 2003. Hyperspectral imaging: Techniques for spectral detection and classification[M]. New York: Kluwer Academic/Plenum Publishers.

CHANG C, 2013. Hyperspectral data processing: Algorithm design and analysis[M]. New York: John Wiley & Sons, Inc.

CHANG C, 2016. Real-time progressive hyperspectral image processing: Endmember finding and anomaly detection[M]. New York: Springer International Publishing.

CHANG C, DU Q, 2004. Estimation of number of spectrally distinct signal sources in hyperspectral imagery[J]. IEEE Transactions on Geoscience and Remote Sensing, 42(3): 608-619.

CHANG C, HEINZ D, 2000. Constrained subpixel detection for remotely sensed images[J]. IEEE Transactions on Geoscience and Remote Sensing, 38(3): 1144-1159.

CHANG C, WU C, LIU W, et al., 2006. A new growing method for simplex-based endmember extraction algorithm[J]. IEEE Transactions on Geoscience and Remote Sensing, 44(10): 2804-2819.

CHANG C, XIONG W, CHEN H, et al., 2001. Maximum orthogonal subspace projection to estimating number of spectral signal sources for hyperspectral images[J]. IEEE Journal of Selected Topics in Signal Processing, 5(3): 504-520.

CHANG C, XIONG W, LIU W, et al., 2010. Linear spectral mixture analysis-based approaches to estimation of virtual dimensionality in hyperspectral imagery[J]. IEEE Transactions on Geoscience and Remote Sensing, 48(11): 3960-3979.

HARSANYI J, CHANG C, 1994. Hyperspectral image classification and dimensionality reduction: An orthogonal subspace projection approach[J]. IEEE Transactions on Geoscience and Remote Sensing, 32(4): 779-785.

HEINZ D, CHANG C, 2001. Fully constrained least squares linear spectral mixture analysis method for material quantification in hyperspectral imagery[J]. IEEE Transactions on Geoscience and Remote Sensing, 39(3): 529-545.

KUYBEDA O, MALAH D, BARZOHAR M, 2007. Rank estimation and redundancy reduction of high-dimensional noisy signals with preservation of rare vectors[J]. IEEE Transactions on Signal Processing, 55(12): 5579-5592.

NASCIMENTO J, BIOUCAS-DIAS J, 2005. Vertex component analysis: A fast algorithm to unmix hyperspectral data[J]. IEEE Transactions on Geoscience and Remote Sensing, 43(4): 898-910.

NASCIMENTO J, BIOUCAS-DIAS J, 2008. Hyperspectral subspace identification[J]. IEEE Transactions on Geoscience and Remote Sensing, 46(8): 2435-2445.

SETTLE J, 1996. On the relationship between spectral unmixing and subspace projection[J]. IEEE Transactions on Geoscience and Remote Sensing, 34(4):1045-1046.

TU T, CHEN C, CHANG C, 1997. A posteriori least squares orthogonal subspace projection approach to weak signature extraction and detection[J]. IEEE Transactions on Geoscience and Remote Sensing, 35(1): 127-139.

WINTER M, 1999. N-FINDR: An algorithm for fast autonomous spectral end-member determination in hyperspectral data[J]. Proceedings of SPIE - The International Society for Optical Engineering, 3753: 266-275.

附　　录

abundance nonnegative constraint (ANC):丰度非负约束

abundance sum-to-one constraint (ASC):丰度和为一约束

alternative hypothesis:备择假设

band generation process (BGP):波段产生过程

band ratio (BR):波段比

band ratio expansion process (BREP):波段比率扩展过程

between-class scatter matrix:类间散布矩阵

blind source separation:盲信号分离

circular N-FINDR (CN-FINDR):循环式 N-FINDR

constrained energy minimization (CEM):能量约束最小化

convex cone analysis (CCA):凸锥分析

convex geometry:凸体几何

correlation band expansion process (CBEP):相关性波段扩展过程

correlation-matched filter based distance (RMFD):基于相关匹配滤波器的距离

deflection detection:偏移检测

digital number (DN):灰度值

eigen vector (EV):本征向量

endmember initialization algorithm (EIA):端元初始化算法

endmmeber finding algorithm (EFA):端元寻找算法

extreme value theory:极值理论

fast iterative pixel purity index (FIPPI):快速纯像元指数算法

feature vector (FV):特征向量

Fisher's linear discriminant analysis (FLDA):Fisher 线性判别分析

fully constrained least squares (FCLS):全约束最小二乘

gaussian maximum likelihood estimation (GMLE):高斯最大似然估计

generalized OSP (GOSP):泛化 OSP

high order statistic-based IC prioritization algorithm (HOS-ICPA):基于高阶统计的独立成分优先级算法

hyperspectral digital imagery collection experiment (HYDICE)

ICA-based abundance quantification algorithm (ICA-AQA):基于 ICA 的丰度量化算法

independent components analysis (ICA):独立成分分析

initialization driven-based IC prioritization algorithm (ID-ICPA):基于初始化驱动的独立成分优先级算法

inter-band spectral information (IBSI):波段内部光谱信息

iterative CN-FINDR (ICN-FINDR):迭代循环式 N-FINDR

iterative N-FINDR (IN-FINDR):迭代式 N-FINDR

iterative SC N-FINDR (ISC N-FINDR):迭代逐步式 N-FINDR

iterative SQ N-FINDR (ISQ N-FINDR):迭代循序式 N-FINDR

Kullback-Leibler divergence:KL 距离或者 Kullback-Leibler 散度

least squares orthogonal subspace projection (LSOSP):最小二乘正交子空间

likely ratio test:似然比检验

linear regression analysis:线性回归分析

linear spectral random mixture analysis (LRSMA):线性光谱随机混合分析

linear spectral unmixing (LSU):线性光谱解混

linearly constrained minimum variance (LCMV):线性约束方差最小化

literal analysis:直接分析,基于空间域的方法

magnetic resonance image:磁共振图像

Mahalanobis distance:马氏距离

minimum noise fraction (MNF):最小噪声分离

minimum volume transform (MVT):最小体积转换

moment functions:矩母函数

multiple-pass N-FINDR:多通道式 N-FINDR

multivariate data analysis:多元数据分析

noise-adjusted principal component (NAPC):基于噪声调节的主成分分析

nonlinear band expansion process (NBEP):非线性波段扩展过程

non-literal analysis:非直接分析,基于光谱波段的方法

nonnegative matrix factorization (NMF):非负矩阵分解

non-negativity constrained least square (NCLS):非负约束最小二乘

null hypothesis:零假设

orthogonal projection correlation index (OPCI):正交投影互相关系数

orthogonal subspace projection (OSP):正交子空间投影

partial volume estimation:部分容积估计

pixel purity index (PPI):像素纯度指数

p-pass SC N-FINDR:p 通道逐步式 N-FINDR

principal components analysis (PCA):主成分分析

probability density function (PDF):概率密度函数

projection pursuit (PP):投影追踪

projection vector generation algorithm (PVGA):投影向量产生算法

random N-FINDR (RN-FINDR):随机式 N-FINDR
random PPI (RPPI):随机式 PPI
Rayleigh quotient:瑞利商
real time CN-FINDR (RT CN-FINDR):实时循环式 N-FINDR
real time SQ N-FINDR (RT SQ N-FINDR):实时循序式 N-FINDR
relative entropy:相对熵
sequential N-FINDR (SQ N-FINDR):循序式 N-FINDR
signal to noise ratio (SNR):信噪比
signal-decomposed interference-annihilated model (SDIA):信号分解干扰去除模型
signature subspace projection (SSP):特性元子空间投影
simplex growing algorithm (SGA):单形体体积增长算法
simultaneous N-FINDR (SM N-FINDR):同步式 N-FINDR
single value decomposition (SVD):奇异值分解
spectral angle mapper (SAM):光谱角匹配
spectral information divergence (SID):光谱信息散度
satellite pour l'observation de la terra (SPOT)
standard deviation:标准偏差
steering matrix:引导矩阵
successive N-FINDR (SC N-FINDR):逐步式 N-FINDR
supporting vector machine (SVM):支持向量机
target abundance-constrained mixed pixel classification (TACMPC):目标丰度约束的混合像元分类算法
target embeddedness (TE):目标嵌入
target implantation (TI):目标种植
target signature-constrained mixed pixel classification (TSCMPC):目标特性元约束的混和像元分类算法
target-constrained interference-minimized filter (TCIMF):目标约束干扰最小化滤波器
ternary Huffman coding:三进制霍夫曼编码
unsupervised least squares OSP (ULSOSP):非监督最小二乘 OSP
vertex component analysis (VCA):顶点成分分析
virtual dimensionality (VD):虚拟维度
within-class scatter matrix:类内散布矩阵